组织损伤与修复分子生物学

李三强　等　著

本书获河南省高校科技创新团队项目（18IRTSTHN026），河南省科技创新杰出青年基金项目（184100510006），河南省高等学校生物化学双语教学示范课程项目资助。

科学出版社

北　京

内 容 简 介

本书分为7章，第一章为组织损伤与修复的基本概念；第二章为肝脏组织损伤与修复分子机制；第三章为神经组织损伤与修复分子机制；第四章为肺组织损伤与修复分子机制；第五章为心脏组织损伤与修复分子机制；第六章为肠组织损伤与修复分子机制；第七章为组织损伤与修复药物干预分子机制。书中内容汇集了组织损伤与修复分子生物学基础理论知识和最新研究进展，知识面宽，适用性强，体现了现代组织损伤与修复研究的发展方向，为组织损伤与修复的科学研究提供了先进的理论知识和研究技术。

本书可供医学院校本科生、研究生使用，也可作为组织损伤与修复相关领域科研人员的参考书。

图书在版编目（CIP）数据

组织损伤与修复分子生物学 / 李三强等著. —北京：科学出版社，2019.4

ISBN 978-7-03-057407-7

Ⅰ. ①组…　Ⅱ. ①李…　Ⅲ. ①生物组织学-分子生物学　Ⅳ. ①Q136

中国版本图书馆CIP数据核字（2018）第095716号

责任编辑：刘　丹　文　茜 / 责任校对：严　娜

责任印制：张　伟 / 封面设计：铭轩堂

科学出版社 出版

北京东黄城根北街16号

邮政编码：100717

http://www.sciencep.com

北京厚诚则铭印刷科技有限公司 印刷

科学出版社发行　各地新华书店经销

*

2019年4月第　一　版　开本：787×1092　1/16

2021年1月第二次印刷　印张：23　插页：5

字数：580 000

定价：138.00元

（如有印装质量问题，我社负责调换）

《组织损伤与修复分子生物学》
著者名单

李三强　李瑞芳　王　萍

胡志红　刘建成　刘熔增

序

近十年来，随着分子生物学的迅速发展，研究人员发现很多疾病的研究必须深入到分子水平才能揭示疾病的本质。组织损伤与修复是多种疾病发生发展的关键环节，特别是在我国发病率较高的肝病、肺病和心血管疾病等。组织损伤与修复的研究涉及病理、免疫、生物化学、分子生物学和病原生物学等多个学科的内容，需要采用多种方法与手段进行研究。其中组织损伤与修复的分子机制是近几年相关疾病研究的热点问题，它能从本质上阐明疾病发生发展的机制。由于组织损伤与修复分子机制的研究发展很快，很需要一部反映该领域新进展和新观点的专著。河南科技大学医学院的李三强教授研究团队长期从事组织损伤与修复分子机制的研究，他们将国内外最新的理论、技术和方法，与他们在教学、科研及防治实践中所获得的丰富经验和成果相结合，经过精心总结和提炼写成该书，从而使该书具有较高的学术水平和实用价值。

《组织损伤与修复分子生物学》一书具有以下两个特点：①内容新颖，重点内容都是近几年著者所承担的国家级和省部级重要课题的研究成果及国内外最新的研究进展；②实用性强，对组织损伤与修复分子机制研究的很多具体方法都有详细介绍。

该书在编写上重视理论联系实际，在形式上图文并茂，有助于广大医学工作者更新知识，并推动组织损伤与修复的基础研究向前发展。

马灵筠

2018 年 4 月

前　言

组织损伤与修复是病理学方面的核心问题。组织损伤是由缺氧、理化因子、生物因子、免疫反应、内分泌因子、遗传变异、社会、心理和精神等若干因素引起的；有害刺激对机体部分组织和细胞造成损伤后，机体对缺损部分进行修补恢复的过程称修复。修复可分为两种不同的过程及结局：一是由损伤周围的同种细胞分裂增生以实现修复的过程，称为再生；二是由新生的结缔组织（肉芽组织）来修复，称纤维性修复。虽然组织损伤与修复的病理方面有较多研究，但对于各种组织损伤与修复分子机制还没有专著进行系统的总结报道。著者团队长期从事各种组织损伤与修复分子机制的研究，本书重点对著者团队及学科前沿的最新成果进行总结报道。

本书的编著希望体现以下几个特点：①以组织损伤与修复分子机制研究内容为主，兼顾其他相关学科的内容，力求反映近年的新观点、新认识和新经验；②对很多研究成果的具体研究方法都有详细的描述，便于读者学习和应用到自己的科研中去；③很多图片都是著者团队经过反复实验得到的宝贵资料，便于读者理解相关的知识。

回顾本书的编著历程，著者付出了艰苦的努力。本人带领的科研团队长期从事组织损伤与修复分子机制的研究，河南科技大学医学院肝脏损伤与修复分子医学重点实验室的每一届同学都对本书的相关研究内容做出了突出的贡献，在此一并表示感谢。

本书从撰写到校对，著者不敢有半点懈怠，但由于知识有限，不足之处敬请谅解。

李三强

2019年4月

目　　录

第一章　组织损伤与修复的基本概念

第一节　组织的适应性反应

适应是指细胞、组织或器官在体内外各种因素的作用下，通过改变自身的代谢、功能和形态结构，从而与这些因素相协调，并使自身得以存活的过程。适应在形态上表现为萎缩、肥大、增生和化生。

一、萎缩

组织和器官的体积缩小称为萎缩，通常是由组织、器官的实质细胞体积缩小造成的，有时也可由细胞数目减少引起。最常见的萎缩有肌肉、骨骼、中枢神经及生殖器官等的萎缩。

（一）类型

萎缩通常由细胞的功能活动降低、血液和营养物质供应不足及神经和（或）内分泌刺激减少等引起。细胞和器官发生萎缩的原因多种多样，但均含有环境条件变坏的因素，从而引起细胞和器官的体积缩小及功能下降。根据病因，可将萎缩概括地分为两大类，即生理性萎缩及病理性萎缩。

1. 生理性萎缩　当机体发育到一定阶段时许多结构、组织和器官逐渐萎缩，这种现象称为退化。例如，在幼儿阶段动脉导管和脐带血管的萎缩退化、青春期后胸腺的逐步退化、妊娠期后子宫的复旧及授乳期后乳腺组织的复旧等。此外，在高龄时期几乎一切器官和组织均不同程度地出现萎缩，即老年性萎缩，以脑、心、肝、皮肤、骨骼等尤为明显。

2. 病理性萎缩　病理性萎缩按其发生原因可以分为以下几种。

1）营养不良性萎缩　局部营养不良性萎缩常由组织、器官血供长期减少引起，如脑动脉粥样硬化引起的脑萎缩。全身营养不良性萎缩见于患慢性消耗性疾病或蛋白质摄入不足引起的全身脂肪组织、肌肉及实质器官的萎缩。

2）压迫性萎缩　压迫性萎缩是指组织、器官长期受压引起的萎缩，如尿路梗阻时因肾盂积水引起的肾实质萎缩。

3）废用性萎缩　废用性萎缩是指组织、器官因长期工作负荷减小所致的萎缩，如久病卧床或肢体骨折后长时间固定引起的肌肉萎缩。

4）神经性萎缩　神经性萎缩是指组织、器官因失去神经支配所发生的萎缩，如脊髓灰质炎所致的肌肉萎缩等。

5）内分泌性萎缩　内分泌性萎缩是指内分泌腺功能低下引起的靶器官的萎缩，如腺垂体因肿瘤压迫或缺血坏死而功能低下时引起的肾上腺、性腺等萎缩。

（二）病理变化

萎缩的主要病变在实质细胞，细胞体积缩小，细胞质减少、浓缩而浓染，间质成纤维细胞和脂肪细胞常可增生而致脏器发生假性肥大。在心肌细胞、肝细胞细胞质内常出现紫褐素而使其外观呈褐色，称为褐色萎缩。萎缩器官均匀性缩小，重量减轻，质地变韧，功能低下。若致萎缩的因素长期不消除，病变可继续加重，萎缩的细胞则变性、坏死、消失。

二、肥大

细胞、组织或器官体积的增大称为肥大。肥大常由细胞的细胞质增多、细胞质内细胞器增多或增大、细胞核内 DNA 含量增加、细胞核的体积增大引起。肥大多伴有功能增高现象。需要注意的是，有时虽有器官、组织外形的增大，但不一定就是肥大，如实质细胞萎缩、间质增生的假性肥大，以及脂肪变性、细胞水肿的器官肿大，这些均不能称肥大。

肥大根据其原因可分为如下两类。

1）代偿性肥大　代偿性肥大是机体适应性反应在形态结构方面的表现，通常是由相应器官的功能负荷加重引起，具有代偿意义。例如，高血压病引起的心肌肥大，以及一侧肾脏摘除后另侧肾脏的肥大等。

2）内分泌性肥大　由于内分泌激素增多而刺激相应的靶细胞肥大，如妊娠期雌激素分泌增多使子宫肥大。

三、增生

组织或器官内实质细胞的数目增多称为增生。增生常导致组织或器官体积增大，因而常与肥大同时存在。

（一）类型

根据原因和性质的不同，可将增生分为生理性增生和病理性增生两种。

1. 生理性增生

1）代偿性增生　代偿性增生指由于功能的需要，机体相应的组织、器官的细胞发生的增生，如低海拔地区的人进入高海拔地区一段时期后，血液中的红细胞会增多。

2）激素性增生　激素性增生指内分泌激素引起的靶器官或靶组织细胞的增生，如女性青春期乳房小叶腺上皮及月经周期中子宫内膜腺体的增生。

2. 病理性增生

1）激素过多　如雌激素绝对或相对增加，导致子宫内膜腺体增生过长，临床上表现为功能性子宫内膜出血。

2）生长因子过多　组织损伤时，毛细血管内皮细胞和成纤维细胞因受到损伤处增多的生长因子的刺激而发生增生，使损伤得以修复。

（二）影响和结局

实质细胞的增生常伴有组织、器官的功能增强或使受损的功能得到部分恢复。间质的过度增生会引起组织、器官硬化等不良后果，如慢性肺淤血时，纤维结缔组织大量增生，可致肺褐色硬化。细胞增生可以是弥漫性的，常引起增生组织、器官的弥漫性增大；也可以是局限性的，在组织、器官中形成单发或多发的增生性结节。大部分病理性增生（如损伤后修复时的增生、炎性增生等）会随病因的去除而停止。若细胞增生过度，则可发展为不典型增生，甚至演变为肿瘤性增生，导致肿瘤形成，如慢性宫颈炎、宫颈上皮过度增生可发展为宫颈癌。

四、化生

在某些因素的作用下，一种已分化成熟的组织或细胞转化成另一种分化成熟的组织或细胞的过程，称为化生。化生只发生在同源细胞之间，即上皮细胞之间或间叶细胞之间。化生并非由成熟的细胞直接转化，而是该处具有多向分化能力的幼稚的未分化细胞或干细胞横向分化的结果。

1. 化生的类型　常见的化生有以下几种。

1）鳞状上皮化生　鳞状上皮化生指网状上皮、移形上皮等转化为鳞状上皮，常见于慢性支气管炎时的支气管黏膜等。

2）肠上皮化生　肠上皮化生指胃黏膜上皮转化为肠型黏膜上皮，常见于慢性萎缩性胃炎。

3）纤维组织化生　此类化生形成软骨组织或骨组织。

2. 化生对机体的影响　虽然化生是组织对不良刺激的适应性变化，但原来组织的功能也会部分丧失。例如，呼吸道假复层纤毛柱状上皮化生为鳞状上皮后，对理化因素有了较强的抵抗能力，但黏膜的自净作用却减弱。另外，上皮的化生可能是癌变的基础。

第二节　组织的损伤

损伤是指细胞和组织在内、外环境有害因子的作用下发生的形态结构和功能代谢变化。引起细胞损伤的因素很多，包括缺氧、理化因索、生物因素、免疫因素、遗传因素、营养因素等。轻微损伤是可逆的，即消除病因后，受损伤的细胞可以恢复正常，这种可逆性损伤称为变性；严重损伤是不可逆的，即受损细胞的结构和功能已无法恢复，表现为细胞死亡。

一、变性

实质细胞在病因作用下发生代谢障碍，引起细胞或细胞间质出现一些异常物质或正常物质数量显著增多，称为变性。发生变性的细胞或组织功能下降。根据沉积在组织内物质的不同，变性有多种类型。

（一）细胞水肿

细胞水肿即细胞内水分增多，又称水变性。这是细胞轻度损伤后常发生的早期病变，好发于肝、心、肾等实质细胞。

1. 原因和机制　在缺氧、感染、中毒、高热等作用下，细胞线粒体受损伤，使ATP生成减少，细胞膜钠泵功能障碍，导致细胞内水、钠增多。

2. 病理变化　肉眼观，组织器官体积增大，包膜紧张，色泽混浊，似开水烫过，切面隆起，边缘外翻。镜下观，细胞肿胀，细胞质疏松淡染，严重时细胞肿大，细胞质透亮似气球，称为气球样变性，常见于病毒性肝炎。

3. 结局　引起细胞水肿的原因如果能及时消除，病变的细胞可以恢复正常；反之，可进一步发展为细胞死亡。

（二）脂肪变性

脂肪变性是指脂肪细胞以外的细胞中出现脂滴或脂滴明显增多，多发生于肝细胞、心肌纤维和肾小管上皮细胞。

1. 原因　常见的原因有持续缺氧、急性感染、化学中毒［磷、三氯甲烷、四氯化碳、乙醇（酒精）等］、营养障碍等。

2. 病理变化　肝脂肪变性最为常见，因肝脏是脂肪代谢的主要器官。肝脂肪变性的发生机制是由于上述病因干扰或破坏细胞脂肪代谢。轻度肝脂肪变性时，肝肉眼观可无明显改变，或仅轻度黄染。如脂肪变性较显著和广泛，则肝增大，色变黄，触之如泥块并有油腻感。镜下肝细胞内的脂肪空泡较小，起初多见于核的周围，以后变大，较密集散布于整个细胞质中，严重时可融合为一大空泡，将细胞核挤向包膜下，状似脂肪细胞，称大泡性脂变。一般与饮食、肥胖、糖尿病、营养不良和慢性酒精性肝病有关。小泡性脂变的特点为肝细胞细胞质内挤满了微小脂泡，大小均一，细胞核仍位于细胞中央，一般见于脂肪变性的起始阶段。有些小泡性脂变是肝细胞严重物质代谢障碍的表现，见于妊娠脂肪肝、急性酒精性脂肪肝和四环素所致肝脏损伤等。

3. 影响和结局　脂肪变性是一种可重复性病变，病因消除后可逐渐恢复正常。肝脂肪变性一般无明显肝功能障碍。脂肪肝在体检时，肝可在右季肋下触及，有轻压痛及肝功能异常。长期重度肝脂肪变性可由于脂肪滴不断积聚增大而致肝细胞坏死，继而纤维结缔组织增生而导致肝硬化。近年来，脂肪肝的查出比例随着B型超声波检查的广泛使用逐渐增高，而且脂肪肝的发生与糖尿病、肥胖症、酗酒、饮食结构不合理等关系密切。

（三）玻璃样变性

玻璃样变性是指在病变的细胞或组织内出现均质、红染、半透明、毛玻璃样的蛋白质蓄积，又称透明变性。

1. 细胞内玻璃样变性　细胞内玻璃样变性是指细胞质内出现圆形、均质、无结构的红染物质。例如，蛋白尿时肾小管上皮细胞吞饮蛋白质并在细胞质内形成玻璃样小滴；慢性炎症组织内，浆细胞细胞质中因免疫球蛋白蓄积而出现的玻璃样小体，又称 Russel 小体。

2. 结缔组织玻璃样变性　结缔组织玻璃样变性常见于瘢痕组织、纤维化的肾小球、器官的包膜增厚处。病变处的胶原纤维增粗、融合成片状或束状的玻璃样物质，纤维细胞明显减少。

3. 血管壁玻璃样变性　血管壁玻璃样变性常见于原发性高血压患者的肾、脑、脾和视网膜等处的细动脉。由于细动脉长期痉挛，内皮受损而通透性升高，血浆蛋白质渗入细动脉壁引起细动脉管壁增厚、变硬、弹性下降，管腔狭窄甚至闭塞，即细动脉硬化。

（四）黏液性变性

黏液样变性是指病变的组织间质中黏多糖和蛋白质蓄积，使得组织基质染色后类似于黏液。常见于间叶组织肿瘤、风湿病等。

（五）病理性钙化

病理性钙化是指在骨、牙之外的组织内有固态的钙盐沉积。主要见于坏死组织和异物中，如结核病的坏死灶，以及血栓、动脉粥样硬化的斑块处等。

二、细胞死亡

在各种原因作用下，细胞遭受严重损伤而累及细胞核时，呈现代谢停止、结构破坏和功能丧失等不可逆性的变化，称为细胞死亡。细胞死亡既可直接发生，也可由变性发展而来，包括坏死和凋亡两种类型。

1. 细胞坏死　坏死（necrosis）是以酶溶性变化为特点的活体内局部组织细胞的死亡。坏死的细胞代谢停止，功能丧失，并出现一系列形态变化。多数情况下坏死由可逆性损伤逐渐发展而来，少数可因致病因素较强直接导致。引起坏死的因素很多，如缺氧、物理因子、化学因子及免疫反应等损伤因子，只要其作用达到一定的程度或持续一定时间，使受损细胞和组织的代谢停止，即可引起局部组织和细胞的死亡。刚坏死的细胞在肉眼和光镜下难以识别。细胞死亡几小时至十几小时后，由于细胞内溶酶体释放水解酶，引起细胞自身溶解，这时才能在光镜下见到坏死细胞的自溶性改变。细胞坏死的主要形态标志是细胞核的变化，主要有三种形式。①核固缩。细胞核染色质 DNA 浓缩，使核体积缩小。嗜碱性增强，染色变深，提示 DNA 停止转录。②核碎裂。由于核染色质崩解和核膜破裂，细胞核发生碎裂后，染色质崩解成小碎片分散于细胞质中。③核溶解。在 DNA 酶的作用下，染色质中的 DNA 分解，染色质失去对碱性染料的亲和力，因而核染色变淡，最后消失。细胞质的改变是细胞质红染，结构崩解呈颗粒状。间质开始无明显改变，继而在各种溶解酶的作用下，基质崩解，胶原纤维肿胀、断裂或液化，最后，坏死的细胞与崩解的间质融合成一片红染的、无结构的颗粒状物质。一般将失去活性的组织称为失活组织。失活组织的特点：①颜色苍白、混浊，失去原有光泽；②组织回缩不良，失去原有弹性；③无血管搏动，切开后无新鲜血液流出；④无正常感觉和运动（如肠蠕动）功能等。在临床上，死亡细胞的质膜（细胞膜、细胞器膜等）崩解，细胞结构溶解（坏死细胞自身性溶酶体消化），引发急性炎症反应；细胞内和血浆中酶活性的变化在坏死初期即可查出，有助于细胞损伤的早期诊断；认真观察，警惕失活组织的出现，一旦发现，在治疗中必须将其清除。

2. 细胞凋亡　凋亡是通过细胞内基因调控程序引起的细胞自身死亡。在病变情况下，凋亡细胞明显增多，但仍多为单个散在。细胞凋亡早期细胞质嗜酸性增强，细胞核染色质凝聚，沿核膜呈半月状、帽状或破裂，有肝板坠入窦周间隙和肝窦，形成凋亡小体。凋亡小体或裸露或被库普弗细胞吞噬，由于细胞凋亡过程中没有溶酶体和细胞膜破裂，没有细胞内容物外溢，故凋亡小体周围一般无明显炎症反应。细胞的凋亡小体呈球形，细胞质嗜酸，故曾称嗜酸小体，为常规苏木精-伊红（HE）染色切片中确定细胞凋亡的主要依据。细胞凋亡与细胞坏死的区别见表1-1。

表1-1　细胞凋亡与细胞坏死的区别

区别内容	细胞坏死	细胞凋亡
涉及范围	大片细胞	单个细胞
诱导因素	病理	生理或病理
形态特征	无凋亡小体，细胞肿胀破裂，溶酶体释放，细胞自溶	形成凋亡小体
能量消耗	不耗能被动过程	主动耗能过程
膜的完整性	早期丧失	持续到晚期
基因调控	无	有
机制	事故性细胞死亡，被动引起	程序化细胞死亡，自主调控
炎症反应	有	无

第三节　组织损伤的修复

损伤造成机体部分细胞和组织丧失后，机体对所形成的缺损进行修补恢复的过程，称为修复（repair），修复是由缺损周围的健康细胞通过再生来完成的，修复后可完全或部分恢复原组织的结构和功能。

一、再生

再生（regeneration）是指组织、细胞损伤后，缺损周围健康细胞的分裂增殖。再生可分为生理性再生和病理性再生。生理性再生是指在生理过程中，机体有些细胞不断衰老死亡，由新生的同种细胞通过增生不断补充，以维持原组织的结构和功能。例如，表皮的表层角化细胞经常脱落，由表皮的基底细胞不断增生、分化予以补充；子宫内膜周期性脱落，又由基底部细胞增生加以恢复；红细胞平均寿命为120天，白细胞的寿命长短不一，需由淋巴造血器官不断地产生大量新生细胞进行补充。病理性再生是指病理状态下组织、细胞缺损后发生的再生。病理性再生又分完全再生和纤维性修复。完全再生是指死亡的细胞由同类细胞增生、补充，再生的组织完全恢复了原组织的结构及功能；纤维性修复是指缺损不能通过原组织的再生修复，而是由肉芽组织增生、填补，以后形成瘢痕，也称瘢痕修复。组织缺损后的修复是通过完全再生还是纤维性修复主要取决于受损组织的再生能力。

（一）各种组织的再生能力

全身各种组织的再生能力是不完全相同的。一般来说，平常容易遭受损伤的组织及在生理过程中经常更新的组织，再生能力较强，反之，则再生能力较弱或缺乏。按再生能力的强弱，可将人体组织细胞分为三类。

1. 不稳定细胞　这类细胞在生理状态下就有很强的再生能力，总在不断地增殖，以代替衰亡或破坏的细胞，如表皮细胞、呼吸道和消化道黏膜上皮细胞、男性及女性生殖器官管腔的被覆上皮细胞、淋巴及造血细胞、间皮细胞等。

2. 稳定细胞　这类细胞在生理状态下增殖现象不明显，但受到组织损伤的刺激后，表现出较强的再生能力。这类细胞包括各种腺体或腺样器官的实质细胞，如肝、胰、涎腺、内分泌腺、汗腺、皮脂腺和肾小管的上皮细胞等，还包括原始的间叶细胞及其分化出来的各种细胞。它们不仅有强的再生能力，而且原始间叶细胞还有很强的分化能力，可向许多特异的间叶细胞分化，如骨折愈合时，间叶细胞增生，并向软骨母细胞及骨母细胞分化。平滑肌细胞也属于稳定细胞，但一般情况下其再生能力较弱。

3. 永久性细胞　属于这类细胞的有神经细胞、骨骼肌细胞及心肌细胞。不论中枢神经细胞还是周围神经的神经节细胞，在出生后都不能分裂增生，一旦遭到破坏则永久性缺失。心肌和横纹肌细胞的再生能力极弱，损伤后基本上通过瘢痕修复。

（二）各种组织的再生过程

1. 被覆上皮的再生　鳞状上皮缺损时，由创缘或底部的基底层细胞分裂增生，向缺损中心迁移，先形成单层上皮，以后增生分化为鳞状上皮；单层柱状上皮（如胃肠黏膜上皮）缺损后，由邻近的基底部细胞分裂增生来修补，新生的上皮细胞初为立方形，以后增高变为柱状细胞。

2. 腺上皮的再生　腺上皮损伤时，如果仅有腺上皮细胞的缺损而腺体的基底膜未遭破坏，可由残存细胞分裂补充，完全恢复原来腺体的结构和功能。如腺体构造（包括基底膜）完全被破坏，则难以再生。构造比较简单的腺体如子宫内膜腺、肠腺等可从残留部细胞再生。肝细胞有活跃的再生能力。

3. 纤维组织的再生　在损伤的刺激下，受损处的纤维母细胞发生分裂、增生，纤维母细胞可由静止状态的纤维细胞转变而来，也可由未分化的间叶细胞分化而来。纤维母细胞又称成纤维细胞，胞体大，两端常有突起，也可呈星状，细胞质丰富，略嗜碱性，细胞核体积大，圆形或卵圆形，染色淡，有1～2个核仁。纤维母细胞有很强的合成胶原蛋白的功能，当其停止分裂后，开始合成并分泌前胶原蛋白，在细胞周围形成网状纤维，网状纤维互相聚合形成胶原纤维；与此同时，细胞胞体逐渐变成长梭形，细胞质越来越少，细胞核变纤细且染色越来越深，成为纤维细胞。

4. 血管的再生　毛细血管多以出芽的方式再生。首先在蛋白分解酶作用下基底膜分解，该处内皮细胞分裂增生形成突起的幼芽，随着内皮细胞向前移动及后续细胞的增生而形成一条细胞索，由于血流的冲击，数小时后便可出现管腔，形成新生的毛细血管，进而彼此吻合构成毛细血管网。为适应功能的需要，这些毛细血管还会不断改建，有的管壁增厚形成小静脉、小动脉。但大血管断离后需手术吻合，吻合处两侧内皮细胞分裂增生、互相连接，恢复原来内膜结构；而平滑肌细胞的再生能力较低，故断离的肌层常由肉芽组织增生，最后形成瘢痕修复。

5. 神经组织的再生　脑和脊髓内的神经细胞坏死后不能再生，而是由神经胶质细胞及其纤维修补，形成胶质瘢痕。但外周神经纤维断离后，如果其细胞体还存活，可以完全再生。首先断离处远侧段及近侧段的一部分髓鞘及轴突崩解、吸收，然后由两端的神经鞘细胞增生，形成带状的合体细胞，将断端连接，近端轴突逐渐向远端生长，穿过神经鞘细胞带，最后达到末梢，鞘细胞产生髓磷脂将轴索包绕形成髓鞘。此再生过程常需数月以上才能完成。若断离的两端相距太远（超过 2.5cm）且两断端之间有软组织嵌入，或因截肢失去远端，再生轴突均不能达到远端，而与增生的结缔组织混合在一起，形成肿瘤样团块，称创伤性神经瘤，临床上可出现顽固性疼痛。故肢体外伤致神经断离后，经手术缝合，愈合后可逐渐恢复其感觉和运动功能。

二、纤维性修复

（一）肉芽组织

肉芽组织（granulation tissue）是由旺盛增生的毛细血管及纤维结缔组织和各种炎症细胞组成，肉眼表现为鲜红色，颗粒状，柔软湿润，形似鲜嫩的肉芽而得名。镜下可见大量由内皮细胞增生形成的实性细胞索及扩张的毛细血管，向创面垂直生长，并以小动脉为轴心，在周围形成袢状弯曲的毛细血管网。在毛细血管周围有许多新生的纤维母细胞，此外常有大量渗出液及炎症细胞。炎症细胞中常以巨噬细胞为主，也有数量不等的中性粒细胞及淋巴细胞，因此肉芽组织具有抗感染功能。巨噬细胞能分泌血小板源生长因子（platelet-derived growth factor，PDGF）、成纤维细胞生长因子（fibroblast growth factor，FGF）、转化生长因子（transforming growth factor，TGF）β、白细胞介素（interleukin，

IL）1 及肿瘤坏死因子（tumor necrosis factor，TNF），加上创面凝血时血小板释放的PDGF，进一步刺激纤维母细胞及毛细血管增生。巨噬细胞及中性粒细胞能吞噬细菌及组织碎片，这些细胞破坏后释放出各种蛋白水解酶，能分解坏死组织及纤维蛋白，肉芽组织中毛细血管内皮细胞亦有吞噬能力，并有强的纤维蛋白溶解作用。肉芽组织中一些纤维母细胞的细胞质中含有肌细丝，有收缩功能，因此应称为肌纤维母细胞（myofibroblast）。纤维母细胞产生基质及胶原。早期基质较多，以后则胶原越来越多。

（二）瘢痕组织

瘢痕组织的形成是肉芽组织逐渐纤维化的过程。此时网状纤维及胶原纤维越来越多，网状纤维胶原化，胶原纤维变粗，与此同时纤维母细胞越来越少，少量剩下者转变为纤维细胞；间质中液体逐渐被吸收，中性粒细胞、巨噬细胞、淋巴细胞和浆细胞先后消失；毛细血管闭合、退化、消失，留下很少的小动脉及小静脉。这样，肉芽组织乃转变成主要由胶原纤维组成的血管稀少的瘢痕组织，肉眼呈白色，质地坚韧。瘢痕形成宣告修复完成，然而瘢痕本身仍在缓慢变化，如常发生玻璃样变性，有的瘢痕则发生瘢痕收缩。这种现象不同于创口的早期收缩，而是瘢痕在后期由于水分的显著减少所引起的体积变小，有人认为也与肌纤维母细胞持续增生以致瘢痕中有过多的肌纤维母细胞有关。由于瘢痕坚韧又缺乏弹性，加上瘢痕收缩可引起器官变形及功能障碍，如在消化道、泌尿道等腔室器官则引起管腔狭窄，在关节附近则引起运动障碍。一般情况下，瘢痕中的胶原还会逐渐被分解、吸收，以至改建，因此瘢痕会缓慢地变小变软。但偶尔也有瘢痕胶原形成过多，成为大而不规则的隆起硬块，称为瘢痕疙瘩，易见于烧伤或反复受异物等刺激的伤口，其发生机制不明，一般认为与体质有关，那些容易出现瘢痕疙瘩的人的体质称为瘢痕体质。瘢痕疙瘩中的血管周围常见一些肥大细胞，故有人认为，由于持续局部炎症及低氧，促进肥大细胞分泌多种生长因子，使肉芽组织过度生长，因而形成瘢痕疙瘩。

三、创伤愈合

创伤愈合是指机体遭受机械暴力作用后，皮肤等组织出现连续性破坏或形成缺损后的修复过程。

（一）皮肤创伤愈合

最轻的创伤仅限于皮肤表皮层，可通过上皮的再生完全愈合；稍重者有皮肤和皮下组织断裂，并出现伤口；严重的创伤可有肌肉、肌腱、神经的断离及骨折。下面以皮肤手术切口为例说明创伤愈合的基本过程。

1. 创伤愈合的基本过程

1）伤口早期变化　　创伤开始伤口局部有不同程度的组织坏死和小血管断裂出血，数小时后局部出现炎症反应，表现为充血及浆液、各种白细胞渗出，故伤口局部可出现红肿，也可因血液和渗出液中的纤维蛋白原凝固在伤口表面形成痂皮，以保护伤口。

2）伤口收缩　创伤后第2～3天，伤口边缘的整层皮肤及皮下组织向中心移动，伤口迅速缩小以利愈合，同时表皮增生覆盖创面。伤口收缩是由伤口边缘新生的肌纤维母细胞的牵拉作用引起的。

3）肉芽组织增生和瘢痕形成　大约从第3天开始自伤口底部及边缘长出肉芽组织，填充伤口，直至新覆盖的表皮下。第5～6天起纤维母细胞产生胶原纤维，其后一周胶原纤维形成甚为活跃，以后逐渐缓慢下来。大约在伤后一个月，肉芽组织完全转变成瘢痕组织。

腹壁手术切口愈合后，如果瘢痕形成薄弱，抗拉强度较低，加之瘢痕组织本身缺乏弹性，故腹腔内压的作用有时可使愈合处逐渐向外膨出，形成腹壁疝。类似情况也可见于心肌及动脉壁较大的瘢痕处，形成室壁瘤及动脉瘤。

2. 创伤愈合的类型　根据损伤程度及有无感染，皮肤和软组织的创伤愈合可分为以下三种类型。

1）一期愈合　见于组织缺损少、创缘整齐、无感染和异物、缝合严密的伤口，如无菌手术切口。这种伤口中只有少量血凝块，炎症反应轻微，表皮再生在24～48h内便可将伤口覆盖。肉芽组织在第3天就可从伤口边缘长出并很快将伤口填满，第5～7天胶原纤维形成，将两断端连接起来。2～3周后完全愈合，留下一条线状瘢痕。故一期愈合的时间短，形成瘢痕少。

2）二期愈合　见于组织缺损较大、创缘不整齐、缝合不严密或无法整齐对合，或伴有明显感染、有异物的伤口。这种伤口的愈合只有感染被控制、坏死组织和异物被清除后，再生才能开始。由于组织缺损较大，需从伤口底部及边缘长出大量肉芽组织才能将伤口填平，故二期愈合的伤口愈合时间较长，形成的瘢痕较大。

3）痂下愈合　多见于皮肤擦伤。伤口表面的血液、渗出液在表面凝固、干燥后形成黑褐色硬痂，创伤愈合过程在痂下进行，待表皮再生完成后，痂皮可自行脱落。痂下愈合所需时间通常较无痂者长。由于痂皮干燥不利于细菌生长，故对伤口有一定的保护作用。但如果痂下渗出物较多，尤其是有细菌感染时，痂皮影响渗出物的排出，不利于伤口愈合，此时需将痂皮去除。

（二）骨折愈合

骨的再生能力很强。单纯性外伤性骨折，经过良好的复位、固定后，几个月内便可完全愈合，恢复其结构和功能。骨折愈合过程与皮肤软组织的愈合过程不完全相同，大致可分为以下几个阶段。

1）血肿形成期　骨组织本身有丰富的血管，骨折后第1天，在骨折的断端及其周围可有大量出血形成血肿，数小时后血肿即可发生凝固，可暂时黏合骨折断端。

2）纤维性骨痂形成期　自骨折后第2天开始，骨折断端的骨膜处纤维母细胞增生和毛细血管再生形成肉芽组织，逐渐往血肿内长入，最终将其完全取代而机化。2～3周后，肉芽组织逐渐纤维化变成瘢痕组织，形成纤维性骨痂，又称暂时性骨痂。纤维性骨痂使骨折两断端紧密连接起来，但无负重能力。

3）骨性骨痂形成期　在纤维性骨痂形成的基础上，骨母细胞增生并分泌大量胶原纤维和骨基质，沉积于细胞间，同时骨母细胞变成骨细胞，形成骨样组织，也称骨样骨痂，骨样骨痂使骨折断端的连接更紧密，此时在骨折后第3～6周；随着骨基质内钙盐的逐渐沉积，骨样组织转变为骨组织，而形成骨性骨痂。骨性骨痂使骨折断端牢固地结合在一起，并具支持负重功能，此时在骨折后第2～3个月。

4）骨性骨痂改建期　骨性骨痂内骨小梁排列紊乱，且不具备正常板层骨结构。随着站立活动和负重所受应力的影响，骨性骨痂逐渐改建为成熟的板层骨，皮质骨和骨髓腔的正常关系也重新恢复。改建是在骨母细胞的新生骨质形成和破骨细胞的骨质吸收的协调作用下完成的，即应力大的部位骨质变致密，不起负重作用的骨组织逐渐被吸收。此期需几个月甚至1～2年才能完成。

四、影响组织修复的因素

组织再生修复的过程和结果不仅受损伤局部一些因素的影响，还受机体全身状况的影响。临床上，应针对不同患者进行全面的综合考虑，并采取措施消除不良因素，创造有利条件以促进损伤的修复。

1. 全身因素

1）年龄　儿童及青少年的组织再生能力强，愈合快。老年人相反，伤口愈合时间较长。

2）营养　蛋白质尤其是含硫氨基酸缺乏，不利于肉芽组织及胶原纤维形成，伤口愈合延缓。维生素C对愈合很重要，因其具有催化羟化酶的作用，对胶原纤维的合成有重要意义。缺乏微量元素锌也会影响创口愈合，可能与锌是细胞内一些氧化酶的成分有关。

3）药物　糖皮质激素可抑制肉芽组织和胶原纤维形成，不利于创伤的修复，某些细胞毒性抗癌药物亦可延缓伤口的修复。

2. 局部因素

1）感染和异物　感染和异物存留可引起组织坏死，加重炎症反应，增大创口内张力等，从而延缓创伤的修复。因此，临床上为促进创伤愈合，有感染的伤口必须先控制感染，必要时施行清创术以清除坏死组织及其他异物。

2）局部血液循环　局部血供状况对组织再生和坏死物质吸收起着重要作用。良好的血液循环一方面保证组织再生所需要的氧和营养；另一方面对坏死物质的吸收、控制局部感染也起着非常重要的作用。局部血供良好时，伤口愈合较好，相反，如动脉粥样硬化或静脉曲张病变时，皆可影响局部血液循环供应而使伤口愈合迟缓。局部应用热敷、理疗或中药泡洗，均有改善局部血液循环、促进伤口愈合作用。

3）神经支配　完整的神经支配对组织再生也有一定的作用，如麻风引起的溃疡很难愈合，是神经受累所致。植物神经的损伤使局部血液循环发生紊乱，对再生的影响更为明显。

（李三强）

主要参考文献

刘红，钟学. 2010. 病理学. 北京：科学出版社.
孙保存. 2009. 病理学. 北京：北京大学医学出版社.
王生林. 2009. 病理学. 合肥：安徽科学技术出版社.
王哲，井欢. 2011. 病理学. 沈阳：辽宁科学技术出版社.
易慧智，王占欣. 2014. 病理学基础. 郑州：郑州大学出版社.

第二章　肝脏组织损伤与修复分子机制

第一节　肝脏损伤与修复的基本概念

肝实质细胞（hepatocyte）是肝脏最主要的细胞成分，它行使重要的代谢、贮存和解毒功能。其他的3种非实质性细胞：库普弗细胞（Kupffer cell）、星形细胞（stellate cell）和血管内皮细胞（vascular endothelial cell），对于维持肝脏功能的完整性同样起着不可缺少的作用。这4种细胞在解剖学位置上十分接近，通过旁分泌和自分泌形式产生各种化学介质，借以传递信息，沟通交流，相互影响，相互作用。各种有害的因子和物质，如病毒、药物、乙醇、缺氧、免疫等，以一种或几种细胞为靶细胞，激发细胞损伤，产生一系列的介质，引发细胞坏死和凋亡、炎症、纤维化等病理改变，最终导致各种肝脏疾病。

肝脏具有强大的防御功能和再生能力，当各种原因（手术、创伤、中毒、感染、坏死等）造成肝脏损伤后，残存肝脏组织可迅速再生恢复至原有体积和重量，以保持最佳的肝体质量比，最终达到肝脏组织结构的重建及肝功能恢复。参与肝脏再生的细胞种类与肝脏受损的程度（包括炎症、纤维化）密切相关。肝脏轻度损伤时，主要由肝实质细胞增殖修复损伤，而肝脏受到严重损伤且肝细胞再生障碍时，肝脏组织就会启动干细胞增生反应，由于肝细胞和干细胞对损伤的反应不同，可能存在因子和信号途径的特异性调控。

不同的物种，肝脏再生的程度和时间是不同的。最近研究提示存在生物钟控制肝脏的再生。无论在什么时候进行肝切除术，细胞有丝分裂进入G_2期和DNA复制的时间都是一样的。Fausto提出WEE1蛋白酶像生物钟一样控制G_2期到M期的转化。不同的小鼠种类，DNA复制时间不一样，提示肝切除术后DNA复制时间取决于生物内在信号的自主调控。

正常成人肝细胞大多处于G_0期，很少分裂，非实质细胞DNA合成慢于肝细胞，库普弗细胞、胆道上皮细胞DNA合成需48h；内皮细胞需96h。经过肝切除术后，正常静态肝细胞经过1～2个复制循环恢复原有体积。对于有的损伤（如惹卓碱、氨基半乳糖引起的损伤），由胆道上皮细胞来源或者残留的肝细胞来源的卵圆细胞（oval cell，OC）增殖修复肝脏已损伤实质。肝切除和四氯化碳（CCl_4）诱导下的损伤，肝脏再生依赖剩余肝细胞分裂增殖，不依赖祖细胞的激活。正常动物肝脏是静止的，仅有0.0012%～0.01%肝细胞保持有丝分裂，然而在肝切除术后，许多肝细胞能在短时

间内经历从 G_0 期到 G_1 期的细胞循环。

肝脏再生首先要依赖于分化成熟的肝细胞重新活化，获得增殖活性，启动后续的DNA复制、细胞分裂和增殖。另外，在肝细胞DNA合成前期（G_1 期）的后期还存在一个限制点（R点），它具有选择分化机能，可决定细胞顺次进入S期或者逆转返回 G_0 期。肝细胞一旦通过这个限制点将不可逆转地进行细胞周期循环，依次通过S期、G_2 期及M期，实现一个完整的DNA复制和细胞分裂周期循环。

研究显示，端粒酶长度对于肝细胞复制能力很重要，它影响DNA的合成。用基因敲除技术使端粒酶减少则会减少肝细胞的生存时间，妨碍肝脏再生。骨髓干细胞也能分裂合成肝细胞，但是细胞转变数量和补充方式现在还不清楚。近来报道，在骨髓干细胞和肝细胞间存在罕见的细胞融合活动，现在能确定两条作用途径，即生长因子途径和细胞因子途径。细胞因子同它的受体结合，产生膜内信号启动转录。肝脏再生需要细胞因子和生长因子各成分相互作用，缺乏某一单独基因很少导致肝脏再生完全受阻。并且细胞因子途径和生长因子途径只是出现在肝脏再生某一特定阶段，说明细胞因子途径与生长因子途径和肝脏再生启动、增殖、终止有某种特别的联系。

第二节　肝脏损伤研究的动物模型

肝脏损伤的引起与多种肝病的发生发展密切相关，是肝脏疾病防治研究的重点问题。很多肝脏疾病的发生发展机制不能在人体进行研究，只能先建立动物模型，然后以此动物模型研究相关病理生理、基因调控等机制，因此合适的肝脏损伤动物模型的建立对于重要肝病的防治研究具有重要的意义。目前，肝脏损伤动物模型的复制主要有化学性、免疫性、酒精性、药物性、生物性等方法，其中生物学方法要求实验条件高且费用昂贵，多用于病原体及其致病机制的高层次研究。目前科研中较常用的是化学性肝脏损伤、免疫性肝脏损伤和酒精性肝脏损伤模型。本节总结了建立急性、慢性肝脏损伤动物模型的机制、方法、特点、应用及优缺点，可以为肝脏损伤动物模型的选择提供参考。

一、化学性肝脏损伤模型

1. 四氯化碳诱导的肝脏损伤模型　四氯化碳（CCl_4）是经典的复制肝脏损伤动物模型的化学物质，其肝脏损伤的机制与 CCl_4 经细胞色素P450（cytochrome P450，CYP450）代谢产生的三氯甲烷自由基引发的链式过氧化反应有关。三氯甲烷自由基生成后引起膜系统发生脂质过氧化反应，与肝细胞蛋白或DNA结合破坏肝细胞机能，导致肝细胞损伤坏死。

CCl_4 所致肝脏损伤可分为急性和慢性。急性肝脏损伤：赖力英等应用4ml/kg CCl_4 灌胃可诱发SD（Sprague-Dawley）大鼠急性肝功能衰竭，死亡率达85%。慢性肝脏损伤：Zhang等采用2ml/kg CCl_4 腹膜内注射SD大鼠，每周2次，持续9周可引起伴有肝细胞坏死和明显炎症的肝硬化。CCl_4导致肝脏损伤是经典模型之一，能准确反映肝细胞的功能、代谢及形态学变化，重复性好且经济。但CCl_4同时还损伤动物的心、脾、肺、肾、脑等器官，另外，CCl_4蒸气和液体可由呼吸道、皮肤吸收，对人体也有一定毒性，操作时应注意。

2. D-氨基半乳糖诱导的肝脏损伤模型　D-氨基半乳糖（D-galactosamine，D-Galn）是一种肝细胞磷酸尿嘧啶核苷干扰剂，通过竞争生成二磷酸尿苷半乳糖使磷酸尿苷耗竭，导致肝细胞的 RNA 和浆膜蛋白合成障碍，限制细胞器的再生及酶的生成和补充，使细胞器受损，引起肝细胞变性、坏死；另外，D-Galn 还可以与肝实质细胞膜特异性结合，影响其完整性，引起肝细胞内Ca^{2+}增多，Mg^{2+}减少，抑制线粒体功能，激活磷脂酶，加速氧化自由基的产生。因此Mg^{2+}与Ca^{2+}的比例失调也是 D-Galn 导致肝细胞不可逆损害的因素之一；加上使肝脏谷胱甘肽减少，并激活库普弗细胞释放 TNF-α，引起细胞凋亡。

该模型肝脏组织病理学改变和生物化学的变化均与人类病毒性肝炎极为相似，也能发展为肝性脑病，其可逆性和重复性均较好。而且 D-Galn 肝毒性的专一性较其他肝毒物好，对实验人员也无危险。因此，D-Galn 性肝脏损伤模型是目前公认的比较好的研究病毒性肝炎发病机制及有效治疗药物的实验动物模型。

3. α-萘基异硫氰酸酯诱导的肝脏损伤模型　α-萘基异硫氰酸酯（α-naphthyl isothiocyanate，ANIT）是一种间接肝毒剂，其主要损害是通过膜脂质过氧化反应，致使肝细胞变性、坏死、胞内血清谷丙转氨酶（ALT）大量溢入血流，同时还导致胆管上皮细胞肿胀坏死，引起毛细胆管增生及小叶间胆管周围产生炎症，从而造成胆管阻塞，形成明显的胆汁淤积，并伴随以点状坏死为主的肝实质细胞损害，产生梗阻性黄疸，出现高胆红素血症和胆汁分泌减少。将 ANIT 用橄榄油溶解，0.5% ANIT 按 50mg/kg 一次性大鼠腹腔注射，可制成急性肝炎模型。按 50mg/kg 小鼠灌胃给药 2 次/周，持续 12 周可导致小鼠产生明显的肝硬化，以及肝脏组织中羟脯氨酸含量显著上升，血清中谷丙转氨酶、游离胆固醇浓度明显升高。

4. 二甲基亚硝胺诱导的肝脏损伤模型　二甲基亚硝胺（dimethylnitrosamine，DMN）是致癌物和诱变剂，具有较强的肝毒性。其肝脏损伤的机制是：DMN 经肝脏细胞色素 P4502E1（CYP2E1）代谢活化产生的甲醛和甲醇，与核酸和蛋白质发生烷基化反应，造成细胞内大分子损伤，肝细胞凋亡、坏死。肝脏受致病因子侵袭后，基质金属蛋白酶 2（MMP-2）的表达与活性增高，肝星形细胞活化，导致细胞增殖及胶原蛋白沉积，促进肝纤维化的形成与发展。同时激活的 MMP-2 促进窦内皮细胞形成肝窦毛细血管化，加重肝脏损伤。

DMN 经微粒体转化形成强烷化物可造成细胞内大分子损伤，多数种系易感，有肾毒性。急性效应为腺泡 3 区的坏死和脂变，慢性可形成肝纤维化和肝癌。大鼠 DMN 造模 1 周时即有肝窦壁细胞增生充血、门脉压升高、脾重量增加。肝窦壁病理组织学改变是 DMN 肝纤维化大鼠门脉高压形成的主要因素。急性肝脏损伤：单剂后 12～18h 出现腺泡 3 区肝细胞出血坏死，周围细胞脂变，24h 广泛坏死、嗜酸性变性、脂肪沉着、凋亡小体出现，6 天后坏死消失，残留组织纤维增生，静脉扭曲。肝纤维化模型：延长 DMN 给药时间数周后可出现呈剂量依赖的肝纤维化改变。早期形成门脉压增高是 DMN 肝纤维化大鼠模型的一个重要特征，主要用于肝硬化形成和门脉高压机制的研究。

5. 硫代乙酰胺诱导的肝脏损伤模型 硫代乙酰胺（thioacetamide，TAA）具有直接肝毒性作用，摄入后可经肝细胞内细胞色素 P450 混合功能氧化酶代谢为 TAA 硫氧化物，干扰细胞核内 RNA 转移，影响蛋白质合成和酶活力，增加肝细胞核内 DNA 合成及有丝分裂，促进肝硬化发展，同时激活肝细胞磷脂酶 A_2，破坏肝细胞膜，形成肠源性内毒素血症，导致大面积肝细胞破坏，并可使 ALT、谷草转氨酶（AST）明显增高。TAA 小剂量诱发肝细胞凋亡，大剂量导致脂质氧化和小叶中央坏死，损伤程度与 TNF-γ 和内毒素水平正相关，可被羟自由基清除剂缓解。

TAA 常用于制作急性肝脏损伤、肝纤维化和肝性脑病模型。王春妍等采用皮下注射 TAA（600mg/kg）制作大鼠急性肝脏损伤动物模型。Wang 等采用 4%的 TAA 溶液以 0.2g/（kg·d）剂量腹腔注射，每日 3 次，持续 10 周制作成大鼠肝纤维化模型，可用于治疗肝硬化药物的研发。TAA 致肝脏损伤模型制作过程相对简单易行，致肝细胞损伤反应好，且具有良好的可行性和重复性、肝纤维化组织接近人类、制备成功率高等优点，常用于制作肝纤维化和急性肝功能衰竭模型。

二、药物性肝脏损伤模型

1. 异烟肼诱导的肝脏损伤模型 异烟肼（isoniazid）是治疗结核病不可缺少的一线药，但随着化疗时间的推移，其不良反应也随之增加。异烟肼单独应用时肝脏损伤发生率为 7%，联用吡嗪酰胺、利福平时对肝脏的毒性更大，肝脏损伤发生率为 23%。

家兔对异烟肼敏感，实验采用 0.35mmol/kg 剂量的异烟肼皮下注射后，每隔 4h 再皮下注射 0.28mmol/kg 剂量，连续 2 天可制成家兔肝脏损伤模型。异烟肼进入肝细胞，首先代谢成乙酰化异烟肼，并迅速水解为联胺，联胺对肝脏具有毒性，在细胞色素 P450 的作用下，被氧化为无毒且具有活性的代谢产物乙酰化异烟肼，乙酰化异烟肼一方面经过乙酰化形成二乙酰异烟肼经尿液排出；另一方面与肝蛋白通过共价键结合而导致肝脏损伤。另外，在酰胺酶作用下，乙酰化异烟肼可被代谢成联胺，导致肝脏损伤，引起血清中转氨酶和精氨琥珀酸裂解酶明显升高。

2. 对乙酰氨基酚诱导的肝脏损伤模型 对乙酰氨基酚（acetaminophen，AAP）是替代阿司匹林的解热镇痛药，大剂量或长期服用时，可导致严重毒性效应，尤以肝脏小叶中央型坏死为常见。AAP 造成的肝脏损伤模型是目前国际上常用的模型。

AAP 致肝脏损伤机制主要是其代谢过程中产生 *N*-乙酰-对苯醌亚胺（NAPQI），耗竭肝细胞还原型谷胱甘肽，降低肝细胞抗氧化能力，继而使肝细胞产生氧化应激性损伤。NAPQI 还可以与生物大分子共价结合，导致蛋白质巯基被氧化和芳基化而影响它们的功能。此外，AAP 在肝内代谢过程中产生自由基，可引起肝细胞膜脂质过氧化，并通过破坏钙稳态而产生细胞毒性。虽然在 AAP 诱导的肝脏损伤模型中，氧化损伤导致肝细胞亚显微结构破坏而引起肝细胞坏死是肝脏损伤的主要原因，但细胞凋亡也参与肝脏损伤过程。将 AAP 加热溶于生理盐水，按 300～500mg/kg 剂量给 6～8 周龄雄性 Balb/c 小鼠一次性腹腔注射，也可用 2.5%的 AAP 混悬液灌胃给药，24h 后可形成急性肝脏损伤模型。

3. 四环素诱导的肝脏损伤模型 四环素（tetracycline）因其抗菌谱广、价格低而被广泛应用于临床，但长期大剂量口服或静脉滴注可引起严重肝脏损伤，肾功能不全时可引起血药浓度过高，造成致死性肝脏急性脂肪变性。

研究发现，四环素肝毒性机制可能与线粒体中脂肪酸 β-氧化功能障碍、脂肪转运功能障碍或药物本身的肝毒性有关。此外，四环素是抗合成代谢剂，可通过抑制体内蛋白质合成，干扰肝载脂蛋白合成，使肝脏内极低密度脂蛋白（VLDL）减少致肝脏分泌脂肪酸减少，从而形成脂肪肝。四环素抑制蛋白质作用可能是通过抑制肝细胞线粒体 DNA 复制或干扰 DNA 转录，使 mRNA 合成减少，从而使 mRNA 翻译成载脂蛋白的量减少，通过抑制肝内甘油三酯的转运及肝细胞线粒体对脂肪酸的 β 氧化，从而诱发肝细胞脂肪变性。

禄保平等应用四环素 10 倍剂量（2250mg/kg）灌胃后 18h 成功制得急性肝脏损伤模型。普通病理和电镜下细胞超微结构观察显示，小鼠血清 ALT 和 IL-18 水平均明显升高，肝细胞广泛损伤，细胞超微结构显著变化，肝细胞凋亡程度严重。赵文霞等应用高脂饮食联合四环素腹腔注射大鼠成功建立脂肪肝模型，该法成功率高、时间短、费用低，是一种较为可行的造模方法，且采用饮食结构变化和药物损伤复合因素造模，较接近临床脂肪肝的发病机制。

4. 环孢素 A 诱导的肝脏损伤模型 环孢素 A（cyclosporin A，CsA）是器官移植后免疫抑制和抗排斥反应的首选药物，可极大提高器官移植的存活率。但慢性肝、肾纤维化是限制其临床应用的重要原因。实验研究和临床观察证实，CsA 肝毒性的发病率一般为 20%～40%。CsA 引起慢性肝毒性是一个比较复杂的过程，且具有剂量依赖性，其中自由基的产生、细胞内钙离子的增加、CsA 结合蛋白 CYP 及脂溶性胆盐蓄积的膜损伤均起到了一定作用。

5. 雷公藤诱导的肝脏损伤模型 雷公藤为卫矛科雷公藤属植物，具有祛风除湿、活血通络、消肿止痛、杀虫解毒等功效。针对其肝脏损害的特点，近年来国内学者开展了应用其提取物诱导实验性肝脏损伤的研究。禄保平等以雷公藤多苷配制混悬液进行小鼠灌胃致急性肝脏损伤，研究显示，小鼠血清 ALT、AST 活性水平升高，超氧化物歧化酶（SOD）和谷胱甘肽过氧化物酶（GSH-Px）水平降低，丙二醛（MDA）、IL-18 水平升高。肝细胞出现显著的脂肪变性、水肿（气球样变）及散在的嗜酸性变。人们认为雷公藤多苷所致的急性肝脏损伤与自由基脂质过氧化反应及 IL-18 有较大关系。IL-18 能够诱导产生多种与肝细胞损害有关的细胞因子，并能增强自杀相关因子（factor associated suicide，Fas）配体（Fas ligand，FasL）的表达，而 Fas-FasL 系统与某些肝脏损害也密切相关。实验还表明，雷公藤多苷能够通过各种途径诱导小鼠肝细胞发生凋亡。由于临床几乎没有应用中药或其提取物进行模型研究，因此用雷公藤建立的药物性肝脏损伤模型是利用中药建立肝脏损伤模型的代表。

6. 阿奇霉素诱导的肝脏损伤模型 阿奇霉素（azithromycin）为临床常用的广谱抗菌消炎药，但它却有着多种多样的不良反应，再次验证了"是药三分毒"的说法，有临床报道，阿奇霉素大剂量使用可以引起患者急性肝脏损伤。因此，建立阿奇霉素诱导的小鼠肝脏损伤动物模型对于进一步研究阿奇霉素诱导的肝脏损伤机制及进行药物性肝脏损伤防治的相关研究具有重要的意义。阿奇霉素诱导的肝脏损伤模型至今尚未被明确建立及研究。阿奇霉素是将红霉素 A9-酮基酯化后，经 Beckmann 重排和 *N*-甲基化等一系列反应之后，得到的一种氮杂化合物，并且通过作用于细菌核糖体抑制蛋白质的合成，而发挥其杀菌功效。阿奇霉素是一种半合成的大环内酯类抗生素，具有抗菌能力强、治疗时间短、体内分布广、化学结构较稳定等独特的药代动力学特点。对过敏体质患儿，该药常被临床作为首选，并且对敏感菌所引起的上呼吸道感染和支气管炎，以及衣原体、支原体感染也有效。由于它用药方便，用药范围不断扩大，近几年来，在国内得到了广泛的应用；但其不良反应的发生也随之增加，并呈多样化的发展趋势。阿奇霉素的不良反应可累及全身各个系统，因其主要通过肝代谢和胆汁排泄，所以在消化系统中，主要表现为肝损害。在用药后较长时间内，胆汁和肝脏中仍存在较高浓度的阿奇霉素，从而加大了肝脏发生毒性反应的机会。故临床上对肝肾功能不全者禁用。

本实验室利用阿奇霉素溶液（200mg/kg、400mg/kg、800mg/kg）腹腔注射小鼠，探索建立小鼠急性肝脏损伤模型的最适浓度，发现 800mg/kg 阿奇霉素剂量可以诱导小鼠急性肝脏损伤，成功建立了阿奇霉素诱导的小鼠急性肝脏损伤动物模型，为保肝药物的筛选提供了新的动物模型。

三、免疫性肝脏损伤模型

肝脏内免疫反应是引起病毒性肝脏损伤的主要机制之一，因此以免疫学机制诱导的肝脏损伤模型的建立，为肝脏损伤研究开辟了新途径，对研究病毒性肝炎防治具有重要意义。

1. 异种血清诱导的肝脏损伤模型 异种动物血清诱导的肝脏损伤-肝纤维化模型的产生机制，被认为是白蛋白免疫复合物所致的Ⅲ型变态反应。王宝恩等建立了良好的免疫性肝纤维化动物模型，采用人血清白蛋白给大鼠皮下注射，抗体产生后，尾静脉注射白蛋白。小剂量组，16 周 80%动物发生肝纤维化乃至肝硬化，病死率为 20%～30%；大剂量组，30 天可形成肝硬化，但病死率高，加入血小板颗粒提取物（platelet granule extract，PGE），可降低病死率至 5%。异种血清腹腔注射法：可选用猪、牛、羊等的血清，其中以猪血清最为常用。SD 大鼠或 Wistar 大鼠腹腔注射猪血清，每次 0.5ml，每周 2 次，12 周后大鼠肝脏内广泛纤维组织增生，假小叶形成，有典型肝硬化表现。

2. 卡介苗加脂多糖诱导的肝脏损伤模型　免疫性肝脏损伤模型的机制在于预先给动物注射卡介苗，可使多核中性粒细胞或巨噬细胞聚集于肝脏，之后再用脂多糖（LPS）攻击注射，可激发这些细胞释放对肝细胞有毒性作用的可溶性因子，造成免疫性肝脏损伤。给小鼠尾静脉注射卡介苗（BCG）浆液0.2ml/只（每毫升含菌超过5×10^6个），致敏后10天，再尾静脉注射脂多糖7.5μg/只，16h后测定肝功、病理、脂质过氧化及TNF-α等有关指标。该动物模型与用化学物质造成的肝脏损伤模型比较，在病理机制上更接近人类的肝炎。

3. 刀豆蛋白A诱导的肝脏损伤模型

1）*急性免疫性肝脏损伤模型*　刀豆蛋白A（concanavalin A，Con A）可活化T淋巴细胞，引起小鼠T细胞依赖性肝脏损伤。T淋巴细胞被确认是Con A诱导的小鼠免疫性肝脏损伤模型的效应细胞，在此模型中发挥着重要作用。在此模型中，小鼠伴有免疫缺陷综合征，并且T细胞可对Con A产生耐药性。无胸腺的具有不成熟T细胞的小鼠对Con A也有耐药性。利用T淋巴细胞抗体对小鼠进行预处理可完全保护小鼠肝脏免受Con A诱导。小鼠$CD4^+$单克隆抗体也起保护作用；小鼠$CD8^+$单克隆抗体则没有保护作用。地塞米松0.5mg/kg、环孢素50mg/kg或藤霉素50mg/kg给药也可对模型小鼠起保护作用。此模型可用于免疫介导的肝脏功能紊乱的病理生理学研究，如慢性自动免疫性肝炎。

2）*慢性免疫性肝脏损伤模型*　注射足够剂量Con A时可诱导急性免疫性肝脏损伤；重复注射无肝细胞毒性剂量时，对机体也有免疫诱导作用。对Balb/c小鼠，每周静脉注射Con A引起血清转氨酶显著升高，伴有坏死和实质细胞的桥状纤维化，可导致肝硬化。转化生长因子TGF-β、TGF-α，以及碱性成纤维细胞生长因子（bFGF）和肝细胞生长因子在每次Con A注射后都会上调。

四、酒精性肝脏损伤模型

酒精诱发的肝脏损伤是炎症和免疫病理共同作用的结果，库普弗细胞产生的TNF-α在坏死和凋亡中起重要作用。TNF-α可使表达TNF-α受体或Fas/CD95 的肝细胞凋亡，TNF-α、IL-6、NO等因子协同作用抑制肝细胞营养和保护机制，慢性酒精摄入在LPS或Con A的刺激下肝脏内多功能固有T淋巴细胞被激活，细胞因子释放进一步增加损伤效应。大鼠长期低蛋白饮食，胃内插管控制酒精摄入量可制成鼠酒精性肝纤维化模型，该模型重复性好，可用于研究酒精和营养素在酒精相关性肝病中的相互作用。

五、手术肝脏损伤模型

手术肝脏损伤主要用于制作急性肝功能衰竭模型，研究肝移植、细胞移植和人工肝治疗效果。术式较多，根据实验动物的不同而不同。部分肝切除、全肝切除术仅适合肝移植肝切除后到供肝行使功能期间的研究，亦有采用门腔端-侧分流、胆总管结扎切断术建立了较理想的犬急性肝功能衰竭模型，有望用于生物人工肝的研究。陈钟采用95%肝切除术中经中叶肝静脉注入5%葡萄糖生理盐水溶液（10ml/kg），建立了较理想的大鼠急性肝功能衰竭模型，并指出与传统手术方法相比，经中叶肝静脉注入5%葡萄糖生理盐水溶液降低了病死率。单纯胆总管结扎、胆管内逆行性注入 *N*-丁基-2-氰基丙烯酸盐加胆管结扎均可建立胆管阻塞性肝纤维化模型，且具有炎症反应轻、造模周期短、自发逆转低、实验指标稳定等优点。

六、营养和代谢性肝脏损伤模型

乳清酸代谢形成乳清苷酸可造成高尔基体内糖基化障碍和 VLDL 组装分泌障碍，脂质不能从肝细胞中运出引起细胞脂变。大鼠对乳清酸敏感，小鼠、兔、人等对乳清酸有抗性。雌鼠更易脂变，1%乳清酸饮食 3～4 天即引起脂变伴转氨酶轻度升高，VLDL 降低。用缺乏胆碱和甲硫氨酸低蛋白高脂饲料喂幼年大鼠可造成脂肪代谢障碍，3 个月可发展成脂肪性肝硬化，并且与人酒精性肝硬化相似。该模型适合研究饮食脂肪含量与胆碱缺乏和肝硬化的关系。Wilson 病是人 13 号染色体上编码参与铜转运 ATP7B 蛋白的基因缺陷，机体铜排出障碍而异常积聚在肝、脑、角膜等组织引起损伤的常染色体隐性遗传病。Carmen 等报道，由于和人类 *ATP7B* 基因同源的基因变异，先天缺陷动物长埃文黄棕色鼠、对乳汁有中毒反应的雌性小鼠有和人 Wilson 病相似的表现，能作为较佳的动物模型。

七、其他肝脏损伤模型

其他肝脏损伤动物模型如寄生虫性肝纤维化模型、感染性肝脏损伤模型（病毒性肝炎、沙门菌和大肠杆菌等诱发）亦有不少报道。国外还有转基因小鼠肝纤维化的研究。实验性肝脏损伤制模方法较多，由于人体肝脏功能的复杂性和肝脏损伤因素的多样性，任何一种实验模型都不能全面、精确地反映特定肝脏损伤的本质，满足所有科研需要，制模的可重复性、可预测性、可比性、低费效比是制模成功的关键，研究者应根据研究目的、技术熟练程度及经济条件选择建立适当的动物模型。

第三节　化学性肝脏损伤的分子机制

化学性肝脏损伤是由化学性肝毒性物质所造成的肝脏损伤，这些化学物质包括酒精、环境中的化学毒物及某些药物。作为人体重要解毒器官的肝脏，具有肝动脉和肝静脉双重血液供应。化学物质可通过胃肠道门静脉或体循环进入肝脏进行转化，因此肝脏容易受到化学物质中的毒性物质损害。大自然和人类工业生产过程中均存在一些对肝脏有毒性的物质，称为“亲肝毒物”，这些毒物在人群中普遍易感，潜伏期短，病变的过程与感染的剂量直接相关，可引起肝脏不同程度的肝细胞坏死、脂肪变性、肝硬化和肝癌。

一、毒性物质

根据毒性的强弱，亲肝毒物可分为三类：①剧毒类，包括磷、三硝基甲苯、四氯化碳（CCl_4）、氯萘、丙烯醛等；②高毒类，包括砷、汞、锑、苯胺、三氯甲烷、砷化氢、二甲基甲酰胺等；③低毒类，包括二硝基酚、乙醛、有机磷、丙烯腈、铅等。一些亲肝毒物与其他非毒性化学物质结合，可增加毒性，如脂肪醇类（甲醇、乙醇、异丙醇等）能增强卤代烃类（四氯化碳、三氯甲烷等）的毒性。

二、受损伤肝脏的表现

受损伤肝脏的表现：①脂肪变性，四氯化碳、黄磷等可干扰脂蛋白的合成与转运，形成脂肪肝。②脂质过氧化反应，这是中毒性肝脏损伤的特殊表现形式，如四氯化碳在体内代谢产生一种氧化能力很强的中间产物，导致生物膜上的脂质过氧化，破坏膜的磷脂，改变细胞的结构与功能。③胆汁淤积反应，主要与肝细胞膜和微绒毛受损，引起胆汁酸排泄障碍有关。

三、CCl_4诱导小鼠急性和慢性肝脏损伤的分子机制

目前主要是应用动物模型来研究肝脏损伤的具体分子机制，作者实验室长期从事化学性肝脏损伤分子机制的研究，主要是利用CCl_4诱导小鼠急性和慢性肝脏损伤来研究相关的分子机制，以下是作者实验室近几年关于CCl_4诱导小鼠肝脏损伤相关分子机制研究内容的总结。

（一）研究方法

1. 动物分组和模型制备 100只小鼠随机分成10组（每组10只），其中，对照组（control）10只、模型组（model）90只，分别在注射CCl_4后3h、6h、12h、24h、30h、36h、42h、48h、54h取材，每个时间点10只。模型组小鼠同时腹腔注射CCl_4食用油溶液（浓度为0.1%）0.1ml/10g造模，在造模后分别取各组5只共50只小鼠在各时间点采取颈椎脱臼致死，取肝脏组织制备10%肝匀浆；另50只小鼠先摘除眼球采血并制备血清，然后颈椎脱臼致死后取肝脏组织作常规固定包埋，制成蜡块存档备用。

2. 血清谷丙转氨酶（ALT）和谷草转氨酶（AST）活性检测

1）血清制备 ①小鼠眼球取血；②让血液在37℃凝固1～2h；③4℃冰箱过夜；④当血清自然析出后，4℃条件下3000r/min离心10min；⑤小心分离血清至另一支干净离心管备用。

2）按照检测试剂盒说明书操作 ①所有操作在25℃室温下进行；②取R2复溶R1，溶解后即为工作液；③空白管，1.00ml工作液，0.10ml蒸馏水；样品管，1.00ml工作液，0.10ml样品；④在340nm波长下检测：混合均匀，在25℃保温1min，读取初始吸光度值，同时开始计时，在精确1min、2min、3min时，分别读取吸光度（A）值，确定每分钟平均吸光度变化（ΔA/min）；⑤计算ALT的活性（E_{ALT}）和AST的活性（E_{AST}）。

$$E_{ALT}\text{（IU/L）}=\text{（}\Delta A\text{样品/min}-\Delta A\text{空白/min）}\times F$$

$$E_{AST}\text{（IU/L）}=\text{（}\Delta A\text{样品/min}-\Delta A\text{空白/min）}\times F$$

$$F=V_t/\text{（}V_s\times\text{摩尔消光系数）}\times 1000=1746$$

式中，V_t为反应总体积；V_s为样品体积；F为换算因子；还原型辅酶Ⅰ（NADH）在340nm波长下摩尔消光系数为6.3。

3. 肝脏病理组织学观察　取相同部位的肝脏组织，大小约5mm×5mm×3mm，置于10%中性福尔马林溶液做常规固定，按照常规病理组织切片技术制作石蜡切片。切片厚4μm，用HE染色进行病理组织学分析，切片在200×光镜下观察。

4. 目标蛋白检测

1）绘制蛋白质曲线　取19个干净已灭菌的10ml离心管，分别加入100μg/ml的牛血清白蛋白（BSA）、0.15mol/L NaCl和考马斯亮蓝G-250溶液，充分混匀后，加入石英比色杯中，使用722型分光光度计在595nm波长处检测吸光度（A）值，用1号管作空白对照（1支），2～7号管各测3次，取平均值。

以A值为横坐标，BSA蛋白浓度为纵坐标绘制标准曲线。

2）蛋白质样品的提取

（1）小鼠处死后，用磷酸盐缓冲液（PBS）分别洗肝脏2次，称重。

（2）按1g肝脏加10ml冰PBS置于冰盒内的匀浆器内迅速匀浆。

（3）分别吸取匀浆液置入6支1.5ml离心管，12 000r/min 4℃离心15min，每支离心管分别小心吸取上清液400μl至一支干净离心管，6支共2400μl，然后分装至200μl离心管，每个离心管内100μl。

（4）迅速冻存于−80℃备用。

3）蛋白质浓度测定　取31个干净已灭菌的10ml离心管，样品管加5ml考马斯亮蓝G-250溶液和970μl 0.15mol/L NaCl溶液，每组分别取1支样品，每组3个管内分别加入30μl蛋白质溶液，空白对照使用1支离心管，只加入5ml考马斯亮蓝G-250溶液和1ml 0.15mol/L NaCl溶液；充分混匀后，加入石英比色杯中，使用722型分光光度计在595nm波长处检测吸光度值，样品管各有3个数据，取平均值。根据标准曲线计算样品的蛋白质浓度，各组样品取70μg蛋白质上样。

4）电泳

（1）制胶。用纱布清洗玻璃板后，再用双蒸水冲洗，然后用乙醇擦拭并晾干。10%分离胶8.4ml，灌入分离胶至2/3位置处，并用水封胶，室温静置30min后，倒掉水，用滤纸吸干残留水分。灌入3.65ml浓缩胶后插入梳子，室温静置12min后，拔掉梳子，30min后上样。

（2）上样前样品处理。蛋白质样品中各加入50μl的SDS-聚丙烯酰胺凝胶（SDS-PAGE）3×蛋白质上样缓冲液。在100℃水浴锅中煮沸3min使蛋白质充分变性。

（3）上样和电泳。用移液枪把变性后的蛋白质样品加入浓缩胶的上样孔内。稳压100V，溴酚蓝移至分离胶的底端附近时停止电泳。

5）转膜

（1）剪取硝酸纤维素膜（NC膜），其大小应和分离胶大小相同，把胶和膜放入转移缓冲液内浸泡20min。

（2）转移。3 层滤纸-膜-胶-3 层滤纸固定于转移夹内，放入转移槽内，要注意膜靠正极一侧，以电流 100mA 为准，转膜 1h 后，再稳流 200mA 转膜 2h。

（3）转膜效果的检测。利用考马斯亮蓝 R-250 对分离胶进行染色，以观察胶上蛋白质的残留情况，根据效果来调整转膜时间。

6）*封闭*　转膜结束后，将膜放入 0.1% Tween-20/PBS（PBST）中洗 3 遍，然后加入 5%的脱脂奶粉于 37℃恒温箱内封闭 30min。用 PBST 洗膜 3 次，每次 5min。

7）*一抗孵育*　依据所检测一抗的说明书用 PBST 来稀释目标抗体：β-肌动蛋白（β-actin）（1∶800）、增殖细胞核抗原（PCNA）（1∶800）、热休克蛋白 70（HSP70）（1∶800）、TNF-α（1∶500）、IL-6（1∶500）、B 细胞淋巴瘤因子 2（Bcl-2）（1∶1000）、Bcl-2 相关 X 蛋白（Bax）（1∶1000）、细胞色素 P4501A2（CYP1A2）（1∶800）、CYP2E1（1∶800）、细胞色素 P4503A4（CYP3A4）（1∶800）、血管内皮生长因子（VEGF）（1∶800）、HSP72（1∶800）和解整合素-金属蛋白酶（ADAM8）（1∶800）。将一抗和 NC 膜放入杂交袋中并排去气泡于 4℃过夜，也可以在 37℃恒温箱中孵育 1h，然后进行后续操作。

8）*二抗孵育*　回收上述一抗后，用 PBST 洗膜 3 次，每次 5min，然后加入对应的二抗于 37℃恒温箱中孵育 1h。孵育结束后再用 PBST 洗膜 3 次，每次 5min。

9）*显色*　配制好 3,3′-二氨基联苯胺（DAB）显色液后，将 NC 膜放入配好的显色液中，暗处反应，10s～20min 后终止显色。

10）*蛋白质表达水平分析*　用扫描仪将 NC 膜上的蛋白质条带扫描至计算机，然后利用 Gel-Pro Analyzer 4.0 软件分析目标蛋白条带的灰度值。目标蛋白的相对表达值即为目标蛋白条带灰度值与内参蛋白（β-actin）条带灰度值的比值。

5. 统计方法　实验数据以平均值±标准差表示，统计分析采用 ANOVA，组间比较采用 Duncan's test，使用 SPSS13.0 软件进行分析处理，$P<0.05$ 为差异有统计学意义。

（二）研究结果

1. 血清 ALT 和 AST 活性检测　转氨酶是促使肝脏正常运转的催化剂，它可以直接反映肝脏的健康状况。当肝细胞发生异常中毒坏死时，会引起肝细胞的受损，转氨酶就会释放到血液中，从而造成血清中转氨酶偏高。ALT 增高反映肝病的活动程度，AST 增高反映了肝细胞损害的严重程度。

CCl_4 注射小鼠后 0～24h，小鼠血清 ALT 和 AST 活性均显著升高，在 24h 达到了高峰（$P<0.05$），说明此时肝脏损伤程度可能达到最大，然后随着时间的延长，ALT 和 AST 活性逐渐降低，注射 CCl_4 后 54h 酶活恢复到接近正常水平。

2. CCl_4 诱导小鼠急性肝脏损伤过程中病理变化情况　在光镜下观察 HE 染色切片，正常组小鼠肝细胞形态结构正常，肝细胞索边界清楚，以中央静脉为中心呈放射状分布。CCl_4 处理各组小鼠肝细胞有不同程度的细胞水肿，较广泛的细胞质疏松，肝细胞脂肪变性，肝血窦扩张充血，结构紊乱，小叶间界限不清，库普弗细胞增生。可见散在的点状坏死、片状坏死及坏死局部炎症细胞浸润。24h 组病理改变最明显，后期病理组织损伤状况有所好转（图 2-1）。

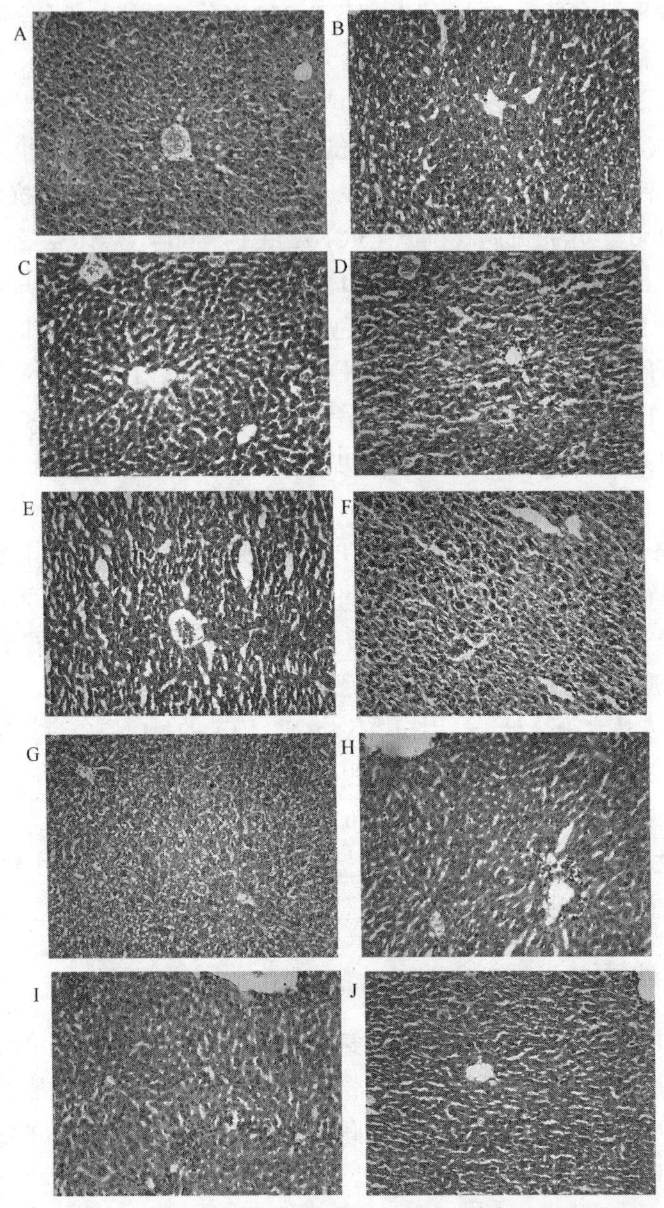

图 2-1　CCl_4 处理各时间点肝脏组织 HE 染色（200×）

A 为对照组；B～J 分别为注射 CCl_4 后 3h、6h、12h、24h、30h、36h、42h、48h 和 54h 的肝脏组织病理切片 HE 染色图

3. CCl_4 诱导小鼠急性肝脏损伤过程中 PCNA 的表达变化　PCNA 是一种分子质量为 36kDa 的核蛋白，含有 261 个氨基酸，主要存在并合成于增殖细胞核中，在 DNA 复制、细胞增殖和细胞周期调控中发挥重要作用。在细胞增殖周期中，PCNA 于 G_1 晚期开始增加，S 期达高峰，G_2 期、M 期明显下降，在 G_0 期及 G_1 早期绝大部分细胞无明显的 PCNA 出现，其含量和表达强弱的变化与 DNA 合成及 DNA 复制的活跃程度一

致。PCNA 由于其量的变化与 DNA 合成一致并能够反映细胞的增殖活性的特点，近年来被作为原位检测细胞增殖活性的新型探针。因此，本研究选择 PCNA 作为观测小鼠肝脏损伤肝细胞再生功能的指标。与对照组小鼠相比，CCl_4 诱导小鼠急性肝脏损伤之后肝脏 PCNA 的表达呈明显变化趋势（$P<0.05$）。PCNA 在 CCl_4 处理后 3h、6h、12h、24h 明显降低（$P<0.05$），这可能与 CCl_4 引起肝细胞损伤，DNA 复制减少有关系；30h 时升高（$P<0.05$），42h 至最高点（$P<0.05$），说明从 30h 开始，由于肝脏的再生能力，肝细胞开始旺盛地增生，42h 时增生能力最强；42h 后又逐渐降低，54h 时恢复到正常水平（$P>0.05$），说明在肝功能逐步恢复后，肝细胞的增生能力又逐步恢复到正常的水平（图 2-2 和图 2-3）。

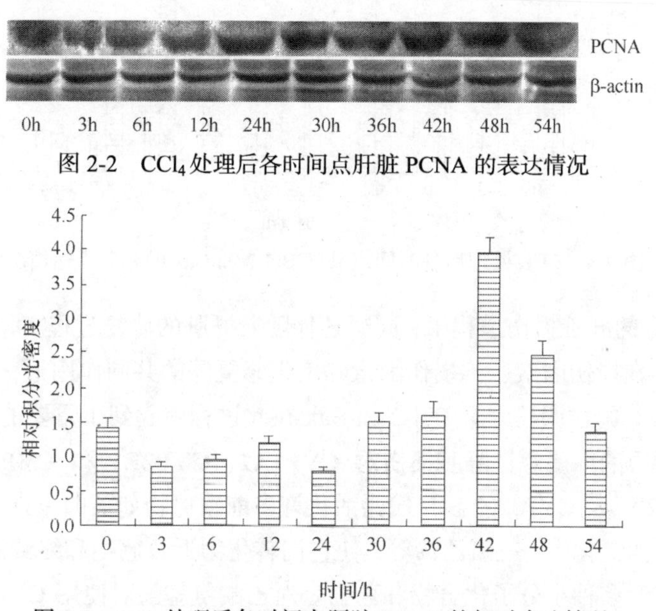

图 2-2　CCl_4 处理后各时间点肝脏 PCNA 的表达情况

图 2-3　CCl_4 处理后各时间点肝脏 PCNA 的相对表达情况

4. CCl_4 诱导的小鼠急性肝脏损伤对 Bcl-2、Bax 表达的影响　细胞凋亡是一种程序性的细胞主动死亡过程，由基因控制，是机体对不能修复的损伤作出的反应，是机体调控自身细胞的增殖和死亡的平衡、保持自身组织稳定的防御机制。大量研究资料显示，细胞中 Bax 的高度表达可形成 Bax/Bax 同源二聚体来加速细胞凋亡的发生。而 Bcl-2 高表达时，Bcl-2 与 Bax 可形成异源二聚体来抑制细胞凋亡，Bcl-2 与 Bax 表达的相对失衡导致了细胞凋亡。

通过实验结果结合分析发现，随着肝脏损伤程度加重，在 CCl_4 处理后 Bcl-2 的表达明显降低，24h 达到最低点（$P<0.05$），随着损伤继续，其表达量又增多但未恢复正常，但是在损伤减轻后（48h 和 54h），其表达又减弱（$P<0.05$）；而肝脏损伤后 Bax 的表达明显升高，并在 12h 达到高峰（$P<0.05$），然后其表达又降低，并逐渐向正常水平恢复。这些变化趋势说明 Bcl-2 的表达受到了代谢物和其他调节因素的抑制，而 Bax 的表达则受到了诱导（图 2-4 和图 2-5）。在细胞受到损伤之后，通过诱导凋亡因素和抑制抗凋亡

因素，清除受损细胞，保护肝脏组织。

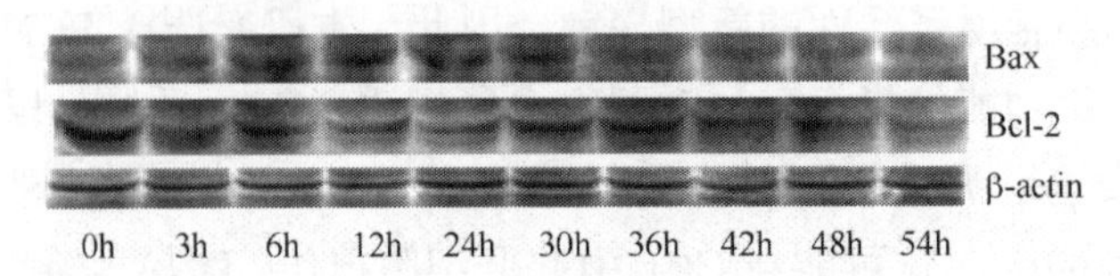

图 2-4 CCl_4处理后各时间点肝脏 Bcl-2 和 Bax 的表达情况

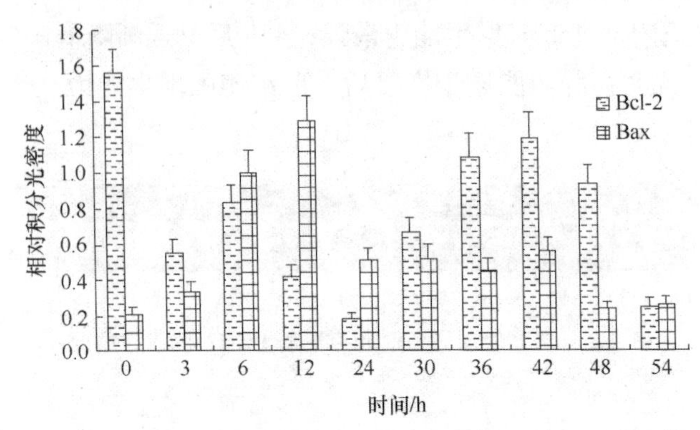

图 2-5 CCl_4处理后各时间点肝脏 Bcl-2 和 Bax 的相对表达情况

在 CCl_4 诱导的肝脏损伤过程中，同时还伴随着肝脏的修复过程。肝脏损伤过程是多种因素起作用，在损伤因素、抗损伤因素和增生修复等的共同作用下，共同调控机体损伤的进一步发展。凋亡调控因素 Bcl-2 和 Bax 在此过程中起到了重要的作用。

5. CCl_4 诱导的小鼠急性肝脏损伤对 CYP1A2、CYP2E1 和 CYP3A4 表达的影响 CYP1A2、CYP2E1 及 CYP3A4 参与代谢活化许多前致癌物如黄曲霉素 B1、杂环胺类、对乙酰氨基酚、四氯化碳、三氯乙烯等，使它们转化为近致癌物和终致癌物及有害物质。CYP2E1 主要代谢多种小分子化合物和药物。对乙酰氨基酚对使用 CYP2E1 和 CYP1A2 抑制剂的小鼠肝脏造成的损伤明显减轻，对敲除 *CYP2E1* 和 *CYP1A2* 基因的小鼠则无任何肝脏损伤。Quan 等的研究显示，CCl_4处理 16h 后大鼠肝脏 CYP2E1 蛋白的表达减少。CYP3A4 是人类在肝脏中含量最多的药物代谢性细胞色素 P450，能够代谢百余种药物，不同程度地参与 60%的临床药物的代谢。目前小鼠中未发现有 CYP3A4 同工酶的表达，本课题组首次在实验中发现 CYP3A4 同工酶在小鼠体内的表达。CYP1A2、CYP2E1 及 CYP3A4 参与对外源性物质的代谢，同时也受到外源性物质的诱导和抑制。通过实验结果分析发现，随着肝脏损伤程度加重，在 CCl_4处理后 3h 时 CYP1A2 和 CYP3A4 的表达均明显降低（$P<0.05$），随着损伤继续，其表达量又增多，但是在损伤减轻后（48h 和 54h），此两种酶的表达又减弱（$P<0.05$）；而肝脏损伤后 3h 时 CYP2E1 的表达明显升高并在 12h 达到高峰（$P<0.05$），随着损伤加重其表达降低，在 30h 至最低点（$P<0.05$），此后逐渐向正常水平恢复（图 2-6 和图 2-7）。这些变化趋势说明 CYP1A2 和 CYP3A4 的表达受到了 CCl_4 及其代谢物的抑制，同时它们与 CYP2E1 也参与了 CCl_4 及其代谢物的代谢。

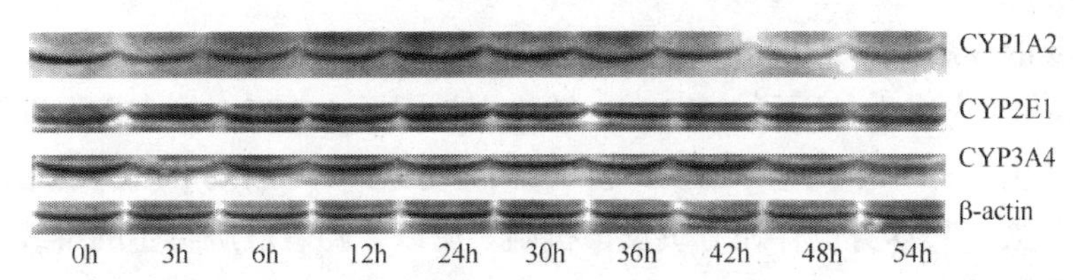

图 2-6　CCl_4处理后各时间点肝脏 CYP1A2、CYP2E1 和 CYP3A4 的表达情况

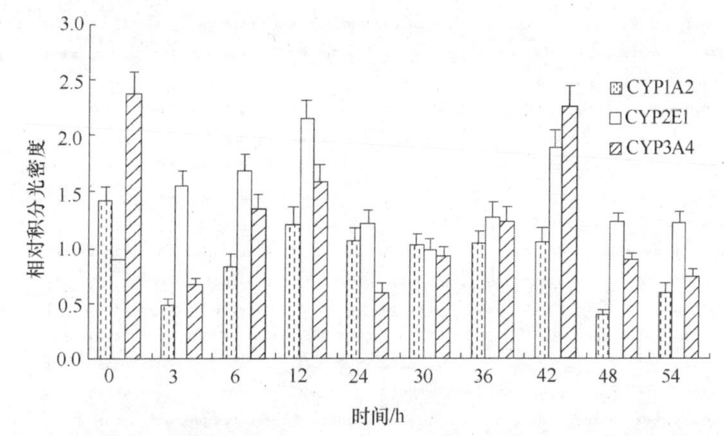

图 2-7　CCl_4处理后各时间点肝脏 CYP1A2、CYP2E1 和 CYP3A4 的相对表达情况

6. 小鼠 *CYP3A4* 基因的克隆和分析　CYP3A4 是人肝脏中表达量最丰富的细胞色素 P450 酶，对目前使用的许多药物起到代谢作用。CYP3A4 在成人肝细胞中组成性地表达，但它也能被多种结构各异的外来化学物质在转录水平上诱导表达。但目前还没有报道 CYP3A4 的类似物存在于小鼠肝脏中。因此，本研究利用抗人 CYP3A4 的抗体检测小鼠肝细胞中是否存在人 CYP3A4 的类似物。研究结果证明，在小鼠肝细胞中存在人 CYP3A4 的类似物。小鼠 CYP3A4 类似物在 CCl_4 诱导的急性肝脏损伤过程中表达呈显著变化趋势，证明 CYP3A4 类似物在小鼠急性肝脏损伤过程中起到重要作用。

利用 GenBank 公布的人和非洲蟾蜍等种属 *CYP3A4* 的核酸序列设计了扩增小鼠 *CYP3A4* 的简并引物，引物序列如下：正向引物 5′-AATCACT（G/C）CTGT（G/C）CAGGGCAGGAAA-3′，反向引物 5′-T（T/C）TCCTGCCCTG（G/C）ACAGCAGT GATT-3′。利用 PCR 扩增的基因片段被克隆到 pBS-T 载体上，然后转化到大肠杆菌（*Escherichia coli*）Top10，利用双酶切的方法检查克隆到载体上的基因的正确性，然后把导入重组质粒的细菌送往上海联合基因生物科技有限公司进行测序分析，测序结果如图 2-8 所示。

7. CCl_4 诱导的小鼠急性肝脏损伤对 HSP70、IL-6 和 TNF-α 表达的影响　与对照组小鼠相比，CCl_4 诱导小鼠急性肝脏损伤之后肝脏 IL-6、TNF-α 和 HSP70 蛋白的表达均发生明显变化（图 2-9 和图 2-10）。分析实验结果后发现，IL-6 在 CCl_4 处理后 3～12h 表达降低，但变化不太明显（$P>0.05$），说明在 CCl_4 诱导小鼠急性肝脏损伤的早期，IL-6 的作用并不十分明显；在 24h 时表达开始升高（$P<0.05$），30h 达到最高点（$P<0.05$），然后又逐渐降低，说明在 CCl_4 诱导小鼠急性肝脏损伤的晚期，肝脏再生修复的过程中 IL-6

具有非常重要的作用（图 2-9 和图 2-10）。近期有资料显示，IL-6 可以不依赖于肝细胞生长因子（HGF）、表皮生长因子（EGF）、转化生长因子（TGF）等直接促进肝脏再生，调控肝细胞的生长，是潜在的肝脏生长影响因子。但是 IL-6 启动肝细胞的增殖并不是无限制地进行下去，其本身也存在着负反馈机制。所以，随着肝脏再生的继续，其表达又有逐渐降低的趋势。

```
1  aatcactgct gtgcagggca ggaaagctcc  atgcacatag cccagcaaag  agcaacacag agctgaaagg aagactcaga
ggagagagat  aagtaaggaa agtagtgatg gctctcatcc cagacttggc  catggaaacc tggcttctcc tggctgtcag
cctggtgctc  ctctatctat atggaaccca ttcacatgga ctttttaaga  agcttggaat tccagggccc acacctctgc
atttttgggg  aaatatttg  atgtaccata agggcttttg tatgtttgac  atggaatgtc ataaaaagta tggaaaagtg
tggggctttt  atgatggtca acagcctgtg ctggctatca cagatcctga  catgatcaaa acagtgctag tggaaaagtg
ttattctgtc  ttcacaaacc ggaggcctt  tggtccagtg ggatttatga  aaagtgccat ctctatagct gaggatgaag
aatggaagag  attacgatca ttgctgtctc caaccttcac cagtggaaaa  ctcaaggaga tggtccctat cattgcccag
tatggagatg  tgttggtgag aaatctgagg cgggaagcag agacaggcaa  gcctgtcacc ttgaaagacg tctttggggc
ctacagcatg  gatgtgatca ctagcacatc atttggagtg cggatcgact  ctctcaacaa tccacaagac cccttttgtgg
aaaacaccaa  gaagctttta agatttgatt ttttggatcc attctttctc  tcaatcctct ttccattcct catcccaatt
cttgaagtat  taaatatctg tgtgtttcca agagaagtta caaatttttt  aagaaaatct gtaaaaagga tgaaagaaag
tcgcctcgaa  gatacacaaa agcaccgagt ggatttcctt cagctgatga  ttgactctca gaattcaaaa gaaactgagt
cccacaaagc  tctgtccgat ctggagctcg tggcccaatc aattctcttt  attttgctg  gctatgaaac cacgagcagt
gttctctcct  tcattatgta tgaactggcc actcaccctg tgatccagca  gaaactgcag gaggaaattg atgcagtttt
acccaataag  gcaccaccca cctatgatac tgtgctacag atggagtatc  ttgacatggt ggtgaatgaa acgctcagat
tattcccaat  tgctatgaga cttgagaggg tctgcaaaaa agatgttgag  atcaatggga tgttcattcc caaaggggta
gtggtgatga  ttccaagcta tgctcttcac cgtgacccaa agtactggac  aggacctgag aagttcctcc ctgaaagatt
cagcaagaag  aacaaggaca acatagatcc ttacatatac acaccctttg  gaagtggacc cagaaactgc attggcatga
aatggaagag  catgaacatg aaacttgctc taatcagagt ccttcagaac  ttctccttca aaccttgtaa agaaacacag
atccccctga  aattaagctt aggaggactt cttcaaccag aaaaacccgt  aattctaaag gttgagtcaa gggatggcac
cgtaagtgga  gcctgaattt tcctaaggac ttctgctttg ctcttcaaga  aatctgtgcc tgagaacacc agagacctca
aattactttg  tgaatagaac tctgaaatga agatgggctt catccaatgg  actgcataaa taaccgggga ttctgtacat
gcattgagct  ctctcattgt ctgtgtagag tgttatactt gggaatataa  aggaggtgac caaatcagtg tgaggaggta
gatttggctg  ctctgcttct cacgggacta tttccacac  ccccagttag  caccattaac tcctcctgag ctctgataag
agaatcaaca  tttctcaata atttcctcca caaattatta atgaaaataa  gaattatttt gatggctcta acaatgacat
ttatatcaca  tgttttctct ggagtattct ataagtttta tgttaaatca  ataaagacca ctttacaaaa gtattatcag
atgctttcct  gcacattaag gagaaatcta tagaactgaa tgagaaccaa  caagtaaata tttttggtca ttgtaatcac
tgttggcgtg  gggcctttgt cagaactaga atttgattat taacataggt  gaaagttaat ccactgtgac tttgcccatt
gtttagaaag  aatattcata gtttaattat accttttttg atcaggcaca  gtggctcacg cctgtaatcc tagcagtttg
ggaggctgag  ccgggtggat cgcctgaggt caggagttca agacaagcct  ggcctacatg gttgaaaccc catctctact
aaaaatacac  aaattagcta ggcatggtgg actcgcctgt aatctcacta  cacaggaggc tgaggcagga gaatcacttg
aacctgggag  gcggatgttg aagtgagctg agattgcacc actgcactcc  agtctgggtg agagtgagac tcagtcttaa
aaaaatatga  cttttgaag  cacgtacatt ttgtaacaaa gaactgaagc  ccttattata ttattagttt tgatttaatg
ttttcagccc  atctcctttc atatttctgg gagacagaaa acatgtttcc  ctacacctct tgcattccat cctcaacacc
caactgtctc  gatgcaatga acacttaata aaaaacagtc gattggtcaa  ttgattgagc aataagcct   2789
```

图 2-8　小鼠 *CYP3A4* 的核酸序列

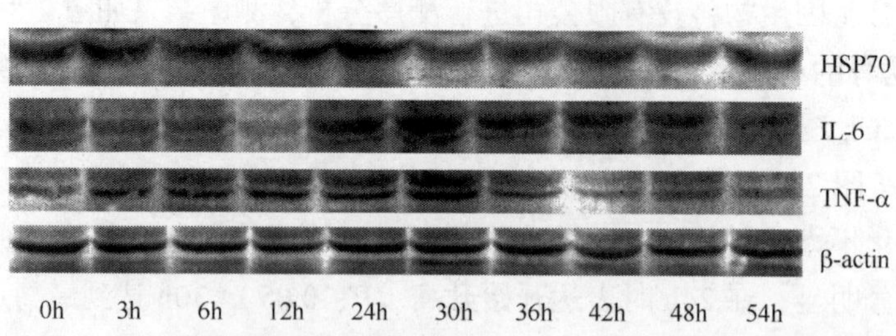

图 2-9　CCl_4 处理后各时间点肝脏 HSP70、IL-6 和 TNF-α 的表达情况

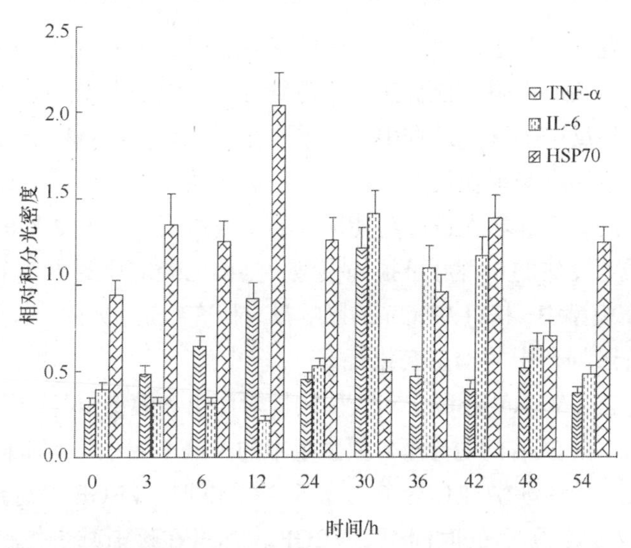

图 2-10　CCl_4处理后各时间点肝脏 HSP70、IL-6 和 TNF-α 的相对表达情况

TNF-α 在 CCl_4处理后，先逐渐升高，在 30h 时达到高峰（$P<0.05$）（图 2-9 和图 2-10），这可能是因为肝库普弗细胞是体内最大的巨噬细胞池，具有产生 TNF-α 的巨大潜能，是产生 TNF-α 的主要部位。在肝细胞受损时，细胞膜对 Ca^{2+}的通透性增加，Ca^{2+}内流增加；缺血导致线粒体结构和功能受损，使肝细胞内 ATP 的合成减少，钙泵排 Ca^{2+}能力和内质网摄 Ca^{2+}能力降低，引起细胞内 Ca^{2+}超载，肝库普弗细胞因 Ca^{2+}超载而活化。活化的肝库普弗细胞分泌大量 TNF-α，而 TNF-α 的高表达可加重肝脏的受损程度。另外，TNF-α 可诱导 IL-6 的合成，TNF-α 和 IL-6 是肝脏再生的早期信号，没有这些细胞因子，再生过程就不能正常进行。而 IL-6 反过来抑制 TNF-α 的产生，因而，TNF-α 的表达水平在 CCl_4 诱导的小鼠急性肝脏损伤的后期又有降低趋势，但明显未恢复至正常水平。

HSP70 在 CCl_4处理后 3～12h 先升高（$P<0.05$）（图 2-9 和图 2-10），表明 CCl_4诱导的小鼠急性肝脏损伤早期，CCl_4及其代谢产物诱导了 HSP70 的表达，HSP70 可能参与了肝细胞抗损伤机制的启动。这可能与 HSP70 可以提高细胞的抗应激能力，发挥其维持细胞蛋白的自稳、提高细胞对应激原的耐受性、抵御各种损害因素的刺激、保持细胞内环境的稳定性和参与免疫反应等多种功能相关。随着染毒时间延长，肝脏损伤程度加重，HSP70 在 CCl_4处理后 24h 时开始降低（$P<0.05$），在 30h 时达到最低点（$P<0.05$），这可能与 HSP70 的合成和功能存在生理老化现象有关，在 30h 之后，随着肝脏损伤的发展，肝脏的增生修复功能开始启动，HSP70 的表达又有逐渐升高的趋势，提示 HSP70 可能在肝脏再生修复的过程中具有重要的作用。

IL-6、TNF-α 和 HSP70 表达的变化趋势提示了肝脏对 CCl_4 诱导的肝脏损伤产生了保护性调节作用，此 3 种分子在此过程中可能起到重要作用。

8. CCl_4 诱导的小鼠急性肝脏损伤对 VEGF 表达的影响　在 CCl_4 诱导急性肝脏损

伤的同时，也进行着一些抗损伤及修复因子的修复过程。在诸多因素中，VEGF 即为其中关键的因子之一。VEGF 具有能促进新生血管形成、增加血管通透性的功能，其在肝细胞再生和肝病炎症反应的转变过程中起着重要作用。目前针对该因子的研究较为广泛，在其他因素引起的急性肝脏损伤过程中，VEGF 的表达得到了研究，结果证实该种蛋白质表达量均有所升高，并起着促进肝功能恢复的积极作用。CCl_4 诱导的肝脏损伤模型是研究肝脏损伤的最为经典的一种肝脏损伤模型，当前已经应用到了各个研究领域。但在 CCl_4 诱导肝脏损伤模型中，其对 VEGF 的影响没有研究报道。为此，本实验进行了 VEGF 表达在小鼠急性肝脏损伤中的动态变化观察。

利用蛋白质印迹（Western blot）对实验阴性对照组和模型组各个样品进行 VEGF 蛋白分析。结果显示，在 CCl_4 的诱导下，模型组中的 VEGF 蛋白均有不同程度的升高。在 3～24h，VEGF 表达量逐渐增加（$P<0.05$），到达 24h 时，VEGF 表达量最高（$P<0.05$）（图 2-11 和图 2-12）。在随后的时间里，VEGF 表达量在逐渐减少，趋向正常值。但在本实验中，ALT 和 AST 活性最高点在诱导后的 24h，肝脏组织细胞的损伤最为严重点也在 24h，这与 VEGF 表达量之间存在一致关系。究其原因，可能由于肝脏损伤达到最大程度时，血管修复再生也达到最大程度。此外，VEGF 具有抗细胞凋亡、促进肝细胞再生的作用，使得在 CCl_4 诱导 24h 之前，肝细胞炎症反应没有达到最为严重状态，24h 达到最高点，模型组肝细胞的损伤程度与 ALT 和 AST 活性高低呈现正相关性。

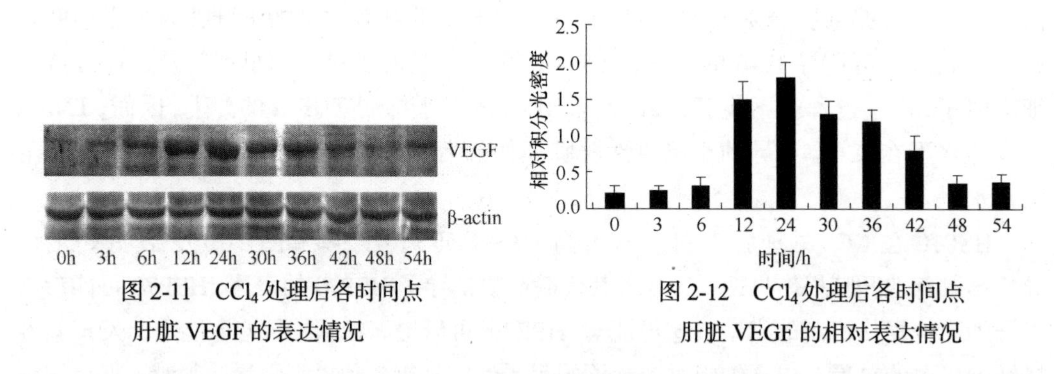

图 2-11　CCl_4 处理后各时间点肝脏 VEGF 的表达情况

图 2-12　CCl_4 处理后各时间点肝脏 VEGF 的相对表达情况

对 CCl_4 诱导肝脏损伤 VEGF 表达情况的研究结果表明，其在肝脏损伤过程中变化明显，表明该因子在急性肝脏损伤过程中起着积极的恢复作用。该结果可应用到实际预防和治疗肝脏损伤的药物开发方面，也为临床进一步阐明急性肝脏损伤的发病机制提供了重要的思路。

9. CCl_4 诱导的小鼠急性肝脏损伤对 HSP27 表达的影响　在多种应激条件下，细胞内热休克蛋白的表达量增加，保护细胞免受潜在的应激和细胞毒性效应的损伤，同时作为分子伴侣的热休克蛋白可稳定细胞内蛋白质构象，阻止细胞凋亡的发生。在热休克蛋白家族中，HSP27 是人细胞中发现的一种分子质量为 27kDa 的热休克蛋白，其基因在启动子区有热休克元件（heat shock element，HSE）及应激相关调节元件（stress-related regulatory element，STRE），而其氨基酸序列则具有与α2晶体蛋白相类似的N端序列。研究发现，在应激条件下，热休克转录因子（heat shock transcription factor，HSF）与热休克元件结合激活*HSP27*基因，使其表达增加；HSP27通过抑制热休克过程中蛋白质的合成，使真核细胞中未折叠蛋白质的量减少，从而减弱对细胞的破坏作用。真核生物蛋白合成需形成起始帽复合物eLF4F，HSP27可以与eLF4F的结构成分eLF4G相结合，阻止mRNA的翻译，对细胞起保护作用；HSP27还可以防止肌动蛋白的破坏，维护细胞骨架的稳定，增加对热的耐受性。

本实验研究发现，小鼠肝脏受到药物刺激后产生了应激反应，通过对小鼠血清ALT、AST活性分析，发现随着时间的延长，ALT和AST活性逐渐升高，24h达到高峰，54h逐渐恢复到正常水平。同时运用蛋白质印迹检测小鼠肝脏中的HSP27表达量的变化，发现在应激反应后，HSP27的表达量逐渐增高，在30h达到了高峰，此后逐渐恢复到正常水平（图2-13和图2-14）。本实验不仅印证了在CCl_4诱导的肝脏损伤过程中同时伴随着肝脏的修复过程，而且发现在CCl_4诱导的小鼠急性肝脏损伤过程中，HSP27的表达量增高，使未折叠蛋白质的量减少，从而减弱对细胞的破坏作用，进而促进肝脏的修复和再生。该研究为进一步阐明HSP27在急性肝脏损伤中的重要作用奠定了基础。

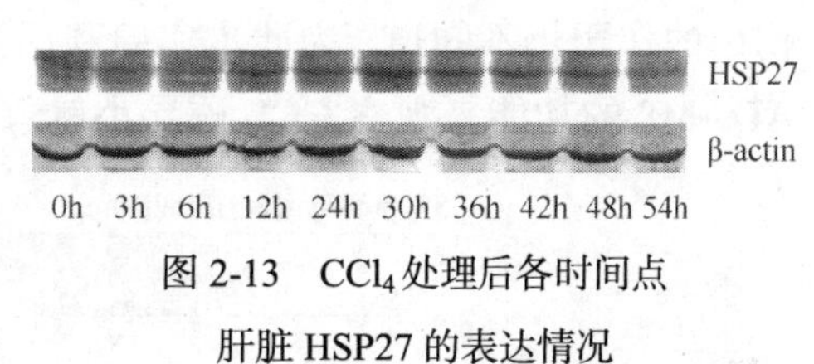

图2-13　CCl_4处理后各时间点肝脏HSP27的表达情况

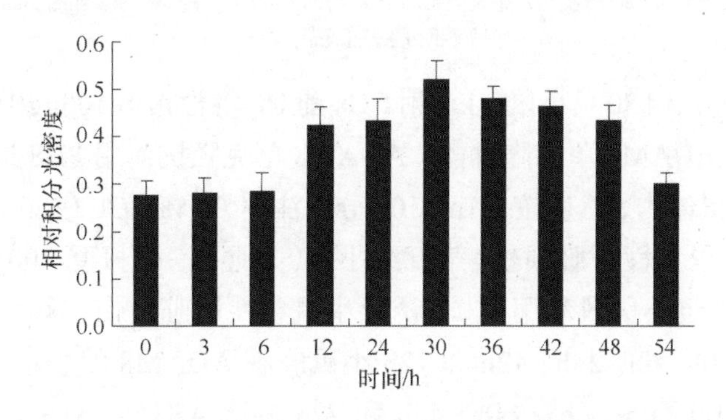

图2-14　CCl_4处理后各时间点肝脏HSP27的相对表达情况

10. 解整合素-金属蛋白酶8在CCl_4诱导的小鼠急性肝脏损伤中的作用　解整合素-金属蛋白酶（a disintegrin and metalloprotease，ADAM）是一类Ⅰ型跨膜分泌型糖蛋白家族，也称金属蛋白酶解聚素或MDC（metalloprotease/disintegrin/cysteine-rich），*ADAM*基因编码的蛋白质通常由800～1200个氨基酸组成，包含8个结构域，自N端至C端依次为：信号域、前导域、类金属蛋白酶功能域、解整合素样功能域、富含半胱氨酸功能域、类表皮生长因子功能域、跨膜域和胞质尾域（图2-15）。ADAM家族的作用广泛，涉及膜组织融合、细胞因子和生长因子的解离脱落、细胞迁移的控制，以及一些诸如受精、肌肉发育、神经系统细胞的生长发育过程的调控等；ADAM 在调节细胞-细胞和细胞-基质的相互作用中至关重要。近年来研究发现，该家族成员在炎症反应、肿瘤发生发展转移、免疫性疾病和过敏反应疾病中有着重要作用。迄今为止，文献报道的 ADAM 家族成员共有 30 余种。解整合素-金属蛋白酶 8（a disintegrin and metalloprotease 8，ADAM8）最初在巨噬细胞中得到鉴定，然后发现在神经元细胞、破骨细胞、白细胞、中性粒细胞、上皮细胞和癌细胞中也存在。ADAM8 能够通过对细胞信号通路中关键的膜受体进行加工从而调节细胞的功能。ADAM8 的催化活性已经在一些生化实验和一些细胞底物分析实验中得到了证明，这些底物包括肝素结合性表皮生长因子（HB-EGF）、EGF、CD23 和 L-选择素。ADAM8 的失调将导致一些疾病如类风湿性关节炎、癌症、哮喘等的发生。激活的肝星形细胞和静止的肝星形细胞相比，ADAM8 的 mRNA 表达显著上调。但到目前为止，ADAM8 在急性肝脏损伤中的作用仍不知道，为此本实验利用抗 ADAM8 的单克隆抗体注射小鼠，拮抗小鼠 ADAM8 的功能来观察 CCl_4 诱导小鼠急性肝脏损伤过程中 ADAM8 的具体作用。

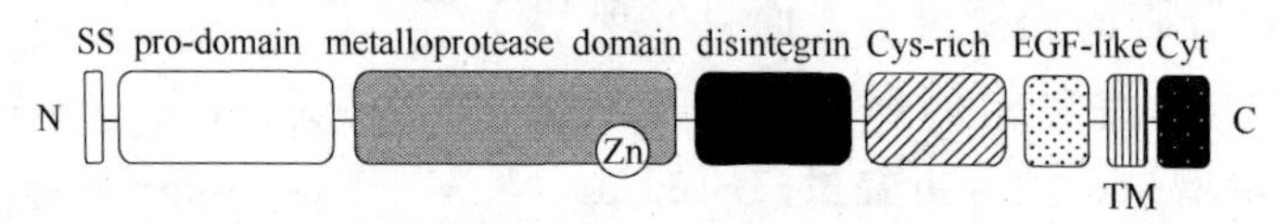

图 2-15　ADAM 的结构（引自 Mazzocca et al.，2010）

ADAM 包含 8 个保守的结构域，自 N 端至 C 端依次为：信号域（the signal sequence，SS）、前导域（pro-domain）、类金属蛋白酶功能域（metalloprotease domain）（包含一个锌离子结合位点）、解整合素样功能域（disintegrin）、富含半胱氨酸功能域（cysteine-rich domain，Cys-rich）、类表皮生长因子功能域（EGF-like）、跨膜域（transmembrane domain，TM）和胞质尾域（cytoplasmic tail，Cyt）

小鼠分为 6 组。每组 30 只小鼠。在注射 CCl_4 前 1h，将含 PBS 100μg/100μl、200μg/100μl 和 300μg/100μl 的 ADAM8 单克隆抗体（ADAM8 单克隆抗体用 PBS 进行稀释）分别腹腔注入 1～4 组小鼠体内，然后按 0.1ml/10g 分别注射 0.1% CCl_4（1μl CCl_4 用 1ml 矿物油稀释）来诱导小鼠急性肝脏损伤。第五组小鼠（对照组）仅接受 300μg/100μl ADAM8 单克隆抗体，第六组小鼠只利用 CCl_4 诱导小鼠急性肝脏损伤，然后利用蛋白质印迹检测注射 CCl_4 后 0h、6h、24h、42h 和 72h 小鼠肝脏 ADAM8 的表达变化。检测了 1～5 组小鼠注射 CCl_4 后 0h、6h、24h、42h 和 72h 血清 AST 和 ALT 活性的变化情况，利用 HE 染色检测了 1～5 组小鼠肝脏病理变化情况，同时利用免疫组织化学、蛋白质印迹和半定量反转录 PCR（RT-PCR）的方法检测了 1～5 组小鼠 VEGF、CYP1A2 和 PCNA 表达的变化。

1）*注射 CCl_4 后不同时间点 5 组小鼠血清 AST 和 ALT 活性的变化情况*　图 2-16 结果表明，ADAM8 单克隆抗体预注射组小鼠血清 AST 和 ALT 活性在注射 CCl_4 后 6h、24h、42h 和 72h 显著低于预注射 PBS 组小鼠（$P<0.05$ 或 $P<0.01$）。随着预注射抗体浓度的升高，小鼠血清 AST 和 ALT 活性以一种剂量依赖的方式显著下降。只预注射 300μg/100μl ADAM8 单克隆抗体的小鼠血清 AST 和 ALT 水平比预注射 300μg/100μl

ADAM8 单抗和 CCl_4 组小鼠要显著降低（$P<0.05$）。

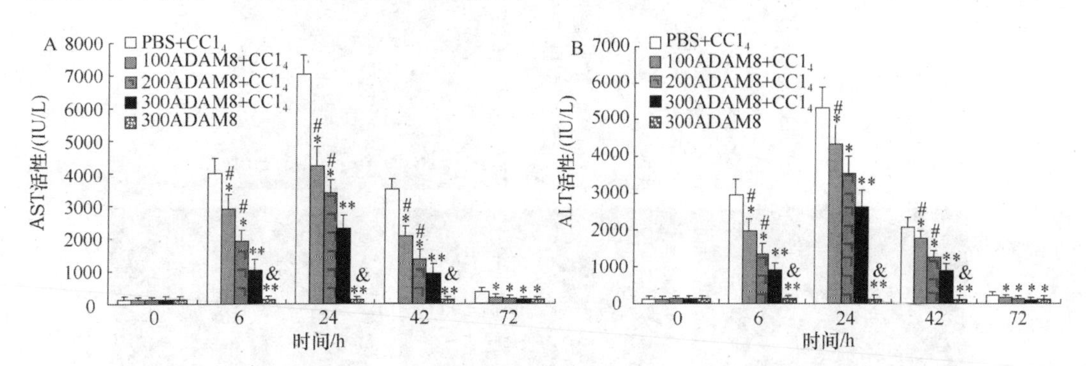

图 2-16　预注射 PBS 或 ADAM8 单克隆抗体小鼠在注射 CCl_4 后不同时间小鼠血清 AST（A）和 ALT（B）活性的变化

仅接受 300μg/100μl ADAM8 单克隆抗体预注射的小鼠也作为对照小鼠检测血清 AST 和 ALT 水平。数据表示为平均值±标准差（$n=6$）。PBS＋CCl_4、100ADAM8＋CCl_4、200ADAM8＋CCl_4 和 300ADAM8＋CCl_4 表示小鼠分别接受 PBS 或抗 ADAM8 的单克隆抗体预注射（100μg/100μl、200μg/100μl 或 300μg/100μl），然后在正常的饲养条件下室温恢复 1h；紧接着将 0.1% CCl_4 腹腔注射到小鼠体内。300ADAM8 表示小鼠仅接受 300μg/100μl ADAM8 单克隆抗体预注射。**$P<0.01$ 或*$P<0.05$ 表示每个 ADAM8 单克隆抗体＋CCl_4 组或 300ADAM8 单克隆抗体组与 PBS＋CCl_4 组相比具有显著性差异。#$P<0.05$ 表示 300ADAM8 单克隆抗体＋CCl_4 组与 100ADAM8 单克隆抗体＋CCl_4 或 200ADAM8 单克隆抗体＋CCl_4 组相比具有显著性差异。&$P<0.05$ 表示 300ADAM8 单克隆抗体＋CCl_4 组与 300ADAM8 单克隆抗体组相比具有显著性差异

2）组织学分析 CCl_4 处理和未处理组小鼠病理变化情况　利用 HE 染色对不同组肝脏的损伤程度进行病理分析。表 2-1 和图 2-17 的结果表明，预注射 ADAM8 单克隆抗体的小鼠和预注射 PBS 组小鼠相比，在 CCl_4 诱导肝脏损伤后 6h、24h、42h 和 72h 肝脏损失程度显著减轻（$P<0.05$ 或 $P<0.01$）。与 200μg/100μl 和 100μg/100μl ADAM8 单克隆抗体预注射组小鼠相比，300μg/100μl ADAM8 单克隆抗体预注射组小鼠显著减轻了 CCl_4 诱导的小鼠肝脏损伤程度（$P<0.05$）。只接受 300μg/100μl ADAM8 单克隆抗体预注射，未接受 CCl_4 注射组小鼠没有诱导小鼠肝脏损伤。

表 2-1　肝脏损伤程度

分组	0h	6h	24h	42h	72h
PBS＋CCl_4	0	2	4	3	2
100ADAM8＋CCl_4	0	1～2*#	3*#	2～3*#	1～2*#
200ADAM8＋CCl_4	0	1*#	2～3*#	2*#	1*#
300ADAM8＋CCl_4	0	0～1**	2**	1～2**	0～1**
300ADAM8	0	0** &	0** &	0** &	0** &

注：小鼠腹腔注射 0.1% CCl_4 后不同时间点肝脏的病理分析。肝脏损伤程度根据肝实质细胞的坏死程度进行分类。0 级：正常肝脏组织。1 级：出现降解的肝细胞，伴随着少量的坏死区域。2 级：中央静脉周围小叶中心的坏死，仅占 Rappaport 3 区的一部分。3 级：在 Rappaport 3 区内建立了肝细胞坏死。4 级：广泛的、融合的小叶中心坏死，包括 Rappaport 3 区和 2 区。**$P<0.01$ 或*$P<0.05$ 表示每个 ADAM8 单克隆抗体＋CCl_4 组或 300ADAM8 单克隆抗体组与 PBS＋CCl_4 组相比具有显著性差异。#$P<0.05$ 表示 300ADAM8 单克隆抗体＋CCl_4 组与 100ADAM8 单克隆抗体＋CCl_4 或 200ADAM8 单克隆抗体＋CCl_4 组相比具有显著性差异。&$P<0.05$ 表示 300ADAM8 单克隆抗体＋CCl_4 组与 300ADAM8 单克隆抗体组相比具有显著性差异

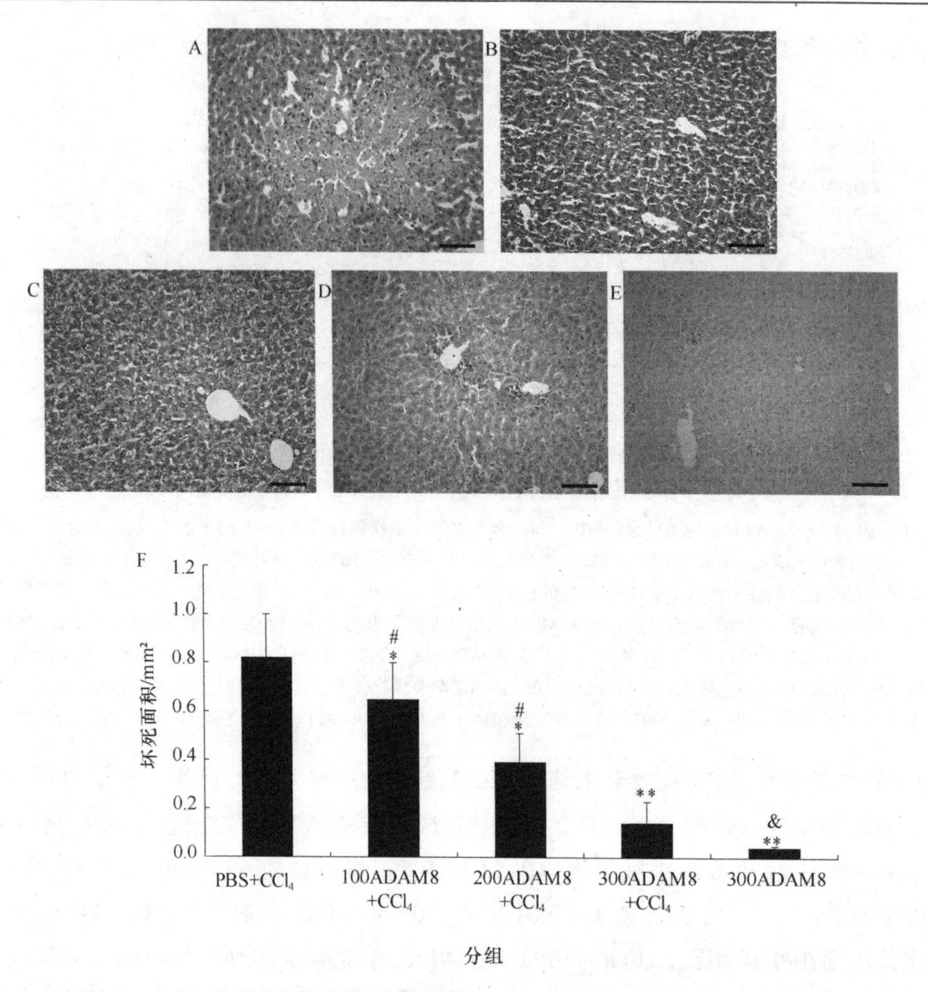

图 2-17　HE 染色检测不同组小鼠注射 CCl_4 后 24h 肝脏的损伤程度（彩图）

A～E. PBS＋CCl_4 组，100μg/100μl、200μg/100μl 和 300μg/100μl ADAM8 单克隆抗体＋CCl_4 组和 300μg/100μl ADAM8 单克隆抗体组小鼠肝脏的损伤程度。F. 坏死面积图。利用 Image Pro Plus 6.0 软件统计每只小鼠至少 $10mm^2$ 的肝脏组织切片的代表性区域（比例尺：50μm）。$^{**}P<0.01$ 或 $^{*}P<0.05$ 表示每个 ADAM8 单克隆抗体＋CCl_4 组或 300ADAM8 单克隆抗体组与 PBS＋CCl_4 组相比具有显著性差异。$^{\#}P<0.05$ 表示 300ADAM8 单克隆抗体＋CCl_4 组与 100ADAM8 单克隆抗体＋CCl_4 或 200ADAM8 单克隆抗体＋CCl_4 组相比具有显著性差异。$^{\&}P<0.05$ 表示 300ADAM8 单克隆抗体＋CCl_4 组与 300ADAM8 单克隆抗体组相比具有显著性差异

3）免疫组织化学检测分析 CCl_4 处理和未处理组小鼠肝脏 VEGF、CYP1A2 及 PCNA 的表达情况　VEGF 和 CYP1A2 主要在小鼠肝细胞质中表达，PCNA 主要在小鼠肝细胞核中表达。图 2-18～图 2-20 表明在注射 CCl_4 后 24h，ADAM8 单克隆抗体预注射组小鼠与 PBS 预注射组小鼠相比，VEGF、CYP1A2 和 PCNA 显著上调表达（$P<0.05$ 或 $P<0.01$）。在注射 ADAM8 单克隆抗体的 3 个不同剂量中，300μg/100μl 的 ADAM8 单克隆抗体预注射能够更加显著地诱导 VEGF、CYP1A2 和 PCNA 的表达（$P<0.05$）。在注射 CCl_4 后 6h 和 42h，ADAM8 单克隆抗体预注射组与 PBS 预注射组小鼠相比也能够显著诱导上述分子的表达（$P<0.05$ 或 $P<0.01$），但注射 CCl_4 后 72h 未显著诱导这些分子的表达。

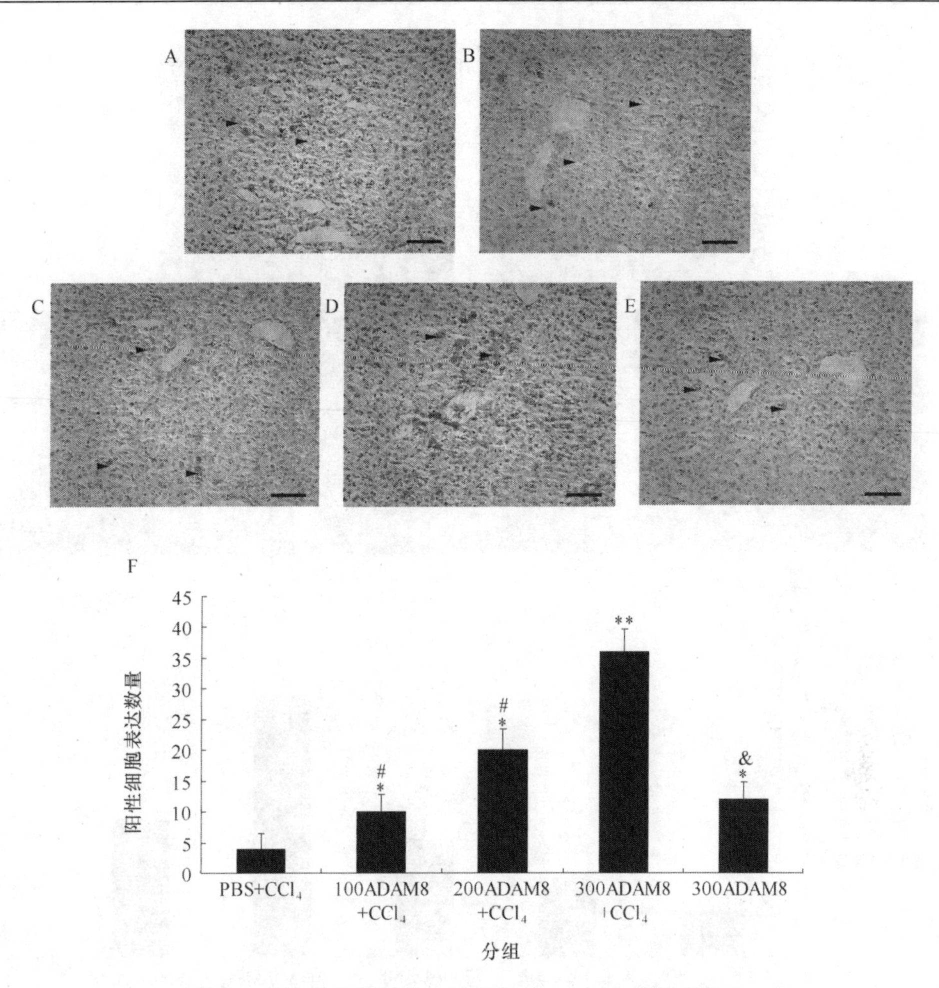

图 2-18　免疫组化检测 CCl_4 注射后 24h PBS 预注射组和 ADAM8 单克隆抗体预注射组小鼠肝脏 VEGF 的表达情况（彩图）

箭头指示的是 VEGF 阳性细胞在 PBS+CCl_4 组（A），100μg/100μl（B）、200μg/100μl（C）、300μg/100μl（D）ADAM8 单克隆抗体+CCl_4 组和 ADAM8 单克隆抗体组（E）小鼠肝脏中的表达。F．不同组小鼠中 VEGF 阳性细胞在每平方毫米肝脏组织中的表达数量。利用 Image Pro Plus 6.0 软件统计每只小鼠至少 $12mm^2$ 的肝脏组织切片区域（比例尺：50μm）。**$P<0.01$ 或*$P<0.05$ 表示每个 ADAM8 单克隆抗体+CCl_4 组或 300ADAM8 单克隆抗体组与 PBS+CCl_4 组相比具有显著性差异。#$P<0.05$ 表示 300ADAM8 单克隆抗体+CCl_4 组与 100ADAM8 单克隆抗体+CCl_4 或 200ADAM8 单克隆抗体+CCl_4 组相比具有显著性差异。&$P<0.05$ 表示 300ADAM8 单克隆抗体+CCl_4 组与 300ADAM8 单克隆抗体组相比具有显著性差异

4）蛋白质印迹检测注射 CCl_4 后小鼠肝脏 ADAM8 的表达变化　图 2-21 表明在注射 CCl_4 后 6h、24h、42h 和 72h，小鼠肝脏 ADAM8 的表达量较 0h 有显著增加（$P<0.05$ 或 $P<0.01$）。

5）蛋白质印迹检测 CCl_4 处理和未处理组小鼠 VEGF、CYP1A2 和 PCNA 的表达情况　图 2-22 显示：注射 CCl_4 后 24h，与注射 PBS 的小鼠相比，不同浓度的 ADAM8 单克隆抗体预注射显著诱导了 VEGF、CYP1A2 和 PCNA 的表达（$P<0.05$ 或 $P<0.01$）。在这 3 个抗体剂量中，300μg/100μl 的抗体剂量更能显著诱导 VEGF、CYP1A2 和 PCNA 的表达（$P<0.05$）。

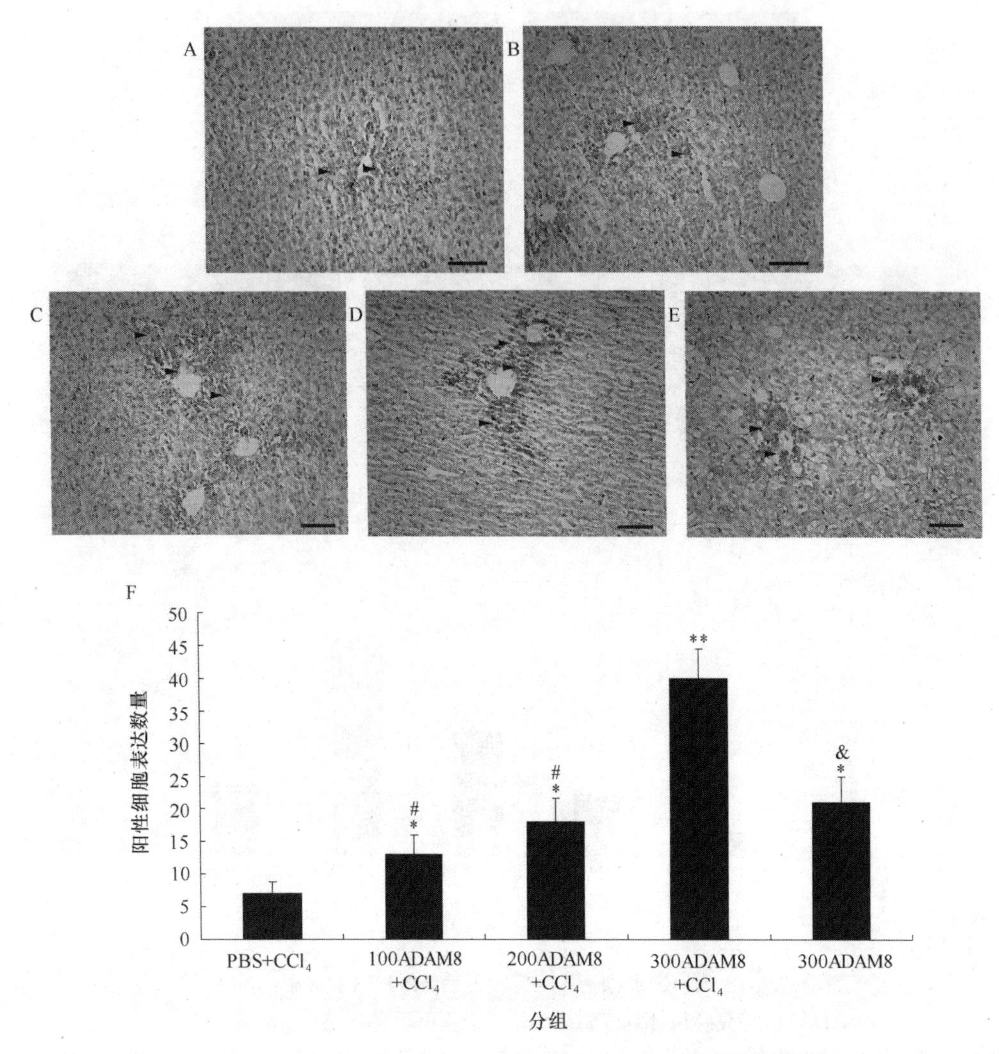

图 2-19　免疫组化检测 CCl_4 注射后 24h PBS 预注射组和 ADAM8 单克隆抗体预注射组小鼠肝脏 CYP1A2 的表达情况（彩图）

箭头指示的是 CYP1A2 阳性细胞在 PBS＋CCl_4 组（A），100μg/100μl（B）、200μg/100μl（C）、300μg/100μl（D）ADAM8 单克隆抗体＋CCl_4 组和 ADAM8 单克隆抗体组（E）小鼠肝脏中的表达。F. 不同组小鼠中 CYP1A2 阳性细胞在每平方毫米肝脏组织中的表达数量。利用 Image Pro Plus 6.0 软件统计每只小鼠至少 $12mm^2$ 的肝脏组织切片区域（比例尺：50μm）。$^{**}P<0.01$ 或 $^{*}P<0.05$ 表示每个 ADAM8 单克隆抗体＋CCl_4 组或 300ADAM8 单克隆抗体组与 PBS＋CCl_4 组相比具有显著性差异。#$P<0.05$ 表示 300ADAM8 单克隆抗体＋CCl_4 组与 100ADAM8 单克隆抗体＋CCl_4 或 200ADAM8 单克隆抗体＋CCl_4 组相比具有显著性差异。&$P<0.05$ 表示 300ADAM8 单克隆抗体＋CCl_4 组与 300ADAM8 单克隆抗体组相比具有显著性差异

6）RT-PCR 检测 CCl_4 处理和未处理组小鼠 VEGF、CYP1A2 和 PCNA 的表达情况

图 2-23 结果表明：注射 CCl_4 后 24h，与注射 PBS 的小鼠相比，不同浓度 ADAM8 单克隆抗体的注射显著诱导了 VEGF、CYP1A2 和 PCNA mRNA 的表达（$P<0.05$ 或 $P<0.01$）。300μg/100μl ADAM8 单克隆抗体预注射组在 CCl_4 诱导肝脏损伤后 24h 比只有 300μg/100μl ADAM8 单克隆抗体预注射组小鼠能诱导更多的 VEGF、CYP1A2 和 PCNA mRNA 的表达（$P<0.05$）。这些结果与蛋白质水平的结果相一致。

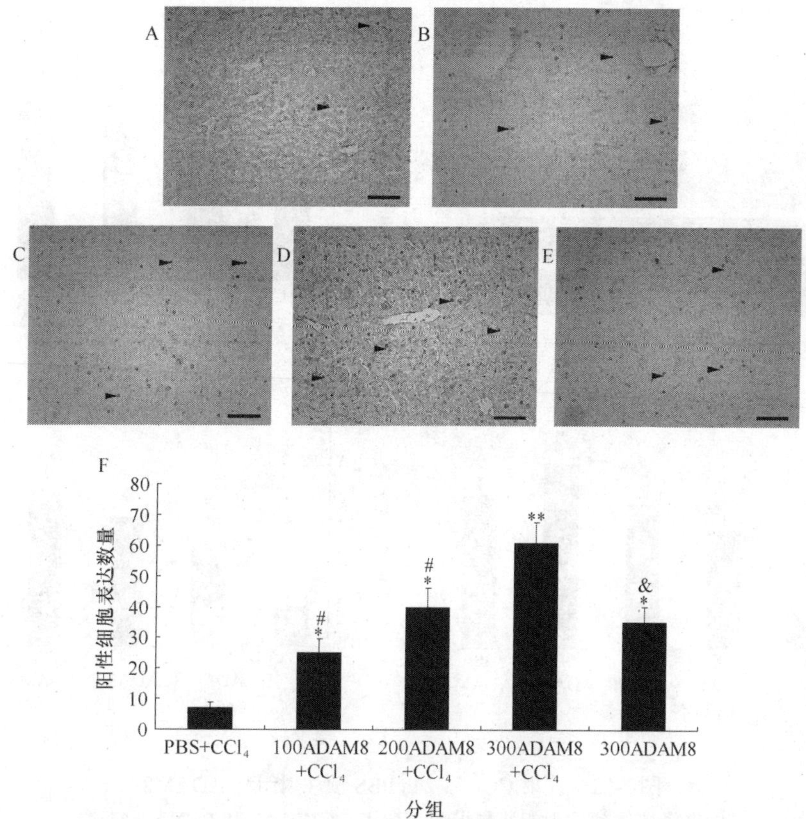

图 2-20　免疫组化检测 CCl_4 注射后 24h PBS 预注射组和 ADAM8 单克隆抗体预注射组小鼠肝脏 PCNA 的表达情况（彩图）

箭头指示的是 PCNA 阳性细胞在 PBS＋CCl_4 组（A），100μg/100μl（B）、200μg/100μl（C）、300μg/100μl（D）ADAM8 单克隆抗体＋CCl_4 组和 ADAM8 单克隆抗体组（E）小鼠肝脏中的表达。F. 不同组小鼠中 PCNA 阳性细胞在每平方毫米肝脏组织中的表达数量。利用 Image Pro Plus 6.0 软件统计每只小鼠至少 12mm^2 的肝脏组织切片区域（比例尺：50μm）。**P＜0.01 或*P＜0.05 表示每个 ADAM8 单克隆抗体＋CCl_4 组或 300ADAM8 单克隆抗体组与 PBS＋CCl_4 组相比具有显著性差异。#P＜0.05 表示 300ADAM8 单克隆抗体＋CCl_4 组与 100ADAM8 单克隆抗体＋CCl_4 或 200ADAM8 单克隆抗体＋CCl_4 组相比具有显著性差异。&P＜0.05 表示 300ADAM8 单克隆抗体＋CCl_4 组与 300ADAM8 单克隆抗体组相比具有显著性差异

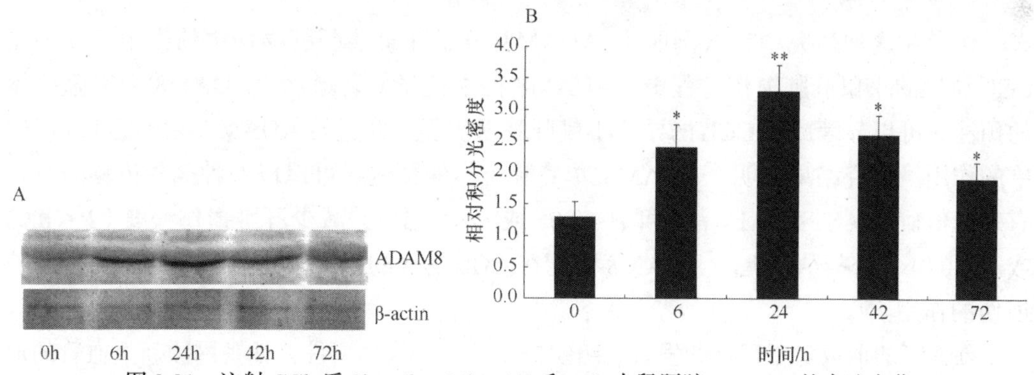

图 2-21　注射 CCl_4 后 0h、6h、24h、42h 和 72h 小鼠肝脏 ADAM8 的表达变化

利用蛋白质印迹检测 ADAM8 的表达量（A）。蛋白质条带利用 Gel-Pro Analyzer 4.0 软件进行了半定量分析（B）。利用 β-actin 作为内参对目标蛋白条带的相对积分光密度进行了均一化处理。每个实验重复 3 次。所有数据表示为平均值±标准差。**P＜0.01 或*P＜0.05 表示与注射 CCl_4 后 0h ADAM8 的表达量相比具有显著性差异

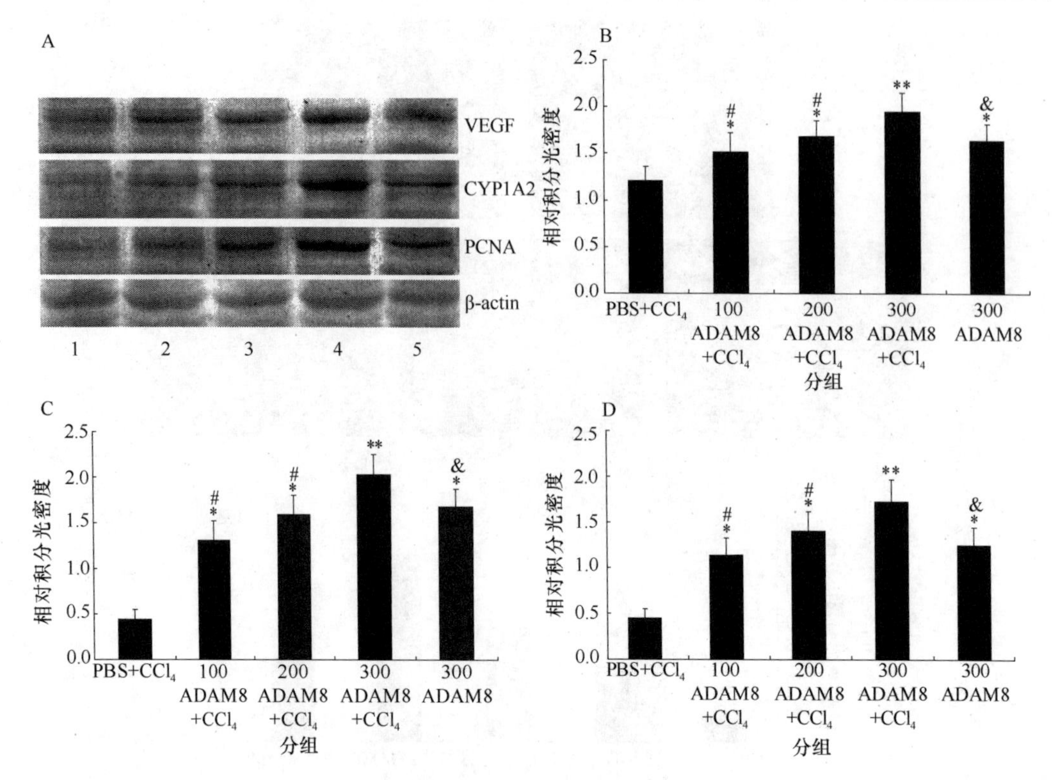

图 2-22　注射 CCl_4 后 24h PBS 预注射组和 ADAM8 单克隆抗体预注射组小鼠肝脏 VEGF、CYP1A2 和 PCNA 的表达

利用蛋白质印迹检测 VEGF、CYP1A2 和 PCNA 蛋白的表达量（A）。1. PBS＋CCl_4 组；2. 100μg/100μl ADAM8 单克隆抗体＋CCl_4 组；3. 200μg/100μl ADAM8 单克隆抗体＋CCl_4 组；4. 300μg/100μl ADAM8 单克隆抗体＋CCl_4 组；5. ADAM8 单克隆抗体组。利用 Gel-Pro Analyzer 4.0 软件对 VEGF（B）、CYP1A2（C）和 PCNA（D）的蛋白质条带进行了半定量分析。利用 β-actin 作为内参对目标蛋白条带的相对积分光密度进行了均一化处理。每个实验重复 3 次。所有数据表示为平均值±标准差。**$P<0.01$ 或*$P<0.05$ 表示每个 ADAM8 单克隆抗体＋CCl_4 组或 300ADAM8 单克隆抗体组与 PBS＋CCl_4 组相比具有显著性差异。#$P<0.05$ 表示 300ADAM8 单克隆抗体＋CCl_4 组与 100ADAM8 单克隆抗体＋CCl_4 或 200ADAM8 单克隆抗体＋CCl_4 组相比具有显著性差异。&$P<0.05$ 表示 300ADAM8 单克隆抗体＋CCl_4 组与 300ADAM8 单克隆抗体组相比具有显著性差异

作者在这项研究中首次阐明了 ADAM8 分子在急性肝脏损伤中的作用，发现在 CCl_4 诱导的小鼠肝脏损伤过程中，ADAM8 的表达量显著增加。ADAM8 单克隆抗体的预注射可以显著减轻 CCl_4 诱导的小鼠肝脏损伤程度并逆转 ADAM8 在急性肝脏损伤中的作用。研究结果表明：ADAM8 单克隆抗体的预注射可以以一种剂量依赖的方式有效降低血清 AST 和 ALT 活性（$P<0.05$ 或 $P<0.01$）并减少肝脏损伤程度（$P<0.05$ 或 $P<0.01$）。这些结果提示 ADAM8 可能在 CCl_4 诱导的肝脏损伤过程中起到促进肝脏损伤的作用。

新血管的形成对于正常的发育、组织修复及一些病理事件，如视网膜新生血管的形成、类风湿性关节炎和肿瘤的生长都起到关键性的作用。在新血管生成过程中，局部缺氧将会诱导血管内皮生长因子（VEGF）的表达，这将驱动新血管的生成。另外，新血管生成在慢性炎症和肿瘤生长等病理过程中起到关键性的作用。

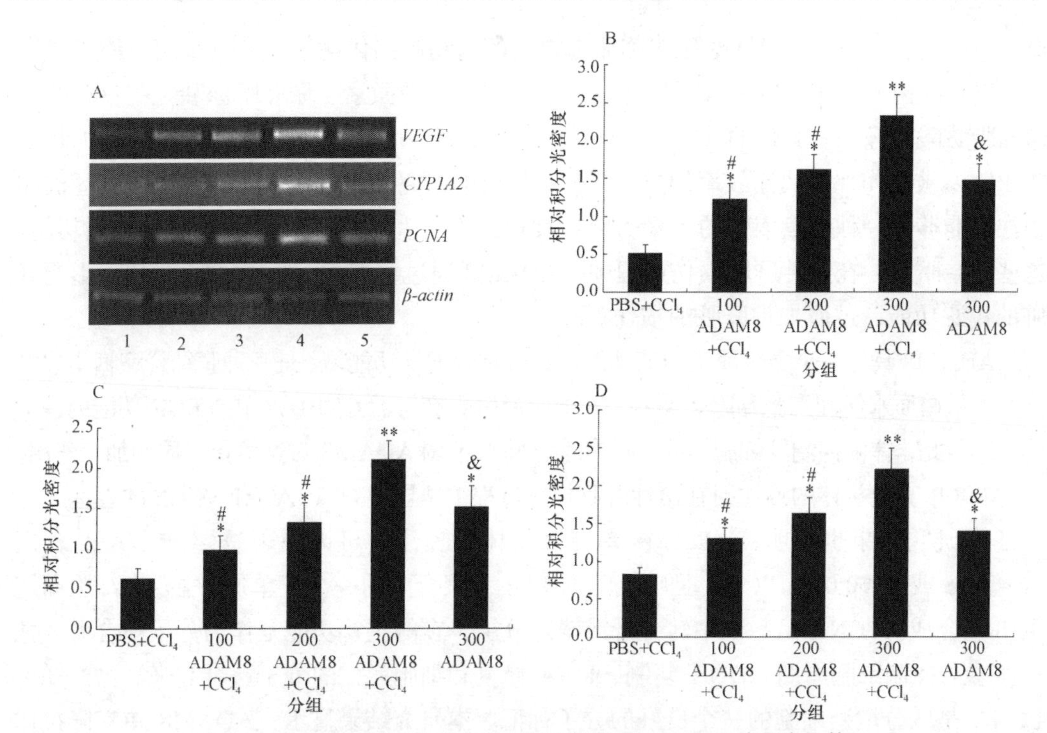

图 2-23　注射 CCl_4 后 24h PBS 预注射组和 ADAM8 单克隆抗体预注射组小鼠肝脏 VEGF、CYP1A2 和 PCNA mRNA 的表达

利用半定量 RT-PCR 的方法检测 *VEGF*、*CYP1A2* 和 *PCNA* mRNA 的表达量（A）。1．PBS＋CCl_4 组；2．100μg/100μl ADAM8 单克隆抗体＋CCl_4 组；3．200μg/100μl ADAM8 单克隆抗体＋CCl_4 组；4．300μg/100μl ADAM8 单克隆抗体＋CCl_4 组；5．ADAM8 单克隆抗体组。利用 Gel-Pro Analyzer 4.0 软件对 VEGF（B）、CYP1A2（C）和 PCNA（D）的 DNA 条带进行了半定量分析。利用 β-actin 基因作为内参对目标基因条带的相对积分光密度进行了均一化处理。每个实验重复 3 次。所有数据表示为平均值±标准差。$^{**}P<0.01$ 或 $^{*}P<0.05$ 表示每个 ADAM8 单克隆抗体＋CCl_4 组或 300ADAM8 单克隆抗体组与 PBS＋CCl_4 组相比具有显著性差异。$^{\#}P<0.05$ 表示 300ADAM8 单克隆抗体＋CCl_4 组与 100ADAM8 单克隆抗体＋CCl_4 或 200ADAM8 单克隆抗体＋CCl_4 组相比具有显著性差异。$^{\&}P<0.05$ 表示 300ADAM8 单克隆抗体＋CCl_4 组与 300ADAM8 单克隆抗体组相比具有显著性差异

VEGF 被认为是慢性肝脏损伤过程中促进血管生成的核心因子。已经证明 VEGF 在肝纤维化过程中显著上调表达，尤其是在激活的肝星形细胞中表达量增加。在 CCl_4 中毒后，激活的肝星形细胞能够表达 VEGF 和 VEGF 受体。炎症介质引起肝星形细胞分化为肌成纤维细胞。在肝纤维化发展进程中，它们通过释放 VEGF 和血管生成素-1 从而在血管发生过程中起到重要的作用。作者的研究结果表明，ADAM8 单克隆抗体的注射能够以一种剂量依赖的方式诱导 VEGF 的表达，ADAM8 单克隆抗体的浓度越大，诱导的 VEGF 表达量越高。因此，作者认为 VEGF 在急性肝脏损伤过程中起到促进肝脏修复的重要作用。ADAM8 单克隆抗体的预注射能够在 CCl_4 注射后诱导 VEGF 的表达从而起到加速肝脏修复的作用。这些结果进一步提示：在 CCl_4 诱导的小鼠急性肝脏损伤过程中，ADAM8 能够减少 VEGF 的表达进而加重肝脏损伤的程度。

本研究结果也表明：与接受 PBS 预注射的小鼠相比，接受 ADAM8 单克隆抗体预注射的小鼠肝脏 CYP1A2 的表达量也显著增加。CYP1A2 是人肝脏中 CYP 家族中的重要成

员之一（约占 13%），能够对很多临床上重要的药物起到代谢作用。这个酶还能够代谢一些重要的内源性化合物，如类固醇、维生素 A、褪黑激素、尿卟啉原和一些重要的不饱和脂肪酸。像一些其他的 CYP 一样，CYP1A2 容易受到一些化合物的诱导和抑制。CYP1A2 被用作评价代谢效率的重要指标。作者的研究结果表明：ADAM8 单克隆抗体预注射能够以一种剂量依赖的方式诱导 CYP1A2 的表达,从而提高小鼠肝脏的代谢功能。这些结果暗示：在急性肝脏损伤过程中，ADAM8 通过调节 CYP1A2 的表达从而影响肝脏的代谢功能，进而加重肝脏的损伤。

ADAM8 具有一个类金属蛋白酶功能域和解整合素样功能域，是一种膜结合型糖蛋白并参与了蛋白质水解和细胞黏附。ADAM8 金属蛋白酶参与了 CYP1A2 和 VEGF 功能的调节作用。因此，体内抑制肝细胞 ADAM8 的表达将会下调 ADAM8 对这些蛋白质的加工作用。ADAM8 单克隆抗体的预注射在急性肝脏损伤过程中诱导了 CYP1A2 和 VEGF 的表达。

本研究结果也表明：ADAM8 单克隆抗体的预注射可以显著诱导 PCNA 的表达（$P<0.05$ 或 $P<0.01$）。PCNA 是哺乳动物 δ DNA 聚合酶的一个亚单位，主要在细胞周期的 S 期合成。PCNA 是一个中转分子或锚定分子，它的主要功能是作为分子整合者，把一些参与控制细胞周期、DNA 复制、DNA 修复和细胞死亡的分子整合起来。已经知道 PCNA 是区分增殖细胞的一个良好的分子标记。本研究结果显示：ADAM8 单克隆抗体的预注射能够促进肝脏损伤后肝细胞的增殖，这也提示，CCl_4 诱导的小鼠急性肝脏损伤过程中，ADAM8 通过抑制肝细胞的增殖从而促进肝脏损伤。

总之，本研究结果表明：在 CCl_4 诱导的小鼠急性肝脏损伤过程中，ADAM8 通过抑制肝细胞增殖、血管发生，影响肝脏的代谢功能，从而促进肝脏的损伤。ADAM8 单克隆抗体的注射可以作为治疗急性肝脏损伤的一个有发展潜力的方法。

第四节　药物性肝脏损伤的分子机制

药物性肝脏损伤（drug-induced liver injury，DILI）指药物和（或）其代谢产物引起的肝细胞毒性损伤，或药物及其代谢产物的过敏反应所致的疾病，临床上可表现为急/慢性药物性肝炎和药物性肝硬化。在西方国家，解热镇痛药、抗生素、抗惊厥药物和精神药品是常见导致 DILI 的药物，在我国，中草药、抗结核药物及保健营养品所致 DILI 较为常见。根据用药后谷丙转氨酶（ALT）和碱性磷酸酶（ALP）水平升高的特点，DILI 主要分为 3 种类型：肝细胞型、胆汁淤积型和混合型。胆汁淤积型和急性肝细胞型 DILI 患者比较，后者病死率明显高于前者，但胆汁淤积型极易慢性化，而出现黄疸的急性肝细胞型 DILI 病死率可高达 10%。根据 DILI 发病机制不同，可将其分为可预知型和不可预知型。可预知型是由药物或其代谢物的直接毒性所致，以对乙酰氨基酚引起的肝脏损伤为代表，这种肝脏损伤有浓度依赖性，在欧洲和北美洲是十分常见的导致 DILI 的原因。然而部分 DILI 是不可预知型的，此类肝脏损伤的发生与药物剂量无明显相关性，这可能与机体为特异性体质有关。特异性体质 DILI 又可进一步分为免疫介导的 DILI 和非免疫介导的DILI，前者由于患者出现过敏反应而致肝脏损伤，后者由于肝毒性代谢产物作用于具有特异性体质的个体而出现肝脏损伤。

一、药物性肝脏损伤的生物标志物

1. 血清谷丙转氨酶　血清谷丙转氨酶（ALT）作为肝细胞损伤标志，是目前应用范围最广的肝脏损伤黄金指标。2009年美国食品药品监督管理局（FDA）再次将ALT确认为药物评价研究的主要生物标志物，用药期间加强ALT周期监测，有利于及时调整用药和减少DILI的发生。虽然ALT具有较高的敏感性和特异性，但作为DILI的生物标志物也有缺陷：①肝外损伤对ALT检测的干扰，如肌肉损伤同样能够引起ALT血清水平的升高。②ALT由ALT1和ALT2两种同工酶组成，两者所占比例不同，对肝脏损伤的指示作用也不同。在已知的DILI模型中ALT活性主要表现为ALT1表达。虽然ALT2活性较小，但其表达更局限于肝脏，对肝脏损伤可能具有更好的特异性指示作用，然而同工酶检测技术不足使其实际应用受到了限制。③某些药物对ALT具有诱导或者抑制作用。④ALT活性受多种因素影响，性别和肥胖对ALT水平的影响尤为明显，随着肥胖人口的增加，人体ALT水平显著增高；另有报道18%献血者出现ALT非特异性升高。多种因素的影响使ALT基础水平的确定变得复杂，对DILI的准确预测和诊断提出了挑战，为此DILI多需采用自身前后对照进行诊断。

2. 血清谷草转氨酶　血清谷草转氨酶（AST）敏感性和特异性较ALT低，但有时却可作为ALT的良好补充。微囊藻素可通过抑制ALT合成使血清ALT活性降低而掩盖肝脏损伤，这时AST活性的升高就成为ALT的补充指标。AST在心脏和肌肉内的普遍表达使其特异性降低，因而通常需与其他指标联合应用，ALT/AST值被认为可用于排除肝外干扰。目前对已发现的两种AST同工酶（细胞质AST和线粒体AST）的肝脏损伤贡献及药物诱导了解较少，尚需要深入研究。

3. 其他生物标志物　如碱性磷酸酶、总胆红素、血清药物-蛋白加合物、乳酸脱氢酶、谷氨酸脱氢酶、基因组学生物标志物。

二、药物性肝脏损伤的发病机制研究进展

1. 遗传易感性　近年来，人们注意到同一药物在不同人群中引起药物不良反应的发生率不同。例如，卡马西平在欧洲引起药物不良反应占8.2%，而在东南亚地区，其发生率明显增加：马来西亚为35.7%，新加坡为27.7%。由此可见，遗传背景是药物不良反应易感的重要因素。

2. 代谢特异性肝脏损伤　大多数药物在肝脏内经过生物转化形成无活性的代谢产物而被清除。但部分药物经过Ⅰ相或Ⅱ相药物代谢酶作用可形成毒性产物导致肝脏损伤，如异烟肼可经*N*-乙酰转移酶2代谢产生具有肝毒性的乙酰肼。

药物代谢酶因个体差异存在遗传多态性。细胞色素P450（cytochrome P450，CYP450）是药物Ⅰ相代谢中最重要的酶类，某些药物经其作用可转化为一些毒性产物，如亲电子

基、自由基和氧基，与大分子物质共价结合，造成脂质过氧化，最终导致肝细胞凋亡和坏死。

1）CYP3A4及其介导的药物性肝脏损伤　人体内的CYP3A亚家族有4种亚型，分别为CYP3A3、CYP3A4、CYP3A5及CYP3A7。CYP3A4与药物代谢最为密切，据统计大约38个类别共150多种药物是CYP3A4的底物，包括对乙酰氨基酚、曲格列酮、环孢素、利多卡因和奎尼丁等大部分药物的代谢。由于*CYP3A4*等位基因突变率较低，且其酶活性改变有限，因此，*CYP3A4*多态性虽有一定的临床意义，但并非是导致药物临床差异的主要原因。例如，经CYP3A4代谢的红霉素去甲基化或硝苯地平的药代动力学在*CYP3A4*不同基因型的人群中并无显著变化。但另有研究显示，*CYP3A4*的多态性可引起体内物质的代谢差异从而产生临床差异，如非洲人群中*CYP3A4*1B*高频率突变使得对睾酮的代谢异常而产生更高的前列腺癌风险。至于*CYP3A4*基因多态性是否导致药物性肝脏损伤，虽然目前尚无直接证据，但有研究提示，某些药物产生的肝脏损伤可能与其相关。例如，作为2型糖尿病的治疗药物曲格列酮，在体内主要经CYP2C8、CYP3A4和CYP2C19代谢，临床已有多例因服用曲格列酮后导致严重肝脏损害的病例报道，其原因可能与CYP代谢酶存在多态性而引起血药浓度的异常升高有关。

2）CYP2D6及其介导的药物性肝脏损伤　CYP2D亚家族是第一个被发现存在药物氧化代谢遗传多态性的CYP酶，包括CYP2D6、CYP2D7P和CYP2D8P三个亚型，其中*CYP2D7P*和*CYP2D8P*是假基因，仅*CYP2D6*可以在肝脏和其他组织（如肠、肾和人脑）中表达。CYP2D6是迄今发现最具有遗传多态性特征的代谢酶，其基因位于22号染色体，该酶由497个氨基酸组成，可以催化代谢抗抑郁药、抗精神病药、阿片类药物、β受体阻断剂、抗心律失常药等类药物，如右美沙芬、可待因、普萘洛尔和美托洛尔等。

哌克昔林是抗心绞痛药物，其剂量依赖性表明药物累积可能引起脂肪性肝炎，而CYP2D6*4的缺陷可使哌克昔林堆积在肝细胞中引起肝毒性和酒精肝。Seybold等报道了一例28岁妇女因服用低剂量的番泻叶而导致肝炎的病例，进一步研究发现是由*CYP2D6*突变引起的致肝毒性物质蓄积所致。此外，*CYP2D6*多态性也可致苯丙胺衍生物、哌嗪类和抗抑郁类等药物代谢差异而产生肝毒性。研究发现，曲唑酮的肝毒性是由经CYP3A3*4代谢产生的有毒代谢物间氯苯哌嗪蓄积所致。由于间氯苯哌嗪须经CYP2D6进一步代谢清除，CYP2D6存在基因多态性，使慢代谢型患者体内间氯苯哌嗪蓄积，从而导致了曲唑酮的肝毒性。在表现为CYP2D6快代谢型的中国人群中，则相对不易引起代谢物的蓄积，使此类不良反应相比慢代谢型的白种人群减少。

3）CYP2C9及其介导的药物性肝脏损伤　CYP2C亚家族是哺乳动物肝细胞微粒体CYP中最大的亚家族，其成员主要包括CYP2C19、CYP2C9和CYP2C8等。CYP2C9是CYP2C亚家族中最主要的成员，占肝脏微粒体CYP总量的20%，约16%的临床常用药物经CYP2C9催化代谢，如甲苯磺丁脲、苯妥英、华法林、托拉塞米、阿米替林、氟西汀、磺胺甲噁唑、睾酮和氯沙坦等。其中甲苯磺丁脲是目前最常用的CYP2C9探针药物之一，用于检测人体内 CYP2C9 活性。

有研究指出，一些药物介导的易感人群的药物性肝脏损伤与其代谢酶 CYP2C9 的基因表型有关，如来氟米特介导的严重肝毒性与 *CY2C9*3/CY2C9*3* 基因型相关。然而，Aithal 等研究了 *CY2C9*2*、*CY2C9*3* 基因型与双氯芬酸致肝脏损伤的相关性，结果显示在 24 位肝脏损伤患者中，*CY2C9*2*、*CY2C9*3* 基因型的概率与在 100 位正常人群中此基因型的概率无显著性差异。

4）CYP1A2 及其介导的药物性肝脏损伤　*CYP1A2* 基因位于 15 号染色体上，全长约 7.8kb，包括 7 个外显子和 6 个内含子。其主要存在于肝脏中，在肠、脑和肺等组织中也有少量分布。CYP1A2 在药物代谢、前致癌物激活过程中起重要的作用，现已发现众多药物由 CYP1A2 催化代谢，包括抗抑郁药、抗精神病药、甲基黄嘌呤等类药物，如非那西丁、咖啡因、丙咪嗪、氯氮平、他克林、普萘洛尔和美西律等。

近来有研究表明，在风湿性关节炎患者中，*CYP1A2*1F*（−163*C*>*A*）等位基因与来氟米特介导的肝脏等脏器毒性有关。基因型为 *CYP1A2*1F*−163*C/C* 的患者比基因型为 *C/A* 或 *A/A* 的患者发生来氟米特介导的毒性的风险高 9.7 倍。此外，过量服用何首乌等中药易导致药物性肝脏损伤，而何首乌中的大黄素主要是由 CYP1A2 代谢。

5）CYP2C19 及其介导的药物性肝脏损伤　CYP2C19 由 490 个氨基酸组成，目前研究发现，CYP2C19 参与了约 10%的常用药物代谢，如地西泮、普萘洛尔、奥美拉唑、华法林和伏立康唑等。de Morais 等发现，CYP2C19 慢代谢型患者主要为 *CYP2C19*2* 突变，即 CYP2C19 cDNA 外显子 5 中第 681 位发生碱基突变（G>A），从而产生了一个异常的拼接位点，使外显子 5′端前 40bp 的碱基发生缺失，使蛋白质的合成过早终止，从而生成了一个被切断的缺乏血红素结合位点的无功能酶蛋白。

研究发现，慢代谢型患者（*CYP2C19*2* 及 *CYP2C19*3*）使用苯巴比妥和非巴氨酯、苯巴氨酯的混合物时容易引起药物性肝脏损伤。此外，在慢代谢型患者中，伏立康唑可能会因为蓄积而产生浓度依赖性损伤，如药物性肝脏损伤等。伏立康唑体内药代动力学的个体间差异主要由 *CYP2C19* 的多态性引起，慢代谢型体内的曲线下面积比快代谢型大 2～6 倍。Walsh 等研究了 28 例小儿患者静脉给予伏立康唑发现，快代谢型和慢代谢型的杂合子组对伏立康唑的清除率比快代谢型纯合子组低 46%，提示慢代谢型患者可能会因为蓄积而产生损伤。然而，另一项研究分析了 *CYP2C19* 多态性与血清伏立康唑中浓度的关系，却未发现两者相关。

综合以上药物性肝脏损伤在 CYP 遗传因素方面的机制研究结果发现，部分药物导致的肝脏损伤发生机制与 CYP 基因多态性相关，也有部分研究显示其机制与 CYP 基因多态性无关或关系不确定。但是，更多药物性肝脏损伤未受重视，并缺少相关研究揭示其发生机制是否与某个特定 CYP 的多态性相关。药物引起的肝脏损伤可能是由于多种风险基因及其他错综复杂的综合因素所致，因此，开展其是否与某些特定 CYP 基因多态位点相关的研究比较困难，但深入研究意义较大。随着基因分型检测技术的发展，尤其是从实验室研究到临床检测应用的改变，CYP 基因多态性研究势必为临床个体化用药及降低药物不良反应做出重要贡献。

3. 免疫特异性肝脏损伤

1）先天性免疫　肝脏内存在的巨噬细胞、多形核白细胞包括中性粒细胞、嗜酸性和嗜碱性粒细胞、自然杀伤细胞和携带有 T 淋巴细胞受体的自然杀伤性 T 淋巴细胞，构成肝脏非特异性免疫系统。当药物应激及肝细胞损伤后，可激活先天性免疫反应。其中自然杀伤性 T 淋巴细胞占肝脏淋巴细胞的一半左右，在白细胞介素 12 和白细胞介素 18 的辅助下，加剧对肝细胞损伤。肝细胞坏死后还可释放一种高移动组合蛋白盒 1 物质，可以进一步活化库普弗细胞，释放肿瘤坏死因子 α、干扰素 γ 和白细胞介素 4 等细胞因子，诱导肝细胞炎症反应和组织损伤加重。最近有研究结果显示，肝细胞线粒体内含有一种细菌样分子结构，如甲酰基肽类及非甲基化 CpG 基序。该类细菌样物质释放后与甲酰基受体 1 和 Toll 样受体 9（TLR-9）结合，可激活先天性免疫反应。

先天性免疫也存在着个体差别。例如，*CD44* 基因能编码淋巴细胞表面的细胞黏附分子，参与细胞-基质的相互作用。在两个临床独立的患者队列研究中发现，注射对乙酰氨基酚后，人类 *CD44* 基因多态性与血清的 ALT 水平显著相关。动物实验结果显示，若敲除小鼠的 *CD44* 基因，与野生型的小鼠相比，前者则更容易发生由对乙酰氨基酚引起的 DILI。

2）获得性免疫　在部分 DILI 患者中，临床发现常伴有药物过敏反应，如发热（31%）、皮疹（26%）、血和活检肝脏组织内嗜酸性粒细胞增多（7%）。药物诱导肝毒性反应，均有一定的潜伏期（1～4 周），若再次暴露于同一药物，可诱导肝毒性症状，并在血液内检测到特异性抗体浓度增加。至此，人们提出两种特异性免疫损伤理论：一种是半抗原理论；另一种是 p-i 理论。

半抗原理论：药物或者其代谢产物因分子数量少，无免疫原性，但与肝蛋白质或修饰蛋白质如 CYP 共价结合后，形成新的蛋白质-药物复合物。后者在药物损伤导致肝细胞死亡后释放出来，在 MHC Ⅱ类分子协助下经过抗原呈递细胞（APC）刺激淋巴细胞，诱导抗体的产生和激活特异性免疫反应。蛋白质-药物-复合物诱导的抗原抗体反应主要通过两种机制损伤肝细胞：一种是补体介导的细胞溶解；另一种是抗体依赖细胞介导的细胞毒性作用。属于这类损伤机制的药物有非甾体类固醇抗炎药双氯芬酸、麻醉吸入剂氟烷等。

p-i 理论：某些药物能模拟配体的作用，与 T 淋巴细胞受体结合并以 MHC 依赖型的经典模式使 T 淋巴细胞活化，如磺胺甲噁唑刺激并致敏 T 淋巴细胞，不需要生成代谢产物亚硝基磺胺甲噁唑修饰肝蛋白质诱导免疫反应。类似药物还有拉莫三嗪、卡马西平等。临床研究中已发现在一些药物引起肝脏或全身性免疫反应的患者血内，能检测到药物特异性 T 淋巴细胞或 T 淋巴细胞克隆。

三、对乙酰氨基酚诱导的肝脏损伤分子机制研究进展

解热止痛药是我国消耗量最多的药物品种之一。对乙酰氨基酚（acetaminophen，

AAP）是世界卫生组织推荐的，为临床常用的苯胺类解热镇痛药。随着AAP在临床上的广泛应用，AAP中毒已成为常见的药物性中毒。在欧美等发达国家和地区，AAP中毒排在药物性中毒的首位。AAP中毒在临床上主要表现为肝脏肿大，肝功能受损，直至肝细胞坏死，肝功能衰竭，预后极差。AAP肝脏损伤模型是目前国际上常用的肝炎模型，大剂量AAP可引起急性肝脏损伤，降低肝细胞抗氧化能力，使肝细胞产生氧化应激性损伤。作者实验室对AAP诱导的肝脏损伤的分子机制做了一些研究，主要是利用小鼠作为药物性肝脏损伤动物模型，现就这些结果作一归纳总结。

（一）对乙酰氨基酚诱导的小鼠急性肝脏损伤组织中HSP70的表达分析

1. 实验方法

1）动物分组和模型制备　健康雄性小鼠40只分别腹腔注射对乙酰氨基酚溶液（用生理盐水稀释至550mg/kg），在注射对乙酰氨基酚后6h、24h、42h、54h分别眼球取血，分离血清测AST和ALT活性，同时取小鼠肝脏制备10%肝匀浆，每个时间点10只小鼠。同时取10只正常小鼠的血清和肝脏作为对照进行研究。

2）血清ALT、AST活性检测　按试剂盒说明书操作，测定血清ALT、AST活性。

3）蛋白质印迹检测　利用考马斯亮蓝G-250蛋白质定量后取70μg蛋白质样品经SDS-PAGE，将蛋白质转移到硝酸纤维素膜上，用5%脱脂奶粉/0.1% Tween-20/PBS（PBST）室温封闭膜30min，用一抗HSP70（1∶1000），37℃孵育1h，PBST洗3次，每次5min，加入辣根过氧化物酶（horseradish peroxidase，HRP）标记的羊抗鼠二抗（1∶1000）于37℃孵育1h，DAB显色，检测阳性信号。

2. 结果分析

1）血清AST和ALT活性变化　如图2-24所示，小鼠注射对乙酰氨基酚后，随着时间的延长血清中AST和ALT活性逐渐升高，24h达到高峰，54h逐渐恢复到正常水平。

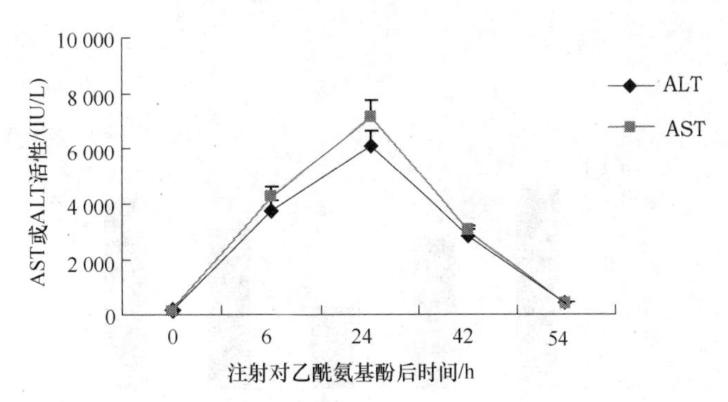

图2-24　小鼠注射对乙酰氨基酚后血清AST和ALT活性的变化

2）蛋白质印迹检测结果　蛋白质印迹结果显示（图2-25），HSP70在注射对乙酰氨基酚后6h，其表达量略有增高，在24h表达量达到高峰，说明小鼠肝脏的应激反应达

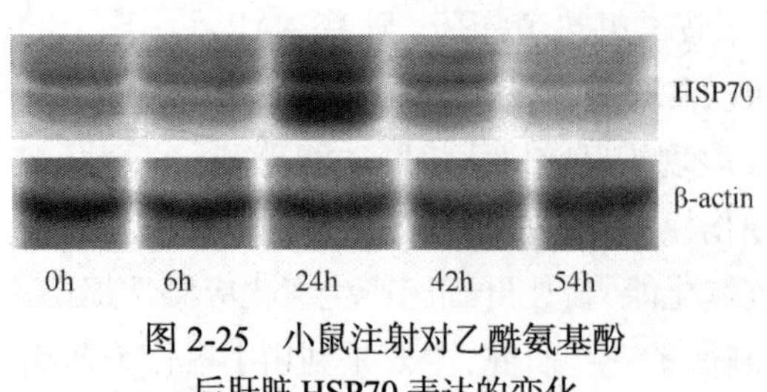

图 2-25　小鼠注射对乙酰氨基酚后肝脏 HSP70 表达的变化

到了高峰，此后 HSP70 的表达量逐渐恢复到正常水平。

本实验研究了在对乙酰氨基酚诱导的小鼠急性肝脏损伤过程中 HSP70 的表达变化，并检测了小鼠血清中 AST 和 ALT 活性的变化，初步阐明了 HSP70 在对乙酰氨基酚诱导的小鼠急性肝脏损伤中的作用。

HSP70 具有分子伴侣的作用，当蛋白质处于非正确的天然构象的时候，那些存在于球状蛋白质内部的非疏水性氨基酸将会暴露出来，将与一些肽、核酸等大分子发生不良的相互作用。作为分子伴侣，HSP70 将会解决这一问题。当新生的多肽出现在核糖体中时，它们就结合到新生的多肽上，保护疏水的氨基酸残基不进行一些无效的相互作用。HSP70 作为分子伴侣，不断地和蛋白质结合或释放，HSP70 的构象在不断地变化，这种变化是在 ATP 的水解和交换的驱动下进行的。对乙酰氨基酚诱导的小鼠急性肝脏损伤过程中，肝脏受到药物的刺激，产生应激反应，HSP70 的表达量升高以帮助错误折叠的蛋白质进行修复，进而促进肝脏的修复和再生。总之，本研究为进一步阐明 HSP70 在急性肝脏损伤中的重要作用奠定了基础。

（二）对乙酰氨基酚诱导的小鼠药物性肝脏损伤过程中 PCNA 的表达分析

蛋白质印迹方法同 HSP70 的表达检测，结果（图 2-26）显示，PCNA 在小鼠注射对乙酰氨基酚后 6h，其表达量显著下降，在 24h 表达量达到最低值，随着损伤后的修复，

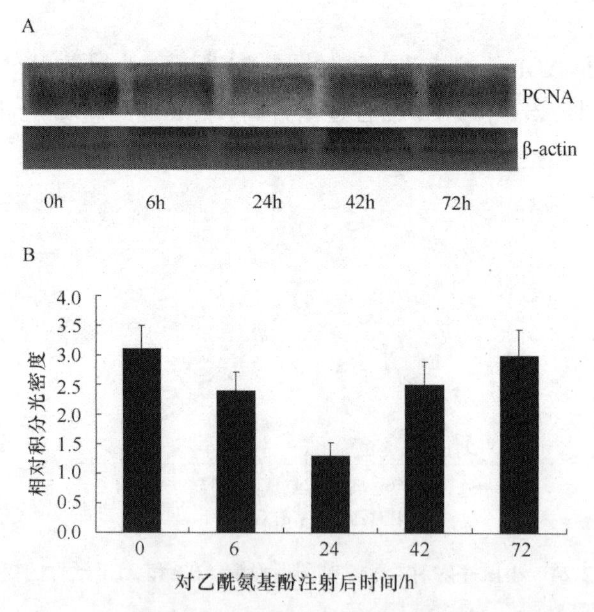

图 2-26　小鼠注射对乙酰氨基酚后肝脏 PCNA 表达的变化

A. 蛋白质印迹图；B. 相对积分光密度图，用 Gel-Pro Analyzer 4.0 软件计算蛋白质相对表达量

PCNA 的表达量逐渐增高，72h 逐渐恢复接近正常水平。

本实验研究了 AAP 诱导的小鼠药物性肝脏损伤过程中 PCNA 的表达变化，初步阐明了 PCNA 在药物性肝脏损伤过程中的重要作用。

由于 PCNA 主要在细胞周期的 S 期合成，与细胞增殖密切相关，因此，PCNA 常被用作检测细胞增殖的一个重要指标。本实验通过检测 AAP 诱导的小鼠药物性肝脏损伤过程中 PCNA 的表达情况来反映肝脏损伤与修复的情况。本实验的研究结果显示：PCNA 在 AAP 诱导的小鼠药物性肝脏损伤过程中表达呈显著变化趋势，PCNA 在小鼠注射对乙酰氨基酚后 6h，其表达量显著下降，在 24h 表达量达到最低值，说明注射 AAP 后 0～24h 时间段，AAP 可能通过抑制细胞增殖而造成对肝脏的损害；而后 PCNA 的表达量逐渐增高，72h 逐渐恢复接近正常水平，说明随着肝脏损伤后的修复，PCNA 表达量增高，肝细胞通过增殖来补偿修复损伤的肝脏组织。

（三）对乙酰氨基酚诱导的小鼠药物性肝脏损伤过程中 ADAM8 的表达分析

1．蛋白质印迹检测 ADAM8 在对乙酰氨基酚诱导的小鼠药物性肝脏损伤过程中的表达　蛋白质印迹结果经分析如图 2-27 所示，ADAM8 在注射对乙酰氨基酚后 6h，其表达量显著增加（$P<0.05$），在 24h 表达量达到最高值（$P<0.05$），而后随着损伤后的修复，ADAM8 的表达量逐渐下降，72h 逐渐恢复接近正常水平。

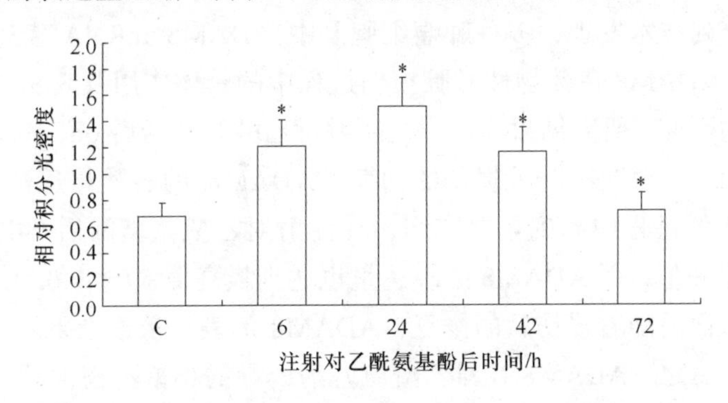

图 2-27　小鼠注射对乙酰氨基酚后肝脏 ADAM8 表达的变化

纵轴表示 ADAM8 蛋白相对积分光密度值，利用 Gel-Pro Analyzer 4.0 软件分析蛋白质条带得到相对积分光密度，β-actin 作为内参。C 代表正常对照小鼠。*与正常对照小鼠相比在 $P<0.05$ 水平上具有显著差异

2．ADAM8 mRNA 在对乙酰氨基酚诱导的小鼠药物性肝脏损伤过程中的表达　AAP 诱导小鼠药物性肝脏损伤过程中，与正常对照相比，ADAM8 mRNA 的表达量逐渐增加，在注射 AAP 后 24h 达到最大值（$P<0.05$），而后 ADAM8 mRNA 的表达量逐渐下降，注射 AAP 后 72h ADAM8 mRNA 的表达量恢复到接近正常水平。在 AAP 诱导的小鼠药物性肝脏损伤过程中，ADAM8 mRNA 水平表达的变化趋势与蛋白质水平的结果基本一致（图 2-28）。

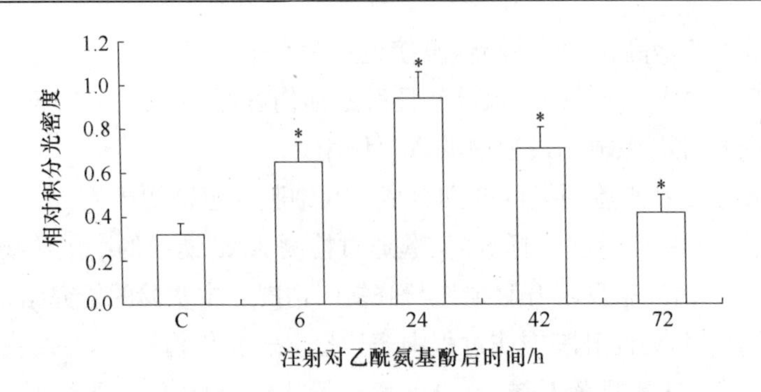

图 2-28　RT-PCR 检测 ADAM8 mRNA 在正常小鼠和注射对乙酰氨基酚后不同时间点的小鼠肝细胞中的表达

纵轴表示 ADAM8 mRNA 相对积分光密度值，利用 Gel-Pro Analyzer 4.0 软件分析核酸条带得到相对积分光密度，β-actin 作为内参。C 代表正常对照小鼠。*与正常对照小鼠相比在 $P<0.05$ 水平上具有显著差异

作者首次研究了 ADAM8 在对乙酰氨基酚诱导的小鼠药物性肝脏损伤过程中的表达变化，发现 ADAM8 在对乙酰氨基酚诱导的小鼠药物性肝脏损伤过程中的主要作用是促进肝脏损伤。

ADAM8 是 ADAM 家族的成员之一，其编码的蛋白质 ADAM8 又名 CDl56，是具有 824 个氨基酸的膜蛋白，具有金属蛋白酶活性，参与一系列与膜结合的受体、细胞因子等蛋白质的水解过程。ADAM8 在多种肿瘤细胞系和组织中表达增高，Ishikawa 等利用组织微阵列技术发现，多种肿瘤细胞系中 ADAM8 mRNA 表达较正常组织升高，但目前关于 ADAM8 在药物性肝脏损伤过程中的具体作用及其相关的分子机制还没有进行深入的研究。研究结果显示：在注射对乙酰氨基酚后 6h，ADAM8 表达量显著增加（$P<0.05$），说明在肝脏损伤的初期，ADAM8 的表达量逐渐增加，ADAM8 在促进肝脏损伤的过程中起到重要作用，在注射对乙酰氨基酚后 24h，血清 AST 和 ALT 活性达到最高值，而 ADAM8 的表达量也达到最高值（$P<0.05$），说明肝脏损伤达到最大程度，而后随着损伤后的修复，ADAM8 的表达量逐渐下降，72h 逐渐恢复接近正常水平。总之，ADAM8 在对乙酰氨基酚诱导的小鼠药物性肝脏损伤过程中表达呈显著变化，与血清 AST 和 ALT 活性变化趋势一致；ADAM8 在药物性肝脏损伤过程中可能起到促进肝脏损伤的重要作用，ADAM8 有可能作为诊断药物性肝脏损伤的一个重要标志物。

四、热休克预处理对对乙酰氨基酚所致小鼠急性肝脏损伤的保护作用

热休克反应是一切有生命细胞遇短暂高温、缺氧等应激刺激时发生的一种以基因表达和调控变化为特征的细胞应激反应，产生的一组蛋白质即热休克蛋白（heat shock protein，HSP）已被大量文献报道对多种应激情况下的细胞有保护作用。有报道称，热休克预处理可以诱导大鼠肝脏 HSP72 的表达，显著增加了大鼠对肝缺血再灌注损伤的抵抗力。此外，热休克预处理可以诱导生物产生 HSP，提高生物机体对致死性高

温的抵抗力。这些结果均暗示热休克预处理诱导机体产生 HSP 可以增强机体对进一步损伤的抵抗力。

适当的热休克预处理是否可以降低对乙酰氨基酚诱导的急性肝脏损伤的损伤程度，是否可以加快急性肝脏损伤后肝脏修复的速度，这些问题值得深入研究。本研究的前期工作表明：适当的低温热休克预处理（40℃热休克处理小鼠 20min）可以显著诱导小鼠肝脏产生 HSP70，促进肝细胞增殖，提高肝脏的代谢效率，而高温热休克预处理（46℃热休克处理小鼠 20min）可以显著抑制肝细胞增殖，降低肝脏的代谢效率。因此，作者试图选择一个合适的热休克预处理温度和时间，来研究适当的热休克预处理是否可以降低对乙酰氨基酚诱导的小鼠急性肝脏损伤程度，并加速肝脏的修复再生，为进一步深入研究热休克预处理对肝脏损伤和修复影响的分子机制奠定基础。

1. 研究方法

1）热休克预处理和 AAP 诱导的小鼠急性肝脏损伤模型的制备　本研究的前期结果显示，40℃热处理小鼠 20min 可以显著地促进肝细胞增殖、提高肝脏的代谢效率，而 42℃、44℃和 46℃热处理小鼠 20min 不能显著地促进肝细胞增殖，高温甚至会抑制肝细胞增殖，降低肝脏的代谢效率。因此，将 40℃热处理小鼠 20min 作为小鼠的热休克预处理条件（HS20 组）。首先腹腔注射乌拉坦（1.4g/kg）对小鼠进行麻醉，然后将小鼠分为两组：对照组和热休克预处理组各 25 只小鼠。热休克预处理组放入恒温箱中加热，检测肛温，当肛温到 40℃时开始计时，维持 40℃ 20min，然后于室温恢复 8h。紧接着腹腔注射对乙酰氨基酚溶液（用生理盐水稀释，550mg/kg），在注射对乙酰氨基酚后 6h、24h、42h、72h 分别眼球取血，分离血清测 AST 和 ALT 活性，同时取小鼠肝脏制备 10%肝匀浆，每个时间点 5 只小鼠。对照组小鼠只注射 AAP 诱导急性肝脏损伤，同时分离血清和肝脏蛋白作为对照进行研究。本研究同样做了 40℃热休克预处理小鼠 10min（HS10 组）和 40℃热休克预处理小鼠 30min（HS30 组），然后利用 AAP 诱导小鼠急性肝脏损伤来比较同一热休克预处理温度不同处理时间对肝脏的保护作用的差异。

2）血清 ALT 和 AST 活性检测及小鼠生存率的统计　使用赖氏法检测，按试剂盒说明书操作，测定血清 ALT 和 AST 活性。同时统计注射 AAP 后各组小鼠的生存率。

3）肝脏病理组织学观察　取约 5mm×5mm×3mm 相同部位的肝脏组织，10%中性福尔马林常规固定，梯度乙醇脱水，石蜡包埋。切片厚 4μm，作常规 HE 染色，光镜下观察肝脏组织病理变化。为了区分肝脏损伤后的坏死程度，根据肝实质组织的损伤坏死面积对肝脏进行病理统计分析。

4）免疫组化检测热休克预处理后恢复 8h 小鼠肝脏 HSP70、CYP1A2 和 PCNA 的表达　取每组小鼠的肝脏做成石蜡标本，连续切片（4μm 厚），脱蜡，微波抗原修复，一抗工作浓度均为 1∶200，严格按照免疫组化 SP 法试剂盒说明书进行操作。DAB 显色，用 PBS 代替一抗作阴性对照。显微镜下观察结果。

5）蛋白质印迹检测正常小鼠和热休克预处理小鼠注射 AAP 后肝脏 PCNA 表达的变化　利用考马斯亮蓝 G-250 蛋白质定量后取 70μg 蛋白质样品经 SDS-PAGE，将蛋白质转移到硝酸纤维素膜上，用 5%脱脂奶粉/0.1% Tween-20/PBS（PBST）室温封闭膜 30min，用抗小鼠 PCNA 的一抗（1∶1000）37℃孵育 1h，PBST 洗 3 次，每次 5min，加入辣根过氧化物酶标记的马抗鼠二抗（1∶1000）于 37℃孵育 1h，PBST 洗 3 次，每次 5min，DAB 显色，检测阳性信号。扫描仪扫描后，用 Gel-Pro Analyzer 4.0 软件计算蛋白质相对表达值。被检测的目标蛋白相对表达值＝目标蛋白条带灰度值/β-actin 条带灰度值。

6）统计分析　实验数据以平均值±标准差表示，显著性分析采用 Tukey *post-hoc* test，SPSS13.0 进行方差分析处理，$P<0.05$ 为差异有统计学意义。

2. 研究结果

1）热休克预处理对血清中 AST 和 ALT 活性的影响　图 2-29 的结果表明，40℃热休克预处理 20min 显著降低了 AAP 诱导小鼠急性肝脏损伤过程中血清 AST 和 ALT 活性的水平（$P<0.05$），而 40℃热休克预处理 10min 和 30min 没有显著降低小鼠血清中 AST 和 ALT 活性的水平（$P>0.05$）。正常对照组、HS10 组、HS20 组和 HS30 组小鼠均在 AAP 诱导急性肝脏损伤后 24h AST 和 ALT 活性达到最高水平（图 2-29）。注射 AAP 后，正常对照组、HS10 组、HS20 组和 HS30 组小鼠的生存率分别为 60%、68%、88% 和 72%。

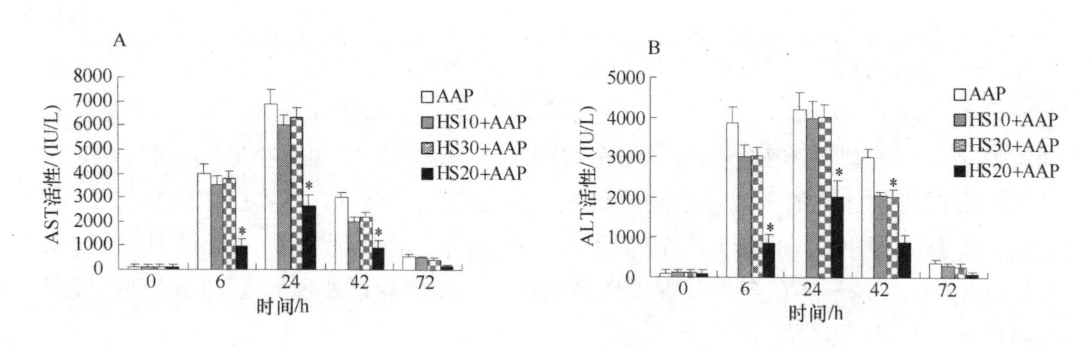

图 2-29　正常对照小鼠和热休克预处理小鼠在注射 AAP（550mg/kg）后 6h、24h、42h 和 72h 血清 AST（A）和 ALT（B）的活性水平

数据表示为平均值±标准差（$n=25$）。HS10＋AAP 组、HS20＋AAP 组和 HS30＋AAP 组：小鼠分别接受 40℃热休克预处理 10min、20min 和 30min，然后在正常饲养条件下室温恢复 8h，接着 AAP 经腹腔注射到小鼠体内。AAP 组：小鼠仅被注射 AAP。*$P<0.05$：HS 组与 AAP 组相比具有显著性差异

2）AAP 诱导热休克预处理小鼠和正常小鼠急性肝脏损伤过程中的病理变化　与只注射 AAP 的对照组相比，HS20 组小鼠在注射 AAP 后 6h、24h、42h、72h 肝脏损伤程度显著降低（$P<0.05$），而 HS10 和 HS30 组小鼠在注射 AAP 后肝脏损伤程度略有降低，但和对照组相比无显著性差异（$P>0.05$）（表 2-2 和图 2-30）。

表 2-2　肝脏损伤程度

小鼠分组	0h	6h	24h	42h	72h
AAP					
1	0.02	0.50	0.75	0.47	0.35
2	0.01	0.52	0.81	0.49	0.37
3	0.01	0.53	0.84	0.50	0.40
HS10＋AAP					
1	0.01	0.49	0.74	0.42	0.31
2	0.03	0.48	0.69	0.40	0.30
3	0.02	0.45	0.73	0.39	0.35
HS20＋AAP					
1	0.01	0.23*	0.36*	0.11*	0.04*
2	0.01	0.20*	0.32*	0.13*	0.09*
3	0.02	0.18*	0.31*	0.14*	0.07*
HS30＋AAP					
1	0.02	0.49	0.69	0.39	0.30
2	0.01	0.50	0.70	0.41	0.32
3	0.02	0.53	0.74	0.44	0.36

注：小鼠腹腔注射 AAP（550mg/kg）后不同时间点肝脏的病理分析。肝脏损伤程度根据肝实质细胞坏死面积的严重程度进行分类。坏死面积统计每只小鼠肝脏组织切片至少 $10mm^2$ 的代表性区域。*P<0.05：与 AAP 组相比具有显著性差异。每一组在每个时间点包括 5 只小鼠，随机选择 3 只小鼠检测它们的病理变化

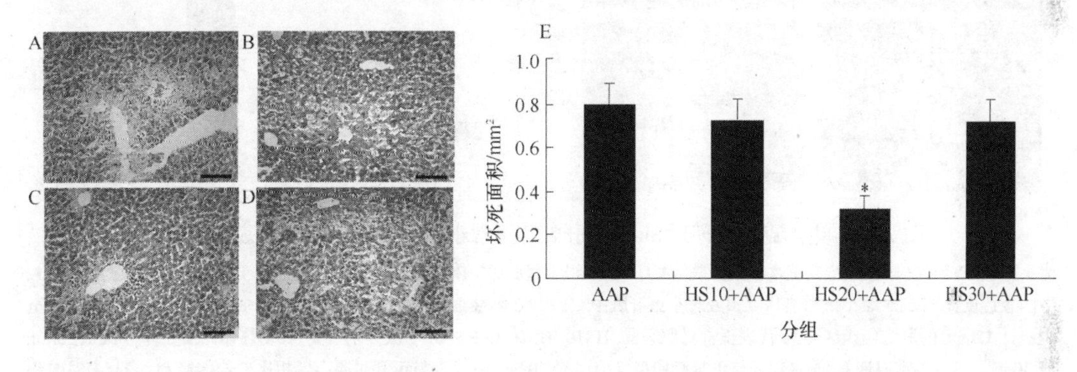

图 2-30　HE 染色检测小鼠注射 AAP 后 24h 肝脏损伤的病理变化（彩图）

A～D. 对照组、HS10 组、HS20 组和 HS30 组小鼠的肝脏损伤程度（比例尺：50μm）；E. 坏死面积图。每只小鼠至少统计 $10mm^2$ 肝脏组织切片的代表性区域。*P<0.05：与 AAP 组相比具有显著性差异

3）热休克预处理后恢复 8h 小鼠肝脏 HSP70、CYP1A2 和 PCNA 的表达　与正常对照组小鼠相比，40℃热休克预处理 20min 显著诱导了小鼠肝脏 HSP70（P<0.01）（图 2-31）、CYP1A2（P<0.01）（图 2-32）和 PCNA（P<0.05）（图 2-33）的表达，而 40℃热休克预处理 10min 或 30min 虽然显著诱导了小鼠肝脏 HSP70（图 2-31）（P<0.05）和 CYP1A2（P<0.05）（图 2-32）的表达，但未显著诱导 PCNA 的表达（P>0.05）（图 2-33）。40℃热休克预处理 20min 与 40℃热休克预处理 10min 或 30min 相比，更加显著地诱导了 HSP70（图 2-31）和 CYP1A2（图 2-32）的表达（P<0.05）。

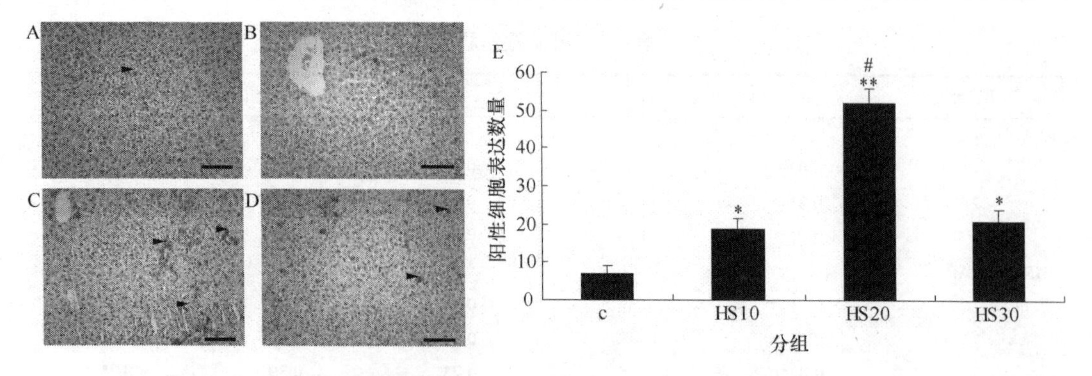

图 2-31　热休克预处理后 8h 小鼠肝脏和正常小鼠肝脏 HSP70 的表达变化

箭头指示 HSP70 阳性细胞在正常小鼠肝脏（A）、HS10 组小鼠肝脏（B）、HS20 组小鼠肝脏（C）和 HS30 组小鼠肝脏（D）中的表达位置。E. 对照小鼠和热休克预处理小鼠肝脏中 HSP70 阳性细胞每平方毫米肝脏组织中的表达数量，每个小鼠至少统计 $12mm^2$ 的肝脏组织区域。c 代表正常对照小鼠。HS10、HS20 和 HS30：小鼠分别接受 40℃热休克预处理 10min、20min 或 30min，然后再室温恢复 8h。*代表与正常对照小鼠相比 $P<0.05$，**代表与正常对照小鼠相比 $P<0.01$，#代表与 HS10 和 HS30 组小鼠相比 $P<0.05$（比例尺：50μm）

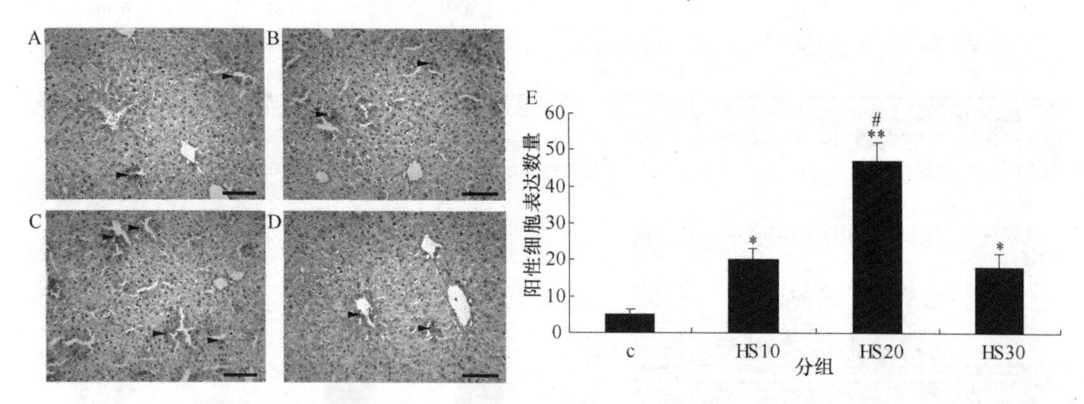

图 2-32　热休克预处理后 8h 小鼠肝脏和正常小鼠肝脏 CYP1A2 的表达变化

箭头指示 CYP1A2 阳性细胞在正常小鼠肝脏（A）、HS10 组小鼠肝脏（B）、HS20 组小鼠肝脏（C）和 HS30 组小鼠肝脏（D）中的表达位置。E. 对照小鼠和热休克预处理小鼠肝脏中 CYP1A2 阳性细胞每平方毫米肝脏组织中的表达数量，每个小鼠至少统计 $12mm^2$ 的肝脏组织区域。c 代表正常对照小鼠。HS10、HS20 和 HS30：小鼠分别接受 40℃热休克预处理 10min、20min 或 30min，然后再室温恢复 8h。*代表与正常对照小鼠相比 $P<0.05$，**代表与正常对照小鼠相比 $P<0.01$。#代表与 HS10 和 HS30 组小鼠相比 $P<0.05$（比例尺：50μm）

4）AAP 诱导小鼠急性肝脏损伤后热休克预处理小鼠和正常对照小鼠 PCNA 表达的变化　HS20 组小鼠在注射 AAP 后 0h、6h、24h、42h 和 72h，小鼠肝脏 PCNA 的表达量均显著高于对照组（$P<0.05$）、HS10（$P<0.05$）和 HS30（$P<0.05$）组小鼠（图 2-34）。

3. 结果分析　已有研究报道，热休克预处理可以诱导热休克蛋白的合成，从而减轻脂多糖诱导的大鼠急性肺损伤。但适当的热休克预处理是否能降低 AAP 诱导的药物性肝脏损伤程度至今尚未见报道。PCNA 是区分增殖细胞的一个良好的分子标记。图 2-33 和图 2-34 结果显示：在 AAP 诱导的小鼠急性肝脏损伤过程中，与正常对照组小鼠相比，40℃热休克预处理 20min 可以显著地诱导小鼠肝脏 PCNA 的表达（$P<0.05$），表明 40℃热休克预处理 20min 可以显著地促进肝脏损伤过程中肝细胞的增殖。此外，表 2-2 和图 2-30

结果表明：40℃热休克预处理 20min 可以显著地降低 AAP 诱导的小鼠急性肝脏损伤过程中肝脏的损伤程度。在小鼠注射 AAP 后 72h，HS20 组小鼠肝脏损伤后的修复程度远高于正常对照组，这说明适当的热休克预处理可以加快药物性肝脏损伤后肝脏的修复速度。

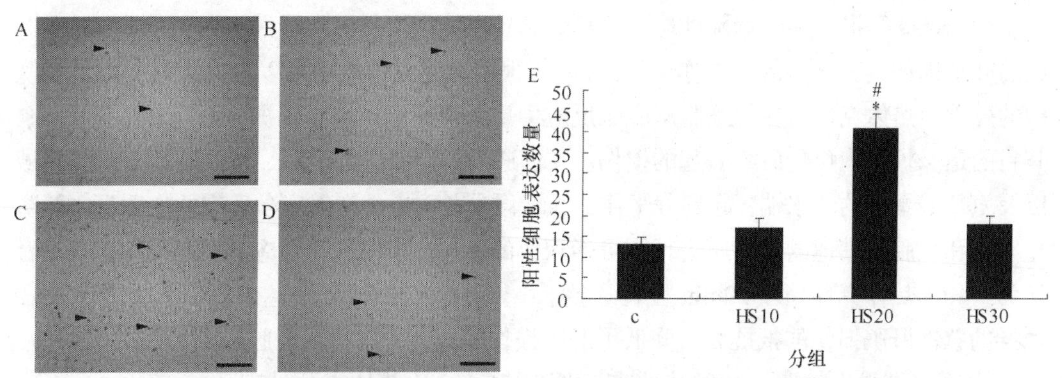

图 2-33　热休克预处理后 8h 小鼠肝脏和正常小鼠肝脏 PCNA 的表达变化

箭头指示 PCNA 阳性细胞在正常小鼠肝脏（A）、HS10 组小鼠肝脏（B）、HS20 组小鼠肝脏（C）和 HS30 组小鼠肝脏（D）中的表达位置。E. 对照小鼠和热休克预处理小鼠肝脏中 PCNA 阳性细胞每平方毫米肝脏组织中的表达数量，每个小鼠至少统计 12mm^2 的肝脏组织区域。c 代表正常对照小鼠。HS10、HS20 和 HS30：小鼠分别接受 40℃热休克预处理 10min、20min 或 30min，然后再室温恢复 8h。*代表与正常对照小鼠相比 $P<0.05$。#代表与 HS10 和 HS30 组小鼠相比 $P<0.05$（比例尺：50μm）

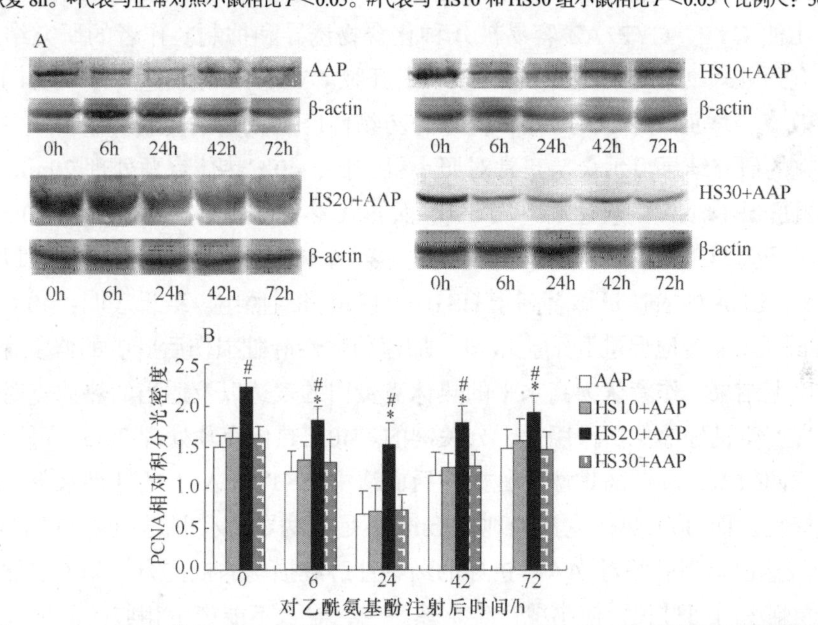

图 2-34　PCNA 在注射对乙酰氨基酚后 0h、6h、24h、42h 和 72h 小鼠肝脏中的表达

利用蛋白质印迹检测 PCNA 的表达量（A），得到的蛋白质印迹条带经过 Gel-Pro Analyzer 4.0 软件进行数据分析（B），目标蛋白条带的光密度值/内参 β-actin 的光密度值＝目标蛋白的相对光密度值。每次实验重复 3 次。所有数据表示为平均值±标准差。*代表与 AAP 组小鼠相比 $P<0.05$；#代表与 HS10 和 HS30 组小鼠相比 $P<0.05$

本研究的前期研究结果表明，40℃热休克预处理 20min 能显著诱导 HSP70 的表达，与 42℃、44℃和 46℃热休克预处理 20min 相比，能显著地促进肝细胞增殖，提高肝脏的功能。因此选择了 40℃热休克预处理 10min、20min 和 30min 来观察不同的热休克预处理时间对肝脏功能的影响及对 AAP 诱导的小鼠急性肝脏损伤的保护作用。图 2-29 显示，40℃热休

克预处理 20min，比热休克预处理 10min 或 30min，能更显著地降低 AAP 诱导的急性肝脏损伤小鼠血清中 ALT 和 AST 的活性水平（$P<0.05$），并且能更有效地降低小鼠的肝脏损伤程度和死亡率（$P<0.05$）。此外，40℃热休克预处理 20min 能显著诱导小鼠肝脏 HSP70 的表达。Saad 等报道热休克预处理可以显著诱导机体产生热休克蛋白，从而对局部缺血造成的肝脏损伤具有显著的保护作用。Yang 等报道热休克预处理可以避免大鼠在中暑环境中的死亡。热休克蛋白在使细胞从应激反应中重新恢复以及细胞保护方面起着重要作用，其目的是保护细胞免受后续引起的损伤。它们通过识别新生的多肽、蛋白质的未折叠区域以及氨基酸暴露的疏水端，起到分子伴侣、转移或者重折叠产生应激反应的变性蛋白并防止它们和细胞内其他的蛋白质进行不可逆聚集的作用，来保护产生应激反应的细胞。作者认为，40℃热休克预处理 20min 显著诱导了小鼠肝脏 HSP70 的表达，提高了小鼠对 AAP 诱导的急性肝脏损伤的抵抗力，降低了肝脏损伤的程度，对小鼠肝脏起到了保护作用。

本研究结果也表明，40℃热休克预处理 20min 比热休克预处理 10min 或 30min，能更显著地诱导小鼠肝脏 CYP1A2 的表达（$P<0.05$）。CYP1A2 是人体肝脏中最重要的 CYP 中的一种（约占 13%），它代谢多种临床上重要的药物，这种酶主要代谢几种重要的内源性化合物，包括类固醇、维生素 A、褪黑激素、尿卟啉原和花生四烯酸等。类似其他几种 CYP，CYP1A2 容易被几种化合物诱导和抑制。作者的研究结果表明，40℃热休克预处理 20min 能显著地诱导小鼠肝脏 CYP1A2 的表达（$P<0.01$），提高肝脏的代谢效率，增加了小鼠对 AAP 诱导的药物性肝脏损伤的抵抗力。

本研究的研究结果显示：与正常对照小鼠相比，40℃热休克预处理 20min 可以显著地诱导小鼠肝脏 PCNA 的表达（$P<0.05$），而 40℃热休克预处理 10min 或 30min 不能显著诱导小鼠肝脏 PCNA 的表达。此外，小鼠被注射 AAP 后肝脏损伤和修复的过程中 HS20 组小鼠肝脏 PCNA 的表达量显著高于 HS10、HS30 和对照组。结果表明：40℃热休克预处理 20min 可以显著地促进肝细胞增殖，加速药物性肝脏损伤后肝脏的修复速度。

分析以上结果，作者认为高水平的热休克蛋白的表达以及适当的热休克时间对于热休克预处理产生良好的保护作用是十分关键的。40℃热休克预处理 20min 可以有效地提高肝脏的代谢效率，降低药物性肝脏损伤后血清中 AST 和 ALT 的活性水平，促进肝脏损伤后的修复。而 40℃热休克预处理 10min 不足以诱导高水平的 HSP70、CYP1A2 和 PCNA 的表达以提高肝脏对 AAP 诱导的药物性肝脏损伤的抵抗力。40℃热休克预处理 30min 可能刺激时间过长，使小鼠产生了热耐受，导致不能产生相应的保护效果。

总之，本研究表明：适当的热休克预处理能够降低 AAP 诱导的小鼠急性肝脏损伤程度和加快肝脏的修复速度，这可能有助于进一步研究热休克预处理对肝脏损伤和修复影响的分子机制。

五、阿奇霉素诱导的小鼠药物性肝脏损伤的分子机制

药物性肝脏损伤是指由药物本身或其代谢产物引起的肝脏损害，目前建立的药物性肝脏损伤动物模型较少，对于进一步的探讨有一定的约束。

阿奇霉素诱导的肝脏损伤是多种因素参与才可以完成的一个较复杂的病理过程。作者实验室首次建立了阿奇霉素诱导的小鼠急性肝脏损伤模型并对其病理变化过程进行了研究，为更深入研究药物性肝脏损伤的分子机制提供实验依据，为明确急性肝脏损伤的发病机制、筛选保肝药物、肝脏损伤的预防和治疗提供重要的参考资料。

1. 实验组的设计　取小鼠300只，每100只为一组，随机分为3组，每组中10只为对照组，90只为模型组，自由饮水，自由食入标准鼠料，模型组分别给予0.3%阿奇霉素溶液200mg/kg、400mg/kg、800mg/kg腹腔注射造模。在注射阿奇霉素后0h、3h、6h、12h、24h、30h、36h、42h、48h和54h经眼球取血，左手拇指和食指紧捏小鼠双耳和颈后部的皮肤，其余三指固定小鼠腹部和尾部，自然捏动拇指，在取血侧眼部轻压皮肤，促使眼球可以充血并突出，用弯头小镊子迅速夹取眼球，同时可以按压小鼠心脏部位，以加快泵血的速度，导致血液从眼眶垂直流入离心管，并注意防止血液粘住眼部周围的毛发而造成污染；分离血清。同时取小鼠肝脏组织：将小鼠四肢固定于取材板上，酒精棉球消毒腹部，手术剪将腹腔打开，取出肝脏，做常规固定包埋和制备10%肝匀浆。每个时间点取10只小鼠进行实验。

2. 研究结果

1）血清ALT和AST活性检测　和对照组小鼠相比较，模型组小鼠血清ALT和AST的活性水平于200mg/kg阿奇霉素注射时变化不太大，无明显意义；于400mg/kg阿奇霉素注射时12h最高，36h后逐渐恢复到正常水平；于800mg/kg阿奇霉素注射时24h升至最高（$P<0.05$），说明肝脏在24h时损伤最严重，30h开始降低，并逐渐恢复至正常，说明肝脏损伤是一个不断再生修复的过程（图2-35）。

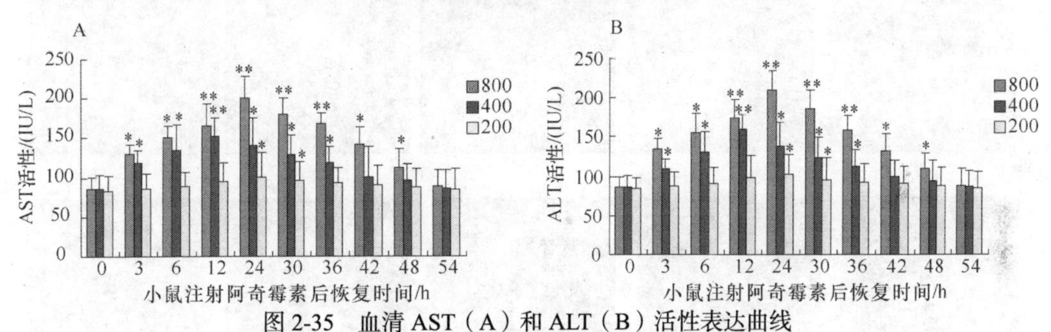

图2-35　血清AST（A）和ALT（B）活性表达曲线

灰色为800mg/kg阿奇霉素；黑色为400mg/kg阿奇霉素；

白色为200mg/kg阿奇霉素。$*P<0.05$或$**P<0.01$：与正常组比较有显著性差异

2）肝脏的组织病理学　通常正常肝脏组织在经过一般常规染色后，于显微镜下观察可表现为没有被破坏的、轮廓很清晰的肝小叶结构，并且分布状况为放射状；而通过制造模型组进行观察，在200mg/kg、400mg/kg阿奇霉素注射后肝脏组织变化不明显（图2-36A和B），800mg/kg阿奇霉素注射后有不同程度的肝脏肿大，细胞质疏松化，肝细胞脂肪变性，肝窦明显变松弛呈囊状，同时肝小叶结构也遭到了破坏，看不清楚组织的轮廓，也会出现因一些炎症细胞的浸润而导致的小面积的坏死和（或）广泛的出血的发生，通过显微镜观察可得知这种损伤的变化于24h时表现明显，从36h这种损失开始得到了逐渐好转，于54h恢复至正常（图2-36C）。

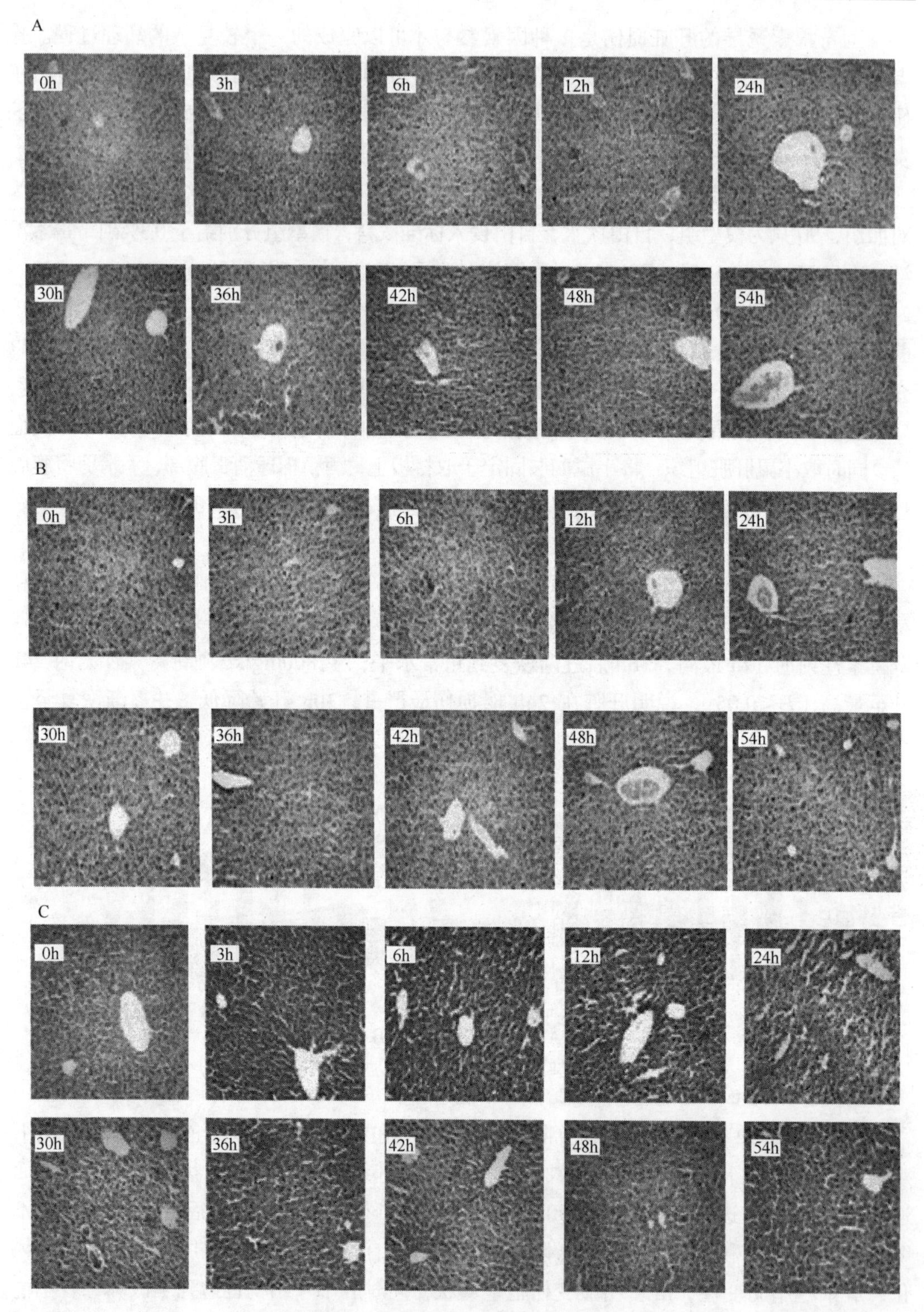

图 2-36 肝脏组织 HE 染色（200×）

A. 200mg/kg 阿奇霉素；B. 400mg/kg 阿奇霉素；C. 800mg/kg 阿奇霉素

3）肝脏 PCNA 蛋白的表达　　阿奇霉素所诱导的小鼠急性肝脏损伤和正常小鼠组进行对比后得知，肝脏组织 PCNA 蛋白的表达受到一定的影响而出现一定的变化趋势（$P<0.05$）。PCNA 在阿奇霉素处理后 6h 明显降低，从 30h 时升高，然后又逐渐降低（图 2-37）。

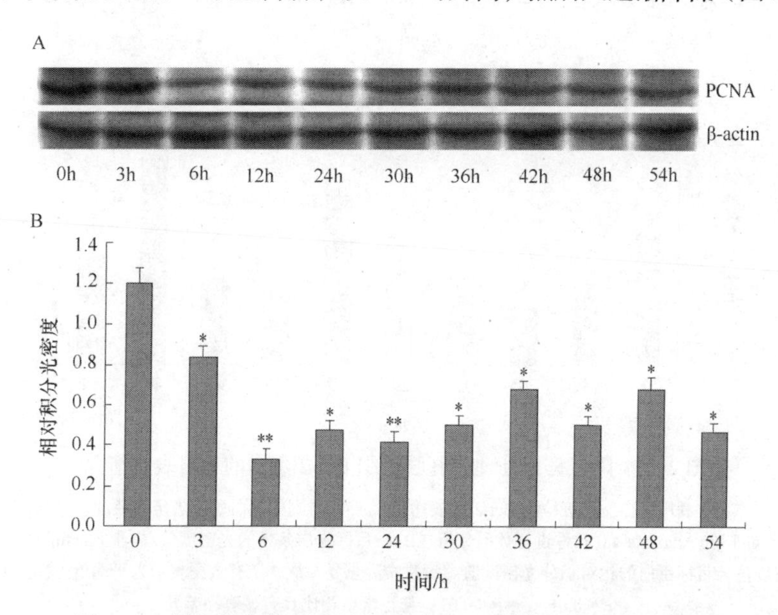

图 2-37　阿奇霉素处理后肝脏组织 PCNA 蛋白的相对表达情况

利用蛋白质印迹检测 PCNA 的表达量（A），得到的蛋白质印迹条带经过 Gel-Pro Analyzer 4.0 软件进行数据分析（B），目标蛋白条带的光密度值/内参 β-actin 的光密度值＝目标蛋白的相对积分光密度值。每次实验重复 3 次。所有数据表示为平均值±标准差。$^*P<0.05$ 或 $^{**}P<0.01$：与正常组相比具有显著性差异

4）肝脏凋亡蛋白 Bcl-2 和 Bax 的表达　　阿奇霉素所诱导的小鼠急性肝脏损伤和正常小鼠组进行对比后得知，肝脏组织 Bcl-2 和 Bax 蛋白的表达受到一定的变化影响。小鼠肝脏中 Bcl-2 的表达在注射阿奇霉素后 6h 处于整个期间的低谷，随后继续不断变化并有所回升，到 48h 达到最高值，54h 时与正常水平接近（图 2-38）；同样，经过阿奇霉素处理后小鼠肝脏 Bax 的表达也有所变化，先逐渐增加，在 12h 达到最大值，随后逐步下降，54h 又有所回升（图 2-39）。

5）肝脏 HSP70 和 HSP27 两种蛋白质的表达　　阿奇霉素所诱导的小鼠急性肝脏损伤和正常小鼠组进行对比后得知，肝脏组织 HSP70 和 HSP27 蛋白的表达受到影响而出现一定的变化趋势。HSP70 在阿奇霉素处理后 3～12h 先升高，24h 时明显降低，然后开始恢复至正常水平（图 2-40）。HSP27 在阿奇霉素处理后 12h 开始降低，42h 达到最低点（图 2-41）。

6）肝脏 TNF-α 蛋白的表达　　阿奇霉素所诱导的小鼠急性肝脏损伤和正常小鼠组进行对比后得知，肝脏组织 TNF-α 蛋白的表达受到一定的影响而出现显著的变化（$P<0.05$）。通过阿奇霉素处理后 TNF-α 同样也会产生一些变化，其不断的升高是可见的，30h 时其升高到了最高值，随后依次不断呈现下降趋势，54h 时与正常水平相一致（图 2-42）。

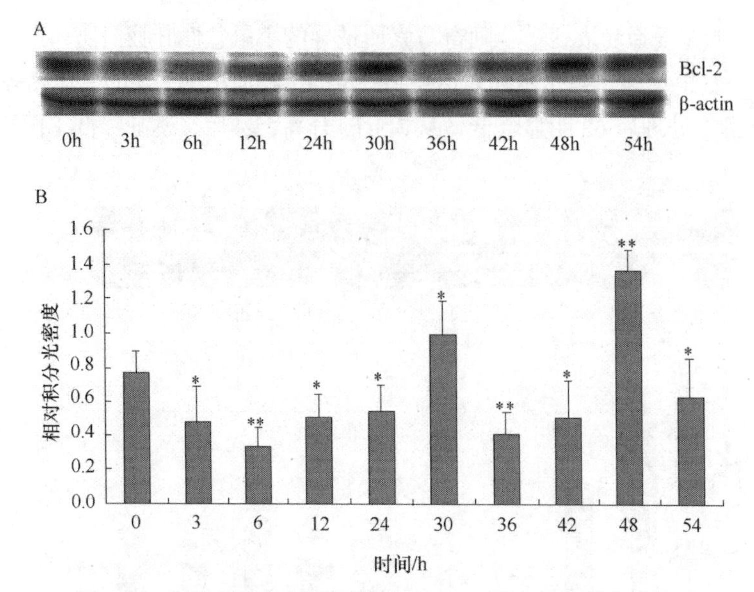

图 2-38 阿奇霉素处理后肝脏组织 Bcl-2 蛋白的相对表达情况

利用蛋白质印迹检测 Bcl-2 的表达量（A），得到的蛋白质印迹条带经过 Gel-Pro Analyzer 4.0 软件进行数据分析（B），目标蛋白条带的光密度值/内参 β-actin 的光密度值＝目标蛋白的相对积分光密度值。每次实验重复 3 次。所有数据表示为平均值±标准差。*P＜0.05 或**P＜0.01：与正常组相比具有显著性差异

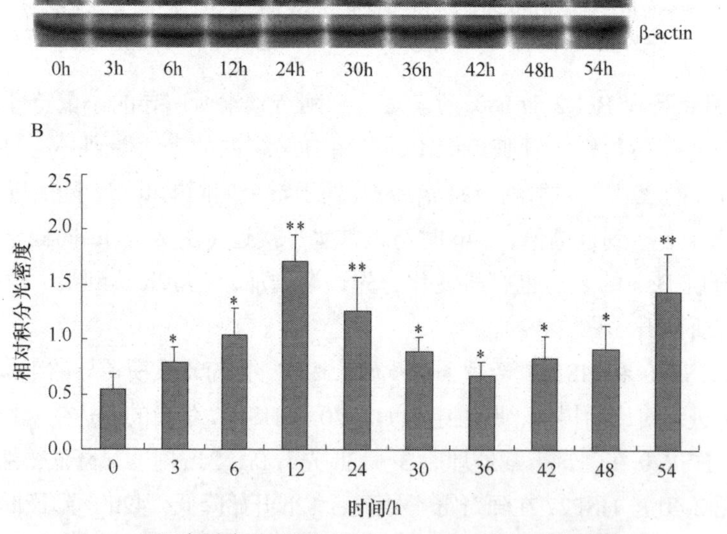

图 2-39 阿奇霉素处理后肝组织 Bax 蛋白的相对表达情况

利用蛋白质印迹检测 Bax 的表达量（A），得到的蛋白质印迹条带经过 Gel-Pro Analyzer 4.0 软件进行数据分析（B），目标蛋白条带的光密度值/内参 β-actin 的光密度值＝目标蛋白的相对积分光密度值。每次实验重复 3 次。所有数据表示为平均值±标准差。*P＜0.05 或**P＜01：与正常组相比具有显著性差异

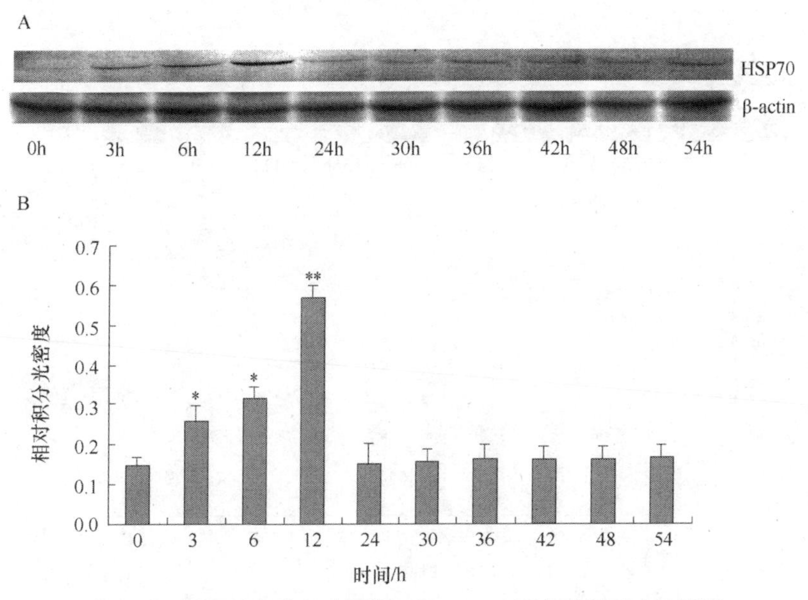

图 2-40　阿奇霉素处理后肝脏组织 HSP70 蛋白的相对表达情况

利用蛋白质印迹检测 HSP70 的表达量（A），得到的蛋白质印迹条带经过 Gel-Pro Analyzer 4.0 软件进行数据分析（B），目标蛋白条带的光密度值/内参 β-actin 的光密度值＝目标蛋白的相对积分光密度值。每次实验重复 3 次。所有数据表示为平均值±标准差。*$P<0.05$ 或**$P<0.01$：与正常组相比具有显著性差异

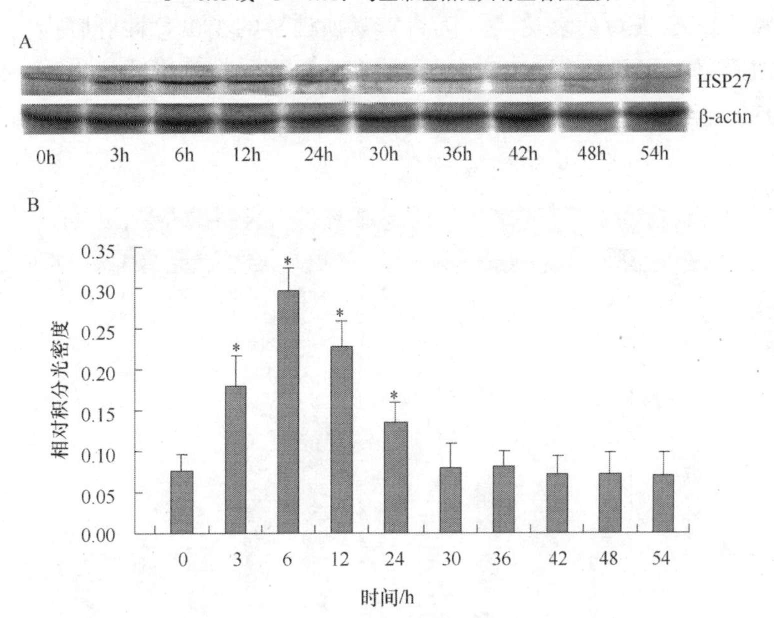

图 2-41　阿奇霉素处理后肝脏组织 HSP27 蛋白的相对表达情况

利用蛋白质印迹检测 HSP27 的表达量（A），得到的蛋白质印迹条带经过 Gel-Pro Analyzer 4.0 软件进行数据分析（B），目标蛋白条带的光密度值/内参 β-actin 的光密度值＝目标蛋白的相对积分光密度值。每次实验重复 3 次。所有数据表示为平均值±标准差。*$P<0.05$：与正常组相比具有显著性差异

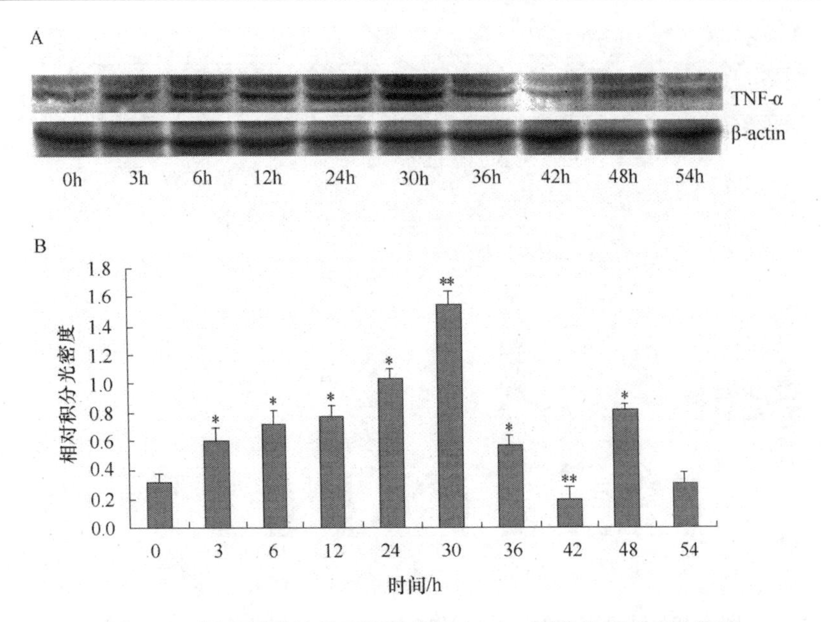

图 2-42　阿奇霉素处理后肝脏组织 TNF-α 蛋白的相对表达情况

利用蛋白质印迹检测 TNF-α 的表达量（A），得到的蛋白质印迹条带经过 Gel-Pro Analyzer 4.0 软件进行数据分析（B），目标蛋白条带的光密度值/内参 β-actin 的光密度值＝目标蛋白的相对积分光密度值。每次实验重复 3 次。所有数据表示为平均值±标准差。$^*P<0.05$ 或 $^{**}P<0.01$：与正常组相比具有显著性差异

7）肝脏 VEGF 蛋白的表达　阿奇霉素所诱导的小鼠急性肝脏损伤和正常小鼠组进行对比后得知，肝脏组织 VEGF 蛋白的表达受到一定的影响而出现一定的变化趋势（$P<0.05$）。经过阿奇霉素处理后 VEGF 的表达量至 30h 时达到最高值（图 2-43）。

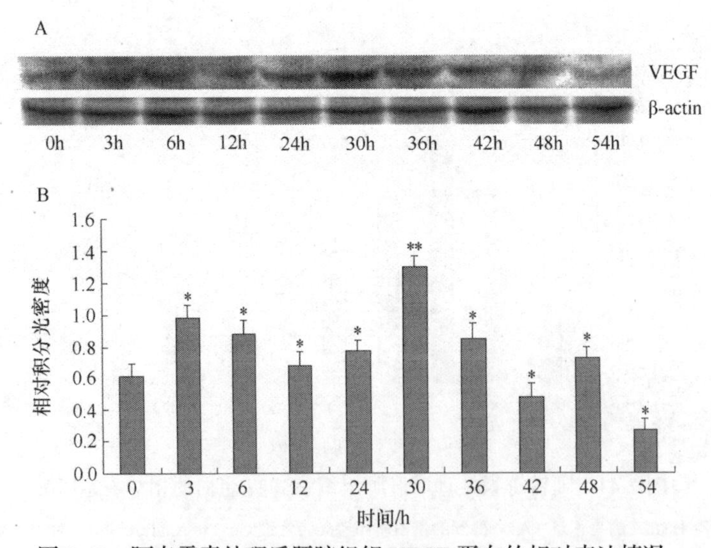

图 2-43　阿奇霉素处理后肝脏组织 VEGF 蛋白的相对表达情况

利用蛋白质印迹检测 VEGF 的表达量（A），得到的蛋白质印迹条带经过 Gel-Pro Analyzer 4.0 软件进行数据分析（B），目标蛋白条带的光密度值/内参 β-actin 的光密度值＝目标蛋白的相对积分光密度值。每次实验重复 3 次。所有数据表示为平均值±标准差。$^*P<0.05$ 或 $^{**}P<0.01$：与正常组相比具有显著性差异

3. 结果讨论分析　阿奇霉素具有很强的抗菌作用，作用范围比较广泛，为临床首选的抗菌药，但所致临床不良反应多种多样，可累及全身各个系统。因阿奇霉素经肝脏代谢，可表现为腹部不适，口苦，厌食，所以肝肾功能不全者禁用。据资料报道，患者因“风湿热”住院，给予阿奇霉素治疗，连续使用几日后出现胃肠道症状，纳差、乏力等，检测血清 ALT、AST、谷氨酰转肽酶（GGT）活性水平均有所升高，临床立即停用阿奇霉素，并经保肝治疗后症状才有所消失。

1）*肝脏组织受损后的血清酶活变化*　阿奇霉素所诱导的小鼠急性肝脏损伤模型组中 800mg/kg 阿奇霉素注射后血清 ALT 和 AST 活性水平均升高，于 24h 时最明显。

2）*肝脏组织受损伤后的病理学变化*　800mg/kg 阿奇霉素注射后小鼠肝脏组织病理学结果显示于 24h 时肝脏损伤情况最严重，说明 800mg/kg 剂量的阿奇霉素是诱导小鼠肝脏损伤的合适剂量。

3）*肝细胞受损后的增殖变化*　在该研究中，与正常对照组小鼠相比，阿奇霉素诱导的小鼠急性肝脏损伤后肝脏中 PCNA 蛋白的表达呈明显变化趋势。进行具体分析后可得知：PCNA 在阿奇霉素处理后 6～30h 显著降低，可能是因为阿奇霉素引起的肝细胞损伤，引起细胞内外的信号传递，导致 DNA 合成减少，细胞增殖减弱；而后从 36h 起 PCNA 的表达量升高，肝细胞开始增殖，肝脏开始修复损失的肝脏组织。

4）*肝细胞受损后的凋亡变化*　细胞凋亡是多种细胞为了调节机体的正常发育，维护组织自身内环境的稳定，从而由基因控制的细胞主动死亡的过程，细胞凋亡参与了机体的许多病理生理过程。Bax 是一种促细胞凋亡蛋白，而 Bcl-2 是一种抗凋亡蛋白，可增加细胞对多种凋亡刺激因素的抗性。细胞内 Bcl-2/Bax 通常在体内以二聚体的形式来发挥作用，其二者的表达水平的比例变化决定特定部位的细胞是否发生凋亡及其凋亡的严重程度。Bcl-2 和 Bax 的表达变化趋势，说明凋亡和抗凋亡因素对由阿奇霉素诱导的小鼠急性肝脏损伤过程中肝细胞的凋亡和抗凋亡作用产生重要的影响。

5）*肝细胞受损后热休克蛋白的变化*　在该研究中，与正常对照组小鼠相比，阿奇霉素诱导的小鼠急性肝脏损伤后肝脏 HSP27 和 HSP70 蛋白的表达均呈明显变化趋势。HSP70 也是一种重要的应激分子，对受损的肝细胞起保护作用。HSP27 和 HSP70 的表达变化趋势说明这些分子可以更好地促进肝脏再生修复过程。

6）*肝细胞受损后的细胞因子*　在该研究中，与正常对照组小鼠相比，阿奇霉素诱导的小鼠急性肝脏损伤后肝脏 TNF-α、VEGF 蛋白的表达呈显著变化趋势。进行具体分析后可得知：TNF-α 在阿奇霉素处理后，先逐渐升高，于 30h 时达高峰，这可能是因为肝脏库普弗细胞有产生 TNF-α 的能力，也是产生 TNF-α 的场所。因为肝细胞在受到损伤的时候，细胞膜的通透性增加，从而促使 Ca^{2+} 内流，导致线粒体的结构、功能受损，使肝细胞排泄功能和摄取能力都出现不同程度的障碍，致使细胞中某些离子的含量严重超出正常范围，从而分泌大量的 TNF-α，因其高度的表达，可加重肝脏的损伤程度。VEGF 可以提高毛细血管的通透性，促进新生血管的形成，促进肝细胞的再生；TNF-α 的释放发生在肝脏炎症的急性期，VEGF 可增加其释放，在阿奇霉素处理小鼠后其表达量逐渐升高，30h 达最高，可能是由肝脏组织变性坏死的逐渐加重所引起，于 36h 开始下降，可能是由于 VEGF 表达的不断增加，从而刺激血管的增生，导致血管通透性增加，从而减少了细胞的凋亡和坏死，促进组织修复，肝脏组织的缺氧有所减轻。

TNF-α 和 VEGF 的表达变化趋势，说明以上两种因子在阿奇霉素诱导的小鼠急性肝脏损伤过程中起到重要的作用。

第五节　肝脏再生研究的动物模型

由于肝脏再生只发生在特殊的条件下，因此动物模型的建立对于肝脏再生研究是非常重要的。肝脏在正常情况下只有极少数细胞进行有丝分裂，想要得到肝脏再生模型往往需要有一些刺激或变化引起肝脏的损伤或响应，进而发生肝脏再生现象。在现有的肝脏再生动物模型中引起肝脏损伤的刺激主要有手术和化学物质两类，实验动物主要有大鼠、小鼠、狗、猪、猴和兔等。手术引发肝脏再生的模型主要有部分肝切除（partial hepatectomy，PH）、门静脉分支结扎、门体分流术和直接代偿性增生。造成肝脏损伤引发肝脏再生的化学物质包括四氯化碳、D-半乳糖胺酶、硫代乙酰胺和乙醇等。实验动物及建模方法的选择往往需要考虑到实验要解决的科学问题、实验成本、可操作性等。

一、门静脉分支结扎模型

门静脉分支结扎（portal branch ligation，PBL）术能诱导肝脏再生已被临床肝脏外科认可并在实践中得到证实。这种引起肝脏再生的效应于 1920 年首次在家兔门静脉结扎（PVL）实验中被发现。研究发现，结扎部分门静脉分支后，结扎侧的肝叶出现萎缩，而非结扎侧的肝叶出现代偿性增生肥大，此作用在临床上可以使部分无法行一期肝切除手术的患者后期行二期肝切除达到切除病灶的效果。李波等研究表明，大鼠 90% 肝叶门静脉分支结扎促进未结扎侧增生，两周后再行二期肝切除，可有效预防一期 90% 肝切除术后所引起的急性肝功能衰竭。术前行 PBL 可以诱导残肝体积（FLRV）代偿性增生，同时可以避免肝叶切除后门静脉压力突然升高所致的肝细胞损伤，降低术后肝功能衰竭的发生率，且提高了大范围肝切除（尤其是合并肝硬化的患者）的安全性。

二、部分肝切除模型

1）2/3 肝切除模型　　大鼠 2/3 肝切除模型首先由 Higgins 等于 1931 年建立。该模型是将大鼠肝脏的肝中叶（ML）（占肝脏总体积的 38%）和左外叶（LLL）（占肝脏总体积的 30%）切除，约为总肝体积的 70%，又称为 2/3 肝切除。由于大鼠的肝脏由多个肝叶组成，且每一个肝叶均有一套独立的分支肝动脉、门静脉和胆道系统，肝脏分叶的部分切除后并不影响其余肝脏的功能，且术后肝脏无断面，不易发生胆漏和感染，动物耐受良好，术后存活率高。因此，部分肝切除模型易于实施且均一性和重复性好，是研究肝脏再生的经典模型。

2）*极限肝切除模型*　该肝切除模型由 Gaub 等建立，将大鼠肝脏的右叶、中叶、左外叶和尾叶一次性切除，仅保留两小片乳突叶和腔静脉周围的少许肝脏组织，也称 90% 肝切除。

3）*反复部分肝切除（repeated partial hepatectomy）模型*　该肝切除模型由 Simpson 在20世纪60年代建立，90年代吴毅平等在此基础上进行了试验，他以第一次切肝量50%、70%及 80%为标准将大鼠分为 3 组，第二次开始，切肝量为术时肝重的 20%左右。3 组大鼠以间隔 1 天、3 天、7 天、14 天和 21 天均做 5 次肝切除，动态观察其肝脏再生组织的超微结构及酶组织化学的变化。

（4）*短间隔连续部分肝切除（short internal successive partial hepatectomy，SISPH）模型*　在反复部分肝切除模型的基础上建立了短间隔连续部分肝切除模型。该肝切除模型属于极端刺激性肝脏再生的切除方式，能够观察到正常肝脏再生组织中不具有的生物学现象。

三、化学毒物损伤模型

采用多种毒剂制造肝细胞损害模型：如通过 CCl_4 损害或缺血再灌注损害导致大量中央周围肝细胞坏死；注射乙醇以损坏外周带肝细胞活性；D-半乳糖胺引起肝细胞大量损害。利用毒物诱导肝脏再生模型的缺点是难以将实验标准化并伴随肝脏损害和炎症，且重现性不好，但这些模型有助于人们研究化学物质和有毒物质导致肝脏损伤的机理。

第六节　肝脏再生的过程

一、肝脏再生的形态学特征

大鼠经肝切除 7～10 天后可完全恢复缺失肝脏组织，在此期间各种细胞迅速而有序增殖，在整个成熟的细胞群中，增殖的肝细胞以自分泌方式分泌生长因子，为其余细胞的增殖提供有丝分裂的刺激。肝细胞最先进入细胞周期并于术后 24h 达到增殖高峰，胆管细胞、库普弗细胞、肝窦内皮细胞分别在术后 48h、72h、96h 达到增殖高峰，这些细胞的增殖重建了失去的肝脏组织。肝细胞的增殖最早始于肝小叶内的汇管区周围，并在 36～48h 后拓展至中央静脉周围区域。肝切除术后 3～4 天增生的肝细胞围绕毛细血管形成细胞团，随后肝星形细胞伸入肝细胞团内分泌层粘连蛋白，肝细胞团被分隔成肝细胞板状结构，毛细血管转化为真正的肝窦。术后第 7 天，肝小叶直径较再生前增大，肝细胞板多呈双排。

二、肝脏再生的分子过程

肝脏再生可以被人为地分为 3 个阶段：①启动阶段；②增殖阶段；③终止阶段。大鼠肝部分切除后 4h 左右肝细胞进入 G_1 期，24h 进入 S 期并达到 DNA 合成高峰。在肝脏再生过程中，有大量基因表达上调或下调，其中 8 条信号通路在肝脏再生中作用增强，包括细胞因子和趋化因子介导的信号通路、酶联受体介导的信号通路、G 蛋白偶联受体介导的信号通路、抗原受体介导的信号通路、整合素介导的信号通路、Notch 信号通路、Toll 信号通路和 Wnt 信号通路，这些通路中的基因表达上调可促进细胞分化、促进细胞极性形成、促进细胞凋亡或抑制凋亡。目前认为肝脏再生的必要线路包括以下 3 种途径：细胞因子途径、生长因子途径和代谢网络途径，并且这 3 种途径在肝脏再生过程的不同阶段有相互作用。

（一）肝脏再生启动阶段

1. 启动阶段基因表达 启动阶段为 PH 后 4h 内，其特征为约有 70 种早期基因表达，其中包括转录因子基因、应激和炎症反应相关基因、调节细胞骨架和细胞外基质基因、细胞周期调控基因等。

1）原癌基因和转录因子基因 众多表达的早期基因中有 19 种转录因子基因，其中最重要的是编码转录因子 NF-κB、信号转导子和转录激动子 3（signal transductors and activator of transcription 3，STAT3）、活化蛋白-1（AP-1）和 C/EBPβ 的原癌基因（如 *c-fos*、*jun B*、*c-jun*、*c-myc*）。上述原癌基因表达的转录因子主要是在转录后水平激活，结合于不同基因的调控区激活基因，参与激活 G_0 期肝细胞。

2）细胞周期基因 启动阶段表达的 19 种细胞周期调控基因中，绝大多数基因是抑制细胞周期的关卡基因，其中 *GADD45*、*TIS21* 和 *p21* 分别调控细胞周期的不同阶段，而启动阶段活化的转录因子可调控这些周期基因的表达。

2. 肝脏再生中的肝细胞启动 肝脏体积的恢复主要依赖于肝细胞的增殖。在非病理及静止条件下，肝细胞处于静止状态（G_0 期），极少在生长因子刺激下经历有丝分裂。一旦肝细胞被启动，会对有丝分裂原产生高反应性。该过程主要依赖于肝细胞和非实质细胞（库普弗细胞、肝窦内皮细胞、肝星形细胞）通过 TNF-α 和 IL-6 等细胞因子发生相互作用。在肝脏再生启动之初，库普弗细胞被脂多糖（LPS）、C3a、C5a 和细胞间黏附分子（ICAM）等刺激物所激活，随之产生并分泌 TNF-α。库普弗细胞在其表面表达 TNF 受体 1（TNFR-1），可通过自分泌方式使其自身活化。库普弗细胞的 TNF-α/TNFR-1 信号回路主要由 NF-κB 介导。因 *IL-6* 基因启动子区域含有一个 NF-κB 结合位点，活化的库普弗细胞也可产生 IL-6。活化的库普弗细胞所分泌的 TNF-α 和 IL-6 可能参与起始相的启动过程，使肝细胞能对生长因子产生的增殖信号起反应和（或）直接经历有丝分裂。这些肝细胞和非实质细胞（尤其是库普弗细胞）间的相互作用是由 TNF-α 和 IL-6 等细胞因子所介导的，并完成肝细胞 G_0/G_1 期转变的启动过程。IL-6 在肝脏再生中也发挥许多重要作用，包括促进作为肝细胞有丝分裂原并能防止肝细胞凋亡的肝细胞生长因子（HGF）的肝内生成。*IL-6* 基因缺失可致肝脏再生功能的缺陷，出现肝脏坏死和肝功能衰竭。IL-6 信号通路在肝脏再生中的关键性作用，主要是由有丝分裂转录因子、STAT3所介导。

3. 启动阶段调控　目前认为TNF-α及IL-6共同启动肝脏再生，协同激活G_0期肝细胞，继而在生长因子如HGF、TGF-α等作用下不可逆地进入细胞周期。

TNF-α是一个多效应的细胞因子，它不仅在肝脏再生的启动过程中发挥着信号转导的关键作用，同时也可通过多种途径诱导炎症介质活化和细胞浸润，过高浓度的TNF-α也可阻止和延迟肝脏再生，造成肝细胞损伤、坏死与凋亡，TNF-α在肝脏再生过程中的作用表现为双重性。TNF-α在肝脏中主要由库普弗细胞分泌，通过结合TNFR-1后依次激活NF-κB、IL-6和STAT3，从而激活核内众多基因表达，启动肝脏再生。NF-κB是这条转导通路上的关键环节，TNF-α诱导的IL-6分泌、STAT3活化及c-myc表达均依赖于此转录因子活化。此外，TNF-α还可以诱导产生氧自由基激活NF-κB。

IL-6主要来自肝脏内库普弗细胞，TNF-α通过与细胞表面TNFR-1结合后，激活下游的NF-κB，而NF-κB有多种转录活性，可直接上调IL-6的基因表达，刺激IL-6的合成和释放，IL-6结合到可溶性受体gp80，这个复合物又结合到gp130受体，IL-6通过与gp80/gp130受体复合物结合激活STAT3，最终引发肝脏再生。IL-6除了活化STAT3外，还通过细胞因子信号转导抑制因子（suppressor of cytokine signaling，SOCS）对活化信号途径进行负调节，IL-6活化的STAT3可引起SOCS水平提高，反过来下调IL-6对STAT3的活化作用，在*IL-6*基因敲除小鼠，SOCS显著减少，因此SOCS可通过负反馈机制调节IL-6介导的STAT3活化信号通路，精确调控肝脏再生。由于肝脏再生时即刻早期基因的表达有40%是IL-6依赖性的，*IL-6*基因敲除小鼠经PH后，肝细胞DNA合成显著减少。Yamada等研究证实，IL-6预处理可明显纠正TNFR-1缺乏所造成的小鼠肝部分切除后DNA合成受损，但外源性TNF-α的补充却不能改善*IL-6*基因缺陷小鼠肝细胞再生功能障碍。由于IL-6不是肝细胞的直接丝裂原，而且并不增强其他生长因子的促有丝分裂作用，它还有抗凋亡和急性炎症反应作用，因此IL-6在肝脏再生过程中的确切作用尚不确定，很可能是一种在肝脏再生早期过程起到优化作用的因子。

HGF主要由肝星形细胞分泌，在体内外均表现出极强的刺激肝细胞增殖作用，其受体c-met主要表达于肝细胞表面，属于酪氨酸激酶家族成员。与HGF相比，TGF-α是一种肝细胞自主分泌的生长因子，通过结合自身及邻近细胞表面的表皮生长因子受体（EGFR）刺激细胞增殖。

（二）增殖阶段基因表达及调控

延迟基因（如*Bcl-XL*）在PH后4～8h表达，是进展阶段早期特异性表达的基因。*Bcl-XL*基因是肝脏中主要表达的抗凋亡基因，其mRNA水平在PH后升高，8h达到高峰，但*Bcl-XL*在肝脏再生早期的作用尚不明确。

细胞周期基因是继延迟基因后被激活的特异性基因，包括表达p53、MDM2、p21、细胞周期蛋白（cyclin）及细胞周期蛋白依赖激酶（cyclin-dependent kinase，CDK）等蛋白质的基因。cyclin D1 是肝细胞进入细胞周期（G_1 期）的显著性标志，cyclin D1-CDK_4 复合物在 G_1 期中期激活，可使细胞周期抑制蛋白如 Rb、p130 磷酸化，并释放转录因子 E2F，激活细胞周期相关基因，促进 DNA 复制。cyclin E-CDK_2 和 cyclin A-CDK_2 复合物可使肝细胞通过 G_1 期限制点进入 S 期。cyclin E-CDK_2 同样可以磷酸化 Rb、p130 及 p107 等蛋白，释放 E2F 激活靶基因表达。cyclin A/B-CDK_1（CDC2）则促使肝细胞通过 G_2 期限制点进入 M 期。

在细胞增殖周期中也包括某些抑制基因的活化，如 *TGF-β*、*activin*、*p21* 和 *p53* 基因。p53 作为转录因子在再生中主要活化相关效应基因。以往认为 p53 是肿瘤抑制基因产物，参与抑制细胞周期，造成 DNA 损伤及引发凋亡。目前发现，p53 在肝脏损伤后的再生过程中具有双向调控作用。p53 可结合于 TGF-α、EGF 受体基因启动子区，促进其表达。HGF 可促进 p53 表达，这可能是内源性 TGF-α 表达依赖于 HGF 的原因。

血管内皮生长因子（vascular endothelial growth factor，VEGF）是血管内皮细胞强有力的、特异性的生长因子，具有促进内皮细胞增殖、血管形成及增加血管通透性等作用，VEGF 在肝脏再生过程中是不可缺少的。实验证明，PH 后增殖的部分肝细胞可分泌肝窦内皮细胞分裂增殖所需要的大部分 VEGF，并通过上调 VEGF 受体（VEGFR）调节肝血窦内皮细胞的增殖。肝窦血管网重建是肝脏再生过程中的重要组成部分，它不仅能给肝细胞提供血供，而且能促进肝脏结构的重构。

（三）终止阶段的基因表达及调控

肝脏再生终止信号的调控是研究最不清楚的环节，目前认为转化生长因子 β（transforming growth factor β，TGF-β）和激活素 A 参与了肝脏再生终止信号的调控。TGF-β 在肝脏再生的终止阶段发挥抑制细胞增殖，促进细胞凋亡作用，但是它只是肝脏再生终止的中间因子，并不是肝脏再生终止的触发因素。近来人们还发现其他负性调节信号如细胞周期素抑制因子、细胞周期依赖性激酶抑制素、下调 IL-6-STAT3 信号通路活性的抑制因子（SOCS）等。miRNA 是一类新发现的小 RNA，通过调控基因转录后水平的表达，参与生物生长和发育等许多生命过程的各个环节。miR-23b 是一个参与调节多种信号通路的多功能 miRNA。袁斌等用芯片筛选肝脏再生后期差异表达的 miRNA 时，发现 miR-23b 在肝脏再生终止阶段表达量明显降低，随后通过动物实验证实，肝脏再生终止阶段的 miR-23b 表达量下调。TGF-β1 是 miR-23b 的上游调节分子，在肝脏再生终止阶段，miR-23b 的低表达降低了其对 Smad3 的转录抑制，从而间接激活 TGF-β1 信号通路促进肝脏再生终止。

第七节　肝脏再生过程中的信号通路

肝细胞在正常情况下很少分裂，但在肝脏损伤（外科切除、化学性或病毒性损伤）或体积过大（药物诱生的肝肥大、大肝脏移植入小供体体内等）时会迅速表现其强大的增殖和自我调控能力。肝脏再生的机制非常复杂，多种信号通路在其中起着重要的作用，下面就肝脏再生的相关信号通路进行逐一叙述。

1. MAPK 信号通路　哺乳动物的丝裂原活化蛋白激酶（mitogen activated protein kinase，MAPK）信号通路主要包括胞外信号调节激酶 1/2（extracellular signal-regulated kinase 1/2，ERK1/2）、ERK5、c-jun N 端激酶（c-jun N-terminal kinase，JNK）及 p38 四条通路。其中 RAS-ERK 通路是 MAPK 信号级联通路的原型，是近年来研究最多的通路，生长因子能使之激活；JNK 和 p38 两条通路由紫外线、渗透压变化、细胞因子和生理应激等激活，因此又称为 MAPK 应激信号通路。生长因子、压力、细胞因子和炎症等多种刺激可激活 MAPK 信号通路，通过连续的酶促反应，即 MAPK 激酶（MAP4K）→MAPK 激酶（MAP3K）→MAPK 激酶（MAP2K）→MAPK（ERK、JNK 和 p38），激活下游基因促进细胞增殖、分化和抑制细胞凋亡。其中 G 蛋白偶联受体（GPCR）和生长因子受体直接或通过 RAS、RAC 等小 G 蛋白将胞外信号转导到多层次蛋白激酶，并放大信号或相互调节。

MAPK 信号通路有两个特点：①通过Ⅷ区域苏氨酸、酪氨酸双位点磷酸化活化；②由脯氨酸介导的 Ser/Thr 蛋白激酶，具有最小共同靶序列 Ser/Thr-Pro。MAP3K 对 MAP2K 的苏氨酸、酪氨酸双位点磷酸化，进而 MAP2K 又对 MAPK 进行苏氨酸、酪氨酸双位点磷酸化。而每一种 MAP2K 可被至少一种 MAP3K 激活，每一种 MAPK 又可被不同的 MAP2K 激活，使 MAPK 级联反应构成一个复杂的调节网络。

1）ERK 信号通路　ERK 是 MAPK 家族的一员，其信号传递途径是调节细胞生长、发育及分裂的信号网络的核心，基本的信号传递步骤已明了，遵循 MAPK 的三级酶促级联反应，为 RAS→RAF→MEK→ERK，ERK 可促进 *c-fos*、*elkl*、*srf*、*c-myc* 和 *creb* 等基因转录，进而促进细胞 DNA 合成和细胞增殖。

多种细胞因子和生长因子刺激可激活 ERK 信号通路，ERK 激活细胞周期基因表达，促进肝细胞增殖。例如，HGF 可使 p90rsk 和 ERK 磷酸化水平分别升高 18 倍和 3 倍，后者可磷酸化 C/EBPβ 并增强其转录活性，促进肝细胞增殖。胰岛素样生长因子 1 受体（IGF type 1 receptor，IGF-1R）基因敲除雄性小鼠的 ERK 活性明显降低，肝细胞增殖减少 52%，IGF-1R/IRS-1/ERK 是肝脏再生中通过 cyclin D1 和 cyclin A 调控细胞周期进程的胞内信号通路。部分肝切除后胰岛素样生长因子结合蛋白 1（insulin like growth factor binding protein 1，IGFBP1）缺陷小鼠表现 ERK 激活受阻、C/EBP 表达降低、cyclin A 和 cyclin B1 表达降低和推迟，而 cyclin D1 表达正常，出现肝脏坏死和肝细胞 DNA 复制推迟，肝脏再生异常，推测 IGFBP1 至少部分通过激活 ERK 通路促进肝细胞增殖。

2）JNK 信号通路　JNK 家族是 MAPK 超家族成员之一，细胞因子、生长因子或应激等多种因素通过其特定的受体激活 MAP3K-MAP3K-MKK4/MKK7-JNK，JNK 激活 c-jun、jund、atf2 和 elk2 等转录因子，促进 DNA 合成，进而促进细胞增殖、分化、炎症反应发生和诱导细胞凋亡。

3）p38 信号通路　p38 存在 6 种异构形式：p38α1、p38α2、p38β1、p38β2、p38γ

和 p38δ，p38α 和 p38β 普遍表达，p38γ 主要在肌肉中表达，p38δ 主要在腺体组织中表达。紫外线照射、促炎症细胞因子（TNF-α、IL-1）、应激刺激（H_2O_2、热休克、高渗环境、蛋白质合成的抑制剂、缺血再灌注）及脂多糖等均可激活 p38 信号级联反应，即 MEKK5→MKK3/MKK6→p38，最后诱导细胞凋亡和促进炎症反应发生。ASK 是最近发现的 MAPKKK 类激酶，在 TNF 和 Fas 诱导的细胞凋亡中起关键作用。更上游的 MAPKKK 激活物可能包括 RHO GTP 酶结合蛋白家族成员 RAC 和 CDC42。这些小分子 G 蛋白对 p38 的激活可能是通过一组称为 PAK（p21 activated kinase）的丝氨酸/苏氨酸激酶来发挥作用的。

p38 信号通路在肝脏再生中诱导细胞凋亡和调控细胞间隙连接。解偶联蛋白 2（uncoupling protein 2，UCP2）缺乏，可导致活性氧（reactive oxygen species，ROS）增加，延长 p38MAPK 活性，抑制细胞周期进程。乙醇通过氧化应激激活 p38、p21 和 STAT3 等因子在肝细胞累积使细胞 G_1 期限制点阻滞，因此，机体暴露在容易产生活性氧类的急性应激条件时（如部分肝切除、酒精损伤时），肝细胞通过细胞周期抑制适应细胞生存。用 p38 抑制剂 SB203580 处理部分肝切除和胆管结扎大鼠，间隙连接蛋白 CX32 都下调，部分肝切除后紧密接头蛋白 claudin-1 上调，而用 p38 激活剂茴香霉素处理原代培养的肝细胞可降低 CX32 和 claudin-1 的蛋白质水平，表明肝脏再生中 p38 调控与细胞周期无关的大鼠细胞间隙和紧密连接的形成。

2. HGF/c-met 信号通路　肝细胞生长因子（HGF）是近年来发现作用最强的促肝细胞生长因子。HGF 主要由肝脏间质细胞分泌，肝外组织肺和肾也可产生，肝实质细胞不产生 HGF。HGF 通过内分泌和旁分泌方式与细胞膜上受体 c-met 蛋白相结合，启动一系列跨膜信号转导通路，促进肝细胞生长。HGF 与受体 c-met 蛋白特异性结合后，诱导 c-met 蛋白发生构象改变，激活受体胞内蛋白激酶结构域中的酪氨酸蛋白激酶（protein tyrosine kinase，PTK）活性，激活的 PTK 先使受体自身的酪氨酸残基磷酸化，此外 c-met 蛋白的 PTK 活性还可导致多种底物蛋白的酪氨酸磷酸化，经磷酸化级联反应，将信号逐级放大，最终转入细胞核内的转录结构，导致细胞的增殖。研究表明经 HGF 作用后，原癌基因 *c-myc*、*c-jun*、*c-fos* 等的产物增多，细胞周期素 A、B、D 和 E 等的含量也发生变化，最终细胞进入增殖期。Stolz 等研究表明，在小鼠肝脏 2/3 切除后 1～5min 和 60min 均观察到 c-met 的磷酸化增高，术后 1min 还可检测到尿型纤溶酶原活化素（u-PA）及其受体（uPAR），而 u-PA 能促进 HGF 从单链形成双链，并起到蛋白水解酶的作用而分解细胞外基质，一过性地释放大量的生长因子，从而在肝脏内引发信号转导，使肝细胞接受生长因子的致分裂增殖作用。

3. JAK-STAT 信号通路　Darnell 等最初是在研究干扰素对细胞的作用机制时，发现了 JAK-STAT 胞内信号通路。其基本过程可概括为：①细胞因子与其相应受体结合；②受体和 JAK 发生聚集，邻近的 JAK 相互磷酸化而被活化；③JAK 的 JH1 结构域催化 STAT 上相应部位的酪氨酸残基磷酸化，同时 STAT 的 SH2 功能区与受体中磷酸化的酪氨酸残基作用而使 STAT 活化；④STAT 进入核内，同其他转录因子相互作用，调控靶基因转录。其中 JAK 和 STAT 是细胞内和受体结合的蛋白质，完成从细胞质到核内的信号转导。配体和受体结合后，受体能够吸引非受体型酪氨酸激酶 JAK。由于许多能激活 STAT 的受体家族不具有内在酪氨酸激酶活性，JAK 能磷酸化受体上的酪氨酸位点，使受体上产生了与 STAT 结合的区域。没有特异性的刺激时转录因子 STAT 定位于细胞质内，当细胞受到刺激时，STAT 上的 SH 结构域与受体上被磷酸化的酪氨酸残基结合，同时自身被 JAK 磷酸化。此时，STAT 迅速形成同源或异源二聚体，转运至核内。一旦激活的 STAT 二聚体识别了目的序列，目的基因转录效率可以迅速提高。

肝脏再生中 JAK-STAT 信号通路促进细胞增殖和抑制细胞凋亡。部分肝切除后，EGF 等多种生长因子和 IL-6 等多种细胞因子可激活 JAK-STAT，使之转入核内，激活 DNA 转录复合物。Gao 等报道部分肝切除后 30min STAT3 的 DNA 结合活性增加，3h 达到对照的 30 倍，这时 STAT3 位于门脉区肝小叶，其中库普弗细胞和窦状内皮细胞的 STAT3 激活早于肝细胞，表明 STAT3 促进部分肝切除后肝脏再生的启动。刀豆蛋白 A 诱导肝脏损伤后，TNF 和 IL-6 可通过 JAK-STAT 通路调节肝细胞凋亡和增殖。*myd88* 基因敲除小鼠在部分肝切除后，肝脏中 TNF mRNA 和血中 IL-6 水平急剧降低，STAT3 活性和其靶基因 *SOCS3* 及 *CD14*、血清淀粉样蛋白 A2（serum amyloid，A2）基因的活性也被抑制。肝脏再生中心肌营养素 1（cardiotrophin-l，CT-1）表达上调，激活 STAT3、ERK 和 Akt 等抗凋亡通路，削弱 caspase 3 活性，有效抑制肝细胞凋亡。部分肝切除和 IL-6 注射后，大鼠诱导 SOCS3 表达增加，后者抑制 STAT3 的 705 酪氨酸磷酸化，负调控 JAK-STAT 通路活性。人的丙型肝炎和酒精性肝炎的肝硬化末期，PIAS3 而不是 SOCS3 高表达抑制 STAT3 的 DNA 结合活性，进而抑制其靶基因表达，最终抑制肝脏再生和修复。

4. 经典 Wnt 信号通路　Monga 等为了研究大鼠肝脏再生期间经典 Wnt 信号通路的变化，建立 70%肝切除大鼠肝脏再生模型，通过蛋白质印迹分析、免疫沉淀检测和免疫荧光染色发现，Wnt-1 和 β-catenin 蛋白表达主要位于肝细胞，肝切除后 5min 内伴随着核转录，β-catenin 开始增加，这与 β-catenin 降解减少相关；同时还发现由腺瘤性结肠息肉病蛋白（adenomatous polyposis coli，APC）、丝氨酸磷酸化的 AXIN 蛋白组成的 β-catenin 降解复合物在肝切除 5min 后激活，导致 β-catenin 降解增加，β-catenin 开始减少，研究同时发现在 β-catenin 开始增加时，E-cadherin 下降，而当 β-catenin 下降时，E-cadherin 开始增加，说明肝脏再生早期经典的 Wnt 信号通路通过严格调控细胞质内 β-catenin 的表达水平，诱导肝细胞增殖和下游靶基因的表达。Sodhi 等通过对反义 *β-catenin* 基因敲除大鼠 2/3 肝切除后 24h 和 7 天的研究发现，肝切除 24h，总 β-catenin 减少，肝细胞增殖能力下降。24h 和第 7 天肝体质量比显著下降。下游靶基因 *c-myc* 和 *uPAR* 的表达显著减少，而 cyclin D1 的表达保持不变，说明 β-catenin 在肝脏再生早期起着重要作用，*c-myc* 和 *uPAR* 是下游重要的靶基因。

5. Notch 信号通路　Notch 信号通路是在研究果蝇发育中发现的，它通过邻近细胞间的相互作用精细调控细胞的分化，在细胞分化中起重要的作用。*Notch* 基因编码的是一种膜蛋白受体，人 Notch 受体家族包括 4 个成员（Notch 1～Notch 4）。目前发现人

Notch 的配体（DSL 蛋白）包括 Jagged 1、Jagged 2、Delta 1、Delta 3 和 Delta 4。当邻近细胞表面的配体结合 Notch，Notch 的胞内区（the intracellular domain of Notch，ICN）被切割，从细胞膜上脱离，被转运进入细胞核并与转录因子 RBP-Jκ/CBF-1 相互作用。ICN 是 Notch 的活性形式，在 ICN 不存在时，RBP-Jκ/CBF-1 是一个转录抑制因子，ICN 的结合使 RBP-Jκ/CBF-1 转变为转录激活子，激活 *HES* 基因转录。哺乳动物的 HES 家族有 6 个成员，其中 HES 1 和 HES 5 在 Notch 信号通路中发挥作用。*HES* 基因编码碱性螺旋-环-螺旋（basic helix-loop-helix，bHLH）类转录因子，它又调节其他与细胞分化直接相关的基因的转录，影响细胞的分化。正常肝脏组织 Notch 在肝细胞、胆管细胞和内皮细胞表达，而 Jagged 1 在胆管细胞和肝细胞也有表达，在鼠肝 2/3 切除术后 4 天发现 Notch 1 和 Jagged 1 蛋白表达增加，Notch 2 未检测到，而 Jagged 2 改变不明显。肝细胞核内 ICN 增加，于 15min 达高峰，而且 HES 1 的表达也增加，表明 Notch 信号通路在肝部分切除后被激活发挥作用。给予外源重组 Jagged 1 蛋白后，肝细胞 DNA 的合成增加，而在肝部分切除前用 siRNA 抑制 Notch 1 和 Jagged 1 的表达，肝细胞再生的能力减弱。这些都表明 Notch 信号通路在肝脏再生中起重要作用。

6. NF-κB 信号通路 NF-κB 信号通路中，NF-κB 作为二聚体转录因子，调控参与免疫反应、炎症、细胞增殖、细胞凋亡、淋巴细胞发育和淋巴器官形成等的基因转录。细胞质内，IκBα 通过其锚定蛋白与位于 NF-κB 的 RHD 区域末端的核定位信号（nuclear localization signal，NLS）结合，并遮蔽 NLS 使 NF-κB 滞留在细胞质中呈非活性状态。炎症细胞因子、LPS、生长因子和抗原受体等激活 IKK 复合物（IKKβ、IKKα 和 NEMO），IKK 复合物使 IκB 自身磷酸化并迅速降解，释放出 NF-κB/REL 复合物，后者随后被磷酸化激活，暴露出核定位信号并转位进入细胞核内调控靶基因的转录与表达。

NF-κB 信号通路参与部分肝切除后的炎症和免疫反应，抑制肝细胞凋亡。例如，部分肝切除后，TNF 诱导大鼠线粒体产生活性氧类，也促进 NF-κB、JNK 激活和多种抑制细胞凋亡及氧化应激的线粒体膜蛋白表达。HGF 通过激活 NF-κB 诱导中性粒细胞趋化因子基因表达。NF-κB 下游位点是促进肝脏再生中诱导型一氧化氮合酶（inducible nitric oxidesynthase，iNOS）表达的必要成分，iNOS 促进 NO 合成，参与肝脏再生中的炎症和免疫反应。CCl_4 处理 TNFR-1 缺陷型小鼠与对照相比，DNA 合成被抑制，而 TNFR-2 缺陷型小鼠则没有上述不同，表明是 TNFR-1 而不是 TNFR-2 通过 NF-κB、IL-6 和 STAT3 促进 CCl_4 处理后小鼠肝细胞有丝分裂。原代培养肝细胞中，IKK2 是细胞因子诱导 NF-κB 激活和抑制 TNF-α 诱导凋亡的主要调节子，而 IKK1 不参与 NF-κB 激活。NF-κB 活性抑制可降低细胞周期中通过 S 期的标志蛋白茎环结合蛋白表达，依赖于 NF-κB 的抗凋亡蛋白 iNOS 和 TRAF-2 分别在 TNF-α 和 IκB 特异抑制子处理后 9h 和 12h 降低，表明 TNF-α 处理的原代培养小鼠肝细胞的 NF-κB 活性抑制可降低茎环结合蛋白表达和延长 S 期进程，进而抑制细胞周期进程。

7. RHO 信号通路 哺乳动物的小 G 蛋白包括 RAS、RHO、RAB、RAN 和 ARF 等几个家族，所有这些 G 蛋白都有 4 个保守结构域（Ⅰ～Ⅳ），其中，Ⅰ和Ⅱ区有 GTP

酶活性位点，Ⅱ～Ⅳ为GTP/GDP结合部位。小G蛋白与异三聚体G蛋白一样，都有两种鸟苷酸结合形式，依赖GTP和GDP结合之间的转换完成信号转导过程，但小G蛋白作为质膜内侧蛋白，主要受质膜上酪氨酸蛋白酶受体调节，其信号转导还需要两种蛋白质中介：接头蛋白和鸟苷酸释放因子。

RHO蛋白家族包括RHO、RAC和CDCA2。大鼠中已发现十几种不同的RHO GTP酶，RHO、RAC和CDCA2是目前研究最多的RHO家族成员。RHO能激活ROCK促进肌动蛋白和肌球蛋白磷酸化调节肌动球蛋白丝组装，也可经下游formins蛋白的mDia和WASP家族蛋白诱导肌动蛋白聚合，形成长的和直的肌动蛋白丝。RHO还能通过ROCK-LIMK-COFILIN途径抑制肌动蛋白聚合，进而调节细胞的移动、游走黏附、生长分裂和肿瘤细胞转化与浸润等多种行为及功能。RAC能活化LIM激酶抑制肌动蛋白丝解聚，促进肌动蛋白聚合，还能促进肌球蛋白轻链脱磷酸化抑制其聚合。RHO GTP酶活性受三类调节因子调节：鸟苷酸交换因子能催化RHO GTP酶的GDP与GTP间交换而活化RHO；GTP酶活化蛋白能活化RHO GTP酶水解GTP；鸟苷酸解离抑制因子能抑制GDP与RHO解离，抑制其活化。

研究表明，肝脏再生中RHO信号通路促进细胞质移动、细胞骨架形成及细胞周期进程。例如，原癌基因*ect2*是RHO GTP酶特异性交换因子，在部分肝切除后细胞周期的DNA合成开始时升高，持续至G_2期和M期，其突变时肝细胞产生大量双核细胞，表明*ect2*在肝脏再生中以细胞周期依赖方式表达，调节细胞质移动。研究表明在非损伤、再生、肝脏肿瘤和肝硬化中，RAS相关结构域家族1A（RAS association domain family 1A，RASSF1A）逐渐外源性甲基化，这种甲基化与老龄化有关，外源性甲基化肝细胞的开始可能与肝细胞肿瘤形成有关。部分肝切除后DNA合成开始之前，RAP1小分子质量G蛋白RAS超家族成员的蛋白质和mRNA水平明显下降，推测其下调有利于肝细胞增殖起始。

8. 白细胞介素6家族介导的信号通路　白细胞介素6家族包括IL-6、抑瘤素M（oncostatin M，OSM）、心肌营养素1（cardiotropin-l，CT-1）等，这些因子通过与共同的受体gp130结合，活化具有激酶结构的连接蛋白JAK（Janus kinase）、STAT3，最终影响基因转录调节。

1）IL-6　IL-6是参与早期肝脏再生信号的细胞因子之一。肝部分切除后前几小时内血清IL-6和TNF-α水平上升，而DNA合成要延迟至24h后开始。在*IL-6*基因缺失小鼠肝部分切除后，肝细胞DNA的合成受抑制，AP-1、c-myc、cyclin D及STAT3活性显著降低，应用IL-6后上述改变得以纠正。Alex等研究发现在*IL-6*基因缺失小鼠肝部分切除前30min皮下注射重组人白细胞介素6，可持续激活STAT3，上调急性期反应蛋白SAP的表达，降低基因缺失小鼠的死亡率。而采用静脉注射只能暂时激活STAT3，对SAP的表达及小鼠的死亡率无影响，表明IL-6持续作用对肝脏再生的重要性。Ohira等认为IL-6是通过诱导HGF表达间接促进肝细胞增殖的，而Zmmers等研究表明血清高浓度持续表达IL-6，即使在没有肝脏损伤时也可观察到小鼠肝细胞增生和肥大，此时IL-6信号途径被激活，而其他生长因子受体，如肝细胞生长因子受体、表皮生长因子受体、转化生长因子 α 受体的激活减少，认为 IL-6 在体内是一种直接促进肝细胞增殖的因子，而前后结论不一致可能与实验中的 IL-6 浓度有关。

2）OSM　OSM 是一种多功能的细胞调节因子，鼠 OSM 受体（OSMR）包括 OSMβ 单位和 gp130 受体。*OSMR* 基因敲除后的小鼠肝脏再生受损，主要出现在应用 CCl_4 后 4 天内，表明 OSMR 介导的途径与早期的肝脏再生相关。在由 CCl_4 诱导的肝脏再生模型中，*OSMR* 基因敲除小鼠基质金属蛋白酶（MMP-9）的活性增强，其抑制物基质金属蛋白酶组织抑制因子 TIMP-1 和 TIMP-2 表达受阻，细胞外基质降解增加。OSM 与其他的 IL-6 家族成员相比更能有效地诱导 TIMP-1 的表达，减少基质的降解。研究表明，肝脏再生早期 MMP 对基质的降解在肝细胞增殖中起重要作用，但 OSM 并不影响 MMP-9 的表达，可能是通过升高 TNF-α 水平间接引起 MMP-9 的改变从而影响肝脏再生。研究还发现在 *IL-6* 基因敲除后的小鼠给予 CCl_4，不能诱导 OSM 表达，应用 CCl_4 后给予 OSM 可诱导细胞周期素 D1 和增殖细胞核内抗原的表达，而在 *OSMR* 基因敲除后的小鼠并未发现 IL-6 的改变，说明 OSM 是 IL-6 作用的中介分子。

3）CT-1　CT-1 是 1995 年发现的一种细胞因子，能够刺激体外新生大鼠心肌的生长，随后研究表明它属于 IL-6 家族，在肝脏受损时 CT-1 表达上调。有资料表明用 *CT-1* 基因治疗肝功能衰竭动物后可降低其死亡率，并发现与降低半胱氨酸蛋白酶 3（caspase 3）的活性，激活 STAT3、ERK1/2、蛋白激酶 B（Akt）有关。说明 CT-1 是肝脏再生的保护因子。

肝脏再生过程是一个多步骤、多因子参与的复杂过程，其信号通路作用复杂，许多详细机制需进一步阐明及研究。

第八节　肝脏干细胞在肝脏损伤修复和再生过程中的作用

干细胞是指组织中最原始的具有多潜能性、能自我更新的细胞，但不同于组织中的一些前体细胞。目前通常将干细胞分为三类：①全能干细胞；②多能干细胞；③专能干细胞。肝脏具有强大的再生能力，很早就有人提出“肝脏干细胞存在”假说，近年来的研究亦证实了此假说。从定义上，肝脏干细胞应当具有无限增殖能力及多向分化潜能。在体内有多种细胞符合肝脏干细胞的特征，如肝脏胚胎发育过程中出现的胎肝细胞及成肝细胞、成年肝内存在的兼性肝干细胞及其子代细胞卵圆细胞、特定情况下的成熟肝细胞和造血干细胞等。此外，近来有人认为来自胰腺的卵圆形细胞也具有向肝细胞分化的能力。目前，肝脏干细胞研究成为肝脏疾病研究的热点和焦点之一，肝脏干细胞在肝脏再生和修复中起着重要的作用。

一、肝脏干细胞的分类

根据肝脏干细胞起源的不同，可将其分为肝源性肝脏干细胞和非肝源性肝脏干细胞，前者主要来源于分化的肝细胞和胆管上皮细胞，后者主要来源于骨髓造血干细胞及胰腺上皮祖细胞等。不同来源的肝脏干细胞虽然在形态、表面标志、功能及分化等诸方面有所差异，但均具有多向性演变的特性。

1. 肝源性肝脏干细胞　肝脏内主要存在两类肝脏干细胞，即胆管源性卵圆细胞和分化的肝细胞。近年还发现，肝脏内其他一些细胞亦可表达干细胞的特性。肝脏的再生通常是由处于增殖静止期的分化肝细胞进入细胞增殖周期完成。然而，在肝细胞再生能力不足等特定病理生理条件下，胆小管细胞可移行出门脉汇管区并分化成肝细胞，这些过渡型的胆管细胞称为卵圆细胞。因为它们在门静脉周围的肝实质呈分支管状排列，故又称管状卵圆细胞（ductular oval cell）。目前，卵圆细胞被认为是原始的兼性多能干细胞，位于终末胆管，亦可见于 Hering 管。肝脏再生时较大的胆管细胞多处于静止状态。肝源性肝脏干细胞来源于前肠内胚层，在胚胎发育过程中以成肝细胞（hepatoblast）的形式存在，在成年哺乳动物的肝脏内主要以卵圆细胞的形式存在。

2. 非肝源性肝脏干细胞　随着研究的深入，近年发现胰腺上皮祖细胞及造血干细胞等非肝源性干细胞，在一定条件下也可分化演变为肝细胞，故将此类细胞称为非肝源性肝脏干细胞。肝组织中存在血源性干细胞，这已不是新观点，但血源性干细胞能转化成肝实质细胞的事实引起了人们的广泛关注。尽管迄今的研究结果表明，这种转化后的细胞增殖能力有限，尚不具备实际应用的价值，但却提供了一条重建肝细胞功能的重要思路。非肝源性肝脏干细胞的发现同肝源性肝脏干细胞一样，为理解肝细胞的胚胎发育及肝细胞的再生等提供了重要依据。

1）*胰腺上皮祖细胞*　肝脏和胰腺具有相似的组织结构及胚胎起源。研究表明，肝脏出芽（liver bud）出现于胚胎第 10 天（E10），第 11 天（E11）胰腺开始出芽。Dabeva 等将从 Fischer 大鼠胰腺中分离的上皮祖细胞，移植至近亲大鼠肝脏后，以二肽二酰酶Ⅳ（DPPⅣ）及白蛋白基因的表达作为鉴定的指标，发现来自胰腺的上皮祖细胞在肝内分化成肝细胞，并可整合到肝小叶结构中表达特异性蛋白，提示成年动物的胰腺中存在着多潜能祖细胞，在适当的环境中可定向分化。这是首次采用不同来源的上皮细胞获得成功的报道。

2）*骨髓/血液干细胞*　Peterson 等提出，卵圆细胞或其他肝细胞可能源于骨髓，或与之相关。他们通过将带有 Y 染色体或标记有 DPPⅣ和 L21-6 抗原的骨髓细胞移植于受体的肝脏，随后供体的骨髓细胞最终占据受体肝脏的办法来证实受体的肝细胞可来源于移植的骨髓细胞。无独有偶，Crosby 等发现，人和啮齿类动物在骨髓移植后，肝脏中表达 C-kit 或 CD34 的造血干细胞，可转化成卵圆细胞，并最终分化为肝细胞和胆管上皮细胞，证实了骨髓来源的肝脏干细胞样细胞就是原始胆管上皮细胞。

二、肝脏干细胞的表面分子标记

肝脏干细胞上可表达大量的抗原，通过免疫细胞化学方法可检出这些高度表达的表面抗原。虽然它们并非肝脏干细胞的特异性标记物，但检测这些抗原仍可反映出肝组织中存在干细胞，并且可进一步进行细胞的分选。肝卵圆细胞是目前研究较多的一种肝脏干细胞，其表面标记有：细胞角蛋白 7、细胞角蛋白 8、细胞角蛋白 18、细胞角蛋白 19（表达较高）、细胞角蛋白 14（非常少）、中间丝波形蛋白（vimentin）、识别细胞骨架蛋白 OV6、卵圆细胞亚群 OC2 和 OC3，谷氨酰转肽酶（GGT）、甲胎蛋白（AFP）、白蛋白、细胞表面糖蛋白 Thy-1 等。

三、肝脏干细胞分化调控

肝脏干细胞向特定的细胞分化和增殖受多种因素影响，分化调控总体上可分为细胞内调控和细胞外调控两方面。

1. 细胞外调控机制　肝脏干细胞的活化及其分化发育与其所在的微环境有密切关系，在肝脏干细胞微环境中有许多调节干细胞分化的因素，这些因素参与干细胞及其分化出的子细胞的细胞与细胞、细胞与基质、基质与基质之间短距离或长距离信号的形成和转导的复杂作用。目前认为参与肝脏干细胞启动阶段调节的因子主要为成纤维细胞生长因子和骨形态发生蛋白家族，在分化成熟阶段主要为抑瘤素 M、糖皮质激素、肝细胞生长因子和转化生长因子等，在终末分化阶段主要是抑瘤素 M、糖皮质激素、高密度培养条件和细胞外基质。

2. 细胞内调控机制　细胞内自身调控因子的信号调控是肝脏干细胞分化最主要的调控。在此调控过程中，人们所知尚有限。目前已发现有多种转录因子具有影响干细胞分化的特定功能，每个分化系都受特定转录因子结合物调控，而每种结合物又都可在多种分化体系中表达。GATA 盒、CAAT/强结合蛋白、肝细胞核因子（HNF）1、HNF 4a、HNF 3a 和 HNF 6 等转录因子可能在肝脏干细胞的分化发育中起重要作用，但对其具体调控细节所知尚少，有待进一步研究阐明。肝脏干细胞在终末分化之前，有哪些因素决定其分化终止以及决定细胞分裂次数尚未清楚。近来研究显示，在干细胞内可能存在一些生物钟，对细胞的分裂和分化进行调控。

四、干细胞在肝脏修复再生中作用的分子机制

成体肝脏具有极强的再生能力，能保持肝细胞丧失与再生的平衡。Sell 根据肝脏干细胞的研究进展，提出了肝脏自身再生修复模式的假说。肝脏对损伤和丢失肝细胞的修复存在三个水平的细胞群：①成熟肝细胞。在一定条件下，成熟肝细胞快速分裂增殖使肝脏体积和功能得以恢复，但此类细胞分裂增殖能力有限，因而修复能力也有限。见于部分肝切除、小叶性肝脏损伤、二甲基亚硝氨等诱导的肝癌变等过程中。②肝内肝脏干细胞。当肝脏受到严重的损伤，且肝细胞增殖受到抑制时，肝内干细胞将被活化，分裂增殖，参与肝脏修复。见于 2-乙酰氨基芴（2-AAF）致癌的实验模型中。③循环中的多能干细胞。这种来源于骨髓的干细胞，数量少，但具有强大的自我更新能力，可定向分化为肝前体细胞，再成为成熟肝细胞。见于门脉周围性肝脏损伤和 B 族维生素缺乏饮食致癌模型中。这一假说表明肝脏对于化学致癌、感染、损伤等不同原因造成的肝细胞丢

失，动员参与修复的细胞种类不同，肝脏干细胞在这一病理过程中有重要的作用。对肝脏干细胞在肝丢失修复过程中的作用及机制的进一步研究，对肝脏各类损伤的治疗可提供有益的理论依据。通过对肝脏干细胞分化、发育的过程及组织损伤修复机制的阐明，也有助于洞悉肝脏发生、发展、成熟的规律，尤其对阐明肝纤维化、肝癌的发病机制有重要意义。

1. 氧化应激对卵圆细胞的影响　氧化应激在脂肪肝的发生发展过程中起关键性作用。脂肪肝动物模型中，卵圆细胞增殖程度与损伤的病因无关系，而是由模型组肝细胞产生的大量过氧化氢所诱导。在脂肪肝患者的肝组织中，可见卵圆细胞向中间型肝细胞样细胞分化，两种细胞数目随纤维化程度加重而增加。脂肪变性的肝细胞 DNA 氧化损伤，再生能力明显减弱，此时卵圆细胞代偿性增生修复损伤，限制了损伤的扩大。

2. 细胞因子　肝脏再生过程中产生的各种细胞因子如肿瘤坏死因子（TNF）、白细胞介素 6（IL-6）、白血病抑制因子（LIF）等均对细胞的生物学特性具有重要的调控作用。

1）*肿瘤坏死因子*　Knight 等观察到，在胆碱缺乏而通过饮食补充乙硫氨基酪酸（choline-deficient ethionine-supplemented，CDE）的大鼠卵圆细胞增殖中，TNF 具有正调节作用，同时卵圆细胞本身也表达 TNF。在 TNF 表达基因敲除的小鼠中，卵圆细胞的增殖被大大削弱，肿瘤的形成能力明显减弱。研究表明，在卵圆细胞增殖过程中，TNF 主要由库普弗细胞产生。在肝硬化和肝癌组织中淋巴毒素 β（LT-β）表达升高，并与卵圆细胞增生有关。细胞因子 IL-1β 和 IL-6 可上调卵圆细胞 LT-β 的表达。据文献报道，肿瘤坏死因子家族另一成员肿瘤坏死因子样凋亡弱诱导子（TNF-like weak inducer of apoptosis，TWEAK）选择性作用于卵圆细胞，通过与 Fnl4 受体作用促进卵圆细胞增殖更新，但对成熟肝细胞并无影响。

2）*白细胞介素 6 家族*　IL-6 也是卵圆细胞增殖的刺激因子之一。TNF 信号途径通过激活下游转录因子 NF-κB 发挥生物学效应，IL-6 则通过激活 STAT3 磷酸化起作用。NF-κB 与肝脏干细胞早期激活有关，在向肝细胞分化的整个阶段持续表达。STAT3 磷酸化主要出现在卵圆细胞增殖分化阶段。在 2-乙酰氨基芴加部分肝切除（2-acetamidofluorene and partial hepatectomy，2AAF/PH）卵圆细胞诱导模型中，地塞米松能抑制卵圆细胞增殖，而运用 IL-6 后这种抑制作用减弱，表明 IL-6 对卵圆细胞有促进有丝分裂作用。从 *Wilson* 基因缺失的 LEC（long-evans cinnamon）大鼠慢性肝炎模型中分离出卵圆细胞 OC15-5，OSM 可抑制其生长，并促进其向肝细胞分化。然而 OSM 直接作用于 CDE 模型中的卵圆细胞，细胞增殖及细胞周期并未受影响，OSM 可能只是诱导了急性期反应。此外，卵圆细胞增殖过程中，LIF 与其受体持续表达增高。利用 Thy-1 标记分离出的肝卵圆细胞高表达结缔组织生长因子（CTGF），而抑制 CTGF 表达后，卵圆细胞减少。这表明以上因子与卵圆细胞分化的调节关系密切。

3）*干扰素*　干扰素（IFN）-γ 主要参与卵圆细胞而非肝细胞介导的肝脏再生。IFN-γ 受体（IFN-γR 和 IFN-γRβ）、IFN-γ 初级反应基因（*gp91phox*）、IFN-γ 次级反应基因（*ICE*、*ICAM-1* 和 *uPAR*）及调节 IFN-γ 表达的基因（*IL1-β* 和 *IL-18*）均与卵圆细胞增殖有关。*IFN-γ* 基因敲除实验则提示，*IFN-γ* 主要调控向肝细胞方向分化的卵圆细胞。最近研究表明，IFN 的另一亚型 INF-a-b 在体外主要发挥抑制卵圆细胞增殖作用。

4）生长因子　生长因子包括 HGF、EGF、TGF-α 和 aFGF，均可通过自分泌或旁分泌的方式激活卵圆细胞，刺激其增殖。HGF 的调控机制可能与 SCF/C-kit 有关。这些生长因子通过激活 PI3K/Akt、p70S6K 和 MEK/ERK 信号转导途径参与卵圆细胞的活化与增殖。

5）转化生长因子 β1　TGF-β1 是肝细胞生长的负性调节因子，能促进卵圆细胞凋亡，但目前对 TGF-β1 促肝脏干细胞凋亡的作用仍存在争议。Clark 等对肝前体细胞、库普弗细胞及星形细胞等混合细胞群进行体外培养，发现 TGF-β1 能抑制细胞克隆形成，但对已形成的克隆并不能发挥促凋亡作用。

6）趋化因子　趋化因子包括间质衍生因子 1（stromal derived factor 1，SDF-1）、生长激素释放抑制因子（somatostatin，SST）等。Hatch 等发现，在两种卵圆细胞介导的肝脏再生中，SDF-1 表达均上调，而在肝脏损伤后肝细胞介导的肝脏再生中其表达无变化；免疫组化发现卵圆细胞附近的肝细胞表达 SDF-1，而卵圆细胞自身表达 SDF-1 的受体 CXCR4；体外趋化作用分析也发现卵圆细胞随 SDF-1 浓度梯度出现不同程度的迁移。Mavier 等采用原位杂交发现 CXCR4 mRNA 主要定位于卵圆细胞，在胆管上皮很少表达，降低 SDF-1 活性可减少卵圆细胞的增殖，表明 SDF-1/CXCR4 参与卵圆细胞的激活和早期扩增。研究发现，SST 及其受体 SSTR4 在肝卵圆细胞迁移中具有重要作用。在 2AAF/PH 模型中，SST 表达上调；细胞迁移分析发现卵圆细胞随 SST 浓度梯度迁移；SSTR4 主要表达于卵圆细胞，用经过抗 SSTR4 抗体预处理的培养器皿培养卵圆细胞，其迁移明显减少。以上发现表明通过 SSTR4 的介导，SST 参与了卵圆细胞的迁移。

3. 成熟肝脏细胞　最新研究发现，肝脏干细胞的分化谱系分为 3 个阶段：zone1 为门静脉周围的干细胞；zone2 为干细胞诱导分化区域；zone3 是成熟的肝细胞和凋亡细胞。在整个成熟过程中，实质细胞谱系与间充质细胞谱系相互影响，相辅相成。它们通过染色体的变化（如甲基化）、旁分泌信号通路的差异（如细胞外基质成分的不同）、反馈回路信号通路等机制调控彼此的分化。肝脏后期阶段细胞系（late lineage stage cell line）如成熟肝脏细胞分泌产生信号分子通过反馈回流通路进入胆管，回到门静脉区域来调节肝脏干细胞及其他早期阶段细胞系（early lineage stage cell line）的发育和成熟。

五、几种重要的干细胞与肝脏损伤修复的关系

（一）肝卵圆细胞与肝脏再生

正常情况下，肝脏再生主要通过成熟肝细胞增殖完成。但当肝脏受损严重或肝细胞增殖能力受限时，肝卵圆细胞就可能被激活，快速增生并分化为肝细胞，完成肝脏再生。段瑞峰等通过连续 3 次部分肝切除发现，连续部分肝切除可诱导肝卵圆细胞前体细胞的

小型肝细胞大量、成群出现，其分布范围和数量与部分肝切除次数呈正相关。Strick-Marchand 等认为，卵圆细胞（OC）参与的肝脏再生与炎症反应紧密相关，淋巴细胞所产生的 Th1 炎症因子能够促进 OC 增殖，T 细胞和 NK 细胞通过分泌细胞因子刺激 OC 长大，从而将免疫系统和肝脏干细胞系统联系起来，完成急性肝脏损伤时的肝脏组织再生。Singh 等研究发现，肝脏损伤时，伤口愈合在很大程度上依赖于 OC 增殖。Pi 等认为，OC 活化是肝脏再生的重要部分，组织生长因子和纤维连接蛋白的相互作用促进 OC 活化。粒细胞集落刺激因子（granulocyte-colony stimulating factor，G-CSF）对肝脏再生非常重要，OC 表达 G-CSF 受体，G-CSF 通过其受体促进 OC 增殖和肝脏再生。

（二）内皮祖细胞与肝脏损伤修复

内皮祖细胞（endothelial progenitor cell，EPC）是一种能分化为成熟血管内皮细胞的祖细胞，参与出生后血管的再生以及受损内皮的修复过程。

1. EPC 用于肝纤维化治疗研究　慢性肝脏损伤最终均可发展为肝纤维化、肝硬化乃至肝功能衰竭。肝脏损伤的防治已成为全球探讨的严峻课题。目前治疗肝脏损伤的策略主要包括以下几个方面：促进肝细胞的再生、纤维化发生的防治、已有纤维化水平的逆转，以及促进正常肝结构的形成。尽管目前已存在很多治疗肝脏损伤的方法，但至今仍无理想的临床治疗手段。现有的药物性治疗多数存在疗效有限、作用靶点单一和体内毒性积累等弊端。细胞移植可作为一种损伤较小、并发症相对较少的潜在有效途径。参考目前 EPC 在心血管与肾脏疾病领域初步的研究成果，研究人员试图探索一条新的行之有效的肝脏损伤修复途径。

骨髓来源的 EPC 移植目前已被用于肝纤维化治疗的研究。Taniguchi 等研究发现，在 CCl_4 诱导的肝脏功能损伤小鼠体内注射的 EPC 可在肝细胞凋亡的病灶处大量聚集，形成血管状结构，明显提高肝纤维化小鼠的存活率。Nakamura 等的研究结果显示，移植单一或重复骨髓来源的 EPC 后，可抑制肝星形细胞的活化，增强基质金属蛋白酶活性，调节肝细胞增殖，从而缓解大鼠肝纤维化程度。Liu 等在大鼠肝纤维化模型中证实，骨髓源 EPC 移植可降低 α-SMA、胶原蛋白（collagen）Ⅲ和 TGF-β 的表达量，而 CCl_4 处理所导致的清蛋白（albumin）和 Ki67 的水平降低则恢复至正常。现有的研究结果表明，VEGF 分别通过与 EPC 表面的两种受体 VEGF-R1、VEGF-R2 的相互作用，促进 EPC 的增殖，调节黏附分子的表达，进而实现对 EPC 的动员；同时也可通过诱导造血因子如 G-CSF 的释放发挥动员作用。PDGF 则可通过作用于 VEGF-R1 实现 EPC 的动员，促进坏死部位的血管新生。此外，还有很多不同种类的生长因子，包括血管生成素 1（angiogenin-1）、成纤维细胞生长因子（fibroblast growth factor，FGF）和干细胞因子（stem cell factor，SCF）等也参与促进 EPC 动员的过程。

EPC 移植可诱导生成促进肝脏再生、促进细胞外基质的降解或抑制细胞外基质生成的各种生长因子，促进肝细胞增殖，减缓肝纤维化进程，从而为肝脏疾病的治疗提供一种前景光明的新手段。

2. EPC与肝脏缺血性损伤　肝脏组织缺血损伤后，恢复血液灌流时会导致组织损伤进一步加剧。肝脏外科和肝脏移植过程均不可避免此种损伤。截至目前，肝脏移植物功能丧失和小肝综合征始终是肝脏移植所面临的两大难题，其发生和发展与肝脏缺血性损伤的关系极为密切。EPC移植有望成为改善肝脏缺血性损伤的潜在手段。目前对外源性或自体扩增 EPC 移植的研究主要集中于缺血组织血管新生、心血管疾病、肾脏疾病以及组织工程等几个方面。在不同缺血动物模型中静脉注射EPC后，它们均可归巢于缺血组织并促进新生血管的生成，但是注射成熟的内皮细胞后却未见相似效应。Kawamoto 等将健康人血液来源的EPC经静脉途径注射至裸鼠急性心肌梗死模型，4周后观察发现毛细血管密度增加，心脏功能得以改善。Hess 等将绿色荧光蛋白（GFP）标记的骨髓源EPC移植入结扎大脑中动脉（MCA）的大鼠卒中模型，发现EPC在缺血部位的血管区域聚集，表明骨髓源EPC参与了脑缺血内皮细胞的再生，促进血管新生的发生。EPC 还能显著改善肢体的缺血状况。Kalka 等在后肢缺血的裸鼠动物模型中局部注射体外扩增的人源EPC后发现，缺血区域毛细血管密度增加，组织血供明显改善，缺血肢体的成活率显著提高。此外，在组织工程化微血管中接种EPC后可以改善其生物学特性，使之更接近于正常生理状态，减少凝血及栓塞的发生率。具体作用机制可能是通过EPC移植恢复血管的级联生成，从而促进血管的新生、成熟与稳定。

EPC除可直接分化为血管内皮细胞外，还能通过自分泌/旁分泌的途径参与血管内皮的受损修复，而其修复功效比单纯给予任一种血管生成因子都更为显著。EPC在新生血管生成中的重要作用已在脑卒中、皮肤损伤、肢体及心肌缺血等多种动物模型的研究中得到验证，但是对于肝脏缺血再灌注损伤的治疗研究还未见报道。然而可预期在多种肝脏疾病模型、肝脏移植过程中，骨髓来源的EPC能够通过其病变部位的趋化性及分泌血管生成因子等特性参与血管内皮的修复，改善肝脏组织损伤。

3. 结合基因修饰的EPC移植治疗　将内皮祖细胞作为基因治疗的载体进行创伤修复的研究正在进行中，目前常用的基因包括 *VEGF* 基因、*SDF-1* 基因、内皮一氧化氮合酶（*eNOS*）基因、端粒酶反转录酶（*TERT*）基因、缺氧诱导因子1α（*HIF-1α*）基因、成纤维细胞生长因子1（*FGF-1*）基因等。其中体外过表达的 *VEGF* 基因可增强EPC的新生血管特性，提高创伤后修复功能，促进缺血动物模型新生血管的形成，而 *eNOS* 基因则是通过动员EPC修复血管内皮的损伤，抑制损伤后新生内膜的过度增殖。通过基因修饰改变细胞表型是用于改善EPC生物学性状的有效手段，提高对患者机体内各种不利因素的耐受能力，改善其治疗效果。与单纯移植EPC到野百合碱诱发的肺动脉高压大鼠相比，表达肾上腺髓质素的 EPC 移植明显具有更好的改善作用。人端粒酶反转录酶（hTERT）具有提高细胞增殖能力、延长细胞寿命等特性，EPC 转染 hTERT 后，可增强其内膜修复与血管新生的作用，显著改善肢体损伤。用表达 *VEGF-164* 基因的腺病毒载体转染EPC后发现，细胞的增殖、黏附等能力增强，不仅有效促进血管新生与血流恢复，同时显著降低了肢体坏死与离断程度。转染 *FGF1* 基因后，EPC 原有的迁移活性、成血管能力与存活力均得到明显增强，从而能够更好地改善猪慢性心肌缺血模型中缺血区域的血液灌流情况。与此同时，采用基因治疗的方法也可在一定程度上避免使用药物动员EPC时的全身不良反应。EPC在肿瘤的血管系统生成方面的作用目前仍存在争议。现有的动物实验已表明，在EPC中导入编码血管新生抑制因子的基因从而促使血管生成抑制剂在体内持续表达，可以明显抑制肿瘤的生长。结果提示可将EPC作为一种潜在的行之有效的细胞载体，用于转运抑癌基因、抗血管生成因子、抗肿瘤药物等，靶向于肿瘤病灶以抑制肿瘤生长，从而为肿瘤治疗提供新一代的靶向工具，不失为未来肿瘤治疗的发展方向。

（三）骨髓造血干细胞与肝脏修复再生的关系

骨髓来源的造血干细胞（hemopoietic stem cell，HSC）具有多向的分化能力，肝脏在严重受损情况下，骨髓造血干细胞具有向肝细胞分化的能力，从而促进肝脏的再生。

1. 骨髓HSC向肝细胞分化

1）促进转化的细胞因子和体液因子　　骨髓源性干细胞向肝细胞分化，需要多种细胞因子和体液因子的协同作用。当肝细胞损伤时肝脏内生成的基质细胞因子α（SDFα）和干细胞因子（SCF）召集骨髓源性细胞至肝脏内损伤部位；肝细胞生长因子（HGF）和转化生长因子α（TGF-α）使具有HGF受体c-met蛋白的卵圆细胞和造血干细胞在强烈刺激因子作用下向肝系细胞分化。另外，TGF-α和肿瘤坏死因子α（TNF-α）则抑制了骨髓干细胞向巨核细胞和髓细胞的分化，使造血细胞的分化被阻止，正是在这种造血细胞分化受抑制的情况下，最终保证了肝脏再生的顺利完成。近来一些研究指出粒细胞集落刺激因子（G-CSF）有促进骨髓造血干细胞转化为肝细胞的趋化作用，有报道显示G-CSF在大鼠部分肝移植术或肝部分切除后能动员自体骨髓干细胞使移植肝脏再生明显，肝脏损伤减轻。

2）造血干细胞向肝细胞转化的环境　　无论生理还是病理发生与维持都需要一定的环境，同样骨髓HSC向肝细胞的转分化也需要一定的环境。目前有些学者认为HSC的横向分化仅仅是一种罕见现象，Wang等报道用延胡索酰乙酰乙酸水解酶（FAH）阴性的小鼠建立骨髓移植后再生肝细胞动力学模型。实验组小鼠行全身照射后接受骨髓细胞移植，移植后给予尼替西农（NTBC）支持治疗；从时间和数量上检测移植后来自供体的肝细胞，结果移植后2个月检测到每150 000个肝细胞中有1个供体骨髓来源的肝细胞，由此可见骨髓干细胞分化为肝细胞是一个缓慢而稀少的事件。同时也看出在正常未受损的肝脏中也存在造血干细胞向肝细胞的转化。但大多学者认为，诱导HSC转化为肝细胞促进肝脏再生，是在肝脏受损的情况下强烈诱导刺激形成的。从Petersen第一次提出造血干细胞向肝细胞的分化，到后来Theise等提出肝脏更新与修复的3种细胞，以及Theise等证实在小鼠和人体中HSC转化为肝细胞，并指出由HSC横向分化的肝细胞和胆管细胞的量似有随肝脏损伤的程度和时间的增加而增加的倾向。Lagasse等认为没有肝脏损伤就没有HSC的横向分化；Mallet等研究发现，在生理情况下，小鼠骨髓HSC分化为肝细胞的频率低于1/107，但在肝细胞不断受损情况下，大约有不到1/100

的骨髓来源干细胞分化为肝细胞，并指出 HSC 向肝细胞再生是一个选择性过程，强烈的选择性压力是横向分化的必要条件。以上研究和近来的报道显示肝细胞受损可能是诱发 HSC 向肝细胞分化的刺激因素，因此，在此种情况下是否存在一种信号转导机制或调控机制在这种转化中起作用，需要更深入的研究。

2. HSC 促进肝脏再生的应用 由于多项研究证实骨髓 HSC 确实在特定条件下能分化为肝细胞，促进肝细胞再生。目前由于活体肝脏移植的积极开展，因此对于促进肝脏再生更是意义重大。已有报道注射自体骨髓造血干细胞治疗失代偿期酒精性肝硬化，其治疗效果尚可。另外，陈建锋等将人骨髓干细胞移植入肝脏受损的大鼠中，显示人骨髓干细胞在异体内可转化为肝细胞并实现部分代替。在大鼠部分肝移植中，G-CSF 能促进骨髓 HSC 动员转化为肝细胞，促进肝细胞再生。在活体肝移植中，用供体肝脏和骨髓同时移植给受体；或者接受供体肝脏移植，同时自体骨髓 HSC 经门脉注入肝脏，在 G-CSF 作用下，促进半肝的再生；对于活体供体，则接受自身 HSC 或 G-CSF；如能实现肝脏再生，必能更好地保证供受体安全，意义重大。但骨髓 HSC 在体内向肝细胞分化仍然存在问题。例如，①骨髓 HSC 转化为肝细胞，究竟是否和本身肝细胞完全等同？②HSC 向肝细胞分化过程受哪些体内外条件调节？其分子机制如何？③对于肝移植受体接受供体肝脏和骨髓，是否会导致排斥加强？或者接受供体肝脏，而自身骨髓注入肝脏是否会引起骨髓对供肝的影响？

（四）胚胎干细胞与肝脏修复再生的关系

目前的技术发展已经可以使胚胎干细胞（embryonic stem cell，ESC）在体外培养的情况下长期保持其生长状态，并大量传代和扩增。ESC 具有所谓的全能分化能力，可以进一步分化成为任一胚层的细胞，进而成为机体内的任一组织或器官的细胞，包括肝细胞。因此，从理论上说，它们可用于肝脏再生。目前对 ESC 的大部分研究工作着力于探索有效的方法来诱导其分化。例如，怎样使 ESC 分化成为有功能的肝细胞，并科学和客观地判断这种分化的完全性，进而用于肝脏损伤的修复。研究发现，单层细胞培养条件下，生长因子能够决定来自于小鼠的 ESC 是否向肝细胞分化。已证实细胞因子和生长因子（如肝细胞生长因子和上皮生长因子等）能够促进 ESC 的生长和分化。对 ESC 分化标准的判定也是很重要的一部分工作。目前认为，判断诱导分化的肝细胞是否有功能不仅在于能否合成和分泌白蛋白，同时也在于对吲哚菁绿的吸收和释放、糖原的储存和具有细胞色素 P450 氧化代谢的功能等。

最近有实验室可以利用一种新诱导分化的方法从 ESC 中培养出纯度高达 70%的类肝细胞，这些被诱导分化细胞的分化表型相当均匀一致，可以渐进性地持续表达肝细胞的分子标记，并且具有肝细胞所具有的功能。当把这些从人类胚胎内胚层的 ESC 分化而来的类肝细胞移植给急性肝脏损伤的小鼠时，它们可以在小鼠体内分化成肝细胞，并修复损伤的小鼠肝脏。然而，如何控制胚胎细胞旺盛的生长能力和诱导其分化方向，仍然没有得到解决。目前人类 ESC 的使用仅限于体外和动物研究。由于 ESC 的应用牵涉到对人胚胎的损毁，对此一直存在着社会伦理等争议，ESC 的研究和使用因而受到影响。

（五）胎肝细胞与肝脏修复再生的关系

人胎肝细胞也是一种肝内的前体细胞，科学家观察到胎肝细胞具有非常强的增生和分化能力，在移植入免疫缺陷的动物体内后可以进一步生成成熟肝细胞。在经过肝脏部分切除术的大鼠肝内，人胎肝细胞可以以 500～1000 个细胞的聚集状态存在，而且这些细胞可以在移植后的半年内继续扩增，达到肝脏总体积的 6%～10%。如果大鼠经过惹卓碱（retrosine）预处理，以降低肝脏内部成熟肝细胞的增殖能力，就可以观察到胎肝细胞的再生修复能力大大提高，可以修复高达 80%的肝体积，成为所谓的“人化”鼠肝。把小鼠胎肝细胞移植到出生 14～20 天的尿激酶型纤溶酶原缺陷小鼠身上，然后在白蛋白增强子控制下诱发小鼠的亚急性肝功能衰竭，可在 4 周内发现该小鼠的肝脏内出现胎肝细胞生长形成的结节。在这些结节中，胎肝细胞分化成为成熟肝细胞，并且表达特定的肝细胞基因和蛋白质谱。这些新生的供体肝细胞与受体肝细胞有机地结合，并且显示有完整的功能。

胎肝细胞可以用几个细胞表面分子进行鉴别，如小鼠的胎肝细胞可以被 c-met 蛋白、跨膜蛋白 delta-like 1、E-cadherin 和 liv2 等抗体富集。用 delta-like 1 标记富集的大鼠胎肝细胞，显示其可以分化为成熟的肝细胞，并且具有相应的功能。Tanaka 等曾经从胎肝中分离和收集出标志为 EpCam 和 DLK 的阳性细胞，这些单个胎肝细胞可以在体外被诱导而双向分化，显示其可能就是胎肝内的干细胞。虽然目前胎肝细胞已经可以在体外培养，但是其缺乏自我更新的能力。胎肝细胞可以用作移植，或在人工肝等肝功能辅助仪器中使用。

（李三强）

主要参考文献

蔡秀江，丁安伟，闫冰，等．2011．二至丸保肝活性成分对四氯化碳致小鼠急性肝损伤的保护作用．中国实验方剂学杂志，17（20）：145-149.

常彬霞，貌盼勇，辛绍杰．2010．Ⅰ相药物代谢酶细胞色素 P450 及其与肝脏疾病的关系．解放军医学杂志，35（3）：333-335.

陈栋，陈实，吴力群，等．2002．鼠肝切除术后肝损伤程度与肝再生状态的动态对比研究．中华肝胆外科杂志，8（6）：354-357.

陈栋，吴力群，曹景玉，等．2001．PCNA 和 TGF-α 在肝再生动物模型中的表达及意义．肝胆胰外科杂志，13（3）：142-146.

陈华栋，朱东升，张锦文，等．2010．小鼠免疫性肝损伤模型的研究进展．医药导报，29（增刊）：90-92.

陈军政，胡波．2004．病毒性肝炎患者血清 TNF-α、IL-6 的水平变化．检验医学杂志，19（2）：167.

陈晓红，何有成，周元平，等．2001．TNF-β1、TNF-α 及 IL-6 与肝纤维化的关系．上海免疫学杂志，

21（6）：364.
傅青春，吴银霞．2013．药物性肝损伤的发病机制．医学与哲学，34（10B）：14-16.
高绪聪，柴振海，张宗鹏．2012．药物性肝损伤的生物标志物及其评价的研究进展．中国药理学与毒理学杂，26（5）：692-696.
韩向北，许多，郭亚雄，等．2010．郁金对 CCl_4 急性肝损伤小鼠肝细胞 Bcl-2 及 bax 表达的影响．中国实验诊断学，14（11）：1715-1718.
胡水清，黄依雯，秦伟，等．2007．Con A 诱导小鼠肝损伤模型的发病机制．中国血液流变学杂志，17（1）：159-162.
黄正明，杨新波，曹文斌，等．2005．化学性及免疫性肝损伤模型的方法学研究．解放军药学学报，21（1）：42-46.
姜露，范俊．2009．肝损伤动物模型研究进展．四川畜牧兽医，36（4）：22-23.
金惠铭．2004．病理生理学．6 版．北京：人民卫生出版社.
雷美生．2012．浅谈阿奇霉素的临床应用及其抗生素后效应．北方药学，9（8）：80.
李保森，孙颖．2013．药物性肝损伤的研究现状及存在问题．传染病信息，26（5）：263-265.
李国萍，何晓光，武要洪，等．2012．HSP27 在头颈鳞癌中的研究进展．现代肿瘤医学，20（7）：1497-1499.
李隽，曹治宸．2006．NO 在 CCl_4 致大鼠肝纤维化中的氧化应激作用．解放军医学杂志，31：234-236.
李树卿，王玉卓．2010．灰树花多糖对四氯化碳致急性肝损伤的保护作用．中国老年学杂志，9（30）：2640-2642.
李伟平，任浩洋，张宝阳，等．2006．VEGF 在大鼠慢性酒精性肝损伤中的表达．世界华人消化杂志，14（18）：1766-1770.
李艳辉．2006．实验性肝损伤模型的建立和评价．放射学实践，21（10）：1075-1077.
李仪奎．2006．中药药理实验方法学．2 版．上海：上海科学技术出版社.
李贞，张铁权，叶亮，等．2004．委陵菜对四氯化碳致小鼠肝损伤保护作用．辽宁中医杂志，31（5）：422.
李子俊，谢子钧．2012．药物性肝损伤的发病机制．中华肝脏病杂志，20（3）：163-166.
林代琼，曾永兰，罗臣，等．2010．静脉滴注阿奇霉素致过敏性休克 2 例报告及分析．中国保健，18（29）：107-108.
刘戎，宣昭林．2005．活性氧、线粒体与细胞凋亡．中国地方病防治杂志，20（5）：285.
罗善明．2008．热休克蛋白 70 与肝细胞肝癌的研究进展．重庆医学，37（2）：188-190.
吕昭云，岳天辉，李淑斌，等．2004．国产阿奇霉素的临床疗效及安全性．中国医院药学杂志，24（5）：305-307.
马葵芬，谢先吉，刘莹，等．2013．细胞色素 P450 酶基因多态性及其介导的药物性肝损伤研究进展．中国药理学与毒理学杂志，27（5）：889-892.
马丽娜，华碧春．2011．药物性肝损伤动物模型研究进展．亚太传统医药，7（2）：129-131.
马晓茜．2011．大鼠酒精性肝损伤模型的制备及观察．山东医学高等专科学校学报，33（2）：81-83.
马英剑，李三强．2012．HSP70 在对乙酰氨基酚诱导的小鼠急性肝损伤组织中的表达．河南科技大学学报（医学版），30：8-9.

马永贵，罗桂花，陈志，等. 2006. 鼠四氯化碳急性肝损伤模型稳定性初探. 青海师范大学学报，1（1）：88-91.
齐艳萍，李和平. 2008. 急性肝损伤动物模型制备的概述. 甘肃畜牧兽医，38（2）：37-39.
钦传光，黄开勋，徐辉碧. 2001. 泥鳅多糖对化学性肝损伤的保护作用. 中医药学报，29（4）：31-33.
邱英锋，缪晓辉，蔡雄，等. 2004. 卡介苗加脂多糖建立的大鼠急性免疫性肝损伤模型的研究. 西北国防医学杂志，25（5）：345-347.
曲相如，孙景春，卢秀花，等. 2009. 实验性肝损伤动物模型的制备和评价. 中国实验诊断学，13（10）：1477-1479.
任健，雷海民，李强. 2010. 急性肝损伤动物模型研究进展//中华中医药学会中药化学分会第五届学术年会论文集. 长春：209-215.
茹素娟，傅青春. 1997. 肝脏损伤的机制（上）. 肝脏，2（3）：174-176.
尚全良，肖恩华，周启昌，等. 2009. 同种异体骨髓单个核细胞肝内移植治疗急性肝损伤的 MVD 改变及 VEGF 的表达. 中南大学学报（医学版），34（8）：697-704.
石明，陈继安，林小军，等. 2009. 肝动脉栓塞化疗不同化疗方案治疗不可切除肝癌的前瞻性随机对照研究. 中国肿瘤临床，36（1）：9-13.
双丽. 2010. 阿奇霉素不良反应临床研究. 医药论坛杂志，31（9）：71-72.
宋正己. 2004. 实验性肝损伤模型的建立和研究进展. 医学综述，10（5）：278-280.
孙忠，田野，董佃良，等. 2012. 阿奇霉素的罕见不良反应. 中国医药指南，10（20）：72-73.
汤新慧，高静. 2002. 实验性肝损伤的损伤机制. 中西医结合肝病杂志，12（1）：53-55.
王春妍，杨世忠，江海艳. 2007. 急性肝损伤大鼠肠源性内毒素血症形成机理及其作用的实验研究. 临床肝胆病杂志，23（2）：109-111.
王生林. 2009. 病理学. 合肥：安徽科学技术出版社.
王万银，钱令嘉. 2011. HSP27 研究现状. 国外医学生理病理科学与临床分册，21（6）：467，469.
王伟章，毛建义. 2010. 姜黄素激活线粒体凋亡通路诱导肝癌细胞 Huh7 凋亡. 广东医学，31（8）：953.
谢青，赵钢德. 2008. 肝细胞损伤的分子生物学机制. 中华肝脏病杂志，16（9）：708-710.
徐存拴，卢爱灵，夏民，等. 2000. 大鼠肝大部分切除前热休克对热休克蛋白和磷酸酶的影响. 实验生物学报，33（1）：1-11.
薛茜，邹玉安，赵宝民，等. 2010. 康脑液 1 号对大鼠脑缺血再灌注半暗带细胞凋亡及 Bcl-2 /Bax 比值的影响. 中国全科医学，13（2）：498.
姚光弼. 1998. 肝脏损伤的机制. 中华消化杂志，18（4）：235-238.
俞雅娟. 2007. 阿奇霉素的不良反应和注意事项. 海峡药学，19（6）：120-121.
张承刚. 1997. 肝细胞钙超载与肝细胞损伤. 国外医学生理（病理科学与临床分册），17（3）：255-258.
张东梅，黄欣，闰春雷，等. 2013. 实验性肝损伤模型的研究进展. 中国医院药学杂志，33（22）：1871-1873.
张海燕，温韬，卢静，等. 2009. 四氯化碳诱导大鼠慢性肝损伤模型方法的探讨. 实用肝脏病杂志，12（3）：161-224.

张锦雀．2009．肝损伤动物模型研究进展．福建医科大学学报，43（1）：86-88．

张琪，陈辉，彭顺利，等．2011．急性肝损伤动物模型制备研究进展．吉林医药学院学报，32（4）：216-220．

张孝卫，黄丽华，张静，等．2003．四氯化碳致大鼠、小鼠肝损伤的对比实验．基础医学和临床，23（3）：351-352．

周卫芳，程羽青，张苏，等．2007．LPS 诱导的急性炎性肝损伤中 HIF-1α 的表达．苏州大学学报（医学版），27（1）：46-48．

周延平．2010．阿奇霉素不良反应的临床观察．中国当代医药，17（5）：45-48．

朱传龙，高人焘，李宜．2008．凋亡及其调控基因 Bcl-2 家族在肝脏损伤中的作用．实用肝脏病杂志，6（3）：206-209．

朱善良，陈龙，高伟，等．2004．CCl_4 致小鼠肝损伤中几种免疫介质含量变化的研究．实验生物学报，37（1）：50-54．

Abboud G, Kaplowitz N. 2007. Drug-induced liver injury. Drug Saf, 30: 277-294.

Agarwal R, MacMillan-Crow LA, Rafferty TM, et al. 2011. Acetaminophen-induced hepatotoxicity in mice occurs with inhibition of activity and nitration of mitochondrial manganese superoxide dismutase. J Pharmacol Exp Ther, 337 (1): 110-116.

Aleffi S, Petrai I, Bertolani C, et al. 2005. Upregulation of proinflammatory and proangiogenic cytokines by leptin in human hepatic stellate cells. Hepatology, 42: 1339-1348.

Amacher DE. 2010. The discovery and development of proteomic safety biomarkers for the detection of drug-induced liver toxicity. Toxicol Appl Pharmacol, 245: 134-142.

Ankoma-Sey V, Wang Y, Dai Z. 2000. Hypoxic stimulation of vascular endothelial growth factor expression in activated rat hepatic stellate cells. Hepatology, 31: 141-148.

Antonescu CR1, Leung DH, Dudas M, et al. 2000. Alterations of cell cycle regulators in localized synovial sarcoma: a multifactorial study with prognostic implications. American Journal of Pathology, 156 (3) : 977-983.

Assy N, Gong Y, Zhang M, et al. 1998. Use of proliferating cell nuclear antigen as a marker of liver regeneration after partial hepatectomy in rats. J Lab Clin Med, 131(3): 251-256.

Bansal MB, Kovalovich K, Gupta R, et al. 2005. Interleukin-6 protects hepatocytes from CCl_4-mediated necrosis and apoptosis in mice by reducing MMP-2 expression. J Hepatol, 42 (4): 548-556.

Berasain C, Nicou A, Garcia-Irigoyen O, et al. 2012. Epidermal growth factor receptor signaling in hepatocellular carcinoma: inflammatory activation and a new intracellular regulatory mechanism. Dig Dis, 30: 524-531.

Boelsterli UA. 2002. Mechanisms of NSAID induced hepatotoxicity: focus on nimesulide. Drug Saf, 25: 633-648.

Bonder CS, Ajuebor MN, Zbytnuik LD, et al. 2004. Essential role for neutrophil recruitment to the liver in concanavalin Ainduced hepatitis. J Immunol, 172 (1): 45-53.

Bradley J, Ju M, Robinson GS. 2007. Combination therapy for the treatment of ocular neovascularization. Angiogenesis, 10: 141-148.

Bu L, Yiping J, Yuefeng S, et al. 2002. Mutant DNA-binding domain of HSF4 is associated with autosomal dominant lamellar and Marner cataract. Nat Genet, 31: 276-278.

Bukau B, Weissman J, Horwich A. 2006. Molecular chaperones and protein quality control. Cell, 125 (3): 443-451.

Camargo CA Jr, Madden JF, Gao W, et al. 1997. Interleukin-6 protects liver against warm ischemia/reperfusion injury and promotes hepatocyte proliferation in the rodent. Hepatology, 26 (6): 1513-1520.

Campo GM, Avenoso A, Campo S, et al. 2008. The antioxidant activity of chondroitin-4-sulphate, in carbon tetrachloride-induced acute hepatitis in mice, involves NF-kappaB and caspase activation. Br J Pharmaeol, 155 (6): 945-956.

Canbay A, Feldstein AE, Higuchi H, et al. 2003. Kupffer cell engulfment of apoptotic bodies stimulates death ligand and cytokine expression. Hepatology, 38: 1188-1198.

Canbay A, Higuchi H, Bronk SF, et al. 2002. Fas enhances fibrogenesis in the bile duct ligated mouse a link between apoptosis and fibrosis. Gastroenterology, 123: 1323-1330.

Carmeliet P, Jain RK. 2000. Angiogenesis in cancer and other diseases. Nature, 407: 249-257.

Celis JE, Madsen P, Celis A, et al. 1987. Cyclin (PCNA, auxiliary protein of DNA polymerase delta) is a central component of the pathway (s) leading to DNA replication and cell division. FEBS Lett, 220: 1-7.

Chan K, Han XD, Kan YW. 2001. An important function of Nrf2 in combating oxidative stress: detoxification of acetaminophen. Proc Natl Acad Sci USA, 98: 4611-4616.

Chang ML, Yeh CT, Chang PY, et al. 2005. Comparison of murine cirrhosis models induced by hepatotoxin administration and common bile duct ligation. World J Gastroenterol, 11 (27): 41-67.

Chen J, Smith LE. 2007. Retinopathy of prematurity. Angiogenesis, 10: 133-140.

Choi SJ, Han JH, Roodman GD. 2001. ADAM8: a novel osteoclast stimulating factor. J Bone Miner Res, 16: 814-822.

Ciocca DR, Calderwood SK. 2005. Heat shock proteins in cancer: diagnostic, prognostic, predictive, and treatment implications. Cell Stress Chaperones, 10 (2): 86-103.

Couetti LM, Green M. 2001. Lung and liver injury folowing hepatic ischemia/reperfusion in the rat is increased by exogenous lipopolysaccharide which also increases hepatic TNF production *in vivo* and *in vitro*. Shock, 16 (4): 312-319.

Cover C, Liu J, Farhood A. 2006. Pathophysiological role of the acute inflammatory response during acetaminophen hepatotoxicity. Toxicol Appl Pharmacol, 216: 98-107.

Day CP. 2007. Treatment of alcoholic liver disease. Liver Transpl, 13: S69-S75.

Donaldson PT, Daly AK, Henderson J, et al. 2010. Human leucocyte antigen class Ⅱ genotype in susceptibility and resistance to co-amoxiclav-induced liver injury. J Hepatol, 53: 1049-1053.

Ferrara N. 2002. Role of vascular endothelial growth factor in physiologic and pathologic angiogenesis:

therapeutic implications. Semin Oncol, 29: 10-14.

Filimonova AA, Ziganshina LE, Ziganshin AU, et al. 2011. New specific marker of cytochrome P450 1A2 activity. Bull Exp Biol Med, 150: 762-764.

Finkel T, Serrano M, Blasco M. 2007. The common biology of cancer and ageing. Nature, 448 (7155): 767-774.

Fontana RJ, Watkins PB, Bonkovsky HL, et al. 2009. Drug-Induced Liver Injury Network (DILIN) prospective study: rationale, design and conduct. Drud Saf, 32: 55-68.

Friedlander M, Dorrell MI, Ritter MR, et al. 2007. Progenitor cells and retinal angiogenesis. Angiogenesis, 10: 89-101.

Fu Y, Zheng S, Lin J, et al. 2008. Curcumin protects the rat liver from CCl_4-caused injury and fibrogenesis by attenuating oxidative stress and suppressing inflammation. Mol Pharmacol, 73 (2): 399-409.

Fukuda T, Mogami A, Tanaka H. 2006. Y-40138, a multiple cytokine production modulator, protects against d-galactosamine and lipopolysac charide-induced hepatitis. Life Sci, 79: 822-827.

Gong F, Shen Y, Zhang C. 2008. Dregea volubilis ameliorates concanavalin A-nduced liver injury by facilitating apoptosis of activated T cells. Exp Biol Med (Maywood), 233 (9): 1124-1132.

Gonzalez FJ. 2001. The use of gene knockout mice to unravel the mechanisms of toxicity and chemical carcinogenesis. Toxicol Lett, 120: 199-208.

Guaiquil VH, Swendeman S, Zhou W, et al. 2010. ADAM8 is a negative regulator of retinal neovascularization and of the growth of heterotopically injected tumor cells in mice. J Mol Med (Berl), 88: 497-505.

Guan LP, Nan JX, Jin XJ. 2005. Protective effects of chalcone derivatives for acute liver injury in mice. Arch Pharm Res, 28: 81-86.

Guazzone VA, Jacobo P, Theas MS, et al. 2009. Cytokines and chemokines in testicular inflammation: a brief review. Microsc Res Tech, 72 (8): 620-628.

Guengerich FP. 2006. Cytochrome P450s and other enzymes in drug metabolism and toxicity. The AAPS J, 8 (1): E101-E111.

Heinrich PC, Behrmann I, Haan S, et al. 2003. Principles of interleukin (IL)-6-type cytokine signalling and its regulation. Biochem J, 374 (Pt 1): l-20.

Hodgkinson CP, Ye S. 2003. Microarray analysis of peroxisome proliferator-activated receptor-gamma induced changes in gene expression in macrophages. Biochem Biophys Res Commun, 308: 505-510.

Holderfield MT, Hughes CC. 2008. Crosstalk between vascular endothelial growth factor, notch, and transforming growth factorbeta in vascular morphogenesis. Circ Res, 102: 637-652.

Ishikawa K, Mochida S, Mashiba S, et al. 1999. Expression of vascular endothelial growth factor in nonparenchymal as well as parnchymal cells in rat liver after necrosis. Biochem Biphys Res Commun, 254: 587-593.

Ishikawa N, Daigo Y, Yasui W, et al. 2004. ADAM8 as a novel serological and histochemical marker for lung cancer. Clin Cancer Res, 10: 8363-8370.

Kaplowitz N. 2002. Biochemical and cellular mechanisms of toxic liver injury. Semin Liver Dis, 22: 137-144.

Kaplowitz N. 2005. Idiosyncratic drug hepatotoxicity. Nat Rev Drug Discov, 4: 489-499.

Kelly K, Hutchinson G, Klewe-Nebenius D, et al. 2005. Metalloprotese-disintegrin ADAM8: expression analysis and targeted deletion in mice. Dev Dyn, 232: 221-231.

Kelman Z. 1997. PCNA: structure, functions and interactions. Oncogene, 14: 629-640.

Khong TL, Larsen H, Raatz Y, et al. 2007. Angiogenesis as a therapeutic target in arthritis: learning the lessons of the colorectal cancer experience. Angiogenesis, 10: 243-258.

Kim HY, Kim JK, Choi JH, et al. 2010. Hepatoprotective effect of pinoresinol on carbon tetrachloride-induced hepatic damage in mice. J Pharmacol Sci, 112 (1): 105-112.

Kodai S, Takemura S, Minamiyama Y, et al. 2007. S-allyl cysteine prevents CCl_4-induced acute liver injury in rats. Free Radic Res, 41 (4): 489-497.

Kong L, Ren W, Li W, et al. 2011. Activation of peroxisome proliferator activated receptor alpha amelioratesethanol induced steatohepatitis in mice. Lipids Health Dis, 10: 246.

Krajewska M, Mai JK, Zapata JM, et al. 2002. Dynamics of expression of apoptosis regulatory proteins Bid, Bcl-2, Bcl-x, Bax, and Bak during development of murine nervous system. Cell Death Differ, 9 (2): 145-157.

Kremer M, Hines IN, Milton RJ, et al. 2006. Favored T helper 1 response in a mouse model of hepatosteatosis is associated with enhanced T cell-mediated hepatitis. Hepatology, 44 (1): 216-227.

Larry D. 2002. Epidemiology and individual susceptibility to adverse drug reaction affecting the liver. Semin Liver Dis, 22: 145-155.

Le Pabic H, Bonnier D, Wewer UM, et al. 2003. ADAM12 in human liver cancers: TGF-beta-regulated expression in stellate cells is associated with matrix remodeling. Hepatology, 37: 1056-1066.

Lee CH. 2007. Protective mechanism of glyeyrrhizin oil acute liver injury induced by carbon tetrachloride in mice. Biol Pharm Bull, 30 (10): 1898-1904.

Lee CP, Shih PH, Hsu CL, et al. 2007. Hepatoprotection of tea seed oil (Camellia oleifera Abel) against CCl_4-induced oxidative damage in rats. Food Chem Toxicol, 45 (6): 888-895.

Lee JI, Lee KS, Paik YH, et al. 2003. Apoptosis of hepatic stellate cells in carbon tetrachloride induced acute liver injury of the rat: analysis of isolated hepatic stellate cells. J Hepatol, 39 (6): 960-966.

Lesage GD, Benedetti A, Glaser S, et al. 1999. Acute carbon tetrachloride feeding selectively damages large, but not small, cholangiocytes from normal rat liver. Hepatology, 29 (2): 307-319.

Li D, Zhao H, Gelernter J. 2011. Strong protective effect of the aldehyde dehydrogenase gene (ALDH2) 504lys (*2) allele against alcoholism and alcohol-induced medical diseases in Asians. Hum Genet, 22: 132-144.

Li SQ, Li RF, Xi SM, et al. 2012. Systematical analysis of impacts of heat stress on the proliferation, apoptosis and metabolism of mouse hepatocyte. J Physiol Sci, 62: 29-43.

Liu ZX, Hart D, Gtlnawan B. 2006. Neutrophil depletion protects against murine acetaminophen hepatotoxici. Hepatology, 43: 1220-1230.

Malhi H, Gores GJ. 2008. Cellular and molecular mechanisms of liver injury. Gastroenterology, 134: 1641-1645.

Malusecka E, Krzyzowska-Gruca S, Gawrychowski J, et al. 2008. Stress proteins HSP27 and HSP70 ipredict survival in non-small cell lung carcinoma. Anticancer Res, 28 (1B): 501-506.

Mandelin J, Li TF, Hukkanen MV, et al. 2003. Increased expression of a novel osteoclast-stimulating factor, ADAM8, in interface tissue around loosened hip prostheses. J Rheumatol, 30: 2033-2038.

Maria de Souza M, Tolentino M Jr, Assis BC, et al. 2006. Pathogenesis of septal fibrosis of the liver (an experimental study with a new model.). Pathol Res Pract, 202: 883-889.

Marino G, Piazzese E, Gruttadauria S, et al. 2004. Innovative use of the vascular endothelial growth factor in an experimental model of acute liver failure. G Chir, 25 (3): 61-64.

Marolda R, Ciotti MT, Matrone C, et al. 2012. Substance P activates ADAM9 mRNA expression and induces α-secretase-mediated amyloid precursor protein cleavage. Neuropharmacology, 62: 1954-1963.

Martynova TV, Aleksiuk LI. 2007. Function alactivity of the peritoneal macrophages in mice with concanavalin A-induced hepatitis. Fiziol Zh, 53 (3): 47-52.

Masuda Y. 2006. Learning toxicology from carbon tetrachloride-induced hepatotoxicity. Yakugaku Zasshi, 126 (10): 885-899.

Matsuno O, Miyazaki E, Nureki S, et al. 2006. Role of ADAM8 in experimental asthma. Immunol Lett, 102: 67-73.

Medina J, Arroyo AG, Sanchez-Madrid F, et al. 2004. Angiogenesis in chronic inflammatory liver disease. Hepatology, 39: 1185-1195.

Meimaridou E, Gooljar SB, Chapple JP. 2009. From hatching to dispatching: the multiple cellular roles of the Hsp70 molecular chaperone machinery. J Mol Endocrinol, 42 (1): 1-9.

Mestril R, Chi SH, Sayen MR, et al. 1994. Expression of inducible stress protein 70 in rat heart myogenic cells confers protection against simulated ischemia-induced injury. J Clin Invest, 93 (2): 759-767.

Michalopoulos GK, de Frances MC. 1997. Liver Regeneration. Science, 276 (5309): 60-66.

Milella M, Trisciuoglio D, Bruno T, et al. 2004. Trastuzumab down-regulates Bcl-2 expression and potentiates apoptosis induction by Bcl-2 /Bcl-XL bispecific antisense oligonucleotides in HER-2 gene-amplifiedbreast cancer cells. Clin Cancer Res, 10 (22) : 7747-7756.

Mochizuki M, Shimizu S, Urasoko Y, et al. 2009. Carbon tetrachloride-induced hepatotoxicity in pregnant and lactating rats. J Toxicol Sci, 34 (2): 175-181.

Moldovan GL, Pfander B, Jentsch S. 2007. PCNA, the maestro of the replication fork. Cell, 129 (4): 665-679.

Morrow PW, Tung HY, Hemmings HC Jr. 2004. Rapamycin causes activation of protein phosphatase-2A1 and nuclear translocation of PCNA in $CD4^{+}$T cells. Biochem Biophys Res Commun, 323 (2): 645-651.

Moyer AM, Fridley BL, Jenkins GD, et al. 2011. Acetaminophen-NAPQI hepatotoxicity: a cell line model system genome-wide association study. Toxicol Sci, 120 (1): 33-41.

Multhoff G, Hightower LE. 2011. Distinguishing integral and receptor-bound heat shock protein 70 (Hsp70) on the cell surface by Hsp70-specific antibodies. Cell Stress Chaperones, 16 (3): 251-255.

Navarro VJ, Senior JR. 2006. Drug related hepatotoxicity. N Engl J Med, 35: 731-739.

New PN, Plevris LN, Nelson LJ, et al. 2000. Animalm odels of fulminan thepatic failure: a critical evaluation. Liver Transplant, 6: 21-31.

Nogueira CW, Borges LP, Souza AC. 2009. Oral administration of diphenyl diselenide potentiates hepatotoxicity induced by carbon tetrachloride in rats. Appl Toxicol, 29 (2): 156-164.

Novo E, Cannito S, Zamara E, et al. 2007. Proangiogenic cytokines as hypoxia-dependent factors stimulating migration of human hepatic stellate cells. Am J Pathol, 170: 1942-1953.

O'Connell TM, Watkins PB. 2010. The application of metabonomics to predict drug induced liver injury. Clin Pharmacol Ther, 88: 394-399.

Oakley F, Trim N, Constandinou CM, et al. 2003. Hepatocytes express nerve growth factor during liver injufy: evidence for paracrine regulation of hepatic stellate cell apoptosis. Am J Pathol, 163: 1235-1243.

Ohta Y, Kongo M, Sasaki E, et al. 2000. Therapeutic effect of melatonin on carbon tet-rachloride acute liver injury in rats. J Pineal Res, 28 (2): 119-126.

Okamoto T, Okabe S. 2001. Development of anorexia in concanavalin a-induced hepat it is in mice. Int J Mol Med, 79 (2): 169-172.

Olsson AK, Dimberg A, Kreuger J. 2006. VEGF receptor signalling-in control of vascular function. Nat Rev Mol Cell Biol, 7: 359-371.

Park BK, Kitteringham NR, Powell H, et al. 2000. Advances in molccular toxicology—towards understanding idiosyncratic drug toxicity. Toxicology, 153: 39-60.

Plaa GL. 2000. Chlorinated methanol and liver injury: highlights of the past 50 years. Annu Rev Pharmacol Toxicol, 40: 42-65.

Quan J, Piao L, Xu H, et al. 2009. Protective effect of iridoid glucosides from Boschniakia rossica on acute liver injury induced by carbon tetrachloride in rats. Biosci Biotechnol Biochem, 73 (4): 849-854.

Rosmorduc O, Wendum D, Corpechot C, et al. 1999. Hepatocellular hypoxia-induced vascular endothelial growth factor expression and angiogenesis in experimental biliary cirrhosis. Am J Pathol, 155: 1065-1073.

Russman S, Jetter A, Kullak-Ublick GA. 2010. Pharmacogenetics of drug-induced liver injury. Hepatology, 52: 748-761.

Russmann S, Kullak-Ublick GA, Grattagliano I. 2009. Current concepts of mechanisms in drug-induced hepatotoxicity. Curr Med Chem, 16: 3041-3053.

Saile B, Matthes N, El-Armouche H, et al. 200l. The bcl, NF-κB and p53/p21 WAF1 systems are involved in spontaneous apoptosis and in the antiapoptotic effect of TGF-β or TNF-α activated hepatic stellate cells. Eur J Cell Biol, 80: 554-561.

Sambrook J, Russell DW. 2001. Molecular Cloning—a Laboratory Manual. 4rd ed. Cold Spring Harbor: Cold

Spring Harbor Laboratory Press.

Schwettmann L, Wehmeier M, Jokovic D, et al. 2008. Hepatic expression of A disintegrin and metalloproteinase (ADAM) and ADAMs with thrombospondin motives (ADAM-TS) enzymes in patients with chronic liver diseases. J Hepatol, 49: 243-250.

Senger DR, Galli SJ, Dvorak AM, et al. 1983. Tumor cells secrete a vascular permeability factor that promotes accumulation of ascites fluid. Science, 219: 983-985.

Sharma M, Mohapatra J, Malik U, et al. 2013. Selective inhibition of tumor necrosis factor-α converting enzyme attenuates liver toxicity in a murine model of concanavalin A induced auto-immune hepatitis. Int Immunopharmacol, 17: 229-236.

Sherris D. 2007. Ocular drug development—future directions. Angiogenesis, 10: 71-76.

Shimizu S, Nagayama T, Jink L, et al. 2001. Bcl-2 antisense treatment prevent induction of tole rance to focal ischemia in the rat brain. J Cereb Blood Flow Metab, 21 (3): 233-243.

Song JY, Li L, Ahn JB, et al. 2007. Acute liver toxicity by carbon tetrachloride in HSP70 knock out mice. Exp Toxicol Pathol, 59: 29-34.

Sugiyama T, Nagata J, Yamagishi A, et al. 2006. Selective protection of curcumin against carbon tetrachloride-induced inactivation of hepatic cytochrome P450 isozymes in rats. Life Sci, 78: 2188-2193.

Tanaka Y, Sohda T, Matsuo K, et al. 2008. Vascular endothelial growth factor reduces Fas-mediated acute liver injury in mice. J Gastroenterol Hepatol, 23 (2): 207-211.

Taniguchi M, Takeuchi T, Nakatsuka R, et al. 2004. Molecular process in acute liver injury and regeneration induced by carbon tetrachloride. Life Sci, 75 (13): 1539-1549.

Taura K, de Minicis S, Seki E, et al. 2008. Hepatic stellate cells secrete angiopoietin 1 that induces angiogenesis in liver fibrosis. Gastroenterology, 135: 1729-1738.

Tipoe GL, Leung TM, Liong EC, et al. 2010. Epigallocatechin-3-gallate (EGCG) reduces liver inflammation oxidative stress and fibrosis in carbon tetrachloride (CCl_4) -induced liver injury in mice. Toxicology, 273 (1-3): 45-52.

Todryk SM, Gough MJ, Pockley AG, et al. 2003. Facets of heat shock protein 70 show immunothera-peutic potential. Immunology, 110 (1): 1-9.

Tugues S, Fernandez-Varo G, Muñoz-Luque J, et al. 2007. Antiangiogenic treatment with sunitinib ameliorates inflammatory infiltrate, fibrosis, and portal pressure in cirrhotic rats. Hepatology, 46: 1919-1926.

Uetrecht J. 1999. New concepts in immunology relevant to idiosyncratic drug reactions: the 'danger hypothesis' and innate immune system. Chem Res Toxicol, 12: 387-395.

van Summeren A, Renes J, Bouwman FG, et al. 2011. Proteomics investigations of drug-induced hepatotoxicity in HepG2 cells. Toxicol Sci, 120: 109-122.

von Montfort C, Beier JI, Kaiser JP, et al. 2010. PAI-1 plays a protective role in CCl_4-induced hepatic fibrosis in mice: role of hepatocyte division. Am J Physiol Gastrointest Liver Physiol, 298 (5): 657-666.

Vuda M, D' Souza R, Upadhya S, et al. 2012. Hepatoprotective and antioxidant activity of aqueous extract of hybanthus enneaspermus against CCl_4-induced liver injury in rats. Exp Toxicol Pathol, 64: 855-859.

Wang T, Shankar K, Ronis M, et al. 2000. Potentiation of thioacetamide liver injury in diabetic ratis due to induced CYP2EI. J Pharm Exp Ther, 294 (2): 473.

Wetmore BA, Brees DJ, Singh R, et al. 2010. Quantitative analyses and transcriptomic profiling of circulating messenger RNAs as biomarkers of rat liver injury. Hepatology, 51: 2127-2139.

Wilfred de Alwis NM, Day CP. 2007. Genetics of alcoholic, liver disease and nonalcoholic fatty liver disease. Semin Liver Dis, 27: 44-54.

Winnike JH, Li Z, Wright FA, et al. 2010. Use of pharmaco-metabonomics for early prediction of acetaminophen-induced hepatotoxicity in humans. Clin Pharmacol Ther, 88: 45-51.

Wolf HK, Michalopoulos GK. 1992. Hepatocyte regeneration in acute fulminant and nonfulminant hepatitis: a study of proliferating cell nuclear antigen expression. Hepatology, 15 (4): 707-713.

Wu D, Cederbaum AI. 2003. Alcohol, oxidative stress, and free radical damage. Alcohol Res Health, 27: 277-284.

Xu CS, Lu AL, Xiong L, et al. 2000. Changes of ACP, AKP, HSC70/HSP68 and PCNA in growth and development of rat Liver. Dev & Reprod Biol, 9: 1-14.

Yamaji K, Ochiai Y, Ohnishi K, et al. 2008. Up-regulation of hepatic heme oxygenase-1 expression by locally induced interleukin-6 in rats administered carbon tetrachloride intraperitoneally. Toxicol Lett, 179 (3): 124-129.

Yan Z, Caldwell GW. 2013. *In vitro* identification of cytochrome P450 enzymes responsible for drug metabolism. Methods Mol Biol, 1015: 251-261.

Yoshida S, Setoguchi M, Higuchi Y, et al. 1990. Molecular cloning of cDNA encoding MS2 antigen, a novel cell surface antigen strongly expressed in murine monocytic lineage. Int Immunol, 2: 586-591.

Yoshiyama K, Higuchi Y, Kataoka M, et al. 1997. CD156 (human ADAM8): expression, primary amino acid sequence, and gene location. Genomics, 41: 56-62.

Young JC, Agashe VR, Siegers K, et al. 2004. Pathways of chaperone-mediated protein folding in the cytosol. Nat Rev Mol Cell Biol, 5 (10): 781-791.

Young N, Kim HJ, Jang KS, et al. 2006. Comprehensive analysis of differential gene expression profiles on D-galactosamine-induced acute mouse liver injury and regeneration. Toxicology, 227: 136-144.

Zhang C, Wang SZ, Zuo PP, et al. 2004. Protective effect of tetramethylpyrazine on learning and memory function in D-galactose-lesioned mice. Chin Med Sci J, 19: 180-184.

Zhang Y, Jia Y, Zheng R, et al. 2010. Plasma microRNA-122 as a biomarker for viral-, alcohol-, and chemical-related hepatic diseases. Clin Chem, 56: 1830-1838.

Zhou F, Ajuebor MN, Beck PL, et al. 2005. CD154-CD40 interactions drive hepatocyte apoptosis in murine fulminant hepatitis. Hepatology, 42 (2): 372-380.

Zhou S, Koh HL, Gao Y, et al. 2004. Herbal bioactivation: the good, the bad and the ugly. Life Sci, 74: 935-968.

Zhou SF, Yang LP, Zhou ZW, et al. 2009. Insights into the substrate specificity, inhibitors, regulation, and polymorphisms and the clinical impact of human cytochrome P450 1A2. AAPS J, 11: 481-494.

Zhu RZ, Xiang D, Xie C, et al. 2010. Protective effect of recombinant human IL-1Ra on CCl_4-induced acute liver injury in mice. World J Gastroenterol, 16: 2771-2779.

Zimmers TA, McKillop IH, Pierce RH, et al. 2003. Massive liver growth in mice induced by systemic interleukin 6 administration. Hepatology, 38 (2): 326-334.

第三章　神经组织损伤与修复分子机制

第一节　神经组织的基本结构

神经系统是机体起主导作用的功能调节系统，它控制着机体各系统的功能活动，使之相互联系、相互制约，从而使机体成为一个整体，对内、外环境的变化作出适应性调节，以维持稳态。神经系统一般分为中枢神经系统和周围神经系统两部分，前者包括脑和脊髓，后者为脑和脊髓以外的部分。神经组织是神经系统的主要构成成分，由神经元（即神经细胞）和神经胶质组成。

神经元是神经系统的基本结构和功能单位，是一种高度分化的细胞。人的大脑约含有 10^{11} 个神经元，具有接受刺激、传导兴奋和整合信息的功能。神经元的损伤或功能异常将导致神经系统疾病或异常的精神症状。神经胶质细胞（简称神经胶质）的数量为神经元的 10～50 倍，主要对神经元起支持、保护及营养等作用，并通过再生修复受损的神经组织。

一、神经元

神经元大小不等、形态不一，如图 3-1 所示，但都由胞体和从胞体发出的一个或几个突起构成。神经元突起又分为树突和轴突（图 3-2）。根据神经元形态的不同，可对神经元进行分类，按神经突起的数目，分为假单极神经元、双极神经元、多极神经元（图 3-3）。另外，还可根据轴突的长短、神经元的功能、神经元释放的递质来分类。

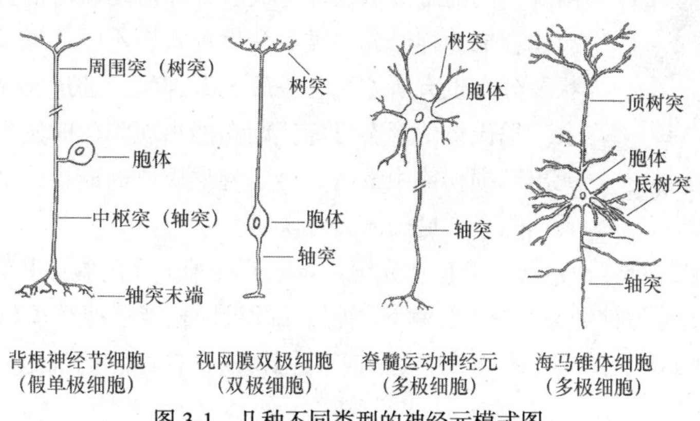

图 3-1　几种不同类型的神经元模式图

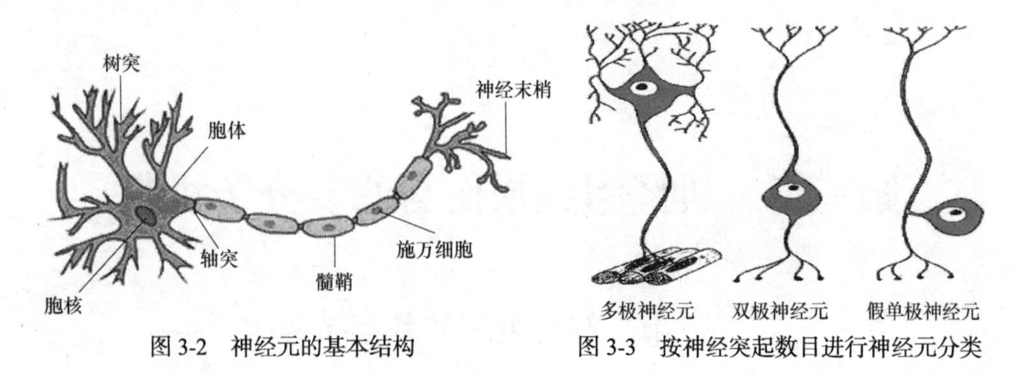

图 3-2　神经元的基本结构　　图 3-3　按神经突起数目进行神经元分类

神经元的结构如下。

1. 神经元的胞体　神经元的胞体是维持神经元代谢和功能活动的中心。其形态多样，有锥体形、星形、梨形和圆形等，且大小不一，小的直径 4～6μm，大的直径超过 100μm。神经元的胞体主要存在于脑和脊髓的灰质及神经节内，由细胞膜、细胞质和细胞核组成。

1）细胞膜　神经元胞体的膜和突起表面的膜是连续完整的细胞膜。神经元的细胞膜具有接受刺激、产生兴奋和传导神经冲动的作用。细胞膜上分布着各种由不同的膜蛋白构成的受体和离子通道，当受体与相应的递质结合时，膜的离子通透性发生变化，使细胞膜内外的电位差增大或缩小，从而产生兴奋或抑制。

2）细胞核　细胞核位于神经元的中央，大而圆。异染色质少，多位于核膜内侧，常染色质较多，分散于核的中央。

3）细胞质　细胞质位于核的周围，含有许多细胞器，包括线粒体、内质网、高尔基体、溶酶体、尼氏体和神经原纤维等。

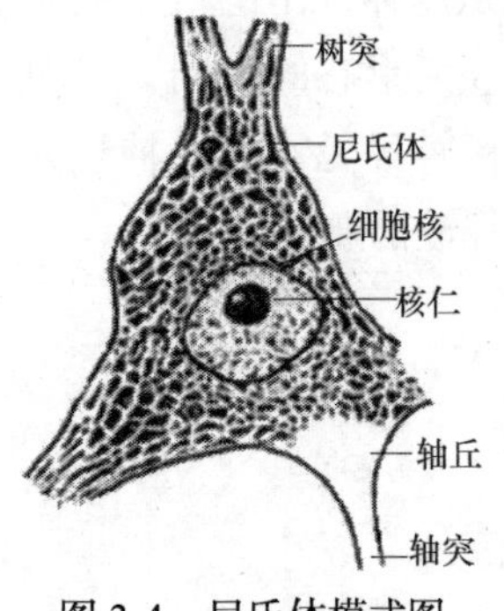

图 3-4　尼氏体模式图

（1）尼氏体：光镜下，尼氏体是细胞质内可被碱性染料着色的颗粒或斑块，分布于胞体和树突中，而在轴突和轴丘中不存在（图 3-4）。电镜下，尼氏体是由许多平行排列的粗面内质网及其间的游离核糖体组成。神经活动所需的蛋白质主要在尼氏体合成。神经元的类型和生理状态不同，尼氏体的数量、形状及分布也有所差别，一般大型神经元的尼氏体比较明显且丰富。尼氏体的形态可随代谢功能出现障碍时发生变化，当神经元出现损伤或中毒时，会引起尼氏体的减少或消失，而损伤因素消除后，尼氏体又可恢复。

（2）神经原纤维：通过镀银染色在光镜下观察到在神经元的胞体和突起中分布的棕黑色纤维状物质称为神经原纤维。电镜下，神经原纤维即相当于神经丝（neurofilament）、微管（microtubule）、微丝（图 3-5），这三者共同构成了神经元的细胞骨架，参与物质运输。

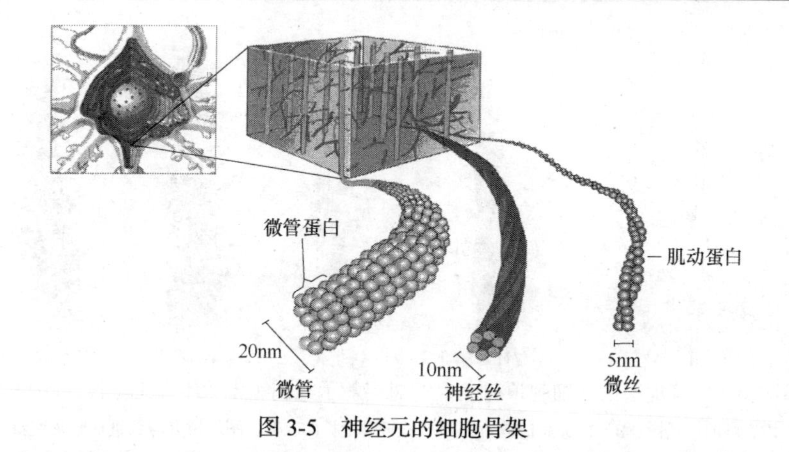

图 3-5　神经元的细胞骨架

微管是由微管蛋白二聚体组成的极性结构。微管蛋白二聚体由α微管蛋白亚单位与β微管蛋白亚单位聚合形成。微管之间以微管相关蛋白（microtubule associated protein，MAP）相联系。MAP 参与调节微管的聚合状态和功能，使微管彼此相连，参与神经突起或轴突形成，并调节神经元的形态学特征和功能。目前已发现多种 MAP，MAP2 是存在于胞体和树突中的高分子质量 MAP，tau 蛋白是存在于轴突中的低分子质量 MAP。MAP2 与 tau 蛋白通过可逆磷酸化修饰调节细胞骨架的聚合或解聚。tau 蛋白的过度磷酸化则与阿尔茨海默病（AD）的病理性特征神经原纤维缠结的形成有关。

神经丝又称神经细丝，是神经元的中间丝，由神经丝蛋白聚合组装而成，神经丝一旦形成就难以解聚。神经丝蛋白有三种类型：高分子质量神经丝蛋白（NF-H，200kDa）、中分子质量神经丝蛋白（NF-M，160kDa）、低分子质量神经丝蛋白（NF-L，68kDa）。神经丝主要起支持作用，也可能与微管、微丝一起参与细胞内物质的运输。神经丝发挥相应功能受磷酸化的调节。

微丝是神经元内最细的丝状结构，遍布于神经元，主要存在于神经突起。微丝为较短的多聚体，在轴突的生长锥和树突棘等神经元高度活动的部分占优势，参与生长锥突起的形成和回缩，使生长锥得以向前运动。微丝还参与突触小泡的移动及其内容物的释放，并对细胞膜特化结构的形成有重要作用。

总之，神经元骨架在整个生命过程中对神经元的形态及功能变化起至关重要的作用，如阿尔茨海默病就是以大脑皮层的神经元骨架破坏为特征的。

2．突起　神经元突起分为树突（dentrite）和轴突（axon）。

1）树突　树突是神经元胞体的延伸，从胞体发出的部分较粗，经反复分支，越分越细，形如树枝。电镜下可观察到树突的小分支表面有许多棘状突起，称为树突棘（dentrite spine）。树突棘是接受其他神经元纤维末梢投射，形成突触的主要部位。树突棘的密度、形状随神经元活动状态而发生变化，去神经纤维或老年期树突棘可减少或消失，当神经支配恢复时，树突棘又可出现。树突棘在学习、记忆及神经元可塑性方面也起重要作用。树突棘的数量在脑发育期不断增加，可在数分钟或数小时内发生改变或消失。智障儿童脑内树突棘数量明显减少，而且变得细长（图 3-6）。

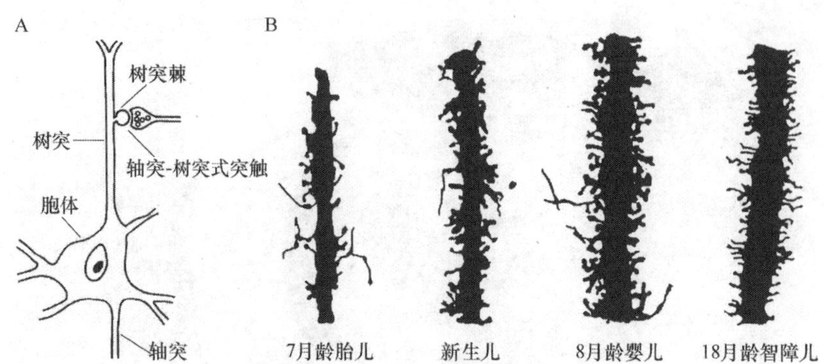

图 3-6　大脑皮层锥体细胞顶树突上的树突棘示意图（朱大年和王庭槐，2013）

A. 突触发生于树突棘的模式图；B. 树突棘的数量和形态随年龄增长而改变。图示树突棘数量从胎儿到新生儿再到出生后 8 个月明显增多，但在出生后 18 个月的先天智障儿脑中，其数量明显减少，且变得异常细长

2）轴突　轴突通常由神经元胞体发出，也可由主干树突的基部发出。通常一个神经元只有一根轴突，长短不一。胞体发出轴突的部位呈圆锥状，称轴丘（rxon hillock）。轴突的起始部分称为始段（initial segment），此段兴奋阈低，是产生动作电位的起始部位。轴突和感觉神经元的长树突统称为轴索，轴索外面包有髓鞘或神经膜便成为神经纤维（nerve fiber）。在周围神经系统，髓鞘由施万细胞形成，在中枢神经系统则由少突胶质细胞形成。根据有无髓鞘可将神经纤维分为有髓鞘神经纤维（myelinated nerve fiber）和无髓鞘神经纤维（unmyelinated nerve fiber）。神经纤维末端称为神经末梢（nerve terminal）。轴突的末端有许多分支，每个分支末梢的膨大部分称为突触小体（synaptic knob），它与另一个神经元相接触而形成突触（synapse）。

轴突内的轴浆是经常流动的，轴浆的流动具有物质运输的作用，故称为轴浆运输（axoplasmic transport）。轴浆运输对维持神经元的结构和功能的完整性具有重要意义。轴浆运输可分为从胞体到轴突末梢的顺向运输和从轴突末梢到胞体的逆向运输两类。根据轴浆运输的速度，顺向轴浆运输又可分为快速和慢速轴浆运输两类。快速顺向运输主要运输具有膜结构的细胞器，如线粒体、突触囊泡和分泌颗粒等。在猴、猫等动物坐骨神经内的运输速度约为 410mm/天，这种运输是通过一种类似于肌球蛋白的驱动蛋白（kinesin）而实现的（图 3-7）。慢速轴浆运输是指轴浆内可溶性成分随微管、微丝等结构不断向前延伸而发生的移动，其速度为 1～12mm/天。逆向轴浆运输可运输一些如神经营养因子、狂犬病毒、破伤风毒素等能被轴突末梢摄取的物质。这些物质入胞后可沿轴

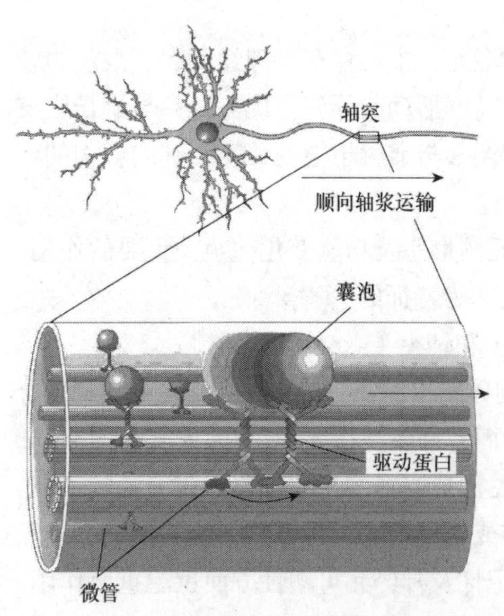

图 3-7　顺向轴浆运输示意图

突被逆向运输到胞体，对神经元的活动和存活产生影响。逆向轴浆运输由动力蛋白（dynein）完成，运输速度约为205mm/天。动力蛋白的结构和作用方式与驱动蛋白极为相似。神经科学研究中用作示踪剂的辣根过氧化物酶（HRP）也是通过逆向运输进行示踪的。

二、神经胶质细胞

神经胶质细胞是神经系统中除了神经元以外的另一类细胞，与神经元共同组成神经组织（图3-8）。胶质细胞大量存在于神经系统中，其数量为神经元的10～50倍。在人类的中枢神经系统中，胶质细胞主要有星形胶质细胞、小胶质细胞和少突胶质细胞三类。在周围神经系统，胶质细胞主要有形成髓鞘的施万细胞和位于神经节内的卫星细胞等。

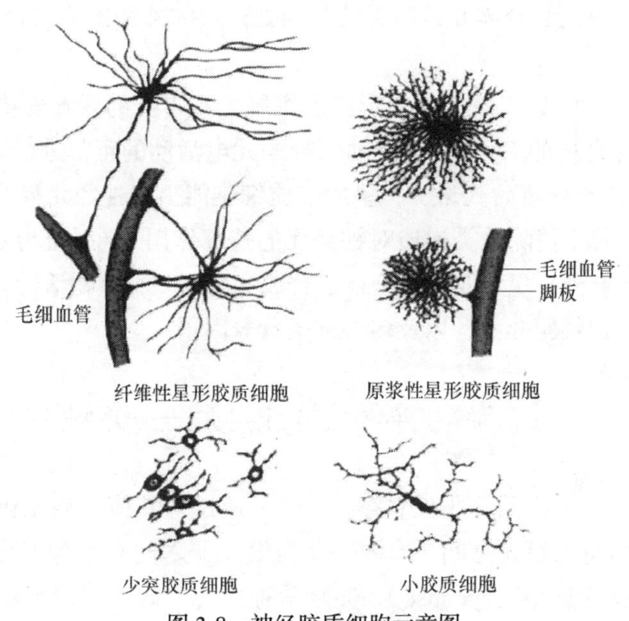

图3-8　神经胶质细胞示意图

与神经元相比，胶质细胞虽也有突起，但不分为树突和轴突。细胞之间普遍存在缝隙连接，不形成化学性突触，也有随细胞外K^+浓度改变而改变的膜电位，但不能产生动作电位。胶质细胞终身具有分裂、增殖的能力。胶质细胞在神经再生方面的作用已经成为热门的话题。

神经胶质细胞的功能目前主要有以下几方面。

1）*支持和引导神经元迁移*　星形胶质细胞以其长突起在脑和脊髓内交织成网，形成支持神经元胞体和纤维的支架。在人、猴的大脑和小脑皮层发育过程中，发育中的神经元沿着胶质细胞突起的方向迁移到它们最终的定居部位。

2）*营养作用*　星形胶质细胞通过血管周足和突起连接毛细血管与神经元，对神经元起运输营养物质的作用。另外，星形胶质细胞还能产生神经营养因子，以维持神经元的生长、发育和功能的完整性。

3）修复和再生作用　成年动物及人的神经胶质细胞保持着生长、分裂的能力。当神经元受损而变性时，小胶质细胞能转变成巨噬细胞，加上来自血中的单核细胞和血管壁上的巨噬细胞，共同清除变性的神经组织碎片，其留下的缺损，则主要依靠星形胶质细胞的增生来充填。在周围神经再生过程中，轴突沿施万细胞所构成的路径生长。

4）形成髓鞘和屏障作用　少突胶质细胞和施万细胞可分别在中枢和外周形成神经纤维髓鞘。星形胶质细胞的血管周足是构成血-脑屏障的重要组成部分，构成血-脑脊液屏障和脑-脑脊液屏障的脉络丛上皮细胞和室管膜细胞也属于胶质细胞。

5）免疫应答作用　星形胶质细胞是中枢神经系统内的免疫细胞，其质膜上存在特异性主要组织相容性复合体Ⅱ，后者能与经处理过的外来抗原结合，再传递给 T 淋巴细胞。

6）稳定细胞外的 K^+浓度　星形胶质细胞上有丰富的缝隙连接及很多种离子通道，可维持细胞外合适的K^+浓度，有助于神经元电活动的正常进行。

7）参与某些活性物质的代谢　星形胶质细胞能摄取神经元释放的某些递质，如谷氨酸和γ-氨基丁酸，消除这类递质对神经元的持续作用，同时也为氨基酸类递质的合成提供前体物质。此外，星形胶质细胞还能合成和分泌多种生物活性物质，如血管紧张素原、前列腺素、白细胞介素，以及多种神经营养因子等。

第二节　神经元的连接——突触

神经系统内每个神经元并非孤立存在，而是通过与其他神经元相互联系共同完成功能活动。神经元与神经元之间，或神经元与效应器之间有一种特化的细胞联系，即功能接触部位，称为突触（synapse）。突触是神经元之间传递信息的关键性结构。突触传递是神经系统中信息交流的一种重要方式。突触分类有多种方法，根据神经元互相接触的部位，可将突触分为轴突-树突式突触、轴突-胞体式突触、轴突-轴突式突触，其中以轴突-树突式突触、轴突-胞体式突触这两种类型居多（图 3-9）。根据突触传递媒介物性质的不同，可将突触分为化学性突触（chemical synapse）和电突触（electrical synapse）两大类。

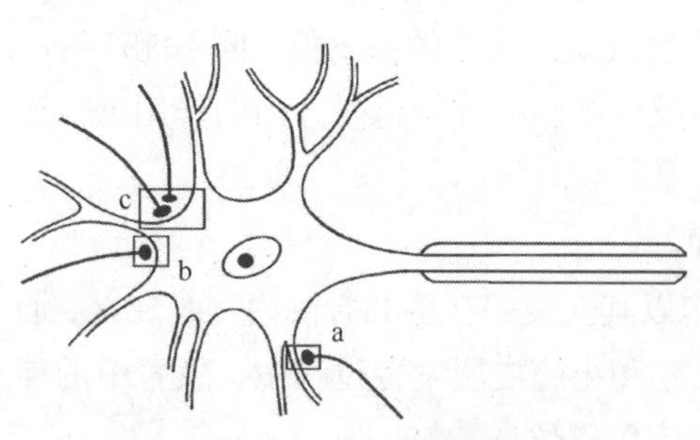

图 3-9　突触的类型

a. 轴突-树突式突触；b. 轴突-胞体式突触；c. 轴突-轴突式突触

一、电突触

电突触传递的结构基础是缝隙连接（图 3-10）。缝隙连接通道跨越突触前、后神经元的两层胞膜，两侧膜上各由连接体蛋白端相接形成一个水相孔道，沟通相邻两细胞的细胞质。孔道允许带电小离子和小分子通过。电突触连接部位的两侧膜不增厚，而且两侧膜的细胞质中不存在突触小泡，因此电突触传递是以局部电流形式传递信息的。一般为双向传递，由于其电阻低，因而传递速度快，几乎不存在潜伏期。电突触传递广泛存在于中枢神经系统和视网膜中，主要发生在同类神经元之间，其意义在于促使许多细胞产生同步化活动。

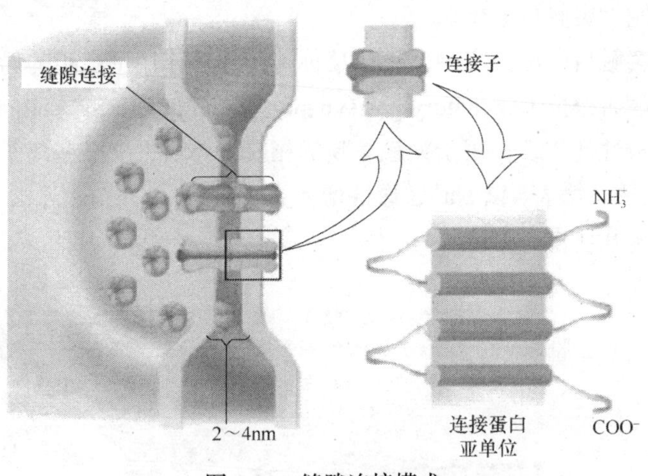

图 3-10　缝隙连接模式

二、化学性突触

典型的化学性突触由突触前膜、突触后膜和突触间隙三部分组成。在电镜下，突触前膜和突触后膜比一般的神经元膜稍增厚，约 7.5nm，突触间隙宽 20～40nm。突触前膜含有较多的线粒体和大量的突触囊泡，内含高浓度的神经递质。根据突触内所含突触囊泡的大小和形态，突触囊泡一般分为以下三种（图 3-11）：①小而清亮透明的囊泡，内含乙酰胆碱或氨基酸类递质；②小而具有致密中心的囊泡，内含儿茶酚胺类递质；③大而具有致密中心的囊泡，内含神经肽类递质。突触间隙是指突触前膜与突触后膜之间的空隙，电镜下观察到内有电子致密物，可能是突触前膜与后膜之间的物理连接，有利于从前膜释放出的神经递质扩散到后膜。突触后膜存在有多种特异的蛋白质，主要有受体蛋白和通道蛋白，还有能分解神经递质的一些酶类。

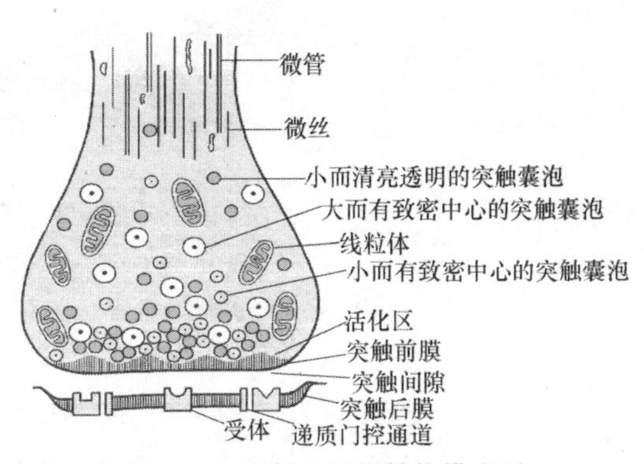

图 3-11　突触的微细结构模式图

1. 突触传递的过程　当突触前神经元兴奋产生的动作电位传到末梢时，突触前膜发生去极化，当去极化达到一定水平，前膜上电压门控钙通道开放，细胞外 Ca^{2+} 内流，导致突触囊泡向突触前膜移动、着位、融合，触发突触囊泡的出胞作用，引起末梢递质的量子式释放。

递质释放入突触间隙后，扩散至突触后膜，作用于后膜上的特异性受体或化学门控通道，引起后膜对某些离子通透性的改变，离子的跨膜流动引起突触后膜发生去极化或超极化，从而形成突触后电位（postsynaptic potential）。

突触后电位：根据突触后电位去极化和超极化的方向，可将突触后电位分为兴奋性突触后电位和抑制性突触后电位。

（1）兴奋性突触后电位：突触后膜在某种神经递质作用下产生的局部去极化电位变化称为兴奋性突触后电位（excitatory postsynaptic potential，EPSP）。EPSP 的形成机制是突触前膜释放兴奋性递质，作用于突触后膜的相应受体后，使某些离子通道开放，后膜对 Na^+和 K^+的通透性增大，以 Na^+通透性增大为主，Na^+的内流大于 K^+的外流，导致突触后膜的局部去极化（图 3-12）。

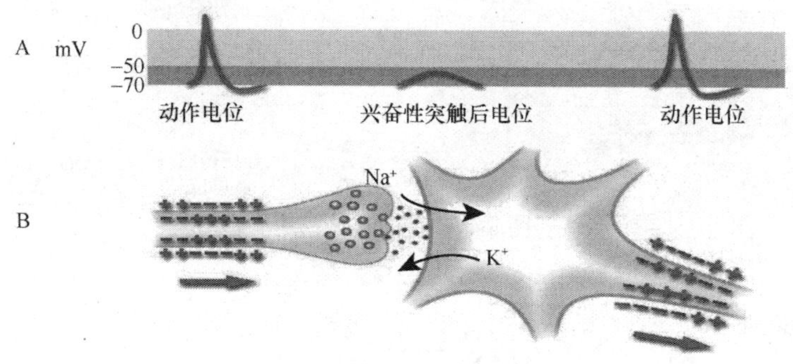

图 3-12　兴奋性突触后电位产生示意图

A. 电位变化；B. 突触传递

（2）抑制性突触后电位：突触后膜在某种神经递质作用下产生的局部超极化电位变化称为抑制性突触后电位（inhibitory postsynaptic potential，IPSP）。其产生机制是突触前膜释放的抑制性递质作用于突触后膜，使后膜上的氯通道开放，引起外向电流，结果使突触后膜发生超极化（图 3-13）。

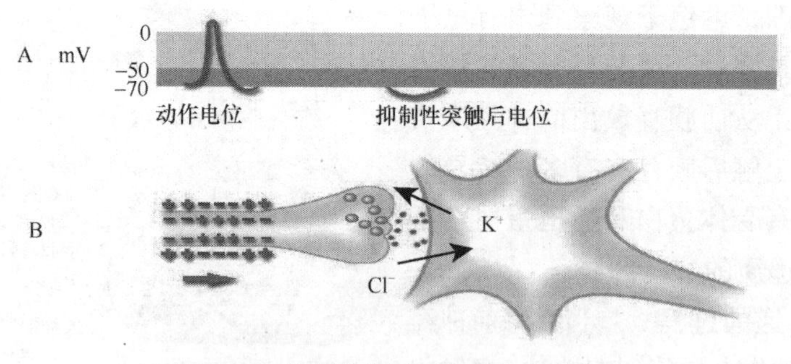

图 3-13　抑制性突触后电位产生示意图

A. 电位变化；B. 突触传递

2. 突触后神经元的兴奋与抑制　由于一个突触后神经元常与多个突触前神经末梢构成突触，而产生的突触后电位既有EPSP也有IPSP，因此，突触后神经元胞体就好比是个整合器，突触后膜上电位改变的总趋势取决于同时产生的EPSP和IPSP的代数和。当总趋势为超极化时，将使膜电位远离阈电位，突触后神经元表现为抑制；而当突触后膜去极化并达到阈电位水平时，即可触发动作电位。轴突始段细胞膜具有高密度的电压门控钠通道，阈电位较其他部位低，是动作电位的触发区（图3-14）。

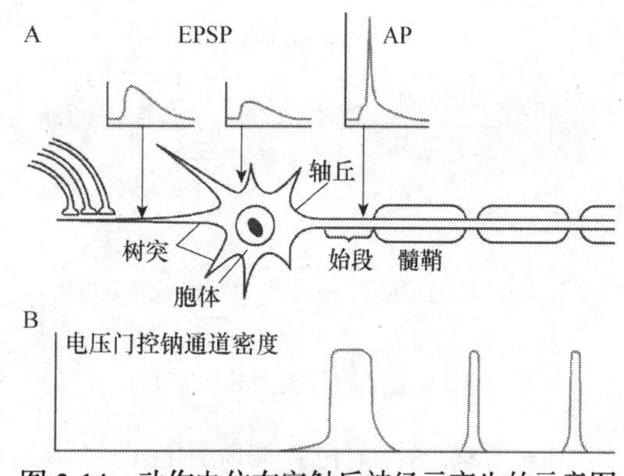

图3-14　动作电位在突触后神经元产生的示意图（朱大年和王庭槐，2013）

A. EPSP在始段达到阈电位而爆发动作电位；B. 电压门控钠通道的密度。AP. 动作电位

第三节　神经系统的高级功能——学习和记忆

学习和记忆是脑的高级功能，是两个有联系的神经活动过程。通过学习和记忆，改变自身行为，以适应环境的变化使个体生存。

一、学习和记忆的分类

学习（learning）是指人和动物依赖经验来改变自身行为以适应环境的神经活动过程；记忆（memory）则是将学习到的信息进行储存和“读出”的神经活动过程。因此，学习和记忆是两个互相依赖的神经活动过程。

（一）学习的形式

学习可分为非联合型学习（non-associative learning）和联合型学习（associative learning）两种形式。

（1）非联合型学习：是一种简单的学习形式，在刺激和反应之间不需要形成某种明确的联系，如习惯化和敏感化。

（2）联合型学习：相对复杂，是在时间上很接近的两个事件重复地发生，最后在脑内逐渐形成联系，人类的学习大多数是联合型学习，如经典条件反射和操作式条件反射。

（二）记忆的形式

根据记忆的储存和回忆方式，记忆可分为陈述性记忆（declarative memory）和非陈述性记忆（nondeclarative memory）两类（图3-15）。

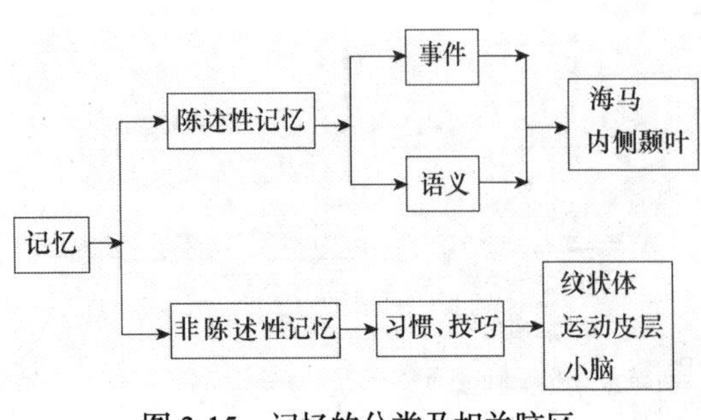

图 3-15　记忆的分类及相关脑区

（1）陈述性记忆：陈述性记忆是指与特定的地点、时间和任务相关的事实或事件的记忆，与觉知或意识有关。陈述性记忆的形成依赖于海马、内侧颞叶及其他脑区。这种形式的记忆还可分为情景式记忆（episodic memory）和语义式记忆（semantic memory）。情景式记忆是对一件具体事物或一个场面的记忆；而语义式记忆则是对文字和语言的记忆。

（2）非陈述性记忆：非陈述性记忆指对一系列规律性操作程序的记忆，与觉知或意识无关，具有自主或反射的性质，又称为反射性记忆。非陈述性记忆的形成不涉及记忆在海马的滞留时间。非陈述性记忆更像是一种习惯，需要多次重复操作，一旦形成，很难忘记，如某些技巧性的动作、习惯性的行为和条件反射等。

陈述性和非陈述性记忆两种形式可以转化。例如，在学习骑自行车的过程中需对某些场景有陈述性记忆，然而一旦学会后，就成为一种技巧性动作，由陈述性记忆转变为非陈述性记忆。

根据记忆保留时间的长短可将记忆分为短时程记忆（short-term memory）和长时程记忆（long-term memory）。无论是陈述性记忆还是非陈述性记忆，都包括短时程记忆和长时程记忆。

短时程记忆的保留时间短，仅持续几秒钟至几分钟，记忆容量有限，其长短仅能满足于完成某项极为简单的工作，如打电话时的拨号，拨完后记忆随即消失。但如果不断重复，短时程记忆可转化为长时程记忆（图 3-16）。短时程记忆可有多种表现形式，如对影像的视觉瞬间记忆，称为影像记忆；在执行某种认知行为过程的暂时性信息储存，称为工作记忆，它可在脑的多个部位在同一时刻进行信息储存。因此工作记忆是一种特殊的短时程记忆。

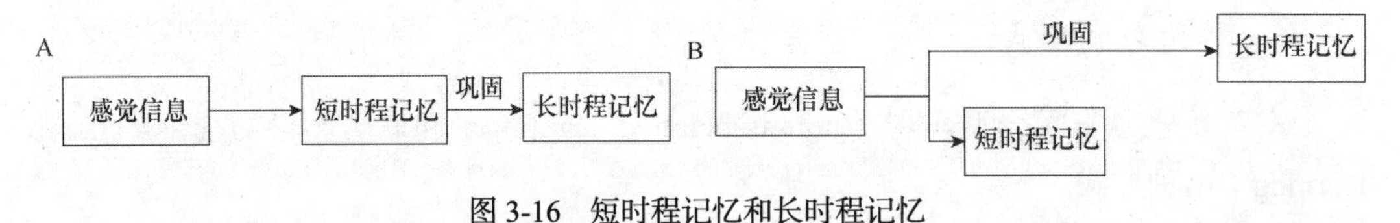

图 3-16　短时程记忆和长时程记忆

A. 感觉信息以短时程记忆的方式储存，经巩固后转为长时程记忆；B. 感觉信息同时经巩固直接以长时程记忆的方式储存

长时程记忆保留时间长，可持续几天至数年，信息量相当大，如与自己和最重要的人密切相关的信息，可终生保持记忆。

（三）人类的记忆过程与遗忘

（1）人类的记忆过程：记忆过程可细分为感觉性记忆、第一级记忆、第二级记忆和第三级记忆 4 个阶段（图 3-17）。感觉性记忆和第一级记忆相当于短时程记忆，第二级记忆和第三级记忆相当于长时程记忆。感觉性记忆是指通过感觉系统获得信息后，先储存在脑的感觉区内的阶段，这个阶段时间很短，一般不超过 1s，多属于听觉和视觉记忆，若未经加工处理则很快消失。如果在此阶段大脑把那些不连续的、先后传入的信息整合处理成新的连续的印象，感觉性记忆即可转入第一级记忆。第一级记忆中信息停留时间仍然很短，仅几秒钟到几分钟。若通过反复运用和强化，信息便在第一级记忆中循环，从而延长其在第一级记忆中的停留时间，并转入第二级记忆中。第二级记忆是一个大而持久的储存系统。在第二级记忆中储存的信息会由于先前的或后来的信息干扰而导致遗忘。有些记忆，如自己的名字和每天都在操作的技能等，通过长年累月的重复运用则不易遗忘，这一类记忆储存在第三级记忆中。

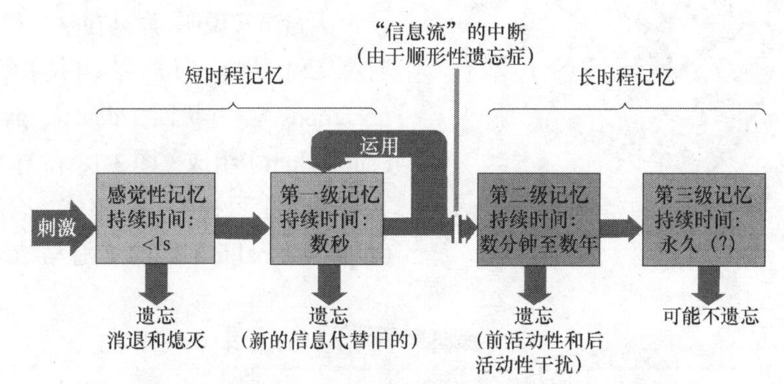

图 3-17 从感觉性记忆到第三级记忆的信息流示意图

图示信息在每一级记忆内储存的持续时间以及遗忘的可能机制，只有一部分储存材料能够到达最稳定的记忆中，复习（运用）使得从第一级记忆转入第二级记忆更为容易

（2）遗忘：遗忘是指部分或完全失去回忆和再认的能力，是一种正常的、不可避免的生理现象。遗忘并不意味记忆痕迹（memory trace）的消失，因为复习已经遗忘的内容总比学习新的内容来得容易。产生遗忘的原因是条件刺激久不强化所引起的消退抑制和后来信息的干扰。

但是，某些疾病可以造成记忆的严重缺失，临床上将疾病情况下发生的遗忘称为记忆缺失或遗忘症（amnesia），可分为顺行性遗忘症（anterograde amnesia）和逆行性遗忘症（retrograde amnesia）两种类型。顺行性遗忘症表现为不能保留新近获得的信息，如慢性酒精中毒者，主要表现为新近获得记忆的严重障碍，其发生机制可能是信息不能从第一级记忆转入第二级记忆。逆行性遗忘症表现为脑损伤前发生的事情的记忆缺失，如脑震荡，其发生机制可能是第二级记忆发生了紊乱，而第三级记忆却未受影响。

二、学习和记忆的机制

（一）参与学习和记忆的脑区

迄今为止，有关学习和记忆的机制仍不十分清楚，但众多证据表明，学习和记忆在脑内有一定的功能定位。内侧颞叶在陈述性记忆的形成中有非常重要的作用。小脑参与运动技能的学习，纹状体参与操作技巧的学习。前额叶协调短期记忆的形成，加工后的信息转移至海马，海马在长时程记忆的形成中具有重要作用。目前已知，大脑皮层联络区、海马及其邻近结构、杏仁核、丘脑和脑干网状结构等脑内结构都参与了学习、记忆过程。这些脑区之间有密切的神经联系，共同参与学习和记忆过程。短时程陈述性记忆的形成需要大脑皮层联络区和海马环路的参与，而非陈述性记忆主要由大脑皮层-纹状体系统、小脑、脑干等中枢部位来实现。

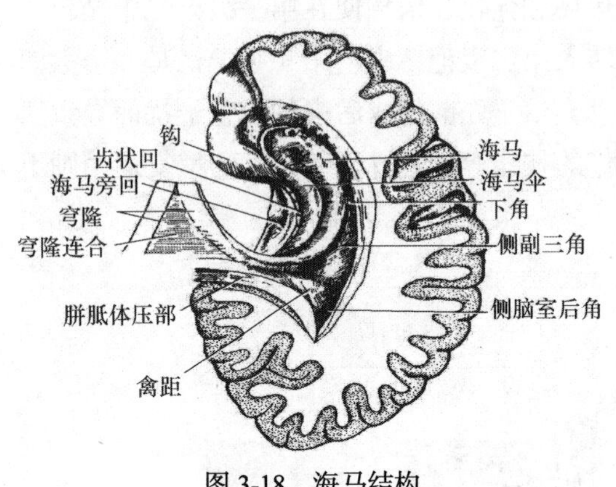

图 3-18　海马结构

大量事实说明，海马在学习和记忆活动中有重要作用。海马结构是由海马（hippocampus）、齿状回（dentate gyrus）、下托（subiculum）组成（图 3-18 和图 3-19），在结构和功能上可视为一个整体，合称海马结构（hippocampal formation），海马结构属原皮质。

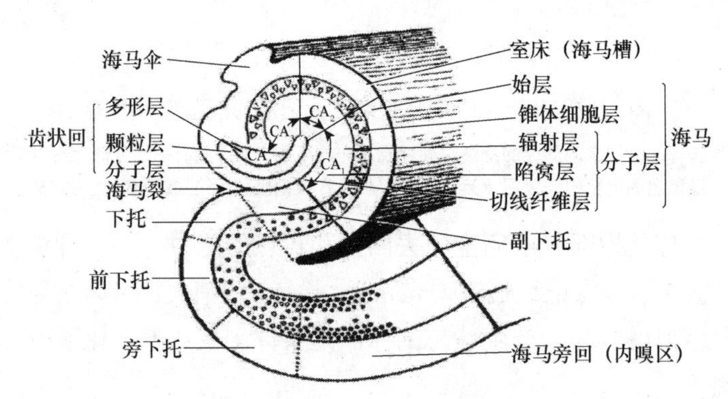

图 3-19　海马的皮质分层与分区

损毁海马不同区域对学习和记忆的影响是不同的。例如，损毁海马腹部的大鼠，其分辨学习的保存明显受到破坏，而海马背部损毁的，其分辨学习的保存则不受影响。海马损毁对学习和记忆的影响表明，海马是参与学习和记忆的，但并非参与所有学习任务的习得和记忆，有些类型的学习，海马并非是必需的。同时，海马的不同区域在学习和记忆过程中的参与程度也并非完全相同。

（二）学习记忆与突触可塑性

突触是神经元之间传递信息的重要结构，自 1949 年 Hebb 提出学习记忆的修饰理论后，突触连接的功能与形态可塑性成为学习记忆研究领域中的重要目标。突触的可塑性（plasticity）是指突触的形态和功能可发生较为持久的改变的特性或现象。突触形态结构的可塑性包括突触连接的形成与消退、突触活性区数量与面积的改变、突触间隙的变化等。

突触功能的可塑性主要表现为突触传递功能的增强或减弱。突触可塑性普遍存在于中枢神经系统，尤其是与学习和记忆有关的部位，因而被认为是学习和记忆产生机制的基础。

1. 突触传递的长时程增强　长时程增强（long-term potentiation，LTP）是指突触前神经元在短时间内受到快速重复的刺激后，在突触后神经元快速形成的持续时间较长的EPSP增强，表现为潜伏期缩短、幅度增大、斜率加大。LTP可见于神经系统的许多部位，但研究最多、最深入的是海马。海马是长时程陈述性记忆形成的主要部位。目前认为海马主要涉及事件记忆中最初的信息编码及存储过程。海马主要由齿状回的颗粒细胞与Ammon氏角的锥体细胞两部分组成。Ammon氏角又分为CA1、CA2、CA3、CA4四个区，海马的传入纤维与海马的内部环路主要形成三个兴奋性单突触通路，分别是：①自嗅皮层细胞的穿通纤维通路与齿状回颗粒细胞之间的突触连接。②颗粒细胞的苔藓纤维与海马CA3锥体细胞之间的突触连接。③CA3锥体细胞的Schaffer侧支与CA1锥体细胞之间的突触连接（图3-20）。这些细胞的神经递质都是谷氨酸。

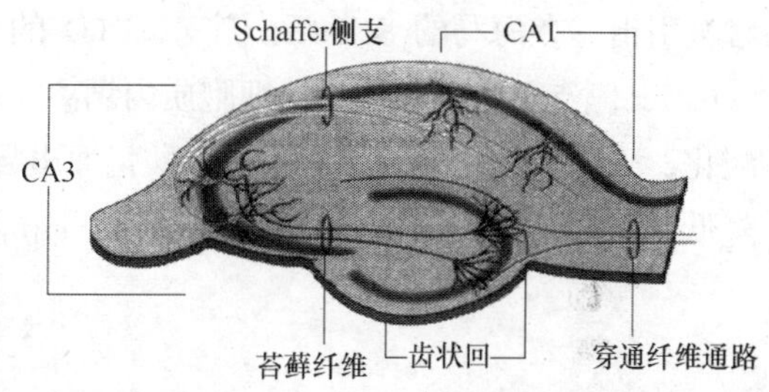

图3-20　海马的三个突触连接通路

电生理研究发现，海马神经元间的突触联系具有可塑性。1973年Bliss和 Lomo在动物实验中观察到，当在海马的穿通纤维通路上给予频率为10～20Hz，串长为10～15s或频率为100Hz，串长为3～4s的电刺激后，后续的单个测试刺激会引起群峰电位和兴奋性突触后电位的幅度增大，潜伏期缩短，这种易化现象持续时间可长达10h。Bliss把这种单突触激活诱发的长时程突触传递效率持续增强的现象称为长时程增强。海马的其他兴奋性神经纤维通路都可以引出LTP，在脑的其他部位也能观察到这种LTP，但不同部位产生 LTP 的机制不同。对Schaffer侧支纤维通路(从CA3区锥体细胞发出的Schaffer侧支到CA1区锥体细胞的纤维通路)（图3-21）的LTP研究得最多。海马 LTP 诱导的主要条件是刺激的频率与强度。刺激强度可影响单个测试刺激引起的EPSP的幅度，而刺激频率可改变EPSP产生叠加的效果。这两者都会影响突触后膜的去极化程度，这关系到NMDA（*N*-甲基-D-天冬氨酸）受体通道的开放。

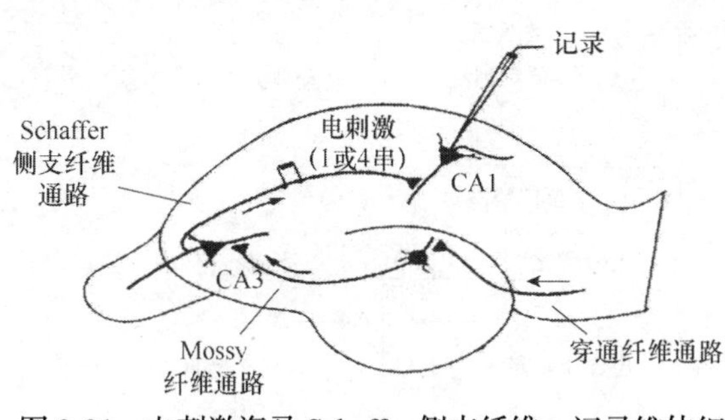

图3-21　电刺激海马Schaffer侧支纤维，记录锥体细胞的电活动示意图

Schaffer侧支LTP产生的机制是：在正常低频刺激Schaffer侧支时，突触前神经元（CA3细胞）释放谷氨酸，与突触后神经元（CA1细胞）膜上的3-氨基-3-羟基-5-甲基-4-异恶唑丙酸（α-amino-3-hyaroxy-5-methyl-4-isoxazole-proprionate，AMPA）受体和NMDA受体结合，AMPA受体激活，Na^+内流，产生一定幅度的EPSP，而另一种谷氨酸促离子型受体NMDA因Mg^{2+}阻塞于通道而不能开放。当给予高频刺激时，突触前神经元释放

大量的谷氨酸，使突触后膜产生的 EPSP 幅度增大，导致 NMDA 受体通道中的 Mg^{2+}移出而使该通道开放。此时 Ca^{2+}进入突触后 CA1 细胞，Ca^{2+}与钙调蛋白结合后，激活 Ca^{2+}/钙调蛋白依赖激酶Ⅱ，使突触后膜 AMPA 受体磷酸化并增加它对谷氨酸的敏感性，使突触后效应更强。此外，Ca^{2+}与钙调蛋白结合可促使 NO 合成增加。由于 NO 是一种气体的信息分子，所以突触后 CA1 细胞释放的 NO 可逆行并作用到突触前 CA3 细胞，打开 Na^+通道，引起突触后 CA3 细胞的去极化，进而释放更多的神经递质谷氨酸（图 3-22）。

2. 突触传递的长时程抑制　长时程抑制（long-term depression，LTD）是指突触传递效率的长时程降低。LTD 也广泛存在于中枢神经系统，而且 LTP 与 LTD 还能在同一突触被引出。在海马的 Schaffer 侧支，LTD 的产生机制与 LTP 有许多相似之处，低频刺激 Schaffer 侧支，突触后神经元细胞质内钙离子少量增加，使 Ca^{2+}/钙调蛋白依赖激酶Ⅱ脱磷酸化，活性降低，AMPA 受体去磷酸化而电导降低，AMPA 受体发生下调，突触传递效率降低从而产生 LTD（图 3-23）。在中枢不同部位，LTD 的引导方法与机制不完全相同。

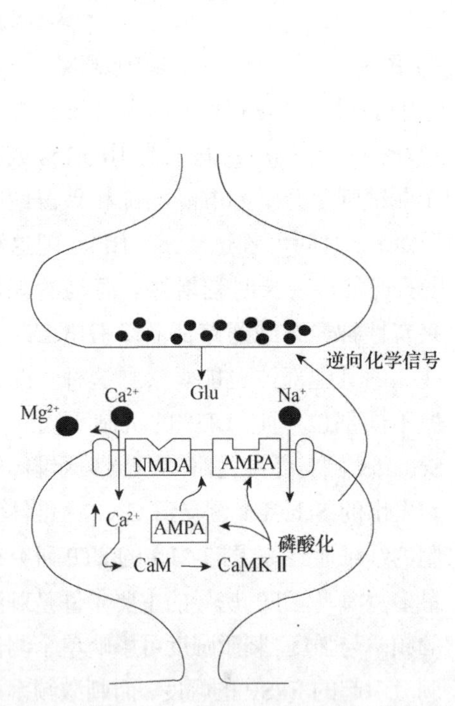

图 3-22　海马 Schaffer 侧支长时程增强产生机制示意图

CaMKⅡ. Ca^{2+}/钙调蛋白依赖激酶Ⅱ；Glu. 谷氨酸；NMDA 和 AMPA. 分别为两种谷氨酸促离子型受体

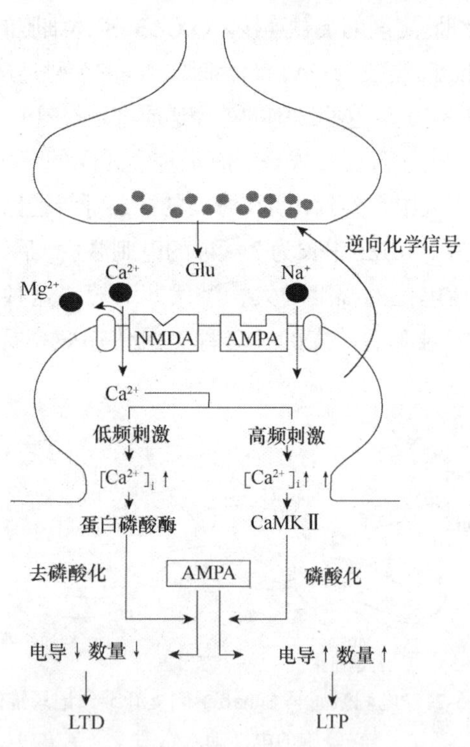

图 3-23　海马 Schaffer 侧支 LTP 与 LTD 产生机制示意图

CaMKⅡ. Ca^{2+}/钙调蛋白依赖激酶Ⅱ；Glu. 谷氨酸；NMDA 和 AMPA. 分别为两种谷氨酸促离子型受体；$[Ca^{2+}]_i$. 细胞内的钙离子

（三）脑内蛋白质合成

较长时程的记忆与脑内的物质代谢有关，尤其与脑内蛋白质合成有关。动物实验观察到，在每次学习训练前或后 5min 内给予一些能阻断蛋白质合成的药物，则长时程记忆反应将不能建立。如果在训练完成 4h 后再给予这种干预，则长时程记忆的建立将不受影响。

（四）形态学改变

长时程记忆可能与形态学改变有关。研究表明，生活在复杂环境中的大鼠的大脑皮层较厚，突触联系多，而生活在简单环境中的大鼠的皮层则较薄，突触联系少。

三、检测学习记忆的行为学实验方法——Morris 水迷宫

Morris 水迷宫是英国心理学家 Morris 于 20 世纪 80 年代初设计并应用于学习记忆脑机制研究的。起初实验动物主要为大鼠，此后该迷宫系统成为评估啮齿类动物空间学习和记忆能力的经典程序，广泛运用于神经生物学、药学等领域的基础和应用研究中。

Morris 水迷宫由一个圆形水池、水下平台以及一套图像自动采集和处理系统组成。实验过程中，水池被布帘围绕，也可不被布帘围绕，但周围有若干恒定的可被动物利用的外部线索。

经典的 Morris 水迷宫测试程序包括空间定位和局部线索指引的非空间定位两个部分。前者包括定位航行（place navigation）实验和空间探索（spatial probe）实验两部分。

1）定位航行实验　定位航行实验可以达到测定空间参考记忆的获得（acquisition）的目的。该程序需要动物利用环境中的空间线索来定位水下平台。根据动物的体能、种类等不同，试验时间为 7～15 天。实验时，水温保持在 20～22℃。实验过程中水池及周围环境保持不变。将水池等分为 4 个象限（Ⅰ、Ⅱ、Ⅲ、Ⅳ），平台放置在某一象限中心，并没于水面下 1.0～2.0cm。每只大鼠每天在 4 个象限共学习 4 次，学习时将动物面朝池壁放入不同的象限，每次时限为 60s（或 120s），即在 60s 内未找到平台者系统自动停止记录，潜伏期（即大鼠从入水到找到平台后四肢爬上站台时所需的时间）记为 60s，由测试者引导其上台，休息 15～30s 后进行下一次学习。系统提供的参数有：潜伏期、路径（轨迹）、到达水下平台路径的长度（游泳距离）、游泳速度、总游泳时间、各象限游泳距离、每个象限的停留时间，以及中央环和外环游泳的时间、距离及其百分比等。

2）空间探索实验　空间探索实验是在定位航行实验后去除平台，然后任选一个入水点将大鼠放入水池中，记录其在一定时间内的游泳轨迹，考察大鼠对原平台的记忆。空间探索实验也称探索测试（probe trial），可以达到测定空间参考记忆的保存的目的。在进行检测的时间上有多种安排，可以紧接着定位航行实验进行（多数情况），也可在定位航行实验期间每隔几天进行一次（少数情况）。一般进行单次测试，持续时间多为 60s。此时，环境及水温与定位航行试验相同，只是平台被移去。动物从定位航行实验平台放置象限相对的那个象限入水。测定指标为：路径，游泳速度，各象限内游泳距离、时间百分比，中、外环游泳距离百分比，穿过原平台位置的次数（穿越一次指的是进出平台区域各一次）等。

3）标识平台任务　标识平台任务（cued task）又称线索学习（cue learning）、视觉

界定（visual-discrimination）等，可测定小鼠确定位置变化的可见平台的能力（一种非空间记忆能力），实际上还可同时检测小鼠的视敏度及游泳能力。多数情况下在定位航行实验结束的次日进行。水池和水温与定位航行实验相同，但平台高出水面0.5～1.0cm，贴附于平台顶的是一黑白条纹相间的小旗或小球。程序有1天和4天两种。在4天程序中，每天测试4次，每次60s。在所有测试中，动物入池的位置相同，但每4次测试后平台移至一新象限。在两次测试之间，动物在平台上休息 20～30s。实验指标为潜伏期、游速及游泳距离。

4）空间反向任务　某些情况下还可在定位航行实验后进行空间反向任务测试（spatial reversal task），它可测定鼠类学习记忆一个放在原平台象限相对象限中新平台的情况。除平台的位置改变外，其余操作与定位航行实验完全相同。动物每天完成6次测试，连续进行3天，前5次是定位航行实验，间歇大约20min后的第6次测试为探索实验。实验指标与定位航行实验中的完全相同。

经典的 Morris 水迷宫所检测的是大鼠在多次的训练中，学会寻找固定位置的隐蔽平台，形成稳定的空间位置认知，这种空间认知是加工空间信息（外部线索）形成的。平台的位置与大鼠自身所处的位置和状态无关，是一种以异我为参照点的参考认知（allocentric cognition），所形成的记忆是一种空间参考记忆（reference memory）。从信息的加工和提取方式来看，这种空间参考记忆进入意识系统，其储存的机制主要涉及边缘系统（如海马）以及大脑皮层有关脑区，常伴有 Hebb 突触修饰，应该属于陈述性记忆（declarative memory）。而临床健忘和痴呆的患者，正是陈述性记忆首先受损而且比较突出。

第四节　神经组织损伤的病理学

一、神经元及其神经纤维的基本病变

（一）神经元的基本病变

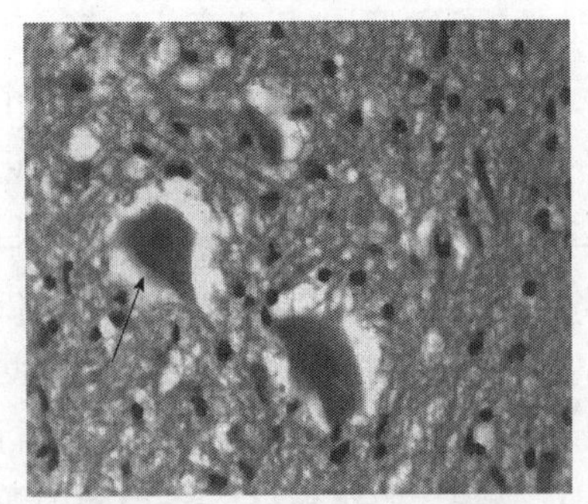

图 3-24　红色神经元

神经元胞体缩小，呈深伊红色，细胞核固缩，尼氏体消失

1．神经元坏死　神经元急性坏死又称红色神经元（red neuron），为急性缺血、缺氧、感染以及中毒引起的神经元凝固性坏死；表现为神经细胞核固缩，胞体缩小变形，尼氏体消失，HE染色细胞质呈深伊红色，故称为红色神经元（图3-24中箭头所指）。继而发生核溶解消失，有时仅见死亡细胞的轮廓，称为鬼影细胞（ghost cell）。

2．单纯性神经元萎缩　单纯性神经元萎缩是神经元慢性渐进性变性以及死亡的过程，多发生于慢性渐进性变性疾病。神经元细胞体及细胞核固缩、消失，无明显的尼氏体溶解，一般不伴有炎症反应。病变早期神经元缺失很难被察觉。晚

期，局部胶质细胞增生则提示该处曾有神经元存在。病变常选择性累及一个或多个功能相关系统，上游神经元变性坏死，使下游神经元缺乏经突触传入的信号，久之可致该下游神经元变性萎缩。

3．中央性尼氏体溶解　轴突损伤、病毒感染、缺氧、B族维生素缺乏等原因，可导致神经元肿胀变圆、核偏位，核仁体积增大，细胞质中央的尼氏体崩解，进而溶解消失，或仅在细胞周边有少量残余，细胞质着色浅而呈苍白均质状，此种病变称为中央性尼氏体溶解（central chromatolysis）。此病变是由粗面内质网脱颗粒所致。病变早期一般为可逆性，去除病因可恢复正常。如病因长期存在，可导致神经元死亡。

4．包涵体形成　神经元细胞质或细胞核内包涵体可见于某些病毒感染和变性疾病，其分布有一定规律，形态、大小及着色也不同。例如，帕金森病（PD）患者Lewy小体见于中脑黑质神经元细胞质中（图3-25A）。狂犬病的Negri小体常见于神经元细胞质内（图3-25B），Negri小体对于狂犬病的病理诊断具有重要意义。巨细胞病毒感染时包涵体可同时出现在细胞核内和细胞质内。神经元细胞中出现脂褐素包涵体多见于老年人。

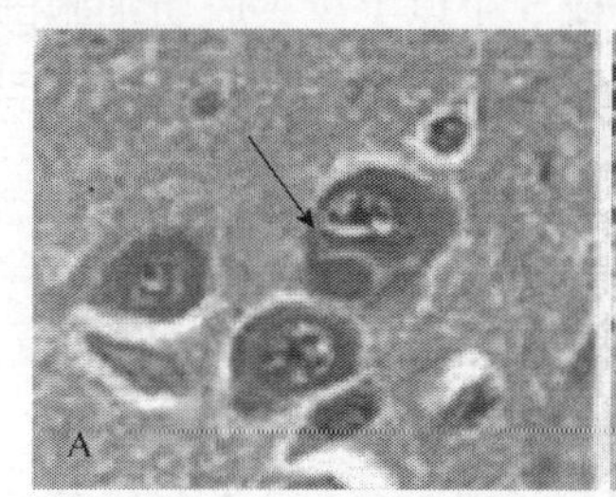

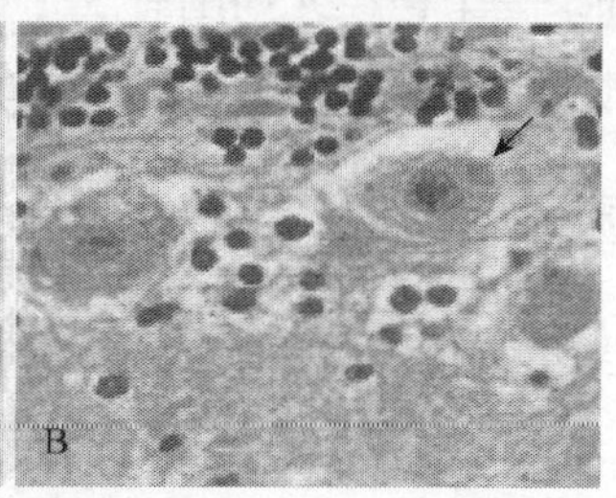

图3-25　包涵体形成

A．帕金森病患者黑质神经元细胞质中的Lewy小体（箭头所指）；
B．狂犬病患者浦肯野细胞细胞质中见伊红色Negri小体（箭头所指）

5．神经原纤维变性　神经元细胞骨架蛋白的异常改变，银染色可见阿尔茨海默病患者的皮层神经元细胞质中神经原纤维增粗，扭曲形成缠结，又称神经原纤维缠结（neurofibrillary tangle）。这是神经元趋向死亡的一种标志。

（二）神经纤维的基本病变

1．轴突损伤和轴突反应　轴突损伤时，神经元除出现中央性尼氏体溶解外，轴突还出现肿胀和轴突运输障碍。轴突反应或称Wallerian变性（Wallerian degeneration），是指中枢或周围神经轴索被离断后，轴突本身也发生一系列变化，包括远端和近端部分轴索变性、崩解，近端轴索再生并向远端延伸；髓鞘崩解脱失；巨噬细胞增生并吞噬崩解产物，此后周围神经系统的施万细胞或中枢神经系统的少突胶质细胞增生包绕再生轴索，使损伤轴突得以修复。

2．脱髓鞘　施万细胞变性或髓鞘损伤导致髓鞘板层分离、肿胀、断裂，并崩解成脂滴，进而完全脱失，称为脱髓鞘（demyelination），此时轴索相对保留。随着病情进一步发展，轴索可出现继发性损伤。

二、神经胶质细胞的基本病变

（一）星形胶质细胞

星形胶质细胞的基本病变主要有肿胀、反应性胶质化和包涵体形成等。

（1）肿胀：星形胶质细胞肿胀是神经系统损伤后最早出现的形态学改变，多见于缺氧、中毒、低血糖及海绵状脑病。

（2）反应性胶质化：反应性胶质化是神经系统损伤后的修复性反应，星形胶质细胞肥大和增生，形成胶质瘢痕。

（3）包涵体形成：多见于各种变性疾病，结构异常的中间丝骨架蛋白形成的包涵体可用银染色显现。

（二）少突胶质细胞

在灰质中，如果一个神经元周围有 5 个或 5 个以上少突胶质细胞围绕称为卫星现象（satellitosis）。此种现象在神经元变性坏死时多见，但其意义不明，可能与神经营养有关。

（三）小胶质细胞

小胶质细胞（microglia）属于单核巨噬细胞系统，其对损伤的反应主要有以下几方面。

（1）噬神经细胞现象（neuronophagia）：指神经细胞死亡后，小胶质细胞或血源性巨噬细胞包围吞噬变性坏死神经细胞的现象。

（2）小胶质细胞结节：中枢神经系统感染，尤其是病毒性脑炎时，小胶质细胞局灶性增生形成结节。

（3）格子细胞（gitter cell）：小胶质细胞或巨噬细胞吞噬神经组织崩解产物后，胞体增大，细胞质中出现大量小脂滴，HE 染色呈空泡状，称为泡沫细胞（foamy cell）或格子细胞。

（四）室管膜细胞

室管膜细胞（ependymal cell）呈立方形覆盖于脑室系统内面。各种致病因素可导致局部室管膜细胞丢失，此时室管膜下的星形胶质细胞增生，充填缺损，形成众多向脑室面突起的细小颗粒，称为颗粒状室管膜炎（ependymal granulations）。病毒感染尤其是巨细胞病毒感染，可引起室管膜损伤，残存的室管膜细胞出现病毒性包涵体。

第五节　脑　老　化

健康长寿是人们不断追求的重要目标之一。目前全世界正步入老龄化时代，全世界

60岁以上人口在2015年超过了9亿。随着社会的发展，人口老龄化速度正在加快。我国60岁以上人口1998年已达1.2亿，并以年均3.2%的速度递增，大大高于人口的增长速度；75岁以上老年人有2000万；80岁以上老年人有800万，并以年均5.4%的速度增长。我国将成为世界上老龄人口最多的国家，老年人口的不断增多，使得心血管疾病、神经退行性疾病等老龄性疾病的发病率明显上升。目前，老龄问题已引起社会的广泛关注，老龄化带来的一系列问题将阻碍经济的发展，减缓衰老可以预防和减少多种老年疾病的发生与流行，从而节约大量的卫生资源与社会财富。衰老是一种生命现象，是复杂的生物学过程，是随着年龄的增长而产生的一系列生理学与解剖学的变化，是机体对内外环境的适应能力逐渐减退的过程，也是生物体的形态结构与生理功能逐渐退化的过程。

脑老化（aging of brain）是指随着年龄的增长，大脑组织的形态结构、生理功能逐渐出现的衰退老化现象。神经系统是重要的机能调节系统，也是受影响最大的系统之一，老化表现为一定程度的脑高级功能障碍，其中认知功能减退是其重要特征之一。脑老化是一种正常生理现象，由遗传规律的生命周期所决定，它与病理性大脑变性（如阿尔茨海默病）有着本质的区别，不应该把脑老化看成是脑的病理现象。从生物学角度来看，脑老化是继脑自然生理过程中的发育阶段与成熟阶段后，脑必然要经过的一个自然阶段，是脑生理三大阶段中的最后一个阶段，所以脑老化理所当然也是属于一种生理现象。当进入脑老化阶段后，大脑便逐渐开始出现一些神经系统功能紊乱，甚至发展成神经退行性改变。这是符合“生长–发育–退化”这一自然法则的，也是老年时期脑的必然表现和结果。

一、脑老化特征与分子机制

随着年龄增长，神经元内沉积脂褐质（老年色素），无需进行特殊染色也可在光镜和荧光显微镜下观察到神经元内颗粒状脂褐质。造成神经元蓄积脂褐质的主要原因是交联物质的增生和积聚，某些离子化的分子基团，在生命的早期有其正常代谢和排出途径，老年期这种代谢和排出逐渐减慢使其在体内积聚。脂褐素大部分来自线粒体，是由不饱和脂肪过氧化物形成的交联体。由于这种交联体分子质量大，不易从细胞内排出，在神经元内沉积，尤以大脑皮质和海马部位为主。目前已经公认，脂褐素是细胞衰老过程中的特征性物质，神经元内脂褐素的蓄积是神经系统老化的标志之一。

随着老龄化社会的到来，脑老化问题也日益引起医学界的广泛重视。老化是一种多因素、多器官参与的综合性现象，任何单因素都无法解释其机制。近年来在分子生物学和细胞生物学的迅速发展和推动下，脑老化的研究已取得了重大的进展，并提出若干学说，目前主要有端粒学说、自由基与线粒体学说、免疫学说、神经递质学说、遗传突变学说、衰老的网络学说等。目前被普遍认可的是自由基与线粒体学说和端粒学说。

（一）端粒学说

端粒（telomere）是真核生物染色体末端的一种特殊结构，由端粒DNA和端粒蛋白质组成，端粒的功能主要是维护染色体的稳定，防止染色体发生丢失、重组、末端融合和被酶消化降解等。端粒酶是合成端粒并维持其长度的特殊核糖核蛋白酶复合体，活化后能以自身 RNA 为模板合成端粒 DNA 并添加到染色体末端。端粒酶具有延伸端粒和维持端粒结构稳定性的功能。如果端粒酶活性缺乏或活性不足时，随着细胞有丝分裂的进行，染色体末端的复制问题造成端粒的长度逐渐缩短。当端粒的长度缩短到不能缩短时，细胞分裂停止，细胞即表现衰老乃至死亡。

大量实验表明端粒和端粒酶活性与细胞衰老有关。在多数体细胞中，老年个体的端粒长度较年轻个体短得多，某些细胞，如 T 淋巴细胞、B 淋巴细胞中的端粒酶活性随年龄的增长而下降。年轻个体细胞中的端粒随年龄增长而逐渐缩短。Alossop 等还观察了不同年龄供体成纤维细胞端粒长度与年龄及有丝分裂能力的关系，发现年龄越小，初始端粒长度越长，有丝分裂能力也越强。而一些早老性疾病患者，其成纤维细胞的端粒限制性长度明显短于同龄正常人。因此，维持端粒一定长度对细胞保持分裂能力是至关重要的。

（二）自由基与线粒体学说

自由基学说（free radicals theory）是 1956 年美国学者 Denham Harman 提出的，认为细胞正常代谢过程中产生的活性氧（ROS）基团或分子的积累所引发的氧化损伤最终导致衰老。自由基是人体正常的代谢产物，正常情况下人体内的自由基处于不断地产生与消除的动态平衡中，一旦数量过多会引起生物大分子如脂质、蛋白质、核酸的损伤。

1980 年，Miquel 和 Cowoker 提出衰老的线粒体假说，认为线粒体的损伤是细胞衰老和死亡的分子基础。线粒体是产生自由基的最主要的亚细胞器，过量的自由基损伤线粒体，影响呼吸功能并且由此增加电子流和活性氧生成，加重氧化应激和线粒体氧化损伤，在活性氧生成和线粒体 DNA（mtDNA）氧化损伤和突变间形成了恶性循环。

氧在代谢过程中产生的多种性质活泼的自由基能使生物膜发生脂质过氧化，生成脂质过氧化物（LPO），LPO 可以分解产生丙二醛（MDA），MDA 是一种有害物质，它可以引起多种生化毒性反应，形成老年斑、脂褐素等异常代谢产物，造成机体衰老和多种疾病。

随着年龄增长，人体内自由基水平呈增长趋势，而自由基的清除能力却呈退化趋势，失衡的结果是造成体内大量自由基堆积。过量自由基可攻击细胞膜及生物大分子，可引起一系列的反应，包括不饱和脂肪酸的脂质过氧化反应、核酸及蛋白质分子交联、DNA 基因突变及生物酶活力下降，这将导致细胞功能严重受损，从而产生衰老现象。

（三）免疫学说

衰老的免疫学说认为免疫系统是衰老过程的主要调节系统之一。在正常情况下，免疫系统不会与自身的组织成分发生免疫反应，但在许多因素影响下，机体免疫系统不能识别自身组织而发生免疫反应，破坏了正常的细胞、组织和器官，从而加速机体的衰老与死亡。研究表明，机体在衰老的过程中伴随免疫系统的功能退化：①随着年龄的增长，对外源性抗原的免疫应答减退，而对自身抗原的免疫应答增强，自身抗体检出率升高。②人类的胸腺在出生后随年龄增长而增大，在13～14岁达到顶峰，随后开始萎缩，功能退化。③老年动物和老年人的T淋巴细胞数量减少，功能下降。与自身免疫有关的疾病也均随年龄的增长，发病率呈增长趋势。

（四）神经递质学说

在正常情况下，中枢神经递质的分泌保持在一定水平，并且它们相互之间的比例协调，从而维持功能的稳定。众所周知，乙酰胆碱、单胺类递质［5-羟色胺（5-HT）、肾上腺素、去甲肾上腺素、多巴胺等］是神经活动重要的神经递质。研究表明，脑老化与这些神经递质的失衡有着密切关系。随着机体的老化，胆碱能神经元丢失，胆碱乙酰转移酶和乙酰胆碱酯酶活性下降，导致胆碱系统运输、合成、释放、摄取减少；还会出现脑内单胺类神经递质的代谢紊乱，如去甲肾上腺素、多巴胺、5-HT含量的下降，提示衰老过程中脑内单胺类神经递质的平衡遭到破坏，并与一些老年性疾病如帕金森病、阿尔茨海默病及脑功能的减退有关。

（五）衰老的网络学说

目前的理论虽然都可以解释一部分衰老现象，但没有一个可以完整地阐明衰老机制，因此现在也有学者提出衰老的网络学说，认为上述机制交织在一起共同促进了衰老的进程。衰老是一个极其复杂的综合过程，Arking对老化做了一个概括：老化是一种由遗传决定，但受环境调节的与特殊事件有依赖关系的生物学过程。因此，衰老可能是多因素、多机制综合作用的结果。

1977年，Lamb提出了一个以连锁反应为核心的多阶段衰老综合机制。首先，由多种不同机制引起的随机因素可以对从DNA到细胞多个水平的不同结构造成损伤，这些损伤机制可以是一种或多种（第一阶段）。此时，细胞会通过其正常情况下具有的修复功能来抵抗这些损伤，从而维持细胞的正常状态或功能（第二状态）。随着时间的推移，这些正常的修复功能不能完全代偿或修复损伤因素所造成的损伤（第三阶段），此时可能出现基因转录或翻译水平改变，出现超代偿或失衡前状态（第四阶段），这一步在脑老化过程中起关键作用。细胞的修复功能无法抵抗损伤因素，使细胞的结构和功能出现异常，损伤与修复的平衡被打破（第五阶段），细胞形态、功能异常进一步发展，导致组织、器官、系统的结构和功能也出现异常，一些起关键调控作用的细胞的功能衰退导致链式反应发生（第六阶段）。最终，器官或系统无法代偿或抵抗这些持续的损伤，功能逐渐减退，成为不可逆损伤（第七阶段）。

二、饮食限制与学习记忆、抗氧化、端粒酶

当今世界人口老龄化已经成为一个非常严峻的问题，脑老化已经是一个非常常见的

情况，轻者可以导致记忆力减退、反应迟钝、健忘、动作协调性差、联想学习记忆障碍等，脑老化发展严重后很有可能出现阿尔茨海默病（AD）、帕金森病（PD）等病理性疾病。因此，研究如何延缓衰老，通过预见其发生而进行有针对性、个体化的预防，改变环境中可干预可预防的危险因素，改善和提高老年人的健康和生活质量显得非常重要。

减少脑老化的发生、发展，重点在于预防。只要正确地掌握和运用预防其发生的方法，就会有效地减少脑老化人群的数量，保障老年人晚年的生活质量。

研究表明，衰老是由基因、环境、行为和生活方式等多种因素决定的，其中饮食因素起着重要的作用。

1935 年，美国科学家 McCay 提出限制能量摄入延缓衰老的学说。几十年来，科学家们已经检验了多种因素对动物的抗衰老作用，并以实验动物的生存状况、疾病及生物学年龄等指标评价其效果。到目前为止，限制能量摄入延缓衰老的学说最为有效，并引起了医学界和营养学界的广泛关注。能量限制（caloric restriction，CR）也称饮食限制（dietary restriction，DR），即在满足机体对各种营养素需要量的前提下，适当限制能量的摄入，能明显延缓衰老的速度，延长实验动物的寿命。实验证实，啮齿类动物从幼年开始，每天限制正常摄食量的 30%～50%，不仅没有营养不良，还比自由摄食组延长 10%～30%的平均和最高寿命。即使从老年开始进行限食，也有延缓衰老的效果，可以延长 10%～20%的寿命。20 世纪 80 年代，Weindruch 等在 DR 大鼠模型中，观察了近 300 种与年龄老化有关的生理指标变化，发现 DR 对其中绝大多数指标的变化有延缓作用，包括学习记忆能力、基因表达、酶活性等。研究表明，饮食限制还能延缓和预防一些年龄相关性疾病的发生与发展，如神经系统的退行性疾病、心血管疾病、糖尿病等，而且可以改善阿尔茨海默病模型动物的学习记忆损伤，增强啮齿类动物的学习记忆能力，被认为是迄今为止改变许多动物种族寿命最有效的一种干预方式，但是其延缓衰老的机制目前尚不明确，饮食限制延缓衰老的机制研究有能量代谢途径、氧化应激及激素效应等多重假说，但任何一种理论都不能完全阐明其机制。

以成年 Sprague-Dawley（SD）大鼠为研究对象，将限制水平分为 100%进食组（对照组）、80%进食组（限制 20%组）、60%进食组（限制 40%组）、50%进食组（限制 50%组）4 个水平，限制 90 天，观察不同饮食限制水平对大鼠空腹血糖、胆固醇、甘油三酯、总蛋白的影响，对大鼠学习记忆能力的影响及性别差异，对血清超氧化物歧化酶、丙二醛、总抗氧化能力的影响，以及对端粒酶活性的影响。实验中大鼠所需饲料为基础性饲料，各组除碳水化合物差异外，脂肪、蛋白质、维生素、矿物质的摄入量一致。

（一）饮食限制与大鼠体重

实验中，每周定期测量大鼠体重（图 3-26）。结果显示：饮食限制（限制 20%～50%水平）90 天可有效降低雌性、雄性大鼠体重。

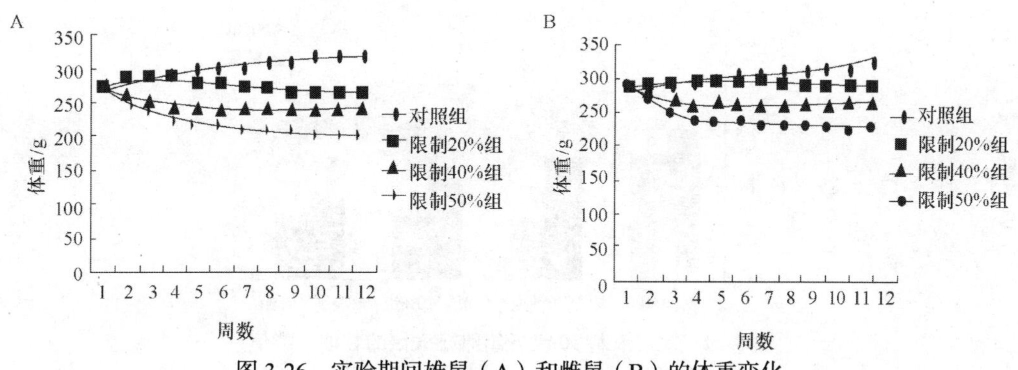

图 3-26　实验期间雄鼠（A）和雌鼠（B）的体重变化

（二）饮食限制与血液生化指标

实验结果显示，饮食限制可维持血糖及总蛋白水平（图 3-27 和图 3-28），限制 20%～40%水平可明显降低甘油三酯和胆固醇含量（图 3-29 和图 3-30）。

1．饮食限制与学习记忆　对学习记忆的研究，由于动物品系的不同，或用于检测学习记忆方法的不同，结果也不尽相同。Morris 水迷宫是英国心理学家 Morris 于 20 世纪 80 年代初设计并应用于学习记忆脑机制研究的，它能比较客观地衡量动物空间记忆、工作记忆及空间辨别能力的改变，是检测实验动物学习记忆的重要工具，该迷宫系统已成为评估啮齿类动物空间学习和记忆能力的经典程序。因此采用 Morris 水迷宫来评价饮食限制对雌雄大鼠空间学习记忆能力的影响（图 3-31）。测试包括：定位航行实验、空间探索实验。

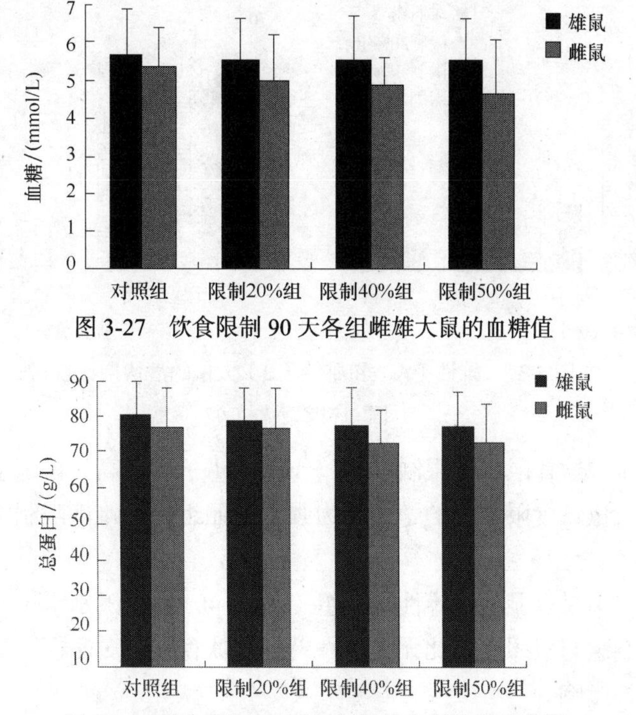

图 3-27　饮食限制 90 天各组雌雄大鼠的血糖值

图 3-28　饮食限制 90 天各组雌雄大鼠的总蛋白值

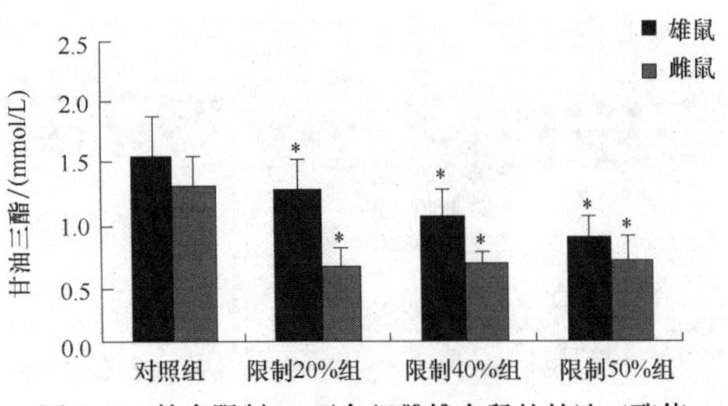

图 3-29　饮食限制 90 天各组雌雄大鼠的甘油三酯值

与正常对照组相比，$*P<0.05$

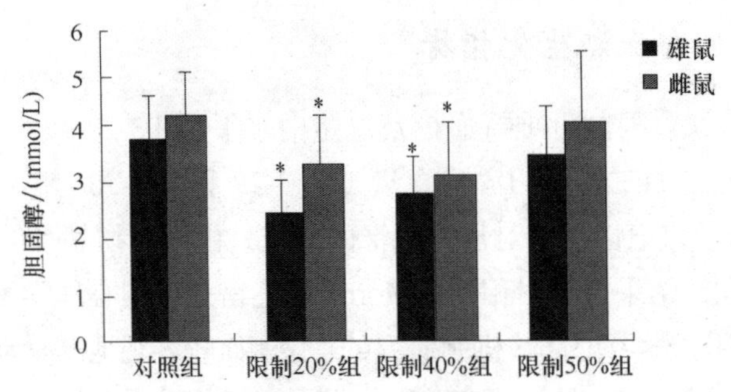

图 3-30　饮食限制 90 天各组雌雄大鼠的胆固醇值

与正常对照组相比，$*P<0.05$

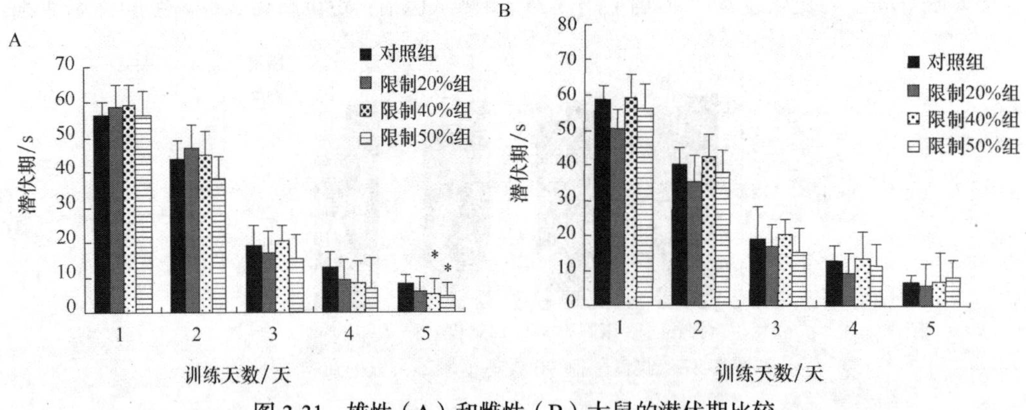

图 3-31　雄性（A）和雌性（B）大鼠的潜伏期比较

与对照组相比，$*P<0.05$

以上结果提示，饮食限制（限制 40%～50%水平）可提高大鼠的学习能力，且存在性别差异，雄性大鼠饮食限制组的学习能力强于对照组，而雌性限制组与对照组相比无显著性差异。

空间探索实验结果也显示，雄性限制组（限制 40%～50%水平）的记忆能力优于对照组，而雌性限制组与对照组相比无显著性差异。饮食限制对雌性、雄性大鼠的记忆保持能力均无显著性影响。

2．饮食限制与抗氧化能力　氧化应激是指机体在遭受各种有害刺激时，体内高活性分子产生过多，氧化程度超出抗氧化物的清除能力，氧化系统和抗氧化系统失衡，从而导致组织损伤。自由基的医学理论指出，当人体细胞长久遭受有害的自由基攻击时，细胞的正常运作会受到影响，若机体抗氧化能力不佳时，机体的免疫功能就会下降，细胞损坏积少成多到无法修复的程度，便会出现明显的老化或引发慢性疾病如糖尿病、心血管病和癌症的发生。在正常情况下，机体能通过两种途径随时清除氧自由基而恢复生理平衡：其一是通过体内天然抗氧化剂如维生素 E、维生素 C、微量元素硒、谷胱甘肽等；其二是通过细胞内酶系统如超氧化物歧化酶（SOD）、过氧化氢酶（CAT）、谷胱甘肽过氧化物酶（GSH-Px）等清除。

SOD 是生物体内氧自由基清除系统的重要酶系，它能催化超氧阴离子自由基发生歧化反应，阻断自由基的毒性作用，清除超氧阴离子自由基，保护细胞免受损伤。阻止氧自由基链式反应的传递和扩大，可认为它是生物体内氧自由基清除系统的首要防线，具有保护细胞和组织免受氧化损伤的能力。SOD 活力的高低可反映机体清除氧自由基的能力。总抗氧化能力（T-AOC）可以反映机体抗氧化酶系统和非酶系统对自由基的清除能力以及机体自由基代谢的状态，这个体系的防护氧化作用主要有三条途径：清除自由基和活性氧以免引起脂质过氧化；分解过氧化物，阻断过氧化链；除去起催化作用的金属离子，因此 T-AOC 是反映机体整体抗氧化水平高低的重要指标。脂质过氧化主要是机体通过酶系统或非酶系统产生的氧自由基损伤细胞膜结构，生成大量脂质过氧化物，最终产物是丙二醛（MDA），MDA 含量常常可以反映机体内脂质过氧化的程度，并间接反映机体细胞受自由基攻击的严重程度。MDA 会引起蛋白质、核酸等生命大分子的交联聚合，且具有细胞毒性。

通过检测大鼠血清超氧化物歧化酶、总抗氧化能力、丙二醛的含量来反映饮食限制对机体的抗氧化能力（表 3-1 和表 3-2）。

表 3-1　雄性各组大鼠 SOD、MDA、T-AOC 比较（$\bar{x}\pm s$）

组别	*n*	SOD/（U/ml）	MDA/（mmol/L）	T-AOC/（U/ml）
对照组	12	91.23±12.45	5.14±0.98	1.48±0.51
限制 20%组	12	95.26±9.37	2.19±0.63*	4.32±0.95*
限制 40%组	12	101.54±10.56	1.43±0.39**	3.06±0.73*
限制 50%组	12	99.74±13.24	1.89±0.54**	1.99±0.87

注：与对照组相比，*P<0.05，**P<0.01

表 3-2　雌性各组大鼠 SOD、MDA、T-AOC 比较（$\bar{x}\pm s$）

组别	*n*	SOD/（U/ml）	MDA/（mmol/L）	T-AOC/（U/ml）
对照组	12	101.45±9.67	4.13±1.87	2.67±0.22
限制 20%组	12	107.04±10.35	3.82±0.44	4.23±0.83*
限制 40%组	12	109.57±11.62	2.43±0.39*	3.83±0.61*
限制 50%组	12	103.43±10.28	2.29±0.53*	2.39±0.42

注：与对照组相比，*P<0.05

现代研究认为，热量限制是一种有效的氧化应激调节剂，是能延长物种最高寿限和平均寿命，以及防止衰老性疾病包括肿瘤发生的有效方法。限食可以减轻氧化应激损伤。热量限制还可以减缓能量代谢以降低线粒体对氧的利用，由此减少线粒体自由基的生成，通过调控抗氧化酶体系，减少体内自由基的产生。

研究结果显示，饮食限制（限制 20%～50%水平）可有效降低血清丙二醛的含量，同时提高总抗氧化能力。

3．饮食限制与端粒酶　前已述及端粒-端粒酶与衰老密切相关，端粒-端粒酶学说成为研究衰老机制的热点。端粒是由 Muller 和 McClintock 在 20 世纪 30 年代最早发现并提出来这个概念的，端粒是真核生物线形染色体末端的一种特殊结构，端粒长度控制着衰老进程，端粒缩短被认为是细胞衰老的生物钟，端粒的缩短程度又是指示细胞分裂过程中细胞寿命最具应用前景的指标之一。端粒酶是一种具有保持种属特异性端粒长度的酶，在延缓机体的衰老中发挥重要的作用，并直接参与端粒的形成。端粒酶活性的高低直接影响端粒长度的增减，随着细胞分裂次数的增加，端粒 DNA 进行性缩短，缩短到一定程度后，细胞失去了分裂增殖能力而衰老死亡。而端粒酶的功能正是对端粒 DNA 的延伸和对断裂染色体的修复作用，以维持端粒长度的稳定性，端粒酶活性高，端粒长度就长，而端粒的长短又直接影响细胞内基因的表达，进而影响到细胞的增殖和寿命。研究人员通过流行病学方法对人类端粒长度进行了大量研究，研究表明端粒长度与糖尿病、高血压、动脉粥样硬化、阿尔茨海默病、老年性关节炎、心脑血管意外等疾病相关。

有研究认为端粒的缩短可以被氧化应激所加速。端粒的长度不但取决于遗传因素，还和环境因素密切相关。不健康的行为和生活方式如吸烟、酗酒、不良饮食习惯、缺乏体育锻炼、长期超负荷的心理压力等，与我国高血压、冠心病、脑卒中、糖尿病等慢性疾病的患病率不断上升有密切关系。肥胖和抽烟是许多与年龄有关疾病的重要危险因素。这两个因素增加了氧化应激，每次 DNA 复制和炎症感染均可使端粒损耗率增加。同时，随着年龄的增长，这些过程也可能加速端粒的损耗。Zannolli 等的一项研究结果表明肥胖成年人的端粒长度比体重正常的对照组要短，而这一差别在儿童中不明显，因此惰性的生活方式、不良的饮食习惯可加速氧化应激，影响端粒长度，可以加速老化过程。氧化应激中活性氧不仅与细胞的增殖分化有关，而且还可以通过基因表达和转录控制端粒酶，使端粒酶的活性降低，另外，端粒酶也具有明显的抗氧化应激和保护线粒体的功能。

细胞衰老的主要机制是端粒缩短，端粒缩短又依赖于氧化应激。由于每次分裂时细胞外部氧化应激和内部抗氧化能力的不同，因此细胞衰老的速率和端粒缩短依赖于细胞氧化应激程度和抗氧化能力的综合平衡。由此可见，减轻细胞氧化应激程度和增加抗氧化能力对延缓端粒缩短和增长细胞寿命具有重要意义。饮食限制提高大鼠的抗氧化能力，减轻氧化应激损伤是否与端粒酶活性有关呢？实验结果显示，饮食限制对端粒酶活性无明显影响（表 3-3 和表 3-4）。分析其原因，可能是端粒酶活性的调控是多步骤多水平的复杂过程，也可能与造模时间长短、取材部位有关。以上实验结果提示饮食限制抗衰老是通过提高抗氧化能力，减轻氧化应激发挥作用，与端粒酶活性没有明显关系。

表 3-3　雄性各组大鼠端粒酶活性的比较（$\bar{x} \pm s$）

组别	端粒酶活性	
	30 天	90 天
对照组	0.70±0.05	0.51±0.07
限制 20%组	0.67±0.07	0.46±0.11
限制 40%组	0.68±0.10	0.48±0.15
限制 50%组	0.67±0.11	0.50±0.21

注：数据为样本 A_{450nm} 值

表 3-4　雌性各组大鼠端粒酶活性的比较（$\bar{x} \pm s$）

组别	端粒酶活性	
	30 天	90 天
对照组	0.66±0.10	0.60±0.05
限制 20%组	0.73±0.09	0.62±0.08
限制 40%组	0.79±0.08	0.64±0.08
限制 50%组	0.72±0.11	0.56±0.11

注：数据为样本 A_{450nm} 值

研究结果显示，饮食限制（限制 20%～40%）能提高抗氧化能力，减轻氧化应激，从而延缓衰老，与端粒酶活性无明显关系。

三、适度运动与学习记忆

研究结果表明，合理的运动能够促进新陈代谢，增强活力，改善心血管功能，提高机体免疫力。长期适量运动能够减少脊髓前角运动神经元在衰老过程中的丢失，且运动能够改善空间学习行为，提示运动对神经元具有保护作用。

越来越多的证据说明，海马与运动控制密切相关。长期的慢性运动可以延缓衰老相关的精神运动功能减退。长期的规律运动训练能够改善空间学习记忆能力。实验观察到 6 个月的慢性“踏板跑”后，大鼠的空间学习能力可以提高 2～12 倍。进一步的实验结果表明，学习记忆能力的改善与海马胆碱能系统的改变关系密切。

实验证实适度运动能保护神经元，提高学习记忆能力，减少认知障碍的发生，从而起到了抗脑衰老的作用。

另外，实验中观察到不同方式的游泳训练对学习、记忆的影响是不同的。采用 3 月龄健康 SD 雄性大鼠，训练方式分为集中强化训练组和分散训练组 2 组。通过 Morris 水迷宫实验系统进行训练，分散训练组的训练：一日训练 4 次（分别从 4 个入水点放入），4 次训练为一个时段，共训练 5 天，每时段潜伏期的平均值作为该时段的训练成绩，记为平均潜伏期。集中训练组的训练次数与分散训练组的总次数相同，一日训练 20 次，每相邻 4 次的潜伏期的平均值作为该时段的训练成绩，记为平均潜伏期。实验结果显示，集中训练与分散训练对学习能力和短期记忆能力的影响是相同的，但对长期记忆的影响不同，分散训练组所建立的空间长时程记忆明显优于集中训练组（表 3-5）。结果提示，一日 20 次的集中训练可获得与分散训练同样的空间学习效果，但分散训练可以建立空间长时程记忆而集中训练则不能。但需指出的是，过高强度的运动训练能够增加糖皮质激素的产生，可能会影响中枢神经系统的正常功能。

表 3-5 两组大鼠长时程记忆潜伏期比较（$\bar{x}\pm s$）

组别	第 5 时段	训练停止后 7 天	t	P
分散训练组	10.50±7.85	17.50±9.84	−1.491	0.180
集中训练组	10.14±3.75	37.01±13.56	−6.798	0.000
t	0.116	−2.426		
P	0.909	0.029		

认知老化的发生与认知储备失代偿有关，也就是说提高认知储备如高水平的教育、复杂的脑力劳动、特殊认知任务训练等可以使认知衰退的发生减少。研究表明，某些学习记忆训练使新生神经元数目增多，增加神经营养因子（BDNF）和其受体［酪氨酸激酶 B 跨膜受体（TrkB）］在海马中的表达。BDNF 对神经元的功能有保护作用。

此外，社会因素影响学习与记忆能力。多种动物包括人类，均生活在复杂的社会环境之中，社会因素（社会孤立、丰富环境）对于动物的学习与记忆能力有着重要的影响。作者通过 Morris 水迷宫行为学实验方法对成年雄性和雌性大鼠的空间学习与记忆能力进行了研究，以探讨社会孤立对成年大鼠空间学习与记忆能力的影响。研究结果表明，社会孤立能够在一定程度上损伤成年大鼠的空间学习与记忆能力，社会孤立的成年雄性和雌性大鼠寻找站台潜伏期均明显较长。这种作用具有性别特异性（性别二态性），社会孤立对雄性大鼠的作用明显要强于雌性大鼠。但社会孤立对空间学习与记忆能力的影响是有限的，主要表现在训练的第二时段，在这一时段，社会孤立的大鼠与群体饲养的大鼠相比，寻找站台潜伏期明显延长。随着训练的持续，这种作用逐渐减弱消失。实验结果还表明，社会孤立对雄性和雌性大鼠的不同作用也主要表现在训练的第二时段，随着训练的进行，这种差异也逐渐消失。实验结果表明，社会孤立对成年大鼠的空间学习与记忆能力具有一定的损伤作用，这种损伤作用主要发生在记忆的形成阶段，对于记忆的保持无明显作用。因此，丰富环境、增加社会交往都有助于防止认知衰退。

四、间歇性饥饿与学习记忆

（一）亚硝酸钠致学习记忆损伤

亚硝酸钠是人们日常生活中经常接触的一种氧化剂，其相对分子质量为 69.01；白色或淡黄色细结晶，无臭，有潮解性，能溶于水，微溶于乙醇及乙醚；露置于空气中会逐渐氧化，表面则变为硝酸钠，也能被氧化剂所氧化，既有还原性又有氧化性。在蔬菜的存贮过程及蔬菜的腌制过程中均会产生亚硝酸钠。在食品加工中亚硝酸钠主要作为发色剂和防腐剂使用。亚硝酸盐与肌肉中乳酸作用生成亚硝酸，再与肉中肌红蛋白反应生成鲜红色亚硝基肌红蛋白，使肉类制品具有良好的感官性状，即发色作用。亚硝酸钠可以抑制微生物的繁殖，特别对肉毒梭状芽孢杆菌效果更好，既有防腐作用，还具有增强肉制品风味的作用。它作为食品添加剂用于食品加工业，但其使用范围和使用量被严格限制。它的最大用量为每千克加 0.15g。摄入 0.2～0.5g 即可中毒，3g 致人死亡。亚硝酸钠属剧毒物质，人体摄入过多的亚硝酸钠，30min 即出现恶心、呕吐、全身无力、皮肤青紫等中毒症状，严重者昏迷、抽搐，呼吸衰竭而死亡。因硝酸钠、亚硝酸钠严重污染或以“工业盐”（亚硝酸钠）作为食盐误食引起恶性食物中毒事故屡有发生，由此可见亚硝酸钠与人们的生活密切相关。

作者通过在大鼠饮用水中溶入亚硝酸钠（每天 100mg/kg）的方式使大鼠较长期摄入亚硝酸钠，采用 Morris 水迷宫检测亚硝酸钠对大鼠的空间学习、记忆能力的影响。实验观察到，亚硝酸钠模型组大鼠在定位航行实验中寻找平台的潜伏期明显长于对照组，而在空间探索试验中穿越平台的次数及平台所在象限停留的时间却明显短于对照组，实验结果提示亚硝酸钠处理使大鼠空间学习、记忆能力显著降低（图 3-32 和图 3-33）。

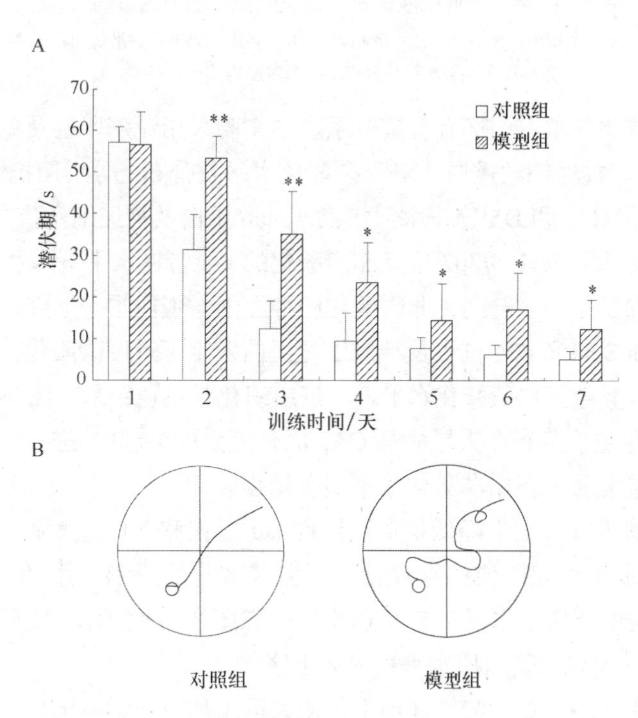

图 3-32　亚硝酸钠对大鼠空间学习能力的影响

A. 对照组和亚硝酸钠组（模型组）大鼠在定位航行实验中 7 天的潜伏期；

B. 两组大鼠在第 7 天的游泳轨迹。与对照组相比，$*P<0.05$，$**P<0.01$

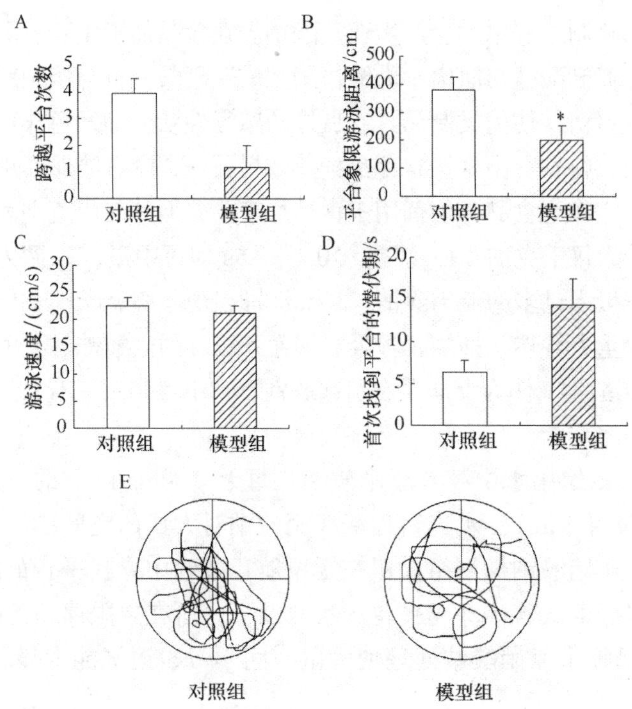

图 3-33　亚硝酸钠对大鼠空间记忆能力的影响

A. 跨越平台的次数；B. 平台象限的游泳距离；C. 游泳速度；D. 首次找到平台的潜伏期；E. 空间探索实验游泳轨迹。数据用平均值±标准差表示。与对照组相比，$*P<0.05$

骨架蛋白磷酸化与学习记忆有直接关系。本实验采用免疫印迹及免疫组化检测各组大鼠海马 tau 蛋白、神经细丝蛋白（NF）磷酸化水平及分布。分别用抗体 R134d、tau-1、PHF-1、SMI31、SMI32 和 DMIA 检测大鼠海马 tau 蛋白及神经细丝蛋白的磷酸化水平，结果（图 3-34）显示：Ser199/202 位点非磷酸化的 tau 蛋白水平下降及 Ser396/404 位点磷酸化的 tau 蛋白水平明显升高，非磷酸化的神经细丝蛋白水平下降，说明 tau 蛋白的 Ser199/202 位点和 Ser396/404 位点及神经细丝蛋白发生了过度磷酸化，提示亚硝酸钠处理可明显提高海马骨架蛋白磷酸化水平。免疫组织化学染色结果（图 3-35）显示：tau-1 和 PHF-1 阳性着色主要分布在大鼠海马 CA3 区神经元的突起内，进一步说明亚硝酸钠可导致大鼠海马神经元骨架蛋白磷酸化水平显著增强。

蛋白磷酸酯酶（PP）活性降低是直接导致 tau 蛋白和 NF 过度磷酸化的原因之一。本实验为了进一步探讨亚硝酸钠导致骨架蛋白磷酸化的机制，用 R123d 抗体来检测 PP-2A 催化亚单位的蛋白质水平，结果（图 3-36 和图 3-37）显示：亚硝酸钠处理使大鼠海马 PP-2A 催化亚单位的蛋白质水平也显著下降。

以上实验结果表明，亚硝酸钠处理不仅使大鼠出现空间学习记忆能力下降，海马骨架蛋白磷酸化水平提高，而且大鼠海马 PP-2A 催化亚单位的蛋白质水平也显著下降。

（二）间歇性饥饿改善亚硝酸钠学习记忆损伤

饮食限制对神经退行性疾病的脑功能损伤有保护作用。有研究显示间歇性饥饿与饮

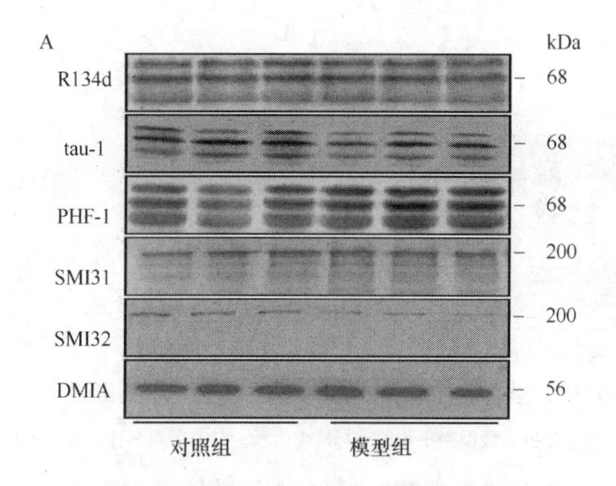

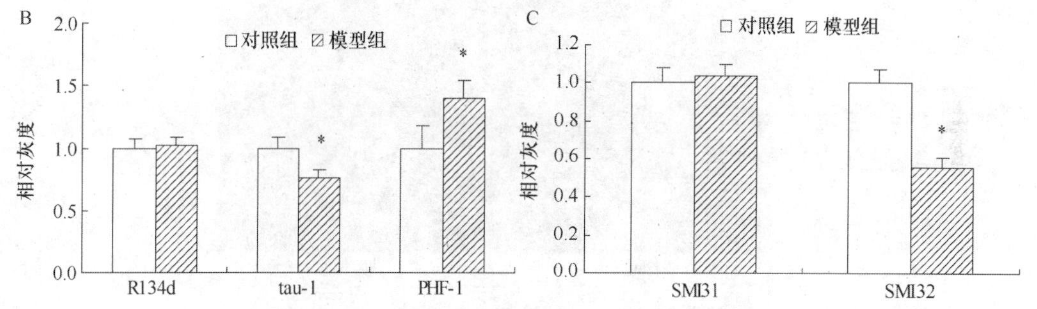

图 3-34　海马 tau 蛋白和神经细丝蛋白免疫印迹和图像分析

A. 免疫印迹；B 和 C. 图像分析。与对照组相比，*$P<0.05$

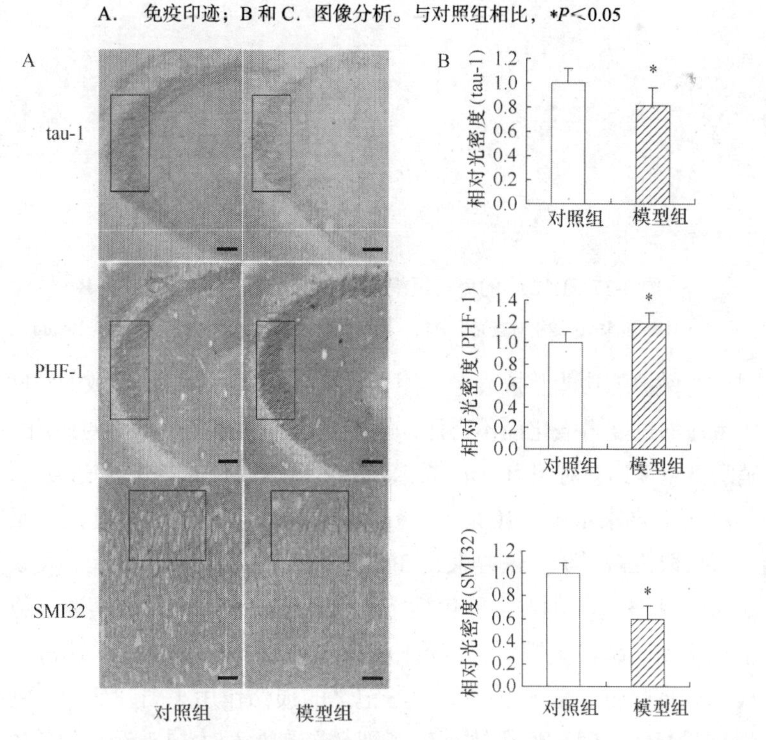

图 3-35　tau-1、PHF-1 和 SMI32 的免疫组织化学显色（A）和图像分析（B）(彩图)

对图中黑框区做相对吸光度分析，与对照组相比，*$P<0.05$。比例尺：100μm

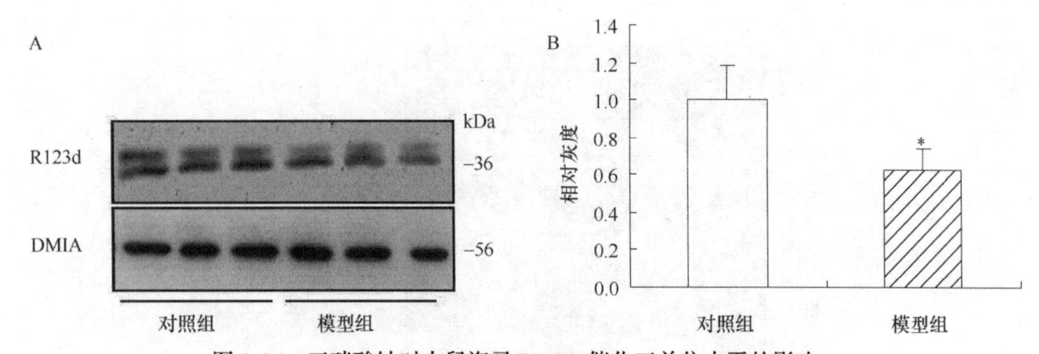

图 3-36　亚硝酸钠对大鼠海马 PP-2A 催化亚单位水平的影响

A. 免疫印迹；B. 图像分析。数据用平均值±标准差表示。与对照组相比，$*P<0.05$

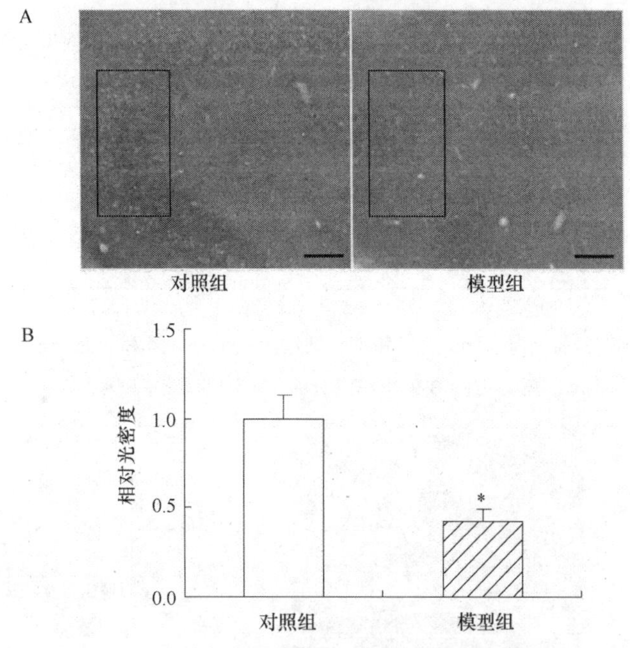

图 3-37　R123d 的免疫组织化学显色（A）和图像分析（B）

对图中黑框区做相对吸光度分析，与对照组相比，$*P<0.05$。比例尺：100μm

食限制有同样的保护脑功能及抗衰老作用，但能否改善亚硝酸钠导致的空间学习记忆能力下降及骨架蛋白的过度磷酸化尚不得而知。本实验将大鼠随机分为对照组、亚硝酸钠组、饥饿＋亚硝酸钠组 3 组。对照组：正常进食饮水。亚硝酸钠组：正常进食，饮亚硝酸钠水，亚硝酸钠粉剂溶于自来水中［100mg/（kg·d）］，每日清晨配制。饥饿＋亚硝酸钠组：饮亚硝酸钠水，采取饥饿 2 天，恢复喂食 3 天的方法喂食。连续 60 天。大鼠空间学习记忆能力通过 Morris 水迷宫检测。实验包括定位航行实验和空间探索实验。免疫印迹法及免疫组织化学法检测间歇性饥饿对骨架蛋白磷酸化的影响。Morris 水迷宫实验观察到，饥饿＋亚硝酸钠处理降低了亚硝酸钠对学习记忆的损伤作用（图 3-38）。免疫印迹法及免疫组织化学结果显示，间歇性饥饿减轻了亚硝酸钠处理大鼠神经细丝的磷酸化（图 3-39 和图 3-40）。但间歇性饥饿对亚硝酸钠处理大鼠 tau 蛋白的磷酸化无明显影响。

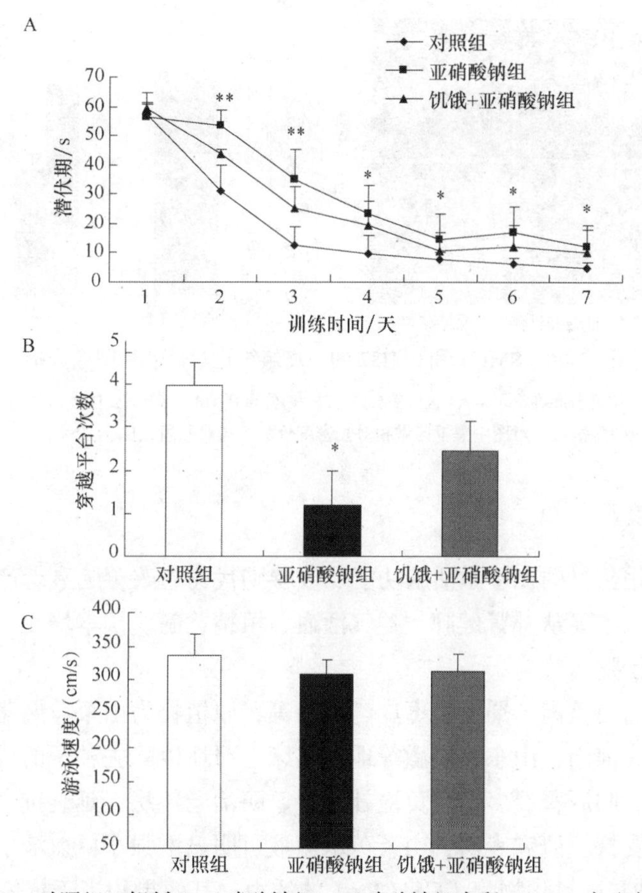

图 3-38　对照组、饥饿＋亚硝酸钠组、亚硝酸钠组大鼠 Morris 水迷宫成绩

A. 对照组、饥饿＋亚硝酸钠组、亚硝酸钠组大鼠定位航行实验的逃避潜伏期；B. 空间探索实验穿越平台区域次数；C. 游泳速度。数据用平均值±标准差表示。与对照组相比，*$P<0.05$，**$P<0.01$

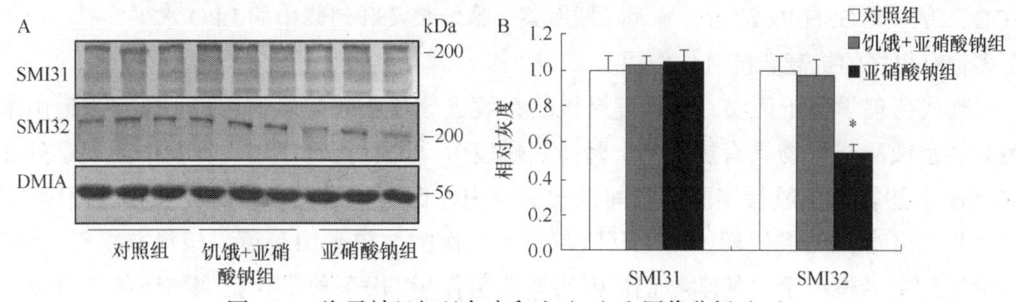

图 3-39　海马神经细丝免疫印迹（A）和图像分析（B）

数据用平均值±标准差表示。与对照组相比，*$P<0.05$

研究结果显示，间歇性饥饿减少亚硝酸钠导致的 NF 过度磷酸化，改善亚硝酸钠组大鼠的空间学习记忆能力，其机制可能涉及降低氧化应激，增强细胞的抗氧化能力，增加包含海马在内的大脑广泛区域的脑源性神经营养因子（BDNF）水平，保护神经元抵抗氧化应激及代谢损伤，增强海马神经元对兴奋性毒性的抵抗力。

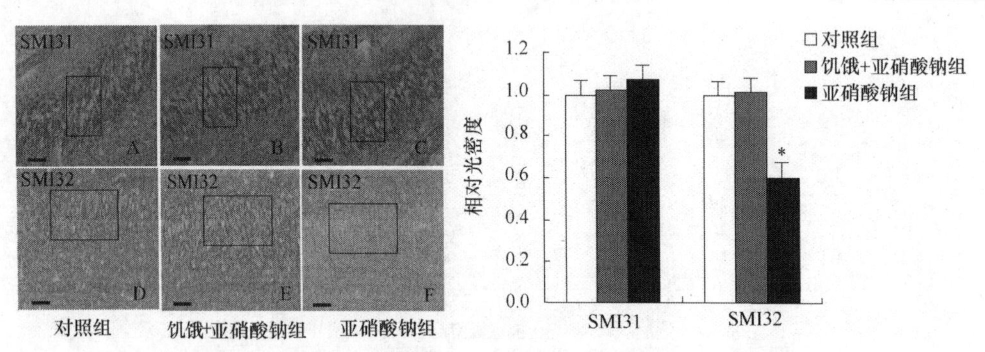

图 3-40　SMI31 和 SMI32 的免疫组织化学显色和图像分析

SMI31（A～C）阳性着色主要分布在海马 CA3 区，SMI32（D～F)分布在 CA4 区。A，D 为对照组；B，E 为饥饿＋亚硝酸钠组；C，F 为亚硝酸钠组。对图中黑框区做相对光密度分析。与对照组相比，*$P<0.05$。比例尺：100μm

五、中药与抗衰老

中医抗衰老用药目的在于激活脑功能、改善脑代谢、改善脑衰老产生的各种症状、抑制脑衰老发展，主要从补肾健脾、益气活血、填精益髓、扶本培元、抗氧化应激等方面对脑老化进行治疗。

山茱萸，别名山萸肉、蜀枣、枣皮、萸肉等，原植物为山茱萸属落叶小乔木，主要分布在我国浙江、河南、山东、安徽等地。临床上习惯以除去种子的成熟果实入药，其味酸、涩、微温，归肝肾经。山茱萸滋补肝肾、防治老年病、延衰抗衰的作用得到现代延缓衰老研究的支持。研究表明，山茱萸水煎液可明显增强小鼠血液中超氧化物歧化酶（SOD）和谷胱甘肽过氧化物酶（GSH-Px）的活力，其效果相当于抗氧化剂维生素 C。山茱萸水提物可明显提高老年大鼠 SOD 活性，降低 MDA 含量，说明补肾中药山茱萸具有抗脂质过氧化作用，为其抗衰老作用机制之一。山茱萸多糖可显著提高衰老小鼠血 SOD、CAT 及 GSH-Px 活力，显著降低血浆、脑匀浆及肝匀浆中的 LPO 水平，提示山茱萸多糖有很好的抗衰老抗氧化作用。

现代药理学分析证实，山茱萸果核的有效成分及药效与果肉相似，研究报道山茱萸果核水或醇提取物具有抗肿瘤、降压、耐疲劳、抗氧化等作用。实验中还观察到在 Morris 水迷宫定位航行实验和空间探索实验中，山茱萸果核水或醇提取物可缩短 D-半乳糖衰老小鼠的潜伏期，增加其跨越平台的次数，提示山茱萸果核提取物对 D-半乳糖所致衰老模型小鼠的学习记忆障碍有改善作用。山茱萸果核提取物还能降低衰老小鼠血 MDA 含量，提高 SOD、T-AOC 活性，提示山茱萸果核提取物也有抗氧化抗衰老作用。

文献报道，六味地黄汤可显著降低血浆皮质酮水平，同时使海马 ATP、ADP、AMP 水平升高，从而改善老化小鼠的学习记忆功能。何首乌能通过增加 *Bcl-2* 基因的表达以提高脑细胞抗衰老的能力。四君子汤、归脾汤、银杏叶提取物、菖龙丹、当归芍药散、针刺等对改善学习记忆能力、保护神经元、延缓神经元老化都可以起到不同程度的作用。

不过中药成分复杂，疗效还有待进一步提高。中药对脑老化的治疗研究具有重要意义。

第六节　神经系统变性疾病

变性疾病是一组原因不明的中枢神经系统疾病，病变特点在于选择性累及 1 个或 2 个功能系统的神经细胞而引起受累部位特定的临床表现。本组疾病的共同病理特点是受累部位神经元萎缩、死亡和胶质细胞增生。

一、阿尔茨海默病

阿尔茨海默病（Alzheimer's disease，AD）是一种起病隐匿、进行性发展的神经系统退行性疾病。其主要表现为进行性认知和记忆功能障碍，是成人痴呆症中最常见的一种，多发生于 60 岁以后。随着全球步入老龄化时代，本病的发病率呈逐年增高趋势。AD 患者晚期常有严重的认知功能障碍和神经精神症状，生活无法自理，给患者家庭和社会都带来巨大的压力。AD 现已成为影响老年人生存期及晚年生活质量的重大社会问题。

（一）病因

AD 的发病原因至今未明，与遗传、脑老化、受教育程度、能量代谢紊乱、头部外伤、金属离子损伤、淀粉样蛋白在脑内的沉积、神经营养等多种因素有关。

1. 遗传　研究发现 AD 患者存在两种与致病相关的基因：一种是危险基因，一种是致病基因。危险基因增加发病的概率，但不一定发病。致病基因直接导致发病，并遗传给下一代。

（1）目前发现的 AD 危险基因有：①载脂蛋白 E 等位基因 4（apolipoprotein E allele 4，*ApoE4*）：*ApoE4* 是最危险的 AD 危险基因。ApoE 是血浆中最为重要的载脂蛋白成分之一，调节脂类代谢。ApoE 有 E2、E3 和 E4 三种常见亚型，其中 ApoE4 是散发性 AD 的高危因素，其不但增加 AD 的患病概率，还使得患者的发病年龄提前。而 ApoE2 则可降低 AD 的患病风险。②髓样细胞触发受体 2（triggering receptor expressed on myeloid cell 2，TREM2）：TREM2 属于免疫球蛋白受体超家族。研究发现 *TREM2* 基因中一种少见的错义突变 rs75932628-T 引起第 47 位的精氨酸（R）被组氨酸（H）取代（R47H），可增加患 AD 的风险。

（2）目前发现的 AD 致病因素有：淀粉样前体蛋白（amyloid precursor protein，APP）、早老素 1（presenilin-1，PS-1）和早老素 2（presenilin-2，PS-2）。

淀粉样前体蛋白（APP）可在全身组织细胞广泛表达。APP 经蛋白酶裂解后产生具有神经毒性的 β 淀粉样蛋白（amyloid β-protein，Aβ）。Aβ 的大量沉积是终末期 AD 的特征，它形成斑块，导致神经元死亡，并引发炎症反应，进一步导致细胞损伤。APP 的一些突变是非致病性的，有些尚未明确是否与 AD 致病有关，但大部分 APP 的突变是致病性的。

早老素（PS）突变是家族性AD的主要发病原因。PS突变可促使APP前体蛋白的代谢生成Aβ。研究发现绝大多数家族性AD是由于PS-1突变所导致，*PS-1*基因上230多种突变引起家族性AD。在*PS-2*基因上也发现了47种突变，大部分可引起家族性AD。

2．脑老化　AD是年龄相关性疾病，发病率随年龄增加而增加。

3．受教育程度　大量的流行病学调查表明低教育程度是AD发病的重要风险性因素之一，而且未受过教育人群的AD发病率远远高于受过教育人群的发病率。大脑皮质突触的丧失先于神经元的丧失。突触丧失的程度和痴呆的相关性比老年斑、神经原纤维缠结与痴呆的相关性更为明显。研究表明不断学习可促进突触的建立，防止突触丢失。

4．能量代谢紊乱　研究发现AD患者大脑中存在一定程度的葡萄糖的摄取和代谢缺陷，大脑利用的能量多数来源于葡萄糖，因此当可用的葡萄糖减少时大脑就很容易发生损伤。葡萄糖的摄取和代谢缺陷不一定是神经退行性变的结果，而更可能是神经退行性变的原因。患糖尿病可使发展为AD的可能性加倍。近年来糖尿病也被认为是AD的危险因素。

5．头部外伤　临床和流行病学研究显示脑外伤也是AD的危险因素。尤其是那些反复的脑撞击和伴有知觉的脑外伤。另外，战争中爆炸引起的脑损伤也可能增加AD的患病概率。

6．金属离子损伤　研究发现金属离子铅、锌、铜等可能与AD的发生有关。Aβ的沉积和氧化还原反应受上述离子的调节。

7．其他　甲状腺疾病、免疫系统疾病、病毒感染、高血压、休克等可能增加患AD的概率。丧偶、独居等社会心理因素也可成为发病诱因。

（二）病理变化

AD脑内最具特征性的组织病理学特征有：神经元外老年斑（senile plaque，SP）沉积、神经元内神经原纤维缠结（neurofibrillary tangle，NFT）及大量神经元溃变死亡。肉眼可观察到，脑萎缩明显，脑回窄，脑沟宽（图3-41），病变以额叶、顶叶及颞叶最明显，侧脑室及第三脑室扩张。

（1）老年斑：老年斑为一细胞外结构，直径为20～200μm，呈圆球形，可见于海马、杏仁核和新皮质。其中心为淀粉样蛋白，周围由退变的神经细胞突起围绕。HE染色呈嗜伊红染色的团块状，中心周围有空晕环绕，外围有不规则嗜银颗粒或丝状物质。银染色显示斑块中心为一均匀的嗜银团（图3-42）。免疫组化染色显示淀粉样中心含Aβ，Aβ沉积的周围也可缺乏退变的神经突起，称为弥漫性斑块。这种斑块可能是老年斑形成的早期阶段。电镜下可见老年斑是由多个异常扩张弯曲的变性轴突终末及淀粉样细丝构成。

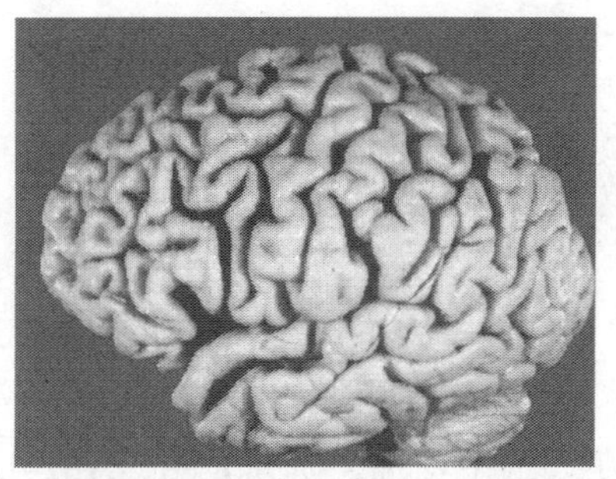

图 3-41　阿尔茨海默病患者大脑

大脑额叶、顶叶、颞叶皮质明显萎缩，脑回窄，脑沟宽

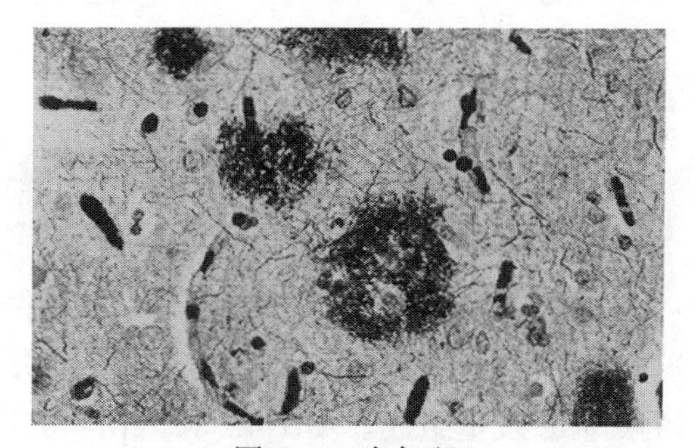

图 3-42　老年斑

光镜下见多个由嗜银颗粒及细丝组成的老年斑

（2）神经原纤维缠结：神经原纤维缠结为细胞内病变，神经原纤维增粗，扭曲形成缠结。HE 染色中较模糊，呈淡蓝色，而银染色最为清楚。电镜下证实由双螺旋缠绕的细丝（paired helical filament，PHF）构成，在海马、杏仁核、颞叶内侧的皮质锥体细胞多见。NFT 主要成分是过度磷酸化的 tau 蛋白。

（3）神经元溃变：AD 患者出现明显的脑萎缩，新皮质有 40%～78%的神经元丢失，其中额叶和颞叶较为严重，海马有 40%～50%的锥体细胞丢失。AD 脑皮质神经元丢失最严重的区域是基底前脑。据报道，AD 患者皮质下结构中，除基底前脑胆碱能神经元丢失外，还有 γ-氨基丁酸（GABA）能神经元、去甲肾上腺素能神经元、5-羟色胺能神经元及多巴胺能神经元的丢失。

（4）颗粒空泡变性：颗粒空泡变性表现为神经细胞细胞质中出现小空泡，内含嗜酸性颗粒，多见于海马的锥体细胞。

（5）Hirano 小体：Hirano 小体为神经细胞树突近端棒形嗜酸性包涵体，生化分析证实为肌动蛋白，多见于海马锥体细胞。

（三）临床表现

AD 起病缓慢、隐匿，主要表现为进行性的记忆障碍、认知功能障碍、精神障碍和行为障碍。临床分期通常分为 3 期。

早期（病期 1～3 年）：轻度痴呆期。此期表现为记忆减退，最初是近记忆障碍，回忆最近事件时有困难。视空间技能损害表现为图形定向障碍、结构障碍。语言障碍表现为列述一类名词能力差，命名不能。人格障碍表现为情感淡漠，偶有易激惹或悲伤。运动系统正常。

中期（病期 2～10 年）：中度痴呆期。记忆力障碍表现为近及远记忆力明显损害。视空间技能损害表现为构图差。空间定向障碍。语言障碍表现为流利型失语。计算力障碍表现为失算。运用能力障碍表现为意想运动性失用。人格障碍表现为漠不关心，淡漠。运动系统表现为不安。

晚期（病期 8～12 年）：重度痴呆期。此期表现为智能严重衰退，运动功能障碍表现为四肢强直或屈曲姿势，括约肌功能损害表现为大小便失禁。

（四）分子机制

目前AD的病因尚不清楚，一般认为是各种致病因素相互作用的结果。

1. Aβ与AD

1）Aβ的来源及特性　脑内存在的Aβ来自于一种跨膜蛋白——淀粉样前体蛋白（APP），是在β-分泌酶和γ-分泌酶的酶切作用下从APP上剪切下来的一个多肽，由40～42个氨基酸残基组成。Aβ1-42和Aβ1-40均已在大脑中发现，研究表明，Aβ1-42比Aβ1-40的毒性更强，且寡聚体较单体的毒性强。APP、早老素1（PS-1）和早老素2（PS-2）基因的突变，特别是PS-1突变造成Aβ产生增加，是早发性AD的主要病因。Aβ是AD病理改变中SP的主要成分，Aβ可激活糖原合成酶激酶3β，导致tau蛋白磷酸化，促进PHF和NFT形成，最终导致神经元退行性变，因此Aβ在AD的发病中起到重要的作用。

2）Aβ神经毒性的可能机制

（1）Aβ与免疫炎症：近年来研究表明，Aβ诱导的炎症反应是AD发病的重要机制之一，病理证实在SP和含有NFT的变性神经元附近存在明显的胶质细胞反应。AD患者脑组织可见许多激活的小胶质细胞弥漫分布在斑块附近，提示小胶质细胞的激活与Aβ淀粉样斑块直接相关。正常生理情况下，小胶质细胞可以降解Aβ，维持Aβ产生和清除之间的平衡。然而，不溶性斑块的形成，能显著增加小胶质细胞的活化及其向SP内和周围的迁移能力，同时释放大量氧自由基和炎症细胞因子，这些因子的过度表达和复杂的相互作用对神经元有损害作用，同时又可以反过来刺激胶质细胞增生反应，进一步加剧神经元的退行性变。AD患者脑组织SP周围也可见星形胶质细胞的聚集，有研究表明此过程可能促进斑块的形成。星形胶质细胞也可以分泌IL-1和IL-6等细胞因子加速SP和NFT的形成。

（2）Aβ与氧化应激：Aβ与氧化应激关系密切。脑组织代谢率高，需氧量大，极易产生自由基。而血-脑屏障的存在，使脑内产生的大量氧自由基不能及时扩散到血液进行有效的清除，同时脑内的抗氧化系统也不能得到有效的补充。因此，脑组织容易受到自由基的攻击，对氧化应激更为敏感。氧化应激涉及包括AD在内的一系列中枢神经退行性疾病的病理过程。研究证实，在AD患者脑内可出现过氧化表现，患者的大脑中能够检测到典型的氧化应激标记物，说明氧化应激是AD形成的一个重要因素。Aβ的产生和聚集使细胞膜脂质及某些蛋白质发生过氧化的结果，使活性氧增加，还可以通过激活小胶质细胞加剧氧化应激。Aβ是氧化应激与AD脑神经细胞死亡之间的偶联分子。氧自由基也可促进APP裂解生成Aβ增加。

（3）Aβ与钙超载：Aβ引起的细胞内钙超载被视为Aβ发挥神经毒性作用的一个共同通路。据报道，Aβ可以影响神经细胞膜上的电压依赖性钙通道和NMDA受体，使钙通道开放增强，细胞内的Ca^{2+}水平升高，造成钙超载。Aβ也能在细胞膜上形成新的阳离子通道，促进钙离子内流。同时，细胞内过度升高的Ca^{2+}水平又会增加钙通道对Aβ的敏感性，形成恶性循环。细胞内的钙水平持续升高，可最终造成细胞功能减退。

（4）Aβ 与递质、信号系统：Aβ 促进神经元将胆碱释放至细胞外，耗竭细胞内胆碱，使乙酰胆碱合成减少。Aβ 激活 GSK3β，使丙酮酸脱氢酶磷酸化，减少丙酮酸转变为乙酰辅酶 A，从而减少乙酰胆碱的合成。Aβ 还抑制细胞高亲和力胆碱摄取。Aβ 可通过损害 M 受体与 G 蛋白偶联，影响脑神经突触后膜上腺苷酸环化酶的活性，调节 G 蛋白偶联的信号转导。脑内胆碱能神经功能降低可增加细胞内 APP 表达并显著减少分泌性 APP 释放，使 Aβ 分泌增加。Aβ 还可以促进一氧化氮的释放。

2. tau 蛋白与 AD　tau 蛋白是维系神经元骨架系统稳定的重要分子。在 AD 患者，tau 蛋白被过度磷酸化，并以配对螺旋丝结构形成神经原纤维缠结在细胞内聚积。最近研究显示，Aβ 的毒性作用需要 tau 蛋白介导，这些研究结果提示，tau 蛋白异常在 AD 患者神经细胞变性和学习记忆障碍的发生发展中起重要作用。

1）tau 蛋白结构与功能　tau 蛋白是含量最高的微管相关蛋白（microtubule-associated protein，MAP），主要在神经元表达，轴突含量很高。人类 tau 蛋白是由位于 17 号染色体上的含有 16 个外显子的单一基因编码的，分子质量 50～70kDa。正常成人脑中 tau 蛋白含 2～3 个磷酸化位点，而 AD 患者脑中 PHF 的 tau 蛋白呈现过度磷酸化，每个分子可含 9～10 个磷酸基，比正常高 3～4 倍，且能异常聚合，尤其是丧失与正常微管结合、促进微管装配的功能。

微管是神经元的细胞骨架，构成细胞内在支持结构，神经元胞体和轴突之间的物质运输依赖微管系统的完整性。正常脑中 tau 蛋白的主要功能是促进微管形成和保持微管的稳定性。此外，对培养细胞的研究还发现 tau 蛋白可以增强神经元突起伸展的程度和比率。这些研究提示改变 tau 蛋白的总量和分布能够影响细胞的多种生命活动。

2）tau 蛋白的修饰　tau 蛋白的功能及其与其他蛋白质的结合受到翻译后修饰的影响。在已经报道的 tau 蛋白修饰中，对过度磷酸化的研究最为深入。磷酸化可以降低 tau 的更新率，降低 tau 与微管、肌动蛋白细丝的结合能力。此外，过度磷酸化的 tau 蛋白自身集聚形成双螺旋纤维丝和直链纤维丝，使脑中受累神经元微管结构广泛破坏，正常轴突运输受损，引起突触丢失和神经元功能损伤，发生神经退行性变。迄今发现从 AD 患者脑中分离出的 tau 蛋白有 40 多个位点被磷酸化。蛋白激酶活性增高和（或）蛋白磷酸酯酶活性降低是导致 tau 蛋白过度磷酸化的直接原因。

（1）蛋白激酶与 tau 蛋白过度磷酸化：蛋白质的磷酸化主要发生在丝氨酸/苏氨酸和酪氨酸残基上。在 AD 患者脑中 tau 蛋白的过度磷酸化主要发生在丝氨酸/苏氨酸残基上。根据蛋白激酶催化磷酸化反应序列的特点，可将丝氨酸/苏氨酸蛋白激酶分为脯氨酸依赖性蛋白激酶和非脯氨酸依赖性蛋白激酶，它们均可催化 tau 蛋白发生磷酸化反应。能使 tau 蛋白磷酸化的脯氨酸依赖性蛋白激酶有周期蛋白依赖性激酶 5（CDK_5）、细胞外信号调节激酶（ERK）、p38 应激激活激酶（p38MAPK）、c-jun N 端激酶（JNK）和糖原合酶激酶 3β（GSK3β）。能使 tau 蛋白磷酸化的非脯氨酸依赖性蛋白激酶有 Ca^{2+}/钙调蛋白依赖激酶Ⅱ（CaMKⅡ）、蛋白激酶 A（PKA）和蛋白激酶 C（PKC）等。其中，GSK3β、CDK_5 是最重要的蛋白激酶。

GSK3β是AD脑中引起tau蛋白过度磷酸化的最主要的蛋白激酶。GSK3β可使tau 蛋白多个 AD 相关位点发生过度磷酸化。GSK3β 激活是过氧化亚硝酸盐、Aβ、高级糖化终末产物（AGE）、持续光照、内质网应激、蛋白酶体功能障碍等因素诱导 tau 蛋白发生过度磷酸化、聚积的共同机制。在过表达 GSK3β 的转基因鼠脑中，tau 蛋白被过度磷酸化，神经元有异常的形态学改变。Aβ 可通过抑制磷脂酰肌醇 3 激酶（PI3K）和蛋白激酶 C（PKC）两条途径激活 GSK3β。在大鼠脑片和整体同时抑制 PI3K 和 PKC 可持续激活 GSK3β，使 tau 蛋白发生持续过度磷酸化和聚积，降低脑内乙酰胆碱水平，动物出现空间记忆障碍，而抑制 GSK3β 可显著改善多种因素诱导的 tau 蛋白过度磷酸化及动物认知障碍。激活 GSK3β 抑制长时程增强（LTP）的形成，而抑制 GSK3β 则促进 LTP 的形成，其机制与突触前神经递质释放有关。

CDK_5的活性依赖于激活剂 p35 或 p39 的相互作用。p35 在钙蛋白酶作用下生成更稳定的 p25，p25 也可激活 CDK_5。CDK_5在所有组织均表达，而 p35 或 p39 仅在脑中表达，因此 CDK_5仅在脑中有活性。细胞内游离钙增加时，钙蛋白酶活化，使 p35 降解为 p25，p25 是 CDK_5的强激活剂。钙蛋白酶抑制剂可以阻断 p25 的增加，过表达 p25 的转基因鼠能增加 tau 蛋白磷酸化。在 AD 患者脑中，钙蛋白酶、p25 和 CDK_5的活性升高，这三种蛋白与 NFT 密切相关。

PKA 在体外可使重组 tau 蛋白在 Ser214、Ser262、Ser409 等多个位点磷酸化，磷酸化的 tau 蛋白促微管组装活性降低。研究表明，PKA 参与体内 tau 蛋白的磷酸化调节。PKA 除直接引起 tau 蛋白的磷酸化外，还可能与其他蛋白激酶发挥协同作用，共同调节 tau 蛋白的磷酸化。经 PKA 预处理的 tau 蛋白可显著增加 GSK3β 对 tau 蛋白的磷酸化作用，tau 蛋白在多个 AD 异常位点发生磷酸化，其促微管组装活性几乎完全丧失。PKA 预处理对某些激酶引起的 tau 蛋白磷酸化起抑制作用。使用仅能识别 PKA 磷酸化位点的特异性抗 tau 蛋白的抗体研究发现，Ser214、Ser409 位点的磷酸化在 AD 神经元无缠结早期就存在，且贯穿缠结形成的整个过程，由此提示，PKA 对 tau 蛋白相应位点的磷酸化在 AD 神经元变性早期即有作用。

（2）蛋白磷酸酯酶与 tau 蛋白过度磷酸化：丝氨酸/苏氨酸蛋白磷酸酯酶主要是催化 tau 蛋白脱磷酸基。人脑中丝氨酸/苏氨酸蛋白磷酸酯酶主要分为 5 型，即 PP-1、PP-2A、PP-2B、PP-2C 和 PP-5。PP-2C 在 AD 脑中的活性未见改变，所以 PP-2C 在 tau 蛋白脱磷酸作用并不起作用，而 PP-2A、PP-2B、PP-1 在 AD 脑中的活性均比年龄匹配的对照者低。

PP-2A 在神经元表达，也可在小胶质细胞表达。PP-2A 是由调节亚单位 A、B 和催化亚单位 C 构成的异三聚体，是重要的 tau 导向的磷酸酯酶之一，它具有对一些关键性 PHF 位点的位点特异性脱磷酸作用。PP-2B 是一个丝氨酸/苏氨酸特异的 Ca^{2+}/钙调蛋白依赖激酶激活的蛋白磷酸酯酶，从酵母到人，它都是恒定的。PP-2B 仅在神经元表达，它由 61kDa 的催化亚单位和 18kDa 的 Ca 结合的调节亚单位组成，脑内有 2 种变异体 Aα 和 Aβ，脑内以 Aα 为主。PP-2B 受 Ca^{2+}和 CaM 调节。PP-2B 虽然是脑内重要的磷酸酯酶，但抑制该酶活性并不足以产生 tau 蛋白的 PHF 样改变。PP-1 在锥体神经元细胞膜、细胞质及亚细胞器均有表达，是由催化亚单位C和不同的调节亚单位构成的寡聚体。tau蛋白作为锚定蛋白，将PP-1、微管联系起来，三者发生协同作用，PP-1可由此调节tau蛋白的磷酸化状态。

AD患者脑中磷酸酯酶活性降低。与PP-2B和PP-1相比，PP-2A对AD患者tau蛋白的去磷酸化作用活性最强。在体外将AD异常修饰并聚集为PHF的tau蛋白（P-tau）分别与不同蛋白磷酸酯酶保温再定量检测其磷酸释放量，发现PP-2A、PP-2B和PP-1分别可使异常tau蛋白水解释放其57%、36%和30%的磷酸基。研究表明，PP-2A在体外可催化AD异常修饰的tau蛋白Ser46、Ser199/202、Ser396/464和Thr231多个位点脱磷酸化，是已知的可使AD异常磷酸化的tau脱磷酸化活性最强的磷酸酯酶。PP-2A催化亚单位C基因敲除的小鼠不能存活。抑制PP-2A可诱导tau蛋白过度磷酸化，导致轴突转运功能异常、动物学习记忆障碍。热休克蛋白、急性缺氧、褪黑素、叶酸、黄连素、苯基丁酸（PBA）等可通过提高PP-2A活性而降低tau蛋白磷酸化，改善神经元功能和学习记忆。PP-2A活性增高还可促进神经元轴突生长。

PP-2A受抑制后，除了由于tau的脱磷酸化过程减慢而使之处于高磷酸化状态以外，还可能通过某些激酶的激活间接发挥作用，如CaMKⅡ、PKA、MAP激酶（MEK1/2），细胞外的激酶（ERK1/2）等激酶在体外可催化tau的某些位点发生AD样磷酸化，激活的激酶使tau发生并维持高磷酸化状态。

（3）tau蛋白的*O*-GlcNAc糖基化修饰：*O*-GlcNAc糖基化是指单个*N*-乙酰氨基葡萄糖在酶的催化下，经由*O*-糖苷键连接至蛋白质的丝氨酸/苏氨酸残基的羟基上。*O*-GlcNAc糖基化是蛋白质翻译后的修饰。蛋白质*O*-GlcNAc糖基化有三个关键的特征：①它存在于细胞核与细胞质中，而不是在内质网与高尔基体中。②*O*-GlcNAc具有很高的动力学特征，对于细胞内信号或细胞周期变化可快速反应，类似于蛋白质的磷酸化。在细胞质内酶的作用下，*O*-GlcNAc可黏附在蛋白质上或从蛋白质上断裂下来。③所有*O*-GlcNAc的蛋白质都属于磷蛋白，*O*-GlcNAc和磷酸化竞争性的修饰一些蛋白质的相同的丝氨酸/苏氨酸残基，它们之间可能有彼此相反的关系。越来越多证据表明，磷酸化和蛋白质的*O*-GlcNAc糖基化是信号转导途径中的两种调控方式，它们既相互竞争又互相补充。

与调节蛋白质磷酸化状态的蛋白激酶和蛋白磷酸酯酶相类似，蛋白质的*O*-GlcNAc糖基化是*O*-GlcNAc糖基转移酶（*O*-GlcNAc transferase，OGT）和*O*-GlcNAc糖苷酶（*O*-GlcNA-case）共同作用的结果。OGT是催化GlcNAc连接到肽链的丝氨酸/苏氨酸残基上的酶，UDP-GlcNAc是它的供体底物。AD患者脑内异常磷酸化的tau蛋白被异常糖基化修饰。蛋白质的磷酸化和*O*-GlcNAc糖基化具有负相关性。*O*-GlcNAc糖基化水平的降低可引起tau蛋白磷酸化水平的升高。通过上调*O*-GlcNAc糖基化水平可抑制tau蛋白的磷酸化。

细胞内UDP-GlcNAc由葡萄糖经己糖胺途径合成，2%～5%的葡萄糖经此途径利用，因此葡萄糖的摄入和代谢合成乙酰氨基葡萄糖的速率可通过控制UDP-GlcNAc的量，进而影响*O*-GlcNAc糖基化水平。因此葡萄糖摄入和代谢紊乱是AD患者脑中影响tau蛋白*O*-GlcNAc糖基化进而影响磷酸化的关键因素之一。

（4）AD 患者脑中 tau 蛋白的泛素化：tau 蛋白被泛素化修饰。泛素是一个由 76 个氨基酸组成的多肽，通过其 C 端甘氨酸与靶蛋白的氨基结合。正常情况下，靶蛋白与泛素结合后通过泛素蛋白酶小体途径被降解。若泛素降解途径异常或被降解的蛋白质结构异常，与泛素结合的靶蛋白不能被降解清除，则在细胞中积聚形成包涵体，导致细胞退化死亡。AD 患者脑中泛素含量明显升高，且主要存在于 PHF/NFT 中。tau 蛋白的泛素化修饰可能是机体试图对其降解清除的一种代偿反应。

（5）AD 患者脑中 tau 蛋白的硝基化：AD 患者脑内的 tau 蛋白除了发生过度磷酸化修饰外，还发生了硝基化修饰。氧化应激和 AD 患者的硝基化损伤密切相关。硝基化修饰抑制 tau 蛋白的微管结合活性，并且促进 tau 蛋白聚集。

（五）治疗的研究进展

（1）胆碱能药物：AD 患者的主要症状是胆碱能神经元相关的学习记忆、认知功能障碍。第二代选择性乙酰胆碱酯酶抑制剂代表药物多奈哌齐由于不良反应小、无肝毒性，主要用于治疗轻度和中度 AD。近年研究的胆碱能受体 N、M1 激动剂 AF120B、SR-46559A、ABT-148、icotine 已进入临床实验。

（2）NMDA 受体拮抗剂：NMDA 受体拮抗剂美金刚可以抑制兴奋性氨基酸的神经毒性，在欧美成为唯一被批准用于治疗中度和重度 AD 的药物。美金刚治疗早期 AD 的研究目前正在进行中。

（3）脑代谢赋活剂：麦角碱类通过增强脑细胞的新陈代谢及摄取氧和葡萄糖的能力，改善学习记忆与认知功能。

（4）钙拮抗剂：钙拮抗剂能抑制钙超载，减轻血管张力，使脑血流量增加，改善脑缺血缺氧，改善学习记忆与认知功能。

（5）抗氧化剂：脑组织缺乏内源性抗氧化剂，易受到自由基损害。大量研究证实，在 AD 患者脑内出现过氧化表现，患者的大脑中能够检测到典型的氧化应激标记物。补充抗氧化剂（银杏叶制剂、维生素 E 等）可保护神经元免受 Aβ 诱导的神经毒性作用，起到预防和治疗 AD 的作用。

（6）神经营养因子：神经营养因子（NTF）有促进和维持神经生长、分化和执行功能的作用，它对神经元有一定的特异性，但不刺激细胞分裂。其中，神经生长因子（NGF）和脑源性神经营养因子（BDNF）在治疗 AD 方面显示了良好的前景。由于血-脑屏障的生理屏障作用，近年来采用 NGF 基因转移技术，使 NGF 在 AD 患者的基底前脑胆碱能神经元有效表达，可增加该脑区乙酰胆碱的生成。

（7）神经干细胞治疗：研究发现，将神经干细胞注入 AD 模型大鼠的额叶皮质联合区，大鼠皮质注射区附近形成正常的胆碱乙酰转移酶阳性细胞。神经干细胞移植可改善 AD 模型大鼠的学习和记忆能力。

（8）其他：研究发现，适度的学习、记忆训练及体育活动可增加新生神经元的数目，降低应激引起的 tau 蛋白的过度磷酸化程度。

间歇性饥饿对神经退行性疾病等动物模型具有神经保护作用，其机制可能涉及降低氧化应激，增强细胞的抗氧化能力，增加包含海马在内的大脑广泛区域的 BDNF 水平，保护神经元抵抗氧化应激及代谢损伤，增加海马神经元对兴奋性毒性的抵抗力。

二、帕金森病

帕金森病（Parkinson's disease，PD）又称震颤性麻痹（paralysis agitans），是一种多发生于中老年期的、缓慢进展的神经系统退行性疾病。临床表现为震颤、肌强直、姿势及步态不稳、起步及止步困难、面部无表情、假面具样面容等。病程在 10 年以上的患者常死于继发感染或跌伤。

（一）病因

PD 是环境因素和遗传因素共同作用所致的多基因遗传病，其遗传因素是内因，环境因素是外因。

临床上，PD 分为原发性和继发性两类。原发性 PD 是由中脑黑质慢性退行性变引起的多巴胺减少所致。继发性 PD 又称帕金森病综合征，是由脑部感染（脑炎）、中毒（一氧化碳、锰）、药物（抗精神病药物）、脑血管病、脑肿瘤及脑外伤等各种原因引起与原发性 PD 类似的症状或病理改变。继发性 PD 除有典型的临床表现外，常伴有锥体束征、小脑症状、意向性震颤、凝视麻痹等。

（二）病理变化

PD 主要病变部位在中脑黑质。中脑黑质、脑桥的蓝斑及迷走神经背核等处神经色素脱失，外观颜色变浅甚至无色，以中脑黑质最为明显（图 3-43）。光镜下看此处神经细胞脱失，伴胶质细胞增生。残留神经细胞中有 Lewy 小体（图 3-44），该小体位于神经元细胞质内，HE 染色显示：圆形，中心嗜酸性着色，边缘着色浅，周边多见一苍白晕圈。电镜下观察，该小体由细丝样结构组成，中心细丝致密，周边晕圈部位细纤维呈放射样排列。Lewy 小体经泛酸免疫组化染色阳性，此种染色有利于显示不典型的 Lewy 包涵体。Lewy 小体内含 α-共核蛋白和泛素，与帕金森病的发病有关。

黑质多巴胺能神经元变性、缺失和 Lewy 小体形成是帕金森病主要的病理特征。近年发现，帕金森病的黑质和纹状体有小胶质细胞增生及局部的炎症反应。激活的小胶质细胞可以释放活性氧物质和活性硝基物质，从而破坏神经元，并可释放细胞因子使黑质多巴胺能神经元受到损伤。

（三）临床表现

（1）静止性震颤：约 75%的 PD 患者首先出现震颤，震颤是 PD 常见的首发症状。PD 典型的震颤是静止性震颤，表现为安静状态或全身肌肉放松时出现震颤。

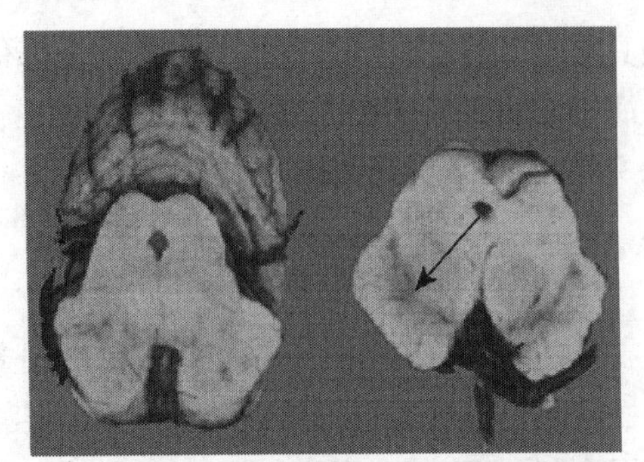

图 3-43　帕金森病患者和正常人中脑黑质

左图为帕金森病患者中脑黑质色素减少；
右图为正常黑质（箭头所指处）

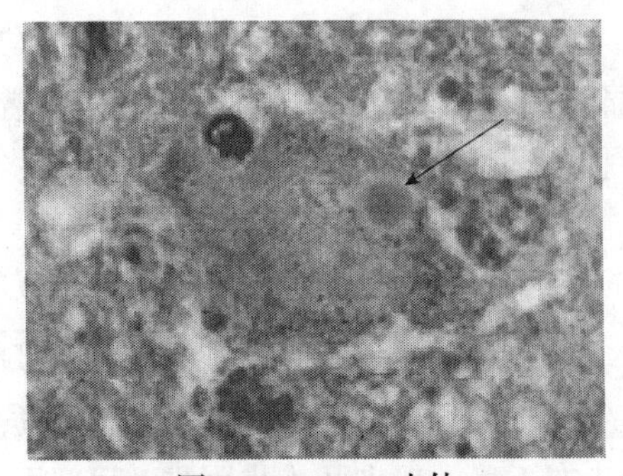

图 3-44　Lewy 小体

神经元胞体内见圆形小体，中心嗜酸性，
包涵体边缘着色浅，有亮晕（箭头所指处）

（2）肌强直：伸肌和屈肌的张力同时增高所致。

（3）行动迟缓：由于肌肉僵直和姿势反射障碍导致的运动障碍。患者表现为动作缓慢，随意运动减少。

（4）姿势步态异常：表现为头前倾、躯干俯屈、肘关节屈曲、腕关节伸直、前臂内收、髋和膝关节略弯曲，称为屈曲体姿。患者走路拖步、起步困难，随病程进展呈小步状态。

（5）其他：植物神经功能障碍，嗅觉减退，情绪与智力改变。

（四）分子机制

关于 PD 发病机制的研究已有很多，但引起黑质多巴胺能神经元变性的机制目前仍不清楚，遗传、环境和细胞自身代谢特征可能是造成多巴胺能神经元减少的主要原因。

1）共核蛋白与 PD　　共核蛋白（synuclein）最早是从电鳐鱼的带电器官中分离得到的，由于它同时分布于神经元的突触末梢和细胞核，故称共核蛋白。在人类，共核蛋白有 α-synuclein、β-synuclein 和 γ-synuclein 三种结构类型，其中 α-synuclein、β-synuclein 与神经系统变性疾病有关。大量研究发现 α-synuclein 存在于许多神经系统疾病的突触末梢或细胞质包涵体中，故认为它可能参与神经元的变性过程。*α-synuclein* 基因的突变可能与那些发病年龄小，以高外显率、常染色体显性遗传为特征的家族性 PD 有关，而与大多数散发性 PD 无关。synuclein 引起 PD 等神经变性疾病的发生和发展，其原因是 *α-synuclein* 基因的翻译后修饰。例如，磷酸化作用、蛋白水解酶作用或与其他蛋白质相互作用，调节体内 α-synuclein 的纤维形成，使 α-synuclein 丧失正常的生理功能。另外，在 PD 的 Lewy 小体中发现大量硝基化 α-synuclein 积聚的包涵体。α-synuclein 中的酪氨酸是硝基化的靶点，这种选择性和特异性 α-synuclein 硝基化直接导致 PD 的氧化和硝基化损伤。同时硝基化打破 α-synuclein 的构象，引起 α-synuclein 积聚。α-synuclein 异常积聚引起神经毒性和氧化应激。

2）*Parkin* 基因与 PD　　日本首先报道家族性青少年型 PD 有基因突变，命名为 *Parkin* 基因。*Parkin* 基因携带者的家族性 PD 患者发病年龄多在 30 岁以下，对左旋多巴的疗效反应明显，但也容易出现左旋多巴引起的运动障碍等不良反应。Parkin表达于大脑，尤其是黑质区有丰富表达。Parkin具有E3泛素蛋白酶连接酶的活性。*Parkin*基因的病理性突变将导致Parkin蛋白功能障碍，使酶活性减弱或丧失，从而影响机体对蛋白的调控和异常蛋白的清除。目前，在十余个国家不同种族的家系或散发性PD患者中发现了大量*Parkin*基因的突变，提示*Parkin*基因突变在PD发病中起重要作用。

3）环境因素　1982年，美国一群吸毒者使用自制毒品替代物后出现PD样症状，进一步研究发现毒品替代物中含有大量致PD的神经毒物——1-甲基-4-苯基-1,2,3,6-四氢吡啶（MPTP）。MPTP可引起少动、僵直等类似PD的症状，以及形成Lewy小体、黑质多巴胺能神经元退化等病理改变，但自然界不存在天然的MPTP。随后发现除草剂百草枯（Paraquat）结构与MPTP相似，具有神经毒性，引起α-synuclein包涵体的形成和多巴胺能神经元的退行性变，并且应用广泛，有报道称接触百草枯后出现PD的症状。1994年，美国的Flemming发现在PD患者的脑部残留一种名为狄氏剂（Dieldrin）的杀虫剂，而正常人脑中却没有狄氏剂的残留。动物实验显示狄氏剂能损害体外培养的大鼠中脑细胞。但除草剂或杀虫剂是否能引起PD还尚未定论。流行病学调查资料显示，长期接触铜、锰、铁、铅、杀虫剂或除草剂可增加PD的发病概率。

4）线粒体功能异常　近年研究发现，线粒体功能异常与PD的发病密切相关。研究证实，PD患者黑质部位线粒体复合体Ⅰ活性显著下降。应用线粒体复合体Ⅰ抑制剂鱼藤酮可以选择性地引起黑质多巴胺能神经元减少及Lewy小体形成。线粒体复合体Ⅰ被抑制能导致线粒体耗氧量增加，使氧化应激加强。

5）氧化应激　大量研究表明，黑质多巴胺能神经元死亡的主要原因是氧化应激损伤，不论是正常人，还是PD患者，中脑黑质的氧化应激水平均高于脑内其他部位。导致黑质氧化应激增高的原因有以下几点。①外源性毒物的侵入。②多巴胺的氧化应激代谢。多巴胺的代谢过程中产生大量的自由基。③神经黑色素的存在。多巴胺自身氧化形成的神经黑色素中含有大量的铁离子，铁离子的增加促进氧化应激代谢过程。④清除自由基的能力不足。氧化应激产生的大量自由基还可损伤线粒体复合体Ⅰ，线粒体复合体Ⅰ的损伤会导致更多自由基的生成。

6）谷氨酸的毒性作用　谷氨酸的兴奋性神经毒性与PD发生之间的关系逐渐被重视。作为中枢神经系统中最主要的兴奋性神经递质，谷氨酸参与了基底神经节环路。在PD，谷氨酸一方面通过激发线粒体自由基的生成，引起线粒体障碍；另一方面通过激活NMDA受体，导致大量Ca^{2+}内流，而胞内Ca^{2+}的急剧增高激活了钙离子依赖性蛋白酶，从而导致神经元坏死或凋亡。

（五）治疗进展

1）药物治疗　帕金森病的主要病因是中脑黑质多巴胺能神经元大量丢失，以致多巴胺与乙酰胆碱平衡失调，即多巴胺能神经功能低下，乙酰胆碱能神经功能相对亢进。

对 PD 的药物治疗最常用多巴胺的前体物质左旋多巴来补充脑内多巴胺，或用抗胆碱能药物来抑制乙酰胆碱的作用，对本病有一定的疗效。另外，多巴胺受体激动剂可以通过直接刺激纹状体的多巴胺受体而发挥作用，因此多巴胺受体激动剂成为治疗帕金森病的又一大类重要药物。

2）外科治疗　一类是神经核团毁损术，如丘脑、苍白球切开术；另一类是脑深部电刺激术，又称脑起搏器，在脑内特定的神经核团植入电极，释放高频电刺激，抑制这些因多巴胺能神经元减少而过度兴奋的神经元的电冲动，从而缓解 PD 的震颤、僵直等症状。值得一提的是，这两类手术都有严格的手术适应证。

3）移植治疗　脑内移植中脑黑质，能提高脑内多巴胺的含量并可激活纹状体的多巴胺受体，减轻帕金森病患者的随意运动功能障碍。近年来神经干细胞移植治疗帕金森病已取得一定效果，其机制是诱导神经干细胞在脑内分化为多巴胺能神经元。

第七节　中枢神经损伤与修复

中枢神经损伤是由于物理性、化学性、生物性或机体自身原因造成中枢神经系统形态结构和（或）生理功能的损伤。中枢神经系统损伤包括脑损伤和脊髓损伤。

一、脊髓损伤与修复

脊髓损伤（spinal cord injury，SCI）多由交通事故、火器伤、运动损伤、挤压伤、暴力打击、高空坠落等导致的脊柱骨折、脱位引起。脊髓损伤是致残率极高的中枢神经系统损伤疾病之一。

（一）脊髓损伤机制

从损伤的机制来看，脊髓损伤分为原发性损伤和继发性损伤两类。原发性脊髓损伤是受伤瞬间外力或骨折脱位造成脊髓局部变形和能量传递障碍所致的脊髓机械性损伤，具有不可逆性。继发性脊髓损伤是脊髓组织对创伤所产生的级联式反应过程，可加重损伤局部组织细胞的损伤程度，导致神经组织溶解破坏，使损伤区域进行性扩大。继发性损伤具有一定的可逆性及可控制性。通过适当治疗，继发性损伤可以得到阻断、减轻甚至逆转。

1．原发性脊髓损伤机制

（1）脊髓震荡：脊髓震荡是中枢神经系统创伤最轻的一种，伤后出现可逆性的不完全性神经功能障碍，数分钟或数小时后恢复正常。

（2）脊髓挫裂伤：脊髓挫裂伤有不完全性损伤和完全性损伤两类，前者根据损伤部位不同可造成脊髓半切综合征、前脊髓综合征等部分损伤表现。后者可造成四肢瘫痪或截瘫。

（3）火器伤：根据脊髓损伤程度分为 3 级，即完全性脊髓损伤、不完全性脊髓损伤、脊髓轻微损伤（脊髓震荡）。由于脊柱骨折、脱位造成脊髓或马尾神经根受压、水肿、出血、挫伤、断裂，但不伴有与外界相通伤道的损伤，称为闭合性脊髓损伤。

2. 继发性脊髓损伤机制　继发性损伤是原发性损伤激发的一系列细胞反应，主要包括炎症细胞浸润、星形胶质细胞集聚、小胶质细胞活化、神经元变性、脱髓鞘和神经细胞凋亡等。

1）*炎症细胞浸润*　脊髓损伤后受损局部就有明显的细胞浸润。在损伤12h内，中性粒细胞就进入脊髓组织并在损伤部位集聚。然后是巨噬细胞进入神经组织，在损伤后1～2天内开始，到伤后5～7天达到峰值，成为损伤后数天内浸润的主要免疫细胞。脊髓损伤时产生的组织碎片等激活中性粒细胞和巨噬细胞，使之一方面吞噬和清除损伤组织碎片，另一方面又释放炎症介质，导致组织坏死、空洞、脱髓鞘。

2）*星形胶质细胞集聚*　中枢神经系统损伤后，会引起星形胶质细胞肥大增生，成为“反应性星形胶质细胞”，此时，星形胶质细胞特异性胶质纤维酸性蛋白表达上调。脊髓损伤后，损伤局部及邻近区域，反应性星形胶质细胞明显增多。这些增生细胞主要由损伤周围区的星形胶质细胞迁移而来。增生星形胶质细胞集聚、缠结在损伤中心及四周形成胶质瘢痕。胶质瘢痕结构非常致密，形成机械屏障不利于神经再生。但有研究显示大鼠和冬眠松鼠脊髓损伤后没有胶质瘢痕的形成，但同样不能神经再生。故有研究结果认为胶质瘢痕不仅仅通过机械屏障的作用阻碍神经再生，更是由于胶质瘢痕内存在的多种抑制轴突生长的化学物质对轴突的再生形成化学性屏障，化学性屏障阻碍脊髓损伤的再生作用远比机械性屏障强烈。

3）*小胶质细胞活化*　脊髓损伤后，损伤组织碎片、出血和死亡细胞引起反应性小胶质细胞增生。反应性小胶质细胞产生多种形态和功能的变化，包括形态学、表面受体、细胞数量及生长因子和细胞因子的表达。研究表明，激活的小胶质细胞是“双刃剑”，有神经保护和神经毒性的双重作用。在脊髓损伤后的炎症过程中，小胶质细胞既可分泌抗炎症细胞因子［如IL-10、前列腺素（PG）］，又可分泌促炎症细胞因子（如IL-1）；既可分泌脑源性神经营养因子和胶质细胞源性神经营养因子以保护和促进神经元的生长，又可产生细胞毒性物质损伤神经细胞。脊髓损伤后，活化的小胶质细胞可清除轴突和髓鞘崩解产物中的毒性物质。但在脊髓损伤早期，具有吞噬功能的反应性小胶质细胞被抑制，故不能及时有效地清除轴突和髓鞘崩解产物中的毒性物质，从而使神经再生困难。

4）*神经元变性和脱髓鞘*　脊髓损伤后，受损神经元及轴突将会发生变性，可分为顺行变性、逆行变性及跨神经元变性。

有髓神经纤维的顺行变性也称沃勒变性（Wallerian degeneration）。轴突损伤（或切除）把轴突分成与胞体相连的近端部分和失去联系的远端部分。由于蛋白质主要在胞体合成，这样远端部分就失去神经传导功能，形态也逐渐发生退变。在其周围的胶质细胞也受累，髓鞘破碎，连同轴突碎片一起被巨噬细胞吞噬，称为沃勒变性。当神经纤维与其核周体离断后，离断远侧的轴索及髓鞘在数小时内开始变性，损伤后6～30h内，轴索肿胀，其内的微丝及微管聚集成丛，线粒体肿胀，髓鞘板层劈裂并变为不规则。损伤后2天，神经微丝、微管及髓鞘开始断裂成为微粒。损伤后1周，轴突内细胞器消失，大部分髓鞘崩解成颗粒。

无髓神经纤维的顺行性变性进展较缓慢。神经纤维离断后 3 周，轴突内仍可见到细胞器。伤后 5 周，离断的轴突消失。

轴突损伤后，损伤近端部分也发生局部变性，称为逆行性变性，表现为轴突肿胀、碎裂和髓鞘崩解。神经元胞体在轴突损伤后主要表现为染色质溶解。逆行性变性，由胞体与离断轴突的距离而定，一般持续 3 周左右，以后轻度变性的会逐渐复原，而变性较重的，则会出现细胞固缩、核碎裂等坏死过程。

轴突损伤后，神经元的变性可跨越突触，引起与之形成突触联系的神经元变性，称为跨神经元变性或跨突触变性。轴突损伤后突触后神经元发生萎缩或死亡，称为顺行性跨神经元变性；而上一神经元的变性称为逆行性跨神经元变性。研究发现，跨神经元变性一般发生在那些轴突切断后逆行性胞体变性特别严重的神经元类型。由于跨突触的效应，神经元退化在神经环路内正、反方向扩散，产生链式效应。

5）细胞死亡　细胞死亡有坏死和凋亡两种方式。坏死见于严重的细胞损害，是一个相对不能控制的被动过程，主要表现为细胞肿胀、线粒体损伤，导致能量缺失，细胞膜溶解，细胞破裂并释放溶酶体酶等有害物质，引起组织炎症反应。细胞凋亡是由特定基因编码调控的一种主动、程序化的细胞死亡，表现为细胞和细胞核皱缩、细胞核染色质浓集、DNA 断裂、凋亡小体形成，不引起炎症反应，最后被巨噬细胞吞噬清除。近年研究表明，神经细胞凋亡是脊髓损伤后继发损伤期的重要病理变化。研究证实，继发性脊髓损伤中出现的神经元和神经胶质细胞死亡都是继发细胞凋亡的结果。据报道，脊髓严重损伤后诱发的细胞凋亡现象，凋亡细胞以神经元、星形胶质细胞、少突胶质细胞和小胶质细胞为主。脊髓损伤后细胞凋亡在导致最终神经损害的损伤机制中起着重要的作用。

（二）脊髓损伤的病理变化

脊髓损伤后的病理变化十分复杂，损伤原因不同、损伤方式及损伤程度不同，病理及病理生理过程不完全一样。脊髓损伤不仅导致损伤局部的神经元丢失及死亡，还可累及固有纤维束与上行传导束和下行传导束，导致神经元变性和脱髓鞘。此外，来自血液的中性粒细胞、巨噬细胞及中枢神经系统的星形胶质细胞、小胶质细胞均参与此病理过程。

1999 年，Kakulas 将人完全脊髓损伤的组织病理学改变归纳为三期：Ⅰ早期（急性期），伤后即刻发生组织破裂出血、渗出、水肿。出血主要在灰质，尚存的毛细血管内皮细胞肿胀，损伤段血供障碍，细胞缺血坏死，轴突溃变。Ⅱ中期（组织反应期），伤后数小时开始，代谢产物堆积，白细胞移出血管壁成为吞噬细胞，清除坏死组织及发生一系列生化改变，24h 后胶质细胞增多，断裂轴突溃变，5～7 天后胶质细胞增生。Ⅲ晚期（终期），胶质细胞增生，有的损伤段脊髓完全胶质化形成瘢痕，由中央灰质坏死发展到全脊髓坏死。而不完全性脊髓损伤的病理变化主要为点状出血、伴局灶性神经元退变、崩解及少量轴索退行性变，不发生中央坏死。

以大鼠中度脊髓撞击伤为例，在脊髓损伤后数分钟内即出现出血、微循环丧失、血管痉挛，迅速出现的组织细胞肿胀导致椎管内压力增高，当压力超过静脉压时，引起静脉性梗塞，进一步加剧神经损害。另外，神经源性休克引起的系统性低血压也使神经损害加剧。急性脊髓损伤后的进行性缺血进一步扩展到周围白质，导致其他神经突起和神经元坏死。这些坏死的神经元、轴突，以及星形胶质细胞释放兴奋性递质谷氨酸，谷氨酸浓度的异常升高使邻近神经元过度兴奋，导致钙离子内流，进一步引起自由基生成增多，攻击细胞膜和细胞结构，损伤正常的神经元。此外，损伤处脂质过氧化产物的堆积，对少突胶质细胞产生毒性使之损伤或死亡，导致脱髓鞘。在损伤后的数天或数周，损伤处周围远处的少突胶质细胞出现凋亡，使原发性损害进一步扩大。

（三）脊髓损伤修复

脊髓损伤后影响轴突再生主要因素有：轴突损伤后导致神经元胞体萎缩或死亡；损伤局部神经元坏死或凋亡引起的相应的囊腔或空洞形成；轴突再生抑制因子集聚；炎症细胞、胶质细胞集聚与形成瘢痕等。

理论上，成功的中枢神经系统再生必须满足以下条件：①有一定数量的神经元存活且具有合成生物活性物质的能力，以便为神经再生提供物质基础。②再生的轴突必须穿过受损部位，并生长足够长的距离。③再生轴突与合适的靶细胞形成功能性突触连接。基于以上因素，目前促进脊髓损伤再生与修复的方法主要包括应用神经保护剂，促进神经元突起生长，消除轴突再生抑制性因素，促进再生轴突髓鞘化、移植等。

1. 应用神经保护剂　决定脊髓损伤预后的可干预环节是继发性损伤，创伤后脊髓缺血、缺氧等导致的一系列瀑布式反应是造成继发性损伤的原因。因此，神经保护剂的使用目的在于减少脊髓损伤后的继发性神经元损害，为神经再生提供良好的基础。

目前使用神经保护剂以减少继发性损伤已获得一定效果。应用类固醇激素等抑制脂质过氧化；谷氨酸拮抗剂拮抗兴奋性氨基酸毒性；采用纳洛酮拮抗阿片肽作用；应用神经节苷脂等促进神经功能恢复；其他如清除自由基、抑制钙超载等措施也具有潜在保护作用。

2. 维持神经元存活，促进突起生长　神经元一旦死亡就失去了再生的基础，因此成功的神经再生首先要在原发损伤后立即采取措施来阻止或减轻继发性损伤，尽可能多地保护神经元及胶质细胞，使其免于死亡。那些突起受到损伤却幸存的神经元再生能力有限，须尽快采取适当措施使之激活，才能促进突起生长。神经营养因子正是这样一种增强中枢神经轴突再生能力的因子。

神经营养因子不仅可促进发育过程中神经干细胞、神经前体细胞及神经元存活、分化、生长，而且在中枢神经系统的修复中也发挥重要的作用。脊髓损伤后，神经营养因子释放减少从而阻碍轴突再生。因此，给予神经营养因子可提高轴突生长活力。神经营养因子促进脊髓损伤后神经再生与修复的作用主要包括：保护受损的神经元，通过上调轴突再生相关蛋白的表达与抑制细胞凋亡相关基因的表达，从而逆转了受损神经元胞体萎缩与死亡；通过受体介导细胞内信号转导途径，调控受损神经元基因表达，促进其生长和再生，发挥神经趋化作用，引导和加快轴突生长；调控施万细胞的增殖和分化，促进新生轴突髓鞘化；促进炎症细胞的趋化作用和再生神经的血管形成；促进未损伤的神经轴突出芽。

由于神经营养因子半衰期短，不能透过血-脑屏障，外周给药效果较差，局部灌注易形成囊腔或空洞，引起外源性感染等问题，因此可通过特殊的生物材料与神经营养因子组成缓释系统，使神经营养因子在局部持续释放并发挥作用。目前也可应用转基因技术，即将能合成和分泌神经营养因子的转基因细胞移植到中枢神经系统中，或用神经营养因子基因通过适当载体原位转染宿主细胞。

3. 消除轴突再生抑制性因素　中枢神经损伤后，最接近轴突断端的部分长出新的侧枝，称作出芽。一些轴突损伤的神经元出现了剧烈的代谢变化，大量在发育期神经元典型表达的基因开始表达。但这些反应都是暂时的，紧接着会出现生长抑制，纤维回缩和回缩球的形成。由此提示，受损神经元具有再生的意图，但中枢神经系统存在抑制神经再生的因素。研究表明，脊髓损伤后，髓磷脂和胶质瘢痕释放一系列因子抑制轴突的再生与生长。目前发现的髓磷脂产生的抑制因子即髓磷脂相关抑制因子（myelin-associated inhibitory factor，MAIF）有 Nogo-A、髓磷脂相关糖蛋白（myelin-associated glycoprotein，MAG）和少突胶质细胞髓磷脂糖蛋白（oligodendrocytemyelin glycoprotein，OMgp），胶质瘢痕产生的抑制因子主要是硫酸软骨素糖蛋白（chondroitin sulfate proteoglycan，CSPG）。

针对以上抑制轴突再生的因素，应用轴突生长抑制因子阻滞剂和治疗性疫苗来阻滞或干扰其对轴突再生的抑制效应。目前已研制出大量具有消除 MAIF 潜在作用的生物制剂，如 Nogo 抗体、MAIF 疫苗和 MAIF 抗体等，体外实验表明均可促进轴突生长。阻断 MAIF 的下游通路，如采用 *P75NTR* 基因敲除、NgR 拮抗剂、RHO 或 RHO 相关酶抑制剂，以及提高细胞内 cAMP 水平等，也可消除 MAIF 对轴突再生的抑制作用。

胶质瘢痕对神经再生的抑制作用主要在于其化学性屏障作用，即胶质瘢痕产生的抑制轴突生长的化学物质 CSPG。动物实验观察到，采用软骨素酶降解 CSPG 后，大鼠脊髓损伤后的轴突再生明显得到改善。

4. 促进再生轴突髓鞘化　脊髓损伤早期，髓鞘中的各种抑制蛋白抑制轴突的再生。用放射线照射造成脊髓神经元轴突脱髓鞘可促进损伤的轴突再生，但是，再生轴突必须髓鞘化才具有传导神经冲动的功能。中枢神经纤维的髓鞘由少突胶质细胞形成，脊髓损伤后，少突胶质细胞增生并参与新生轴突的重新髓鞘化过程。动物实验观察到，大鼠脊髓损伤后 14 天少突胶质细胞开始形成髓鞘，但随后轴突开始脱髓鞘，且轴突脱髓鞘的数量不断增加。近年来研究发现，少突胶质细胞前体细胞以及骨髓内的某些细胞都显示有一定的成髓鞘作用。通过诱导脊髓内的前体细胞使其分化成少突胶质细胞，或通过移植少突胶质细胞前体细胞、神经干细胞等可促进再生轴突髓鞘化。另外，神经营养因子可增加少突胶质细胞的数量，对再生轴突髓鞘化有一定的促进作用。LINGO-1 是一个跨膜信号蛋白，主要在神经元及少突胶质细胞中表达。研究表明，LINGO-1 在髓鞘形成过程中是主要的负调控因子，而抑制 LINGO-1 的活性，可使 RHOA 表达下降，从而促进少突胶质细胞分化和髓鞘形成。

5. 细胞移植 细胞移植促进脊髓损伤后神经再生的机制主要有以下几个方面：①抑制物充填脊髓损伤部位，可防止或抑制空洞、囊腔和胶质瘢痕的形成，对损伤的脊髓两端起到了“桥梁”作用，为轴突再生提供了合适的“细胞桥”。②移植的细胞在宿主脊髓内存活，并分泌促进轴突再生的神经营养因子，有助于轴突再生。③移植的胚胎及神经干细胞可分化为神经元或神经胶质细胞，替代损伤处死亡的神经元。④移植的施万细胞、嗅鞘细胞可促进再生轴突髓鞘化。

1）*施万细胞移植* 施万细胞是周围神经损伤后神经再生的主要因素。研究表明，施万细胞移植在中枢神经系统中也具有促进中枢轴突再生的作用，施万细胞移植到脊髓后可长期存活并与宿主脊髓融合，且支持损伤处轴突再生。施万细胞促进轴突再生的机制可能有：分泌多种神经营养因子，促进损伤神经元存活；与再生轴突形成缝隙连接并进行物质交换；合成、分泌某些细胞外基质分子，支持和促进神经元轴突生长。施万细胞能从宿主周围神经分离培养而来，并可用于自体移植。但施万细胞迁移能力较差，不能促进轴突长距离再生。当然，施万细胞移植入中枢神经系统的远期效果还需进一步观察。

2）*嗅鞘细胞移植* 嗅鞘细胞（olfactory ensheathing cell，OEC）是存在于嗅觉系统的一类特殊神经胶质细胞，位于嗅神经与嗅球神经层。OEC 兼具星形胶质细胞与施万细胞的特点。

据报道，OEC 可促进损伤的背根神经节轴突向脊髓内生长，促进脑与脊髓内由选择性损伤所致的多种传导束再生。除了有促进轴突再生作用，OEC 还可不同程度地促进急性、亚急性及慢性脊髓损伤后瘫痪大鼠的感觉、运动功能的恢复。移植表达 BDNF/GDNF 的 OEC 可显著促进宿主轴突再生程度与功能恢复。因此 OEC 移植能促进损伤轴突再生与功能恢复。

但需指出的是，施万细胞及嗅鞘细胞都是胶质细胞，均不具备分化为神经元的能力，只能对神经轴突再生起辅助作用，不能代替已经丧失的神经元。

6. 神经组织移植

1）*胚胎神经组织移植* 动物实验观察到，胚胎神经组织移植可以改善脊髓损伤动物的运动能力；大鼠胚胎新皮层组织能在脊髓损伤大鼠脊髓内存活，7 天后还可以发现分化的神经元和神经胶质细胞。胚胎神经组织移植发挥修复中枢神经系统损伤的机制可能有：移植组织中的胚胎神经元可以分泌一些神经营养因子，维持受损神经元的存活，促进其轴突出芽与生长；可与宿主神经元建立突触联系；能不断分泌特定神经递质，形成内源性微泵，替代受损神经元功能；移植组织还可作为连接损伤断端的“桥梁”。

2）*周围神经移植* 据报道，将周围神经移植到损伤的脊髓后，脊髓神经纤维能够在周围神经组织内延伸。周围神经移植对视神经修复的案例也表明了视网膜视神经轴突损伤后，可再生并长入移植的周围神经中。周围神经移植促进中枢神经系统再生的机制主要有两方面：一是周围神经不像中枢神经系统那样具有多种抑制因素，因而可发挥“桥梁”作用；二是其中的施万细胞可以分泌神经营养因子、细胞外基质分子等生物活性物质促进轴突再生。

7. 借助生物材料辅助修复 研究表明，生物材料在促进周围神经再生方面发挥着重要的作用，主要有：利用生物材料制备药物缓释体系（drug delivery system，DDS）和借助高分子水凝胶体系促进中枢再生。

1）利用生物材料制备药物缓释体系 由于血-脑屏障的存在，神经营养因子不能通过常规给药方法由血液循环进入脑内，而直接向脑内输入神经营养因子的方法又不适于长期给药，因此寻找新的给药方式就成为确保神经营养因子发挥疗效的关键。新的给药方法是先将神经营养因子等药物与高分子材料复合制成 DDS，通过手术将 DDS 植入脊髓损伤部位，DDS 可在较长时间（数天甚至数年）内缓慢释放药物达到治疗目的。这一方法不仅绕过了血-脑屏障的限制，同时药物还可直接作用于损伤部位而在身体其他部位浓度较小，从而减少不良反应。

2）借助高分子水凝胶体系促进中枢再生 除了可作为制造 DDS 的材料外，高分子材料还可以通过其他方式促进中枢神经系统再生，其中最引人关注的是高分子水凝胶的应用。高分子水凝胶是一种具有三维空间交联结构的高分子体系，其内部孔隙充满大量的水和其他物质。用于制备这种高分子水凝胶的材料有很多种，包括胶原蛋白Ⅰ、聚甲基丙烯酸羟乙酯和聚甲基丙烯酸甘油酯等。研究显示，在大鼠脊髓损伤处植入用胶原蛋白制成的水凝胶可与宿主脊髓良好融合，较好地促进血管、皮质纤维束轴突的生长，尽管还不能达到恢复行走功能的效果，但可改善肌张力。此外，水凝胶还可作为植入细胞的载体。

二、脑损伤与修复

按照损伤原因，脑损伤分为创伤性脑损伤和非创伤性脑损伤两类。按照发病缓急与病程长短，又可分为急性损伤和慢性损伤。创伤性脑损伤（traumatic brain injury，TBI）是创伤性颅脑损伤的一部分。急性非创伤性脑损伤在临床上非常常见，主要包括急性脑血管疾病和心、肺功能障碍引起的缺氧缺血性脑损伤两大类。这里主要介绍急性非创伤性脑损伤。

（一）急性脑血管疾病和缺氧缺血性脑损伤概述

1. 急性脑血管疾病 脑血管疾病（cerebral vascular disease，CVD）是各种原因使脑血管发生病变所引起的脑部疾病的总称，是神经系统常见病和多发病，具有较高的病死率和致残率，50%～70%的存活者遗留瘫痪、失语等严重残疾。随着老龄化社会的到来，脑血管疾病的发病率逐渐上升，给社会及家人带来沉重的负担。

造成脑血管疾病的病因主要有：动脉粥样硬化、高血压病、心脏病、血液病等。临床上根据起病及进展缓急将脑血管疾病分为急性和慢性两大类，急性脑循环障碍导致的急性缺血或出血性脑病，称为脑卒中（apoplexy），也称脑中风（stroke）或脑血管意外（cerebral vascular accident，CVA）。依据病理性质，脑卒中又分为缺血性脑卒中（ischemic stroke）和出血性脑卒中（hemorrhagic stroke）两类，前者包括脑血栓形成、腔隙性梗死和脑栓塞等，约占全部脑卒中的70%，后者包括脑出血和蛛网膜下腔出血。慢性脑血管疾病常见的有脑动脉硬化症、血管性痴呆等，起病及进展缓慢，危害性相对较小。

缺血性脑卒中是由于脑组织局部供血动脉血流的突然减少或停止，造成该血管供血区的脑组织缺血、缺氧导致脑组织坏死、软化，并伴有相应部位的临床症状和体征，如偏瘫、失语等神经功能缺失的症候。

出血性卒中是由于非外伤性脑实质或脑血管壁病变、坏死、破裂出血所致，约占卒中的20%。脑实质内的出血称为脑出血。由于出血部位不同临床表现各不相同，可出现偏瘫、意识障碍、失语、感觉运动障碍等。

2. 缺氧缺血性脑损伤　缺氧缺血性脑损伤是指由各种原因产生的低氧血症、酸中毒及心脏泵血功能障碍所致的脑低灌注性损伤。心搏骤停是缺氧缺血性脑损伤的主要原因，成年人主要由冠心病、心肌病及心室纤颤等引发，而新生儿、婴幼儿及儿童时期心搏骤停则主要由溺水、气道阻塞及严重急性哮喘等引发的窒息所致。

（二）脑循环的特点

1. 血流量大，耗氧量大　脑的血液供应来自颈内动脉和椎动脉。脑血流量大，正常成年人在安静状态下，每100g脑组织的血流量为50～60ml/min，脑循环总的血流量约为750ml/min，相当于心输出量的15%；而脑的重量仅占体重的2%左右。脑组织耗氧量也很大。安静时每100g脑组织耗氧3～3.5ml/min，脑的总耗氧量约为50ml/min，占全身总耗氧量的20%。脑组织对缺血和缺氧的耐受性较低，若每100g脑组织血流量低于40ml/min时，就会出现脑缺血症状；在正常体温条件下，如果脑血流完全中断数秒，意识即丧失，中断5～6min以上，将产生不可逆的脑损伤。

2. 血流量变化小　脑位于由颅骨构成的颅腔内。由于颅腔的容积是固定的，而脑组织和脑脊液均不可压缩，脑血管的舒缩程度就受到很大的限制。所以，脑血流量的变化范围明显小于其他器官。脑组织血液供应的增加主要依靠提高脑循环的血流速度来实现。

3. 脑血流量的自身调节　正常情况下，脑循环的灌注压为80～100mmHg①。当脑灌注压在60～150mmHg变动时，脑血管可通过自身调节机制使脑血流量保持相对稳定。当脑灌注压低于60mmHg时，脑血流量将明显减少，可引起脑功能障碍。

（三）急性非创伤性脑损伤的损伤机制

对神经元而言，引起神经元直接损伤的是缺血性损伤。神经细胞缺血程度影响神经

①1mmHg≈0.133kPa

细胞病理表现。局灶性脑卒中引起的缺血中心往往发生梗死，梗死区细胞表现为水肿和坏死，而梗死区周围边缘区则称为半影区（penumbra）。随着缺血程度的进一步加重或缺血时间延长，半影区的神经元损伤也随之加重，甚至发生继发性细胞死亡，使原有梗死面积扩大。脑缺血后，半影区的神经元病理变化非常复杂，包括启动细胞死亡机制和激活脑内自身保护机制。神经元的存亡取决于细胞死亡和脑内自身保护功能的平衡点。因此，脑卒中发生后，及时有效地提高脑保护功能、阻止或减少继发性神经细胞死亡，可防止梗死面积扩大，使脑功能损伤减小到最低程度。

脑缺血、缺氧引起能量供给障碍，使毒性代谢产物增加，引起神经元损伤。尤其是经过溶栓、舒血管等治疗后，脑血流恢复，而恢复血供的脑组织会发生再灌注损伤，产生大量的自由基使损伤进一步加重。脑出血后周围组织继发性损伤的重要机制是缺血性损伤，因此，这里主要探讨缺血性脑损伤的机制。

1. 离子分布异常　缺血、缺氧造成可利用氧少，氧化代谢障碍，因此只能通过加速细胞无氧代谢来缓解 ATP 的不足，结果使乳酸等代谢产物增多，导致酸中毒，进一步加重组织缺血、缺氧，形成恶性循环。同时，脑缺血、缺氧引起能量代谢障碍，造成细胞膜离子泵功能障碍，导致细胞内外离子浓度改变及细胞膜电位变化。在脑缺血开始15～90s 内，不同脑区的神经细胞膜电位即发生改变，但变化不一。研究表明，离子通道的改变在缺血性脑损伤病理发展过程中起重要作用。

缺血、缺氧影响与 ATP 有关的离子泵功能，使细胞内外钠、钾浓度差减小，细胞膜电位发生改变，影响神经细胞的兴奋性及传导功能。研究表明，细胞内钾离子丢失和外流是细胞凋亡或死亡发生的关键环节。采用钾通道阻断剂四乙胺阻断钾电流，在脑缺血动物模型上观察到脑保护效应，减轻神经细胞的凋亡。钠离子是细胞外主要的阳离子，钠通道是电压依赖性的。电压依赖性钠通道可介导瞬态钠电流和持续钠电流两种钠电流。缺氧时，这两种钠电流的变化对缺氧性神经元损伤有相反的作用，缺氧可使瞬态钠电流明显降低，这种降低对细胞可能有保护作用。缺氧可明显增加持续钠电流，钠内流增多，膜电位出现去极化，加剧细胞损伤。实验表明，给予钠通道阻断剂河豚毒素，对暂时性脑缺血脑内神经元有保护作用，提示钠内流参与缺血引起的神经元损伤。脑缺血、缺氧还诱导细胞外钙离子内流及线粒体储存的钙离子释放，造成细胞内游离钙离子浓度增高（钙超载），从而激活多种蛋白酶及磷脂酶 A_2，引起一系列生化反应，导致神经元死亡。钙超载是急性缺氧缺血性损伤造成神经细胞死亡的主要途径之一。

2. 谷氨酸神经毒性　谷氨酸是中枢神经系统中主要的兴奋性神经递质，其作用主要有参与调节脑发育过程神经网络联系的建立，参与运动调节、感知、学习记忆和情绪等高级神经活动。

研究表明，谷氨酸神经递质在脑缺氧缺血性损伤神经元死亡发展过程中起了非常重要的作用。当发生脑缺血、缺氧后，谷氨酸大量释放，局部组织谷氨酸含量明显升高，对谷氨酸受体过度激活，形成神经毒性作用。谷氨酸受体分为离子型谷氨酸受体和代谢型谷氨酸受体两类，前者通常可再分为红藻氨酸（kainic acid，KA）受体、AMPA 受体和 NMDA 受体三种类型。研究表明，过度释放和积聚的谷氨酸主要通过激活 NMDA 受体介导缺血和缺氧性神经元死亡。NMDA 受体激活后，可造成钙离子大量内流，细胞内钙超载，从而引起神经元死亡；引起 NO 和自由基生成增多，产生细胞毒性；参与脑内多种代谢过程，抑制线粒体的呼吸链功能，产生 ATP 功能障碍，加重其细胞毒性作用。

3. 氧化损伤　脑是人体器官中代谢率最高的器官，对氧的需求最高，线粒体氧化磷酸化产生能量的同时会产生大量的氧自由基，攻击细胞内的蛋白质、脂质及核苷酸等成分，造成细胞内的氧化应激损伤。在正常脑代谢过程中，产生的自由基能被脑抗氧化系统及时清除而不致产生毒性作用。但在脑缺血缺氧后，脑内氧化应激反应剧增，自由基产生大量增多。缺血缺氧性脑损伤通过 NO 介导的自由基生成、线粒体功能障碍、黄嘌呤氧化酶过度活化、花生四烯酸代谢增加等途径诱导氧自由基大量生成，同时，由于缺血性脑损伤脑内抗氧化酶含量和活性下降，自由基不能及时清除。自由基的毒害作用除引起脂质过氧化损伤生物膜以外，还可引起蛋白质变性、多核苷酸链断裂、碱基重新修饰等，破坏细胞结构完整性，严重影响膜的通透性、离子转运及膜屏障等功能，从而导致细胞死亡。

4. 线粒体功能障碍　线粒体在维持神经元存亡过程中起着十分重要的作用。脑缺血、缺氧及再灌注期间，细胞内钙超载、自由基和游离脂肪酸大量生成以及兴奋性氨基酸释放等均可破坏线粒体的结构和功能，使线粒体电子传递链功能障碍，氧化还原反应异常，导致自由基堆积超过了细胞本身的清除能力，产生 DNA 氧化损伤。同时，线粒体在缺血、缺氧时会释放细胞色素 c、IL-1 和凋亡诱导因子等介导细胞凋亡的分子，通过级联反应导致细胞凋亡。

5. 一氧化氮　生理条件下，NO 能维持血管张力，调节脑、脊髓血量，促进神经递质释放，参与突触可塑性、记忆形成等多种生理过程，而且还与机体抗感染、抗炎、抗肿瘤等各种防御机制有关。

脑缺血时，兴奋性氨基酸大量释放，激活 NMDA 受体，促进细胞外钙离子内流，使 NOS 活性增高，促进 NO 过量产生和释放。NO 与大量超氧化物形成过氧亚硝酸盐，从而导致细胞损伤。

6. 其他　除了上述机制，内皮素、细胞因子（如 IL-1、TNF）、游离脂肪酸等也参与缺血、缺氧脑损伤过程。

急性缺血、缺氧通过以上机制导致脑损伤，不仅可损伤皮质部分及神经核，也可造成白质的损伤；不仅可导致神经元变性和死亡，也可导致胶质细胞的死亡。

（四）神经元的内源性保护反应

当机体受到各种有害侵袭时，往往会启动内源性保护机制，以实现机体的自身保护。当脑缺血、缺氧时，除引起兴奋性氨基酸毒性、钙超载、自由基大量增多、线粒体功能障碍等一系列反应，导致 DNA 损伤外，同时激活脑内源性保护机制。内源性保护机制主要包括内源性保护因子的分泌和内源性修复两方面。

内源性保护因子主要包括：促神经生长相关因子、抗氧化防御系统中的超氧化物歧化酶（SOD）和谷胱甘肽过氧化物酶（GSH-Px）、抑制性神经递质GABA、腺苷、热休克蛋白、谷氨酸受体亚型GluR2和抑制凋亡因子、内源性细胞因子拮抗剂等。当这些内源性细胞保护因子功能加强时，提高脑对各种伤害性刺激的耐受性，产生神经保护效应。

内源性修复主要包括缺血损伤脑内氧化损伤DNA的修复以及神经元的再生修复，通过提高缺血损伤脑内DNA的修复功能，以及缺血损伤诱导的新生神经元再生，从而提高缺血损伤脑的修复作用。

（五）神经保护

神经细胞一旦受到伤害性刺激时，细胞内损伤和保护机制同时被激活。当损伤因子的激活状态大于保护因子时，细胞向损伤或死亡方向发展，反之，细胞免遭进一步损伤，得以健康地存活。因此，抑制细胞进一步损伤或有效提高内源性保护能力的手段，均能达到一定程度的脑保护效应。

神经保护是指在中枢神经系统急性损伤或慢性退行性疾病发生前或发生后的早期，将脑、脊髓损伤程度降至最低的一种保护策略。神经保护的目的在于避免或减轻神经元功能障碍、死亡，最大限度维持神经细胞间相互作用的完整性。神经保护的主要措施是去除病因和使用神经保护剂。

1. 常见神经保护剂类型及作用机制

1）*兴奋性氨基酸拮抗剂*　兴奋性氨基酸和受体结合后引起钙离子和钠离子内流，钾离子外流，引起钙超载及一系列离子代谢和转运障碍，成为继发性损伤的共同途径。使用兴奋性氨基酸拮抗剂可抑制其作用，降低其毒性。

2）*钙通道阻滞剂*　可阻滞钙内流，还可作用于微循环途径，减轻损伤引起的血管痉挛，改善损伤后血流，阻止继发性损伤。

3）*阿片受体拮抗剂*　内源性阿片肽的过量释放被认为是中枢神经系统创伤后缺血坏死的重要因素，可使血流的自身调节能力丧失，动脉血压降低，导致血流量减少。阿片受体拮抗剂可通过拮抗内源性阿片肽的作用，提高动脉血压，抑制氧化应激反应，拮抗白三烯和血小板活化因子，阻止损伤后5-羟色胺升高及增加去甲肾上腺素代谢途径发挥作用。

4）*NOS抑制剂*　中枢神经系统损伤后，NO大量生成并参与神经细胞损伤过程，具有神经毒性。而应用适当剂量的NOS抑制剂（如亚硝基左旋精氨酸甲酯）可以抑制NO释放，减少神经元死亡率。

5）*抗氧化剂及自由基清除剂*　中枢神经系统损伤后内源性抗氧化剂明显减少或耗竭。维生素C是一种很重要的自由基清除剂，能够有效地清除多种活性氧。维生素E是一种脂溶性维生素，是最主要的抗氧化剂之一，维生素E可以改善脂质代谢，减少过氧化脂质的生成，保护机体细胞免受自由基的毒害，充分发挥被保护物质的特定生理功能。同时，维生素E可以稳定细胞膜和细胞内的脂类部分，防止细胞受到氧化活性物质如自由基等的损伤。另外，一些中药制剂也有抗氧化的作用，如银杏叶提取物、白藜芦醇、黄芪等。

6）血小板激活因子拮抗剂　血小板激活因子是一种具有广泛生物活性的脂质，是体内许多病理生理反应的启动因子。中枢神经系统损伤后血小板激活因子含量明显增加，提示其变化与中枢神经系统损伤密切相关。研究表明，血小板激活因子拮抗剂对治疗脑、脊髓损伤后的继发性损伤具有潜在价值，可能的作用机制是：阻断血小板激活因子受体，直接抑制血小板激活因子的作用，也间接地抑制磷脂酶 A_2 和 TXA_2 合成酶，减少花生四烯酸代谢产物的释放，从而减弱血小板聚集和血管收缩物质的作用；减弱血小板激活因子对其他炎症介质的介导和协同作用，有效防止血管痉挛及血栓形成。同时抑制钙离子内流，抑制脂质过氧化反应和兴奋性氨基酸的产生及释放，从而达到抑制继发性损伤的效果。

7）皮质类固醇激素　类固醇激素是目前临床上广泛应用于治疗急性中枢神经系统损伤的药物。其作用包括：对抗继发性炎症反应；抑制脂质过氧化反应；抑制磷脂酶活性；清除自由基；稳定细胞膜离子通道，减轻钙超载导致的细胞损伤；与血管类固醇受体结合，使血管舒张，增加血流量，改善脑循环；预防和减轻脑、脊髓水肿；抑制损伤组织中儿茶酚胺的集聚。

8）神经节苷脂　神经节苷脂在中枢神经系统内含量特别高，参与神经元的发育和分化。它可以减轻神经元变性和死亡，加强神经细胞营养，促进神经突起出芽，促进神经功能恢复。

2．缺血性脑卒中的神经保护　对于缺血性脑卒中，通过溶栓、抗凝和降低血浆纤维蛋白原浓度等治疗来改善和恢复脑血流，虽然恢复血供后有再灌注损伤的可能。脑保护措施主要是针对缺血、缺氧及再灌注损伤的各个环节进行预防或阻止。

（1）细胞保护治疗：采用钙通道阻断剂、谷氨酸受体阻断剂、神经节苷脂、自由基清除剂等药物保护神经细胞，避免或降低缺血、缺氧及再灌注引起的细胞损伤。

（2）减轻缺血性水肿：采用脱水剂、类固醇激素并阻断炎症反应，减轻缺血性脑水肿，起到神经保护的作用。

3．出血性脑卒中的神经保护　出血性脑卒中的神经保护包括针对血肿本身的治疗及对血肿周围组织损伤的治疗两部分。脑出血后血肿周围组织的细胞会发生一系列的病理生理变化，并成为影响脑出血预后的重要因素。血肿周围组织损伤的保护措施有：①应用内皮素系统阻断剂、钙通道阻断剂等改善血肿周围组织的缺血情况。②应用血管紧张素转换酶抑制剂对血管基质损伤进行保护。③提高血浆胶体渗透压，减轻局部组织水肿。④抑制白细胞浸润，防止其损害血-脑屏障，抑制氧化损伤。

4．缺氧缺血性脑损伤的神经保护　心搏骤停是缺氧缺血性脑损伤的直接原因，因此，缺氧缺血性脑损伤的保护措施首先是进行心肺复苏，并应用肾上腺素增加心脏和脑的灌注压，从而恢复脑血流和氧供。除此之外，还可采取以下保护措施：低温脑保护、抑制钙内流、拮抗兴奋性氨基酸毒性、抗自由基及氧化损伤、抑制NOS活性、调节内源性保护等。

（胡志红）

主要参考文献

崔德华．2010．脑衰老与认知障碍的研究进展．实用老年医学，24：19-23．

丁斐．2016．神经生物学．北京：科学出版社．

李玉林．2015．病理学．8版．北京：人民卫生出版社．

廖亚平．2005．端粒和端粒酶与细胞衰老．国外医学内科学分册，32：397-400．

孙凤艳．2008．医学神经生物学．上海：上海科学技术出版社．

王建枝，田青，2012．Tau蛋白过度磷酸化机制及其在阿尔茨海默病神经元变性中的作用．生物化学与生物物理进展，39：771-777.

肖海鹏，杨慧玲．2009．临床病理生理学．北京：人民卫生出版社．

周文丽，张建鹏，冯伟华，等．2008．脑衰老机制与脑疾病的关系．生命的化学，28：435-438．

朱大年，王庭槐．2013．生理学．8版．北京：人民卫生出版社．

Ahlskog JE, Geda YE, Petersen RC, et al. 2011. Physical exercise as apreventive or disease-modifying treatment of dementia and brain aging. Mayo Clin Proc, 86: 876-884.

Halagappa VK, Guo Z, Pearson M, et al. 2007. Intermittent fasting and caloriction ameliorate age-related behavioral deficits in the triple-transgenic mouse model of Alzheimer's disease. Neurobiol Dis, 26: 212-220.

Leuner K, Kurz C, Guidetti G, et al. 2010. Improved mitochondrial function in brain aging and Alzheimer disease-the new mechanism of action of the old metabolic enhancer piracetam. Front Neurosci, 4: 1-11.

Liu F, Grundke-Iqbal I, Iqbal K, et al. 2005.Contributions of protein phosphatases PP1, PP2A, PP2B and PP5 to the regulation of tau phosphorylation. Eur J Neurosci, 22: 1942-1950.

Mi S, Miller RH, Lee X, et al. 2005. LINGO-1 negatively regulates myelination by oligodendrocytes. Nat Neurosci, 8: 745-751.

Nicholls JG, Martin AR, Fuchs PA, et al. 2014. 神经生物学-从神经元到脑．杨雄里等，译．北京：科学出版社.

Riley KP, Snowdon DA, Markesbery WR. 2002. Alzheimer's neurofibrillary pathology and the spectrum of cognitive function:findings from the Nun Study. Ann Neurol , 51:567-577.

Sohal RS, Weindruch R. 1996. Oxidative stress, caloric restrictionand aging. Science, 273: 59-63.

Trejo JL, Carro E, Torres-Aleman I. 2001. Circulating insulin-like growth factor Ⅰ mediates exercise-induced increases in the number of new neurons in the adult hippocampus. Journal of Neuroscience, 21: 5678-5684.

第四章 肺组织损伤与修复分子机制

第一节 肺组织的基本结构与功能

肺位于胸腔内，分居膈的上方、纵隔两侧，呈半圆锥形，左右各一。肺表面覆有脏胸膜，光滑湿润，透过脏胸膜可见多边形的肺小叶轮廓。肺质软而轻，呈海绵状，富有弹性。左肺较狭长，由斜裂分为上、下两个肺叶，右肺较粗短，除斜裂外，还有一水平裂将其分为上、中、下三个肺叶。肺具有一尖、一底、二面和三缘。肺尖呈钝圆形，经胸廓上口突至颈根部，高出锁骨内侧 1/3 上方 2～3cm。肺底凹向上，贴于膈上面，故又称膈面。外侧面隆凸，邻接肋和肋间隙，故又称肋面。内侧面邻贴纵隔，亦称纵隔面，其中部凹陷，称肺门，是主支气管、肺动脉、肺静脉、淋巴管和神经等出入之处，这些结构被结缔组织包绕，构成肺根。肺的前缘较薄锐，左肺前缘下部有左肺心切迹，切迹下方的舌状突起称左肺小舌。肺的后缘钝圆，肺的下缘亦较薄锐。进入肺的主支气管不断地分支、变细，依次称为叶支气管、段支气管、小支气管、细支气管、终末细支气管、呼吸性细支气管、肺泡管，最后到达肺泡囊，在分支的终末膨胀成为大量的肺泡。支气管在肺内反复分支可达 23～25 级，这种反复分支使支气管像树枝一样，所以称作支气管树。支气管各级分支之间以及肺泡之间都由结缔组织性的间质所填充，血管、淋巴管、神经等随支气管的分支分布在结缔组织内。

肺的主要功能是呼吸，呼吸除了人们常规理解上的人体与外界空气之间进行的气体交换的肺通气外，还包括肺泡与血液之间气体交换的肺换气，通过通气和换气这两个过程，人体从外界获得新陈代谢所需的氧气，并排出产生的二氧化碳。除最基本的气体交换功能外，肺还有调节机体酸碱平衡，阻止污染粒子、细菌、病毒和其他微生物进入人体等免疫屏障功能。

第二节 肺组织损伤的病理学

一、放射性肺损伤的病理学

放射性肺损伤是胸部肿瘤放疗中最常见的并发症，严重影响肿瘤患者的正常治疗和生活质量，也是主要的放疗剂量限制性因素。目前研究认为，放射性肺损伤主要是由肺泡上皮细胞、炎症细胞以及成纤维细胞等的相互作用而形成的。肺组织受到放射线的照射，一方面，大量免疫细胞募集，分泌炎症因子和生长因子，参与炎症及纤维化过程，形成早期的放射性肺炎；另一方面，肺泡上皮细胞受损凋亡，肌成纤维细胞和纤维母细胞聚集增殖，分泌胶原蛋白、纤连蛋白以及其他基质蛋白，形成瘢痕修复，是导致肺组织发生纤维化病理改变的核心过程。

放射性肺损伤的病理变化是一个渐进的过程，随着照射时间的延长而逐渐加重。大鼠经 30Gy 照射后即可发生典型的放射性肺损伤。肺泡是主要受损部位，基本病变为肺充血、水肿、肺间质增厚及肺泡腔隙萎缩变小。后期肺损伤以肺泡间隔的进行性纤维化为主要特征，逐渐出现肺泡萎缩并由结缔组织填充。放射性肺损伤的病理改变可分为 4 期：早期（0.5～1 个月），以渗出为主；中期（2～3 个月），以肉芽生长为主；后期（3～6 个月），以纤维增生为主；晚期（6 个月以后），以胶原化病变为主。在同一组织标本上可同时存在不同阶段的病理改变，这是放射性肺损伤的一个重要的病理特征。

二、急性肺损伤的病理学

急性肺损伤（acute lung injury，ALI）早期主要表现为急性炎症反应伴有肺实质的水肿、出血和透明膜的形成，在气管插管和机械通气的患者中，急性炎症反应期后是慢性纤维增生期，主要表现为肺泡膜和肺泡腔内成纤维细胞及Ⅰ型和Ⅲ型纤维细胞的增生。

ALI 的主要病理变化是肺泡-毛细血管膜的急性弥漫性损伤。由于肺泡毛细血管内皮细胞和肺泡上皮细胞的通透性增加，以及肺泡上皮细胞及时清除肺泡内液体的能力下降，从而引起肺泡及间质渗透性水肿。肺泡及间质水肿可引起肺内分流增加导致严重的通气血流比例失调。肺泡液的清除能力下降是肺水肿形成的关键步骤，有研究表明，与男性相比女性对水肿液的清除能力更迅速。中性粒细胞的聚集是促进 ALI/急性呼吸窘迫综合征（acute respiratory distress syndrome，ARDS）发生发展的关键步骤，由此引起的一系列促炎和抗炎反应会造成肺组织的损伤。当 ALI/ARDS 第一次被描述时，表面活性剂的失调就被首先考虑了。Ⅱ型肺泡上皮细胞所分泌的表面活性剂的组成和功能也已被许多研究所证实，ALI/ARDS 对上皮细胞的损害比对内皮细胞的损害更为严重，微血栓的形成也被血管造影等技术所证实。

第三节　肺组织损伤研究的动物模型

一、ALI 动物模型的特征

理论上，ALI 动物模型应该具备一项或多项人类急性肺损伤的特征，包括损伤后急性起病（数小时）、肺生理功能障碍（如气体交换异常、肺顺应性降低）、肺组织学损伤（内皮细胞、间质、上皮）和肺泡毛细血管膜通透性增加。目前，任何一个实验动物模型都未能完全复制人类 ALI 的所有特征。因此，明确与 ALI 相关的动物和人类之间的某些差异并对其进行比较尤为重要。由于人类和动物的肺在解剖结构和生理功能上的不同，对急性损伤性刺激的反应亦不相同，因而对肺损伤的评价产生很大的影响。例如，小鼠的呼吸频率（250～300 次/min）远高于人类的呼吸频率（12～16 次/min），致使绝对呼吸频率不能作为评价小鼠急性肺损伤的指标。啮齿类动物的肺和人类的肺在大体和显微上有重要区别，当出现 ALI 时，在肺泡毛细血管膜通透性明显增强的情况下小鼠的肺很少出现典型的透明膜。另外，人类与啮齿类动物炎症反应中的细胞和体液的关键元素也有重要差异。例如，小鼠循环的中性粒细胞（10%～25%）比人类（50%～70%）少且不表达防御素。此外，对 ALI/ARDS 危重患者设置的许多干预措施在动物实验中很难复制，如长时间通风或血流动力学支持等。实验动物研究常使用年轻无合并症的小鼠，而人类肺损伤常见于老年人合并有多种疾病如糖尿病、冠状动脉疾病、肾或肝功能不全等。鉴于这些因素的不同，无法预期人类和动物的肺对同种有害刺激的反应是否相同。

二、几种常见的用于诱导 ALI 的动物模型

1．肺泡灌洗模型　ALI 常伴随肺泡表面活性物质（pulmonary surfactant，PS）减少。PS 减少引起肺损伤发生机制主要为肺泡萎陷、肺不张、肺水肿，造成严重的肺内分流，并使肺的顺应性下降。用等渗盐水反复灌注肺同样可引起 PS 减少。该模型主要用于 PS 替代治疗，以及伴随有肺表面活性物质缺乏的 ALI 的研究，PS 在维持肺泡功能方面起重要作用，它主要由Ⅱ型肺泡上皮细胞分泌产生，一直被认为在肺泡清除液体中起关键的作用。

2．油酸模型　油酸模型常用来复制临床中脂质栓塞引起的肺损伤，尤其是临床中常见的长骨干骨折引起的脂肪栓塞，油酸引起的 ALI 是目前制备动物 ALI 较为成功的模型，与临床 ARDS 患者最为类似，因此成为目前国内外公认的 ARDS 动物模型。油酸直接损伤肺泡毛细血管内皮细胞膜可能是最主要发生机制，其次还可通过氧化应激反应、促凝血活性增高以及内皮素等促进肺损伤反应。有研究者认为，油酸既可通过增加内皮细胞的通透性，也可阻断钠通道从而促进肺泡内和肺泡间隙液体的积聚，这两种因素都对 ARDS 的发生起促进作用。在动物模型中，油酸模型可分别通过股静脉导管或肺动脉导管注入油酸至中心静脉或右心房而诱导，大鼠或小鼠通常通过腹腔静脉注入，也有的实验是通过颈内静脉，家兔通常为耳缘静脉注入，为确保肺内压不会突然升得过高常用缓慢滴注法，因此油酸注射时应用自动定时的注射器或间隔几秒的时间注射。除了等渗盐水外，无水或高浓度乙醇和新鲜动脉血浆也可被用来作为油酸的溶液。有学者用油酸诱导制造出了稳定的 ALI 幼猪模型，为肺损伤变化的早期研究提供了新的实验基础。

3．内毒素模型　该模型主要用于模拟临床中由于革兰氏阴性杆菌引起的肺损伤，如各种脓毒血症等，也常用于临床上感染性休克所致肺损伤的研究。脂多糖（lipopolysaccharides，LPS）感染居肺损伤危险因素的首位。体内注射脂多糖是最早用于诱导 ALI 动物模型的方法，LPS 通常是从大肠杆菌中提取出来，其他 LPS 的来源如肠炎沙门菌也偶尔会被使用。常用的治伤方法有气管滴入或雾化、静脉注射和腹腔注射 3 种方法。气管法则病变部位偏重于肺部，气管内灌注 LPS 0.5ml/kg（20μg/ml）能成功地建立 ALI 动物模型。静脉注射法过去常用在猪、犬和绵羊身上诱导 ARDS。对于犬来说，由

于它们对 LPS 的耐受力强，因此极大剂量的 LPS 需要在这种动物模型中作常规使用。目前，广泛采用 LPS 静脉注射的方式制作 ALI 或 ARDS 的小鼠或大鼠模型。何征宇等采用小剂量 LPS 对小鼠进行连续腹腔注射的方法，成功制作了 LPS 诱导的小鼠 ALI 和肺纤维化的动物模型，从而弥补静脉注射的一些缺点。内毒素致组织损伤依据肺泡及间质炎症、出血、肺水肿、肺不张、透明膜形成和细胞凋亡评分。肺湿干比重的增加，伊文思蓝染液在肺中的积累，白蛋白和总蛋白在支气管肺泡灌洗液中的积聚表明，内毒素使蛋白质和水的渗透性增加，支气管肺泡灌洗液中性粒细胞数目增加，髓过氧化物酶（MPO）活性增高、细胞因子水平增加及肺炎症反应几乎是各类型内毒素引起的肺损伤模型的炎症反应的特征，但低氧血症很少出现。值得注意的是，LPS 诱导的肺损伤动物模型和机械通气相关的肺损伤动物模型，在早期的生理学或生物学特性方面是不同的。

4. 机械通气致肺损伤模型　　肺组织损伤通常表现为肺间隔增厚，肺泡中性粒细胞浸润，透明膜常出现于大型的实验动物模型，在大鼠或小鼠中很少出现。机械通气模型中通过增加肺湿干比重和微滤过系数可导致水及蛋白质渗透性增加，并可在支气管肺泡灌洗液检测到白蛋白或总蛋白浓度增加。过度通气所致血氧饱和度下降通常在数小时内即可导致严重的低氧血症。大型动物对手术的耐受性好，机械通气方面采用的较多。随着科技的进步，人类使用的呼吸机可广泛应用于小型动物，这为今后开展小型动物 ALI 实验进一步研究提供了帮助。

5. 活菌致肺损伤　　制备活菌致肺损伤实验动物模型常使用雾化吸入或直接将活菌灌入鼻腔、气管或支气管等方法。实验动物模型的肺组织损伤常伴有肺泡和间质中性粒细胞浸润、肺泡壁增厚和肺透明膜形成。炎症标志物、肺泡灌洗液中性粒细胞数增加、MPO 活性和细胞因子水平增加及全身性低氧血症，普遍存在于活菌诱导的肺损伤中。

三、放射性肺损伤的分子机制

放射性肺损伤的分子机制研究已有几十年，其确切的原因仍不清楚。20 世纪 50 年代研究多集中在病理形态学的观察；80 年代主要为“关键靶细胞”的研究，即认为放射性肺损伤的发病机制主要为电离辐射造成肺泡巨噬细胞、成纤维细胞、肺泡上皮细胞、肺血管内皮细胞等“关键靶细胞”损伤所致。但目前比较公认的是 Rubin 等的研究观点，即在辐射导致肺损伤阶段，早期开始出现一些作用类似激素的细胞因子，其在肺组织细胞（炎症细胞、组织特异功能细胞和纤维母细胞等）损伤中发挥重要作用，这些细胞因子通过自分泌、旁分泌和内分泌的连锁反应导致早期的炎症和晚期的肺纤维化。将相关机制归纳起来有以下几种学说。

1. 靶细胞学说　　血管内皮细胞和肺泡Ⅱ型上皮细胞是放射线损伤肺脏的最重要的靶细胞。血管内皮细胞是血管中重要的辐射敏感细胞，正常的血管内皮细胞能调节血管的生长、血管的舒张和收缩、血细胞的黏附和非黏附以及抗凝和促凝的平衡，从而使其在保持血管结构的完整性，保持血液的流动性，介导炎症反应和对免疫的应答中都起着重要的作用。亚致死量照射后早期即可出现微血管的形态改变，血管内皮细胞空泡化，随着放射剂量增加与时间延长，空泡扩大成囊状，把细胞膜推挤至对侧的毛细血管壁上，以致阻塞管腔，细胞破裂、脱落，在细胞脱落的内皮损伤部位有血小板附着，造成毛细血管的栓塞。可见胶原纤维在管腔内堆积，造成阻塞和纤维化。血管内皮细胞合成的血管紧张素转换酶和血浆素源激活因子降低，直接削弱纤溶能力，使血管通透性增加，造成肺间质水肿和炎症细胞浸润而导致放射性肺炎。放射线会同时损伤Ⅰ型和Ⅱ型肺泡上皮细胞，Ⅱ型肺泡上皮细胞在肺中至少有两个重要功能：①合成和分泌肺泡表面活性物质，对于维持肺泡稳定性起作用；②肺泡上皮细胞的干细胞，Ⅰ型肺泡上皮细胞损伤往往由Ⅱ型肺泡上皮细胞分裂分化和再生加以修复。增生的Ⅱ型肺泡上皮细胞一部分可作为对Ⅰ型肺泡上皮细胞损伤的修复，另一部分异常不成熟的Ⅱ型肺泡上皮细胞可能丧失代替Ⅰ型肺泡上皮细胞的修复功能导致肺内成纤维细胞过度增殖，最终形成纤维化。已有研究表明Ⅱ型肺泡上皮细胞受损时，分泌功能丧失，使成纤维细胞异常增生，同时影响其对Ⅰ型肺泡上皮细胞的修复，导致不可逆的肺纤维化的发生。

2. 细胞因子学说 随着分子生物学技术的发展，人们逐渐认识到单一靶细胞或靶组织受损的观念已无法解释肺照射后一系列的动态变化。大量动物实验和临床研究表明，放射性肺损伤不仅仅是单一靶细胞损伤的结果，而是一个由多种细胞参与、多种细胞因子调控的复杂过程。现在一般认为：细胞因子介导的多细胞间的相互作用起始并维持着放射性肺损伤的全过程。

放射线的直接作用：放射线可引起肺内效应细胞如肺泡巨噬细胞、Ⅱ型肺泡上皮细胞、成纤维细胞和血管内皮细胞等产生释放多种细胞因子，其可引发炎症反应，并促进纤维化，对调整并改善炎症效应起到关键的作用。研究发现，与放射性肺损伤的发生发展密切相关的细胞因子主要包括 TGF-β1、血小板源生长因子（PDGF）、TNF-α、IL-1、IL-6、高分子黏蛋白样抗原如 KL-6。环加氧酶 2（COX-2）在早期放射性间质性肺炎期间，能引起前列腺素 E2（PGE2）表达增加而加重炎症反应。激活蛋白 1 的缺失很可能在肺纤维化的形成中具有重要意义。

放射线的间接作用：放疗后肺组织的低氧可介导多种炎症细胞因子产生，纤维组织增生，导致放射性肺损伤。早期小鼠受照侧肺呈中度低氧，此时尚无肺功能和组织病理学改变；后期即照射后 6 个月，低氧进一步加重，巨噬细胞活性增强、胶原沉积、肺纤维化及呼吸频率增加。免疫组化显示，TGF-β、VEGF 及 CD31 表达增高，提示低氧激活了前纤维蛋白原和血管生成素原旁路。^{60}Co γ 射线可刺激Ⅳ型胶原、肺组织基质金属蛋白酶 9 和金属蛋白酶组织抑制剂 1 mRNA 的表达，但随照射后时间的延长呈现不同的变化趋势，它们之间的相互制约导致了放射性肺损伤早期的组织重建，与后来形成的肺纤维化有必然的内在联系。此外，照射后肺组织基质金属蛋白酶 12 活性增高，可能通过降解基底膜弹力纤维促进成纤维细胞转化，启动肺纤维化的发生。

3. 氧自由基产生过多学说 电离辐射的生物学效应是由活性氧物质如超氧化物、过氧化氢的产生开始的。大量的自由基和（或）低的抗氧化作用会发生氧化应激，导致生物分子的化学变化，引起结构和功能的改变。超氧化物歧化酶（SOD）对机体的氧化与抗氧化平衡起着至关重要的作用，此酶能清除超氧阴离子自由基（O_2^-·）保护细胞免受损伤。Kang 研究了氧化应激与照射损伤的关系，认为肺照射后 15～20 周，氧化应激出现，转基因鼠中高表达的超氧化物歧化酶可通过降低氧化应激而防护肺的照射损伤。

4．免疫反应学说 放射性损伤在临床上最常见的现象是放射损伤发生在放射野内，即野内效应（in-field effect）。但临床上有时会出现放射性肺炎发生于照射野之外，甚至可能在健侧肺组织。这是一种由免疫介导引起的双侧淋巴细胞性肺泡炎，称为散发型放射性肺炎，是由大量的 T 淋巴细胞受到刺激发生免疫应答反应所致。这种肺炎占放射性肺炎的 5%～10%，而患者呼吸困难的程度与肺照射体积不相符，症状消退后常常不继发纤维化为特征。这类患者表现与过敏性肺炎类似，对激素治疗较为敏感。

四、急性肺损伤的分子机制

内毒素的活性成分脂多糖（LPS）是急性肺损伤的重要致病因子。内毒素性急性肺损伤的发生涉及多种病理生理机制，可分为 LPS 直接损伤和 LPS 间接损伤（主要有炎症学说、氧化应激及细胞凋亡等），其中炎症反应研究最多。

1．炎症学说 LPS 进入机体后被脂多糖结合蛋白（LBP）识别，然后与 CD14 结合，形成 LPS/LBP/CD14，其通过信号转导通路活化炎症细胞释放大量炎症因子的过程错综复杂，迄今尚未完全阐明。

Toll 样受体（TLR）：TLR 是先天免疫系统中的细胞跨膜受体及模式识别受体之一，在急性炎症反应、细胞信号转导及细胞凋亡中起重要作用。TLR-4 是第一个被发现的 TLR 成员，目前普遍认为，TLR-4 是 LPS 信号从细胞外至细胞内的跨膜转导受体。TLR-4 可直接与 LPS 结合，也可与 LBP-LPS-CD14 结合，将信号转入胞内，并启动炎症反应，其激活将引起一系列下游分子的活化，放大炎症反应。研究表明，TLR-4 信号除了可以激活 NF-κB，还可导致细胞凋亡，TLR-4 的下游分子 MyD88 MAL/TIRAP（含有 TIR 结构域的适配蛋白）、IRAK-1 和 TRAF6 参与调节 LPS 介导的细胞凋亡信号通路。因此，TLR-4、CD14 作为 LPS 诱导的细胞应答的顶点，在 LPS 介导的急性肺损伤的发病机制中发挥重要作用。如果能调节 TLR-4 的信号转导，就可能在不同的病理阶段将炎症反应水平调控在合适水平，从而有利于急性肺损伤的防治，可作为药物发展的目标。

MAPK 信号转导通路：MAPK 是细胞内的一类丝氨酸/苏氨酸蛋白激酶。研究证实，MAPK 信号转导通路存在于大多数细胞内，将胞外刺激信号转导至细胞及其核内，并引起细胞生物学反应。LPS 能激活所有的 MAPK，然后作用于各自的底物，从而通过转录因子而调节细胞因子 TNF、IL-1、IL-6 及 IL-8 等促炎因子的表达，MAPK 在 LPS 介导的急性肺损伤中发挥重要作用。

NF-κB 信号转导通路：NF-κB 是一种重要的转录因子，与目的基因结合位点结合，启动和调控一系列参与炎症反应的炎症因子基因表达，参与急性肺损伤的炎症反应进程，介导肺脏等器官功能损伤。研究表明，IKK/I-κB/NF-κB 信号通路是活化 NF-κB 的重要通路，LPS 刺激后启动信号转导，激活 NF-κB，从而发挥作用。NF-κB 的持续活化与肺损伤的严重程度有关，阻断 NF-κB 途径有利于急性肺损伤的治疗。

细胞因子失衡：内毒素诱导产生的细胞因子主要有 IL-1β、IL-6、IL-8、IL-12、TNF-α、iNOS 等。这些细胞因子不仅可以直接导致肺损伤，还可以激活其他信号通路，促进炎症因子的表达，导致肺损伤；下调促炎因子或上调抗炎因子的产生，使其保持平衡，可使肺内环境由促炎反应向抗炎反应转变，从而阻止肺内反应继续进展。

2．氧化应激　研究表明，氧过多可引起急性肺损伤，减少细胞增殖，激活炎症反应，促进细胞毒性，引起 DNA 损害和细胞损伤，激活促凋亡信号通路，导致肺泡上皮细胞和内皮细胞死亡。虽然活性氧（ROS）对于 LPS 导致的细胞凋亡的作用还不明确，但可以确定的是 ROS 可以增加线粒体膜通透性，促进促凋亡因子的释放。ROS 可以导致促炎因子（如细胞色素 c）的释放，从而激活半胱氨酸蛋白酶 9（caspase 9），启动内源性凋亡途径即线粒体凋亡途径。而且，ROS 还可以激活 caspase 3、caspase 8，从而导致细胞凋亡。也有研究显示，ROS 产生增多或抗氧化系统降低可提高氧化磷脂的水平，氧化磷脂与肺部损伤、感染及细胞凋亡关系密切。ROS 还可以激活 NF-κB。因此，减少 ROS 的产生或增强抗氧化系统，可有效地治疗急性肺损伤。

3．细胞凋亡　细胞内存在抗凋亡因子（如 FasL、Bcl-2、Bcl-XL 及 A1 等）和促凋亡因子（如 Fas、Bax、Bad 及 Bak 等），两者相互制约，维持动态平衡。但当 LPS 入侵机体时，这种动态平衡被打破，随着两者活性的改变，促凋亡因子占据主导地位，细胞凋亡加速，当 LPS 得到控制或去除后，大量的凋亡细胞不能恢复，从而造成组织损伤。

第四节　肺组织修复再生的分子生物学

一、肺组织修复再生的概念

ALI/ARDS 的高病死率一直是呼吸疾病的棘手问题，尽管人们对 ALI/ARDS 的发病机制和改善症状、控制病死率等药物研究有许多新进展，但在有效治疗肺损伤及抗损伤后纤维化方面尚无很好的办法，人们一直试图寻找更新、更有效的治疗手段。由于供体数量不能满足需求，术后需要免疫抑制治疗，以及存在慢性排斥、潜在疾病传播等原因，肺移植手术的开展受到很大的限制。利用机体本身的再生能力或者应用药物等手段激活机体的再生潜力是许多疾病治疗的理想方法。近年来，再生医学研究已经成为医学研究领域的热点之一，应用组织工程技术构建组织工程肺来替代移植肺组织已经成为治疗的新选择和研究方向。虽然肺复杂的三维结构以及多种细胞组成的特点使其在再生医学研究方面处于相对落后的状态，但其发展前景仍然令人期待。细胞替代及基因治疗应运而生，用于细胞分化成肺上皮细胞，作为基因治疗的靶点或器官再生与修复的供源，替代病损的肺组织，减少肺纤维组织增生，进而逐渐修复病变肺组织，缓解和抑制病理进程，改善肺功能，这种理想的治疗策略，已逐渐显示出巨大的发展前景和治疗潜能。

二、肺修复再生相关干细胞

目前，与肺损伤修复相关的干细胞主要有内源性肺干细胞和外源性肺干细胞。

1. 内源性肺干细胞　内源性肺干细胞是指位于肺组织内能自我更新，并能在特定条件下分化为肺组织的细胞。当肺损伤后，内源性肺干细胞迅速增殖分化生成短暂扩增细胞，并最终形成终末分化细胞以修复损伤的上皮组织，其中与肺泡上皮修复关系密切的内源性肺干细胞包括Ⅱ型肺泡上皮细胞（AECⅡ）、支气管肺泡干细胞（BASC）、肺八聚体模体结合转录因子 4^+（Oct-4^+）干细胞 3 种。

目前认为肺组织的干细胞属于单能干细胞，只能向一种成体干细胞定向分化，且数量有限，体外分离培养困难，不能满足临床需求，坏死的肺组织和细胞靠受损组织内源性干细胞修复是不够的。有多种类型的细胞可用于肺损伤修复的细胞移植，包括成体肺组织干细胞、胚胎干细胞、造血干细胞以及骨髓间充质干细胞。但是，成体肺组织干细胞数量有限，且由于组织损伤致使干细胞受损，胚胎干细胞受到伦理道德等限制，因此，骨髓来源的干细胞作为肺修复的理想靶点越来越引人关注。

2. 外源性肺干细胞　外源性肺干细胞是指来源于肺以外组织的干细胞，主要包括胚胎干细胞、骨髓源性干细胞以及其他组织干细胞。它们都可以向肺干细胞乃至成熟肺细胞分化。

胚胎干细胞：胚胎干细胞是主要存在于胚胎发育早期的内层细胞团，是一种高度未分化细胞，具有全能性，可自我更新并有分化为体内所有组织的能力。研究表明，在体内外培养条件下，胚胎干细胞都能分化为 AEC。可见，胚胎干细胞具有向肺泡上皮分化的能力，能参与肺组织的更新修复。

骨髓源性干细胞：骨髓源性干细胞包括造血干细胞（HSC）、内皮祖细胞（EPC）、间充质干细胞（MSC）和多能成体祖细胞（MAPC）等。HSC、MSC 及 MAPC 具有多向分化潜能，在体内可分化为 AEC。EPC 是血管内皮细胞的前体细胞，在体内具有明显的内皮修复及促血管新生作用。异性骨髓移植的研究发现，女性受体肺组织出现了包含 Y 染色体的供体肺上皮细胞和内皮细胞。可见，骨髓源性干细胞可向肺组织定殖，并分化为上皮细胞和内皮细胞。

三、促进肺组织再生的物质

1. 肝细胞生长因子　肝细胞生长因子（HGF）是一种多能生长因子。有研究表明，在肺发育过程中以及肺损伤后 HGF 通过其受体 c-met 的酪氨酸激酶磷酰化而发挥其促有丝分裂、促成形及肺保护作用。体内及体外研究均表明，HGF 是肺泡Ⅱ型上皮细胞有效的促分裂原。人们对 HGF 在肺再生中的作用也进行了广泛的研究。腹腔应用 HGF 可以明显增加小鼠外周血单核细胞中 Sca-1^+/Flk-1^+细胞的比例，同时可以促进肺泡壁中骨髓来源及肺泡壁本身存在的内皮细胞的增殖，从而逆转弹性蛋白酶引起的小鼠肺气肿改变。目前的研究已经证实，HGF 具有促进肺再生的作用，但仍需要临床研究进行进一步验证。

2．角质细胞生长因子 角质细胞生长因子（KGF）又称成纤维细胞生长因子 7（FGF7），是在伤口愈合过程中存在的一种生长因子，可以促进角质细胞生长、伤口的修复与愈合。肺泡Ⅱ型上皮细胞（AEⅡ）表达 KGF 受体。有研究发现，KGF 可以促进 AEⅡ的增殖、移行以及存活。KGF 是否具有肺泡损伤的修复作用存在争议。应用 KGF 可以预防小鼠由弹性蛋白酶诱导的肺气肿，但是弹性蛋白酶应用 3 周后再应用 KGF 并不能逆转肺泡的破坏。

3．粒细胞集落刺激因子 粒细胞集落刺激因子（G-CSF）也称集落刺激因子 3（CSF3），是一种糖蛋白，可以由多种组织产生，刺激骨髓产生粒细胞和干细胞，并释放入血。G-CSF 也具有促进组织再生的作用。有研究证实，小鼠心肌坏死后 G-CSF 可以促进骨髓干细胞释放入血，并最终分化为心肌细胞，起到促进组织再生的作用。

4．肾上腺髓质素 肾上腺髓质素（ADM）是最初分离于肾上腺髓质肿瘤的嗜铬细胞瘤，是一种多功能调节肽，能诱导 cAMP 的产生、扩张支气管、调节细胞生长、抑制凋亡、影响血管形成，并具有抗微生物活性等。气道上皮基底细胞以及肺泡Ⅱ上皮细胞均分布有丰富的 ADM 受体。Murakami 等给弹性蛋白酶诱导的小鼠肺气肿持续应用 ADM 后，可以明显增加外周血 Sca-1^{+}细胞，同时使肺泡及血管再生。这提示 ADM 可以动员骨髓源性细胞入血，同时对肺泡上皮细胞及内皮细胞具有直接的保护作用。

第五节 肺癌标志物

一、肺癌概况

肺癌是世界上最常见的恶性肿瘤之一，已成为我国城市人口恶性肿瘤死亡原因的第一位。目前我国每年约有 60 万人死于肺癌，肺癌的 5 年生存率低于 15%。超过 75%的肺癌患者确诊的时候已经是局部晚期肺癌或转移性肺癌，肺癌患者的晚期诊断是造成生存率低下的主要原因。尽管靶向治疗显著改变了肺癌治疗的模式，但其总的 5 年生存率仍很低。早期肺癌的临床表现大都隐匿，且无特异性，绝大多数患者就诊时已到了中晚期，此时患者治疗花费大，预后差，因此肺癌的早期诊断尤其重要。目前肺癌缺乏单一的敏感和特异的早期诊断指标，早期确诊主要依赖影像学检查或出现临床症状。目前最先进的检测技术手段如多层螺旋 CT（MDCT）、单光子发射体层摄影（SPECT）、正电子发射体层摄影（PET）等已经可以发现直径 2～6mm 的肿瘤。但是这些检查需要昂贵的设备和专业的操作人员，检查过程复杂，花费很高，且存在物理极限，此时肿瘤已经进入血管生成期，这些技术也不能判断肿瘤复发或转移的可能，无法在临床推广作为普查工具。几种常见的蛋白质标志物，如细胞角蛋白 19 片段、癌胚抗原及神经元特异性烯醇化酶等可用来对肺癌进行无手术诊断，但是这些标志物的灵敏度和特异性都不高。统计表明只有约 20%的肺癌患者具有手术切除的条件，从而导致肺癌死亡率居高不下。

肿瘤标志物是指某些肿瘤患者体液或组织中存在的异常物质，包括多肽、蛋白质、核酸和代谢产物等。肿瘤标志物可用于肿瘤的早期检测，包括肿瘤易感性、原发癌早期诊断、复发和转移的早期发现；可用于肿瘤的生物学分型，取代传统基于结构的病理分型，更好反映肿瘤的生物学行为特性；可用于预后判断，包括患者生存期、复发和转移的潜能；可用于指导治疗，预测药物的有效性、敏感性和毒性反应等。一个理想的肿瘤标志物应该具备以下特点：①可测量性和重复性好，实验室和操作者差异影响小；②敏感性和特异性高；③适用于大规模检测；④所需样本量小；⑤指示疾病状态。多项研究表明，在肿瘤的早期检测和诊断、临床分期、病理分型、疗效评估、监测及预后判断等方面，肿瘤标志物具有十分重要的意义。同时也有资料表明，肿瘤标志物能够作为晚期肺癌靶向治疗的预测因子，能够在治疗中发挥更大作用。目前对肺癌来说，还没有高敏感性、强特异性的标志物，现在临床上多将多种肿瘤标志物联合进行检测以提高肺癌的阳性检出率，这需要通过科学分析和严格筛选，选出合适的肿瘤标志物，才能尽可能发挥其最大价值，同时避免造成过度医疗和医疗资源的浪费。但是，由于多指标联合检测操作比较繁琐，并且目前能够广泛推广使用的检测方法灵敏度尚不够高，不能够满足大范围普查实现肺癌的早期检测。这引起了全世界各地的研究者及临床工作者的研究兴趣。同时，由于临床检测技能的不断提高和检测方法的优化改进，肿瘤标志物检测的种类、灵敏度和特异性都有很大的提高，从而为肿瘤患者早期诊断和治疗，以及治疗监测和预后判断提供了可靠的理论依据和实验支持。考虑到应用和技术的可行性，目前检测的肿瘤标志物主要是血液中的蛋白质标志物和核酸标志物。

二、肺癌标志物的分类

肺癌主要分为非小细胞肺癌（non-small cell lung cancer，NSCLC）和小细胞肺癌（small cell lung cancer，SCLC）。其中，NSCLC 占肺癌的 75%～85%，它包括有鳞状细胞癌、腺癌和大细胞癌等，SCLC 占肺癌的 15%～25%。在过去的几年中，虽然 NSCLC 和 SCLC 的诊断有所差别，但是对于 NSCLC 亚型的诊断和预后尚没有区别。由于不同组织学类型的肺癌所表达的肿瘤标志物也有所差异，所以需要发展用于肺癌分型诊断的生物标志物。由于肿瘤细胞的异质性、组织病理的多样性和生物学行为的复杂性，目前还没有针对肺癌的高灵敏度和特异性的生物标志物，主要是通过对多项肿瘤标志物进行联合评估从而实现对肺癌的检测。下面对肺癌传统生物标志物及新型生物标志物进行简介。

1. 蛋白质类生物标志物

1）*癌胚抗原*　癌胚抗原（carcino-embryonic antigen，CEA）是在 1965 年由 Freedman 和 Gold 首先发现的由胎儿的胃肠道上皮组织、肝和胰的细胞所合成的一种糖蛋白，是最早用于诊断和检测肺癌的肿瘤标志物之一，也是目前肺癌的诊断和治疗中最常用的肿瘤标志物之一。它是一种参与细胞黏附反应的糖蛋白，通常在妊娠期的前 6 个月内出现，含量不断升高，但在出生后血清中含量已经降为很低。正常的成年人血清含量多低于 10μg/L，在结肠癌等胃肠道肿瘤会出现反流进入血液循环系统，从而引起血清 CEA 升高。

大量研究表明，肺癌患者血清CEA水平明显高于正常对照组和良性肺病组患者，尤其在肺腺癌和大细胞肺癌，CEA的浓度特别高，但也有研究发现在一些良性病症和其他恶性肿瘤中，CEA浓度升高，从而限制了其在诊断中的使用。CEA的升高程度与癌细胞数量直接相关，可以对非小细胞肺癌提供鉴别诊断和预后信息，特别是肺腺癌，如果联合CYFRA21-1则价值更大。Molina等在211例NSCLC中研究CEA、鳞状细胞癌相关抗原（SCC）和神经元特异性烯醇化酶（NSE）等生物标志物的诊断能力，其中CEA的灵敏度可达到52%，而且CEA主要在肺腺癌中表达异常，并且其表达与肿瘤分期相关。

2）细胞角蛋白19片段　细胞角蛋白19片段CYFRA21-1是主要分布在正常及恶性的单层上皮细胞的支架蛋白，能够被蛋白酶所降解或在细胞死亡后以溶解片段的形式被释放到血液中，在上皮组织来源的肿瘤组织中的含量明显增高，1987年由Bobenmnuller等发现其在肺癌患者血清中含量较正常对照组明显增高。目前已得到证实的细胞角蛋白有20多种，其中细胞角蛋白19片段被认为是一种有用的肿瘤标志物，用于NSCLC的检测。一些研究表明，CYFRA21-1血清水平升高可以作为一种预测肿瘤风险的独立因子。Niklinski等研究发现，CYFRA21-1对肺鳞癌的敏感性要高于肺腺癌及SCLC。血清CYFRA21-1的含量变化对非小细胞肺癌的诊断、疗效监控及预后有一定的临床意义。

3）神经元特异性烯醇化酶　神经元特异性烯醇化酶（neuron specific enolase，NSE）存在于神经组织和神经内分泌组织中，是一种参与糖无氧代谢通路的关键代谢酶，在细胞被破坏时释放出来，从而反映细胞的更新和凋亡的比率。有研究显示与肺良性疾病组及正常对照组比较，肺癌患者血清NSE的水平显著增高，且血清在小细胞肺癌患者中的浓度明显高于其他类型，所以对NSE的测定能够为小细胞肺癌提供更多的诊断信息。研究者发现在SCLC中有过量的NSE表达，其检测SCLC的灵敏度可达到74.5%。研究表明，肺癌患者血清中的NSE表达水平明显高于肺良性疾病组及正常对照组，并且NSE可以作为SCLC的预后特征之一。Ruibal等在95例鳞癌中研究NSE的表达水平，结果表明NSE在肺鳞癌中的表达水平显著高于正常肺组织，而且NSE的浓度与临床分期以及淋巴结转移没有相关性。

4）鳞状细胞癌相关抗原　鳞状细胞癌相关抗原（squamous cell carcinoma antigen，SCC-Ag）是一种由鳞癌细胞产生和分泌的异常蛋白质抗原，一般其存在于正常的鳞状细胞内，并不释放到血液中，所以在正常组织中含量极低。它特异性很好而且是最早用于诊断和检测鳞癌的肿瘤标志物。Shimada等在309例肺鳞癌患者中研究SCC-Ag的表达，结果表明SCC-Ag的浓度和阳性率随着肿瘤进展而显著升高。研究数据表明，SCC-Ag表达水平高低可以影响肺腺癌患者术后5年生存率，但是对肺鳞癌术后5年生存率影响不大。

5）Dickkopf-1（DKK-1）　DKK是近些年来开始被研究和关注的一种包含一个信号肽序列和2段富含半胱氨酸结构域的分泌性糖蛋白，是Dickkopf家族的最先被发现的分泌蛋白。它是一组分泌型糖蛋白，包括 DKK-1～DKK-4 四个成员。它是 Wnt/β-catenin 信号通路的抑制剂，严格控制着 Wnt/β-catenin 信号通路的功能状态，而 Wnt/β-catenin 信号通路在成人干细胞的发展和调节系统中发挥着重要作用。有研究表明，血清 DKK-1 浓度在胃癌、结直肠癌、卵巢癌、子宫颈腺癌中明显降低，而在肝癌、肺癌、肾母细胞瘤、肝母细胞瘤、乳腺癌、多发性骨髓瘤等肿瘤中表达明显升高。研究显示，DKK-1 诊断肺癌的敏感性为 69.8%。它在正常人中的表达仅为 5%，在各种类型的肺癌中表达均较高，可以作为一种新型肺癌标志物。另有研究数据显示，DKK-1 与肺癌的临床分期、疗效观察、预后预测有明显关联，它与其他肿瘤标志物联合可以大大提高诊断肺癌的敏感性。

6）血清铁蛋白（serum ferritin，SF）　铁蛋白是一种由 24 个非共价键连接成亚单位的含铁蛋白，其具有强大的结合和储备铁的能力，主要分布在肝、脾和骨髓中，其主要生理功能为储存铁元素，并在机体合成含铁物质时提供铁，在铁的代谢方面起着重要的作用。血清中有微量的铁蛋白，并且在正常条件下其含量稳定。近年来大量研究表明，许多实体恶性肿瘤可以合成和分泌 SF，使 SF 的浓度明显高于正常人，因此其浓度增高可以作为恶性肿瘤的辅助实验诊断指标。有研究数据表明，SF 对肺癌有着较高的诊断敏感性，其阳性率为 69.94%，随着肿瘤的治疗，血清 SF 可以恢复到正常水平，虽然它不是肺癌特异性的诊断指标，但可以作为一种辅助标志物用于肺癌的诊断。

7）组织多肽特异性抗原　组织多肽特异性抗原（tissue polypeptide specific antigen，TPS）是细胞角蛋白 18 片段上与 M3 抗体结合的抗原决定簇，广泛分布在机体的正常体细胞（如肝细胞、泌尿生殖道细胞），但其表达量较低，而在上皮来源的恶性肿瘤和转移癌中为高度表达。TPS 在细胞周期的 S 期和 G_2 期之间被合成并释放入血或其他体液中。因此，血清中 TPS 的含量可以作为反映肿瘤细胞分裂和增殖活性的一种新型特异性指标。TPS 是鉴别增生上皮细胞的一个有用工具，其测定主要用于检测对治疗的反应、预后和多种肿瘤的早期检测。有研究表明，TPS 在各种病理类型的肺癌患者中均高表达，敏感度可达到 75.6%。Vander 等在 203 例 NSCLC 患者中研究 TPS 的预后价值，结果表明 TPS 表达水平与乳酸脱氢酶、谷氨酰转肽酶及碱性磷酸酶具有显著相关性，而且Ⅳ期患者中的 TPS 平均水平显著性高于Ⅲ期患者，而且 TPS 对于晚期 NSCLC 患者具有预后意义。

8）糖类抗原　糖类抗原（carbohydrate antigen，CA）是指肿瘤细胞的相关抗原物质，是利用杂交技术所获得的能识别肿瘤特异性的大分子糖蛋白。其为一系列的肿瘤相关抗原，命名没有明显规律，有些是细胞株的标号，有些是抗体的物质编号，常用的有 CA125、CA153、CA199、CA50 等。CA125 水平明显升高主要见于卵巢癌，也可见于其他肿瘤，如乳腺癌、胰腺癌、肺癌、胃癌等，还可以见于一些非恶性肿瘤，如子宫内膜移位症、盆腔炎等。CA153 是乳腺癌最重要的特异性标志物，其水平明显升高可见于 30%～50%的乳腺癌患者，其血清含量的变化与治疗的效果密切相关，可以作为乳腺癌患者的临床诊断、疗效观察和术后监控的最佳指标，但其在其他肿瘤，如肺癌、肾癌、结肠癌、卵巢癌、胰腺癌等也有不同程度的升高。CA199 是胰腺癌和结直肠癌的敏感标志物，特别对胰腺癌最为敏感，阳性率最高，在卵巢癌、胃癌、肺癌等其他肿瘤中阳性率较低。在不同分期肿瘤患者中，糖类抗原的阳性率随疾病进展而增加，但差异无显著性，说明其表达水平与肿瘤分期无关。Ando 等检测 CA125 在 312 例肺癌患者（200 例肺腺癌和 112 例肺鳞癌）中的表达，结果表明在肺腺癌患者中 CA125 的检测阳性率随分期而升高，具有一定的诊断价值。

9）胃泌素释放肽前体　胃泌素释放肽（gastrin-releasing peptide，GRP）是存在于正常人脑和胃肠等的神经纤维以及胎儿肺的神经内分泌组织的激素，是一种由 27 个氨基酸构成的生物活性肽，具有促胃泌素释放的作用。McDonald 等在 1978 年从猪的非窦部胃上皮细胞分离出来 GRP，人类 *GRP* 基因编码产物为 148 个氨基酸的胃泌素释放肽前体的母体（preproGRP），经一系列细胞内过程最终产生胃泌素释放肽前体（pro gastrin-releasing peptide，ProGRP）分子。有研究显示，在多个人 SCLC 的细胞株中可以检测到 GRP 的 mRNA，而在人 NSCLC 细胞株中则表达为阴性，提示人的 SCLC 细胞中表达有高水平的 GRP。肿瘤组织可以分泌 GRP，并且其中富含 GRP 的受体，较低水平的 GRP 即可以刺激 SCLC 细胞的 DNA 合成，GRP 不仅可以通过自分泌促进有丝分裂素的释放，同时也具有旁分泌和内分泌的效能，表明其是 SCLC 的自主生长因子，故 ProGRP 可以作为诊断 SCLC 的一种新的肿瘤标志物。并且有数据显示其敏感性和特异性均高于 NSE，特别是对局限期的 SCLC 诊断准确性高于 NSE，能够在一定程度上提高 SCLC 的早期诊断水平，并对监测病情、疗效评估和判断预后也有较高价值。Sunaga 等研究 ProGRP 用于诊断、治疗、监测复发及预后的 SCLC 患者，结果发现，其在 SCLC 患者中的检测特异性为 75%，对其中一些 SCLC 患者进行随访，发现 62%的患者经治疗后 ProGRP 的表达水平显著下降。因此 ProGRP 对于 SCLC 具有高特异性，可以用于 SCLC 患者的治疗监测和预后分析。

2. DNA 类生物标志物　分子生物学研究表明，肺癌的发生发展是癌基因激活、抑癌基因失活的由多基因参与的多步骤、多阶段、体内外因素相互作用的复杂过程。当癌基因活化、抑癌基因失活以及其他基因的异常积累时，往往会导致肿瘤的发生发展。因此，检测癌基因、抑癌基因的突变有利于肿瘤的早期诊断。

1）*p53* 基因　*p53* 定位于人类染色体 17p13.1，全长 16～20kb，由 11 个外显子和 10 个内含子组成，是一种抑癌基因，其编码产生由 393 个氨基酸组成的蛋白质，在细胞内以四聚体形式存在。*p53* 基因具有转录因子的特性，参与细胞内众多的生理和病理过程。*p53* 的不同功能取决于与 *p53* 作用的细胞或病毒蛋白。在人类肿瘤发生过程中，*p53* 基因监控功能的丧失是目前最常见的变化之一，是肿瘤发生中最重要的原因。*p53* 基因突变是肿瘤发生过程中常见的类型。*p53* 基因突变可以发生在 90%的 SCLC 患者中，而在 NSCLC 患者中也有约 60%的突变。通常，*p53* 基因的突变发生在肿瘤的早期，因此若能及时获取标本，将在很大程度上利于早期诊断。具有 *p53* 基因突变的患者多对放化疗有不同程度的抵抗，而且易发生肿瘤转移，因此可作为监控治疗和判定预后的指标。

2）*ras* 基因　*ras* 基因是目前所知的最早被确定的、最保守的致细胞癌变的癌基因，广泛存在于目前研究的各种真核生物如哺乳类、果蝇、真菌、线虫及酵母中，提示它有重要生理功能，对于细胞生长、增殖、发育及分化调控、细胞的恶性转化都起着重要作用。*ras* 基因家族包括 *K-ras*、*H-ras* 和 *N-ras* 3 种。人类大约有 30% 的癌症存在 *ras* 基因的突变，并且不同的 *ras* 基因偏爱特定的肿瘤，如 *H-ras* 突变多发生在尿路膀胱癌和口腔鳞状细胞癌，*N-ras* 突变多发生于急性白血病、恶性黑色素瘤和肝细胞癌，*K-ras* 突变则多发生于肺腺癌、前列腺癌和大肠癌。*K-ras* 基因位于 12 号染色体上，当 *K-ras* 基因外显子 1 中的第 12、13 和外显子 2 中的第 61 位密码子点突变时会使 *ras* 基因激活，进而引起 K-ras 蛋白的异常表达，使得细胞内信号转导系统持续开放，细胞处于恶性分裂和增殖，导致癌变。*K-ras* 突变主要见于 NSCLC，其中又以腺癌最多见，占腺癌的 30%～50%。检测 *K-ras* 基因突变是估计肺癌（主要是腺癌）复发、判断预后的良好指标。

3）*人端粒酶反转录酶*　端粒是真核细胞染色体的生理性末端，由端粒 DNA 和端粒蛋白构成，主要功能在于保证染色体末端的复制并维持其稳定。端粒酶是一种能够催化延长端粒末端的核糖核蛋白（RNP）复合物，能以自身的 RNA 为模板，反转录合成端粒重复序列并添加于染色体末端。端粒酶活性是细胞永生化的关键步骤，在正常组织中无端粒酶活性，但是 85%以上的人体恶性肿瘤都具有端粒酶活性。人端粒酶反转录酶（human telomerase reverse transcriptase，hTERT）是端粒酶活性调节的主要部分，在正常组织增生和肿瘤发生中有重要作用。研究表明，吸烟（*P*=0.0076）或被动吸烟（*P*=0.06）可能促使端粒酶激活，而端粒酶激活又可促进 *p53* 基因的过表达，使个体对环境致癌物易感性增加。国内外已有较多关于检测端粒酶活性在肺癌早期诊断中临床意义的病例对照研究，Meta 分析了国内外多个临床研究，结果显示端粒酶作为肺癌诊断标记物的灵敏性为 93.41%，特异性为 79.87%。近年来，不少学者通过对肺癌患者痰脱落细胞、纤维支气管镜刷检物及胸腔积液脱落细胞端粒酶活性的检测，证明端粒酶在上述组织中高表达，说明端粒酶在肺癌的发生和发展方面具有重要作用。端粒酶活性的表达与恶性肿瘤的侵袭转移及恶性转化有关，随着肿瘤分化程度由高到低，端粒酶阳性率呈升高趋势。Targowski 等对 21 例周围型 NSCLC 进行研究，结果表明针对活检细胞学检测敏感性为 71.5%，端粒酶为 61%，两者联合敏感性为 95.2%。

3．非编码 RNA 类生物标志物　研究者发现人类基因组约 90%的核苷酸序列都能被转录，但是能够翻译产生蛋白质的序列不超过整个基因组的 2%。人们把这一类不编码蛋白的 RNA 称为"非编码 RNA"（noncoding RNA，ncRNA）。ncRNA 不具有可读框（ORF），因此它们不编码蛋白质。ncRNA 可以分为短链非编码 RNA，其中最具有代表性的就是 miRNA，还包括长链非编码 RNA（long noncoding RNA，lncRNA），即长度大于 200 个核苷酸的非编码 RNA。ncRNA 最初被认为是"转录噪音"，但是越来越多的研究表明这些 ncRNA 在多种生理学过程中有重要作用，ncRNA 的异常表达与多种肿瘤相关。

1）microRNA（miRNA）　miRNA 是长度为 19～25 个核苷酸（nucleotide，nt）

的非编码 RNA，它通常来源于一个大小约为 1000 个碱基对的长链 RNA 初始转录产物（Pri-miRNA），Pri-miRNA 分子在细胞核中经过双链 RNA 特异性 RNase Ⅲ-Drosha 的作用，形成 70～100nt 的具有茎环结构的 RNA 分子（Pre-miRNA）。Pre-miRNA 在 exportin-5 的作用下转运至细胞质中，被另一个双链 RNA 特异性 RNase Ⅲ-Dicer 识别，被进一步切割成长约 22nt 的小分子 RNA，即成熟的 miRNA。成熟的 miRNA 在 RNA 诱导沉默复合物（RNA-induced silencing complex，RISC）引导下与互补 mRNA 完全或不完全配对，降解靶 mRNA 或阻遏其转录后翻译（图 4-1）。现已证明，miRNA 能够调控多种生理学和病理学过程，如细胞分化、细胞增殖和肿瘤形成。在人类中已经发现近千种 miRNA 可参与基因调节过程，并且每个 miRNA 可以有几个甚至几百个的靶基因，从而在肿瘤的发生和发展过程中发挥重要调节作用。每个 miRNA 分子可能有多个靶基因，而每个靶基因又可与多个 miRNA 分子相互作用，因此 miRNA 在肿瘤中的作用不是孤立的，而是形成了复杂的调控网络。

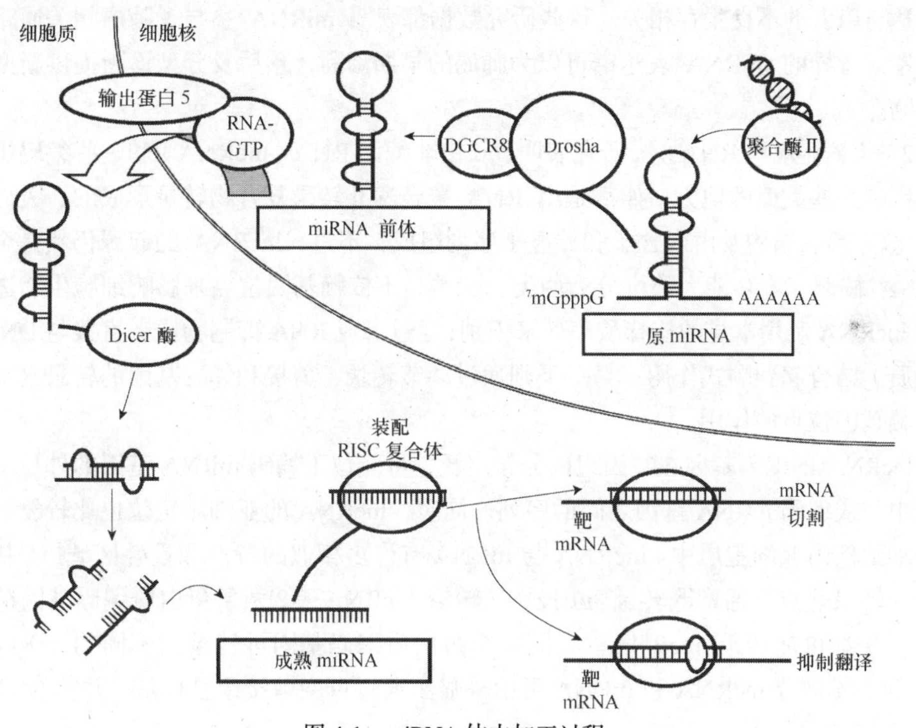

图 4-1　miRNA 体内加工过程

Chen 等发现，miRNA 分子稳定存在于人类和其他动物的血清和血浆中，并在不同的肿瘤中鉴定出具有不同表达水平的血清 miRNA。这些 miRNA 的表达谱显示其有望成为肺癌早期诊断的新型无创生物标志物。miRNA 作为肺癌新型生物标志物，可以用于肺癌的分型诊断、早期检测及预后研究。Lebanony 等证实 miR-205 是肺鳞癌的高特异性生物标志物。通过 qPCR 检测 miR-205 表达可将甲醛溶液固定、石蜡包埋标本中的鳞状 NSCLC 与非鳞状 NSCLC 区分开，其灵敏度为 96%，特异性为 90%。Landi 等发现了一组由 34 个 miRNA 组成的生物标志物用于区分肺腺癌和肺鳞癌。Seike 等在 28 例肺癌组织及其配对正常肺组织中测定 miRNA 的表达水平，与正常组织相比，其中 miR-21、miR-141、miR-210 和 miR-200b 上调表达；而 miR-346、miR-126、miR-3a、miR-30d、miR-486、miR-129、miR-451、miR-521、miR-128、miR-30b、miR-30c、miR-516a 和 miR-520 下调表达。Tan 等发现了一组 5 个 miRNA（miR-210、miR-182、miR-486-5p、miR-30a 和 miR-140-3p）组成的生物标志物用于区分肺鳞癌和正常的肺组织。这组标志物在训练集和验证集中的灵敏度分别为 94.1%和 96.2%。Heegaard 等通过分析 220 例早期 NSCLC 和 200 例正常对照血清中 miRNA 的表达水平，发现 miR-146b、miR-221、miR-155、let-7a、miR-17-5p、miR-27a 和 miR-106a 显著下调表达，但是 miR-29c 在 NSCLC 患者血清中显著上调表达。Zheng 等研究发现转移性肺癌患者血浆中的 miR-155 和 miR-197 的表达水平要高于非转移性肺癌患者。Vosa 等在 38 例 NSCLC 患者中分析了 miRNA 的表达水平与肺癌的进展关系，研究数据表明早期 NSCLC 患者中 miR-374a 的低表达与患者的不良生存相关。这些研究数据都表明 miRNA 参与了肺癌相关通路的调节。鉴定特异的 miRNA 表达谱可以为肺癌的早期诊断、预后及分型诊断提供新型生物标志物。

2）长链非编码 RNA　研究表明，长链非编码 RNA（lncRNA）和一些编码蛋白质的基因有某些类似的地方，如都是由 RNA 聚合酶Ⅱ转录复合物转录形成的、大部分序列 5′端有帽状结构及由内含子和外显子序列组成，不过，lncRNA 的起源仍然是个谜。lncRNA 按照基本功能大致可分为两类，一类是不依赖基因位点来影响细胞生物进程，这类 lncRNA 利用本身的核苷酸序列来识别，通过形成 RNA 抑制物或者直接与 DNA（或蛋白质）结合起到顺式作用；另一类则通过调节转录、剪接和邻近基因的转录水平来发挥依赖基因位点的作用。

lncRNA 的编码基因在基因组内分布广泛，可能位于编码 mRNA 基因的外显子或内含子中，或编码 mRNA 基因之间的序列。同时，lncRNA 的亚细胞定位也比较复杂，可位于细胞核内或细胞质中。lncRNA 与 mRNA 有许多相似的特点和重叠区域：①基因组中的“转录热点”通常既转录 mRNA 又转录 lncRNA；②两条蛋白质编码基因链中的任意一条都可能转录 lncRNA；③同一个蛋白质编码基因可转录出不同的 mRNA 或 lncRNA；④部分 lncRNA 和 mRNA 可由外显子通过可变剪接组合而成，并在 3′端添加多聚核苷酸。

lncRNA 一般具有低保守性，但许多 lncRNA 仍含有强保守元件。这可能是对进化快速适应的结果，不同于 mRNA 必须保证密码子的正确性以防止 ORF 改变，lncRNA 可只在维持其二级结构的稳定或 lncRNA 功能起关键作用的区段保持高保守性。研究已经证明哺乳动物的 lncRNA 在一级结构水平上具有低保守性，而二级结构具有高保守性。

先前的研究表明 lncRNA 参与多种细胞和生物学过程，如增殖、细胞周期、染色体重塑和组蛋白修饰。另外，它们的异常表达与多种肿瘤密切相关，包括乳腺癌、胃癌、肝癌和前列腺癌。目前，已经发现了大量的人类 lncRNA，但是它们的功能和特性还没有得到完全研究。根据 lncRNA 在基因组上相对于蛋白编码基因的位置，可以将其分为：①正义 lncRNA（sense lncRNA）；②反义 lncRNA（antisense lncRNA）；③双向 lncRNA（biodirectional lncRNA）；④基因内 lncRNA（intronic lncRNA）；⑤基因间 lncRNA（intergenic lncRNA）5 种类型（图 4-2）。目前研究发现，lncRNA 在人类基因组中大约有 15 000 个，大多由 RNA 聚合酶Ⅱ参与转录，其表达形式往往具有组织特异性。同时，越来越多的研究结果表明，lncRNA 可通过表观遗传水平、转录水平和转录后水平等层面调控基因的表达，并与多种疾病的发生发展有关，现已成为一大研究热点。

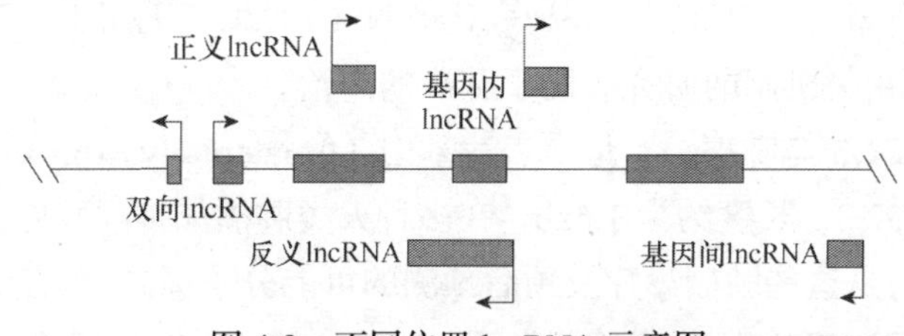

图 4-2　不同位置 lncRNA 示意图

lncRNA 主要可能具有以下几个方面的功能：①通过在蛋白质编码基因上游启动子区发生转录，干扰下游基因的表达；②通过抑制 RNA 聚合酶Ⅱ或者介导染色质重构以及组蛋白修饰，影响下游基因的表达；③通过与蛋白质编码基因的转录本形成互补双链，进而干扰 mRNA 的剪切，从而产生不同的剪切形式；④通过与蛋白质编码基因的转录本互补形成双链，进一步在 Dicer 酶作用下产生内源性的 siRNA，调控基因的表达水平；⑤通过结合到特定蛋白质上，lncRNA 转录本能够调节相应蛋白的活性；⑥作为结构组分与蛋白质形成核酸蛋白质复合体；⑦通过结合到特定蛋白上，改变该蛋白的胞质定位；⑧作为小分子 RNA，如 miRNA、piRNA 的前体分子转录。显然，蛋白质编码基因与其邻近 lncRNA 的表达之间存在相互调节关系，并在转录水平、转录后水平及表观遗传学 3 个层面实现基因表达的调控。因此，如能充分揭示 lncRNA 与蛋白质表达之间的调控机制，将有可能为治疗肿瘤等疾病提供新思路。另外，近年来的研究认为，lncRNA 在肿瘤相关性的调控过程中主要有以下 6 个方面的作用：①维持细胞的增殖与生长；②逃避生长抑制因子；③保证复制的持续进行；④活化转移和侵袭过程；⑤诱导血管的生成；⑥抑制细胞凋亡。由于 lncRNA 的数量远比编码 RNA 要多，其功能也很广泛，所以 lncRNA 与疾病特别是肿瘤的发生发展有密切关系，近年有研究发现 lncRNA 在肺癌发生发展和化疗耐药中可能起着关键的调控作用。

三、lncRNA 在肺癌中的功能及可能的分子机制

1. lncRNA MALAT1 与肺癌　肺癌转移相关转录本 1（metastasis associated in lung adenocareinoma transcript 1，MALAT1）定位于染色体 11q13，长度约 8000nt，是最早被人们发现的与肺癌转移及患者预后相关的 lncRNA。Schmidt 等发现，MALAT1 在肺癌患者癌组织中的表达普遍上调，且其表达水平与患者细胞分化程度、远处转移密切相关，MALAT1 表达水平高者，生存期短，预后差。这表明 MALAT1 可能是肺癌患者的独立

预后因素，可作为判断患者预后的生物标志物。MALAT1 发挥作用可能是与未甲基化的 Pc2（CBX4）作用调节 Pc2 绑定的转移相关靶基因的转录。在核斑中，MALAT1 能与多种 SR 蛋白绑定，调节其表达和磷酸化水平或调控某些前体 mRNA 的剪切活性。

2．lncRNA HOTAIR 与肺癌　HOX 转录反义 RNA（HOX transcript antisense intergenic RNA，HOTAIR）是研究最为深入的 lncRNA。HOTAIR 定位于人类染色体 12q13.13，长度约 2158bp，具有反式沉默作用。研究者发现其在多种肿瘤如乳腺癌、结肠癌、肝癌等中高表达，并能促进乳腺癌、结肠癌细胞的转移。Nakagawa 等对 77 例 NSCLC 患者进行检测，发现癌组织中 HOTAIR 高表达的 NSCLC 患者无瘤生存率减少。对 lncRNA 与肿瘤转移及耐药相关机制的研究有助于肺癌的防治。

3．lncRNA MEG3 与肺癌　母质表达基因 3（maternally expressed gene 3，MEG3）定位于染色体 14q32.3，长度约为 1.6kb，在多种人类肿瘤如神经胶质瘤、膀胱癌、胃癌等中低表达，被认为是这些肿瘤诊疗及预后预测的可能分子标志物。有研究者用 qRT-PCR 技术对 NSCLC 癌组织和细胞进行检测发现，MEG3 在 NSCLC 癌组织和细胞中均明显低表达，过表达 MEG3 能通过调控 p53 抑制 A549 细胞的体内外增殖，促进细胞凋亡。有研究发现，MEG3 可调控 p53 与其靶基因细胞增殖抑制基因 *GDF15* 绑定促进 GDF15 的表达，从而抑制细胞增殖。抑癌基因 *p53* 是 *MEG3* 的下游靶点，*p53* 又能调控其他肿瘤抑制基因如 *PTEN*、*ARF* 等功能。MEG3 表达能诱导 p53 蛋白的显著增加，p53 蛋白受 MDM2 调控泛素化使其降解，MDM2 的抑制有助于维持 p53 的稳定性，而 MEG3 能下调 MDM2 的表达，因此，MDM2 失活可能是 MEG3 活化 p53 的中间调控机制。

4．lncRNA BANCR 与肺癌　*BRAF* 基因激活的非编码 RNA（*BRAF* activated non-coding RNA，BANCR）定位于染色体 9q21.11，长度约 693bp，对黑色素瘤细胞转移有着潜在的作用。研究者在 113 例 NSCLC 患者癌组织样本及相应对照样本中检测发现，lncRNA BANCR 表达水平在癌组织中显著下调，且其表达水平与患者肿瘤分级、病理分期、淋巴结转移及患者预后密切相关。进一步研究发现，BANCR 在 NSCLC 细胞中的表达水平也显著下调，且 BANCR 转录过程受组蛋白去乙酰化酶 3 的调控。在 NSCLC 细胞中过表达 BANCR 能显著抑制细胞增殖活力，诱导细胞凋亡。体内外实验证实，过表达 BANCR 能抑制体内外肿瘤细胞的侵袭及转移，其机制可能是通过调控上皮间质转化相关因子的表达发挥生物学功能，过表达 BANCR 能显著增加 E-cadherin 的表达，降低 N-cadherin 和 imentin 的表达。

5．lncRNA H19 与肺癌　H19 是首个被发现与癌症相关的 lncRNA，在肝癌、膀胱癌和乳腺癌中 H19 表达量升高，发挥类似于癌基因的作用。在肺癌中，H19 主要起促进肿瘤生长的作用，干扰 *H19* 基因表达后，肺癌细胞的集落形成能力和独立贴壁能力下降。但相关研究尚处于起步阶段，亟待更多研究者对 lncRNA 与肺癌临床个体化诊断及治疗的关系进行深入研究。

6．lncRNA TUG1 与肺癌　TUG1（taurine-upregulated gene 1）位于人类染色体 22q12.2，是长度为 7.1kb 的 lncRNA，与 PRC2 结合，在 NSCLC 组织中普遍下调。研究

者利用 qRT-PCR 技术，对比 192 对 NSCLC 患者癌组织与癌旁组织中 lncRNA TUG1 的表达，发现 NSCLC 癌组织中 TUG1 表达较癌旁组织显著下调。进一步研究 TUG1 与 NSCLC 临床参数的关系，结果显示 TUG1 的表达与病理分期及肿瘤大小呈正相关。多变量分析证实 TUG1 低表达预示预后不良。通过荧光素酶分析探索 NSCLC 癌组织中 TUG1 低表达的机制，发现 p53 通过与 p53 反应元件在 TUG1 启动子区相互作用诱导 TUG1。TUG1 还能调节体内外 NSCLC 细胞的增殖，TUG1 高表达导致细胞生长停滞，促进凋亡。进一步机制研究证实 TUG1 能通过癌基因 *HOXB7* 的后生调节参与 Akt 和 MAPK 通路，HOXB7 表达的上调能抑制 TUG1 表达。综上所述，TUG1 作为抑癌基因能抑制肺癌的发生发展，低表达 TUG1 也预示肺癌预后不良。

由于非编码 RNA 在肿瘤的发生发展中具有重要的调控作用，可以作为肿瘤的新型生物标志物用于肿瘤的检测，研究非编码 RNA 的检测方法具有重大意义。我们以 miRNA 为例，概述现有的用于 RNA 检测的技术。

四、miRNA 检测研究

目前有很多方法可以检测 miRNA，如 Northern blot、电化学传感器、基于微阵列芯片的检测方法（microarray-based）、免疫层析法、聚合酶链反应（polymerase chain reaction，PCR）、化学发光法及测序等。下面就针对现有的检测技术进行概述。

1．Northern blot　Northern blot 是用于检测 miRNA 的最为经典的方法。首先需要从组织或细胞中提取总 RNA，或者再经过寡聚（dT）纯化柱进行分离纯化得到 mRNA。然后 RNA 样本经过电泳依据分子质量的大小被分离，随后凝胶上的 RNA 分子被转移到膜上。膜一般都带有正电荷，核酸分子由于带负电荷可以与膜很好地结合。转膜的缓冲液含有甲酰胺，它可以降低 RNA 样本与探针的退火温度，因而可以减少高温环境对 RNA 降解。RNA 分子被转移到膜上后须经过烘烤或者紫外交联的方法加以固定。被标记的探针与 RNA 探针杂交，经过信号显示后表明需检测基因的表达。Northern blot 实验中阴性对照可以采用已经过 RT-PCR 或基因芯片检测过的无表达的基因。它具有许多优势，如方法成熟、不需要复杂的仪器等。另外，由于 Northern blot 包括基于片段大小的分离步骤，因此它既可检测成熟的 miRNA，又可检测 miRNA 的前体。但是这种方法具有耗时、灵敏度低、需要大量 RNA 等缺点，通常会使用经锁式核苷酸（locked nucleic acid，LNA）修饰的核苷酸探针来增强杂交的效率，从而解决 Northern blot 的灵敏度问题。LNA 探针呈现前所未有的热稳定性，可提高与互补 RNA 靶标的杂交效率。

2．电化学传感器法　Gao 等研发了一种电化学传感器用于检测 miRNA，如图 4-3 所示。这个电化学传感器由单层长核苷酸链形成的捕获探针制成，这个捕获探针（CP）包括上端（3′端）的 miRNA 捕获部分和下端（5′端）的检测探针捕获部分。靶标 miRNA 杂交反应后，未杂交的捕获探针及错配的 miRNA/CP 二聚体被内切酶 I 消化，然后葡萄糖氧化酶标记的肽核苷酸检测探针（GOx-DP）杂交到传感器 CP 的下端。传感器表面 GOx 分子的数量与杂交上的 miRNA 链的量一致，因此与靶 miRNA 的浓度直接相关。

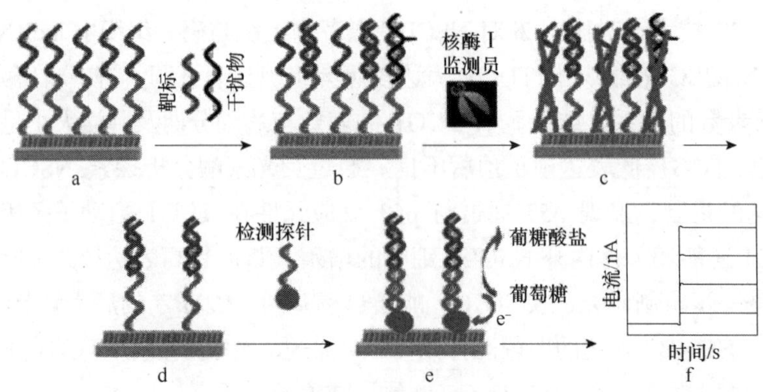

图 4-3　基于电化学传感器检测 miRNA

a．捕获探针固定在传感器表面；b．加入靶标 miRNA 与捕获探针进行杂交；c．未杂交的捕获探针及错配的 miRNA-捕获探针二聚体被内切酶 I 消化；d．完全匹配的靶标和捕获探针固定在传感器上；e．加入葡萄糖氧化酶标记的检测探针进行杂交；f．电化学监测反应结果

这种传感器既不需要 PCR 放大反应，也不需要荧光连接反应。不需要经过复杂的样品处理，就可以快速、灵敏地进行 miRNA 的检测。

3．微阵列芯片法　微阵列技术越来越广泛地被科学家使用，因为它可以减少样品用量，同时检测多个样品以及减少分析时间。miRNA 微阵列芯片包括与靶标 miRNA 互补的核苷酸探针，这些探针含有一个信号转导物来指示杂交反应，如 Cy3、Cy5 或者生物素。

微阵列芯片技术是基于靶标分子与其互补探针之间的杂交反应。图 4-4 为微阵列芯片检测 miRNA 的示意图。与 miRNA 互补的探针通常是 5′端修饰有氨基，并且固定在玻片上。miRNA 上标记有荧光分子，然后与芯片上的探针杂交，最后通过荧光信号分析 miRNA 的相对含量。微阵列芯片技术的重点步骤之一在于 miRNA 探针的设计。由于微阵列芯片上固定有成百上千个探针，杂交反应需要在同一个温度下进行，因此这些探针必须有宽的 T_m 值。

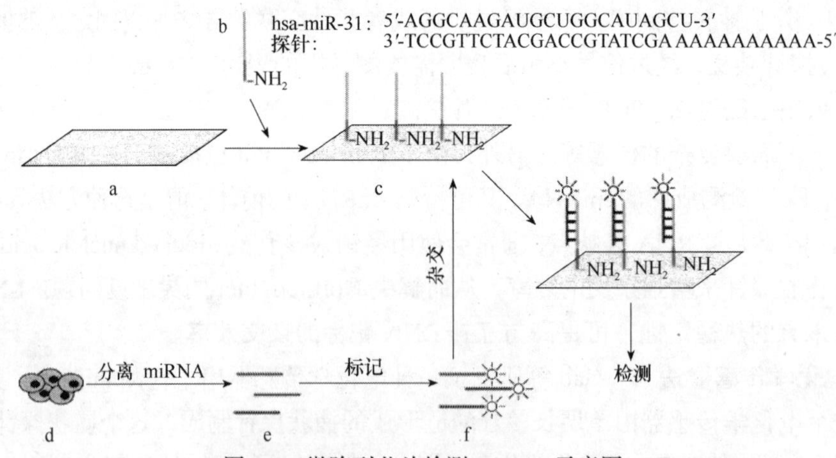

图 4-4　微阵列芯片检测 miRNA 示意图

a．微阵列芯片；b．氨基修饰的捕获探针；c．将氨基修饰的捕获探针固定在芯片表面；d．培养的细胞；e．从细胞中分离 miRNA；f．miRNA 上标记荧光基团

1）微阵列芯片结合纳米技术和电化学检测 miRNA　如图 4-5 所示，捕获探针结

合在铟锡氧化物处理过的玻片上，然后加入靶标 miRNA 进行杂交，洗去未杂交的靶标，与此同时，在反应腔体中加入 OsO_2 纳米粒子。异烟肼会与 miRNA 分子的 3′端醛基发生缩合反应。一旦 OsO_2 纳米粒子融合到 miRNA 上，就可以通过纳米粒子催化氧化异烟肼产生的电流来表征杂交反应的进行。如果 miRNA 没有与捕获探针杂交，纳米粒子就不能结合到 miRNA 上，因此就不会产生电化学信号。在这种方法中，信号转导体是通过化学方法键合到靶标上而不是捕获探针上，这样会增加反应的灵敏度和选择性。

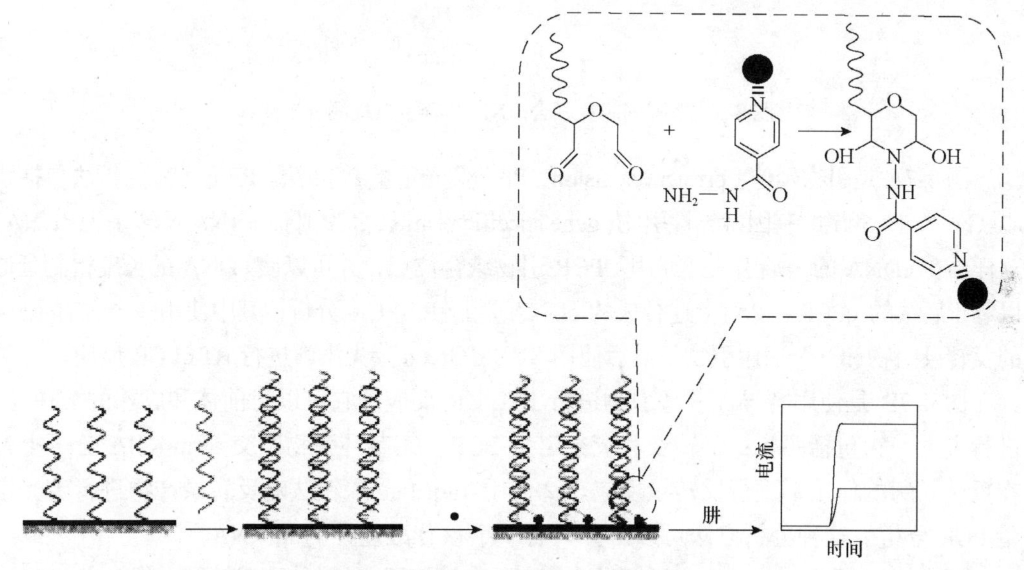

图 4-5　微阵列芯片结合纳米技术和电化学法检测 miRNA

2）微阵列芯片联合 RNA 结合蛋白检测 miRNA　如图 4-6 所示，单链 RNA 捕获探针通过 3′端固定在芯片表面，没有标记的 miRNA 分子与捕获探针杂交后形成 3′端有两个游离碱基的双链 RNA（dsRNA）结构，RNA 结合蛋白能稳定并特异性地结合到这种 dsRNA 上。研究表明，人类 EIF2C1 Argonaute 蛋白的 PAZ 结构域对 3′ 端有两个突出核苷酸的 dsRNA 有很高的特异性，但它并不是用于 miRNA 分析时最理想的结合蛋白，因为 PAZ 结构域从 RNA 上解离得太快，不能稳定地检测 RNA。因此，使用第二个 RNA 结合模体来进一步稳定 RNA-PAZ 复合物。PAZ 结合到 dsRNA 的 3′端的两个突出核苷酸上，覆盖了 dsRNA 的大约 7 个碱基对。引入另一个 dsRNA 结合结构域（dsRBD），使之结合 dsRNA 的余下部分，会减慢 PAZ 从杂交的 miRNA 上的解离过程。使用生物素修饰的 PAZ-dsRBD，然后结合 Cy3 标记的链霉亲和素，就可以使用荧光扫描仪进行 miRNA 的检测。

这种方法的特点是不需要酶标反应或放大反应就可以成功地在微阵列上检测 miRNA。

4．聚合酶链反应

1）实时定量反转录聚合酶链反应（real time reverse transcription quantitative PCR，RT-qPCR）　目前，有 3 种荧光定量 PCR 法用于检测 miRNA。这 3 种检测方法的优势之一是可以检测低水平的 miRNA，但是却因价格昂贵受到限制。

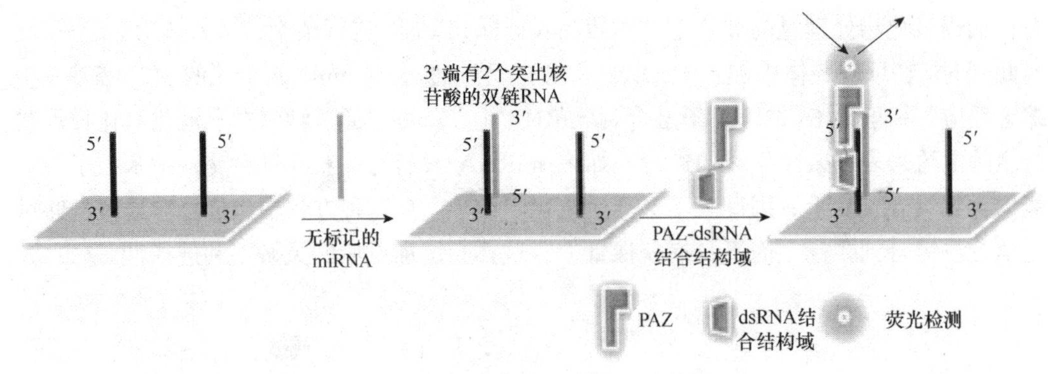

图 4-6　微阵列芯片联合 RNA 结合蛋白检测 miRNA

图 4-7A 是引物延伸（primer extension，PE）荧光定量 PCR 法。PE-qPCR 分析法包括两步：①一个带 5′尾的基因特异性引物（gene specific primer，GSP）将 miRNA 反转录为 cDNA，这样会在 cDNA 的一端引入“通用”PCR 引物结合位点，并可以使 cDNA 的长度得到延伸以利于后续的 qPCR。②对上述合成的 cDNA 进行 RT-PCR 分析，其中使用一个含有 LNA 的反转录引物和一个通用引物。然后使用 SYBR Green 荧光染料进行 RT-qPCR 反应。

图 4-7B 是使用特异性茎环引物进行 RT-PCR 反应，它可以对前体和成熟的 miRNA 进行定量。它包括两步：反转录和荧光定量 PCR。①茎环引物杂交到 miRNA 分子上，在反转录酶的作用下进行反转录反应。②使用 TaqMan 探针法对反转录产物进行荧光定量 PCR 分析。这种分析方法可以区分只有一个核苷酸差异的 miRNA。

图 4-7C 是先用 poly（A）聚合酶在 miRNA 末端加尾，然后使用反转录引物合成 cDNA，最后使用 miRNA 特异性引物和与 3′尾互补的反转录引物进行荧光定量 PCR 反应。

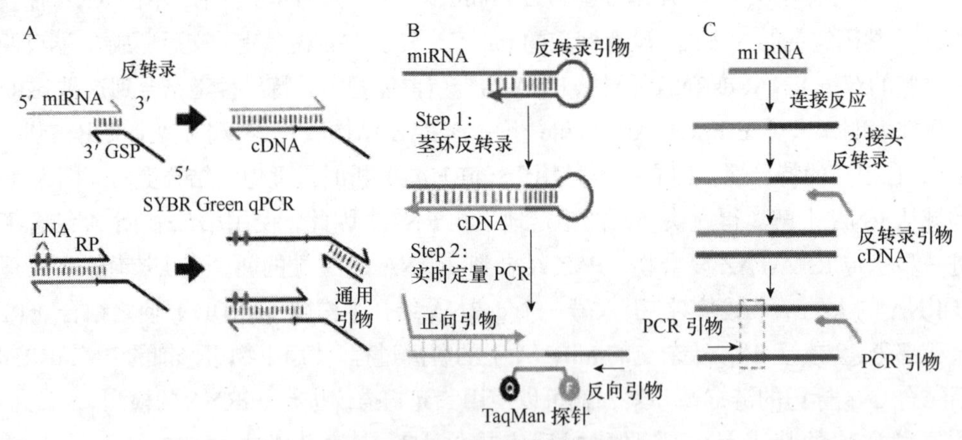

图 4-7　RT-qPCR 法检测 miRNA

2）miR-ID　　miR-ID 是一种新型的用于 miRNA 和其他小 RNA 的分析技术，它不需要昂贵的靶标特异性探针，并且具有很高的特异性和灵敏度。miR-ID 包括三步：①用连接酶将 miRNA 连接成环；②反转录环状的 miRNA，生成很多与 miRNA 互补的重复序列 cDNA；③使用 5′重叠引物和非特异性染料如 SYBR Green 对上述 cDNA 进行 qPCR。

此过程不需要 TaqMan 探针引物修饰。

3）miR-Q　miR-Q 方法用于在复杂样品中检测、定量和分析小 RNA 的表达水平，尤其是 miRNA。如图 4-8 所示，首先，使用一个带有 5′尾的 miRNA 特异性核苷酸引物将 miRNA 反转录为 cDNA，这样 cDNA 分子就会得到延伸。接下来，使用 3 个不同的 DNA 核苷酸将 cDNA 进行 qPCR。首先使用带有 5′尾特异核苷酸将 cDNA 进行延伸，然后用两个末端通用引物进行指数扩增。这种方法可以检测到 0.2fmol/L 的 miRNA。

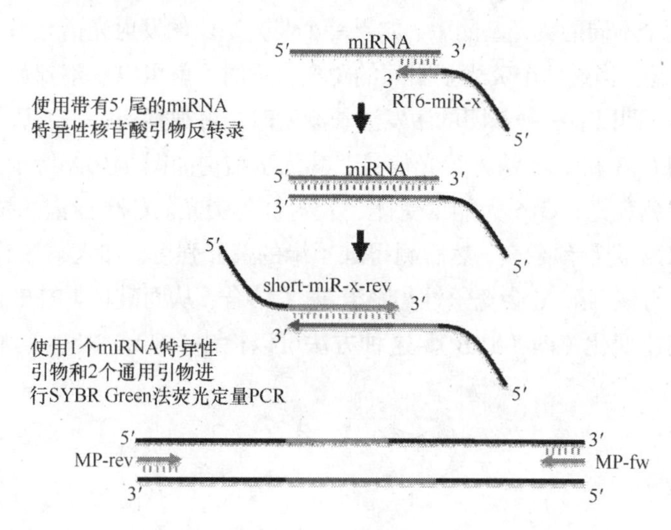

图 4-8　miR-Q 法检测 miRNA

5．化学发光法

1）生物发光　海肾荧光素酶（Rluc）是一个 38kDa 的蛋白质，在有氧气存在时，加入其底物腔肠素就会发光，可以在波长 485nm 处进行检测。

如图 4-9 所示，采用竞争法检测 miRNA。生物素修饰的 anti-miR-21 结合到链霉亲和素修饰的板中，然后加入 Rluc 标记的 miR-21 和没有标记的 miRNA 竞争性与 anti-miR21 结合，最后加入 Rluc 的底物就可以测荧光强度，荧光信号与游离 miRNA 的浓度呈负相关。光的产生是由于化学反应，不需要外源光源，因此此种检测方法信噪比和灵敏度高。

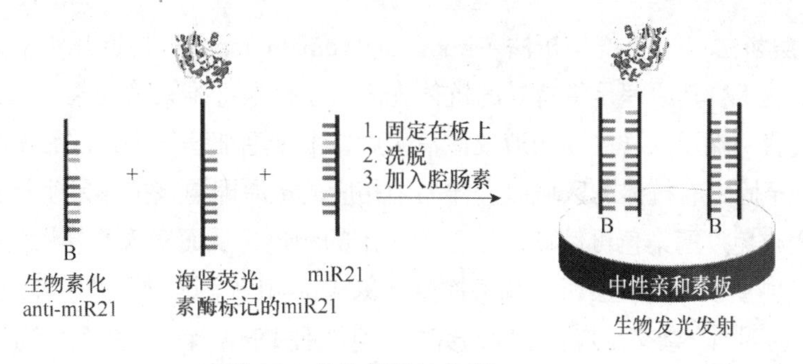

图 4-9　生物发光法检测 miRNA

另一种使用生物发光的检测方法是基于生物发光共振能量转移（bioluminescence

resonance energy transfer, BRET)的竞争法。这个体系有 3 种核苷酸：靶标核苷酸(target)、量子点修饰的与靶标互补的核苷酸（QD-probe)、Rluc 修饰的靶标核苷酸（Rluc-probe)。在无 target 存在时，Rluc-probe 与 QD-probe 杂交，从而产生 BRET 信号。target 存在时，target 和 Rluc-probe 与 QD-probe 竞争性结合，BRET 信号减弱或消失。使用这种分析方法可以在 30min 内检测到 4pmol/L 的 miRNA。

2）荧光共振能量转移　荧光共振能量转移（fluorescence resonance energy transfer, FRET）是指在两个不同的荧光基团中，如果一个荧光基团的发射光谱与另一个基团的吸收光谱有一定的重叠，当这两个荧光基团间的距离合适时，就可以观察到荧光能量由供体向受体转移的现象，即以前一种基团的激发波长激发时，可观察到后一个基团发射的荧光。

本研究使用 Cy3 和 Cy5 两种荧光信号，其化学结构如图 4-10A 所示。其中，Cy3 作为供体，发出绿色荧光；Cy5 为能量受体，发射红色荧光。Cy3 标记的核苷酸 Y 与 Cy5 标记的核苷酸 X 先进行预杂交，然后测得红：绿的荧光强度。加入与核苷酸 X 互补的单链核苷酸后，它与核苷酸 Y 会竞争性与核苷酸 X 结合，从而破坏 FRET 过程，则红：绿的荧光强度会发生变化（图 4-10B)。这种方法可以检测 DNA、RNA，尤其是 miRNA。

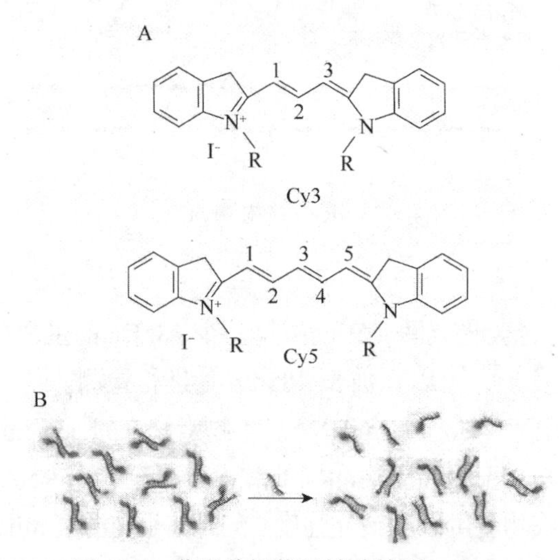

图 4-10　荧光共振能量转移检测 miRNA

6．免疫层析法　免疫层析法（immunochromatography）是近几年来国内外兴起的一种快速诊断技术，其原理是将特异的抗体先固定于硝酸纤维素膜的某一区带，当该干燥的硝酸纤维素膜一端浸入样品（尿液或血清）后，由于毛细管作用，样品将沿着该膜向前移动，当移动至固定有抗体的区域时，样品中相应的抗原即与该抗体发生特异性结合，若用免疫胶体金或免疫酶染色可使该区域显示一定的颜色，从而实现特异性的免疫诊断。

Gao 等发展了一种免疫层析试纸条检测 miRNA，其检测原理如图 4-11 所示，其主要原理是基于“三明治”杂交反应。在此研究中，有 3 种 DNA 探针。两个生物素探针（probe 2 和 probe 3）首先与链霉亲和素交联，然后铺在硝酸纤维素膜上形成测试线和质控线。巯基化的 DNA 探针（probe 1）修饰到纳米金表面上，然后将纳米金/DNA 探针置于结合垫上。靶标 miRNA 溶液滴加在样品垫上，溶液会在毛细作用下向前流动，并经过结合垫，从而形成 miRNA-DNA/纳米金复合体结构，并继续向前流动。当溶液流至测试线上时，miRNA 靶标可以被 probe 2 捕获，导致纳米金的聚集，从而使测试线呈现红色条带。过量的复合体会继续向前流动，与 probe 3 结合，使质控线呈现红色条带。利用此技术，可以检测到 60pmol/L 的 miR-215 靶标。这种方法具有简便、快速、费用低及可视化的优势。

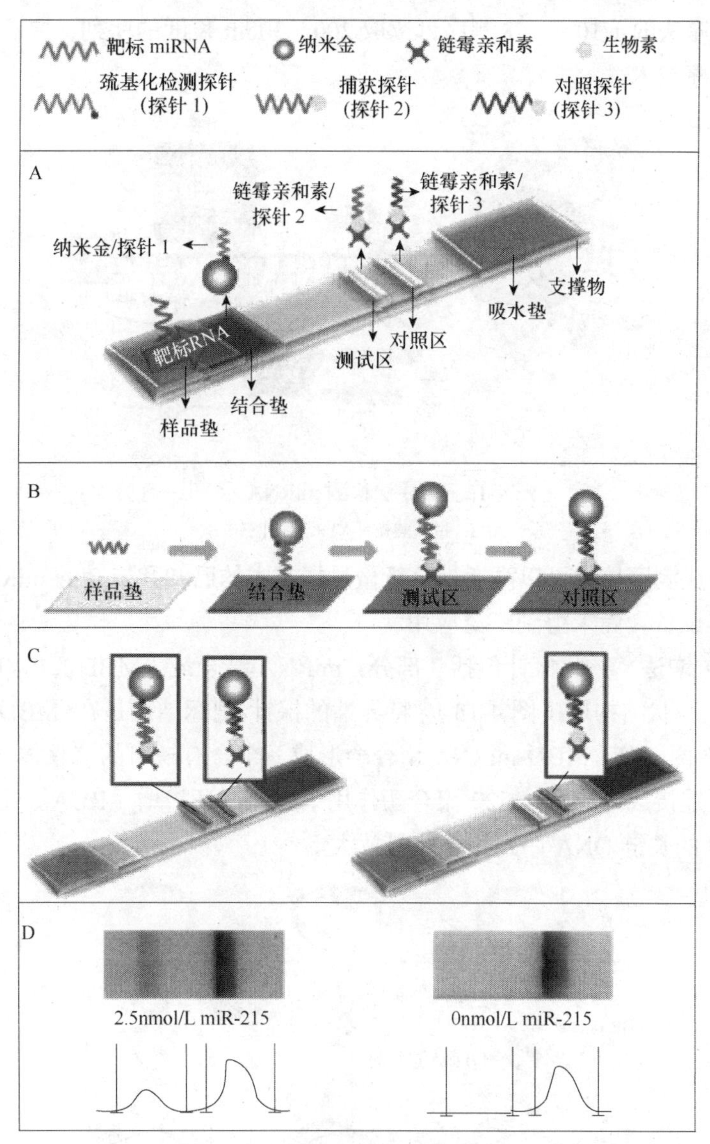

图 4-11　免疫层析法检测 miRNA

A. 生物素探针 2 和 3 分别与链霉亲和素交联，铺在硝酸纤维素膜上形成测试线和质控线，巯基化的 DNA 探针（探针 1）修饰到纳米金表面上，将其铺在结合垫上；B. 靶标 miRNA 溶液滴加在样品垫上；C. miRNA 靶标与生物素探针 2 结合，使测试线呈现红色。过量的复合体与生物素探针 3 结合，使质控线呈现红色；D. 2.5nmol/L 和 0nmol/L 的 miR-215 检测结果

7. 测序法　新一代高通量测序平台为发现和定量 miRNA 提供了一种有力的工具，目前大规模测序技术如 454 焦磷酸测序技术、Solexa 合成测序技术和 Solid 连接测序技

术等，已能在一次测序过程中对几百万个样本进行同时测序，极大提高了测序效率。有文献对 454 焦磷酸测序技术、Solexa 合成测序技术和 Solid 连接测序技术等进行了专门介绍，这些测序技术定性、定量检测 miRNA 的原理是基于所测目标 miRNA 的标签序列和出现频率，可以用于发现新的 miRNA 及检测已知的 miRNA 长度和序列的微小改变。其中 454 测序技术是最早被商品化的大规模测序技术，如图 4-12 所示，其测序成本不到传统毛细管测序法的 1/10，一次测序可读取 200～300nt 长度的序列，是目前应用最多的一种并行式测序技术。

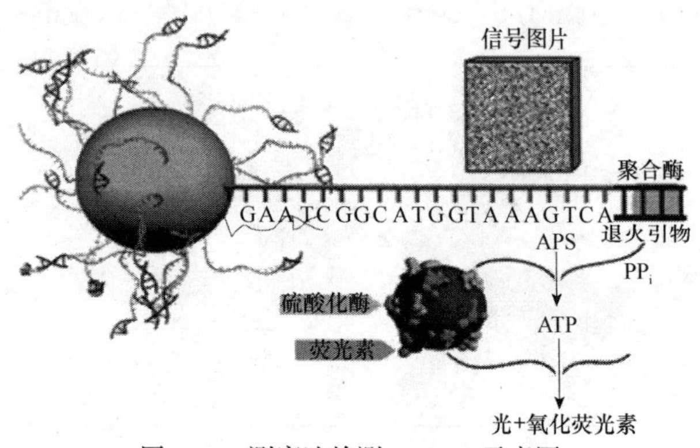

图 4-12　测序法检测 miRNA 示意图

APS. 过硫酸铵；ATP. 腺苷三磷酸

虽然新一代测序技术可以高通量分析微量样品中的已知和未知的 miRNA，但因为需要特殊的仪器设备，尚未得到广泛应用。

8. 滚环扩增法　此探针包括 3 部分：miRNA 结合域（MBD）、SYBR Green 结合域（SGBD）、环状结构域（图 4-13）。特异性的探针-靶标结合是在 MBD，它包括与靶 miRNA 互补的两部分。MBD-miRNA 结合会形成一个含有缺口的二聚体，在 T_4 DNA 连接酶的作用下连接成环，在 phi29 聚合酶作用下起始滚环扩增（RCA）反应从而产生很多包含 SGBD 的长链 DNA 序列用于信号放大。

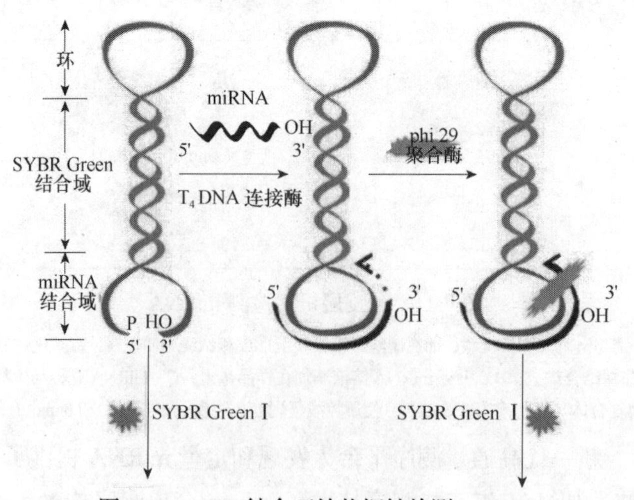

图 4-13　RCA 结合哑铃状探针检测 miRNA

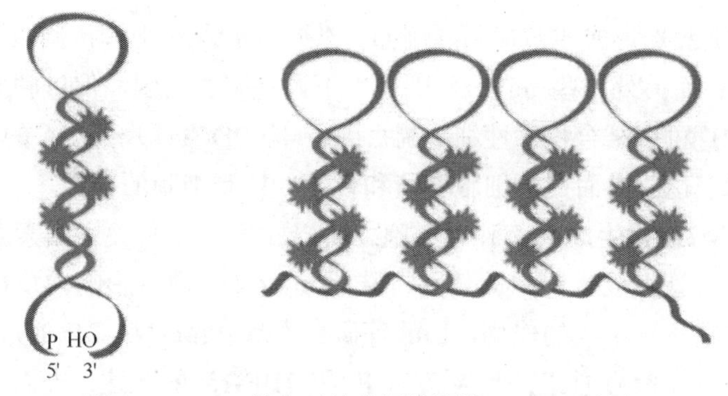

图 4-13　RCA 结合哑铃状探针检测 miRNA（续）

第六节　miRNA 作为肺癌早期检测生物标志物

肺癌的发病率及病死率均居恶性肿瘤首位。肺癌具有“三高一低”的特点，即发病率高、增长率高、病死率高及治愈率低。目前，尚缺乏特定的生物标志物用于检测或监测肺癌，而且单一的标记物诊断肺癌的灵敏度和特异度较低。微小 RNA（miRNA）是非编码的小分子 RNA，可作为基因表达的主监管机构，调节几乎所有的生物过程，并保持细胞内环境的稳态。miRNA 在基因转录后调控中发挥重要作用。miRNA 最早于 1990 年被 Victor Ambros 和 Gary Rukun 研究小组在线虫中发现。*lin-4* 基因在线虫中发挥重要作用，他们发现 LIN14 蛋白的丰度被 *lin-4* 基因编码的一个小 RNA 产物（长度为 22 个核苷酸）调节。小 RNA 可以在转录后水平上沉默靶标 mRNA，使人们对基因表达控制有了更进一步的了解。自此，从单细胞藻类到人类，越来越多的 miRNA 被相继报道。生物信息学分析数据显示，miRNA 只占人类基因组的 1%～3%，却能调控高达 30%的人类基因。miRNA 既可以下调抑癌基因活性发挥癌基因的作用，也可以下调原癌基因活性发挥抑癌基因作用。目前，已有研究表明 miRNA 作为重要的基因调控因子，在人类肿瘤的发生及发展中均发挥重要作用，如增殖、细胞凋亡、血管生成、免疫反应以及侵袭和转移，其在肺癌发生中的作用同样不容小觑。

1．miRNA 与细胞增殖　在肿瘤细胞中，miRNA 通过调节细胞增殖途径中的某些关键因子，从而达到抑制或促进细胞增殖的作用。研究发现，通过将 NSCLC 细胞株 A549 和 H23 系作为模型，研究 miR-145 和 c-myc 在调节非小细胞肺癌细胞增殖方面的关系中发现，miR-145 通过 c-myc 途径抑制 NSCLC 细胞增殖，而且在 A549 和 H23 细胞株转染了 pre-miRNA-145 后 NSCLC 细胞增殖被抑制，细胞 G_1/S 期的转换也同样受阻。Bai 等研究发现，miRNA-205 通过调节 PTEN 的表达从而抑制 A549 细胞的增殖，同样在转染了 miRNA-205 类似物的 A549 细胞中检测到 PTEN 蛋白水平显著下调，而转染了 miRNA-205 抑制物则是上调的。

2．miRNA 与细胞凋亡　最近研究表明，大多数肿瘤细胞可利用 miRNA 调节细胞凋亡，从而导致肿瘤形成或被抑制。例如，某些 miRNA 上调抗凋亡基因，从而抑制肿瘤细胞的凋亡；而另外一些 miRNA 则可以下调抗凋亡基因而促进肿瘤细胞凋亡。Lu 等报道 miRNA-21 可以结合程序性细胞凋亡因子 4（PDCD4）mRNA 的 3′端非翻译区，抑制 PDCD4 的表达，进而促进细胞增殖和转化，抑制细胞的凋亡。

3．miRNA 与血管生成 肿瘤细胞之所以能生存，其关键因素之一是存在病理性血管生成。在血管生成过程中，某些特殊的 miRNA 通过影响内皮细胞的功能，从而发挥阻止或促进血管生成的作用。Liu 等研究发现，miRNA-21 通过作用于 PTEN，激活 ERK1/2 和 Akt 信号通路，上调 VEGF 和 HIF-1a 的表达，进而诱导肿瘤的血管生成。

4．miRNA 与肿瘤的侵袭和转移 肿瘤发病率和死亡率一直居高不下，其中最主要的原因就是存在肿瘤的侵袭和转移。现有证据显示，miRNA 参与调控一系列多基因的表达，在肿瘤的转移和侵袭中发挥重要作用。研究发现 *miRNA-125b-1* 基因突变与淋巴结转移呈正相关（$P<0.05$）。

5．血液中的 miRNA 在肿瘤发生中的作用 肿瘤的发生是细胞不受控制地增殖及损伤细胞不能正常死亡导致的。miRNA 能够调控各种基因的表达，其在肿瘤中的作用类似于癌基因或抑癌基因，通过调节多个靶基因影响多种信号通路，从而改变细胞的分化、增殖和凋亡过程。近年研究发现，miRNA 与癌症的发生、发展密切相关。而循环 miRNA 的发现也显示了基因调控的新方向。虽然大多数的 miRNA 是在细胞内被发现的，但有资料显示，在细胞外，如各种体液中也存在着一定量的 miRNA；这些 miRNA 不仅能够稳定存在于体液中，可以经受苛刻的环境条件，如高温、高渗、强酸、强碱环境，而且在不同的体液中有不同的表达模式。血液中的 miRNA 在血液中高度稳定并持续存在，是血液小核苷酸物质的主要部分，能抵抗消化酶 RNaseA，且可再生并无性别及年龄差异。这些特点很可能使血液 miRNA 成为一种新型的非侵入性生物标志物，开辟癌症诊断的一个全新领域。

综上所述，miRNA 不仅调节细胞的各种生理、生化功能，而且在应激反应和疾病进展过程中起重要作用。事实上，miRNA 作为一种调节分子，基本上作用于所有的生物过程。由于其在肿瘤中的重要调节作用，miRNA 将有望用于肺癌的早期诊断、治疗以及预后的判断。但 miRNA 对肺癌的调控作用是一种复杂网络，受多因素调控，将 miRNA 作为一种肺癌的治疗手段，尚有许多难题需要解决，研究 miRNA 与肿瘤的关系尚属新的研究方向，需要更多研究阐明 miRNA 在肿瘤细胞内的关键功能，以指导肿瘤诊断及治疗。

在本研究中，我们评估 miRNA 在肺癌血清中的表达水平，以寻找一组用于肺癌早期检测的 miRNA 生物标志物。

一、检测原理

1．茎环引物反转录原理 由于成熟的 miRNA 序列短，茎环法通过人为地延长

miRNA 的长度以有利于片段的扩增。特异性反转录引物由一段较长的共有序列和一段与 miRNA 成熟序列特异性互补的序列构成，经过退火反转录后，miRNA 被人为延长反转录为较长的 cDNA。茎环引物比线性引物特异性和灵敏度好的原因是碱基堆积力和茎环结构的空间约束力作用。

如图 4-14 所示，茎环反转录引物的特异性是通过 3′端的 6 个核苷酸实现的。茎环引物的末端与 miRNA 3′端的 6 个核苷酸互补。荧光定量 PCR 的正向引物和 miRNA 序列相同，但是不包括 miRNA 3′端的 6 个核苷酸，正向引物的 5′端会多出来 5～7 个核苷酸来增加退火温度。这 5～7 个碱基是随机的，但是通常是富含 GC 序列的。荧光定量 PCR 的反向引物为通用引物。

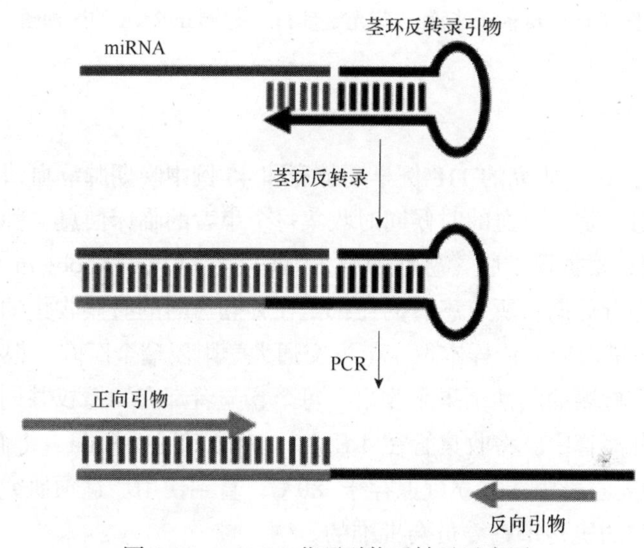

图 4-14　miRNA 茎环引物反转录示意图

2. TaqMan 探针法荧光定量 PCR 检测 miRNA 原理　TaqMan 探针法是高度特异的荧光定量 PCR 技术，其核心是利用 *Taq* 酶的 3′→5′外切核酸酶活性，切断探针，产生荧光信号。由于探针与模板是特异性结合，荧光信号的强弱就代表了模板的数量。在 TaqMan 探针法的荧光定量 PCR 反应体系中，包括一对 PCR 引物和一条探针。探针只与模板特异性的结合，其结合位点在两条引物之间，探针的 5′端标记有报告基团（reporter，R），3′端标记有荧光淬灭基团（quencher，Q）。当探针完整时，报告基团所发射的荧光能量被淬灭基团吸收，仪器检测不到信号。随着 PCR 的进行，*Taq* 酶在链延伸过程中遇到与模板结合的探针，其 3′→5′外切核酸酶活性就会把探针切断，报告基团远离淬灭基团，其能量不被吸收，即产生荧光信号（图 4-15）。所以，每经过一个 PCR 循环，荧光信号也和目的片段一样，有一个同步指数增长的过程，信号的强度就代表了模板的拷贝数。

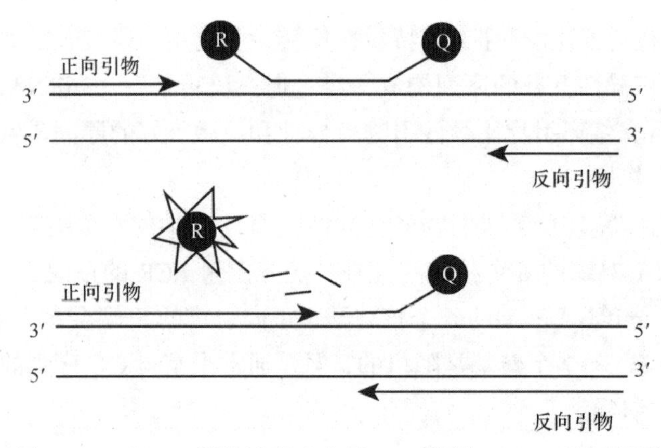

图 4-15　TaqMan 探针法荧光定量 PCR 检测 miRNA 的原理图

二、实验

1．研究对象　本研究的 118 例早期肺癌和 48 例中晚期肺癌血清样本收集于上海复旦大学附属中山医院，取血的时候同时收集每个患者的临床信息。肿瘤的形态学根据 WHO 标准来确定，根据第 7 版《恶性肿瘤 TNM 分期》(tumor node metastasis，TNM) 标准对这些患者进行分期。所有患者的血都是在肺癌诊断的时候收集的，先于肿瘤切除或治疗。135 例正常对照血清样本取于上海交通大学附属瑞金医院，根据验血、胸部 X 线检查和腹部超声检测的阴性结果来收集。每个参与者都有知情权并同意。血清样本于早上收集在血清分离管中。将收集管在 4℃ 3000r/min 离心 15min，将血清分离到 1.5ml 的 RNase-free 的离心管中，并立刻保存于−80℃，直到使用。这项研究是由上海中山医院和上海瑞金医院的机构审查委员会批准的。

2．血清 RNA 抽提　使用 mirVana miRNA 抽提试剂盒（Ambion，Austin，TX)，根据说明书从 200μl 血清中抽提总 RNA。目前，在血清中没有稳定的内参，但是可以使用外源加入的线虫 RNA 如 cel-miR-39 和 cel-miR-238 作为参照，在等体积的血清中加入等量的外源线虫 RNA 可以为血清抽提和定量提供一个稳定的内参。另外，由于 U6 RNA 和 5S rRNA 在血清中易降解，因此我们选用线虫 RNA(cel-miR-39)作为一个参照 RNA。按照抽提试剂盒说明书，血清与 2×变性液混匀后，加入 cel-miR-39，使其终浓度为 10pmol/L，最终的 RNA 洗脱体积为 100μl。由于 RNA 浓度太低，用分光光度计定量不准确。因此，我们使用固定的体积进行后续的反转录反应。

3．反转录反应　miRNA 反转录反应使用 TaqMan microRNA 反转录试剂盒（美国 ABI 公司)。反转录的体系为 15μl，反转录反应试剂及用量见表 4-1。将 15μl 体系的反应液在 PCR 仪器中反应，程序为 16℃ 30min，42℃ 30min 和 85℃ 5min，所得产物储存于−20℃。

表 4-1　反转录反应体系

组分	体积/μl
总 RNA	5.00
茎环引物	3.00
10×反应缓冲液	1.50
MultiScribe™ 反转录酶（50U/μl）	1.00
RNA 酶抑制剂（20U/μl）	0.19
10mmol/L dNTPs	0.15
DEPC*水	4.16

*焦碳酸二乙酯

4．荧光定量 PCR 反应　荧光定量 PCR 反应使用 TaqMan PCR 定量试剂盒，定量仪器为 LightCycler 480（德国罗氏）。荧光定量 PCR 的反应体系如表 4-2 所示，反应条件如表 4-3 所示，每个荧光定量 PCR 反应和对照做 3 个重复。

表 4-2　荧光定量 PCR 反应体系

组分	体积/μl
TaqMan 2×PCR 预混液	10.00
TaqMan miRNA 探针与引物预混液	1.00
cDNA	1.33
水	7.66

表 4-3　荧光定量 PCR 热循环参考值

反应过程	温度	时间	反应循环
预变性	95℃	10min	1
变性	95℃	15s	40
退火	60℃	1min	

5．血清 miRNA 生物标志物的选择　根据文献对于肺癌血清 miRNA 生物标志物的报道，我们首先在 48 例血清（24 例肺癌早期患者和 24 例正常对照）中检测 9 个 miRNA（miR-20a、miR-25、miR-486-5p、miR-126、miR-125a-5p、miR-205、miR-200b、miR-21 和 miR-155）的表达。在两组中，具有显著性统计学差异的 miRNA 进一步用大量样本进行验证，验证样本为 94 例早期肺癌血清，48 例中晚期肺癌血清和 111 例健康对照血清样本。

6．数据统计分析　使用 GraphPad Prism 5.01（GraphPad Software Inc，La Jolla，CA）和 SPSS 17.0（IBM，Armonk，NY）对数据进行统计分析。数据以平均值±标准差的形式表示，除非有特殊的说明。血清 miRNA 表达水平以相对于正常对照的倍数变化形式呈现。Mann-Whitney U 检验用于比较肺癌患者组和正常对照组中血清 miRNA 的表达差异。所有 P 值均为双侧，$P<0.05$ 被认为有统计学意义。

三、结果

1. 血清 miRNA 生物标志物的初步选择　为了寻找在肺癌和正常对照血清中有显著性表达差异的 miRNA，首先根据文献报道选择 9 个 miRNA（miR-20a、miR-25、miR-486-5p、miR-126、miR-125a-5p、miR-205、miR-200b、miR-21 和 miR-155），使用 TaqMan 探针法荧光定量 PCR 验证其在 48 例血清（24 例早期肺癌血清和 24 例正常对照血清，患者信息见表 4-4）中的表达情况。结果表明：与正常对照相比，miR-125a-5p、miR-25 和 miR-126 显著性下调表达（表 4-5，图 4-16），miR-200b 的表达水平太低不能被准确定量（Cp＞36），miR-20a、miR-486-5p、miR-155、miR-205 和 miR-21 在早期肺癌血清和正常对照血清中没有显著性表达差异（miR-20a，$P=0.386$；miR-486-5p，$P=0.794$；miR-155，$P=0.248$；miR-205，$P=0.819$；miR-21，$P=0.483$）。

表 4-4　24 例早期肺癌患者和 24 例正常对照临床信息

样本信息	肺癌样本（$n=24$）	对照样本（$n=24$）	P 值*
年龄			＞0.05
平均值±标准差	59.6±10.3	58.3±11.4	
性别			＞0.05
男	14	11	
女	10	13	
CEA/（ng/ml）			＜0.05
平均值±标准差	7.1±11.6	1.4±0.8	
NSE/（ng/ml）			＜0.05
平均值±标准差	14.1±3.8	10.9±1.4	
CYFRA21-1/（ng/ml）			＜0.05
平均值±标准差	4.1±5.9	2.4±1.9	
SCC-Ag/（ng/ml）			＞0.05
平均值±标准差	2.4±6.3	0.7±0.3	
吸烟史			＞0.05
吸烟者	10	11	
非吸烟者	14	13	
肺癌类型			
腺癌	17		
鳞癌	7		
肿瘤分期			
ⅠA 期	7		
ⅠB 期	6		
ⅡA 期	7		
ⅡB 期	4		

*连续变量使用 Mann-Whitney U 检验，分类变量使用卡方检验

表 4-5　24 例早期肺癌患者血清和 24 例正常对照血清中 3 个 miRNA 的表达

miRNA	肺癌组患者中表达的平均值（标准差）	对照组中表达的平均值（标准差）	倍数变化	P值
miR-125a-5p	0.344（0.393）	1.088（0.852）	0.32	7.53×10^{-5}
miR-25	0.401（0.525）	1.513（1.682）	0.27	1.36×10^{-5}
miR-126	0.297（0.248）	0.978（1.144）	0.30	1.48×10^{-4}

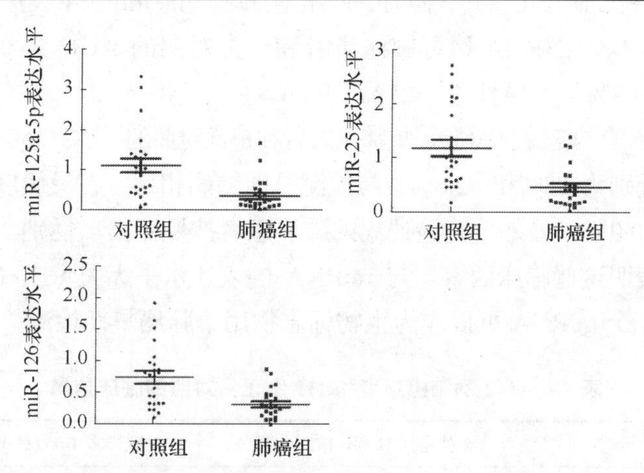

图 4-16　3 个 miRNA 在 24 例肺癌早期血清和 24 例正常对照血清中的表达情况

2. 受试者工作曲线分析　构建受试者工作曲线（receiver operating characteristic curve，ROC）来评估 3 个血清 miRNA 区分早期肺癌患者和正常对照的诊断能力。3 个 miRNA ROC 的曲线下面积（area under curve，AUC）分别如下：miR-125a-5p，0.833（95%置信区间，0.714～0.953）；miR-25，0.818（95%置信区间，0.694～0.941）；miR-126，0.786（95%置信区间，0.659～0.941）。当 miR-125a-5p 的 cut off 值为 0.395 时，其最佳灵敏度和特异性分别为 87.5%和 75%；当 miR-25 的 cut off 值为 0.551 时，其最佳灵敏度和特异性分别为 83.3%和 75%；当 miR-126 的 cut off 值为 0.720 时，其最佳灵敏度和特异性分别为 83.3%和 62.5%。这 3 个 miRNA 联合起来的 AUC 可达到 0.936（95%置信区间，0.882～0.961），灵敏度和特异性均为 87.5%（图 4-17A）。

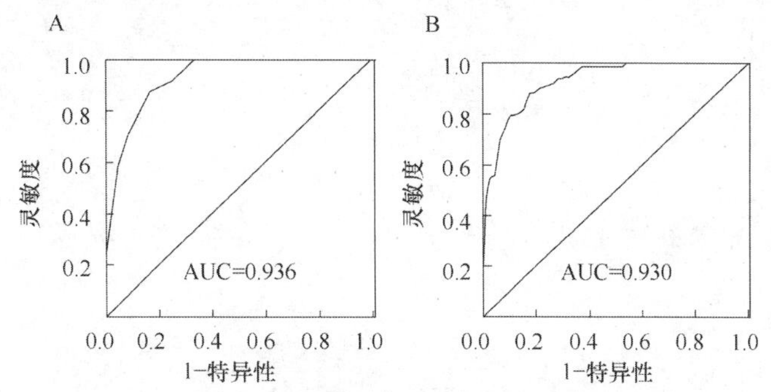

图 4-17　3 个 miRNA 联合起来用于区分早期肺癌血清与
正常对照血清（A）及验证集肺癌血清与正常对照血清（B）的 ROC 图

3．血清 miRNA 生物标志物的进一步验证　为了验证筛选出来的 3 个 miRNA（miR-125a-5p、miR-25 和 miR-126）的诊断价值，在 253 例血清样本（94 例肺癌早期血清、48 例中晚期肺癌血清和 111 例正常对照血清，患者信息见表 4-6）中进一步验证这 3 个 miRNA 的表达水平。与正常对照相比，在肺癌血清中，miR-125a-5p、miR-25 和 miR-126 均下调表达（$P<0.001$，表 4-7）。验证集中肺癌患者和Ⅰ/Ⅱ期患者这 3 个 miRNA 的表达水平无显著性差异，同时，两组对照之间的 miRNA 表达水平也无显著性差异（$P>0.05$）。3 个 miRNA 区分肺癌患者和正常对照的 AUC 为 0.795～0.832，灵敏度为 59.6%～89.9%，特异性为 64.1%～98.6%。

这 3 个 miRNA 联合起来区分验证集肺癌患者和正常对照的 AUC 为 0.930（图 4-17B），灵敏度和特异性分别为 88%和 82.6%，与检测早期肺癌相比，在灵敏度和特异性方面无显著性差异（$P>0.05$）。另外，将验证集的肺癌患者按照年龄、性别、吸烟史及肺癌类型进行分析比较表明这些临床因素均与 miRNA 的表达水平无关（$P>0.05$）（表 4-8）。这些结果表明这 3 个 miRNA 可以作为生物标志物用于肺癌早期检测。

表 4-6　142 例肺癌患者和 111 例正常对照的临床信息

样本信息	肺癌样本（n=142）	对照样本（n=111）	P 值*
年龄			>0.05
平均值±标准差	61.1±10.6	59.8±11.5	
性别			>0.05
男	86	58	
女	56	53	
CEA/（ng/ml）			<0.05
平均值±标准差	34.3±115.3	1.6 ±1.0	
NSE/（ng/ml）			<0.05
平均值±标准差	15.8±7.8	11.0±1.7	
CYFRA21-1/（ng/ml）			<0.05
平均值±标准差	8.2±12.5	2.0±1.3	
SCC-Ag/（ng/ml）			<0.05
平均值±标准差	2.9±8.7	0.6±0.2	
吸烟史			>0.05
吸烟者	67	54	
非吸烟者	75	57	
肺癌类型			
腺癌	101		
鳞癌	22		
小细胞癌	10		
其他**	9		

续表

样本信息	肺癌样本（*n*=142）	对照样本（*n*=111）	*P* 值*
肿瘤分期			
ⅠA 期	32		
ⅠB 期	38		
ⅡA 期	13		
ⅡB 期	11		
ⅢA 期	10		
ⅢB 期	11		
Ⅳ期	27		

*连续变量使用 Mann-Whitney U 检验，分类变量使用卡方检验

**没有明确分期的

表 4-7　3 个 miRNA 在 142 例肺癌血清和 111 例正常对照血清中的诊断情况

miRNA	肺癌患者中的平均值（标准差）	正常对照组中的平均值（标准差）	倍数变化	*P* 值
miR-125a-5p	0.449（0.429）	1.242（1.136）	0.36	1.11×10^{-15}
miR-25	1.316（0.623）	3.336（2.134）	0.40	1.21×10^{-18}
miR-126	0.382（0.338）	0.953（0.537）	0.40	1.90×10^{-19}

表 4-8　验证集肺癌患者按照年龄、性别及肺癌类型进行分析比较的 *P* 值结果

	miR-125a-5p	miR-25	miR-126
Ⅰ/Ⅱ期			
年龄（>60 vs≤60）	0.252 763 056	0.281 317 453	0.654 499 187
性别（男 vs 女）	0.761 778 288	0.084 149 673	0.447 699 072
吸烟者 vs 非吸烟者	0.481 542 138	0.604 034 512	0.159 235 091
肺癌类型（腺癌 vs 鳞癌）	0.354 078 119	0.123 492 129	0.497 392 820
Ⅲ/Ⅳ期			
年龄（>60 vs≤60）	0.263 845 700	0.068 627 704	0.106 539 002
性别（男 vs 女）	0.116 853 293	0.815 334 594	0.178 402 180
吸烟者 vs 非吸烟者	0.476 467 048	0.145 672 442	0.438 984 574
肺癌类型（腺癌 vs 鳞癌）	0.186 499 673	0.140 054 905	0.695 002 234

4．miRNA 靶基因预测及生物信息学分析　我们使用 TargetScan 6.2 来预测 3 个 miRNA 的靶基因。所有预测的靶基因做基因本体论（gene ontology，GO）和京都基因与基因组百科全书（Kyoto Encyclopedia of Genes and Genomes，KEGG）分析（表 4-9 和表 4-10）。GO 可分为分子功能（molecular function，MF）、生物过程（biological process，BP）和细胞组件（cellular component，CC）3 个部分。GO 分析结果表明，miR-125a-5p

的靶基因主要参与转录、钠离子转运和离子结合过程（P<0.05）。KEGG 分析结果表明，miR-125a-5p 的靶基因富集在不饱和脂肪酸的合成和 TGF-β 信号通路（P<0.05）。研究表明 TGF-β 信号通路在 NSCLC 细胞中具有肿瘤抑制的功能，这表明 miR-125a-5p 在肺癌中可能是一个抑癌基因。GO 分析显示 miR-25 的靶基因主要调节基因的表达和核酸代谢过程，KEGG 分析表明 miR-25 的靶基因富集在丝裂原活化蛋白激酶（MAPK）信号通路上（P<0.05）。MiR-126 的靶基因主要参与激酶活性和 MAPKK 级联反应（P<0.05）。MAPK 信号通路通过参与调节细胞的生长、分化、对环境的应激适应、炎症反应等多种重要的细胞生理和病理过程。这表明这 3 个 miRNA 都在肿瘤发生发展过程中具有一定的作用。

表 4-9 miRNA 靶基因富集的前 3 个 GO 条目

miRNA	GO 条目	本体论	P 值
miR-125a-5p	Transcription（转录）	BP	<0.001
	Sodium ion transport（钠离子运输）	BP	<0.001
	Regulation of transcription（转录调节）	BP	<0.001
	Outer membrane（外膜）	CC	0.0088
	Integral to membrane（膜整合）	CC	0.0100
	Intrinsic to organelle membrane（内在的细胞器膜）	CC	0.0100
	Cation binding（阳离子结合）	MF	<0.001
	Ion binding（离子结合）	MF	<0.001
	Metal ion binding（金属离子结合）	MF	<0.001
miR-25	Positive regulation of transcription（转录的正调节）	BP	<0.001
	Positive regulation of gene expression（基因表达的正调节）	BP	<0.001
	Positive regulation of nucleobase, nucleoside, nucleotide and nucleic acid metabolic process（核碱基、核苷、核苷酸和核酸代谢过程的正调节）	BP	<0.001
	Synapse part（突触部分）	CC	0.0040
	Neuron projection（神经元投射）	CC	0.0090
	Synapse（突触）	CC	0.0110
	Transcription activator activity（转录激活剂活性）	MF	<0.001
	Calmodulin binding（钙调蛋白结合）	MF	<0.001
	Transcription regulator activity（转录调节剂活性）	MF	<0.001
miR-126	Activation of protein kinase activity（激活蛋白激酶活性）	BP	0.028
	MAPKK cascade（丝裂原活化蛋白激酶激酶级联）	BP	0.047
	Positive regulation of protein kinase activity（蛋白激酶活性的正调节）	BP	0.060
	Plasma membrane（质膜）	CC	0.6100
	Intrinsic to membrane（膜整合）	CC	0.9500
	Microbody part（微生物部分）	CC	1.0000
	Protein complex binding（蛋白质复合物结合）	MF	0.080
	Metal ion binding（金属离子结合）	MF	0.510
	Cation binding（阳离子结合）	MF	0.520

表 4-10　miRNA 靶基因参与的前 4 个 KEGG 信号通路

miRNA	类别	条目	*P* 值
miR-125a-5p	KEGG_PATHWAY	Biosynthesis of unsaturated fatty acids（不饱和脂肪酸的生物合成）	0.047
	KEGG_PATHWAY	TGF-β signaling pathway（TGF-β 信号通路）	0.049
	KEGG_PATHWAY	Axon guidance（轴突指导）	0.054
	KEGG_PATHWAY	MAPK signaling pathway（丝裂原活化蛋白激酶信号通路）	0.061
miR-25	KEGG_PATHWAY	MAPK signaling pathway（丝裂原活化蛋白激酶信号通路）	0.016
	KEGG_PATHWAY	Tight junction（紧密连接）	0.044
	KEGG_PATHWAY	ECM-receptor interaction（细胞外基质受体相互作用）	0.051
	KEGG_PATHWAY	GnRH signaling pathway（促性腺激素释放激素信号通路）	0.074
miR-126	KEGG_PATHWAY	Axon guidance（轴突指导）	0.150
	KEGG_PATHWAY	Neurotrophin signaling pathway（神经营养因子信号通路）	0.160
	KEGG_PATHWAY	Insulin signaling pathway（胰岛素信号通路）	0.160
	KEGG_PATHWAY	Regulation of actin cytoskeleton（调节肌动蛋白细胞骨架）	0.240

四、小结

本研究通过测定早期肺癌和正常对照血清中 9 个 miRNA 的表达水平，筛选出一组由 3 个 miRNA（miR-125a-5p、miR-25 和 miR-126）组成的生物标志物。我们在大量早期样本和晚期样本中验证这组 miRNA 生物标志物的诊断能力，结果表明这组标志物不但能检测早期肺癌，还可以用于中晚期肺癌的检测。另外，这 3 个 miRNA 的表达水平与患者年龄、性别、吸烟史及肺癌类型无关。生物信息学分析结果表明这 3 个 miRNA 的靶基因参与许多与癌症相关的信号通路。

第七节　基于纳米金探针结合基因芯片检测肺癌早期相关 miRNA

miRNA 表达形式的改变与疾病尤其是癌症相关。miRNA 的检测对于疾病的早期诊断及发现药物新靶标有重要作用。但是由于 miRNA 片段小、家族成员序列的同源性及在总 RNA 中的丰度低等性质，使得 miRNA 的分析变得困难。Northern blot 是用于 miRNA 分析的最经典方法，但是其灵敏度低、步骤复杂、需要大量的样品并且耗时，从而限制了其应用；电化学法灵敏度高，但不适合于高通量分析检测；经过化学或酶修饰的荧光标记法及纳米颗粒检测法可以提高检测的灵敏度，但是这些修饰步骤复杂；荧光定量 PCR 及基于核酶的信号放大检测法也被用于 miRNA 的检测，但是由于 miRNA 的片段短小，使得这些实验设计变得复杂，在这些实验中使用锁式核苷酸会使检测成本变高。因此需要发展一种简单、快速、成本低的检测 miRNA 的方法，我们欲将基因芯片结合纳米金探针用于 miRNA 的检测。

基因芯片技术是将大量已知序列的核酸片段有规律地固定在玻璃片、硅片、尼龙膜等固体支持物上形成分子阵列，然后与用荧光或同位素标记过的核酸样品进行杂交，当样品与基因芯片上对应位置的核酸探针发生互补配对时，可以通过荧光强度来确定探针位置，获得与探针互补的核酸序列，从而获知样品信息。基因芯片技术在临床疾病诊断、法医鉴定、基因功能研究、突变性和多态性研究、环境保护、农业生产以及病原微生物研究中都有广泛应用。

纳米粒子是直径为 1～100nm 的连接小分子物质和大分子材料的桥梁物质。作为一类经典材料，纳米粒子的物理性质与化学性质一直是研究者关注的焦点。金属纳米粒子，尤其是金、银、铜纳米粒子由于其独特的电子特性、光学特性以及催化作用使它们在过去的几十年中得到了广泛的应用。这些特性与它们的粒子大小、形状、颗粒间的距离以及它们天然的保护壳有着密切的关系。纳米粒子的化学稳定性对避免粒子的降解和熔解起着重大的作用。大多数的金属纳米粒子就是由于缺乏足够的稳定性从而限制了它们在纳米材料发展中的应用。纳米粒子所具有的独特的物理和化学性质，使粒子表面易于通过化学修饰而功能化，形成 2D 或 3D 的表面结构。这些功能已在特异性的传感基质、电发光和增强光电化学等领域得到了广泛的关注，也是许多超分子化学取得巨大成功的基础。生物技术与纳米技术的结合产生了纳米生物学及纳米药物学，使纳米材料在细胞、蛋白质、酶、DNA 等分子生物水平上取得了巨大的发展。纳米粒子通过生物分子与其他纳米物质相结合已在纳米生物技术中引起了大量的关注。纳米粒子作为药物载体在癌症的诊断、检测和治疗中也有快速的发展，使疾病的药物治疗更具有靶向性。

纳米金一旦制备完成，可在长期内保持稳定。纳米金具有一些独特的性质，如依赖于大小和形状的光学和电学性质、表面积体积比大、表面可以修饰多种功能基团等，因此其在生物医学研究和实验中成为非常有利的工具。

纳米金具有良好的生物相容性，所以能使许多生物分子如蛋白质、核酸、糖类和多肽等与其结合后仍保持原有的生物活性，使纳米金在生物检测方面得到了广泛的使用。纳米金的功能化通常就是指纳米金与生物分子的耦合，它们之间的耦合主要通过静电作用、特异性识别和共价结合来实现的。静电作用或物理吸附是连接物与纳米金之间较为简单、省时的一种结合方式，但是这种结合能力不是很强，在洗涤的过程中或特殊的试验条件下容易被破坏，所以在靠静电作用来制备纳米金探针时要充分考虑生物分子从纳米金表面解吸附的可能。相比之下，共价结合是一种较为复杂的结合方式，它需要在生物分子的末端修饰上特定的基团，但共价结合的结合力很牢固，即使在加热、有二硫苏糖醇（DTT）或者一些特殊的基团如巯基、磷酸基团、氨基等存在的条件下也不会断开。目前较常见的一种共价结合方式就是通过 Au-S 键结合，这种方法需要生物分子带有硫基团，通过巯基或者二硫键等使纳米金与生物分子牢固地结合。纳米金表面修饰特殊的亲和基团可用于特异性地结合蛋白质或核酸，如链霉亲和素修饰的纳米金可以特异性地识别生物素修饰的蛋白质和核酸；蛋白 A 修饰的纳米金可作为 IgG Fc 的万能连接剂；糖修饰的纳米金可特异性地识别相应的蛋白质。

1. 表面等离子体共振特性 由于纳米金具有表面等离子体共振（surface plasmon resonance，SPR）的特性，其特征吸收峰在 520nm 左右。但是 SPR 吸收与纳米金粒子的形状、粒径、周围介质的介电特性以及颗粒间作用都有着很大的关系。随着纳米金颗粒直径的增大，其溶液颜色由酒红色逐渐变为蓝紫色，吸收峰位置发生红移。例如，纳米金粒子的直径为 9～22nm 时，其最大吸收波长在 520nm 左右，宏观上的纳米金溶液呈现酒红色。如果纳米金粒子的直径增大或纳米金颗粒发生团聚，会导致粒子集体共振，则最大吸收波长也增大，出现在 600～700nm，随之纳米金溶液的颜色也会发生变化，呈现出更深的蓝紫色。这种由分散的纳米金粒子和聚集的纳米金粒子所产生的溶液颜色的变化，使其在生物分子的检测中降低了对贵重仪器的要求。另外，由于 SPR 的作用，纳米金还具有很强的瑞利散射和米氏散射，这些散射强度和频率也和纳米金的形状、粒径、周围介质的介电特性以及颗粒间作用有很大关系。在一定的激发条件下，大于 30nm 的金粒子具有很强的散射作用，能被肉眼很容易地鉴别出来。纳米金所具有的这种强的散射和很好的光稳定性，使其广泛用于细胞成像中。

2. 荧光特性 纳米金颗粒比团聚成块的金材料有更强的荧光特性。少量的纳米金簇在可见和近红外区的荧光发射强度与其尺寸有关，其发射强度是金块的百万倍。这种纳米金颗粒荧光增强的现象是由颗粒表面纵向表面等离子体的激发致使带间电子跃迁的辐射率增强所引起的。所以，金纳米线的荧光强度会比金块高百万到千万倍，且随着线的增长而增强，甚至达到人眼可观察到的荧光。纳米金荧光强度的研究已经在很多条件下都做了实验，它的发射强度与其周围的介质及化学基团也有很大的关系，甚至纳米金粒子和这些物质之间还会发生表面共振能量转移。这种现象在光子生物及材料科学中引起了人们极大的兴趣。

3. 电学特性 金的电子结构为$[Au]4f^{15}d^{10}6s^{1}$，电负性为 2.4。纳米金溶液的各粒子之间主要就是通过彼此间的静电斥力而稳定存在于溶液中的。如果向溶液中快速地加入异种电荷的离子则会中和纳米金颗粒表面的电性，使纳米金颗粒间的距离减小，从而发生不可逆转的聚集，使纳米金溶液的颜色由酒红色变为蓝紫色，最后沉积为黑色沉淀。纳米金表面的电负性，使其具有很强的导电性，研究者利用这种性质将其广泛应用于生物传感领域。纳米金的表面增强拉曼散射也是由于 SPR 和物质分子与金颗粒表面的电荷转移相互作用导致分子极化率发生改变而引起的。纳米金作为表面增强拉曼散射的基质被用于探测活细胞内的成分，尤其是肿瘤细胞内的抗肿瘤药物与它们的靶标。

4. 基于纳米金的检测方法研究 下面主要介绍几种根据纳米金独特的性质进行检测的方法，包括基于纳米金的比色检测法、基于纳米金能量转移的检测及基于纳米金的生物条形码检测等。

1）基于纳米金的比色检测法 小的纳米金粒子（通常直径在 10～50nm）在水中或玻璃上显现出深红色，这是由于其吸收绿光（可见光谱 520nm 处）引起的。当纳米金粒子尺寸增加时，会导致红移现象并加宽表面共振带，这也能解释在小纳米金粒子聚集过程中观察到的颜色变化（红→蓝）现象。当纳米金粒子聚集时，聚集体可以看做是一个大的粒子。纳米金聚集过程中引起的肉眼可见的颜色变化为基于纳米金的比色分析提供了一个很好的平台。某个靶标分析物或一个生物过程直接或间接地引起纳米金的聚集都可以通过纳米金溶液颜色的改变而被检测到，检测原理如图 4-18 所示。基于这种原理，可以用纳米金的比色分析来检测 DNA、蛋白质、金属离子、中性分子、病毒和癌细胞等。

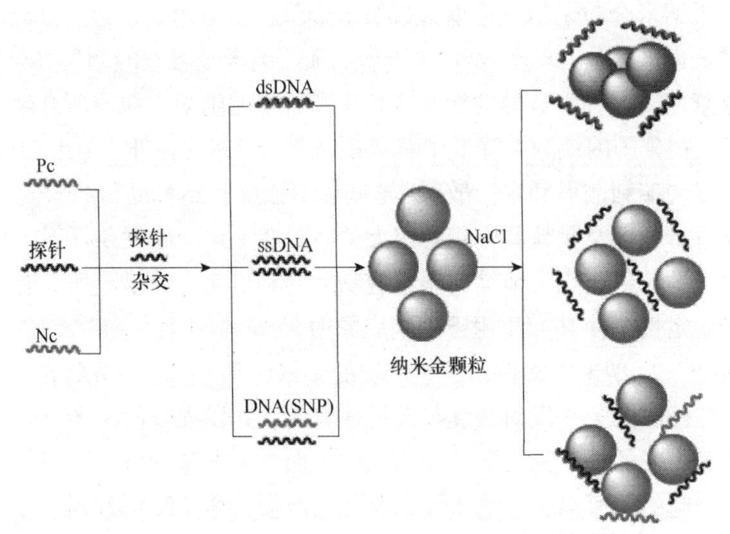

图 4-18 基于纳米金聚集比色法检测 DNA 原理示意图

Pc. 完全互补靶标；Nc. 非完全互补靶标

2）基于纳米金粒子间的交联聚集进行检测 1996 年，Mirkin 等用两个不同的纳米金探针（每个探针都与靶标部分互补）检测 ssDNA 靶标。根据最简单的静电作用，柠檬酸盐稳定的纳米金可以在 5min 内在小于 100fmol/L 水平上区分 ssDNA 和 dsDNA。刀豆蛋白 A（Con A）是一个多价蛋白，在 pH 为 7 的环境中，Con A 使得葡聚糖包被的纳米金粒子聚集。当葡萄糖存在于体系中时，由于它能与 Con A 竞争性结合，从而使纳米金从 Con A 上解聚，这种方法的检测范围是 1～40mmol/L。Lee 等基于 T-Hg^{2+}-T 形成稳定的配位化合物而导致纳米金聚集，并通过在给定的温度检测溶液颜色的变化或测定 DNA-纳米金聚集体的熔解温度而发展了一种检测 Hg^{2+}浓度的高灵敏度和选择性的分析方法。另外，利用纳米金表面修饰上冠醚基团，也可以检测 K^+、Na^+、Li^+等碱金属离子。

3）基于纳米金粒子间的非交联聚集进行检测 近来，一种“非交联聚集”或称为“不稳定导致的聚集”机制也被应用于基于纳米金的比色分析中。在这种体系中，纳米金的聚集主要是由于静电力或电空间稳定机制的丢失而不能形成粒子间的作用键引起的，可以通过改变纳米金的表面电荷或电空间稳定性来使纳米金聚集。应用这种机制，实现了对 K^+、凝血酶和 ATP 等的检测。

4）基于纳米金能量转移的检测 荧光共振能量转移（fluorescence resonance

energy transfer，FRET）是供体分子的激发能通过非辐射转移形式传递给临近受体分子的过程，它的推动力是供体和受体荧光分子之间的偶极-偶极相互作用。表面能量转移（surface energy transfer，SET）是指能量由荧光染料转移到金属表面的过程，与FRET不同的是，它不是偶极-偶极作用，而是偶极与金属表面的作用。目前，很多研究者认为基于纳米金的能量转移属于SET机制。在SET机制中，纳米金作为能量转移的受体有以下几点优势：①高的荧光淬灭效率；②可调的淬灭性质；③稳定的光学性质。理论研究表明，纳米金的淬灭能力取决于它们的大小、形状、与荧光染料的距离、光谱重叠和偶极方向，但是有关淬灭的确切机制还不清楚。在SET中，能量转移距离几乎是FRET中距离的两倍。另外，同一纳米金可以淬灭不同激发荧光的染料，从可见区到近红外区。

Griffin等利用纳米金的SET性质特异性地识别丙型肝炎病毒（HCV）的RNA序列。研究发现，随着纳米金大小从5nm到70nm变化，淬灭效率增强1000倍，当纳米金的大小为110nm时，检测限为100fmol/L。荧光染料标记的G含量丰富的适配体可以结合在纳米金表面，纳米金将其荧光淬灭。但当适配体与其配基结合后，将形成G四聚体结构，使其不能再与纳米金表面结合，荧光信号增强，Jin等利用这种原理来筛选抗肿瘤药物。

纳米金在能量转移体系中不仅可以作为淬灭剂，还可以作为荧光供体，它具有光学稳定性、生物相容性、毒性小等特点。因此，在能量转移体系中，纳米金既可作为供体又可作为受体，在生物化学分析中有明显优势。

5）基于纳米金的生物条形码检测　在生物条形码检测（bio-bar code assay，BCA）中，使用两种组分分别实现靶标的识别与捕获，即磁性微粒（magnetic microparticle，MMP）和纳米金。MMP上修饰有能识别靶标的分子（核酸或抗体），条形码核苷酸捕获序列与条形码杂交后结合到纳米金上，同时纳米金上还修饰有识别靶标的分子（核酸或抗体）。当靶标存在时，能形成纳米金-靶标-MMP“三明治”复合物。经过磁分离，洗去溶液中未反应的成分。在体系中加入水并加热，使条形码核苷酸释放出来，最后用扫描比色法检测条形码序列。芯片上修饰条形码序列的捕获探针，加入条形码核苷酸后，再加入纳米金标记的与条形码另一部分互补的核苷酸，即可形成捕获探针-条形码核苷酸-纳米金“三明治”复合物。在纳米金上催化还原银离子就可产生银斑点，可用肉眼观察或光散射方法检测。Mirkin和他的同事研究出另一种用在BCA中检测DNA的纳米金探针。与以前纳米金上修饰3种链相比，这种探针只需要一种巯基化的条形码DNA链，它由识别靶序列的特异性序列和通用序列组成，可以用二硫苏糖醇（DTT）将条形码DNA链从纳米金上释放下来进行检测（图4-19）。

基于条形码分析提高检测的灵敏度主要通过3个方面：①每次靶标捕获事件的发生都会导致大量的条形码DNA释放，可用于后续分析；②银染放大作用；③放大检测信号而不是放大靶标，从而降低了靶标样品污染的风险。

本研究利用纳米金探针与靶标序列的杂交，通过一种新型的信号放大方法即过氧化氢还原氯金酸沉积在玻片上，从而实现对靶标miRNA的可视化、快速检测。

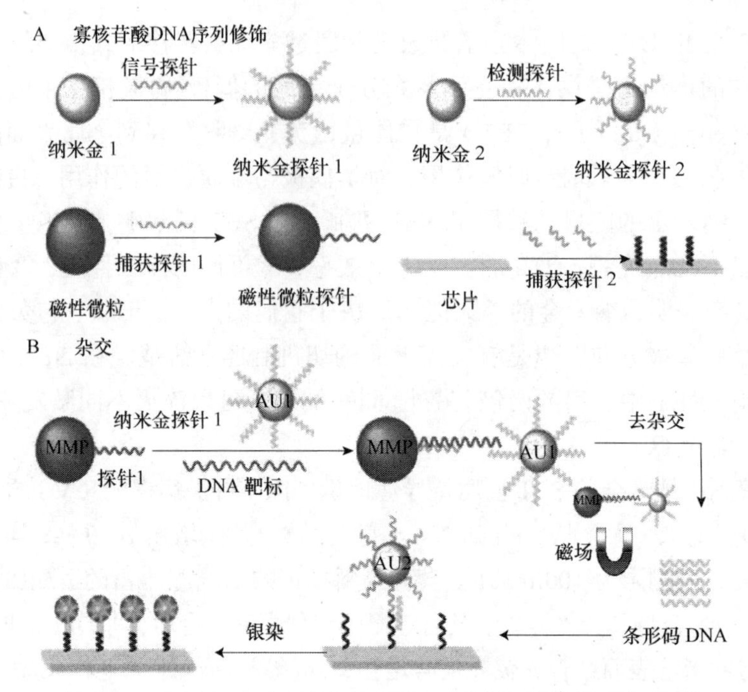

图 4-19　基于 BCA 技术的纳米探针标记及杂交检测过程示意图

一、检测原理

图 4-20 为纳米金探针结合基因芯片检测 miRNA 的示意图。如图所示，氨基修饰的捕获探针通过席夫碱反应固定在醛基修饰的玻片上；加入靶标 miRNA 和巯基核苷酸修饰的纳米金探针，通过碱基互补配对结合在玻片上。最后加入由 $HAuCl_4$ 和 H_2O_2 组成的金染增强液。H_2O_2 可以还原 $HAuCl_4$ 成 Au^0 沉积在玻片上，反应结果可以通过肉眼观察，最后用显微镜记录反应结果。增强反应的原理除了自催化生长外还有在纳米金探针介导的新的纳米金粒子连续成核现象。新生的有核粒子聚集在纳米金探针上，导致了信号的增强。

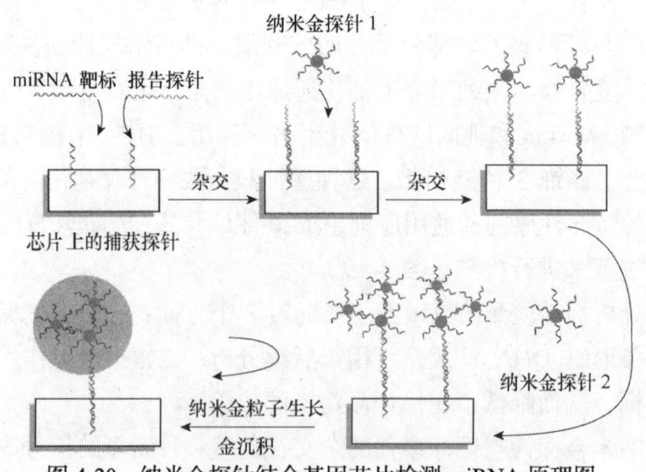

图 4-20　纳米金探针结合基因芯片检测 miRNA 原理图

二、实验

1．试剂与仪器　$HAuCl_4 \cdot 3H_2O$（比利时 Acros 公司）；2-吗啉乙磺酸（MES）（美国 Sigma 公司）；纳米金（15nm）溶液（上海水源生物科技有限公司）；醛基基片（上海百傲科技有限公司）；杂交液（美国罗氏）；RNase 抑制剂（ABI 公司）；所用试剂均为分析纯，实验用水为 Milli-Q 超纯水（18.3MΩ cm^{-1}）。实验所需探针序列均由 TaKaRa 公司合成，如表 4-11 所示。

Prosys 5510A 型芯片点样仪（美国 Cartesian Technologies 公司）；V-670 型紫外可见分光光度计（日本 JASCO 公司）；SUMSUNG DGG-9053A 型恒温干燥箱；BX51 型荧光倒置显微镜（日本 OLYMPUS 公司）。

表 4-11　实验中所用探针

探针名称	序列（5′→3′）
miR-125a-5p 捕获探针	NH_2-TTTTTTTTTTTTTTTTTCACAGGTTAAA
miR-126 捕获探针	NH_2-TTTTTTTTTTTTTTTTCGCATTATTAC
miR-125a-5p 报告探针	GGGTCTCAGGGA（T）$_{15}$GTCGTCTGTTGCTCCTGTGC
miR-126 报告探针	TCACGGTACGA（T）$_{15}$GTCGTCTGTTGCTCCTGTGC
检测探针 1	SH-TTTTTTTTTTGCACAGGAGCAACAG
检测探针 2	SH-TTTTTTTTTTCTGTTGCTCCTGTGC
miR-125a-5p	UCCCUGAGACCCUUUAACCUGUGA
miR-126	UCGUACCGUGAGUAAUAAUGCG

2．纳米金探针的制备　取 1ml 15nm 的纳米金溶液，9000r/min 4℃离心 50min，弃上清；加入 97μl 去离子水重悬沉淀，同时加入 3μl 100μmol/L 巯基修饰的 DNA 探针，充分混匀后，4℃放置 16h；分 3 次加入 1mol/L NaCl、0.1mol/L PB（pH7.2）至终浓度分别为 0.1mol/L、10mol/L，充分混匀，室温放置 48h 以上；加 0.01mol/L PB、0.1mol/L NaCl 混合液至 1ml，9000r/min 4℃离心 50min，弃上清，重复两次；最终以 100μl 的 0.01mol/L 磷酸盐缓冲液（PBS）、0.1mol/L NaCl 混合液重悬，4℃储存备用。

3．金染液的配制　先分别配制 100mmol/L 的 $HAuCl_4$ 溶液和 25mmol/L 的 MES 溶液。将 25mmol/L 的 MES、100mmol/L 的 $HAuCl_4$ 和 30%的 H_2O_2，按体积比 5∶3∶2 混合均匀，注意避光，现配现用。

4．芯片制备　将氨基修饰的捕获探针通过 Pixsys 5510A 型芯片点样仪固定在醛基化的芯片上。捕获探针用点样液稀释，终浓度为 50μmol/L，点直径为 100μm，点间距为 500μm，点样量为 0.7nl，每一个探针重复点 4 次，共点两排。点样完毕的基因芯片放置于室温固定 48h。

5．芯片检测方法　芯片上的捕获探针和报告探针分别与靶标序列的两端互补，当反应体系中存在靶标时，经由碱基互补配对作用，报告探针被间接固定于芯片上，作为后续检测的信号桥梁，再分别杂交上两个纳米金检测探针（检测探针 1 和 2），最后经过氧化氢还原氯金酸，得到肉眼可见的点阵。具体操作过程如下：取 miRNA 靶序列、报告探针以及杂交缓冲液配成 30μl 的体系，于离心管内充分混匀后均匀滴入芯片点阵区，室温杂交 30min，杂交完毕后以 0.2×SSC 洗液室温振荡清洗芯片 2min，氮气吹干。另取检测探针 1、检测探针 2 和杂交液（预混有 RNase 抑制剂）配成 30μl 的体系，于离心管内充分混匀后均匀滴入芯片点阵区，室温杂交 30min，杂交完毕后以 0.2×SSC 洗液室温振荡清洗芯片 2min，氮气吹干。最后在点阵区均匀加入新配制的金染增强液 40μl（避光操作），室温反应 5min 后用去离子水冲洗以终止反应，氮气吹干，显微镜下观察结果。

三、结果与讨论

1．纳米金探针的表征　标记 DNA 探针前后的纳米金透射电镜图如图 4-21 所示。图 4-21A 为未标记的纳米金颗粒，图 4-21B 为标记有 DNA 的纳米金颗粒。标记后的纳米金粒径增大，大小均一，且稳定性和分散性好。

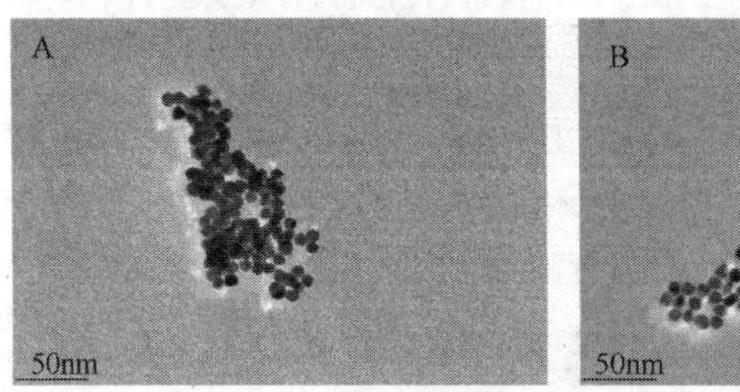

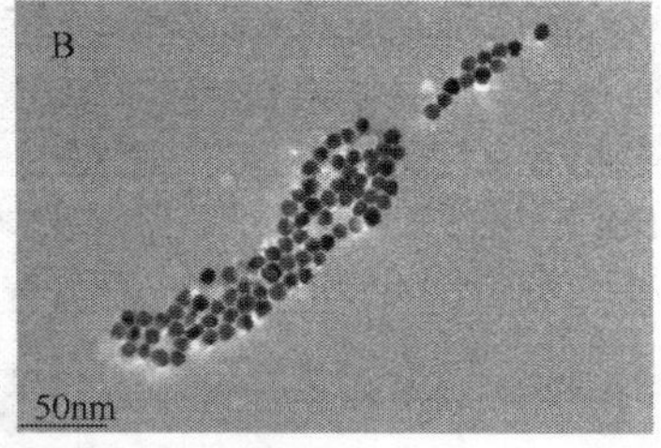

图 4-21　纳米金颗粒被修饰前后的透射电镜图

纳米金探针标记前后的紫外吸收光谱图如图 4-22 所示。由图可见，未标记 DNA 探针的纳米金溶液最高吸收峰位于 520nm 波长处，而巯基 DNA 修饰的纳米金探针最高吸收峰位于 525nm 处，标记了 DNA 探针的纳米金最大吸收峰后移了 5nm。这表明 DNA 分子标记到纳米金颗粒上，使纳米金粒子尺寸和形状有所改变，从而改变了纳米金溶液的光谱特征。

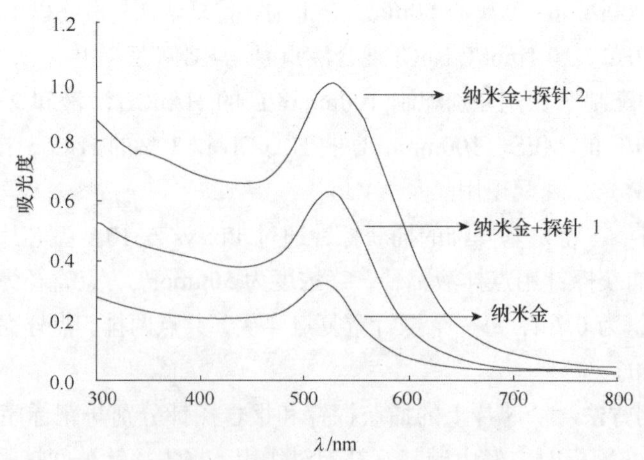

图 4-22　标记 DNA 探针前后纳米金的紫外-可见吸收光谱图

2. 单纳米金探针检测 miR-125a-5p 和 miR-126　将 miR-125a-5p 和 miR-126 的靶标序列从 100nmol/L 开始进行梯度稀释，使用一个纳米金探针分别对不同浓度的靶标进行检测，其中纳米金探针浓度为原液，报告探针浓度固定为 100nmol/L。图 4-23 和图 4-24 分别为检测 miR-125a-5p 和 miR-126 的结果图。由图可见，随着靶标浓度的降低，其检测结果灰度值下降，最终可检测到 10pmol/L 的靶标。

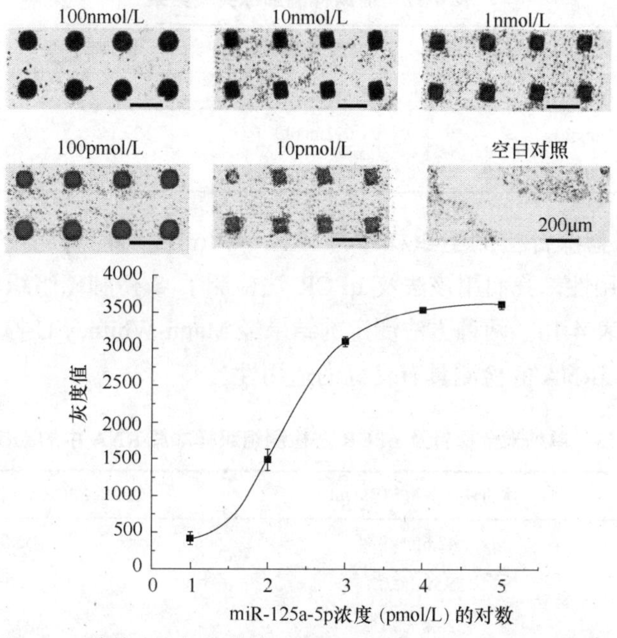

图 4-23　单纳米金探针结合基因芯片检测 miR-125a-5p 结果图

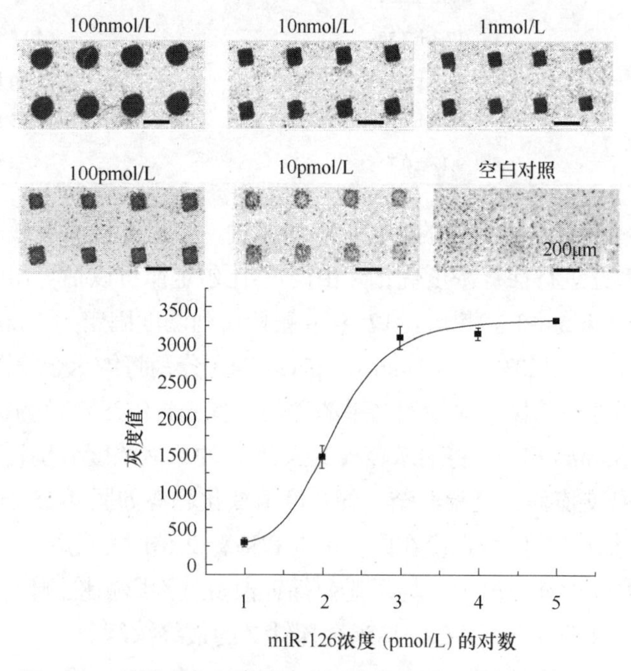

图 4-24　单纳米金探针结合基因芯片检测 miR-126 结果图

3. 单纳米金探针检测体系加标回收率实验　为了考察基于单纳米金探针结合基因芯片方法对血清样品检测的准确性，我们将不同浓度的 miR-126 标准品加入胎牛血清中（预混有 RNase 抑制剂），测得回收率为 81.5%～109.1%，具体结果如表 4-12 所示。

表 4-12　血清样品加标实验结果

样本编号	加标量	加标后测量值	回收率	相对标准偏差
1	10nmol/L	8.150nmol/L	81.5%	3.6%
2	1nmol/L	1.091nmol/L	109.1%	5.4%
3	100pmol/L	104.700pmol/L	104.7%	4.9%

4. 基于纳米金探针检测组织样本总 RNA 中 miR-126　为了考察本体系用于 miRNA 检测的适用性，我们用该法及 qPCR 法检测了 8 份肺癌组织样本总 RNA 中的 miR-126，结果见表 4-13。两种方法测定的结果经 Mann-Whitney U 检验无显著性差别，说明该体系对于 miRNA 的检测具有良好的适用性。

表 4-13　单纳米金探针及 qPCR 法检测组织样本总 RNA 中的 miR-126

样本编号	本方法（$\times10^5$ 拷贝/μl）	qPCR（$\times10^5$ 拷贝/μl）
1	47.6±4.92	35.0±1.63
2	5.50±1.07	4.0±0.62
3	28.8±3.15	23.2±0.80
4	8.32±1.24	6.52±0.27
5	17.3±2.50	10.8±0.88
6	47.9±3.17	12.6±0.27
7	46.8±3.25	27.5±0.35
8	9.12±0.71	4.72±0.40

5. 双纳米金检测体系中探针的优化　为了进一步提高检测灵敏度，我们构建双纳米金探针检测体系并进行探针浓度优化。由朗伯-比尔定律可以估算出纳米金检测探针 1 和 2 的浓度约为 13.4nmol/L。将 miR-125a-5p 靶标序列浓度固定为 1nmol/L，报告探针浓度固定为 100nmol/L，用 PBS（0.01mol/L，pH＝7.4）分别将纳米金检测探针 1 和 2 的原液稀释，来考察两种检测探针对检测结果的影响。首先将纳米金检测探针 1 浓度固定，使用的是原液（13.4nmol/L），将纳米金检测探针 2 的原液浓度分别稀释 2 倍、4 倍、8 倍、16 倍，进行杂交实验，其检测结果的灰度值变化趋势如图 4-25 所示。从图 4-25 曲线可以看出，检测结果的信号强度在原液浓度和稀释 2 倍时变化不大，随着探针浓度的继续稀释，其信号强度逐渐减弱，为了避免探针浪费且不影响检测信号强度，我们选择稀释 2 倍的探针浓度即 6.7nmol/L 为纳米金探针 2 的最终浓度。

确定纳米金检测探针 2 的浓度为 6.7nmol/L 后，在其他条件不变的情况下，进一步优化纳米金检测探针 1 的最佳浓度。将其原液（13.4nmol/L）按 10 倍、100 倍、1000 倍、10 000 倍进行梯度稀释，分别进行杂交实验，其检测结果的灰度值变化趋势如图 4-26 所示。由图 4-26 曲线可以看出，检测结果的信号强度在从原液至稀释 100 倍时变化不大，基本处于平台期。随着检测探针 1 浓度的进一步稀释，其检测信号强度也逐渐减弱，由此得出当纳米金检测探针 1 的浓度为 0.134nmol/L 时较为合适。为了达到高灵敏度的检测结果，同时避免不必要的探针浪费，本实验确定纳米金检测探针 1 的浓度为 0.134nmol/L，纳米金检测探针 2 的浓度为 6.7nmol/L 为其最佳用量。

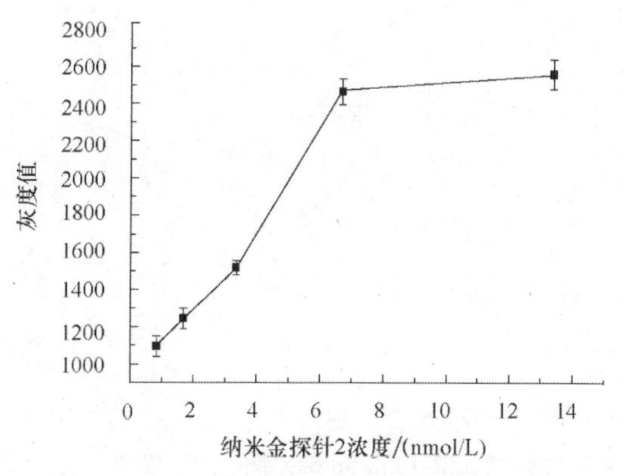

图 4-25 检测探针 2 浓度的优化

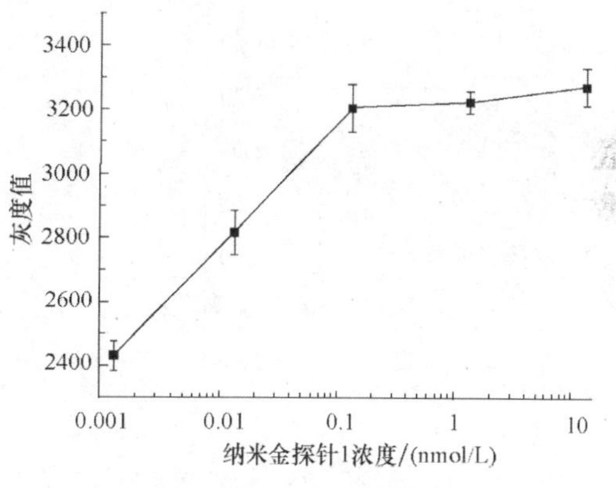

图 4-26 检测探针 1 浓度的优化

固定 miR-125a-5p 靶标的浓度为 1nmol/L，纳米金检测探针 1、2 的浓度分别为 0.134nmol/L 和 6.7nmol/L 时，将报告探针的浓度分别稀释为 100nmol/L、10nmol/L、1nmol/L、100pmol/L 和 10pmol/L，分别进行杂交实验，以筛选合适的报告探针浓度。由图 4-27 可以看出，检测结果的信号强度在报告探针浓度为 1nmol/L 时基本达到平台期，当用量更大时，未结合的报告探针被洗去。因此，本实验中报告探针浓度为 1nmol/L 时为最佳用量。

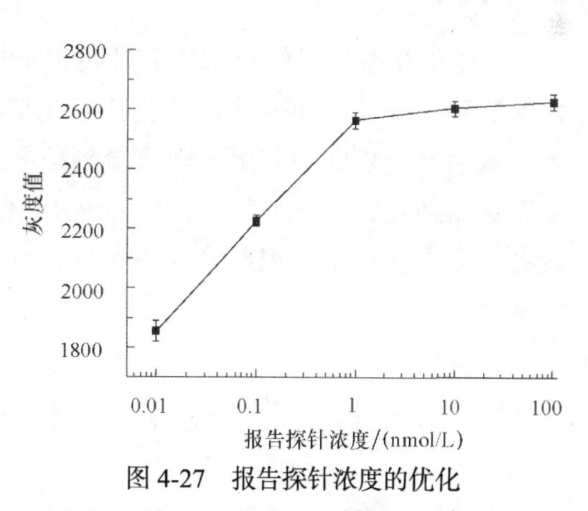

图 4-27 报告探针浓度的优化

6. 双纳米金探针检测 miR-125a-5p 由上述结果可知，当使用单个纳米金探针时，可以检测到 10pmol/L 的靶标。接下来考察使用双纳米金探针检测 miR-125a-5p。将 miR-125a-5p 靶序列从 10pmol/L 开始进行梯度稀释，分别对不同浓度的靶标序列进行杂交检测。图 4-28 为 miR-125a-5p 的检测结果图。由图可见，随着靶标浓度的降低，其检测结果灰度值下降，最终可检测到 1fmol/L 的靶标。因此，使用双纳米金探针大大提高了检测灵敏度。

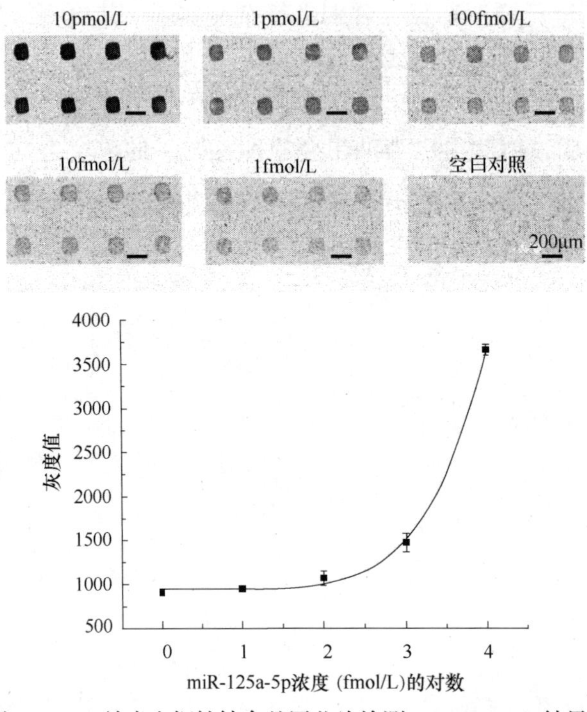

图 4-28　双纳米金探针结合基因芯片检测 miR-125a-5p 结果图

四、小结

利用纳米金探针结合基因芯片可以同时检测两种 miRNA。利用单纳米金探针可以检测到 10pmol/L 的靶标，并验证了此传感器用于肺癌组织总 RNA 中 miR-126 的检测。双纳米金探针的使用，则将检测信号进行两次放大，可检测最低浓度为 1fmol/L 的靶标 miR-125a-5p，实现了对 miRNA 的微量检测，并且也不需要昂贵的检测仪器设备。该方法操作过程简单，快速且成本低廉，不失为一种低丰度 miRNA 检测的新方法。

第八节　长链非编码 RNA 作为早期肺腺癌检测的生物标志物

内源性 miRNA 的研究已取得重要的成果，同 miRNA 一样，lncRNA 在疾病的诊断和治疗上代表了一个重要的分子来源。目前的研究已表明，lncRNA 表达水平上的差异或某些癌症类型特异性 lncRNA 的表达，可作为肿瘤的诊断和治疗提供新的分子标志物。在肿瘤患者的血液、尿液和痰中可发现癌症特异性的 miRNA。同样地，lncRNA 也可作为某些特殊类型癌症的液体分子标志物。例如，前列腺癌特异的 lncRNA DD3（也称

PCA3）已被发展为高度特异性的核酸分子标志物，且特异性高于血清前列腺癌特异性抗原（PSA）。随着对 lncRNA 在肿瘤发生中作用认识的深入，人们开始着手开发以 lncRNA 为靶点的新药。近年来，有关 lncRNA 的研究日益增多。lncRNA 正成为解释肿瘤性疾病的发生、发展机制，作为诊断、病理分型、预后判断和治疗靶点的新的候选分子，并且展示出良好的应用前景。目前相关研究仍处在起步阶段，还主要集中在其表达及功能研究，lncRNA 影响肿瘤转移、耐药、增殖、凋亡等的机制仍不十分清楚，不同 lncRNA 与相关基因的作用关系及相互作用途径亦不明了。不断发现新的 lncRNA，并找到新的功能和意义，将帮助研究者发现疾病尤其是肿瘤更早、更好的预测指标。lncRNA 微阵列芯片技术是目前广泛应用于研究 lncRNA 表达谱的一种理想有效的方法。这一技术的原理就是提取样本组织的 RNA，与芯片上的互补探针杂交后洗涤扫描荧光强度，原始数据经过处理后得到 lncRNA 的差异表达谱。目前，有关 lncRNA 在早期肺腺癌中的研究基本空白，本研究的目的就是利用 lncRNA 微阵列芯片研究早期肺腺癌与其配对正常肺组织中 lncRNA 的表达，发现并筛选异常表达的 lncRNA，同时应用荧光定量 PCR 验证微阵列芯片结果，筛选出一组用于早期肺腺癌高灵敏和特异性检测的 lncRNA 生物标志物。

一、检测原理

1．随机引物反转录　反转录引物包括 3 种：随机六聚体引物、Oligo（dT）引物和基因特异性引物。

随机引物一般是由 6～10 个碱基组成的寡核苷酸引物，引物的序列是随机的，也就是说随机引物是各种引物的混合物，随机序列的可能性很多，由于随机引物可能在一条 mRNA 链上有多个结合位点而从多个位点同时发生反转录，比较容易合成特长的 cDNA。用此方法时，体系中所有 RNA 分子全部充当了 cDNA 第一链模板，PCR 引物在扩增过程中赋予所需要的特异性。通常用此引物合成的 cDNA 中 96%来源于 rRNA。

Oligo（dT）引物是一种对 mRNA 特异的引物，因绝大多数真核细胞 mRNA 具有 3′端 poly（A）尾，此引物与其配对，仅 mRNA 可被转录。由于 poly（A）RNA 占总 RNA 的 1%～4%，故此种引物合成的 cDNA 比随机六聚体作为引物所得到的 cDNA 在数量和复杂性方面均要小。

基因特异性引物：最特异的引发方法是用含目标 RNA 的互补序列的寡核苷酸作为引物，用此类引物仅产生所需要的 cDNA，导致更为特异的 PCR 扩增。

由于要在同一个样本中同时检测多个基因的表达，因此我们选用随机引物作为反转录引物，其得到的 cDNA 可以作为多个基因扩增的模板。

2．SYBR Green 法荧光定量 PCR　SYBR Green Ⅰ是一种结合于所有双链 DNA 双螺旋小沟区域的具有绿色激发波长的染料。在游离状态下，SYBR Green Ⅰ发出微弱的荧光，但一旦与双链 DNA 结合后，其荧光大大增强。因此，SYBR Green Ⅰ的荧光信号强度与双链 DNA 的数量相关，可以根据荧光信号检测出 PCR 体系存在的双链 DNA 数量。这一性质使其用于扩增产物的检测非常理想。SYBR Green Ⅰ的最大吸收波长约为 497nm，发射波长最大约为 520nm。在 PCR 反应体系中，加入过量的 SYBR Green Ⅰ荧光染料，SYBR Green Ⅰ荧光染料特异性地掺入 DNA 双链后，发射荧光信号，而不掺入链中的 SYBR Green Ⅰ染料分子不会发射任何荧光信号，从而保证荧光信号的增加与 PCR 产物的增加完全同步。

SYBR Green Ⅰ在核酸的实时监测方面具有很多优点，由于它与所有的双链 DNA 相结合，不必因为模板不同而特别定制，因此设计的程序通用性好，且价格相对较低。利用荧光染料可以指示双链 DNA 熔点的性质，通过熔解曲线分析可以识别扩增产物和引物二聚体，因而可以区分非特异扩增，进一步还可以实现单色多重测定。此外，由于一个 PCR 产物可以与多分子的染料结合，因此 SYBR Green Ⅰ的灵敏度很高。但是，由于 SYBG Green Ⅰ与所有的双链 DNA 相结合，由引物二聚体、单链二级结构以及错误的扩增产物引起的假阳性会影响定量的精确性。通过测量升高温度后的荧光变化可以帮助降低非特异性产物的影响。

二、实验部分

1. 研究对象　选自 2011～2014 年在上海复旦大学附属中山医院进行手术治疗精细切除的 102 例早期肺癌患者的典型肿瘤标本及其配对正常肺组织，肿瘤标本病理诊断证实均为肺腺癌。患者的临床和病理信息均来自患者的病理报告，见表 4-14。患者对所取标本均有知情权并同意。手术所取标本立即放入−80℃低温冰箱直至使用。根据第 7 版《恶性肿瘤 TNM 分期》标准对肿瘤进行分期。该研究经过上海中山医院的机构审查委员会的同意。其中 3 对患者样本用于 lncRNA 微阵列芯片分析。

表 4-14　102 例早期肺腺癌患者的临床信息

	训练集（n=50）	验证集（n=52）
年龄		
平均值±标准差	59.7±9.7	59.2±9.3
性别		
女	23	34
男	27	18
TNM 分期		
Ⅰ	39	33
Ⅱ	11	19

2．组织总 RNA 抽提

1）组织匀浆　取 50～100mg 组织样品放入经过高温灭菌处理的研钵中，加入 1ml 的 TRIzol（美国 Invitrogen 公司）溶液，充分研磨后，将液体移入 1.5ml 离心管中，室温静置 5min，以便核酸蛋白质复合体完全解离。

2）两相分离　每 1ml 的 TRIzol 试剂匀浆的样品中加入 0.2ml 的三氯甲烷，盖紧管盖。手动剧烈振荡管体 15s 后，15～30℃孵育 2～3min。4℃下 12 000*g* 离心 15min。离心后混合液体将分为下层的红色酚三氯甲烷相，中间层和上层的无色水相。RNA 全部被分配于水相中。水相的体积大约是匀浆时加入的 TRIzol 试剂体积的 60%。

3）RNA 沉淀　将水相转移到新离心管中，加入 0.5ml 的异丙醇。水相与异丙醇混合以沉淀其中的 RNA，两相混匀后室温孵育 10min 后，于 4℃ 12 000*g* 离心 10min。此时离心前不可见的 RNA 沉淀将在管底部和侧壁上形成胶状沉淀块。

4）RNA 清洗　移去上清液，每 1ml TRIzol 试剂匀浆的样品中加入至少 1ml 的 75%乙醇，清洗 RNA 沉淀。振荡后，4℃ 7500*g* 离心 5min。

5）重新溶解 RNA 沉淀　去除乙醇溶液，空气中干燥 RNA 沉淀 5～10min，切勿真空离心干燥。注意 RNA 沉淀不要完全干燥，否则将大大降低 RNA 的可溶性。溶解 RNA 时，先加入无 RNA 酶的水，用移液枪反复吹打几次，然后 55～60℃孵育 10min。获得的 RNA 溶液保存于−80℃。

6）RNA 质量检测　使用 NanoDrop ND-1000 测定组织总 RNA 的浓度和纯度。

3．lncRNA 芯片实验　我们选择美国 Arraystar 公司提供的 8×60K 的 Human LncRNA Microarray（V3.0）芯片分析了 3 例早期肺腺癌及其配对正常肺组织标本。芯片分析由上海康成生物公司完成。

1）样品 RNA 的放大和标记　提取总 RNA，根据 Agilent One-Color Micronarray-Based Gene Expression Analysis 操作步骤对样品总 RNA 中的 mRNA 进行放大和标记，并用 RNeasy mini kit（美国 Qiagen）纯化标记后的 cDNA。

2）芯片杂交　按照芯片提供的杂交标准流程和配套试剂盒，在滚动杂交炉中 65℃滚动杂交 17h，杂交 cDNA 的上样量为 1μg。杂交后的芯片经过洗涤、固定，然后用 Agilent DNA Microarray Scanner 进行扫描。

3）数据分析　用 GeneSpring GX v11.5.1 software 对扫描数据进行归一化处理，所用的算法为 Quantile。

4．反转录反应　使用 SuperScript Ⅲ First Strand Synthesis System（美国 Invitrogen 公司）试剂盒进行反转录反应，RNA 起始量为 1μg，反转录反应组分及用量如表 4-15 所示，反应条件：65℃下孵育 5min，完成后至少在冰上放置 1min；然后在所得产物中加入反转录反应混合液体，混匀后分别在 25℃孵育 10min、50℃孵育 50min 及 85℃孵育 5min，反转录反应混合液体的配制如表 4-16 所示；最后在每个反应所得产物中加入 1μl RNaseH，37℃孵育 20min 后低温保存备用。

表 4-15　反转录反应组分及用量

组分	用量
总 RNA	1μg
随机引物	1μl
10mmol/L dNTP mix	1μl
DEPC 水	补充体系至 10μl

表 4-16　反转录反应混合液体配制

组分	体积/μl
10×RT buffer	2
25mmol/L $MgCl_2$	4
0.1mol/L DTT	2
RNase OUT（40U/μl）	1
SuperScript Ⅲ RT（200U/μl）	1

5．荧光定量 PCR 反应　荧光定量 PCR 使用 LightCycler 480 SYBR Green Ⅰ master（德国罗氏），定量反应仪器为 LightCycler 480（德国罗氏）。初步筛选出来的 10 个 lncRNA 的荧光定量 PCR 引物序列见表 4-17。反应体系如表 4-18 所示，反应条件如表 4-19 所示步骤，每个荧光定量 PCR 反应和对照做 3 个重复。

表 4-17　荧光定量 PCR 引物序列

lncRNA	正向引物（5′→3′）	反向引物（5′→3′）
uc001gzl.3	ATCACCTGCCCTGCTGAGTC	CAGGCTTGGGGATCTCTCTG
ENST00000434223	GCAAGTGTTGAAGGACGACGAT	CAAGGAGGCATACACGGAGTT
uc004bbl.1	CTGTTATGTATCCCCCAGCAA	GAGCAGAAATGTAAACCAGCAG
ENST00000540136	TCGCTTGGTCATCCTGGTAA	AAAGTGAGGCTTGCTAGAGTGC
NR_034174	GTTCTCCCTCAGTGGCACATT	CCCATCTTTCAGCACCTCAA
uc001gch.1	AGGGAAGCACAATGGGATAAG	ACCAGGCAACAAGGTAGAAGAA
ENST00000568243	GCTGCTCCTTATTTCTCCTGTAG	CCCAAAGTTCAGGCTCTATCC
NR_047562	GACACGGTCACTCTGTATCCCA	CCTCCCATTCCTTTTCCTCA
ENST00000442037	ACGAGTGTGCGTGAGTGTGA	GATGGGGCGTAATGGAATG
NR_038125	TCCCCGACAGGTCACATAAC	GGCTGGCAGACAGTGGATT
GAPDH	GGGAAACTGTGGCGTGAT	GAGTGGGTGTCGCTGTTGA

表 4-18　荧光定量 PCR 反应体系

反应组分	体积/μl
LightCycler 480 SYBR Green Ⅰ master（2×）	5
PCR 正向引物（10μmol/L）	0.5
PCR 反向引物（10μmol/L）	0.5
cDNA	1
水	3

表 4-19　荧光定量 PCR 热循环参考值

反应过程	温度	时间	反应循环
预变性	95℃	10min	1
变性	95℃	15s	40
退火	60℃	1min	
熔解曲线	95℃	5s	
	65℃	1min	

6．数据统计分析　使用 SPSS 17.0 软件对数据进行统计分析。数据以平均值±标准差的形式表示，除非有特殊的说明。肺腺癌与其配对正常肺组织中 lncRNA 的表达差异统计使用配对样本 *t* 检验的方法，所有 *P* 值均为双侧，$P<0.05$ 被认为有统计学意义。

三、实验结果

1. RNA 纯度测定　RNA 溶液的 A_{260nm}/A_{280nm} 值是一种用于 RNA 纯度检测的常用方法，纯的 RNA 其 A_{260nm}/A_{280nm} 值范围为 1.8～2.0。比值小于 1.8 表明有蛋白质或酚污染；比值大于 2.0 表明可能有异硫氰酸残存。经测定，所抽提样本的 RNA 其 A_{260nm}/A_{280nm} 值均在 1.8～2.0，表明抽提的 RNA 纯度较高。

2．芯片实验

（1）Arraystar Human LncRNA Microarray 3.0 可以同时检测人类 lncRNA 和 mRNA 的表达水平。该芯片数据来源几乎包括了所有权威的 lncRNA 数据库，如 Refseq、UCSC knowngenes 和 Genecode。每个转录体由特定的外显子或剪接点探针表示，该探针能准确识别每个转录体。芯片上还固定有阳性对照和阴性对照探针，阳性对照探针用于检测看家基因，阴性对照探针则是为了控制杂交的质量。以其中一对肺腺癌样本为例，使用 Agilent DNA Microarray Scanner 对杂交后的芯片进行扫描得到图像，结果如图 4-29 所示（左边为正常组 N，右边为肿瘤组 T），每张芯片信号均匀，清晰，并且没有边缘化效应，证明芯片结果可用。

图 4-29　芯片扫描结果图

（2）箱式图（box-plot）是一种方便的方法，用于观察数据的分布，它通常用来比较所有样本的荧光光密度值分布。通过 3 对样本 lncRNA 和 mRNA 的箱式图分析（图 4-30 和图 4-31），可以看到，经过标准化后，所有样本的 log2-ratios 基本都是相同的。

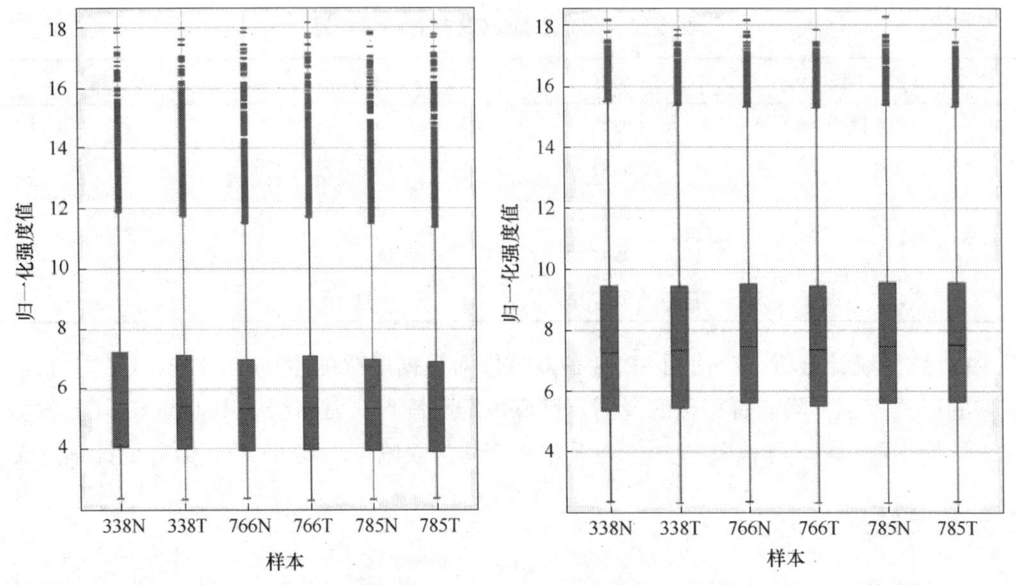

图 4-30　3 对样本 lncRNA 的箱式图　　图 4-31　3 对样本 mRNA 的箱式图

（3）散点图（scatter plot）可以分析两个或两组样本中 lncRNA 和 mRNA 表达的变异（重复性）。散点图 X 轴和 Y 轴是标准化处理后的信号值，绿色的线表示倍数变化（fold change）线。本实验我们选定的标准是 fold change≥2，这些位于上面绿色线之上的或者位于下面绿色线之下的表示其差异表达倍数≥2。图 4-32 和图 4-33 分别为 lncRNA 和 mRNA 的散点图。

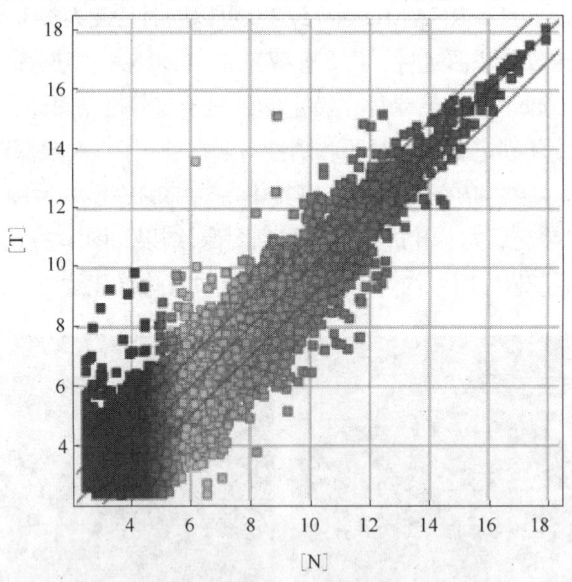

图 4-32　肺癌和对照组 lncRNA 散点图（彩图）

（4）火山图（volcano plot）表示两种条件下的差异表达。它们是利用倍数变化和 P 值来构建的，可以使我们直观地看出有统计学意义的倍数差异变化。火山图 X 轴和 Y 轴分别表示变化倍数和 P 值，绿色分界线表示 $P<0.05$ 和 fold change≥2，红点表示有统计学差异表达的基因。根据此标准，在三对肺腺癌样本中，与正常配对肺组织相比，一共

有 1170 个具有显著性表达差异的 lncRNA（图 4-34）和 1021 个具有显著性表达差异的 mRNA（图 4-35）。在显著性表达差异的 lncRNA 中，444 个在肺腺癌组织中上调表达，726 个呈现下调表达。

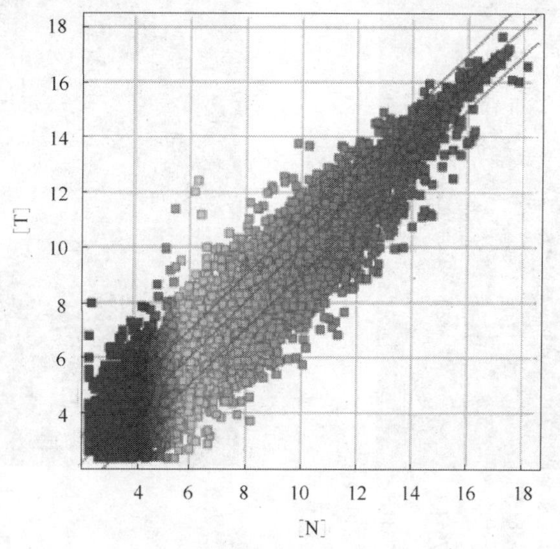

图 4-33　肺癌和对照组 mRNA 散点图（彩图）

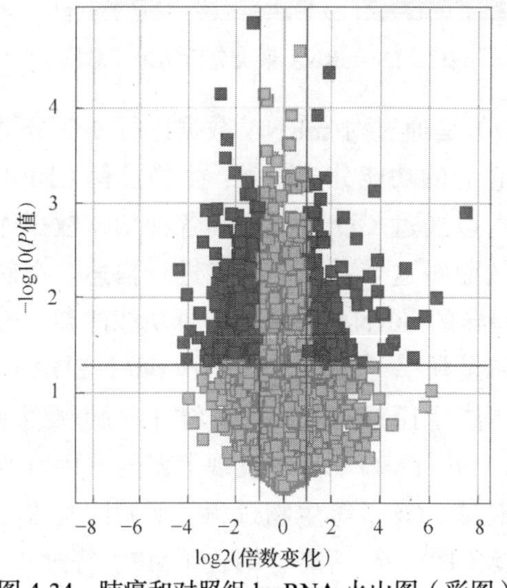

图 4-34　肺癌和对照组 lncRNA 火山图（彩图）　　图 4-35　肺癌和对照组 mRNA 火山图（彩图）

（5）聚类分析：聚类分析是指将物理或抽象对象的集合分组为由类似的对象组成的多个类的分析过程。聚类分析的目标就是在相似的基础上收集数据来分类。根据不同样品间 lncRNA 和 mRNA 表达水平的不同，可以通过分层聚类分析，表达程度越相似的样品更容易聚类在一起，由此可以进一步分析不同样品之间的关系。图 4-36 和图 4-37 分别表示 1170 个具有显著性表达差异的 lncRNA（DE-lncRNA）和 1021 个具有显著性表达差异的 mRNA（DE-mRNA）聚类分析图。图中红色代表相对高表达，绿色代表相对低表达。

图 4-36　DE-lncRNA 聚类分析结果（彩图）

图 4-37　DE-mRNA 聚类分析结果（彩图）

3．生物信息学分析　基因本体论（GO）是通过对 mRNA 数据进行 GO 分类来分析差异表达的 mRNA 的功能属性，并把它们的功能分为三类：生物过程（BP）、细胞组件（CC）及分子功能（MF）。研究者可以通过 GO 分类号和各种 GO 数据库相关分析工具将分类与具体基因联系起来，从而对这个基因的功能进行描述。在芯片的数据分析中，我们先对具有显著性表达差异的 mRNA 靶基因进行功能注释，然后通过计算基因功能的显著性水平（*P* 值）和误判率（false discovery rate，FDR），得到显著性的基因功能。*P* 值越小，此 GO 功能途径越显著。我们将 3 对肺腺癌组织中筛选出来的具有显著性表达差异的 mRNA 进行 GO 分析，发现上调的基因参与细胞共同刺激（BP）、受体活性（MF）和细胞膜（CC）等生物过程。下调的基因参与细胞外区域部分（CC）、解剖结构形态发展（BP）和钙离子结合（MF）等过程。图 4-38A 为差异性表达基因富集的前 6 个 GO 过程（左边和右边分别为下调和上调表达的 mRNA 基因富集功能）。KEGG 是系统分析基因功能以及基因组信息的数据库，它有助于研究者把基因及其表达信息作为一个整体网络进行研究，是进行生物体内代谢分析以及代谢网络研究的工具。KEGG 能将基因组中的一系列基因用一个细胞内的分子相互作用的网络连接起来。基于 KEGG 数据库，对差异表达的 mRNA 数据进行生物学通路分析（pathway analysis），能够明确差异表达的 mRNA 主要富集分布于哪些生物通路上。图 4-38B 为差异性基因富集的前 6 条通路（左边和右边分别为下调和上调表达的 mRNA 基因富集的通路）。

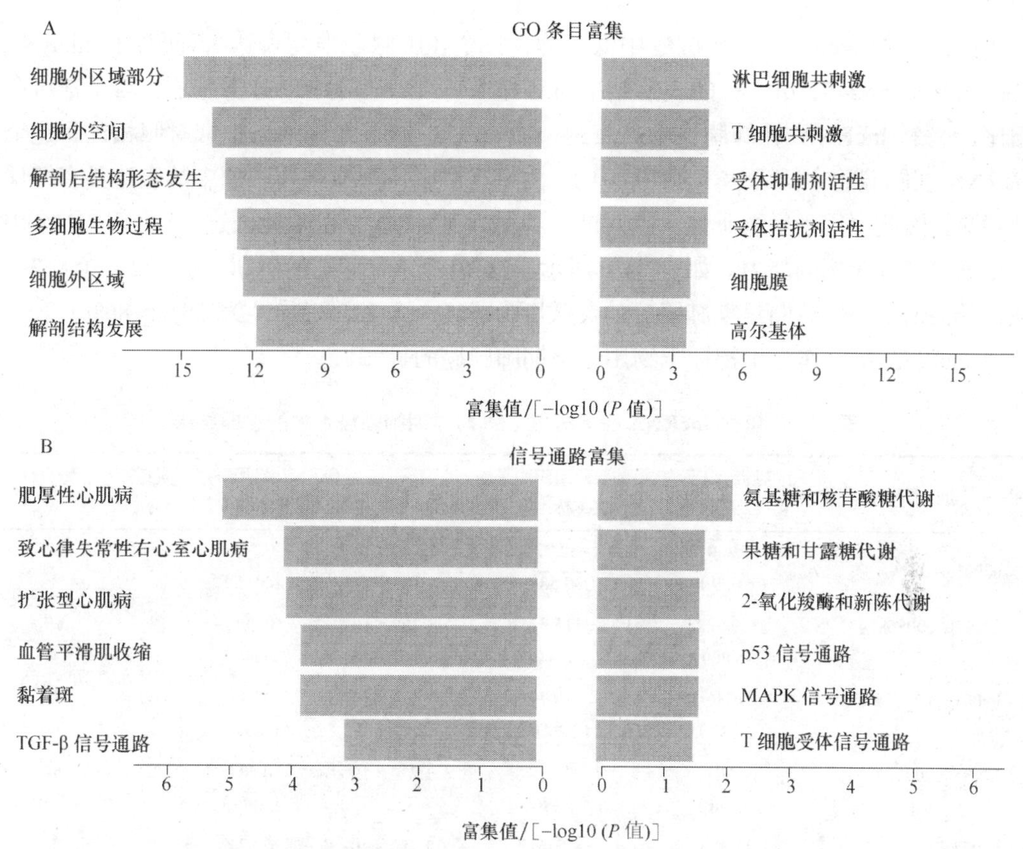

图 4-38　差异性表达基因的 GO（A）和信号通路（B）分析结果图

4．lncRNA 生物标志物的选择及验证

1）*lncRNA 生物标志物的初步选择*　为了选择 lncRNA 生物标志物用于早期肺腺癌高灵敏和特异性的检测，我们首先在具有显著性表达差异的 lncRNA 中选取 3 对样本荧光强度均在 100～20 000 的 lncRNA（98 个下调表达，85 个上调表达）。然后我们计算 3 例肿瘤和 3 例正常对照组中 lncRNA 的平均荧光强度，分别为 $\overline{T}$ 和 $\overline{N}$，我们设定 $A=|\overline{T}-\overline{N}|$。如果 $N_{max}-N_{min}$（N_{max}：所研究的 lncRNA 在正常对照组中最高荧光信号值，N_{min}：所研究的 lncRNA 在正常对照组中最低荧光信号值）或 $T_{max}-T_{min}$（T_{max}：所研究的 lncRNA 在肿瘤组中最高荧光信号值，T_{min}：所研究的 lncRNA 在肿瘤组中最低荧光信号值）小于 $A/10$，那么这个 lncRNA 就作为候选生物标志物用于后续分析。根据这些原则，我们挑选出 7 个上调表达的 lncRNA 和 13 个下调表达的 lncRNA 用于后续分析，这 20 个 lncRNA 在 3 对样本中均具有显著性表达差异。

2）*lncRNA 生物标志物的初步验证*　为了验证初步筛选的 lncRNA 生物标志物，我们使用 qPCR 在 50 例早期肺腺癌及其配对正常肺组织中对 20 个 lncRNA 进行初步验证。在这 20 个 lncRNA 中，3 个 lncRNA 由于表达量低而检测不到（Cp＞35），7 个 lncRNA 在两组中没有显著性表达差异（$P>0.05$）。其他 10 个 lncRNA 则在两组中具有显著性表达差异（$P<0.001$，表 4-20）。其中 9 个 lncRNA 的表达方向与芯片结果一致（与正常对

照相比，8 个 lncRNA 在肺腺癌中低表达，1 个在肺腺癌中高表达），而对于 lncRNA ENST00000568243，qPCR 的表达结果与芯片不一致。芯片结果分析显示，与正常对照相比，这个 lncRNA 在肺腺癌中高表达；而 qPCR 结果则显示与正常对照相比，这个 lncRNA 在肺腺癌中低表达（$P<0.001$），由于这个 lncRNA 在肺腺癌中的表达具有统计学意义，因此也用于后续研究。我们进一步用 ROC 曲线分析来验证这 10 个 lncRNA 用于诊断早期肺腺癌的能力。如表 4-20 所示，这 10 个 lncRNA 的 AUC 为 0.721～0.853，在最佳阈值下，其诊断早期肺腺癌的灵敏度为 66%～86%，特异性为 60%～86%，表明这些 lncRNA 可以作为生物标志物用于早期肺腺癌的检测。

表 4-20　10 个 lncRNA 在训练集（50 对早期肺腺癌）中的诊断结果

lncRNA	正常肺组织平均值（标准差）	肺腺癌组织中平均值（标准差）	P 值*	AUC（标准差）*	灵敏度/%	特异性/%
uc001gzl.3	7.250（6.629）	32.771（39.588）	2.849×10^{-4}	0.745（0.051）	66	82
ENST00000568243	359.922（316.809）	115.911（106.090）	5.329×10^{-8}	0.796（0.045）	86	60
uc001gch.1	6.336（5.332）	1.679（1.741）	5.416×10^{-9}	0.848（0.037）	82	72
ENST00000434223	4.941（3.098）	1.410（1.380）	1.229×10^{-5}	0.783（0.045）	82	62
uc004bbl.1	11.384（10.676）	2.561（2.414）	2.189×10^{-7}	0.824（0.041）	78	72
NR_047562	18.204（13.569）	5.198（4.162）	2.324×10^{-8}	0.853（0.038）	78	86
ENST00000540136	41.211（26.440）	13.959（12.710）	5.705×10^{-10}	0.809（0.044）	75	85
ENST00000442037	3.505（2.555）	1.570（1.345）	1.597×10^{-4}	0.721（0.051）	84	62
NR_038125	2.310（2.093）	1.088（0.800）	1.974×10^{-5}	0.759（0.048）	86	60
NR_034174	2.774（2.537）	0.790（1.038）	1.422×10^{-5}	0.746（0.049）	82	62

*P 值和 AUC 都是用内参基因 GAPDH 归一化后得到的

为了优化出一组由几个 lncRNA 组成的具有高灵敏度和特异性的生物标志物用于早期肺腺癌的检测，我们对在训练集中挑选出来的 10 个 lncRNA 应用逐步逻辑回归分析。其中一个最好的回归模型是 5 个 lncRNA 的组合，包括 ENST00000540136、NR_034174、uc001gzl.3、uc004bbl.1 和 ENST00000434223。这 5 个 lncRNA 联合起来检测早期肺腺癌的 AUC 可达到 0.978（图 4-39A），这比其中任何一个单独 lncRNA 诊断的 AUC 都高（0.721～0.853；$P<0.05$）。ROC 曲线分析表明这 5 个 lncRNA 联合起来诊断早期肺腺癌

的灵敏度和特异性分别为92%和98%，这显著高于单个lncRNA的诊断效果（灵敏度：66%～82%；特异性：62%～85%，$P<0.05$）。

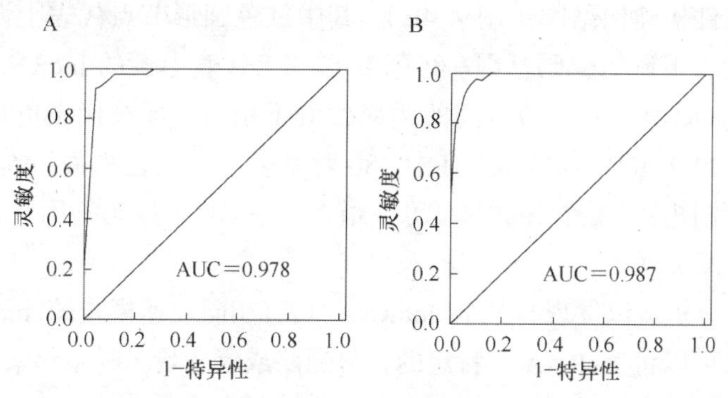

图4-39　5个lncRNA在训练集（A）和验证集（B）中的ROC曲线图

3）lncRNA生物标志物的进一步验证　我们在另外一组52例早期肺腺癌样本及其配对正常肺组织（验证集）中验证从训练集筛选出的这5个lncRNA的检测特性。这5个lncRNA在验证集肺腺癌及其配对正常肺组织均中有显著性表达差异（$P<0.001$）。单个lncRNA用于检测早期肺腺癌的AUC为0.719～0.882，灵敏度为77.8%～85.2%，特异性为60.3%～84.1%（表4-21）。这5个lncRNA联合检测52对早期肺腺癌样本的AUC可达0.987（图4-39B），灵敏度为96.8%，特异性为92.1%，这均显著高于任何单个lncRNA的检测能力（$P<0.05$）。并且，这组lncRNA在两组独立样本（训练集和验证集）中具有类似的检测能力，说明这组lncRNA可以作为肺腺癌早期检测的生物标志物。

表4-21　5个lncRNA在验证集（52对早期肺腺癌）中的诊断结果

lncRNA	正常肺组织中平均值（标准差）	肺腺癌组织中平均值（标准差）	P值*	AUC（标准误）*	灵敏度/%	特异性/%
uc001gzl.3	20.739（21.422）	56.831（58.987）	1.486×10^{-6}	0.719（0.045）	79.4	60.3
ENST00000434223	19.424（21.420）	4.438（3.887）	1.193×10^{-7}	0.843（0.035）	81.0	79.4
uc004bbl.1	9.565（10.034）	2.116（2.583）	6.634×10^{-8}	0.821（0.036）	85.2	62.4
ENST00000540136	18.198（13.949）	4.320（4.323）	4.108×10^{-11}	0.882（0.029）	79.4	84.1
NR_034174	10.378（14.171）	2.223（2.387）	1.063×10^{-5}	0.835（0.035）	77.8	79.4

*P值和AUC都是用内参基因GAPDH归一化后得到的

5．lncRNA-mRNA共表达网络图的构建　为了研究lncRNA与mRNA之间的关系，我们用筛选出来的5个lncRNA生物标志物和它们临近的基因构建了一个编码-非编码基因共表达（coding-noncoding co-expression，CNC）网络图。选取 lncRNA 和 mRNA 之间皮尔逊相关系数（Pearson correlation coefficient，PCC）不小于 0.985 的基因，使用 Cytoscape 软件构建网络图（图 4-40）。其中红色圆形节点代表上调的编码基因，绿色圆形节点代表下调的编码基因。红色 V 形节点代表上调的 lncRNA，绿色 V 形节点代表下调的 lncRNA。两个节点间的实线代表正相关，虚线代表负相关。网络图由 5 个 lncRNA 和 99 个 mRNA 构成。其中，80 对基因间呈现正相关，45 对呈现负相关。在这个 CNC 网络图中，1 个 lncRNA 可以最多关联 39 个编码基因，1 个编码基因最多与 3 个 lncRNA 关联。

通过 CNC 分析可以发现与某个 lncRNA 具有相同表达模式的 mRNA，通过这些 mRNA 的功能，可以将 lncRNA 与特定的信号通路或疾病状况联系起来，从而便于预测 lncRNA 的功能，并揭示其作用机制。

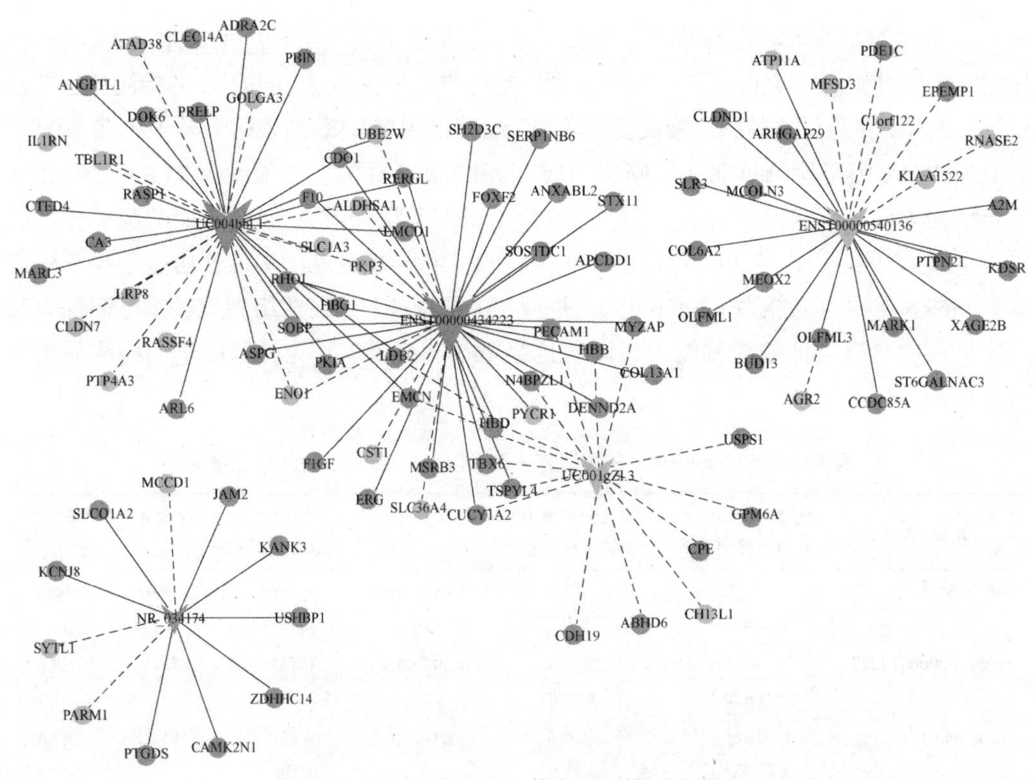

图 4-40　lncRNA-mRNA 共表达网络图（彩图）

四、小结

在本研究中，通过微阵列芯片分析 3 对早期肺腺癌样本中 lncRNA 和 mRNA 的表达水平，发现有 1170 个具有显著性表达差异的 lncRNA 和 1021 个具有显著性表达差异的 mRNA。根据我们的原则，挑选了 20 个 lncRNA 用于后续分析。利用荧光定量 PCR，我们在训练集（50 例）和验证集（52 例）中进一步验证，最终挑选出一组由 5 个 lncRNA

组成的生物标志物用于肺腺癌的早期检测。在训练集和验证集中的 AUC 分别高达 0.978 和 0.987，灵敏度和特异性均高达 90%以上。这些结果表明 lncRNA 可以作为生物标志物用于肺腺癌的早期检测。

（王　萍）

主要参考文献

陈娇，聂时南，钱晓明. 2013. 急性肺损伤动物模型的目前研究现状. 北京协和急诊医学国际高峰论坛，417.

陈银，王晓萍. 2016. 放射性肺损伤的研究进展. 临床肿瘤学杂志，21（11）：1048-1053.

崔冉，刘玉龙. 2016. 放射性肺损伤预防和治疗措施研究现状. 辐射防护通讯，36（5）：14-17.

邓方阁，钟南山，陈荣昌. 2010. 肺损伤与干细胞修复. 国际呼吸杂志，30（6）：355-357.

丁琦晨，郑敏. 2015. 血液 miRNA 与肺癌关系的研究进展. 中国临床医学，2（8）：568-570.

郭青川，王祥，娄新徽，等. 2010. 基于纳米金比色检测 NOS1AP 基因单碱基突变. 高等学校化学学报，31（10）：1965-1969.

贺宏丽，邱海波. 2011. 干细胞治疗急性肺损伤的研究进展. 中华危重病急救医学，23（1）：52-54.

嵇常宇. 2014. 基因芯片技术及其应用. 黑龙江生态工程职业学院学报，27（2）：23-24.

林贤雷，陈朝辉，林胜友. 2016. 放射性肺损伤的中西医治疗进展. 浙江中西医结合杂志，26（12）：1146-1150.

刘泽茹，宋磊，李丹. 2017. 急性肺损伤实验动物模型的特征和评价方法. 中国实验诊断学，21（6）：1100-1102.

邱秀文，吴小芹，黄麟，等. 2014. 基因芯片技术在生物研究中的应用进展. 江苏农业科学，42（5）：60-62.

史亮，陈良安. 2017. 肺组织再生研究进展. 创伤与急危重病医学，5（1）：58-61.

王芳，侯春梅，袁顺宗，等. 2009. 放射性肺损伤机制与防治新进展. 军事医学，33（3）：272-274.

许德兵，宋勇. 2013. 分子生物标志物在肺癌早期诊断中的研究进展. 医学研究生学报，26（7）：766-770.

张艺凡，何成诗，郎锦义，等. 2015. 放射性肺损伤机制及相关因子研究进展. 云南中医中药杂志，36（5）：81-83.

赵利利，戎浩，孙芳云. 2015. 内毒素致急性肺损伤的发病机制研究进展. 实用药物与临床，18（4）：466-469.

Agasti SS, Rana S, Park MH, et al. 2010. Nanoparticles for detection and diagnosis. Adv Drug Delivery Rev, 62 (3): 316-328.

Ak S, Tunca B, Tezcan G, et al. 2014. MicroRNA expression patterns of tumors in early-onset colorectal cancer patients. J Surg Res, 191 (1): 113-122.

Alvarez-Garcia I, Miska EA. 2005. MicroRNA functions in animal development and human disease.

Development, 132 (21): 4653-4662.

Ando S, Kimura H, Iwai N, et al. 2000. Optimal combination of seven tumour markers in prediction of advanced stage at first examination of patients with non-small cell lung cancer. Anticancer Res, 21 (4B): 3085-3092.

Augoff K, McCue B, Plow EF, et al. 2011. MiR-31 and its host gene lncRNA LOC554202 are regulated by promoter hypermethylation in triple-negative breast cancer. Mol Cancer, 11 (1): 5.

Bai J, Zhu X, Ma J. et al. 2015. miR-205 regulates A549 cells proliferation by targeting PTEN. Int J Clin Exp Pathol, 8 (2): 1175-1183.

Barlési F, Gimenez C, Torre JP, et al. 2004. Prognostic value of combination of Cyfra 21-1, CEA and NSE in patients with advanced non-small cell lung cancer. Resp Med, 98 (4): 357-362.

Barsyte-Lovejoy D, Lau SK, Boutros PC, et al. 2006. The c-Myc oncogene directly induces the H19 noncoding RNA by allele-specific binding to potentiate tumorigenesis. Cancer Res, 66 (10): 5330-5337.

Bartel DP. 2004. MicroRNAs: genomics, biogenesis, mechanism, and function. Cell, 116 (2): 281-297.

Birney E, Stamatoyannopoulos JA, Dutta A, et al. 2007. Identification and analysis of functional elements in 1% of the human genome by the ENCODE pilot project. Nature, 447 (7146): 799-816.

Braconi C, Kogure T, Valeri N, et al. 2011. MicroRNA-29 can regulate expression of the long non-coding RNA gene MEG3 in hepatocellular cancer. Oncogene, 30 (47): 4750-4756.

Bremnes RM, Sundstrom S, Aasebø U, et al. 2003. The value of prognostic factors in small cell lung cancer: results from a randomised multicenter study with minimum 5 year follow-up. Lung Cancer, 39 (3): 303-313.

Camps C, Jantus L, Usó M, et al. 2012. Update on biomarkers for the detection of lung cancer. Lung Cancer: Targets Ther, 3: 21-29.

Carninci P, Kasukawa T, Katayama S, et al. 2005. The transcriptional landscape of the mammalian genome. Science, 309 (5740): 1559-1563.

Carthew RW, Sontheimer EJ. 2009. Origins and mechanisms of miRNAs and siRNAs. Cell, 136 (4): 642-655.

Chen X, Ba Y, Ma L, et al. 2008. Characterization of microRNAs in serum: a novel class of biomarkers for diagnosis of cancer and other diseases. Cell Res, 18 (10): 997-1006.

Chen X, Hu Z, Wang W, et al. 2012. Identification of ten serum microRNAs from a genome-wide serum microRNA expression profile as novel noninvasive biomarkers for nonsmall cell lung cancer diagnosis. Int J Cancer, 130 (7): 1620-1628.

Cissell KA, Rahimi Y, Shrestha S, et al. 2008. Bioluminescence-based detection of microRNA, miR21 in breast cancer cells. Anal Chem, 80 (7): 2319-2325.

Cissell KA, Shrestha S, Deo SK. 2007. MicroRNA detection: challenges for the analytical chemist. Anal Chem, 79 (13): 4754-4761.

Croce CM. 2009. Causes and consequences of microRNA dysregulation in cancer. Nat Rev Genet, 10 (10): 704-714.

Elghanian R, Storhoff JJ, Mucic RC, et al. 1997. Selective colorimetric detection of polynucleotides based on the distance-dependent optical properties of gold nanoparticles. Science, 277 (5329): 1078-1081.

Ferrigno D, Buccheri G, Giordano C. 2003. Neuron-specific enolase is an effective tumour marker in non-small cell lung cancer (NSCLC) . Lung Cancer, 41 (3): 311-320.

Gao F, Chang JX, Wang HQ, et al. 2014. Potential diagnostic value of miR-155 in serum from lung adenocarcinoma patients. Oncol Rep, 31 (1): 351-357.

Gao X, Xu H, Baloda M, et al. 2014. Visual detection of microRNA with lateral flow nucleic acid biosensor. Biosens Bioelectron, 54 (12): 578-584.

Gao Z, Peng Y. 2011. A highly sensitive and specific biosensor for ligation- and PCR-free detection of MicroRNAs. Biosens Bioelectron, 26 (9): 3768-3773.

Gao Z, Yang Z. 2006. Detection of microRNAs using electrocatalytic nanoparticle tags. Anal Chem, 78 (5): 1470-1477.

Gibb EA, Brown CJ, Lam WL. 2011. The functional role of long non-coding RNA in human carcinomas. Mol Cancer, 10 (1): 38-55.

Goldstraw P, Crowley J, Chansky K, et al. 2007. The IASLC Lung Cancer Staging Project: proposals for the revision of the TNM stage groupings in the forthcoming (seventh) edition of the TNM Classification of malignant tumours. J Thorac Oncol, 2 (8): 706-714.

Gregory RI, Shiekhattar R. 2005. MicroRNA biogenesis and cancer. Cancer Res, 65 (9): 3509-3512.

Griffin J, Singh AK, Senapati D, et al. 2009. Size- and distance-dependent nanoparticle surface-energy transfer (NSET) method for selective sensing of hepatitis C virus RNA. Chem-Eur J, 15 (2): 342-351.

Gupta RA, Shah N, Wang KC, et al. 2010. Long non-coding RNA HOTAIR reprograms chromatin state to promote cancer metastasis. Nature, 464 (7291): 1071-1076.

Gutschner T, Diederichs S. 2009. The hallmarks of cancer. RNA Biol, 9 (6): 703-719.

Guttman M, Donaghey J, Carey BW, et al. 2011. LincRNAs act in the circuitry controlling pluripotency and differentiation. Nature, 477 (7364): 295-300.

Heegaard NH, Schetter AJ, Welsh JA, et al. 2012. Circulating microRNA expression profiles in early stage nonsmall cell lung cancer. Int J Cancer, 130 (6): 1378-1386.

Hennessey PT, Sanford T, Choudhary A, et al. 2012. Serum microRNA biomarkers for detection of non-small cell lung cancer. PLoS One, 7 (2): e32307.

Higgins MJ, Ettinger DS. 2009. Chemotherapy for lung cancer: the state of the art in 2009. Expert Rev Anticanc, 9 (10): 1365-1378.

Ho YJ, Hsieh JF, Tasi SC, et al. 2000. Tissue polypeptide specific antigen and squamous cell carcinoma antigen for early prediction of recurrence in lung squamous cell carcinoma. Lung, 178 (2): 75-80.

Hu J, Cheng YX, Li YZ, et al. 2014. MicroRNA-128 plays a critical role in human non-small cell lung cancer tumourigenesis, angiogenesis and lymphangiogenesis by directly targeting vascular endothelial growth factor-C. Eur J Cancer, 50 (13): 2336-2350.

Hu Z, Chen X, Zhao Y, et al. 2010. Serum microRNA signatures identified in a genome-wide serum microRNA expression profiling predict survival of non-small-cell lung cancer. J Clin Oncol, 28 (10): 1721-1726.

Huang Y, Zou Q, Wang SP, et al. 2011. The discovery approaches and detection methods of microRNAs. Mol Biol Rep, 38 (6): 4125-4135.

Hunt EA, Goulding AM, Deo SK. 2009. Direct detection and quantification of microRNAs. Anal Biochem, 387 (1): 1-12.

Jiang F, Todd NW, Li R, et al. 2010. A panel of sputum-based genomic marker for early detection of lung cancer. Cancer Prev Res, 3 (12): 1571-1578.

Jin G, Sun J, Isaacs SD, et al. 2011. Human polymorphisms at long non-coding RNAs (lncRNAs) and association with prostate cancer risk. Carcinogenesis, 32 (11): 1655-1659.

Jin Y, Li H, Bai J. 2009. Homogeneous selecting of a quadruplex-binding ligand-based gold nanoparticle fluorescence resonance energy transfer assay. Anal Chem, 81 (14): 5709-5715.

Jing H, Song QX, Zhou GH. 2010. Advances in approaches for the quantitative detection of microRNAs. Hereditas (Beijing) , 32 (1): 31-40.

Jonstrup SP, Koch J, Kjems J. 2006. A microRNA detection system based on padlock probes and rolling circle amplification. RNA, 12 (9): 1747.

Keller A, Leidinger P, Gislefoss R, et al. 2011. Stable serum miRNA profiles as potential tool for non-invasive lung cancer diagnosis. RNA Biol, 8 (3): 506-516.

Koshiol J, Wang E, Zhao Y, et al. 2010. Strengths and limitations of laboratory procedures for microRNA detection. Cancer Epidemiol Biomarkers Prev, 19 (4): 907-911.

Kroh EM, Parkin RK, Mitchell PS, et al. 2010. Analysis of circulating microRNA biomarkers in plasma and serum using quantitative reverse transcription-PCR (qRT-PCR) . Methods, 50 (4): 298-301.

Kumar P, Johnston BH, Kazakov SA. 2011. MiR-ID: A novel, circularization-based platform for detection of microRNAs. RNA, 17 (2): 365-380.

Landi MT, Zhao Y, Rotunno M, et al. 2010. MicroRNA expression differentiates histology and predicts survival of lung cancer. Clin Cancer Res, 16 (2): 430-441.

Le Sheng S, Huang G, Yu B, et al. 2009. Clinical significance and prognostic value of serum Dickkopf-1 concentrations in patients with lung cancer. Clin Chem, 55 (9): 1656-1664.

Lebanony D, Benjamin H, Gilad S, et al. 2009. Diagnostic assay based on hsa-miR-205 expression distinguishes squamous from nonsquamous non-small-cell lung carcinoma. J Clin Oncol, 27 (12): 2030-2037.

Lee JM, Cho H, Jung Y. 2010. Fabrication of a structure specific RNA binder for array detection of label free microRNA. Angew Chem Int Edit, 49 (46): 8662-8665.

Lee JS, Han MS, Mirkin CA. 2007. Colorimetric detection of mercuric ion (Hg^{2+}) in aqueous media using DNA-functionalized gold nanoparticles. Angew Chem Int Edit, 46 (22): 4093-4096.

Lee RC, Feinbaum RL, Ambros V. 1993. The *C. elegans* heterochronic gene lin-4 encodes small RNAs with antisense complementarity to lin-14. Cell, 75 (5): 843-854.

Li H, Rothberg L. 2004. Colorimetric detection of DNA sequences based on electrostatic interactions with unmodified gold nanoparticles. P Natl Acad Sci USA, 101 (39): 14036-14039.

Li W, Ruan K. 2009. MicroRNA detection by microarray. Anal Bioanal Chem, 394 (4): 1117-1124.

Lin PY, Yang PC. 2011. Circulating miRNA signature for early diagnosis of lung cancer. EMBO Mol Med, 3 (8): 436-437.

Lin PY, Yu SL, Yang PC. 2010. MicroRNA in lung cancer. Br J Cancer, 103 (8): 1144-1148.

Lin Q, Mao W, Shu Y, et al. 2012. A cluster of specified microRNAs in peripheral blood as biomarkers for metastatic non-small-cell lung cancer by stem-loop RT-PCR. J Cancer Res Clin Oncol, 138 (1): 85-93.

Liu LZ, Li C, Chen Q, et al. 2011. miR-21 induced angiogenesis through AKT and ERK activation and HIF-1alpha expression. PLoS One, 6 (4): e19139.

Lorenzi M, Lorenzi B, Vernillo R. 2005. Serum ferritin in colorectal cancer patients and its prognostic evaluation. Int J Biol Marker, 21 (4): 235-241.

Lu Z, Liu M, Stribinskis V. 2008. MicroRNA-21 promotes celltransformation by targeting the programmed cell death 4 gene. Oncogene, 27 (31): 4373-4379.

Ma L, Teruya-Feldstein J, Weinberg RA. 2007. Tumour invasion and metastasis initiated by microRNA-10b in breast cancer. Nature, 449 (7163): 682-688.

Mao J, Durvasula R. 2012. Lung cancer chemoprevention: current status and future directions. Curr Respir Care Rep, 1 (1): 9-20.

Markou A, Tsaroucha EG, Kaklamanis L, et al. 2008. Prognostic value of mature microRNA-21 and microRNA-205 overexpression in non-small cell lung cancer by quantitative real-time RT-PCR. Clin Chem, 54 (10): 1696-1704.

Matveeva EG, Gryczynski Z, Stewart DR, et al. 2009. Ratiometric FRET-based detection of DNA and micro-RNA in solution. J Lumin, 129 (11): 1281-1285.

McDonald T, Nilsson G, Vagne M, et al. 1978. A gastrin releasing peptide from the porcine nonantral gastric tissue. Gut, 19 (9): 767-774.

Milman N, Moller Pedersen L. 2002. The serum ferritin concentration is a significant prognostic indicator of survival in primary lung cancer. Oncol Rep, 9 (1): 193-198.

Mirkin CA, Letsinger RL, Mucic RC, et al. 1996. A DNA-based method for rationally assembling nanoparticles into macroscopic materials. Nature, 382 (6592): 607-609.

Molina R, Auge JM, Escudero JM, et al. 2008. Mucins CA 125, CA 19. 9, CA 15. 3 and TAG-72. 3 as tumor markers in patients with lung cancer: comparison with CYFRA 21-1, CEA, SCC and NSE. Tumour Biol, 29 (6): 371-380.

Molina R, Filella X, Auge J, et al. 2002. Tumor markers (CEA, CA 125, CYFRA 21-1, SCC and NSE) in patients with non-small cell lung cancer as an aid in histological diagnosis and prognosis. Comparison with the main clinical and pathological prognostic factors. Tumour Biol, 24 (4): 209-218.

Nakagawa T, Endo H, Yokoyama M, et al. 2013. Large noncoding RNA HOTAIR enhances aggressive biological behavior and is associated with short disease-free survival in human non-small cell lung cancer. Biochem Biophys Res Commun, 436 (2): 319-324.

Niklinski J, Furman M. 1995. Clinical tumour markers in lung cancer. Eur J Cancer Prev, 4 (2): 129-138.

Ponting CP, Oliver PL, Reik W. 2009. Evolution and functions of long noncoding RNAs. Cell, 136 (4): 629-641.

Qavi AJ, Kindt JT, Bailey RC. 2010. Sizing up the future of microRNA analysis. Anal Bioanal Chem, 398 (6): 2535-2549.

Ruan K, Fang XG, Ouyang GL. 2009. MicroRNAs: novel regulators in the hallmarks of human cancer. Cancer Lett, 285 (2): 116-126.

Ruibal A, Nunez M, Rodriguez J, et al. 2002. Cytosolic levels of neuron-specific enolase in squamous cell carcinomas of the lung. Int J Biol Marker, 18 (3): 188-194.

Saito M, Schetter AJ, Mollerup S, et al. 2011. The association of microRNA expression with prognosis and progression in early-stage, non-small cell lung adenocarcinoma: a retrospective analysis of three cohorts. Clin Cancer Res, 17 (7): 1875-1882.

Schmidt LH, Spieker T, Koschmieder S, et al. 2011. The long noncoding MALAT-1 RNA indicates a poor prognosis in non-small cell lung cancer and induces migration and tumor growth. J Thorac Oncol, 6 (12): 1984-1992.

Schneider J, Philipp M, Velcovsky HG, et al. 2002. Pro-gastrin-releasing peptide (ProGRP) , neuron specific enolase (NSE) , carcinoembryonic antigen (CEA) and cytokeratin 19-fragments (CYFRA 21-1) in patients with lung cancer in comparison to other lung diseases. Anticancer Res, 23 (2A): 885-893.

Seike M, Goto A, Okano T, et al. 2009. MiR-21 is an EGFR-regulated anti-apoptotic factor in lung cancer in never-smokers. Pro Natl Acad Sci USA, 106 (29): 12085-12090.

Sharbati-Tehrani S, Kutz-Lohroff B, Bergbauer R, et al. 2008. MiR-Q: a novel quantitative RT-PCR approach for the expression profiling of small RNA molecules such as miRNAs in a complex sample. BMC Mol Biol, 9 (1): 34.

Shen J, Todd NW, Zhang H, et al. 2011. Plasma microRNAs as potential biomarkers for non-small-cell lung cancer. Lab Invest, 91 (4): 579-587.

Shimada H, Nabeya Y, Okazumi SI, et al. 2003. Prediction of survival with squamous cell carcinoma antigen in patients with resectable esophageal squamous cell carcinoma. Surgery, 133 (5): 486-494.

Siegel R, Naishadham D, Jemal A. 2012. Cancer statistics, 2012. CA: Cancer J Clin, 62 (1): 10-29.

Singh KJ, Singh S, Suri A, et al. 2005. Serum ferritin in renal cell carcinoma: effect of tumor size, volume grade, and stage. Indian J Cancer, 42 (4): 197.

Sunaga N, Tsuchiya S, Minato K, et al. 1998. Serum pro-gastrin-releasing peptide is a useful marker for treatment monitoring and survival in small-cell lung cancer. Oncol, 57 (2): 143-148.

Takahashi H, Kurishima K, Ishikawa H, et al. 2010. Optimal cutoff points of CYFRA21-1 for survival prediction in non-small cell lung cancer patients based on running statistical analysis. Anticancer Res, 30 (9): 3833-3837.

Takeuchi S, Nonaka M, Kadokura M, et al. 2003. Prognostic significance of serum squamous cell carcinoma antigen in surgically treated lung cancer. Ann Thorac Cardiovasc Surg, 9 (2): 98-104.

Tan X, Qin W, Zhang L, et al. 2011. A 5-microRNA signature for lung squamous cell carcinoma diagnosis and hsa-miR-31 for prognosis. Clin Cancer Res, 17 (21): 6802-6811.

Targowski T, Jahnz-Różyk K, Szkoda T, et al. 2005. P-276 Usefulness of telomerase activity measurements in fine needlebiopsy specimens in diagnosis of peripheral non small cell lung cancer. Lung Cancer, 49: S187.

Thaxton CS, Hill HD, Georganopoulou DG, et al. 2005. A bio-bar-code assay based upon dithiothreitol-induced oligonucleotide release. Anal Chem, 77 (24): 8174-8178.

Tsai MC, Spitale RC, Chang HY. 2011. Long intergenic noncoding RNAs: new links in cancer progression. Cancer Res, 71 (1): 3-7.

Ulitsky I, Bartel DP. 2013. LincRNAs: genomics, evolution, and mechanisms. Cell, 154 (1): 26-46.

van der Gaast A, Schoenmakers C, Kok T, et al. 1994. Prognostic significance of tissue polypeptide-specific antigen (TPS) in patients with advanced non-small cell lung cancer. Eur J Cancer, 30 (12): 1783-1786.

van Rooij E. 2011. The art of microRNA research. Circ Res, 108 (2): 219-234.

van Roosbroeck K, Pollet J, Calin GA. 2013. MiRNAs and long noncoding RNAs as biomarkers in human diseases. Expert Rev Mol Diagn, 13 (2): 183-204.

Vasudevan S, Tong Y, Steitz JA. 2007. Switching from repression to activation: microRNAs can up-regulate translation. Science, 318 (5858): 1931-1934.

Võsa U, Vooder T, Kolde R, et al. 2011. Identification of miR-374a as a prognostic marker for survival in patients with early-stage nonsmall cell lung cancer. Gene Chromosome Canc, 50 (10): 812-822.

Wang W, Knovich MA, Coffman LG, et al. 2010. Serum ferritin: past, present and future. BB A Gen Subjects, 1800 (8): 760-769.

Wightman B, Ha I, Ruvkun G. 1993. Posttranscriptional regulation of the heterochronic gene lin-14 by lin-4 mediates temporal pattern formation in *C. elegans*. Cell, 75 (5): 855-862.

Wilusz JE, Sunwoo H, Spector DL. 2009. Long noncoding RNAs: functional surprises from the RNA world. Gene Dev, 23 (13): 1494-1504.

Xia JZ, Guo XQ, Yan J, et al. 2014. The role of miR-148a in gastric cancer. J Cancer Res Clin Oncol, 140 (9): 1451-1456.

Xiao C, Rajewsky K. 2009. MicroRNA control in the immune system: basic principles. Cell, 136 (1): 26-36.

Xiao T, Bao L, Ji H. 2012. Finding biomarkers for non-small cell lung cancer diagnosis and prognosis. Front Biol, 7 (1): 14-23.

Yamabuki T, Takano A, Hayama S, et al. 2007. Dikkopf-1 as a novel serologic and prognostic biomarker for lung and esophageal carcinomas. Cancer Res, 67 (6): 2517-2525.

Yang F, Bi J, Xue X, et al. 2012. Up-regulated long non-coding RNA H19 contributes to proliferation of gastric cancer cells. Febs J, 279 (17): 3159-3165.

Yang HP, Yu J, Wang L, et al. 2014. MiR-320a is an independent prognostic biomarker for invasive breast cancer. Oncol Lett, 8 (3): 1043-1050.

Yu L, Todd NW, Xing L, et al. 2010. Early detection of lung adenocarcinoma in sputum by a panel of microRNA markers. Int J Cancer, 127 (12): 2870-2878.

Zheng D, Haddadin S, Wang Y, et al. 2011. Plasma microRNAs as novel biomarkers for early detection of lung cancer. Int J Clin Exp Patho, 4 (6): 575.

Zhou Y, Huang Q, Gao J, et al. 2010. A dumbbell probe-mediated rolling circle amplification strategy for highly sensitive microRNA detection. Nucleic Acids Res, 38 (15): e156.

第五章　心脏组织损伤与修复分子机制

第一节　心脏组织的基本结构

一、心脏组织的解剖特点

心脏位于胸腔内两肺之间，它的大小与人的拳头相似。心脏的内腔被房间隔和室间隔分隔为左右不相通的两半。心腔可分为左心房、左心室、右心房、右心室四个部分。左心房和左心室借左房室口相通，右心房和右心室借右房室口相通，同时在左房室口周围附有二尖瓣，右房室口周围附有三尖瓣，其主要作用是防止血液从心室倒流回心房。右心房有上、下腔静脉和冠状窦的开口，左心房上有肺静脉的开口。右心室发出肺动脉，左心室发出主动脉。在主动脉和肺动脉的起始处分别有主动脉瓣和肺动脉瓣，能防止血液从动脉逆流入心室（图 5-1）。心脏的血管为冠状动脉，冠状动脉如发生病变（痉挛、硬化、血栓形成）可导致心脏供血不足而引起心绞痛，严重时可发生心肌梗死。

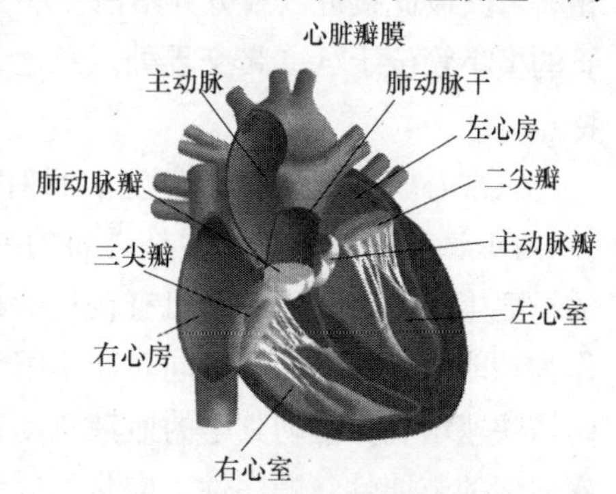

图 5-1　心脏的正常解剖图

心脏是由心肌组成的动力器官。心肌具有自动节律性，即心肌本身具有产生节律性兴奋与收缩的功能，不受中枢神经支配。心脏有节律的收缩或舒张活动称为心搏，每分钟心搏的次数称为心率。成人安静时的心率平均为 75 次/min，儿童的心率较快，15～16 岁以后才接近成人，一般女子的心率比男子稍快，经常参加体育锻炼的人安静时的心率较慢。心脏每一次收缩所射出的血量称为每搏输出量；心输出量是指每分钟一侧心室所射出的血液总量，又称每分输出量，是每搏输出量和心率的乘积，是衡量心脏工作能力的一项重要指标。一般来说，正常人安静时每搏输出量为 60～80ml，每分输出量为 4500～5000ml。

二、心肌组织的结构和生理特征

心肌（cardiac muscle）组织是由心肌细胞构成的一种肌肉组织，包括心肌细胞和间质两部分，其中心肌细胞占心脏总体积的 75%，间质占 25%。广义的心肌细胞包括组成窦房结、结间束、房室交界部、房室束（即希氏束）和浦肯野纤维等的特殊分化了的心肌细胞，以及一般的心房肌和心室肌工作细胞。心肌细胞与骨骼肌的结构基本相似，也有横纹，具有闰盘结构。心肌细胞为短柱状，一般只有一个细胞核。心肌细胞之间有闰盘结构，该处细胞膜凹凸相嵌，彼此紧密连接。心肌的闰盘有利于细胞间的兴奋传递，这一方面由于该处结构对电流的阻抗较低，兴奋波易于通过；另一方面又因该处呈间隙连接，可允许钙离子等离子通透转运。因此，正常的心房肌或心室肌细胞虽然彼此分开，但几乎同时兴奋而作同步收缩，大大提高了心肌收缩的效能，功能上体现了合胞体的特性，故常有“功能合胞体”之称。

心肌细胞的细胞核多位于细胞中部，形状似椭圆或似长方形，其长轴与肌原纤维的方向一致。肌原纤维绕核而行，核的两端富有肌浆，其中含有丰富的糖原颗粒和线粒体，以适应心肌持续节律性收缩活动的需要。从横断面来看，心肌细胞的直径比骨骼肌小，前者约为 15μm，而后者则为 100μm 左右。从纵断面来看，心肌细胞的肌节长度也比骨骼肌的肌节短。在电子显微镜下观察，也可看到心肌细胞的肌原纤维、横小管、肌质网、线粒体、糖原、脂肪等超微结构。但是心肌细胞与骨骼肌有所不同。心肌细胞的肌原纤维粗细差别很大，介于 0.2～2.3μm；同时，粗的肌原纤维与细的肌原纤维可相互移行，相邻者又彼此接近以致分界不清。心肌细胞的横小管位于 Z 线水平，管径较粗。而骨骼肌的横小管位于 A–I 带交界处。总之，心肌细胞与骨骼肌细胞在形态和功能上均各有其特点。

正常心肌细胞具有收缩性、自律性、兴奋性和传导性，它们共同决定着心脏的活动。

1）收缩性　收缩性是心肌的一种机械特性。心脏的节律性同步收缩活动是心肌的重要生理特性。由于心肌有较长的有效不应期和自动节律性，心房肌和心室肌又各自作为功能合胞体，几乎是同时产生整个心房或心室的同步性心肌收缩，使心房或心室的内压快速增高，推动其中的血液流动，从而实现血液循环的生理功能。总之，心房和心室肌肉的节律性、顺序性、同步性收缩和舒张活动是心脏实现其泵血功能的基础。

2）自律性　心肌本身具有自动节律性，简称自律性。在生理情况下，哺乳动物心脏的传导系统中，自律性最高的是窦房结起搏细胞，其起搏节律在整体情况下保持于每分钟 70 次左右（成年人）的窦性心律水平。房室结和浦肯野纤维的自律性次之，分别为 40～55 次/min 及 25～40 次/min；心房肌和心室肌则无自律性。

3）兴奋性　心肌细胞兴奋时与骨骼肌和神经细胞一样，会产生动作电位，其兴奋性也经历一系列的时相性变化。但心肌的动作电位又有其特点。以心室肌为例，它从去极化到复极化的全过程，可分为 0、1、2、3、4 共 5 个时相，0 期为去极化过程，其余 4 个期为复极化过程。心室肌的复极化过程很长，一般可达 300～350ms。并在 2 期出现电位停滞于零线附近缓慢复极化的平台，这是心室肌动作电位区别于骨骼肌的显著特点。心肌细胞动作电位与骨骼肌动作电位的主要区别是前者持续时间长，特别是复极化过程持续时间长，一般可达 200～300ms，形成平台，心肌细胞动作电位的持续期大体相当心肌细胞的收缩期。心肌动作电位的持续时程随着心率的变化而改变，心率越快动作电位的持续期相应缩短，一般动作电位的持续期约为两次心搏间期的 1/2。心室肌特长的不应期有重要的生理学意义，它可以确保心脏有节律地工作而不受过多刺激的影响，不会像骨骼肌那样产生强直收缩从而导致心脏泵血功能的停止。心房肌的绝对不应期短得多，仅仅 150ms，从而常可产生较快的收缩频率，出现心房搏动或心房颤动。心房的相对不应期和超常期均为 30～40ms，但它的有效不应期较长，为 200～250ms。这一特性有利于心脏进行长期不疲劳的舒缩活动，而不至于像骨骼肌那样产生强直收缩而影响其射血功能。

4）传导性　心肌细胞具有传导兴奋的特性。正常心脏的起搏点是窦房结，它所产生的自动节律性兴奋，可依次通过心脏的传导系统，而先后传到心房肌和心室肌的工作细胞，使心房和心室依次产生节律性的收缩活动。心肌的兴奋在窦房结内传导的速度较慢，约 0.05m/s；房内束的传导速度较快，为 1.0～1.2m/s；房室结的传导速度最慢，仅有 0.02～0.05m/s；房室束及其左右分支的浦肯野纤维的传导速度最快，分别为 1.2～2.0m/s 及 2.0～4.0m/s。

第二节　心肌组织损伤的病理学

一、心肌细胞和组织的适应与损伤

正常机体的器官、组织和细胞对不断变化的内、外环境能做出及时的反应，以保证细胞和组织的正常功能，维护细胞、器官乃至整个机体的生存。当内环境发生改变，或在各种轻微但持久的致损伤因素的作用下，机体可通过改变其自身的代谢、功能和结构加以调整，以维持细胞在新环境下的活力和功能，这种非损伤性应答反应称为适应（adaptation），适应在形态上表现为萎缩、肥大、增生和化生。如致损伤因素较强，超过了组织、细胞的适应能力时，则引起损伤（injury）。较轻的损伤（变性）是可复性的，即引起损伤的原因去除后，受损细胞的代谢、功能和结构可逐渐恢复正常；如致损伤因素很强或持续存在，则引起不可复损伤，即细胞死亡。机体对损伤造成的组织缺损具有修补、恢复其结构和功能的能力。

细胞、组织和器官的体积增大称为肥大（hypertrophy）。组织、器官的肥大通常是由于实质细胞的体积增大所致，可伴有细胞数量的增多。肥大可分为生理性和病理性肥大。生理性肥大：如妊娠时的子宫肥大、哺乳期的乳腺肥大，这是由于内分泌激素作用于靶器官，使细胞内蛋白质合成增加，引起细胞体积增大所致，又称内分泌性肥大；运动员的肢体肌肉肥大也属生理性肥大。病理性肥大：疾病引起的组织、器官体积增大称病理性肥大，如高血压病时引起的左心室肥大、一侧肾摘除后对侧肾的肥大、慢性肾小球肾炎晚期残存肾单位的肥大等，其发生通常是由于相应器官或组织的功能负荷长期代偿性增强引起，也可称代偿性肥大。

心肌细胞对损伤和环境改变的一种适应性反应表现为心肌肥大，又称心肌肥厚或重构。心肌肥厚以心肌细胞体积增大、蛋白质合成增加、肌小节重构为特征，为心衰的前期病变和独立危险因子。这是一种产生较缓慢但较有效的代偿功能，主要发生在长期压力负荷过重的情况下，心肌总量增加，收缩力加强，使心脏得以维持正常的血液循环，同时有相当的储备力。但这种代偿功能也有其不利之处，主要因为肥大的心肌需氧增加，而冠状动脉的供血量往往不能予以满足，造成心肌缺血，这最后将导致心肌收缩力的减退。病理性的心肌肥厚包括向心性肥厚和离心性肥厚，高血压等压力负荷引起的肥厚一般为向心性肥厚；动脉瓣或二尖瓣反流导致的容量负荷一般表现为离心性肥厚。高血压病的发展分为三期：机能紊乱期、动脉病变期和内脏病变期。在第三期中，心脏病变主要表现为左心室肥厚，由于血压持续升高，外周阻力增加，左心室因压力性负荷增加而发生代偿性肥厚，由于左心室代偿能力很强，因此在相当长时间内，心脏不断肥厚进行代偿，左心室壁增厚，乳头肌和肉柱增粗变圆，但心腔不扩张，称向心性肥厚。病变继续发展，肥大的心肌因供血不足而收缩力降低，发生失代偿，逐渐出现心脏扩张，称离心性肥厚。心肌在长期过度的容量负荷作用下，舒张期室壁张力持续增加，心肌肌节呈串联性增生，心肌细胞增长，心腔容积增大；而心腔增大又使收缩期室壁应力增大，进而刺激肌节并联性增生，使室壁有所增厚。离心性肥厚的特征是心腔容积显著增大与室壁轻度增厚并存，室壁厚度与心腔半径之比基本保持正常，常见于二尖瓣或主动脉瓣关闭不全。

细胞和组织损伤还可以表现为变性和死亡。细胞受到严重损伤累及细胞核，呈现代谢停止、结构破坏和功能丧失等不可逆性变化时，称细胞死亡（cell death），包括坏死和凋亡两种类型。活体内局部组织细胞的死亡称为坏死（necrosis）。坏死可由变性逐渐发展而来，也可由致损伤因素直接作用引起（如动脉血流的突然中断等）。组织坏死后，不仅结构自溶、功能丧失，还可引发急性炎症反应，渗出的中性粒细胞释放的溶酶体酶可加速坏死的发生和溶解。凋亡（apoptosis）是指活体内单个细胞的死亡，曾称固缩坏死，其发生机制与上述凝固性或液化性坏死不同，凋亡的细胞质膜（细胞膜和细胞器膜）不破裂、不自溶，也不引起急性炎症反应。凋亡的发生与基因调节有关，故也称程序性细胞死亡。心肌细胞和组织的损伤主要表现为心肌梗死和心肌细胞凋亡。心肌梗死是指心肌的缺血性坏死，为在冠状动脉病变的基础上，冠状动脉的血流急剧减少或中断，使相应的心肌出现严重而持久的急性缺血，最终导致心肌的缺血性坏死。发生急性心肌梗死的患者，在临床上常有持久的胸骨后剧烈疼痛、发热、白细胞计数增高、血清心肌酶升高、心电图反映心肌急性损伤、缺血和坏死的一系列特征性改变（新出现 Q 波及 ST 段抬高和 ST-T 动态演变），并可出现心律失常、休克或心力衰竭，属冠心病的严重类型。心肌梗死的原因，多数是冠状动脉粥样硬化斑块或在此基础上血栓形成，造成血管管腔堵塞所致。心肌细胞凋亡在维持心脏正常形态结构方面具有十分重要的意义，其在心脏的生理、病理发展过程中起重要作用，被认为是心脏由代偿性变化向生理性、病理性变化发展的细胞学基础。

二、心肌损伤、心肌肥厚与心力衰竭

1. 心肌损伤与心力衰竭　心肌损伤导致心脏扩大、心室重构、胶原沉着和心肌收缩力下降。心肌缺血的急性发作，如冠状动脉急性闭塞，导致心肌细胞坏死和瘢痕形成。

急性心肌梗死（acute myocardial infarction，AMI）等各种因素引起心脏损伤后，心室随即发生进行性扩张和外形的改变，主要表现为心肌细胞的代偿性肥大、心肌坏死和细胞凋亡；心肌间质成纤维细胞增生、纤维化，梗死区心壁变薄，以及心腔逐渐扩张等。由于梗死区瘢痕缺乏舒缩功能，引起心脏内各方向压力的重新分布，使得整个心室整体扩张、变形，致使心功能严重降低，进而导致心功能衰竭。目前认为，心肌组织缺乏残存的能够使损伤心肌再生的细胞，因此，大面积不可逆性损伤导致永久性心功能损害。暂时性药物干预，如血管紧张素转换酶抑制剂或AT-1受体阻滞剂，不能完全预防左心室重构，最终导致心力衰竭发生。细胞再生和干细胞治疗可能会提供新的更合理的治疗方法。外周血和骨髓来源的干细胞已经发现可再生心肌细胞、血管内皮细胞和平滑肌细胞，并可使缺血损伤的模型动物恢复心脏功能。成人干细胞分化增生的潜能已经为目前的治疗开拓了新的领域，成人干细胞再生心肌细胞和基因治疗将促进自体细胞预防和治疗的发展。

2. 心脏组织再生和心肌肥厚　心肌细胞是心脏的收缩细胞，缺血再灌注损伤后，心肌细胞数量下降。有功能的心肌细胞损伤使心脏结构的完整性受损，心脏收缩功能下降；功能性心肌细胞被纤维组织代替，使局部心肌失去收缩能力，心肌的传导发生障碍。为了减少心肌细胞损伤或功能恶化的发展，目前的研究集中在保护损伤后的心肌细胞，促进复制能力较低的心肌细胞分裂增生。心肌梗死后，梗死区心肌坏死凋亡。缺血再灌注损伤也导致非梗死区心肌细胞凋亡。由于氧化应激引起p53、Bax和caspase 3上调，介导心肌细胞凋亡。抗氧化治疗已经证明能缓解过氧化反应和右心室肥厚，减少心肌细胞程序化死亡。

心肌肥厚是心脏对压力、容量超负荷等应激反应的一种长期、慢性的代偿机制，是由多种神经体液因素介导。心肌肥厚是众多心血管疾病共同的病理过程，常见于高血压、心肌梗死、心瓣膜病、先天性心脏病等多种心血管疾病。心肌肥厚的基本变化包括心肌细胞的肥大与增生，非心肌细胞如成纤维细胞、胶原、血管、蛋白质等的生成、增生与增殖，伴有心室结构及功能的改变。心肌肥厚是心肌细胞的大小改变而不是细胞分裂数量增加，蛋白质合成增加。收缩力的变化是由于心肌细胞肌纤蛋白和膜骨架损伤，引起收缩和舒张功能障碍。慢性心功能衰竭（CHF）是以心肌细胞肥大，体积较正常增大2倍为特征。当达到这个体积极限时，心肌细胞不再增大。心肌成纤维细胞与心肌愈合和重构有关，参与血管对血流动力学的反应调节及缺血再灌注损伤后局部细胞因子的释放。心脏内成纤维细胞参与正常胶原纤维的合成，这种细胞能随着环境的变化而改变其表型。心肌成纤维细胞与基质和相邻细胞相互作用，使这些细胞产生可收缩的结构蛋白，促进组织微环境的重构。它们的收缩活性防止了心脏损伤部位的扩张。在病理情况下，如正常的损伤愈合过程中，心肌成纤维细胞不出现凋亡，代之以胶原的持续性表达和沉着，从而构成“有限的重构”条件。

三、心肌组织损伤的主要形态学变化

心肌重构是指各种损伤使心脏原来存在的物质和心脏形态学发生变化，是心肌组织在结构、功能、数量及基因表达等方面发生的一种适应性反应，是病变修复和心室整体代偿及继发的病理生理反应过程。牵张刺激、体液因子（如内皮素、去甲肾上腺素、血管紧张素Ⅱ）、生长因子（如成纤维细胞生长因子、肿瘤坏死因子、转化生长因子）、心肌缺血缺氧等均可引起心肌重构。其主要表现有心肌肥厚、心肌细胞凋亡、左右心室空间构象和生物学效应的改变。持续的心肌重构，尤其是左心室肥厚可引起左心室舒张功能障碍并逐渐出现收缩功能障碍，最终导致心力衰竭。心肌重构宏观表现主要为心肌质量增加，心室壁增厚（图 5-2）。其微观结构表现为实质心肌细胞出现病理性肥大、变性、坏死，间质成纤维细胞增生和纤维化、细胞外基质变性，血管生成和炎症反应（图 5-3 和图 5-4）。

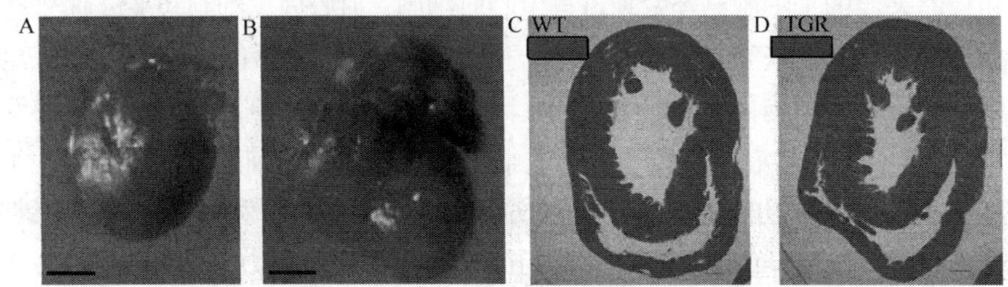

图 5-2　心肌重构宏观表现为心肌质量增加，心室壁增厚

A. 正常大鼠；B. 心肌重构大鼠心脏轮廓照片（标尺＝2mm）；
C. 野生型（WT）大鼠；D. 转基因高血压（TGR）大鼠心脏横切面的 HE 染色

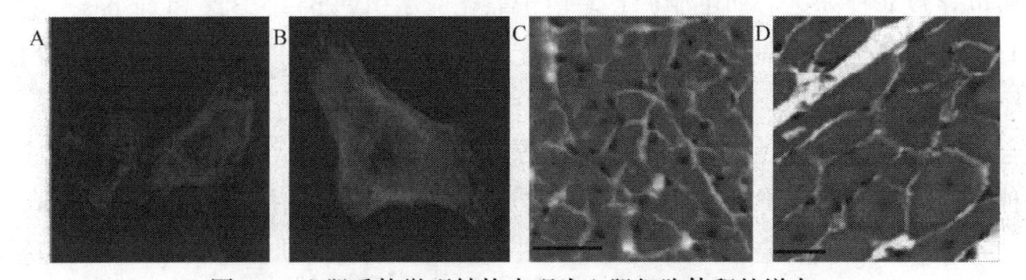

图 5-3　心肌重构微观结构表现为心肌细胞体积的增大

A. 正常心肌细胞荧光图片；B. 肥大心肌细胞荧光图片；
C. 正常心肌组织的 HE 染色；D. 肥大心肌组织的 HE 染色（横切面，标尺＝20μm）

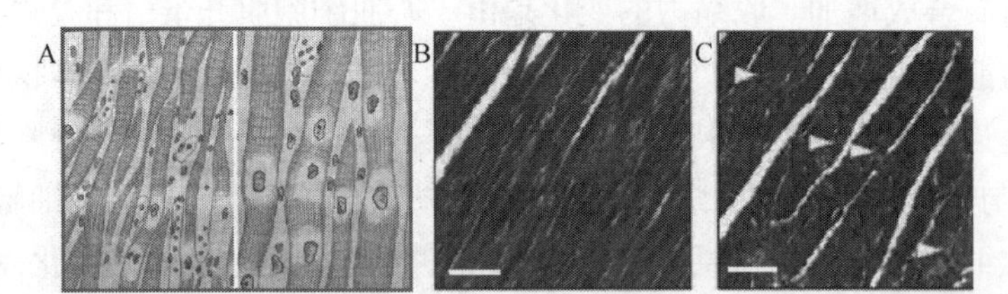

图 5-4　心肌重构微观表现心肌细胞肥大，肌小节重构，间质成纤维细胞增生和纤维化

A. 心肌重构大鼠心肌组织的 HE 染色（200×，出现心肌细胞肥大和肌小节重构）；
B. 正常大鼠；C. 心肌重构大鼠心肌组织的胶原染色（Masson 染色，标尺＝20μm），箭头所指处代表胶原沉积

（1）从分子水平看：信号通路出现激活和失活；基因表达的“胚胎型再演”；肌球蛋白重链（MHC）改建，α-MHC 转变为β-MHC，*ANP* 基因表达增强；能量代谢由脂肪酸的β-氧化转变为以葡萄糖的酵解为主，ATP 酶由 V1 型转变为 V3 型，ATP 合成减少。

（2）功能：代偿期心肌收缩和舒张功能维持；射血分数（EF）和缩短分数（FS）正

常（人体安静时的射血分数为55%～65%；缩短分数为30%～45%）；代偿性心率加快。失代偿期充盈异常，心收缩力下降，EF降低（＜50%），FS降低（＜30%），心动过速。

（3）临床表现：高血压患者通常首先出现左心衰竭，左心室输出量减少，左心淤血；临床表现主要为肺循环淤血的症状和体征，如呼吸困难、咳嗽、咯血、肺水肿等。反复持续左心室衰竭可累及右心室，进而发展为全心衰竭。

第三节　心肌组织损伤的分子生物学

一、肾素-血管紧张素-醛固酮系统与心肌重构

（一）经典肾素-血管紧张素-醛固酮系统与心肌重构

肾素-血管紧张素-醛固酮系统（renin angiotensin aldosterone system，RAAS）的激活是心肌重构主要促发因素，在心肌重构的发生和发展中起到了重要的作用。RAAS是由肾素、血管紧张素原（angiotensinogen，AGT）、血管紧张素转化酶（angiotensin converting enzymes，ACE）、血管紧张素（Ang）、醛固酮（ALD）、血管紧张素受体等组成的，是一个典型的内分泌系统。肾脏分泌的肾素作用于肝脏合成的血管紧张素原，经一系列转化转变为Ang-Ⅰ［Ang（1-10）］。Ang-Ⅰ本身并没有生物活性，在ACE的作用下转化为Ang-Ⅱ［Ang（1-8）］形式后被激活。Ang-Ⅱ参与了氧化应激、炎症反应、内皮细胞损伤和组织重构等多个过程。

Ang-Ⅱ在RAAS中发挥着重要作用，可以通过作用于AngⅡ-1（AT-1）型受体进而发挥收缩血管，促进增生和引起钠水潴留的作用。Ang-Ⅱ可以刺激交感神经，提高醛固酮的生物合成和活性，提高纤维原细胞内Ⅰ型和Ⅲ型胶原的合成，诱导纤维化，参与心肌重构。Ang-Ⅱ不仅引起心肌细胞肥厚、凋亡，间质纤维化和心室重构，同时还促进了去甲肾上腺素（NE）及醛固酮的释放。Ang-Ⅱ兴奋交感神经，导致NE释放，并阻止交感神经末梢对NE的再摄取，致使血浆中NE含量升高，最终促进肾上腺皮质球状带合成和分泌醛固酮增多，导致心力衰竭患者血浆中ALD含量明显升高（图5-5）。ALD可上调利钠肽素主要成分心脑钠肽（BNP）及血清Ⅲ型前胶原氨基端肽（PⅢNP）水平，促进心肌肥厚，共同参与心室重构。心肌胶原代谢失衡也是心室重构的重要环节，心肌胶原代谢受基质金属蛋白酶（MMP）和基质金属蛋白酶组织抑制剂（TIMP）控制。RAAS的激活致使MMP/TIMP值升高，胶原蛋白被升高的MMP降解，并被缺乏连接结构的纤维性间质取代，从而参与左心室重构。

RAAS不仅存在于循环系统中，还广泛存在于局部组织中。不同器官，包括心脏、血管和肾脏都含有该系统。心脏多数Ang-Ⅱ是由其本身组织产生，而非循环中Ang-Ⅰ转化而来。研究发现在心血管病发生时，心肌受到急性损伤，循环中的RAAS激活，血浆中的Ang-Ⅱ浓度升高。但是当心脏处于相对稳定状态时，循环RAAS活性相对降低，而心脏组织中的RAAS仍处于激活状态。因此局部组织中RAAS在心肌损伤后心室重构方面起

着主导作用。ACE 是 RAAS 的核心酶，ACE 的酶解产物 Ang-Ⅱ是 RAAS 中最重要的效应因子。心肌梗死后，Ang-Ⅱ分泌增多，致使肾中具有强大收缩血管功能的内皮素（endothelin，ET）分泌增多，进而激活交感神经系统和 RAAS，促使心肌细胞肥大及成纤维细胞增生。同时，胶原合成大于分解，Ⅰ型、Ⅲ型比值变大，增加心脏僵硬度，导致心肌纤维化，促进心肌重构。已知 Ang-Ⅱ促心肌肥厚的作用主要是由 AT-1 受体介导产生的，因此，观察心肌组织 AT-1 mRNA 的表达及 AT-1 受体蛋白，可以判断局部心肌组织 RAAS 是处于激活还是抑制状态，对于估计血管紧张素系统参与心肌肥厚和心肌纤维化形成与发展中的作用及机制具有重要的意义。Ang-Ⅱ通过 AT-2 受体主要发挥扩张血管、抑制增生和诱导细胞凋亡的作用（图 5-5）。

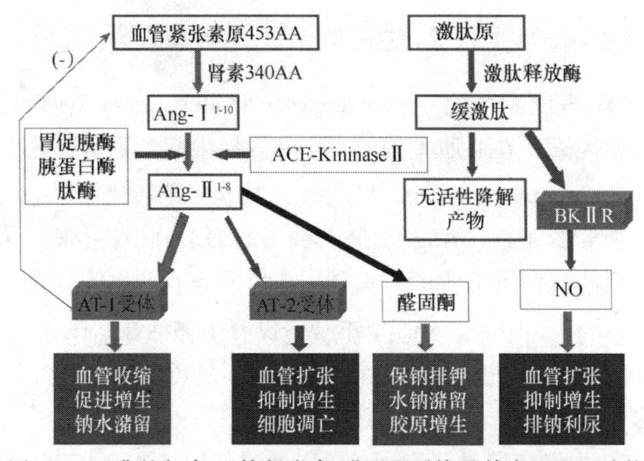

图 5-5　经典的肾素-血管紧张素-醛固酮系统及其病理生理功能

（二）新型肾素-血管紧张素-醛固酮系统与心肌重构

RAAS 的新成分主要包括数个新发现的血管紧张素及其受体和酶，以及先前被视为不具活性的成分（如前肾素）等，现已明确前肾素是一种具有生物活性的 RAAS 成分。前肾素与（前）肾素受体结合后对血管紧张素原的催化能力增强，且肾素抑制剂如阿利吉仑并不能降低前肾素的结合率，提示前肾素与其受体结合后也可能诱导其他的信号通路，具有独立于 Ang-Ⅱ的作用。新型肾素-血管紧张素（RAS）家族具有复杂的衍生关系。血管紧张素原可在非肾素酶的作用下水解为 Ang（1-12），继而在糜酶的作用下水解为 Ang-Ⅱ。而 Ang-Ⅰ不仅可以在 ACE 的作用下水解为 Ang-Ⅱ，也可直接或间接分解为 Ang（1-7），Ang（1-7）则可进一步分解为 Ang（1-5）。另外，Ang-Ⅱ也可以进一步分解为 Ang-Ⅲ$^{2-8}$和 Ang-Ⅳ$^{3-8}$，Ang-Ⅱ、Ang-Ⅲ和 Ang-Ⅳ均具有生物学功能，其中 Ang（1-7）得到了较为深入的研究。Ang-Ⅳ通过 IRAP 受体激活 NF-κB，进而介导 MCP-1、IL-6、TNF-α、ICAM-1、PAI-1 等炎症因子的激活（图 5-6）。在各种原因引起的心衰中均发现 TNF-α 和 NF-κB 的激活，暗示其在心衰机制中发挥作用，几乎全部的 IL-6 家族，如 IL-6、白血病抑制因子（LIF）和心肌营养蛋白 1（CT-1）均是引起心室重构的相关因子。这些发现表明 Ang-Ⅳ$^{3-8}$-IRAP 受体在心室重构中也发挥着作用。

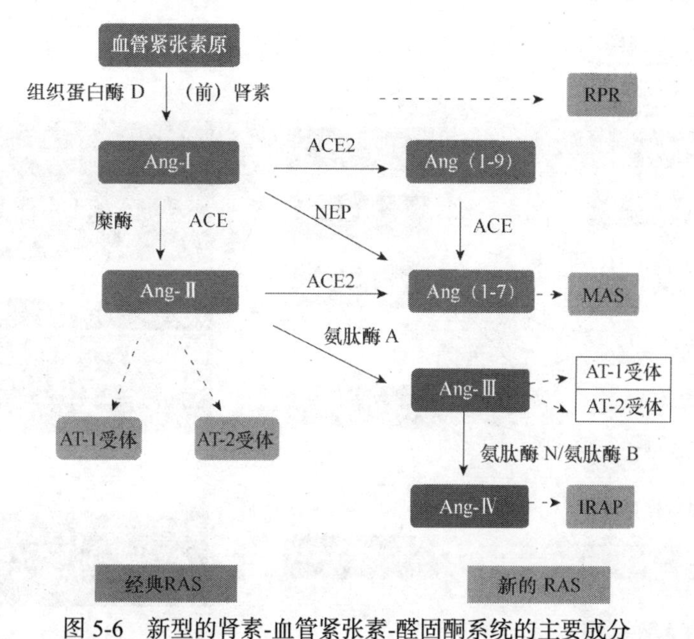

图 5-6　新型的肾素-血管紧张素-醛固酮系统的主要成分

RAS．肾素-血管紧张素系统；Ang．血管紧张素；ACE．血管紧张素转化酶；NEP．中性肽链内切酶；RPR．肾素（原）受体；IRAP．胰岛素调控氨基肽受体；AT-1 受体．Ang-Ⅱ1 型受体；AT-2 受体．Ang-Ⅱ2 型受体

Ang（1-7）能够在某种程度上抑制 RAAS 激活，它可以抑制心肌成纤维细胞增殖与胶原合成，逆转心室重构，但其不能完全阻断 Ang-Ⅱ诱导的心肌纤维细胞增殖和胶原合成。ACE2、Ang（1-7）及其受体 Mas 受体共同构成了 RAAS 的一个新的分支：ACE2-Ang（1-7）-Mas 轴，该作用轴是 ACE-AngⅡ-AT1 的反向调节轴，能拮抗 Ang-Ⅱ的影响。ACE2 的氨基酸序列与 ACE 大约有 40%是相同的，ACE2 可以将 Ang-Ⅰ分解为血管紧张素壬肽［Ang（1-9）］，把 Ang-Ⅱ水解为血管紧张素庚肽［Ang（1-7）］。同时 Ang（1-9）可以在 ACE 的作用下分解为 Ang（1-7）。Ang-Ⅱ作用于 AT-1 和 AT-2 受体，其作用于 AT-1 受体可产生心脑血管病变。而 Ang（1-7）作用于 Mas 受体则可以保护心脑血管。Ang（1-7）可以舒张血管、降低血压，逆转心肌重塑、血管重构和纤维化，改善血管内皮功能，抗心律失常。缺失 *ACE2* 基因的小鼠在给予 AT-1 受体拮抗剂和 Ang（1-7）后可以逆转心肌重构和心力衰竭，因此 Ang（1-7）和 ACE2 可以对抗 Ang-Ⅱ对心脑血管的不利影响，是治疗高血压的潜在靶点（图 5-7）。

心肌重构的特点是心肌肥厚和心肌纤维化，心肌纤维化使得大量胶原蛋白沉积，这一过程会对心脏的收缩和舒张产生不利影响并可能导致心律失常。纤维母细胞活化是细胞外基质（ECM）沉积的首要因素，可以在心肌中释放出多种间质蛋白和基质金属蛋白酶（MMP），进一步调节 ECM 以及分解后的产物，对心肌纤维化产生重大影响。ACE2 和 Ang（1-7）能够抑制纤维母细胞的活化，进而改善纤维化程度和心肌重塑（图 5-8）。大量的证据表明，心肌纤维母细胞以旁分泌的形式释放生长因子，刺激心肌肥厚和纤维化，这些机制是高血压伴随心力衰竭的重大成因。Ang（1-7）的表达增多就意味着 Ang-Ⅱ

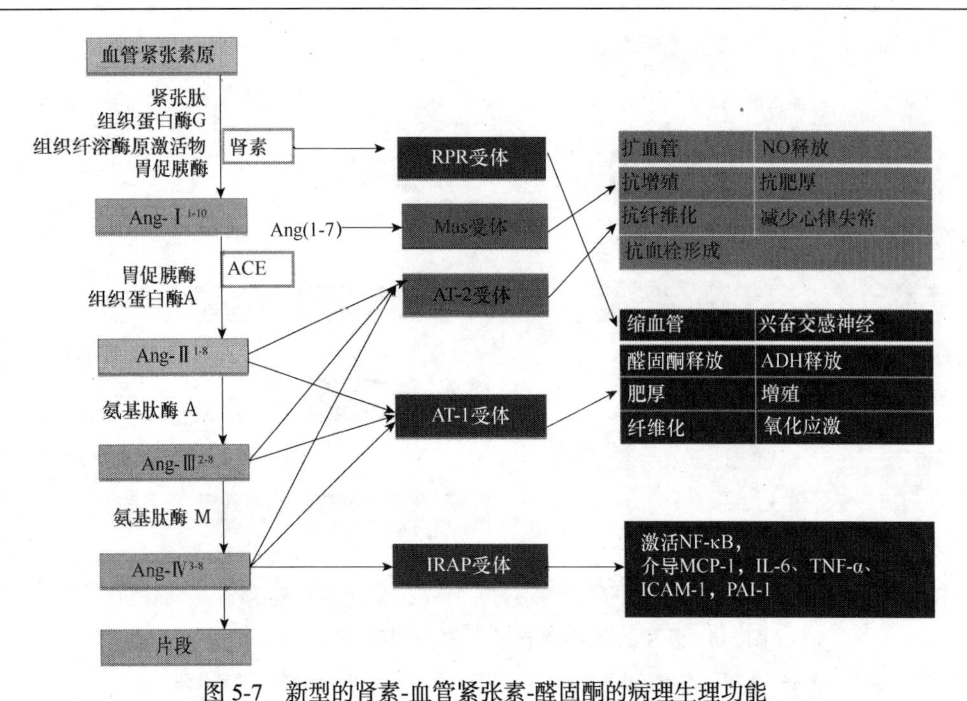

图 5-7　新型的肾素-血管紧张素-醛固酮的病理生理功能

Ang. 血管紧张素；ACE. 血管紧张素转化酶；RPR 受体. 肾素（原）受体；IRAP 受体. 胰岛素调控氨基肽受体；AT-1 受体. Ang-Ⅱ1 型受体；AT-2 受体. Ang-Ⅱ2 型受体

的表达减少，Ang（1-7）与 Mas 受体的相互作用增强则有益于心脑血管的保护，因此新的药物和疗法不仅要降低血压，还要着重抑制心肌重塑和血管重构，更好地逆转高血压所致的靶器官损伤，只有这样才能提高高血压患者的生活质量和存活率。由此可知，ACE2-Ang（1-7）-Mas 作为 RAAS 系统的新组件，可能成为今后治疗高血压及并发症的潜在有效靶点。Ang（1-9）也可以拮抗 Ang-Ⅱ导致的心肌肥厚，其抗肥厚作用主要是通过作用于 AT-2 受体，而不是由于增加 Ang（1-7）引起的，因此 Ang（1-9）有着独立的抗肥厚作用。

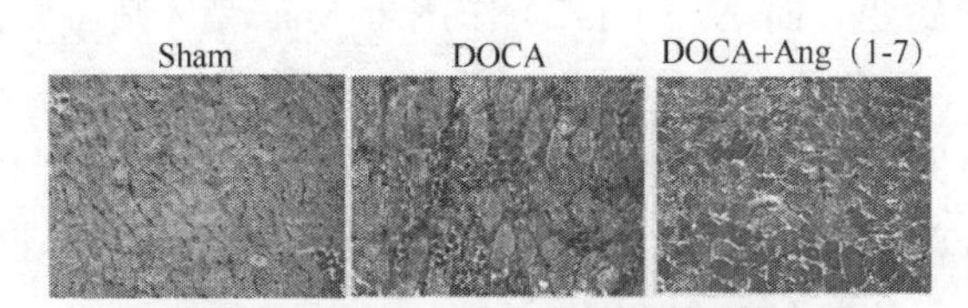

图 5-8　Ang（1-7）对心脏的保护作用

Sham. 假手术组；DOCA. 乙酸脱氧皮质甾酮。左心室的 Masson 染色（200×），Ang（1-7）明显改善心肌纤维化

二、内皮素系统与心肌重构

内皮素（endothelin，ET）是日本学者于 1988 年发现的一个由 21 个氨基酸组成的多肽，有链内二硫键和保守的羧基端，是目前最为有效、作用时间最长的缩血管物质。内皮素有 4 种异构肽：ET-1、ET-2、ET-3、ET-4。前体内皮素原（propre ET-1）在特异性内肽酶的作用下裂解成大 ET-1（big ET-1），大 ET-1 不能直接与 ET 受体结合发挥作用，只有在

内皮素转换酶作用下才形成有活性的 ET-1。心脏 ET-1 主要是由内皮细胞、平滑肌细胞、心肌细胞和成纤维细胞分泌。内皮素转化酶（endothelin converting enzyme，ECE）是其生成的限速酶，是目前多数专家认可的开发防治心脑血管等疾病新药的重要靶点。ECE 是一种含锌的金属蛋白酶，1994 年 ECE-1 被首次克隆，该酶在组织中微量存在，分离鉴定困难。ECE 是中性内肽酶家族的一种 2 型膜蛋白，带有一个跨膜结构域，一个短的胞浆 N 端，一个大的细胞外结构域（含催化亚单位），有 3 种亚型：ECE-1、ECE-2、ECE-3。ECE-1 分布广，表达水平比 ECE-2 高。ECE-1 主要在各种器官的内皮组织表达，也在包括神经内分泌组织在内的很多非肌组织表达。ECE-1 有 4 种亚型：ECE-1a、ECE-1b、ECE-1c、ECE-1d。4 种亚型具有相同的催化亚单位和跨膜结构域，只在胞浆 N 端不同，但催化活性没有差异。ECE-1a、ECE-1c 位于细胞膜，以胞外酶的形式起作用；ECE-1b 主要位于细胞质溶酶体和高尔基体；ECE-1d 位于细胞内再循环的内涵体。ECE-1 除了水解 big ET 外，还可以水解 P 物质、神经降压素、缓激肽、氧化型胰岛素轻链，也可水解 β-淀粉样蛋白。

内皮素受体属于 G 蛋白偶联受体超家族，主要有 4 种：ET_A、ET_B、ET_C、ET_{AX}；哺乳动物和人类只有 ET_A 受体和 ET_B 受体；心血管系统的 ET_A 受体主要分布于血管平滑肌细胞和心肌细胞，发挥缩血管、促细胞增殖及组织纤维化等作用。ET_B 受体则抑制细胞增殖和血管收缩，它参与 ET 的清除，尤其是在肺中参与清除循环中 80%的 ET-1。3 种受体亚型对各型内皮素异构体的亲和力不同，对 ET_A 受体而言，亲和力顺序依次为 ET-1＞ET-2＞ET-3；而 ET_B 对 3 种内皮素的亲和力相等；ET_C 对 ET-3 的亲和力高，对 ET-1 和 ET-2 的亲和力低。

ET-1 是一种自分泌和旁分泌激素，在血液中只能检测到很少的一部分。ET-1 的生物学活性主要有以下几点：①特征性地表现为强烈而持久的血管收缩活性。②对血液动力超负荷诱导的细胞肥大，平滑肌细胞、心肌细胞、成纤维细胞等的生长具有强烈的促进作用。③ET-1 在 Ang-Ⅱ和 NE 的刺激下介导心室肌细胞的肥大、心脏的重构和心力衰竭的发生。内皮素作为一种强大的血管活性物质，通过作用于血管平滑肌上的内皮素受体产生强大的血管收缩效应，并且能与心血管系统特异性的受体结合促进细胞的增殖。此外，内皮素与心血管系统许多重要的活性物质如 NO、血管紧张素等相互作用，从而导致心肌肥厚和血管平滑肌肥厚增生，在许多相关疾病的发生和发展过程中起着重要的作用。ET-1 能够诱导心肌细胞的肥厚和心肌成纤维细胞的增生，这些作用是通过 ET_A 受体介导的。

Ang-Ⅱ与 ET-1 互为正调节作用。Ang-Ⅱ能促进心脏成纤维细胞分泌 ET-1，增加 propre ET-1 水平，诱导 ET-1 的产生；而 ET-1 具有 ACE 样作用，能促使 Ang-Ⅰ转化为 Ang-Ⅱ，同时 ET-1 引起的血流动力学变化也与 Ang-Ⅱ有关，阻断 ET-1 受体可以减少 Ang-Ⅱ诱导的心肌损伤。在压力或容量超负荷诱导的心室肥厚中，机械张力可能引起 ET 的上调。主动脉结扎几周后的大鼠左心室肌细胞的前体内皮素原（prepro ET-1）mRNA 会适度增加。在许多因素诱导的大鼠右心室肥厚模型中，常压低氧、CO、野百合碱和容量过度负荷，prepro ET-1 mRNA 的转录增加，但是心肌 ET-1 的生成并没有增加。在野百合碱诱导的肺动脉高压模型中，口服选择性 ET 受体拮抗剂 FR139317 能部分地预防心肌肥厚和纤维化，但这种作用并不是血流动力学的变化引起的。在同一模型的另一项研究中，使用ET受体拮抗剂PD155080能够预防肺动脉高压，改善肺血管的反应性，抑制右心室肥厚的发展，肥厚的右心室中ET-1和big ET-1的浓度并没有升高，因此推断可能是心肌外的ET-1对肺动脉高压产生的一种肥厚反应。

心脏内皮素系统可能促进了心脏肥厚到心衰的疾病进展。多种刺激因素如低氧、心肌缺血、氧自由基、Ang-Ⅱ、NE和细胞因子等都能促使心内膜下心肌以自分泌方式产生ET。内皮素系统激活后可引起心肌收缩力增强、心肌重构和纤维化；血管收缩，外周阻力增加；Ang-Ⅱ、NE和醛固酮分泌增加；肾脏血流量下降，水钠潴留。这些改变进一步促进了心衰的进展。内皮素系统的激活发生在明显心衰出现之前。ET系统在20周大的TG（mREN2）27大鼠中被激活，prepro ET-1 mRNA表达增加，ET-1活性增强，但ECE-1活性不变。心衰患者中ECE-1表达不变，而prepro ET-1表达增加，导致组织ET-1升高，同时ET_A受体浓度升高。心功能受损可导致ET-1或big ET-1升高，这是预测心力衰竭患者生存率的可靠指标。心衰患者肺淤血，肺清除ET的功能减弱，血液循环中ET-1水平升高。充血性心力衰竭（CHF）的传统治疗如强心剂、利尿剂、吸氧等并不能从根本上解决心力衰竭，只是对缓解症状有一定的作用，随着ET系统在CHF中作用的深入研究，研究人员发现，ET受体拮抗剂在消退心肌重构、阻止心肌肥厚、改善血液动力学、提高生存率等方面有明显作用。波生坦（Bosentan）是一种非肽类非选择性内皮素受体拮抗剂，应用波生坦2周以上，可降低心衰患者肺动脉压和平均动脉压，还降低肺循环阻力10%～30%，但在急性或慢性心衰患者中长期应用波生坦疗效不令人满意。有学者研究小剂量非选择性ET_A受体阻断药（ETR_A）波生坦在严重心衰患者（左心室射血分数＜35%，纽约心脏协会心功能分级Ⅲb～Ⅳ级）中的疗效。波生坦未能有效降低总病死率和心衰恶化导致的入院率，多数患者病情加重而非改善，波生坦组有体液潴留、水肿、肝转氨酶升高、血红蛋白持续下降等不良反应。ET有心脏正性肌力作用，早期应用ETR_A降低心肌收缩力，降低疾病状态下心脏的适应性。ETR_A应用于心衰前景不容乐观。

三、心肌肥厚研究的动物模型和细胞模型

心肌肥厚是心衰的前期病变，是心衰、脑卒中、冠心病、猝死等的独立危险因素。对心肌肥厚发生机制等相关研究的正确评价有赖于动物和细胞实验。因此，制作心肌肥厚的动物模型成为现在国内外从事这方面研究的必备基础。

（一）心肌肥厚研究的动物模型

1. 压力超负荷法　血压升高或主动脉狭窄可使心脏后负荷增加，导致心脏做功与耗氧量增加。心肌内交感神经末梢去甲肾上腺素释放增高，肾素-血管紧张素-醛固酮系统激活，心肌代谢紊乱，左心室重构而最终导致心肌肥厚。一般可选择在大鼠升主动脉、主动脉弓和腹主动脉处进行主动脉缩窄手术，建立压力超负荷疾病的动物模型。该法具有成模时间短、操作方便、重复性好、价格较低等优点，已成为最常用的一种造模方法，但大鼠术后早期死亡率较高（20%～30%）。

（1）主动脉缩窄法。利用主动脉缩窄法制作心肌肥厚动物模型具有模型成功率高、可重复性好及大鼠的心肌肥厚形成时间短等特点，是目前应用最广泛的制作心肌肥厚动物模型的方法。依据部位不同缩窄主动脉可分为胸主动脉缩窄和腹主动脉缩窄，具体实施方法略有不同。胸主动脉缩窄由于要打开胸腔，需要准备动物呼吸机。胸主动脉缩窄法缩窄的部位可选择在升主动脉、主动脉弓。升主动脉缩窄法系将 SD 大鼠麻醉后，行气管插管，并用呼吸机进行辅助呼吸。具体做法是：取大鼠左胸前外切口，于第 2～3 肋间无菌操作下开胸，用开胸器撑开切口，暴露升主动脉，将主动脉结扎于 8 号针头上，随后将针头退出即可。造模 10 周后超声心动图检测显示大鼠左心室呈典型的向心性肥厚改变。该法逐渐增加的后负荷与临床心力衰竭的演变过程更为接近，因此适于心力衰竭转变机制的研究，可为药物干预逆转心力衰竭及基因治疗提供理想的研究对象。主动脉弓缩窄法（TAC）是采用微创方法，在无名动脉和左颈总动脉之间结扎主动脉弓，通过构建不同程度的主动脉弓缩窄，造成中度或重度左心室流出通路机械梗阻，4 周后可形成较明显的左心室肥厚。采用该法构建不同程度的主动脉缩窄模型，具有重复性好、效果确切等特点，是一种值得推荐的方法。

腹主动脉法缩窄部位在双肾动脉上方 0.5～1.0cm 处。常用的麻醉剂有 10%水合氯醛、3%戊巴比妥钠等。腹主动脉缩窄手术一般不采用传统的腹正中或者左侧斜切口。而采用左肋缘下 0.5cm，脊柱前 0.5cm 处行 1.5～2.0cm 的纵切口，于腹膜后结扎的方法造模，相比传统切口手术创伤小，不易造成腹腔感染等，存活率达 100%。主动脉的狭窄可采用特制夹子或者丝线结扎，使主动脉缩窄 60%～70%，一般术后 4 周可形成比较明显的左心室肥厚。2 个月左右，左心室明显肥厚。4 个月后左心功能可逐渐下降，舒张末期压升高，心衰逐渐发展。既往的腹正中切口术式，手术切口长 3～4cm，需拨开胃肠等内脏器官显露后腹膜，破坏后腹膜方能暴露腹主动脉，手术创伤性较大，易造成腹腔感染。而手术切口的优化避免了传统的正中切口或左侧斜切口术式，动物存活率提高，手术难度减小。

（2）肾性高血压大鼠。此模型用 200～250g 的大鼠，麻醉后经腹膜后近主动脉侧分离左肾动脉，用内径为 0.2～0.25mm 的银夹使左肾动脉狭窄，制成两肾一夹肾性高血压大鼠模型。4 周后造模成功。作者实验室采用改良的两肾两夹法（two kidney two clip，2K2C）建立高血压心肌肥厚模型。具体操作如下：腹腔注射 1%戊巴比妥钠溶液（35mg/kg），麻醉大鼠，俯卧位固定，沿背部后正中线切开皮肤，棉签钝性分离双侧皮下浅筋膜，小心游离出左、右肾动脉，将一内径为 0.3mm 的钛合金夹水平方向套在左、右肾动脉上，向腹腔内注入 0.5ml 青霉素 G（8 万 U/ml），关闭腹腔开口。假手术组仅游离动脉，不缩窄。4 周后选取收缩压高于 160mmHg 的大鼠用作高血压大鼠。肾性高血压大鼠造模是对大鼠肾动脉缩窄造成肾脏缺血，使肾内产生肾素，增加血内的 Ang-Ⅱ含量，致使高血压形成、长期刺激而产生心脏肥厚。其优点在于和人类的病理模型相近，心脏肥厚逐渐形成，高血压较稳定，成模不太困难，是最常用研究模型。肾性高血压大鼠模型在肾动脉狭窄时应注意肾动脉狭窄的程度，松紧度应适宜：过松则血压不会升高，导致心肌肥厚不能形成；过紧则会造成肾脏坏死，也不能形成心肌肥厚。因此，使血流量减少 50%～70%较为合适。除了压力刺激因素外，可能有其他一些因素参与介导了这一类型的心肌肥大。其中较多的研究资料提示局部以及循环肾素-血管紧张素系统激活是心肌肥大、心肌间质纤维化发生的重要病理机制。

2. 容量负荷法 容量负荷法是持续增加动物心室内血容量，容量超负荷一般出现在患有二尖瓣反流、主动脉反流、动静脉畸形和其他一些先天性心脏病的动物体内。出现以上状况时，心脏须增大压力将一定量的血液泵出和对抗血液的反流压力。随着前负荷的增加，长时间刺激就会导致心脏舒张末期容量增加，最终引发心肌肥厚。

（1）动静脉造瘘法。本法造成动静脉短路，增加回心血量。增加右心室前负荷形成右心室肥厚。此方法一般采用大鼠腹部正中切口后，于肾动脉下分离出腹主动脉和下腔静脉，用血管夹分别夹在肾动脉起始部下方 2～3mm 和腹主动脉分叉处阻断血流，用 9 号针头斜向上刺穿下腔静脉壁，继续进针刺穿动静脉联合壁，见鲜红动脉血流出，退出针头后缝合静脉壁。下腔静脉见鲜红血流即证实造瘘成功，4～5 周可形成心室肥厚。

（2）DOCA 盐敏感性高血压大鼠（DHR）的心肌肥厚。SD 大鼠或者 Wistar 大鼠麻醉后腹部正中切口，切除左肾，不触及右肾。术后 1 周开始皮下注射 DOCA（去氧皮质酮）50mg/kg，每日 1 次，共 9 周；或者皮下植入含 DOCA 的硅胶、微泵或直接植入药丸等。常规饲料喂养，生理盐水自由饮用。术后 8 周可形成心肌肥厚，主要机制与水钠潴留、中枢 RAS 系统激活和血管活性肽增多有关。

3. 心肌梗死导致心肌肥厚 采取冠状动脉结扎、堵塞冠状动脉或促进冠状动脉血栓形成等方法阻断冠状动脉血流，使相应供血部位心肌发生缺血坏死；非缺血区心室肌由于心室内压增高，心室壁牵张力增加，同时心肌局部和循环肾素-血管紧张素系统激活以及心脏交感张力提高等导致心肌肥厚。冠状动脉结扎法是目前应用比较广泛的心肌梗死致心肌肥厚模型研究方法。通常选用 SD 大鼠，腹腔麻醉，气管插管，小动物呼吸机辅助呼吸（每分钟 70 次，每次 10ml/kg）。开胸后，在其左心耳下 2mm 处结扎冠状动脉左前降支，结扎成功后可见左前降支供血区域心肌组织变苍白。逐层关胸，局部消毒抗菌。术后常规饲养。结扎冠脉后约经 1 周，左心室心肌重构、左心室肥厚即可发生，并逐渐加重，3～4 个月可发展至左心衰。本法关键在于选择恰当的结扎冠状动脉的部位，需要一定的操作技巧与熟练度。如冠脉结扎处过于靠近冠脉开口，造成心肌梗死面积过大，动物急性死亡率会很高，但如结扎处过于偏下，心肌梗死面积过小，动物的左心肥厚的发生和发展可能不显著。

4. 自发性高血压大鼠肥厚模型 自发性高血压（SHR）多由基因决定，细胞外基质蛋白基因表达的增加与 SHR 大鼠心肌肥厚的发展有一定联系。SHR 大鼠在出生后，血压随着鼠龄的增长而不断升高，4 周龄时大鼠的心肌质量即开始增加，3～4 个月时血压即已稳定升高，心肌肥厚亦加重，SHR 以左心室肥厚为主，但亦可能伴发肺动脉高压及右心室肥厚。自发性高血压大鼠 7～8 周龄后左心室肥厚逐渐发生，至 12～16 周与同龄正常血压大鼠比较心室肥厚一般已经非常显著。

5. 激素诱导法　本方法是通过注射给药、皮下植入微泵等持续予以某种激素。通过激素的相应作用导致心肌肥厚。目前可见报道的有去甲肾上腺素、异丙肾上腺素、甲状腺素等。三者导致心肌肥厚机制复杂，均通过多种神经内分泌和细胞信息转导途径产生作用，且在一定程度上相互有联系。

（1）去甲肾上腺素（norepinephrine，NE）诱导心室肥厚方法。选用 SD 大鼠，采取腹腔注射去甲肾上腺素 1.5mg/kg，每日 2 次，持续 28 天（或 NE 2mg/kg，每日 2 次，持续 15 天）形成心肌肥厚模型；或者取大鼠皮下植入微型 NE 渗透泵，可根据不同情况，使其恒速释放 NE 2.0～14.0mg/（kg·d），连续 3～14 天。术后可见大鼠血压升高，外周阻力增加，左心室质量指数、心肌纤维直径明显增加，心输出量减少。在给予 NE 后的 1～3 天，Ⅰ和Ⅲ型胶原表达、心房肽（ANP）表达上调，ET mRNA 基因表达增强。

（2）异丙肾上腺素（isoprenaline，ISO）诱导心室肥厚方法。取大鼠皮下注入微型渗透泵，使其恒速、持续释放 ISO 1～4mg/（kg·d），连续 3 天以上，即可致心室重构，心脏指数明显增加，心肌细胞体积增大，但心肌细胞数减少，心脏胶原组织明显增生。反映心肌细胞肥厚的相关分子，如转移生长因子 β1（TGF-β1）、ANP 等表达增强。亦有研究者采用 ISO 每天背部皮下注射 5mg/kg，自由饮水及进食，连续 7 天得到心肌肥厚模型。

6. 慢性低氧诱导的右心室肥厚　在慢性低氧环境中，肺动脉壁细胞损伤，结构重组，肺细小动脉壁明显增厚，肺动脉阻力增加，从而右心收缩压提高，并逐渐导致心肌胶原含量增加，形态发生变化及右心室肥厚。采用慢性低氧诱导右心室肥厚，主要有常压低氧仓或者低压低氧仓饲养两种方法。取大鼠间断性置常压低氧的饲养仓内。常压低氧仓内氧含量通常为 10%±1%，二氧化碳浓度为 5.5%±0.5%。动物放低氧仓内每天 8～10h，每周 6 天。缺氧大鼠 15 天后右心室肥大指数开始增大，30 天后较正常大鼠右心室明显肥厚。亦可将大鼠间断性置于减压低氧的饲养仓内。饲养方法同常压低氧仓，连续 30～60 天可致右心室肥厚。低氧导致的右心室肥厚程度与血浆 ET 浓度增高呈正相关。血浆及右心组织的 Ang-Ⅱ含量提高，同时常伴有血液黏滞性增加。

（二）心肌肥大研究的细胞模型

原代心肌肥大损伤模型可模拟体内心室重构。该模型一方面能观察活性物质对损伤心肌细胞的形态结构、生理功能及代谢等变化的影响，另一方面还可探讨药物作用机制，是筛选体外逆转心室重构活性物质的理想模型。

1. 心肌细胞的培养与鉴定　本实验室采用改良的心肌细胞培养法。用胰蛋白酶消化法（冰上消化 20min 后，37℃水浴多次消化）将乳鼠心室肌消化成单细胞悬液，经差速贴壁分离后，调细胞密度至 5×10^5cells/L 于培养瓶或培养板中，置于 37℃、5% CO_2 培养箱中培养。前 2 天加入 0.1mmol/L 5-溴脱氧尿苷（BrdU）抑制成纤维细胞生长。于细胞培养 48h 后更换无血清培养液并加入试剂，继续孵育 24h 后用于检测。用上述方法分离制备的心肌细胞形态呈梭形、三角形或不规则多边形，细胞核椭圆形，细胞之间以伪足相互接触交织成网，逐渐形成细胞簇或细胞单层，呈放射状排列的同心圆状。培养

24h 后逐渐出现同步的自发性搏动，频率为 120～150 次/min。心肌细胞横纹肌肌动蛋白（α-sarcomeric actin）免疫组化染色均呈强阳性表现，染色结果显示细胞呈多角形或梭形，细胞质呈棕黄色的为阳性细胞。以差速贴壁的成纤维细胞作对照，未见 DAB 阳性着色。而以 PBS 代替一抗的阴性对照也未见阳性着色。培养心肌细胞纯度达到 95%以上，符合实验要求（图 5-9）。本方法采用冰上多次消化，大大提高了心肌细胞的收率和贴壁成活率。原代心肌细胞培养的关键步骤包括取材、消化、纯化和培养。在实验操作过程中，有效提高心肌细胞数量和增强心肌细胞活力是实验成功的关键，这是因为原代心肌细胞在分离过程中极易被损伤，心肌活细胞很少分裂，且不易传代。因此实验中主要考虑因素如下：乳鼠最好是 1～3 日龄，心肌组织块消化时宜选用含 0.25% EDTA 的胰蛋白酶和Ⅱ型胶原酶。心肌细胞的纯化方式一般采用含 0.1mmol/L BrdU 的 DMEM 和 90min 差速贴壁法，细胞 48h 换液一次。

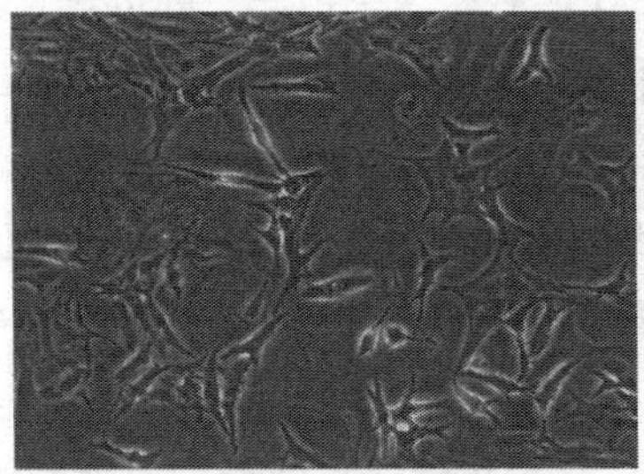

培养72h的原代心肌细胞（200×）

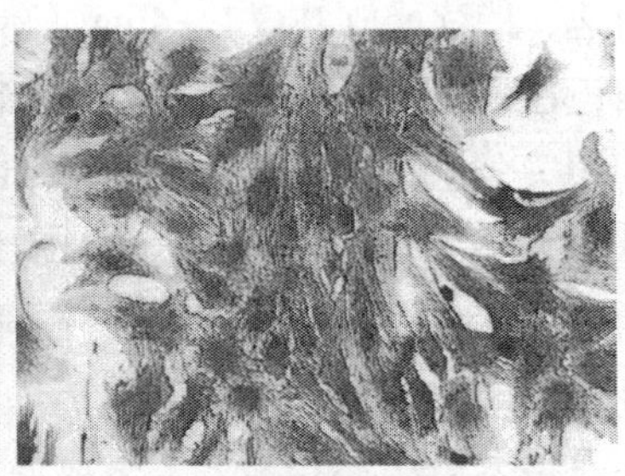

培养72h的心肌细胞横纹肌肌动蛋白的免疫组化染色（200×）

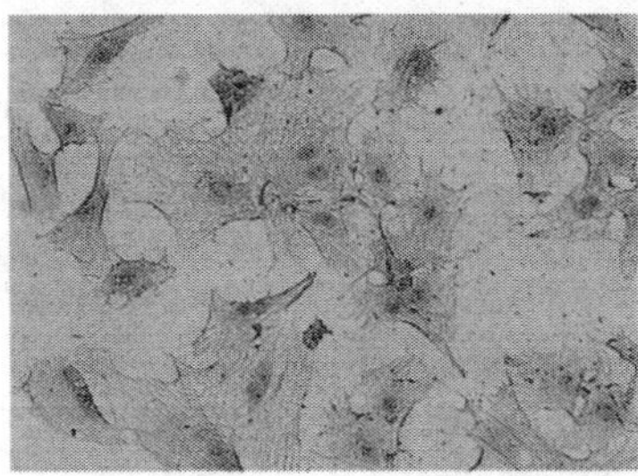

培养72h的心肌成纤维细胞横纹肌肌动蛋白的免疫组化染色（200×）

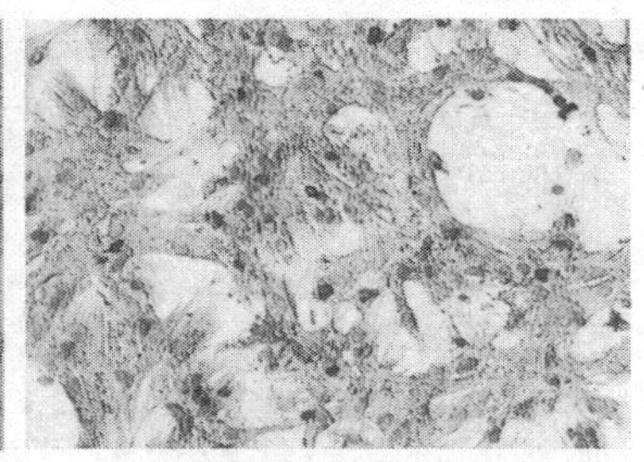

培养72h的心肌细胞免疫组化染色的阴性对照（200×）

图 5-9　心肌细胞的培养和鉴定

2. 原代心肌细胞肥大的诱导　待原代心肌细胞生长稳定，一般 3 天后即可进行心肌肥大诱导实验。心肌细胞肥大发生的基础是心肌蛋白增多，心肌细胞体积增大。心肌细胞在细胞外肥大刺激信号的作用下，转导细胞内信号并转录活化核内基因，从而诱发心肌细胞发生肥大变化。其诱发的刺激因素主要包括以下几种。

1）血管紧张素Ⅱ　Ang-Ⅱ是常用于心肌肥大损伤模型的活性因子，也是导致心室重构的关键因素。在生物体内，肾素-血管紧张素-醛固酮系统（RAAS）主要通过与 AT-1 受体结合，促进血管壁增厚、血管收缩、醛固酮分泌增加、水钠潴留，进而诱导胚胎基因表达、心肌细胞肥大及心肌纤维化、成纤维细胞增殖，最终致使心脏重构。以一定浓度的 Ang-Ⅱ刺激新生乳鼠心肌细胞，通过测定［^{3}H］亮氨酸（^{3}H-leucine）掺入量、细胞表面积以及总蛋白表达量评价心肌细胞肥厚程度，采用免疫印迹法测定细胞内 B 型尿钠肽（brain natriuretic peptide，BNP）和 β 肌球蛋白重链（β myosin heavy chain，β-MHC）的蛋白质表达水平，从而成功建立原代心肌细胞肥大损伤模型。10^{-8}～10^{-5}mol/L Ang-Ⅱ均可引起心肌细胞直径增大、蛋白质含量增加，以 10^{-7}mol/L Ang-Ⅱ诱导效果最佳。

2）内皮素 1　内皮素（ET）是心室重构的重要致病因子，可促进心肌细胞和成纤维细胞的病理性增殖，胶原纤维分泌增加，在心肌间充质和血管周围沉积，引起心肌顺应性下降，舒缩功能障碍并通过介导 Ang-Ⅱ刺激成纤维细胞的有丝分裂，合成Ⅰ型和Ⅲ型胶原，抑制胶原酶活性，促进胶原的合成与分泌，从而促进心室重构。在心血管系统中，目前发现最强的血管收缩剂是 ET-1，它可直接促进细胞有丝分裂，和生长因子或血管活性物质共同促进细胞增殖。ET-1 通过刺激成纤维细胞、血管平滑肌细胞的 DNA 和蛋白质的合成增加，进而诱导心肌细胞和血管平滑肌细胞发生肥大。细胞在含有 ET-1 和 1μCi［^{3}H］亮氨酸的培养基中培养 24h 后进行蛋白质合成分析。我们分析了不同浓度（10^{-7}mol/L、10^{-8}mol/L、10^{-9}mol/L、10^{-10}mol/L、10^{-11}mol/L）的 ET-1 对心肌细胞蛋白质合成的影响，结果显示 ET-1 诱导蛋白质合成的最适浓度为 10^{-8}mol/L。

3）儿茶酚胺类　在许多研究中已证实儿茶酚胺类是心肌肥厚的主要刺激因素之一。心肌在机械力的作用下，局部交感神经活性增强，儿茶酚胺含量增加，血浆中肾上腺素浓度与心室肥厚程度呈正相关。异丙肾上腺素（ISO）是 β-肾上腺素能受体激动剂，大剂量使用 ISO 可使心肌收缩力增强，同时心肌细胞钙超载引起心肌损伤，进而诱导心肌细胞肥大的形成。以 10^{-5}mol/L ISO 作用 48h 能明显诱导心肌细胞肥大。去甲肾上腺素（NE）是体内主要的交感神经递质和内分泌激素，可模拟心室重构的许多特征。10^{-6}mol/L 的 NE 可明显增加心肌细胞［^{3}H］亮氨酸掺入，也可以增加心肌成纤维细胞的氚-胸腺嘧啶核苷（^{3}H-TdR）掺入。10^{-6}mol/L 和 10^{-5}mol/L NE 可明显增加心肌细胞蛋白含量；5×10^{-5}mol/L NE 更可明显增加心肌细胞凋亡率；10^{-4}mol/L NE 使心肌细胞凋亡率明显增高并出现超微结构改变和 DNA 梯状带纹，因此低浓度 NE 主要诱导心肌细胞肥大，高浓度 NE 主要诱导心肌细胞凋亡，中浓度 NE 兼有两种功能。

4）醛固酮　醛固酮（ALD）可通过氧化应激和炎症途径诱导心肌肥厚和心肌纤维化。1×10^{-5}mol/L ALD 诱导心肌细胞损伤，而 1×10^{-7}mol/L ALD 可以诱导心脏成纤维细胞增殖；醛固酮诱导心肌肥厚纤维化的信号转导途径可能包括：①NF-κβ 和碱性成纤维细胞生长因子（basic fibroblast growth factor，bFGF）途径；②钙调神经磷酸酶（calcineurin，CaN）途径；③AT-1 受体途径；④磷脂酶 C、二酰甘油和蛋白激酶 C 途径；⑤丝裂原活化蛋白激酶（MAPK）途径。醛固酮不同浓度（0.01μmol/L、0.1μmol/L、1.0μmol/L、10μmol/L）加入细胞 24h 后，随着剂量的加大，凋亡细胞所占比值逐渐增加，表明醛固酮能明显促进心肌细胞的凋亡，且该作用具有浓度依赖性。

5）细胞因子　细胞因子是一类具有调节细胞功能的多效应、高活性的多肽分子。细胞因子在调控细胞分化、增殖、生长及代谢中具有重要作用，因此与心肌肥厚的关系密切相关。在心肌肥厚中发挥重要作用的细胞因子主要有 TGF-β1、FGF、IGF-1、心脏营养素 1（cardiotrophin-1，CT-1）等。TGF-β1 是一种重要的调控细胞因子，具有广泛的生物学作用，依据其作用的靶细胞不同而表现为双重作用。肥大的心肌细胞能自分泌 TGF-β1。TGF-β1 诱导心肌细胞中肥大相关蛋白指标明显升高。FGF 有酸性成纤维细胞因子（aFGF）和碱性成纤维细胞生长因子（bFGF）两种，含量最多的为 bFGF。bFGF 与心肌细胞表面受体及功能性受体结合后，激活酪氨酸磷酸化，启动内转录因子及 PKC，促进细胞增殖。IGF-1 具有短期调节代谢作用，长期促进各种细胞增殖的作用。原代心肌细胞实验研究中发现，IGF-1 能使［^{3}H］亮氨酸的掺入量增加两倍，细胞体积增大，心肌蛋白合成增加。CT-1 是 IL-6 家族成员，是一种新型致心肌肥厚的细胞因子。CT-1 可通过诱导胚胎基因的重新表达，增强 *ANF* 基因的表达。除上述各种刺激因子之外，参与心肌细胞肥大病理变化的还有肿瘤坏死因子 α、血小板源性生长因子、IL-1、NO 合酶抑制剂，表皮生长因子等也可作为刺激因子诱导心肌细胞肥大。

第四节　心肌肥厚的信号转导通路

一、心肌肥厚的丝裂原活化蛋白激酶信号转导通路

心肌肥厚是以心肌细胞增生肥大、心成纤维细胞增殖和心肌间质胶原合成增多为主要病变的疾病。它是对病理条件的适应性反应，这些病理条件包括心肌梗死、肌节蛋白的基因突变以及高血压等。血管紧张素Ⅱ（Ang-Ⅱ）、α1-肾上腺素受体激动剂、内皮素、多种生长因子、细胞因子及机械牵张均可引起心肌细胞肥大。肥大刺激可诱发一系列早期反应基因如 *c-fos*、*c-myc*、*c-jun*、*egr-1*、*hsp70* 等的活化；其后一些作为胎心标志的基因如 β 肌球蛋白重链（β-MHC）、α 骨骼肌肌动蛋白（α-SK actin）、心房钠尿肽（ANF）等活化；最后是一些心肌收缩蛋白基因如 MLC-2、α 心肌肌动蛋白等表达上调。

丝裂原活化蛋白激酶（mitogen-activated protein kinase，MAPK）是 20 世纪 80 年代发现的最重要的生长信号调节蛋白，存在于所有真核生物中，在信号传递过程中占据相当重要的地位，与细胞增殖、分化或凋亡调控密切相关，是细胞外信号引起细胞增殖、分化等核反应的共同途径或汇聚点。在哺乳动物细胞中，丝裂原活化蛋白激酶家族至少可分为三大类：ERK、JNK 和 p38MAPK。细胞外信号调节激酶（extracellular signal-regulated kinase，ERK）是一族分子质量为 40～60kDa 的蛋白质丝氨酸/苏氨酸激酶，可对许多细胞外刺激发生反应而被快速激活。ERK 是所有 MAPK 家族成员中最早被认识，而且是最具特征性的。ERK 被认为是一种增殖、转化和分化 MAPK，ERK1/2 受其上游激酶激活时由细胞质转位至细胞核，并传递胞外信号至细胞核，但 ERK 核转位的机制还不清楚。目前认为在致心肌肥厚过程的信号通路中，首先由 GPCR 激动剂刺激膜磷脂水解并激活 PKC，PKC 再激活下游的 RAS 蛋白，RAS 蛋白进一步激活 MAPK，MAPK 发

生核转位并传递信息至细胞核，再调节转录因子 c-fos 和 c-jun 的表达，两者蛋白形成异二聚体并与 AP1 结合，最终增强与心肌肥厚相关的基因如胚胎基因 *β-MHC*、*ANF* 和 *BNF* 的表达。JNK（c-jun N-terminal kinase）又称为应激活化蛋白激酶（stress-activated protein kinase，SAPK），JNK/SAPK 信号通路可被应激刺激（如紫外线、热休克、高渗刺激及蛋白质合成抑制剂等）、细胞因子（如 TNF-α、IL-1）、生长因子（如 EGF）、Ang-Ⅱ及某些 G 蛋白偶联的受体激活。JNK 有三种亚型 JNK1、JNK2 和 JNK3，心肌细胞主要表达 JNK1/2。p38MAPK 是用高渗和内毒素刺激小鼠肝脏细胞分离纯化出的酪氨酸磷酸化蛋白激酶，是控制炎症反应最主要的 MAPK 家族成员之一。在已知的 MAPK 家族成员中，p38MAPK 诱导肥大基因表达和肌节重组的作用是最强的，这就提示 p38MAPK 信号可能在心肌重构过程中起到关键作用。p38MAPK 和 JNK 被认为是经典的“应激介导”的 MAPK。p38 信号及 JNK 信号在诱导新生心肌细胞的肥大反应中起始动作用，阻断它们减轻了激动剂诱导的心肌生长。

Ang-Ⅱ可诱导早期 *c-fos*、*c-jun*、*jun B*、*Egr-1*、*c-myc* 等基因表达上调，促进非心肌成纤维细胞增生，心肌细胞肥大，胚胎型基因（如 skeletal α-actin 和 ANF 的基因等）再表达。Ang-Ⅱ可通过作用于 AT-1 受体，介导心脏肥大。Ang-Ⅱ与 AT-1 结合，导致 Gq 的激活，进而激活 PLCβ，生成 IP3 和 DAG，增加胞内 Ca^{2+}和 PKC。增加的 Ca^{2+}可以通过 CaN 蛋白和 CaMK 蛋白促进心肌肥厚。而 PKCε 被认为是 Ang-Ⅱ/Gq 途径的主要下游信号分子之一。PKCε 进一步激活 MAPK 后，使下游的 p38、JNK、ERK 磷酸化，继而迅速磷酸化相关蛋白质，包括一些转录因子。转录因子即启动基因转录使心肌表达蛋白（如 ANF 等）引起心肌的肥厚。Ang-Ⅱ可以通过功能增强和含量增加两种方式激活下游的效应蛋白，介导心肌肥厚的发生与发展。例如，Ang-Ⅱ可以诱导乳鼠心肌细胞内 ERK1/2 和磷酸化的 ERK1/2 蛋白表达显著增高，进而诱导心肌肥厚。MAPKK1/2-ERK1/2 途径被认为是主要介导心肌肥厚的通路。有研究显示 ERK1/2 在急性室内容量增加时表达增加，MAPKK1/2-ERK1/2 途径促进心脏向心性肥厚，表现为室间隔和左心室后壁增厚等。轻度心衰患者通过 ERK 的激活使原癌基因 *c-myc*、*c-jun* 表达而诱导心肌肥厚、增殖过程；而重度心衰患者 ERK 激活不明显，而以 JNK 激活为主，诱导细胞凋亡、坏死，影响心肌收缩力，在心功能恶化中发挥重要作用。而在小鼠心肌梗死模型中，p38、JNK、MAPK p44/p42 和磷脂酶 MKP-1 的活性上调。其他信号途径可与 MAPK 信号途径相互作用而参与 Ang-Ⅱ介导的心肌重建，如 JAK-STAT 信号途径可以抑制 MAPK 信号而阻止心肌重构。在过表达 JAK-2 的细胞系，细胞分裂素活化蛋白激酶磷酸酶-1（MKP-1）在表达增加，但在 $JAK2^{-/-}$的细胞中 MKP-1 不表达。MKP-1 可以使 MAPK 蛋白脱磷酸化而抑制它的活性。这说明 JAK2 可以通过 MKP-1 抑制 Ang-Ⅱ诱导的 ERK2 的活性。

二、心肌肥厚的钙调神经磷酸酶信号转导通路

心肌肥厚是心肌细胞对外界刺激，如工作负荷、神经体液因子及内在心肌蛋白遗传突变的一种基本应答。已知胞内 Ca^{2+}浓度升高在各种刺激诱导心肌肥厚的信号传递中起

重要作用，各种肥大刺激如机械牵拉、血管紧张素Ⅱ（Ang-Ⅱ）、内皮素 1（ET-1）及儿茶酚胺（CA）等可激活机械敏感的钙离子通道或 PLC-IP3 途径使心肌细胞内 Ca^{2+}浓度升高。钙调神经磷酸酶（CaN）属丝氨酸/苏氨酸蛋白磷酸酶家族成员（又称蛋白磷酸酶 2B，PP2B），是一种受 Ca^{2+}/钙调素（calmodulin）调节的丝氨酸/苏氨酸蛋白磷酸酶，在细胞信号传递过程中直接接受 Ca^{2+}的调节，细胞内钙浓度持续升高后，在钙调蛋白的作用下，钙调神经磷酸酶被激活，激活的钙调神经磷酸酶通过对转录因子 NFAT 去磷酸化，后者入核激活一系列基因的转录。可调节心脏中脑钠肽（BNP）、心房利钠肽（ANP）、α 肌球蛋白重链（α-MHC 和 β-MHC）等基因的表达，促进心肌肥厚表型的再表达，抑制 CaN 信号通路可明显抑制的心肌肥厚效应。免疫抑制剂环孢菌素 A（CsA）及他克莫司（Tacrolimus，FK506）对其有抑制作用。CaN 广泛分布于脑、心肌、骨骼肌、T 淋巴细胞、血管平滑肌和心血管内皮等组织细胞中，目前认为它是一种参与多种细胞功能调节的多功能信号酶。研究表明，CaN 介导的信号通路除了在心血管的形态发生中起重要作用外，也参与心肌肥厚的调节。

1. 钙调神经磷酸酶与心肌肥厚和心衰　　CaN-NFAT 信号通路是重要的心肌肥厚转导通路。心肌肥厚是心肌细胞对牵拉、内皮素、血管紧张素Ⅱ及生长因子等外部刺激的一种基本应答，亦可由心脏自身结构成分缺陷引起。在腹主动脉缩窄法复制压力超负荷性心肌肥厚模型的实验中也证实 CaN 在压力超负荷心肌肥厚中也发挥着关键作用，是超负荷性心肌肥厚的重要上游调节机制。CsA 在抑制压力超负荷性大鼠心肌 CaN 活性增高的同时可阻止心肌肥厚的发生。在盐皮质激素（醛固酮）诱导的肥大心肌细胞中，CaN 活性及其 mRNA 表达均增高，应用 AT-1 受体拮抗剂（氯沙坦）或 CaN 抑制剂 FK5062、CsA 可部分阻止醛固酮诱导的心脏肥厚及纤维化，可防止盐皮质激素性高血压，表明 CaN 参与盐皮质激素过多所致的心脏肥厚和纤维化。应用异丙肾上腺素诱导大鼠心肌肥厚模型，CsA 处理可明显抑制心肌细胞的肥大。体外培养心肌细胞研究证实 Ca^{2+}/钙调素/CaN 依赖的信号通路在不同肥大刺激介导的心肌肥厚中均起着重要作用。应用 CaN 特异性抑制剂环孢素 A（CsA）或 FK506 可有效地阻断血管紧张素Ⅱ（Ang-Ⅱ）和苯肾上腺素（PE）的致心肌细胞肥大作用。但也有报道，CaN 可能参与超负荷引起的 SD 大鼠左心室肥厚的早期过程，而对左心室纤维化无关；应用 FK506 可在早期减弱左心室肥厚的发生，阻止其向心力衰竭的转变，但不能阻止左心室纤维化的发生。另有研究者采用 SD 大鼠复制高血压模型，实验证实心脏活性及 CaN 蛋白表达在左心室肥大阶段是增高的，提示 CaN 参与了左心室的适应性肥厚过程，但在充血性心力衰竭转变阶段，CaN 不再是衰竭心肌细胞肥大的主要发病机制。CaN 通路在人类心脏疾病中的作用目前仍难以确定。最近有研究报道来自心衰患者的心肌样本 CaN 活性较对照组增加 4 倍，提示 CaN 可能在心衰中亦起重要作用。CsA 和 FK506 在临床已应用多年了，但单独观察 CsA 及 FK506 对心功能及心肌肥厚影响的报告甚少。有报道 5 例给予 FK506 治疗的患者中有 2 例出现了心肌病；另有一报道证明 2 例肝移植患者长期应用 FK506 出现了心脏肥大。与之相反的报道是 107 例心脏移植患者应用 CsA 治疗后，左心室射血分数明显提高，并明显减少了缺血事件的发生。

2. 钙调神经磷酸酶的下游调控机制　活化的 CaN 可以使细胞质中的 T 细胞核因子（nuclear factor of activated T cell，NFATc）去磷酸化，NFATc 得以转位进入细胞核，促进相关基因的转录表达。在心肌细胞中，核内的 NFATc 与心肌的锌指转录因子（GATA-4）结合或相互作用，激活心肌肥厚基因的转录。NFATc 是 CaN 最重要的底物，CaN 促使其活化并转位进入细胞核对于心脏的正常形态学发生是至关重要的。同时心肌细胞兴奋收缩偶联过程中的 Ca^{2+}主要来源于胞外 Ca^{2+}的内流及内贮 Ca^{2+}的释放。而内贮 Ca^{2+}主要存在于内质网，内质网的 Ca^{2+}有三磷酸肌醇（IP3）敏感和 IP3 不敏感两类钙池，分别由 IP3 受体系统和利阿诺定（Ryanodine）受体（RyR）系统调控。研究发现，体内 CaN 可使 Ca^{2+}释放通道（IP3-R）去磷酸化关闭，进而影响心肌细胞内 Ca^{2+}的释放。CsA 处理的大鼠心脏 CaN 活性可改变心肌 RyR 的功能。以上实验证实，大鼠心脏中 CaN 与 RyR 的相互作用可调节心肌细胞内 Ca^{2+}释放，从而调节心肌细胞的功能活动。MEF2 家族转录因子参与许多细胞的 CaN 所介导的信号转导。不仅仅在心肌细胞，在骨骼肌细胞，CaN 使 MEF2 脱磷酸化、两者直接结合，使 *MEF2* 基因强烈激活。

3. 钙神经素与其他病理性心肌肥厚信号转导途径的交叉调控　心肌肥厚基因表达变化的细胞内信号转导途径包括 MAPK 途径、PKC 途径、PI3K/Akt 途径等。在心肌细胞中，反应性心肌肥厚信号转导途径的共同特征是：各种信号途径相互交叉调控各种各样的心肌肥厚反应。研究表明，钙神经素信号转导途径的激活与某些 PKC 异构体、JNK 及 Akt 相关，相反地，通过抑制钙神经素可阻断肾上腺素能神经介导的 ERK1/2 及内皮素 1 的转录激活；此外，RAS 途径激活 NFAT 介导的转录，而 JNK 途径拮抗 NFAT 的核聚集；GSK3β 直接使 NFAT 磷酸化，阻止其核聚集、DNA 结合及钙神经素介导的心肌肥厚。在血管紧张素Ⅱ诱导的心肌肥大机制中，尚存在 CaN、PKC 和 MAPK 信号通路的交互作用。已知异丙肾上腺素激活胞外信号调节激酶（ERK）而在心肌肥厚中发挥重要作用，该作用可被 CaN 抑制剂显著抑制；而在过表达 CaN 的体外培养原代心肌细胞，异丙肾上腺素失去激活 ERK 的作用，表明在心肌肥厚中 CaN 与 ERK 亦存在交互作用。白血病抑制因子（LIF）、内皮素 1（ET-1）也可通过升高 L 型 Ca^{2+}流和胞内 Ca^{2+}浓度激活钙调素和 CaN 活性，进而诱导心肌肥厚，提示 CaN 在 LIF 和 ET-1 诱导的心肌肥厚中均发挥着重要作用。这些实验结果提示了心肌肥厚反应中的各种信号途径的交叉调控。正是这种交叉调控，使 CaN-NFAT 信号通路在复杂的信号转导网络背景里从容整合，从而介导心肌肥厚的发生和发展。

三、心肌肥厚的 PI3K/Akt 信号通路

PI3K 在调节心肌细胞生长、心肌肥厚和心力衰竭的发展过程中起着重要作用。PI3K 是由调节亚基 p85 和催化亚基 p110 所组成的异二聚体。PI3K 通过两种方式激活，一种是与具有磷酸化酪氨酸残基的生长因子受体或连接蛋白相互作用，引起二聚体构象改变而被激活；另一种是通过 RAS 和 p110 直接结合导致 PI3K 活化。Akt 是 PI3K 下游的重要靶基因，具有丝氨酸/苏氨酸激酶活性。Akt 是与细胞生存相关的重要调节因子，其激

活时可抗凋亡和促细胞生存。当 PI3K 活化后产生 3,4,5-三磷酸磷脂酰肌醇（PIP3）使 Akt 转位到细胞膜，活化的 Akt 通过磷酸化作用激活其下游底物如 GSK3β 和 p70S6K，从而导致心肌肥厚。磷酸化的 Akt 通过下游多种途径对靶蛋白进行磷酸化而发挥抗凋亡作用。例如，Akt 激活 IκB 激酶（IKKα），导致与 NF-κB 结合的 IκB 降解，从而使 NF-κB 从细胞质中释放出来进行核转位，激活其靶基因而促进细胞的存活。作为上游信号分子，PI3K 的激活可以促使其下游的 Akt 发生磷酸化而被激活参与信号转导。

在心血管系统，PI3K/Akt 信号通路对于调节血管再生、心肌细胞凋亡及代谢等都具有重要作用，而这些生理过程和功能都与心力衰竭有着密切的联系。PI3K/Akt 通路在血管的形成中发挥着重要作用。Akt 磷酸化可影响内皮细胞的迁移和血管的生成。在内皮细胞中 Akt 可磷酸化各种靶蛋白，从而调节细胞增殖、生存、渗透率、一氧化氮的释放和细胞迁移等。Akt 在血管内皮生长因子（vascular endothelial growth factor，VEGF）介导的血管生成和调节内皮细胞的迁移中是必需的，而内皮细胞的迁移在血管生成时对血管的萌发、分支以及网络形成是必不可少的。在发生心力衰竭时，冠状动脉的生成会有一定的减少，从而影响心脏发挥正常的功能。目前已经明确在压力超负荷情况下，VEGF 的阻断将降低毛细血管密度，并且造成心脏从代偿性肥大向心力衰竭的加速过渡。在病理肥大和心力衰竭中，心肌细胞与冠状血管系统之间的相互作用对于心肌收缩功能的维持起着重要的作用。Akt 的长期活化将导致心脏发生病理性肥大，VEGF 和血管生成素 2 下调，毛细管密度相应地降低。因此，对于 PI3K/Akt 的磷酸化进行调控，可以调控血管 VEGF 介导血管生成，还可以调控内皮细胞的迁移，从而缓解心脏发生衰竭的进程。

衰竭心肌的另一个特征是能量缺乏，心脏的舒张收缩是一个需要消耗大量能量的过程，当心肌细胞的能量供应发生紊乱时，也会导致心力衰竭的发生，而 PI3K/Akt 通路在调节能量代谢方面也发挥着重要的作用。Akt1 能调节葡萄糖和脂肪酸代谢，它可以通过增强葡萄糖摄取来促进葡萄糖氧化，也可以下调过氧化物酶体增殖物激活受体 α 共激活剂 1（PGC-1）的表达减弱脂肪酸氧化。Akt 保护早期缺血心肌的另一个机理是通过抑制 GSK3，促进糖酵解，以保证心肌缺氧期间的最低能量供应。PI3K/Akt 信号通路的激活，可以抑制下游的 GSK3，从而防止线粒体通透性转换孔（mPTP）开放，发挥抑制凋亡或促进增殖等效应保护心肌。然而长期的 AKT 信号激活，对心肌的存活以及心功能可能有害。敲除 *ApoE* 和 *SR-BI* 双基因的小鼠也自发发生动脉粥样硬化和心肌梗死，在 5～8 周死于心衰。敲除 *Akt1* 基因则能使自发性心梗小鼠发病延迟，寿命延长。提示长期上调 Akt 能够促进心功能损害。

过度的炎症反应会妨碍心肌梗死的愈合并促进心脏重构，PI3K/Akt 信号通路可以调节氧自由基的产生进而影响炎症反应。氧自由基对心脏重构具有重要作用，心衰患者氧自由基的失衡会导致心肌凋亡、内皮功能损伤、心脏重塑、心律失常。慢性心力衰竭患者常伴有氧化应激性增高和抗氧化性减低，活性氧簇能加速心力衰竭的发展。活性氧（ROS）作用于心肌细胞膜的不饱和脂肪酸，引起细胞膜的流动性、通透性和液态性发生变化以及离子转运功能障碍，导致细胞膜的结构和功能破坏；此外 ROS 能够破坏细胞内的溶酶体膜，使心肌细胞自溶；ROS 还影响肌浆网和线粒体，造成心脏能量代谢障碍。运用去甲肾上腺素刺激心肌细胞，可以通过激活 PI3K/Akt 与 p66Shc 促进 ROS 的产生。当心脏出现缺血缺氧，容量负荷及压力负荷增加或促炎因子，如 TNF、IL-1、IL-6 等释放增加，就会引起白细胞呼吸爆发（即白细胞耗氧量大幅度增加并有磷酸己糖支路活化导致葡萄糖代谢增加的过程），氧自由基产生增多，引起氧化应激反应。

四、心肌肥厚时血管紧张素Ⅱ和转化生长因子 β1 信号网络

TGF-β 是一种多功能细胞因子，以自分泌、旁分泌、内分泌的方式，通过细胞表面的受体信号转导途径调控细胞的增殖、分化和凋亡，在不同环境或发育阶段的效应细胞中表现出不同的效应，具双向调节性，能促进细胞合成胶原蛋白、纤连蛋白、层粘连蛋白、蛋白多糖等，调节组织的损伤修复。过量表达与慢性纤维化有关，对其靶细胞有抑制作用，使细胞停止在 G_1 后期并诱导细胞凋亡。在心血管系统中，TGF-β 信号与心脏的发育、肥厚及心室重构都有密切关系。在哺乳动物组织中存在三种形式的 TGF-β，分别是 TGF-β1、TGF-β2、TGF-β3。它们的基因位于不同的染色体上，由不同的细胞分泌和表达。其中 TGF-β1 所占比例最高（＞90%），活性最强。TGF-β 分布广泛，由多种细胞分泌，人体内 TGF-β 主要来源于血小板和单核巨噬细胞。心脏的 TGF-β 主要由心脏成纤维细胞分泌。TGF-β1 主要分布在内皮细胞、造血细胞、组织连接细胞；TGF-β2 主要分布在上皮细胞、神经细胞；TGF-β3 主要分泌在间质细胞。TGF-β1 诱导心肌成纤维细胞产生 ECM 成分，刺激其向肌型成纤维细胞转化，促使心肌细胞中胚胎型基因表达，所有这些都是心肌肥大的标志。过度表达 TGF-β1 的转基因小鼠产生心肌肥大，有间质纤维化和心肌细胞的肥大增长，而杂合子 TGF-β1$^{+/-}$缺陷小鼠显示随年龄增长心脏纤维化程度较低。用中性抗体阻断 TGF-β1 的受体信号能在压力超负荷大鼠心脏阻止心肌纤维化和功能失调，阻止心肌肥厚模型的 ECM 沉积。心肌肥厚和纤维化时心肌细胞 TGF-β1 表达增高，尤其在由心肌肥厚转向心衰的心肌细胞中表达，且伴随胶原量增多，是鉴别心肌肥厚代偿型与失代偿型的指征之一。

Ang-Ⅱ是长时程心脏血管重构的重要介质，Ang-Ⅱ能上调 TGF-β1 mRNA 和蛋白质表达。心肌重构中 Ang-Ⅱ和 TGF-β1 起重要作用，Ang-Ⅱ和 TGF-β1 组成网络调控，Ang-Ⅱ诱导 TGF-β1 表达，而 TGF-β1 经自分泌/旁分泌机制介导 Ang-Ⅱ诱发的心肌重构。TGF-β1 表达上调，出现心肌肥厚、纤维化、胚胎表型再表达等重构现象；用 AT-1 受体拮抗剂阻断 Ang-Ⅱ的作用可逆转心肌 TGF-β1 的表达和心肌肥厚、纤维化；阻断 TGF-β1 受体后能抑制 Ang-Ⅱ处理的成纤维细胞的条件培养液所导致的心肌肥厚；在 TGF-β1$^{-/-}$/Rag1$^{-/-}$基因敲除小鼠应用 Ang-Ⅱ后无心肌肥厚、心功能失调等现象；过度表达 TGF-β1 的转基因小鼠，阻断 AT-1 受体后不足以阻断心肌肥厚和心功能失调，而阻断 TGF-β1 受体后能完全阻止心肌表型的病理变化。这些研究表明：Ang-Ⅱ诱发的心肌肥厚是经 TGF-β1 受体介导的，TGF-β1 作为 Ang-Ⅱ下游信号起作用，促进心肌肥厚和纤维化。Ang-Ⅱ诱导 TGF-β1 产生的分子机制：①心室肌细胞：在 Ang-Ⅱ作用下 NAD (P) H 氧化酶活性增加，激活

PKC，进而激活 p38MAPK，促进 AP-1 的转录和 TGF-β1 的分泌。②平滑肌细胞：Ang-Ⅱ通过 G 蛋白受体激活 PLC，进而激活 PKC，促进 c-fos 和 AP-1 的表达和 TGF-β1 的分泌。③成纤维细胞：Ang-Ⅱ间接激活 EGF 受体，通过 ERK1/2 促进 TGF-β1 的分泌。Ang-Ⅱ/TGF-β1 的下游调节因子主要有 Smad 蛋白、TAK1、β-肾上腺素能信号。TGF-β 受体分为Ⅰ、Ⅱ、Ⅲ类，均在心肌成纤维细胞膜表达，Ⅰ型受体 TβRⅠ和Ⅱ型受体 TβRⅡ都属于丝氨酸/苏氨酸激酶受体。通过磷酸化信号转导蛋白 Smads 启动胞内信号转导。Ⅲ型受体是跨膜的蛋白多糖，缺乏内在活性，不参与信号转导，只呈递配体分子，并促进配体与受体的结合。Smad 是一类 TGF-β 的下游细胞内信号转导蛋白，包括 8 个成员，即 Smad1～8。它们可分为三类：①受体激活型 Smad（receptor-regulatory Smad，R-Smad）：Smad1、Smad2、Smad3、Smad5、Smad8 等，其中 Smad2、Smad3 与 TGF-β 的生成有关；②同介质型 Smad（common-partner Smad，Co-Smad）：Smad4 等，是 R-Smad 转导信号的伴侣；③抑制型 Smad（inhibitory Smad，I-Smad）：Smad6、Smad7 等，抑制 R-Smad 与受体的结合。体外实验中 TGF-β1 能调节 β-AR 的数目和功能来影响 β-肾上腺素能信号；TGF-β1 过表达的转基因小鼠中，心肌肥厚表型与 β-肾上腺素能信号有关：心肌中 β-AR 密度增高，长期阻断 β-AR 能阻止心肌肥厚反应。

五、心肌肥厚的其他信号通路

1. 蛋白激酶 C（PKC）信号通路与心肌肥厚　PKC 是丝氨酸/苏氨酸蛋白激酶家族中的一员，PKC 存在于心肌细胞、成纤维细胞、内皮细胞和血管平滑肌细胞等多种心脏细胞中。PKC 可被机械牵张、G 蛋白偶联受体激动剂、生长因子和细胞因子等肥大刺激所激活，过量表达 PKC 可诱导显著的心肌肥厚。在异丙肾上腺素与苯肾上腺素（PE）导致的肥厚心肌中，PKC 表达同样增加。PKC 除可直接移位入细胞核调节核内基因表达外，还可在胞浆内通过活化 Raf-1 与 MAPK 信号途径偶联，是活化 MAPK 的重要机制之一。目前的研究证实，PKC 是心肌肥厚信号转导通路中的一个限速分子开关，是肥大信号转导的共同通路之一，在心肌肥厚的发生发展中起重要作用。

2. JAK-STAT 信号通路与心肌肥厚　JAK1、JAK2、JAK3 和 Tyk2 为在哺乳动物 JAK 家族中发现的 4 种激酶，许多细胞及非免疫性生物化学介质（如干扰素、糖蛋白 130 受体家族的配体和 IL-6）都能激活 JAK-STAT 信号通路。这些配体与相应的受体结合导致 JAK 的激活，激活的 JAK 将受体上特定的酪氨酸残基磷酸化，并使其成为 STAT 和其他细胞内信号分子的结合位点，集聚到该位点上的 STAT 在 JAK 的作用下磷酸化而被激活，激活的 STAT 与受体分离，二聚化后转位到细胞核，从而启动相应的基因转录。研究证实，激活的 STAT3 可导致心肌肥厚。

3. Wnt 信号通路与心肌肥厚　正常机体 Wnt 信号通路活化水平非常低，但是在压力负荷、动脉损伤、心肌梗死等外界因素诱导病理性心肌重构时，该通路则被激活，参与心肌重构。主要分为：①经典 Wnt/β-连环蛋白（β-catenin）通路，Wnt 蛋白与其受体结合后，使得糖原合成酶 3β（GSK3β）的活性受到抑制，导致内源性 β-catenin 积聚，

细胞内游离 β-catenin 水平升高，与其下游信号分子 T 细胞因子/淋巴细胞增强因子（Tcf/Lef）结合，进入细胞核发挥转录因子功能。②非经典 Wnt 信号通路，包括 Wnt/JNK 通路，Wnt/JNK 通路可激活低分子质量 GTPases（如 RAC、RHO、CDC42、ROCK 及 JNK）；Wnt/Ca^{2+}通路，该通路由 G 蛋白介导，通过激活下游 PKC 及 Ca-CaN，从而导致 Tcf 磷酸化，并在细胞核内聚积，最终作用于靶基因，产生一系列病理生理反应。在主动脉结扎致小鼠心肌肥厚模型中，β-catenin 的下调将导致心肌肥厚。非经典 Wnt/Ca^{2+}通路通过激活低分子质量 GTPases、MAPK、PKC 及 Ca-CaN 等介导心肌肥厚。该信号通路致心肌肥厚的机制尚未阐明，有待于进一步研究。

4. 微小 RNA（microRNA，miRNA）与心肌肥厚　许多研究已证实，miRNA 表达发生紊乱，并参与了心肌肥厚的发生发展。miRNA 是一种大小为 21～23 个碱基的单链小分子 RNA，由具有发夹结构的 70～90 个碱基的单链 RNA 经过 Dicer 酶加工后生成。与心肌肥厚相关的 miRNA 大体可分为抗心肌肥厚和促心肌肥厚作用两类。抗心肌肥厚的 miRNA 包括：miR-1、miR-133miR-9 和 miR-98/let-7。促心肌肥厚的 miRNA 包括：miR-499/miR-208a/miR-208b、miR-23/-199a/-199b、miR-195/-18b。

总之，心肌肥厚发生的机制十分复杂，可能存在一个复杂的促心肌肥厚网络。研究人员应加强机械因素、神经体液因素及细胞因子之间联系的研究，使细胞外信号更加明确；发现新的信号转导途径，以及各种信号转导途径之间交互作用的研究，为新药的筛选和开发提供靶位；继续发现新的初级应答基因和次级应答基因以及对心肌肥厚分子遗传机制进行深入研究，为将来的基因治疗和早期干预奠定理论基础。

第五节　心肌肥厚的新靶点及治疗药物研究

一、核受体 PPAR-α 在心肌肥大时的调控作用及其机制研究

过氧化物酶体增殖物激活受体 α（PPAR-α）属于核内受体超家族，是一种配体依赖的转录因子，主要在心脏表达，在调节心脏的能量和脂肪代谢方面起了非常重要的作用。日益增多的证据表明，PPAR-α 的下调和灭活可能参加了高血压性心脏病的发病，特别是在带有左心室肥厚的高血压患者中，PPAR-α 的下调增加了其发生心衰的风险性。研究发现，PPAR-α 激活可以抑制 ET-1 诱导的心脏肥厚，其机制可能是通过负调控 AP-1 的 DNA 结合活性，该作用部分通过抑制 JNK/c-jun 信号通路。但是，其他与心肌肥厚调控密切相关的信号分子是否参与了 PPAR-α 激活引起的肥厚抑制，目前尚不十分清楚。

最近的研究表明，GSK3β 是一种重要的内源性心肌肥厚负性调节因子。在未受刺激的心肌细胞中，内源性的 GSK3β 可以持久性地防止肥厚的发生。心脏特异性地过表达一种构成性激活的 GSK3β 的转基因小鼠，可以抑制动脉缩窄、异丙肾上腺素刺激诱导的肥厚。GSK3β 可以被它的上游激酶 Akt 磷酸化灭活，而 Akt 是 PI3K 的一个主要下游激酶，很多激活 PI3K 的刺激都可以通过激活 Akt 抑制 GSK3β。心肌肥厚的刺激因子，如 β-肾

上腺素、内皮素 1 和压力超负荷都可能通过 PI3K-Akt 通路抑制 GSK3β，导致肥厚发生。而且国外研究发现，慢性 Akt 激活可以下调 PPAR-α 的表达。因此，我们认为 GSK3β 活性的抑制可能与 PPAR-α 的灭活有一定的关系。

NFAT 在心肌肥厚的发生发展中起了十分重要的作用，是治疗心肌肥厚的一个重要靶基因。在转基因鼠中过表达构成性激活 NFATc4 突变蛋白可以诱导心肌肥厚反应；而过表达一种显性负突变的 NFATc4 蛋白可以阻断 ET-1、cardiotropin-1 和 phenylephrine（PE）诱导的心肌细胞肥大。大量的研究结果表明，PPAR-α 和 NFAT 在心肌肥厚的发生发展中发挥了重要的作用，而在免疫 T 细胞中也发现 PPAR-γ 能和 NFAT 结合，调节 NFAT 的转录激活。文献提示，PPAR-α 和 PPAR-γ 在它们的配体和 DNA 结合区具有 60%～80% 的同源性，因此，我们推测 PPAR-α 和 NFAT 也能发生结合，而且这种结合参与了心肌肥厚的调控。本课题采用 PPAR-α 激动药非诺贝特和 PPAR-α-EGFPN3 质粒作为干预药物，研究了 PPAR-α 激活后是否通过 PI3K/Akt/GSK3β-NFATc4 通路抑制 ET-1 诱导的心肌肥厚反应。同时研究非诺贝特逆转腹主动脉缩窄（AAC）大鼠左心室肥厚的作用，并初步探讨其对 AAC 大鼠 Akt/GSK3β 信号通路的影响。

（一）材料与方法

1. 仪器、药品和实验动物

1）仪器　CO_2 培养箱（Thermo Electron Corporation）；荧光倒置显微镜（Leica DFC300 FX）；加热磁力搅拌器（IKA）；台式低温高速离心机（Eppendorf）；垂直板蛋白电泳仪、电转仪（BioRad）；共聚焦荧光显微镜（Olympus Fluoview FV500）；BL-410 生物机能实验系统（成都泰盟科技有限公司）；超声心动仪（Technos MPX ultrasound system，ESAOTE）。

2）主要药品与试剂　非诺贝特（Fenofibrate）、内皮素 1（ET-1）购自 Sigma 公司；非诺贝特（力平脂，法国利博福尼制药公司，200mg，批号 77289）；[^{3}H] 亮氨酸购自北京原子高科公司；Hochest 33258 染料、核蛋白抽提试剂盒购自 Sigma 公司；ECL 化学发光检测试剂盒、BCA 蛋白浓度测定试剂盒购自 Pierce 公司；TRIzol 核酸提取试剂、Lipofectamine2000 及 Opti-MEM Ⅰ 培养基购自 Invitrogen 公司。Ex *Taq* 酶、RNase 抑制剂、AMV（TaKaRa）。多克隆抗体：phospho-Ser473-Akt、Akt、phospho-Ser9-GSK3β、GSK3β、NFATc4（Cell Signaling Technology Inc）。单克隆抗体：PPAR-α、α-tubulin（Sigma）。荧光抗体：FITC-conjugated goat anti-rabbit IgG（green，Sigma）、Cy3-conjugated goat anti-rabbit IgG（red，1∶400，Jackson Immuno Research Lab，USA）。pMD18 载体（TaKaRa）、pEGFP-N3 载体（Biosciences Clon Tech）。

3）试验动物　出生 2～3 天的 SD 乳鼠；雄性 SD 大鼠 [（150±10）g]，购于中山大学动物实验中心，合格证号：2006A060。

2. 心肌细胞的培养与鉴定　用胰蛋白酶消化法（冰上消化 20min 后，37℃水浴多次消化）将乳鼠心室肌消化成单细胞悬液，经差速贴壁分离后，调细胞密度至 5×10^5cells/L

于6孔板（荧光及蛋白质试验）及24孔板（测定细胞蛋白质含量），置于37℃、5% CO_2培养箱中培养。前2天加入0.1mmol/L BrdU抑制成纤维细胞生长。于细胞培养48h后更换无血清培养液并加入试剂，继续孵育24h后用于检测。用上述方法分离制备的心肌细胞，经抗α-actin抗体的免疫细胞化学染色，纯度可达95%以上，符合实验要求。

3. 分组及药物处理

1）*细胞试验*　对照组（0.1% DMSO），非诺贝特组（10μmol/L），ET-1组（10nmol/L），ET-1联用非诺贝特组；PPAR-α转染组；PPAR-α转染ET-1组；PPAR-α转染ET-1联用非诺贝特组。PPAR-α各组均转染PPAR-α-pEGFP-N3重组质粒，PPAR-α转染ET-1联用非诺贝特组于转染后24h，用10μmol/L非诺贝特预处理1h，加入10nmol/L ET-1处理；PPAR-α转染ET-1组同时平行加入10nmol/L ET-1处理。其中心肌表面积测定和蛋白质合成试验，ET-1的处理时间为24h，其他试验ET-1的处理时间为3h。

2）*动物实验*　健康SD雄性大鼠48只，体重（150±10）g，随机分为：①假手术组（对照组，n=12）；②假手术组+非诺贝特［80mg/（kg·d），n=12］；③腹主动脉缩窄组（AAC，n=12）；④AAC组+非诺贝特［80mg/（kg·d），n=12］。给药方案：造模手术前7天开始给药，术后继续给药4周后处死。

4. PPAR-α的克隆及重组质粒的构建　根据TRIzol说明书步骤提取大鼠心肌组织总RNA，参照Invitrogen公司Superscript Ⅲ反转录酶试剂盒说明书进行反转录反应，获取目的cDNA。按以下引物进行PCR扩增，大鼠PPAR-α引物序列：正向5′-CTCGAGCAATGGTGGACACAGAGAG-3′，反向5′-GTCGACGTACATGTCTCTGTAGATCTCT-3′，PCR扩增以后进行纯化和T/A克隆，将测序正确的PPAR-α基因片段与pEGFP-N3质粒连接，获得的重组质粒PPAR-α-pEGFP-N3，进行测序和双酶切鉴定（测序工作由上海生工完成）。

5. 重组质粒瞬时转染心肌细胞　心肌细胞的瞬时转染：接种心肌细胞于24孔板（2×10^5个/孔，［^{3}H］亮氨酸掺入实验）或6孔板（5×10^5个/孔，RNA、蛋白质和荧光试验）中，将1.0μg（24孔板）或4.0μg（6孔板）的PPAR-α-pEGFP-N3或pEGFP-N3质粒（转染对照）用Lipofectamine2000试剂根据说明书瞬时转染心肌细胞，转染24h后进行后续试验。转染对照组转染空质粒pEGFP-N3（蛋白质和荧光试验），PPAR-α各组均转染PPAR-α-pEGFP-N3重组质粒。

6. 心肌细胞的表面积测定　接种心肌细胞于6孔板（2×10^5个/孔），处理方法见分组部分。参考Irukayama-Tomobe Y的方法：收获细胞后用Leca图像处理系统400×摄像，各处理组随机选取3次实验的7个视野，每个视野包含5～10个心肌细胞，测量100个细胞的面积，以LecaQ-win图像分析软件分析结果。

7. ［^{3}H］亮氨酸掺入实验　接种心肌细胞于24孔板（2×10^5个/孔），转染荧光重组质粒PPAR-α-pEGFP-N3（PPAR-α组）24h后，无血清化24h，加入不同的处理因素（见分组部分），和［^{3}H］亮氨酸（37MBq/L）在37℃共同孵育24h后，弃去培养液，迅速用冷的PBS洗两次，每孔加预冷的5% TCA 4℃固定30min。弃去TCA，用预冷的PBS洗细胞2次后，加入0.1mo1/L NaOH，冰上裂解1h，将细胞裂解液转入液闪瓶中，加入闪烁液，闪烁仪计数。

8. RT-PCR 检测 接种 5×10^5 个心肌细胞于 6 孔板中，培养 24h 后，转染荧光质粒 pEGFP-N3（转染对照组）和 PPAR-α-pEGFP-N3（PPAR-α 组），转染后 48h 收集细胞，按 TRIzol 说明书步骤提取总 RNA，按说明书进行反转录和 PCR 反应。引物序列 PPAR-α：正向 5′GACAAGGCCTCAGGATACCA3′，反向 5′GTCTTCTCAGCCATG CACAA3′；ANF：正向 5′CTGCTAGACCACCTGGAGGA3′，反向 5′AAGCTGTTGCAGC CTAGT CC3′；18S：正向 5′GTCCCCCAACTTCTTAGAG3′，反向 5′CACCTACGGAAAC CTTGTTAC3′，引物由广州赛百胜公司合成。取 RT-PCR 产物进行 2%琼脂糖凝胶电泳，凝胶成像并读取电泳带吸光度值，用目的条带吸光度值和 S18 吸光度值的比值来反映目的基因的相对表达量。

9. 免疫荧光染色和激光共聚焦显微镜试验 接种 5×10^5 个心肌细胞于放有无菌盖玻片的 6 孔板中，培养 24h 后，转染含荧光质粒 pEGFP-N3（转染对照组）和 PPAR-α-pEGFP-N3（PPAR-α 各组）；24h 后更换无血清培养基，继续培养 24h 后，依次加入不同的处理因素（ET-1 各组加入 10nmol/L 的 ET-1 处理 3h，其他各组平行加入等量生理盐水）；弃去培养液，取出盖玻片；室温固定 30min，干燥 10min；0.5%的 Triton X-100 透膜 15min；血清封闭 10min，加入 NFATc4 抗体，4℃湿盒过夜；加入荧光素标记的二抗（Cy3-conjugated goat anti-rabbit IgG，红色，稀释度 1∶400），37℃孵育 30min；用 Hochest 33258（蓝色）复染细胞核；激光共聚焦显微镜观察采集图像。

10. 免疫共沉淀试验 心肌细胞以 5×10^4 个接种于 6 孔板，细胞生长至次融合状态时，用无血清 DMEM 培养 24h，随机分为对照组、加药刺激组，继续无血清培养。于加药后 24h 收集细胞，提取总蛋白。往待测蛋白质（约 500μl，100μg 蛋白质）中加入 20μl protein-A agarose beads（Santa Cruz），4℃摇床孵育 1h。离心取上清，加入适量抗体（NFATc4 稀释度 1∶100 或抗兔的 IgG 1∶50）至上清中，沉淀目标蛋白，4℃摇床过夜；再加入 20μl protein-A agarose beads 分离沉淀复合体，继续在 4℃条件下摇 2h，离心弃上清，用 200μl 的新鲜细胞裂解液洗沉淀 3 次。SDS-PAGE 胶电泳分离，用 PPAR-α（或 NFATc4）抗体进行 Western blot 检测。

11. Western blot 检测蛋白质的表达

1）细胞试验 接种 5×10^5 个心肌细胞于 6 孔板中，培养 24h 后，转染荧光质粒 pEGFP-N3（转染对照组）和 PPAR-α-pEGFP-N3（PPAR-α 各组）；24h 后更换无血清培养基，继续培养 24h 后，依次加入不同的处理因素（ET-1 各组加入 10nmol/L 的 ET-1 处理 3h，其他各组平行加入等量生理盐水；PPAR-α 转染 ET-1 联用非诺贝特组先以 10μmol/L 非诺贝特预处理 1h，再给予 10nmol/L ET-1 处理 3h）。提取各组心肌细胞总蛋白或核蛋白，BCA 试剂盒进行蛋白定量，并调整上样量为 50μg，8% SDS-PAGE，PVDF 膜印迹。室温封闭 1h，加入一抗 AP-1（或 α-tubulin）和辣根过氧化物酶（HRP）标记的二抗孵育，ECL 化学发光显色，X 光片显影、定影。将胶片进行扫描或拍照，美国 UVP 公司 GDS8000 摄取图像，LABWORK4.0 凝胶蛋白分析软件对条带进行分析。

2）心脏组织　每组取冰冻组织100mg，加入RIPA裂解液1ml，置于冰上，机械匀浆器20 000r/min间歇匀浆，裂解后静止在冰浴上30min，用移液器将裂解液移至1.5ml离心管中，然后在4℃下20 000r/min离心30min，取上清，用BCA试剂盒（Pierce）定量蛋白，经聚丙烯酰胺变性凝胶电泳分离蛋白，用电转法将蛋白转至PVDF膜上，依次加入封闭液、一抗、辣根过氧化物酶标记二抗，再经化学发光剂反应，X光片压片曝光。

12. 心肌肥厚模型的制备　采用腹主动脉缩窄法建立心肌肥厚模型：大鼠用1%戊巴比妥钠（30mg/kg）腹腔麻醉。打开腹腔，暴露左肾，距左肾动脉开口上方5mm处剥离腹主动脉，7号针头（直径约0.7mm）紧贴腹主动脉平行放置，并将两者一起结扎，然后抽出7号针头，使腹主动脉缩窄。术后连续3天用青霉素抗感染。假手术对照组只行开腹后腹主动脉穿线，未结扎，其他步骤同手术组。实验期间观察动物反应。

13. 超声心动图检测　各组大鼠在完成实验时限当日，以3%戊巴比妥钠30mg/kg腹腔注射麻醉，仰卧位四肢固定于木板上，用ATL5000型彩色多普勒超声仪和7.5MHz探头（Hewlett-Packard Co.，Andover，USA）行大鼠胸腔超声测量。探头置于胸骨左侧，与胸骨中线成10°～30°角，显示胸骨左心室长轴切面，探头顺时针旋转90°显示左心室短轴切面。选择清晰的图像录像待以后分析。记录大鼠的各项超声参数。

14. 有创血压、左心室质量指数的测定及标本采集　各组动物在观察期满后用3%的戊巴比妥钠（30mg/kg）腹腔麻醉，导管内充满肝素，左颈总动脉逆行插管至左心室，另一端接BL-420生物机能实验系统（成都泰盟科技有限公司），导管口在左颈动脉内时，连续记录血压5min。取平稳的一段血压曲线记录主动脉收缩压和舒张压（AoSP，AoDP）、左心室收缩末压和左心室舒张末压（LVESP，LVEDP）、室内压最大上升和下降速率（$\pm dp/dt_{max}$）、心率（HR）。随后立即开胸取出心脏，滤纸吸干后称心脏质量（HW）。沿房室环剪去左、右心房及右心室游离壁，称取左心室（包括室间隔）质量（LVW），并与体重（BW）相除，计算左心室质量指数（LVW/BW）。取左心室游离壁心肌放入10%中性福尔马林内，24h后石蜡包埋切片，HE染色。其余心底以及心尖部分放入冻存管中液氮保存。

15. 常规苏木素-伊红（HE）染色　石蜡切片常规脱蜡至水，苏木素室温染10min，快速自来水冲洗30～60s；1%的盐酸乙醇分化1s，自来水冲洗1min；伊红室温染5～10min；梯度乙醇脱水；二甲苯透明；中性树胶封片。光镜下观察拍照。

16. 统计学分析　实验数据以平均值±标准差（$\bar{x}\pm s$）表示，应用SPSS11.0分析软件进行统计分析，多个均数的比较采用方差分析，两个均数的比较采用t检验，$P<0.05$为显著性检验水准。

（二）结果

1. PPAR-α激动药非诺贝特和PPAR-α过表达对ET-1诱导的心肌细胞肥大的影响

图5-10结果显示，与对照组比较，ET-1组心肌细胞表面积明显增加（为对照组的1.7倍，$n=100$cells，$P<0.01$），但非诺贝特单独应用对心肌细胞表面积没有影响。与ET-1组比较，非诺贝特可以明显抑制ET-1引起的心肌细胞表面积增大（−54%，$n=100$cells，

P<0.01）。同样，PPAR-α 过表达（−50%，n=100cells，与 ET-1 组比较，P<0.01）或 PPAR-α 过表达联用非诺贝特（−58%，n=100cells，与 ET-1 组比较，P<0.01）显著抑制了 ET-1 诱导的心肌细胞表面积增加，而 PPAR-α 单独转染组对心肌细胞表面积没有显著影响。

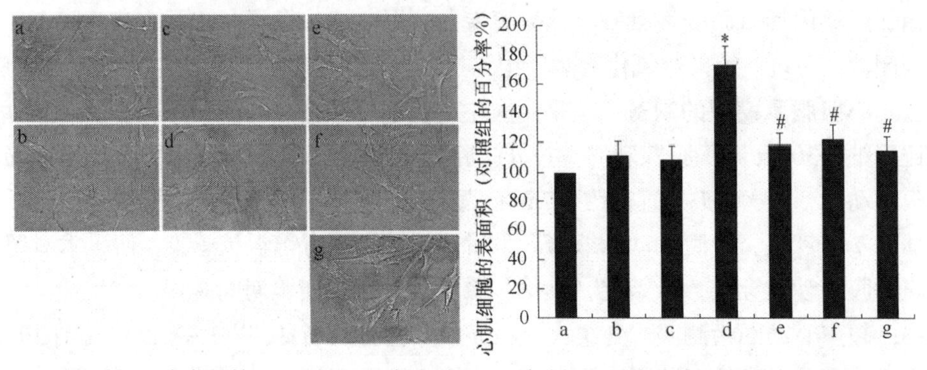

图 5-10　非诺贝特和 PPAR-α 过表达对 ET-1 诱导的心肌细胞表面积增大的影响

a．对照组［0.1%二甲基亚砜（DMSO）］；b．非诺贝特组（10μmol/L）；c．PPAR-α 转染组；d．ET-1 组（10nmol/L）；e．ET-1＋非诺贝特组；f．PPAR-α 转染＋ET-1 组；g．PPAR-α 转染＋ET-1＋非诺贝特组。ET-1．内皮素 1；PPAR-α．过氧化物酶体增殖物激活受体 α。*与对照组比较，P<0.01；#与 ET-1 组比较，P<0.05

图 5-11 结果显示，ET-1（10nmol/L）显著诱导心肌蛋白质的合成（为对照组的 1.73 倍，n=12，P<0.01），而非诺贝特（10μmol/L）以一种剂量依赖性的方式抑制了 ET-1 诱导的心肌蛋白质合成（−31%，5μmol/L；−49%，10μmol/L，n=12），但非诺贝特单用并不影响蛋白质的合成。同时，RT-PCR 的结果显示，ET-1（10nmol/L）显著诱导了 ANF 在心肌细胞的表达（1.74±0.25 倍，n=3，P<0.01），而非诺贝特（10μmol/L）预处理防止了 ET-1 的这种作用，但非诺贝特单用对 ANF 的表达并没有影响。

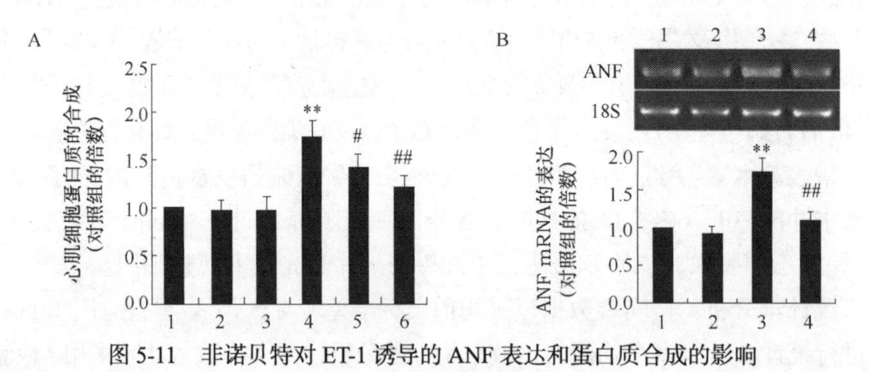

图 5-11　非诺贝特对 ET-1 诱导的 ANF 表达和蛋白质合成的影响

A．［^{3}H］亮氨酸掺入试验（$\bar{x}\pm s$，n=12）。1．对照组；2．非诺贝特组（5μmol/L）；3．非诺贝特组（10μmol/L）；4．ET-1 组（10nmol/L）；5．ET-1＋非诺贝特组（5μmol/L）；6．ET-1＋非诺贝特组（10μmol/L）。与对照组比较，**P<0.01；与 ET-1 组比较，#P<0.05，##P<0.01。B．心肌细胞 ANF mRNA 的表达（$\bar{x}\pm s$，n=3）。1．对照组；2．非诺贝特组（10μmol/L）；3．ET-1 组（10nmol/L）；4．ET-1＋非诺贝特组（10μmol/L）。与对照组比较，**P<0.01；与 ET-1 组比较，##P<0.01

图 5-12 结果显示 PPAR-α 过表达、PPAR-α 过表达联用非诺贝特分别抑制了 ET-1 诱导的心肌蛋白质合成（PPAR-α 过表达治疗组−38%；PPAR-α 过表达联用非诺贝特治疗组−36%；P<0.01），但 PPAR-α 单独转染组并不影响心肌蛋白质的合成（与对照组比较，

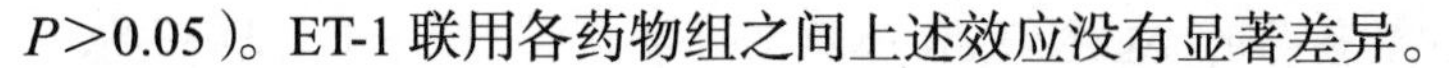
$P>0.05$)。ET-1联用各药物组之间上述效应没有显著差异。

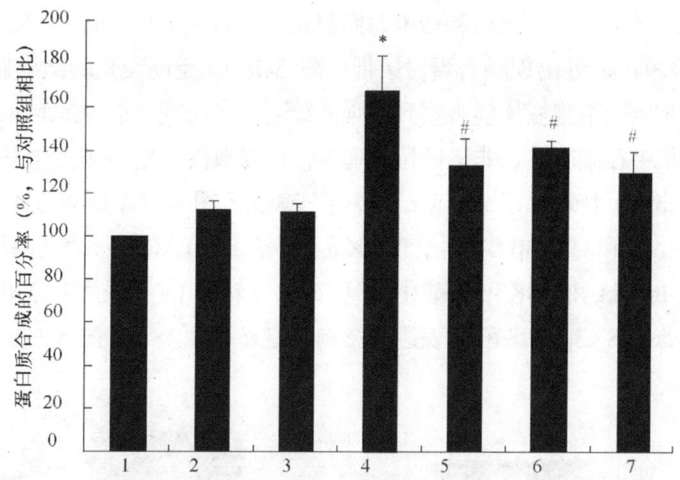

图5-12　非诺贝特和PPAR-α过表达对ET-1诱导的蛋白质合成的影响（$\bar{x}\pm s$，$n=12$）

1．对照组［0.1%二甲基亚砜（DMSO）］；2．非诺贝特组（10μmol/L）；3．PPAR-α转染组；4．ET-1组（10nmol/L）；5．ET-1＋非诺贝特组；6．PPAR-α转染＋ET-1组；7．PPAR-α转染＋ET-1＋非诺贝特组。ET-1．内皮素1；PPAR-α．过氧化物酶体增殖物激活受体-α。*与对照组比较，$P<0.01$；#与ET-1组比较，$P<0.05$。同样的试验重复进行3次，每一个样本平行做4个重复孔

2．PPAR-α激活对PI3K/Akt/GSK3β-NFATc4通路的影响

1）PPAR-α激活剂非诺贝特对PI3K/Akt/GSK3β通路的调节作用　非诺贝特显著抑制了ET-1诱导的Akt/GSK3β的磷酸化，而非诺贝特单用对Akt/GSK3β的磷酸化并无影响。此外，ET-1诱导的Akt/GSK3β磷酸化能被LY294002（10μmol/L，PI3K抑制剂）所阻断，这表明ET-1诱导的Akt/GSK3β磷酸化受PI3K的调控（图5-13）。

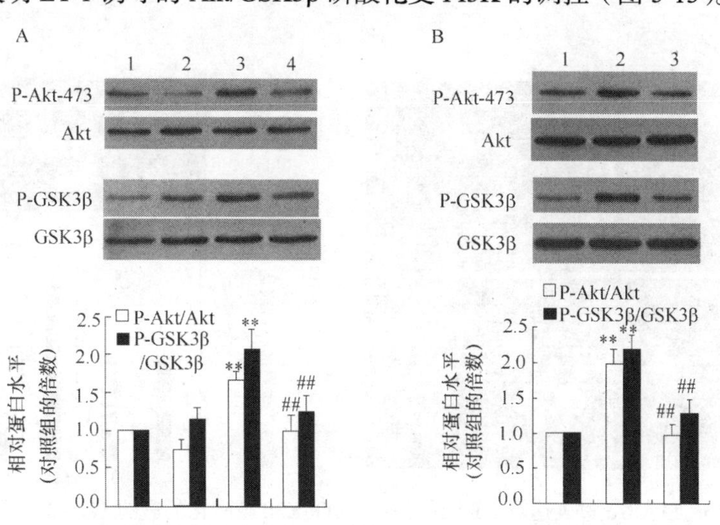

图5-13　PPAR-α激活剂非诺贝特对ET-1诱导的Akt/GSK3β磷酸化的调节作用（$n=3$）

A．非诺贝特对ET-1诱导的Akt/GSK3β磷酸化的调节作用。1．对照组；2．ET-1（10nmol/L）；3．非诺贝特（10μmol/L）；4．ET-1＋非诺贝特组。B．ET-1诱导的Akt/GSK3β磷酸化具有PI3K依赖性。1．对照组；2．ET-1（10nmol/L）；3．LY：LY294002（PI3K抑制剂）。**与对照组比较，$P<0.01$；##与ET-1组比较，$P<0.01$。Akt．蛋白激酶B；GSK3β．糖原合成酶激酶3β

2）PPAR-α 过表达对 ET-1 诱导的 Akt/GSK3β 磷酸化的影响　图 5-14 结果显示，PPAR-α-pEGFPN3 转染组与对照组和转染对照组相比，PPAR-α 的 mRNA 和蛋白表达水平显著升高，而且在 79kDa 处出现融合蛋白条带（图 5-14）。免疫荧光的结果显示，pEGFPN3 转染对照组的细胞质和细胞核均能观察到很强的绿色荧光出现，而 PPAR-α-pEGFPN3 转染组的荧光则主要集中在细胞核，非诺贝特处理后，其细胞核荧光增强。这表明 PPAR-α 主要在细胞核表达而非诺贝特增加了 PPAR-α 的细胞核表达（图 5-15A）。Western blot 结果显示，ET-1 显著诱导了 Akt 和 GSK3β 磷酸化，PPAR-α 过表达或 PPAR-α 过表达联用非诺贝特显著抑制了 ET-1 诱导的 Akt 和 GSK3β 磷酸化，但 PPAR-α 转染 ET-1 联用非诺贝特组和 PPAR-α 转染 ET-1 组对 Akt/GSK3β 的磷酸化表达的影响没有显著性差异（图 5-15B）。

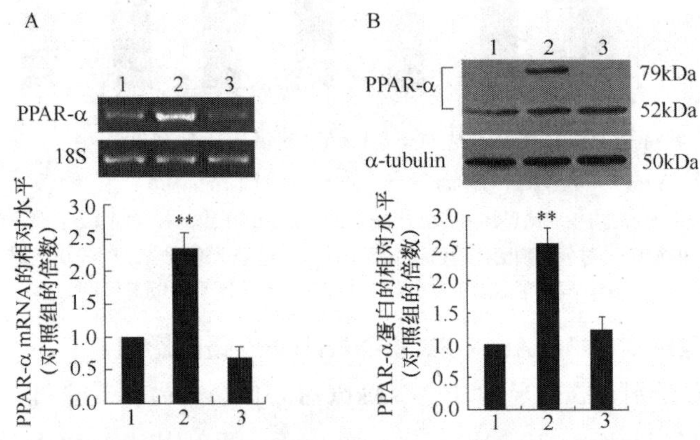

图 5-14　重组质粒转染后 PPAR-α 的 mRNA 和蛋白表达水平（$n=3$）

A. PPAR-α 的 mRNA 表达；B. PPAR-α 的蛋白表达。1. 对照组；2. PPAR-α 转染组；3. 转染对照组（pEGFPN3）。PPAR-α. 过氧化物酶体增殖物激活受体 α，18S（18S rRNA）和 α-tubulin（α-微管蛋白）为内参照。**与对照组比较，$P<0.01$

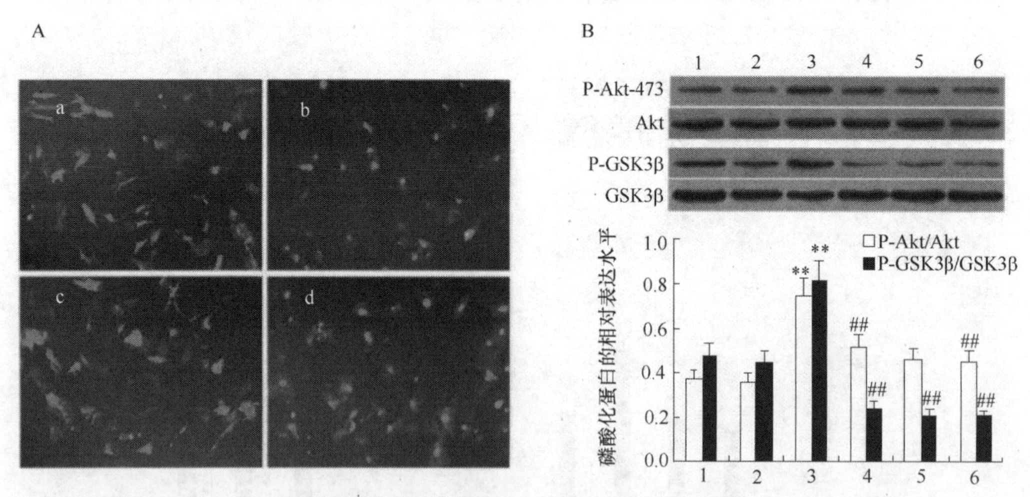

图 5-15　PPAR-α 过表达对 ET-1 诱导的 Akt/GSK3β 磷酸化的影响（$n=3$）（彩图）

A. 荧光显微镜检测 PPAR-α 的表达和细胞定位分布。a. 转染对照组（pEGFPN3）；b. PPAR-α 转染组；c. 转染对照＋非诺贝特组；d. PPAR-α 转染＋非诺贝特组。B. Western blot 检测 Akt/GSK3β 的蛋白磷酸化。**与对照组比较，$P<0.01$；##与 ET-1 组比较，$P<0.01$。1. 对照组；2. 转染对照组；3. ET-1 组（10nmol/L）；4. PPAR-α 转染组；5. PPAR-α 转染＋ET-1 组；6. PPAR-α 转染＋ET-1＋非诺贝特组。ET-1. 内皮素 1；PPAR-α. 过氧化物酶体增殖物激活受体 α；Akt. 蛋白激酶 B；GSK3β. 糖原合成酶激酶 3β

3）非诺贝特和PPAR-α过表达对ET-1诱导的NFATc4核移位的影响　免疫荧光的结果显示，10nmol/L的ET-1显著诱导了NFATc4由细胞质到细胞核的移位；而10μmol/L的非诺贝特则防止了ET-1的这种作用。为了进一步证实上述结果，心肌细胞的细胞质和细胞核抽提物被用来进行Western blot分析，结果显示，ET-1组NFATc4主要在细胞核表达，和对照组相比，NFATc4的表达增多；而非诺贝特抑制了ET-1对NFATc4的作用（图5-16）。和非诺贝特防止ET-1诱导的NFATc4核移位作用一致，PPAR-α过表达和PPAR-α过表达联用非诺贝特降低了ET-1诱导的NFATc4的核表达。这一作用被Western blot的结果进一步证实（图5-17）。

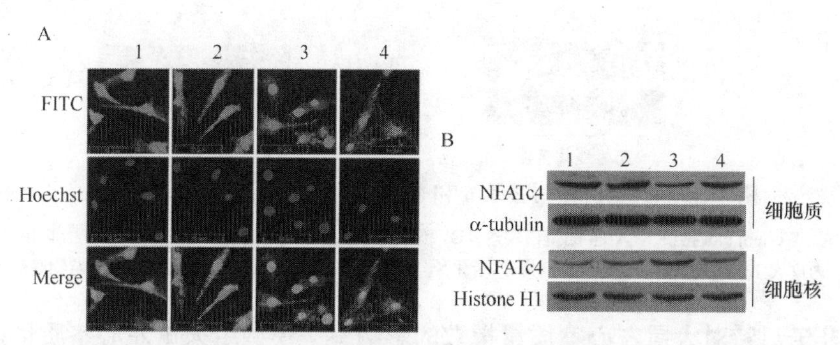

图5-16　非诺贝特对ET-1诱导的NFATc4核转位的影响（$n=3$）（彩图）

A. 免疫荧光和激光共聚焦检测NFATc4的细胞质和细胞核分布。绿色. NFATc4（FITC标记的二抗）；蓝色. Hoechst33258；Merge. 三色叠加后的图片。比例尺：50μm。B. Western blot检测细胞质和细胞核NFATc4的蛋白水平。NFATc4. 活化T细胞核因子4；α-tubulin（α-微管蛋白）和Histone H1（组蛋白H1）分别为细胞质和细胞核蛋白的内参照。1. 对照组；2. 内皮素1（10nmol/L）；3. 非诺贝特（10μmol/L）；4. 内皮素1+非诺贝特组

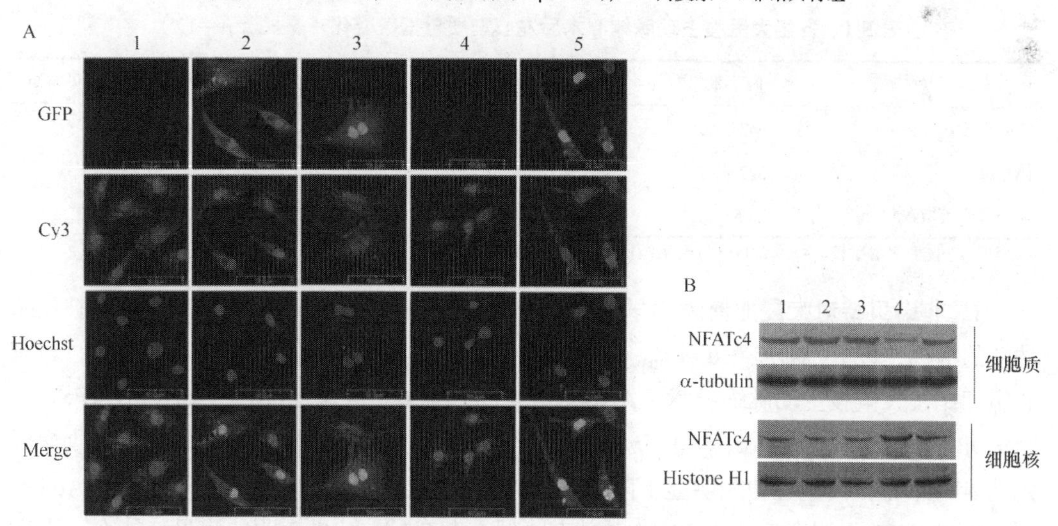

图5-17　PPAR-α过表达对ET-1诱导的NFATc4核移位的影响（$n=3$）（彩图）

A. 免疫荧光和激光共聚焦检测NFATc4的细胞质和细胞核分布。绿色. EGFPN3；红色. NFATc4（Cy3标记二抗）；蓝色. Hoechst33258；比例尺：50μm。GFP. 绿色荧光蛋白；Cy3. 红色荧光染料，标记二抗（用于NFATc4的免疫荧光染色）；Merge. 三色叠加后的图片。B. Western blot检测细胞质和细胞核NFATc4的蛋白水平。1. 对照组；2. 转染对照组（pEGFPN3）；3. PPAR-α转染组（PPAR-α-pEGFPN3）；4. ET-1组（10nmol/L）；5. PPAR-α转染+ET-1组。ET-1. 内皮素1；PPAR-α. 过氧化物酶体增殖物激活受体α

4）非诺贝特对 PPAR-α 和 NFATc4 相互作用的影响　原代培养的新生大鼠心肌细胞先以非诺贝特预处理 1h，再以 10nmol/L 的 ET-1 刺激 3h。总蛋白用 NFATc4 抗体沉淀后，再用 PPAR-α 抗体进行 Western blot 分析。总蛋白的 Western blot 检测结果显示非诺贝特降低了 ET-1 诱导的 NFATc4 的表达。免疫共沉淀的检测结果显示 PPAR-α 和 NFATc4 在各组之间均存在相互作用，但在非诺贝特处理时，二者之间的作用被加强（图 5-18）。

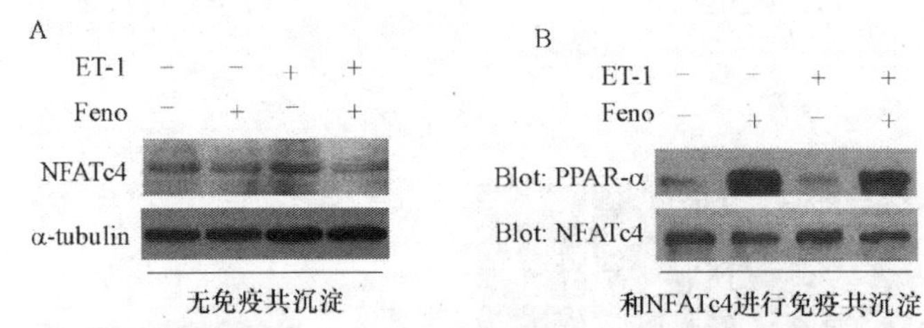

图 5-18　非诺贝特对 PPAR-α 和 NFATc4 相互作用的影响（$n=3$）

A. Western blot 检测 NFATc4 的蛋白表达；B. 免疫共沉淀检测 PPAR-α 和 NFATc4 的相互作用。

ET-1. 内皮素 1；Feno. 非诺贝特；NFATc4. 活化 T 细胞核因子；PPAR-α. 过氧化物酶体增殖物激活受体 α

3. 非诺贝特对大鼠左心室质量指数的影响　模型组大鼠左心室质量指数（以 LVW/BW 表示）增加，与对照组相比有显著性差异（$P<0.05$）。经非诺贝特治疗后，其左心室质量指数显著低于模型组（$P<0.05$），而与对照组之间无统计学差异（$P>0.05$）（表 5-1）。

表 5-1　各组大鼠腹主动脉缩窄术后左心室质量指数变化（$\bar{x}\pm s$，$n=12$）

参数	假手术组	非诺贝特组	模型组	模型组＋非诺贝特组
左心室质量/mg	663±49	765±82	$972\pm62^{*}$	$710\pm97^{\#}$
体重/g	322±17	347±20	330±22	320.4±15
左心室质量指数/（mg/g）	2.05±0.11	2.19±0.15	$2.94\pm0.16^{*}$	$2.21\pm0.20^{\#}$

注：与假手术组比较，$*P<0.05$；与模型组比较，$\#P<0.05$

4. 非诺贝特对大鼠血流动力学的影响　以 LVESP、$+dp/dt_{max}$ 作为反映心脏收缩功能的指标；以 LVEDP、$-dp/dt_{max}$ 作为反映心脏舒张功能的指标。由表 5-1 可见，与对照组相比，大鼠腹主动脉缩窄术（AAC）后 4 周，模型组大鼠 AoSP、AoDP、LVESP 及 LVEDP 明显升高；$+dp/dt_{max}$ 和 $-dp/dt_{max}$ 明显减少，这说明 AAC 大鼠出现了心脏收缩舒张功能的障碍，在体心功能明显下降。而非诺贝特治疗后，$\pm dp/dt_{max}$ 明显上升；AoSP、AoDP、LVESP 无明显变化而 LVEDP 稍有降低（表 5-2）。结果表明非诺贝特能在一定程度上改善 AAC 大鼠的心功能，纠正血流动力学紊乱，但无明显降压作用。同时，各组之间的心率无明显变化。

表 5-2　非诺贝特对各组大鼠血流动力学的影响（$\bar{x}\pm s$，n=12）

分组	AoSP/mmHg	AoDP/mmHg	LVESP/mmHg	LVEDP/mmHg	$+dp/dt_{max}$/（mmHg/ms）	$-dp/dt_{max}$/（mmHg/ms）	HR/bpm
假手术组	119±9	94±11	118±8	3.91±0.54	4.84±0.51	4.56±0.39	358±26
非诺贝特组	126±21	101±19	118±17	4.73±0.81	4.61±0.53	4.64±0.31	344±35
模型组	165±17*	128±15*	159±21*	9.88±1.46*	3.5±0.58*	3.26±0.69*	384±48
模型组＋非诺贝特组	144±13	114±22	149±28	7.68±0.73$^{\#}$	4.98±0.77$^{\#}$	4.4±0.54$^{\#}$	363±28

注：AoSP．主动脉收缩压；AoDP．主动脉舒张压；LVESP．左心室收缩末压；LVEDP．左心室舒张末压；$+dp/dt_{max}$．室内压最大上升速率；$-dp/dt_{max}$．室内压最大下降速率。与假手术组比较，$*P<0.05$；与模型组比较，$\#P<0.05$

5．非诺贝特对各组大鼠超声参数的影响　与对照组相比，手术后4周AAC大鼠的室间隔厚度（IVSTd和IVSTs）及左心室后壁厚度（PWTd和PWTs）均明显增加，同时左心室收缩末期内径（LVEDs）减小而舒张末期内径（LVEDd）无明显变化，呈现出明显的向心性肥厚。经非诺贝特治疗后，其左心室肥厚得到明显逆转。AAC组给予非诺贝特治疗后，室壁厚度明显减小，左心室内径明显增大，与相应模型组比较，差异有统计学意义。4周的AAC大鼠的收缩和舒张功能尚能维持正常水平，射血分数（EF）和缩短分数（FS）与对照组大鼠相比，差异无统计学意义（图5-19和表5-3）。

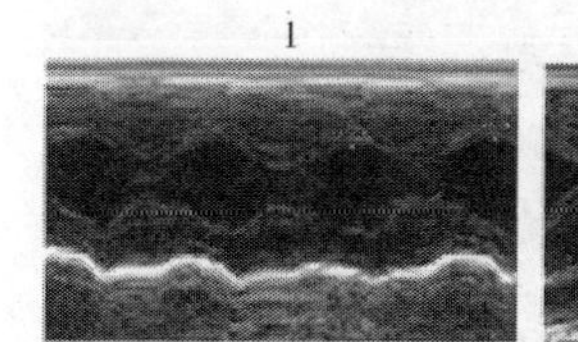
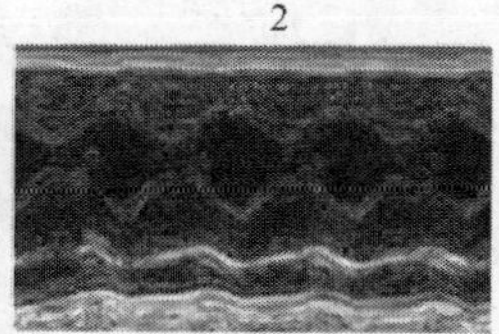
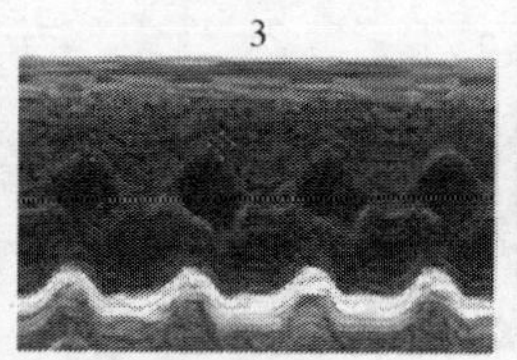
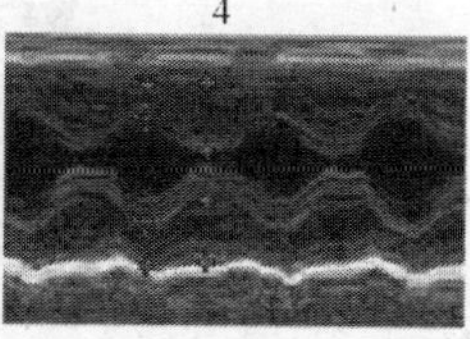

图5-19　各组大鼠的超声心动图

1．假手术组；2．非诺贝特组；3．模型组；4．模型组＋非诺贝特组

表 5-3　腹主动脉缩窄术后超声心动图检测指标结果（$\bar{x}\pm s$，n=12）

参数	假手术组	非诺贝特组	模型组	模型组＋非诺贝特组
LVEDd/mm	4.90±0.17	5.06±0.16	5.06±0.11	4.65±0.12
LVEDs/mm	1.76±0.15	2.02±0.15	1.29±0.24*	1.53±0.17$^{\#}$
IVSTd/mm	1.57±0.18	1.74±0.15	2.12±0.24*	1.88±0.17
IVSTs/mm	3.06±0.27	3.15±0.20	3.83±0.25*	3.65±0.14
PWTd/mm	1.88±0.11	2.12±0.13	2.77±0.17*	2.16±0.17$^{\#}$
PWTs/mm	2.63±0.13	2.70±0.11	4.37±0.21*	3.65±0.16$^{\#}$
LVFS/%	68.27±7.95	63.55±3.97	74.47±4.47	69.35±7.36
EF/%	96±2.91	94.2±4.39	98.07±2.68	96.55±2.91

注：LVEDd．舒张末期左心室内径；LVEDs．收缩末期左心室内径；IVSTd．舒张末期室间隔厚度；IVSTs．收缩末期室间隔厚度；PWTd．舒张末期左心室后壁厚度；PWTs．收缩末期左心室后壁厚度；LVFS（%）．左心室缩短分数；EF（%）．左心室射血分数。与假手术组比较，$*P<0.05$；与模型组比较，$\#P<0.05$

6．非诺贝特对大鼠心肌组织形态学的影响　病理切片HE染色显示，与对照组相比，模型组大鼠左心室腔明显减少，心室壁增厚、心肌细胞横径和表面积增大，并有心

肌细胞排列紊乱、细胞核增大、畸形等改变，心肌细胞呈明显的向心性肥厚生长。经非诺贝特治疗后，心肌细胞的形态得到明显的逆转（图 5-20）。

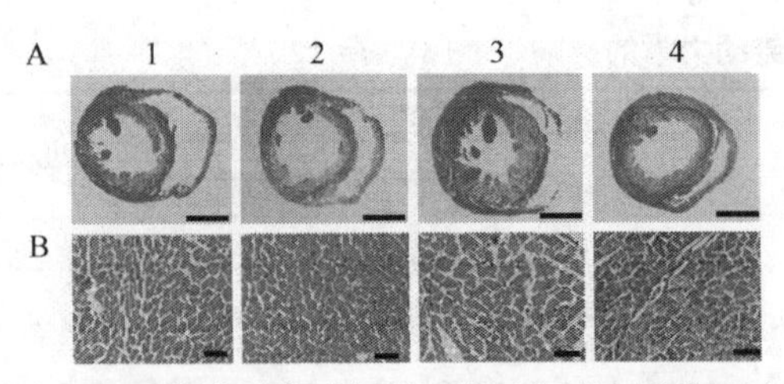

图 5-20　非诺贝特对大鼠心肌组织形态学的影响

A. 腹主动脉缩窄术（AAC）术后 4 周各组大鼠全心横切面的形态学变化（HE 染色，200×）。比例尺：200μm；B. AAC 术后 4 周各组大鼠左心室心肌细胞的病理切片（HE 染色，200×），可见模型组细胞面积明显增大。比例尺：40μm。1. 假手术组；2. 非诺贝特组；3. 模型组；4. 模型组＋非诺贝特组

7. 非诺贝特对大鼠心肌组织 ANF 和 β-MHC mRNA 表达的影响　RT-PCR 的结果表明：与对照组相比，AAC 组的胚型基因 ANF 和 β-MHC 的 mRNA 表达增加，而非诺贝特治疗后，AAC 组 ANF 和 β-MHC 的 mRNA 表达均显著下降。但非诺贝特单用组对 ANF 和 β-MHC 的 mRNA 表达没有影响（图 5-21）。

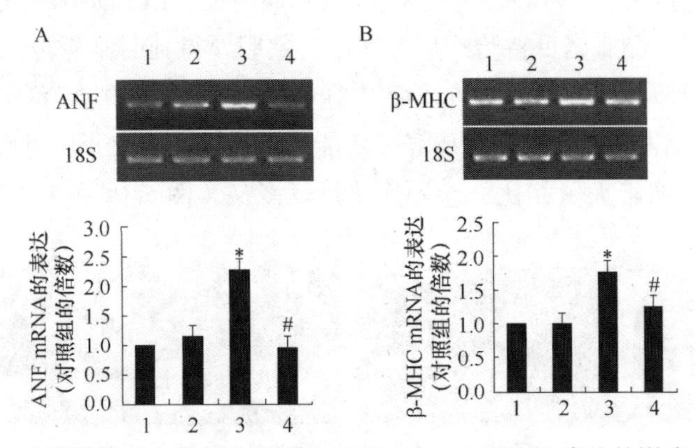

图 5-21　非诺贝特对大鼠心肌组织 ANF 和 β-MHC mRNA 表达的影响（$n=3$）

A. AAC 术后 4 周，各组大鼠左心室 ANF mRNA 的表达。B. AAC 术后 4 周，各组大鼠左心室 β-MHC mRNA 的表达。1. 假手术组；2. 非诺贝特组；3. 模型组；4. 模型组＋非诺贝特组。与假手术组比较，*$P<0.05$；与模型组比较，#$P<0.05$

8. 非诺贝特对大鼠 Akt 和 GSK3β 磷酸化的影响　本研究采用 Western blot 技术检测了心肌组织中 Akt 和 GSK3β 蛋白磷酸化表达变化。研究发现，与对照组相比，AAC 大鼠 Akt/GSK3β 的磷酸化水平明显增加（$P<0.01$）；给予非诺贝特治疗后，AAC 大鼠的 Akt/GSK3β 磷酸化水平明显下降（$P<0.01$）（图 5-22）。

（三）讨论

高血压左心室肥厚 LVH 是以心肌细胞肥大及心肌成纤维细胞（CF）增殖为主要病理学特征的高血压性脏器损害，因其病因不清、机制复杂，故目前缺乏确切有效的防治措施。PPARs 是一类配体依赖的转录因子，属于核内受体超家族，包括 PPAR-α、PPAR-β（或称 PPAR-δ）及 PPAR-γ 三种亚型。PPAR-α 在心肌细胞中的表达水平较高，近年来的研究表明，PPAR-α 与心肌肥厚的发生密切相关。在压力负荷诱导的左心室肥厚进展过程中，PPAR-α 复合体发生转录和转录后水平的灭活；而且心肌肥厚发病过程中能量代谢由脂代谢到糖代谢的转换也与 PPAR-α 的灭活密切相关。PPAR-α 激动药非诺贝特可防止了

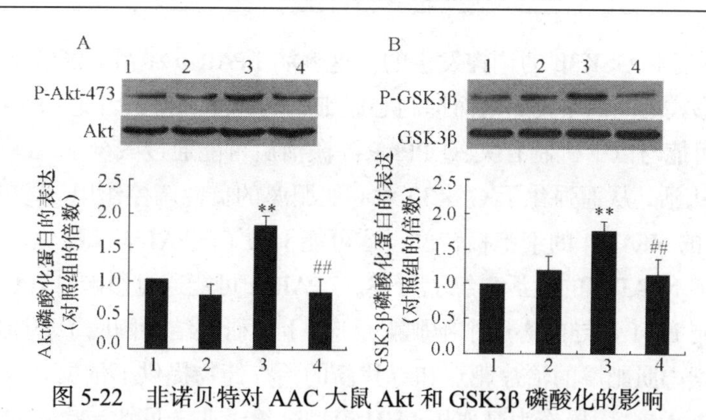

图 5-22　非诺贝特对 AAC 大鼠 Akt 和 GSK3β 磷酸化的影响

A．AAC 术后 4 周，各组大鼠 Akt 的蛋白磷酸化表达。B．AAC 术后 4 周，各组大鼠 GSK3β 的蛋白磷酸化表达。非诺贝特防止了 AAC 诱导的 Akt 和 GSK3β 磷酸化表达。同样的试验重复进行 3 次得到了相似的结果。1．假手术组；2．非诺贝特组；3．模型组；4．模型组＋非诺贝特组。与假手术组比较，$**P<0.05$；与 AAC 组比较，$\#\#P<0.05$

DOCA 盐敏感性高血压大鼠左心室内径的降低（左心室向心性重构的一个重要特征），也能改善醛固酮诱导的左心室肥厚、左心室纤维化和细胞外基质沉积。研究表明，在腹主动脉缩窄（AAC）大鼠模型中，PPAR-α 激动药非诺贝特可抑制左心室肥厚和肥厚相关基因（ET-1、BNP、β-MHC）的表达。但其能否逆转压力负荷性高血压 LVH，其具体的细胞分子生物学机制如何，目前尚不十分清楚。

尽管 PPAR-α 激动剂已经被报道可以通过部分阻断 JNK 通路以及加强 PPAR-α 和 NF-κB 的 P65 亚单位来抑制 ET-1 诱导的心肌肥厚，作者却发现在心肌细胞 PPAR-α 激活显著抑制了 ET-1 诱导的 Akt/GSK3β-NFATc4 通路的激活。这些表明 GSK3β 和 NFATc4 可能参与了 PPAR-α 激活调节的抗肥厚作用。PPAR-α 激活可能通过抑制 ET-1 诱导的 Akt 磷酸化激活及其下游激酶 GSK3β 的磷酸化灭活，进而抑制 ET-1 诱导的 NFATc4 的细胞核移位，最终抑制了肥厚的发生。上述假说被以下证据支持：PPAR-α 激动剂非诺贝特和 PPAR-α 过表达抑制了 ET-1 诱导的 Akt/GSK3β 的磷酸化和 NFATc4 的细胞核移位。结果表明 PPAR-α 激活可以减少 GSK3β 的磷酸化而激活这种激酶。激活的 GSK3β 作为心肌肥厚的负性调控因子，可以磷酸化一系列的转录因子从而发挥抗肥厚作用。例如，GSK3β 可以磷酸化 NFATc4 和 GATA4，引起它们出核；GSK3β 还可以磷酸化 eIF2B 抑制蛋白质的转录起始，进而抑制蛋白质的合成；此外，GSK3β 可以磷酸化 c-jun，降低它的 DNA 结合活性；GSK3β 还可以磷酸化 c-myc 和 cyclin D1，引起它们的泛素化降解，而 c-jun、c-myc 和 cyclin D1 都与心肌肥厚的发生密切相关。

NFATc4 可以调控肥大基因 *BNP* 的启动子活性，在心肌肥厚的发生发展中起了十分重要的作用，是治疗心肌肥厚的一个重要靶基因。而且 NFAT 可以和 AP-1（Fos-Jun 二聚体）相互作用，形成一个协同增强子（NFAT. AP-1），调节包括肥大基因在内的很多靶基因的转录。GSK3β 可以使 NFATc4 磷酸化灭活出核，从而抑制 NFATc4 调节的基因转录。在本研究中我们也发现 PPAR-α 激活后可以抑制 NFATc4 从细胞质到细胞核的移位，进而防止 NFATc4 在细胞核的转录激活来防止肥大基因的转录。上述这种作用可能是通过 PPAR-α 激活后对 GSK3β 的调控发生的。这表明 PPAR-α 激活后能够干预 NFATc4 磷酸化和非磷酸形式之间的平衡，从而抑制心肌细胞的肥厚反应。因此，PPAR-α 激活后发挥抗肥厚作用可能与以下机制有关：①PPAR-α 激活后可能通过减少了 Akt 的激活防止了 GSK3β 磷酸化灭活，从而强化了 GSK3β 对心肌肥厚的负性调控作用。②PPAR-α 激活阻碍了 ET-1 诱导的 NFATc4 的细胞核转位，这可能干预了 NFATc4 磷酸化和非磷酸化形式的平衡，防止了 NFATc4 的激活。综上所述，PPAR-α 可能通过影响 Akt/GSK3β-NFATc4 信号通路来抑制 ET-1 诱导的心肌细胞肥大反应。上述研究结果阐明了心肌肥厚的信号调控机制，为探索心肌肥厚的治疗靶点和寻找新的治疗药物提供了依据。

本研究还以 AAC 大鼠作为高血压 LVH 模型，给予非诺贝特治疗 4 周，结果显示非诺贝特能够使 AAC 大鼠的 LVW/BW 下降，心肌细胞表面积减小，在一定程度上逆转高血压 LVH。超声心动的结果表明：与对照组相比，手术后 4 周 AAC 大鼠的室间隔及左心室后壁厚度均明显增加，同时舒张末期左心室内径减小，呈现出明显的向心性肥厚。经非诺贝特治疗后，其左心室肥厚得到明显逆转。这些结果表明非诺贝特抑制了心肌肥厚和重构的发生。本研究还发现 AAC 组的 $\pm \mathrm{d}p/\mathrm{d}t_{max}$ 下降，经非诺贝特治疗后，$\pm \mathrm{d}p/\mathrm{d}t_{max}$ 明显上升，表明非诺贝特在逆转左心室肥厚的同时还可以改善心功能。另外，非诺贝特治疗组大鼠的收缩压虽较 AAC 组有所下降，但无统计学意义，提示逆转 LVH 是非诺贝特的直接药理作用，而并非血压降低所带来的间接效应，这也为临床上应用非诺贝特类药物治疗血压正常患者的 LVH 提供了实验依据。GSK3β 是一种重要的内源性心肌肥厚负性调节因子。在未受刺激的心肌细胞中，内源性的 GSK3β 可以持久性的防止肥厚的发生。GSK3β 可以被它的上游激酶 Akt 磷酸化灭活，而 Akt 是 PI3K 的一个主要下游激酶，很多激活 PI3K 的刺激都可以通过激活 Akt 抑制 GSK3β，导致肥厚反应的发生。本研究采用 Western blot 技术检测了心肌组织中 Akt/GSK3β 信号分子蛋白磷酸化表达水平。研究发现，AAC 大鼠 Akt/GSK3β 的磷酸化水平增加，由此可见，Akt/GSK3β 途径的激活可能直接参与了高血压 LVH 的发生和发展。给予非诺贝特治疗后，AAC 大鼠 Akt/GSK3β 的磷酸化水平明显下降，这提示，抑制 Akt/GSK3β 的磷酸化水平可能是非诺贝特调控心肌细胞肥大进而逆转高血压 LVH 的分子生物学机制之一。国外学者利用转基因技术造成对压力负荷反应减低的小鼠模型，研究心室代偿性肥厚对远期心功能的影响。结果显示，无论是短期（7 天）或长期（8 周）压力负荷增高，野生型小鼠均可见到 PI3K/Akt 的激活，室壁张力维持正常，而转基因鼠则 PI3K/Akt 激活缺陷，室壁张力不能降至正常；8 周后野生型小鼠出现心室腔进行性扩大和心功能的恶化，而转基因小鼠则未出现心室功能的恶化，这表明 PI3K/Akt 介导了 LVH 形成及向心衰的转变过程。

（四）结论

（1）PPAR-α 激活后可能通过抑制 PI3K/Akt/GSK3β-NFATc4 通路抑制 ET-1 诱导的心肌细胞肥大反应。

（2）PI3K/Akt/GSK3β 途径是外界刺激因素导致高血压 LVH 进而引发心功能不全的重

要信号转导通路，非诺贝特抑制了该通路的激活，从而逆转了AAC大鼠的左心室肥厚。

二、NAD（P）H氧化酶（NOX同系物）作为防治心肌重构药物作用靶标的研究

肾血管性高血压继发于心血管疾病，如动脉粥样硬化、肾动脉狭窄等，其发生率随着年龄的增长而增高。高血压导致的血流动力学异常在早期可引起心肌收缩性增强，但长期持续则对心脏造成以心肌细胞肥大和成纤维细胞增殖为特征的心肌重构过程。心肌重构早期因为心室壁增厚，心肌收缩功能改善而被视为代偿性过程，但病理刺激长期存在时，伴随着间质纤维化、收缩功能失调以及基因表达、能量代谢和电生理特征的异常，最终导致了失代偿的心功能衰竭，大大增加了死亡率。引起心肌重构的原因有很多，目前大量的实验表明氧化应激在心血管疾病的发生与发展过程中起到重要作用。氧化应激（oxidative stress）是指机体遭受各种有害刺激时，机体或细胞内自由基的产生和抗氧化防御之间严重失衡，活性氧（reactive oxygen species，ROS）在机体或细胞内蓄积引起细胞毒性反应，从而导致组织损伤过程。ROS包括超氧阴离子（O_2^-·）、羟自由基（·OH）、脂质自由基（RO·，ROO·）、亚硝基（NO·）和一些二电子氧化物，如过氧化氢（H_2O_2）等。最近实验表明高血压、动脉粥样硬化、心肌重构等心血管疾病发展过程中ROS的主要来源是血管NAD（P）H氧化酶，它是体内唯一发现的其主要功能是产生ROS的酶。NAD（P）H 氧化酶包括两部分：催化亚基和调节亚基，催化亚基包括 Nox 家族和P22phox，调节亚基包括P47phox、P67phox、P40phox、RAC1。心血管细胞中主要表达Nox1、Nox2、Nox4。不同的Nox亚型可能介导着不同的病理过程，已有实验证实Nox2和 Nox4 在心肌纤维化的发展中起一定作用，但尚未见到肾血管性高血压所致的心肌重构时Nox亚型的变化。另外，从高血压到心功能衰竭过程中不同时期Nox亚型的差异表达对心肌重构和心力衰竭的机制研究同样有重要意义。

他汀类药物为3-羟基-3-甲基戊二酰辅酶A还原酶抑制剂，最初用于降低胆固醇。随着对他汀类药物的深入研究，他汀类药物呈现出除调脂之外的心血管保护作用，包括提高NO生物利用度、修复受损内皮、抗炎、抗氧化、促新生血管生成、稳定动脉粥样硬化斑块、动员内皮祖细胞、抑制心肌肥厚、抗心律失常等。他汀类药物的多效性作用机制可能与其降脂作用互不关联。研究证实，在降脂作用尚未显现时，他汀类的多效性作用已经发生。目前他汀类药物的多效性已成为心血管领域争论和探索的热点。他汀类药物的抗炎抗氧化作用体现在许多系统疾病的治疗过程中，有研究称，阿托伐他汀能够抑制缺血再灌注脑组织中NAD（P）H氧化酶活性和超氧阴离子的产生并减弱gp9lphox蛋白的表达，是其脑保护的机制之一；长期应用他汀类药物能够上调内皮细胞一氧化氮合酶的活性并促进其表达，不仅能够抑制氧化酶活性还能直接清除体内氧自由基；Henning等在研究中指出，内皮功能障碍和心血管疾病的风险会被体内Ang-Ⅱ和LDL放大，血液中 LDL 被氧化成 oxLDL，能够上调血管紧张素受体（AT-1）、gp91phox 的表达，而oxLDL 本身也会诱导 gp91phox 的表达和超氧阴离子的产生，因此提出联合应用他汀类药物和 AT-1 受体阻滞剂的想法，并已证实他汀类药物和 AT-1 受体阻滞剂可以减弱氧化

应激和改善内皮功能。本实验欲探讨肾性高血压心肌肥厚发展过程中 NAD（P）H 氧化酶不同 Nox 亚型的差异表达；阿托伐他汀对肾性高血压心肌肥厚发展的干预作用以及与 NAD（P）H 氧化酶相关的抗氧化机制。

（一）材料与方法

1. 药品、试剂和试验动物 阿托伐他汀钙片（北京嘉林药业，批号 H19990258），多克隆抗体 P47phox、Nox4、Nox2，单克隆抗体 α-tubulin（Santa Cruz 公司），兔抗羊二抗（Santa Cruz 公司），羊抗兔二抗（北京中杉金桥）；清洁级健康雄性 SD 大鼠 50 只（河南科技大学实验动物中心提供），体重（100±20）g，合格证号：SCXK（鄂）2010-0007。

2. 两肾两夹法（two kidney two clip，2K2C）高血压模型制备 见本章第三节相关内容。

3. 分组及药物处理 分组：术后 4 周依据血压标准将模型随机分为 5 组，每组 10 只：假手术对照组（A 组），以同等生理盐水灌胃；2K2C 组（B 组），以同等生理盐水灌胃；2K2C＋阿托伐他汀高剂量组（C 组），给予阿托伐他汀 10mg/（kg·d）；2K2C＋阿托伐他汀低剂量组（D 组），给予阿托伐他汀 5mg/（kg·d）；2K2C＋坎地沙坦组（E 组），给予坎地沙坦 10mg/（kg·d）。各组均灌胃 4 周，每周测体重，按体重来调整用药量。

4. 有创测压、左心室质量指数（LVW/BW）的测定 腹腔注射 1%戊巴比妥钠（35mg/kg），仰卧固定大鼠，颈中部开口，分离右颈动脉，近心端夹闭，远心端用手术线结扎。三通管分别连接插管、肝素生理盐水、压力传感器。将右颈动脉开一小口，将插管插入血管，直到主动脉弓此时显示主动脉压，记录波形，读取数值；继续深入插管，稍有突破感，此时插管已进入左心室显示为左心室内压。取平稳的一段血压曲线记录主动脉收缩压和舒张压（AoSP，AoDP）、左心室收缩末压和左心室舒张末压（LVESP，LVEDP），室内压最大上升和下降速率（$\pm dp/dt_{max}$）和心率（HR）。随后计算左心室质量指数（LVW/BW）。取左心室游离壁心肌放入 10%中性福尔马林内，24h 后石蜡包埋切片，HE 染色。其余心底以及心尖部分放入冻存管中液氮保存。

5. 大鼠左心室常规 HE 染色 取左心室游离壁心肌放入 10%中性福尔马林内固定，固定 24h 后经流水冲洗、脱水、透明、石蜡包埋、切片等过程后，常规 HE 染色，切片厚度为 5μm，光镜下观察后拍照。

6. 共聚焦显微镜检测大鼠左心室肌中 O_2^-·的产生 二氢乙锭是一种氧化荧光染料，能被 O_2^-·氧化成红色荧光物质溴化乙锭，用于 O_2^-·的测定。将大鼠处死后，取出心脏，分剪出左心室，各组大鼠左心室肌被冰冻切成 30μm 的切片，与 10μmol/L 的二氢乙锭在 37℃避光孵育 30min，之后放在共聚焦显微镜下检测荧光物质强度；此外，设立 NAD（P）H 氧化酶抑制剂二亚苯基钠（diphenylene iodonium，DPI）组，加入 10μmol/L DPI 后观察荧光强度。

7. VG 染色 左心室组织切片进行脱蜡，水化，冲洗。切片用 1%酸性品红和 0.5%的饱和苦味酸染色（Van Gieson 染色，VG 染色）评估间质和血管周围胶原含量。采用

BI2000医学图像分析系统（成都泰盟科技有限公司）测定胶原所占的面积，计算胶原容积分数（CVF）。胶原容积率（CVF，100%）＝胶原面积/视野面积×100%。

8. RT-PCR检测　按TRIzol（Invitrogen）说明书步骤提取左心室总RNA，按说明书进行反转录和PCR反应。取RT-PCR产物进行2%琼脂糖凝胶电泳，凝胶成像并读取电泳带吸光度值，用目的条带吸光度值和S18吸光度值的比值来反映目的基因的相对表达量。所用引物序列如表5-4。

表5-4　NAD（P）H各亚基、ANF、β-MHC和18S mRNA的引物序列

mRNA	引物序列（5′→3′）	循环数	产物大小/bp
P47phox	正向：CCACACCTCTTGAACTTC	35	453
	反向：GCCATCTAGGAGCTTATG		
Nox2	正向：TATTGTGGGAGACTGGACTG	35	401
	反向：GATTGGCCTGAGATTCATCC		
Nox4	正向：GTTCCAAGCTCATTTCCCAC	35	500
	反向：GTATCGATGCAAACGGAGTG		
ANF	正向：AAGCTGTTGCAGCCTAGTCC	30	320
	反向：CTGCTAGACCACCTGGAGGA		
β-MHC	正向：TTGACAGAACGCTGTGTCTCCT	30	544
	反向：CACTCAACGCCAGGA		
18S	正向：CACCTACGGAAACCTTGTTAC	30	419
	反向：GTCCCCCAACTTCTTAGAG		

9. 大鼠左心室Western blot检测　沿房室环剪去大血管、心房及右心室游离壁，将余下的室间隔、左心室游离壁作为检测指标，每组取左心室100mg，加入RIPA裂解液1ml，置于冰上，机械匀浆器20 000r/min间歇匀浆，裂解后静止在冰浴上30min，用移液器将裂解液移至1.5ml离心管中，然后在4℃下12 000*g*离心15min，取上清，用BCA试剂盒（Pierce）定量蛋白，每个胶孔取上样量100μg，经聚丙烯酰胺变性凝胶电泳分离蛋白，电转法将蛋白转至PVDF膜上，脱脂奶粉室温封闭1h，一抗4℃过夜，加辣根过氧化物酶标记二抗室温1h，ECL化学发光法显色。

10. 统计学方法　实验数据均以$\bar{x}\pm s$表示，应用SPSS17.0分析软件进行统计分析，多组间比较采用单因素分析，组间两两比较采用LSD分析。以$P<0.05$为差异有统计学意义。

（二）结果

1. 不同周龄大鼠血流动力学参数和左心室质量指数的变化　左心室收缩末压（LVESP）和室内压最大上升和下降速率（$\pm dp/dt_{max}$）反映心脏后负荷、心脏顺应性及心脏收缩功能；左心室舒张末压（LVEDP）反映左心室前负荷及心脏舒张功能。由表5-5可知，术后4周、8周、12周模型组大鼠LVESP、LVEDP均较假手术组大鼠明显升高，而$+dp/dt_{max}$、$-dp/dt_{max}$较假手术组大鼠明显降低，差异具有显著性。表明模型组大鼠前、后负荷增高，心脏的收缩与舒张顺应性下降。术后 4 周 2K2C 组大鼠＋dp/dt_{max}已明显高于假手术组，说明心脏收缩功能已经开始出现异常；LVEDP 明显高于假手术组，而−dp/dt_{max}假手术组相比并无显著变化，说明此时左心室舒张压升高，但舒张功能维持正常。上述结果表明，左心室出现收缩功能异常早于出现舒张功能异常。术后 8 周、12 周模型组大鼠各项指标与周龄匹配的假手术组相比较均有显著性差异，其中＋dp/dt_{max}、−dp/dt_{max}两项指标 12 周与 8 周之间的差异性也很显著，说明后期心功能恶化程度增加。

由表 5-5 可见，与假手术组相比，各组模型组大鼠左心室质量都增加，左心室质量指数（LVW/BW）明显增高，4 周龄模型组大鼠与周龄匹配的假手术组大鼠相比差异不明显，8 周龄、12 周龄模型组大鼠与对照组相比差异有显著性。提示随着时间变化模型组大鼠心肌肥厚程度不断加强，左心室出现心肌重构。

表 5-5　各组大鼠血流动力学参数和左心室质量指数的变化（$\bar{x}\pm s$，n=10）

参数	4 周		8 周		12 周	
	假手术组	模型组	假手术组	模型组	假手术组	模型组
LVESP/mmHg	103±5.3	170±7.9*	107±11	180±10*	105±8.8	189±10.1*
LVEDP/mmHg	3.34±0.7	5.5±1.1*	3.09±0.6	8.3±1.8*#	4.03±0.5	11.8±1.5*▲
＋dp/dt_{max}/（mmHg/s）	4.9±0.8	4.3±0.5	5.2±0.6	2.8±0.5*#	5.0±0.8	1.9±0.4*▲
−dp/dt_{max}/（mmHg/s）	4.6±0.5	3.7±0.3*	4.7±0.7	2.5±0.3*#	4.3±0.6	1.5±0.2*▲
LVW/mg	278±38	361±47*	443±60	703±30*	592±28	1000±66*▲
BW/g	183±12	176±12	293±15	301±13	377±22	353±25▲
（LVW/BW）/（mg/g）	1.5±0.1	2.0±0.3*	1.5±0.1	2.3±0.2*	1.6±0.1	2.8±0.2*▲

注：LVESP. 左心室收缩末压；LVEDP. 左心室舒张末压；＋dp/dt_{max}. 室内压最大上升速率；−dp/dt_{max}. 室内压最大下降速率；BW. 体重；LVW. 左心室质量；LVW/BW. 左心室质量指数。与周龄匹配的假手术组相比，*P<0.05；与 4 周龄模型组相比，#P<0.05；与 8 周龄模型组相比，▲P<0.05

2. 阿托伐他汀对各组大鼠血流动力学参数和左心室质量指数的影响　如表 5-6 所示，2K2C 组 LVSP、LVEDP 和±dp/dt_{max}都明显增高，说明大鼠前后负荷增加，心脏顺应性下降，心脏收缩及舒张功能都出现障碍；高剂量阿托伐他汀治疗后，LVESP 和 LVEDP 虽然有所下降但与 2K2C 组相比降压效果不显著（P>0.05），±dp/dt_{max}与 2K2C 组相比较升高明显（P<0.05），但仍稍低于 Sham 组，而低剂量阿托伐他汀治疗效果不如 AtoH 明显。给予高剂量坎地沙坦后，AoSP、AoDP 与 LVESP、LVEDP 都有显著降低，且±dp/dt_{max}明显升高，说明坎地沙坦有明显降压作用且可明显改善心脏功能。而高剂量阿托伐他汀和低剂量阿托伐他汀一定程度上能够改善 2K2C 组大鼠心功能，但对降压并无明显作用。此外，从表中还可以看出术后 8 周，2K2C 组左心室质量指数（LVW/BW）明显高于假手术（Sham）组（P<0.05），表明 2K2C 组大鼠左心室已出现明显肥厚；经治疗后，高剂量阿托伐他汀组、低剂量阿托伐他汀组和坎地沙坦组都明显低于 2K2C 组（P<0.05），左心室肥厚得到改善。

表 5-6　阿托伐他汀对大鼠血流动力学及左心室质量指数的影响（$\bar{x}\pm s$，$n=10$）

参数	假手术组	模型组	高剂量组	低剂量组	坎地沙坦组
AoSP/mmHg	109.0±8.7	$177.0\pm4.5^{*}$	$160.0\pm4.2^{▲}$	$167.0\pm5.1^{▲}$	$113.0\pm9.2^{\#}$
AoDP/mmHg	83.0±4.5	$142.0\pm7.6^{*}$	$134.0\pm8.0^{▲}$	$138.0\pm6.0^{▲}$	$94.9\pm6.5^{\#}$
LVESP/mmHg	104.0±4.5	$171.0\pm11.9^{*}$	$163.0\pm16.5^{▲}$	$167.0\pm14.0^{▲}$	$107.0\pm4.8^{\#}$
LVEDP/mmHg	4.8±0.8	$9.2\pm1.3^{*}$	$6.2\pm1.0^{\#▲}$	$7.1\pm0.8^{\#▲}$	$5.1\pm0.6^{\#}$
$+dp/dt_{max}$/（mmHg/s）	3.5±0.3	$1.7\pm0.1^{*}$	$2.9\pm0.5^{\#}$	$2.3\pm0.2^{\#▲}$	$3.2\pm0.2^{\#}$
$-dp/dt_{max}$/（mmHg/s）	3.5±0.4	$1.4\pm0.2^{*}$	$3.6\pm0.3^{\#}$	$2.7\pm0.3^{\#▲}$	$3.3\pm0.2^{\#}$
（LVW/BW）/（mg/g）	1.5±0.1	$2.4\pm0.2^{*}$	$1.7\pm0.2^{\#}$	$1.9\pm0.3^{\#}$	$1.6\pm0.3^{\#}$

注：AoSP．主动脉收缩压；AoDP．主动脉舒张压；LVESP．左心室收缩末压；LVEDP．左心室舒张末压；$+dp/dt_{max}$．室内压最大上升速率；$-dp/dt_{max}$．室内压最大下降速率；LVW/BW．左心室质量指数。与假手术组比较，$*P<0.05$；与模型组比较，$\#P<0.05$；与坎地沙坦组比较，$▲P<0.05$

3. 心肌肥厚时心室肌形态学的变化及阿托伐他汀的作用　对不同周龄大鼠心室肌切片进行 HE 染色得到结果显示，Sham 组各周龄大鼠心肌细胞排列整齐，心肌细胞大小正常；而 2K2C 组大鼠从术后 4 周，即出现心肌细胞肥大，心肌细胞横径增加并且心肌细胞排列紊乱，细胞核发生增大、畸形等改变，术后 8 周龄组以上变化更加明显。经阿托伐他汀和坎地沙坦治疗后，心肌细胞上述形态病变得到明显改善（图 5-23）。

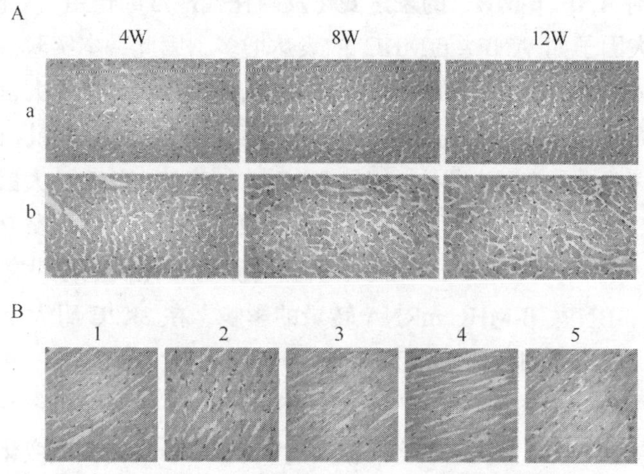

图 5-23　不同周龄大鼠心肌肥厚时心室肌形态学的变化和阿托伐他汀的作用（200×）（彩图）

A．术后第 4、8 和 12 周左心室的 HE 染色的心肌细胞横断面图像。a．假手术组；b．模型组；4W．手术后 4 周；8W．手术后 8 周；12W．手术后 12 周。B．左心室 HE 染色的心肌细胞纵向代表性图像。阿托伐他汀和坎地沙坦治疗 4 周明显改善了 2K2C 大鼠心肌肥厚。1．假手术组；2．模型组；3．阿托伐他汀高剂量组［10mg/（kg·d）］；4．阿托伐他汀低剂量组［5mg/（kg·d）］；5．坎地沙坦组［10mg/（kg·d）］

VG 染色结果显示，心肌细胞呈黄色，胶原纤维呈红色，2K2C 模型组大鼠在手术后 8 周心肌间质胶原分数（collagen volume fraction，CVF）和血管周围胶原面积（perivascular collagen area，PVCA）明显高于 Sham 组，给药 4 周后，阿托伐他汀高剂量组和低剂量组和坎地沙坦的 CVF 和 PVCA 明显低于 2K2C 组，心肌纤维化程度得到显著改善，而且阿托伐他汀高剂量改善纤维化的作用显著高于低剂量（图 5-24）。

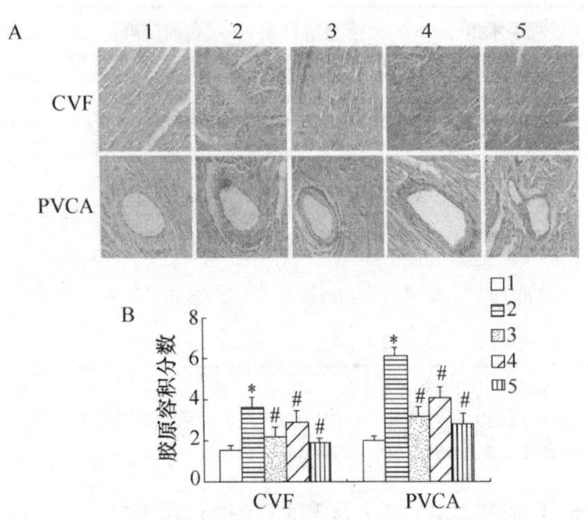

图 5-24　高血压大鼠左心室心肌间质和管周纤维化及阿托伐他汀的作用（200×）（彩图）

A. 左心室心肌和血管周围纤维化 VG 染色图像，其中胶原纤维显示为红色，肌细胞和心肌内血管呈黄色。B. 左心室心肌间质和血管周围区域的胶原沉积，以胶原容积分数（CVF）和血管周围胶原面积（PVCA）表示。1. 假手术组；2. 模型组；3. 阿托伐他汀高剂量组［10mg/（kg·d）］；4. 阿托伐他汀低剂量组［5mg/（kg·d）］；5. 坎地沙坦组［10mg/（kg·d）］。数据表示为平均值±标准差，$n=3$。与假手术组比较，*$P<0.05$；与模型组比较，#$P<0.05$

4. 心肌肥厚时 ANF、β-MHC 的表达变化及阿托伐他汀的作用　由于心肌肥厚时，大鼠心室肌中肥大因子如 ANF、β-MHC 的表达增多，因此，本实验检测了各组大鼠心室肌中 ANF、β-MHC 等肥大因子的变化情况，来衡量 2K2C 高血压大鼠发生心肌肥厚的程度。如图 5-25 所示，各周龄 2K2C 组大鼠与周龄匹配的 Sham 组大鼠相比，ANF、β-MHC 的表达明显增加，差异具有显著性。ANF、β-MHC 的表达在 2K2C 大鼠 8 周龄时增高较快，与 4 周龄 2K2C 组相比差异显著，12 周龄 2K2C 组大鼠与 8 周龄 2K2C 组大鼠之间表达差异不显著（图 5-25A 和 C）。同时本实验检测了阿托伐他汀对高血压大鼠心室肌中肥大因子 ANF、BNP、β-MHC mRNA 转录的影响，在 2K2C 组大鼠中三者表达明显增多（$P<0.05$），而给予阿托伐他汀和坎地沙坦后，肥大因子 ANF、BNP、β-MHC 的 mRNA 转录明显受到抑制（$P<0.05$）（图 5-25B 和 D）。

5. 心肌肥厚时 NAD（P）H 氧化酶亚型的 mRNA 和蛋白表达变化及阿托伐他汀的作用　NAD（P）H 氧化酶的调节亚基和催化亚基 Nox 家族存在多个亚型，而在心血管系统中常见的是催化亚型 Nox2、Nox4 以及调节亚基 P47phox，因此本实验检测了这几种亚型的 mRNA 转录和蛋白表达情况。利用 RT-PCR 技术检测了 P47phox、Nox2、Nox4 的 mRNA 转录变化，各周龄 2K2C 组大鼠与周龄匹配的 Sham 组大鼠相比，P47phox、Nox2、Nox4 的 mRNA 转录明显增加，差异具有显著性；且随着时间的延续，各种亚型的表达呈逐渐上升趋势，其中催化亚基 Nox4 的表达在各周龄 2K2C 组大鼠之间的差异显著（图 5-26A 和 C）。

利用 Western blot 检测了 NAD（P）H 氧化酶调节亚基 P47phox 和催化亚基 Nox4 的蛋白表达情况。结果显示各周龄 2K2C 组大鼠与周龄匹配的 Sham 组大鼠相比，P47phox、

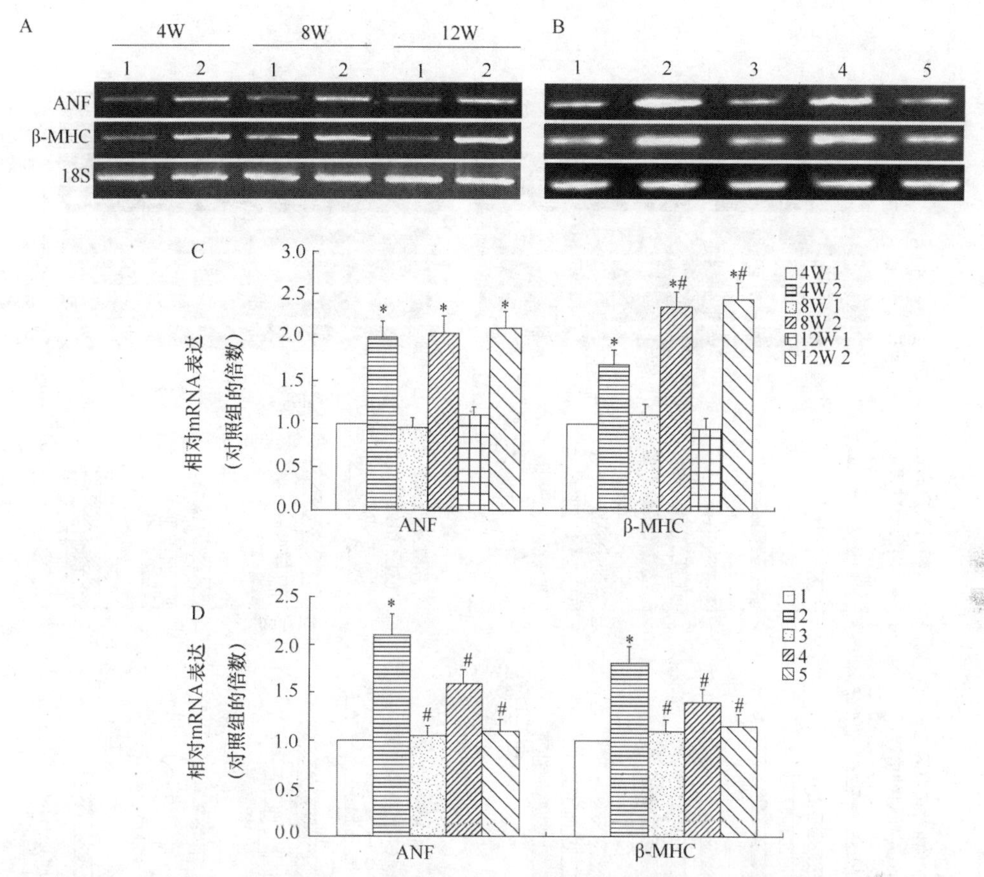

图 5-25　高血压大鼠左心室 ANF 和 β-MHC mRNA 表达的变化及阿托伐他汀的作用

A. 手术后第 4、8 和 12 周大鼠左心室 ANF 和 β-MHC mRNA 的代表性 PCR 图片。B. 阿托伐他汀对大鼠左心室 ANF 和 β-MHC mRNA 表达的影响。C 和 D．ANF 和 β-MHC 的 mRNA 表达的相对光密度分析。以 18S 作为内对照，相对光密度值用假手术组的倍数表示。1．假手术组；2．模型组；3．阿托伐他汀高剂量组［10mg/（kg·d）］；4．阿托伐他汀低剂量组［5mg/（kg·d）］；5．坎地沙坦组［10mg/（kg·d）］。数据用平均值±标准差表示，$n=6$。*$P<0.05$，与年龄匹配的假手术组相比较；#$P<0.05$，与 4W 2K2C 组相比较（C）。与假手术组相比较，*$P<0.05$；与模型组相比较，# $P<0.05$（D）。ANF．心房利钠因子；β-MHC．β 肌球蛋白重链

Nox4 的蛋白表达水平明显增加，差异具有显著性；且随着时间的延续，两种亚型的蛋白表达继续升高，P47phox 和 Nox4 的蛋白表达在各周龄 2K2C 组大鼠之间的差异显著（图 5-26B 和 D）。阿托伐他汀对心室肌中 P47phox、Nox2、Nox4 的 mRNA 转录及蛋白表达的影响如图 5-26 所示，2K2C 组大鼠心室肌中调节亚基 P47phox 和催化亚基 Nox2、Nox4 蛋白表达和 mRNA 转录情况明显上调（$P<0.05$），给予阿托伐他汀和坎地沙坦治疗后，P47phox 和 Nox2、Nox4 蛋白表达和 mRNA 转录都显著减少（$P<0.05$）。

6．阿托伐他汀对各组大鼠心室肌中 O_2^-·产生的影响　本实验应用共聚焦显微镜测定心室肌中 O_2^-·浓度，如图 5-27 所示，与 Sham 组比较，2K2C 组大鼠心室肌中 O_2^-·生成显著增加（$P<0.01$）；与 2K2C 组比较，AtoH 组、AtoL 组大鼠 O_2^-·的生成显著减少（$P<0.01$）。坎地沙坦组能显著减少左心室 O_2^-·的生成，较 AtoL 组作用稍强，但差异无统计学意义。10μmol/L 的二亚苯基钠［DPI，NAD（P）H 氧化酶的抑制剂］能使 2K2C

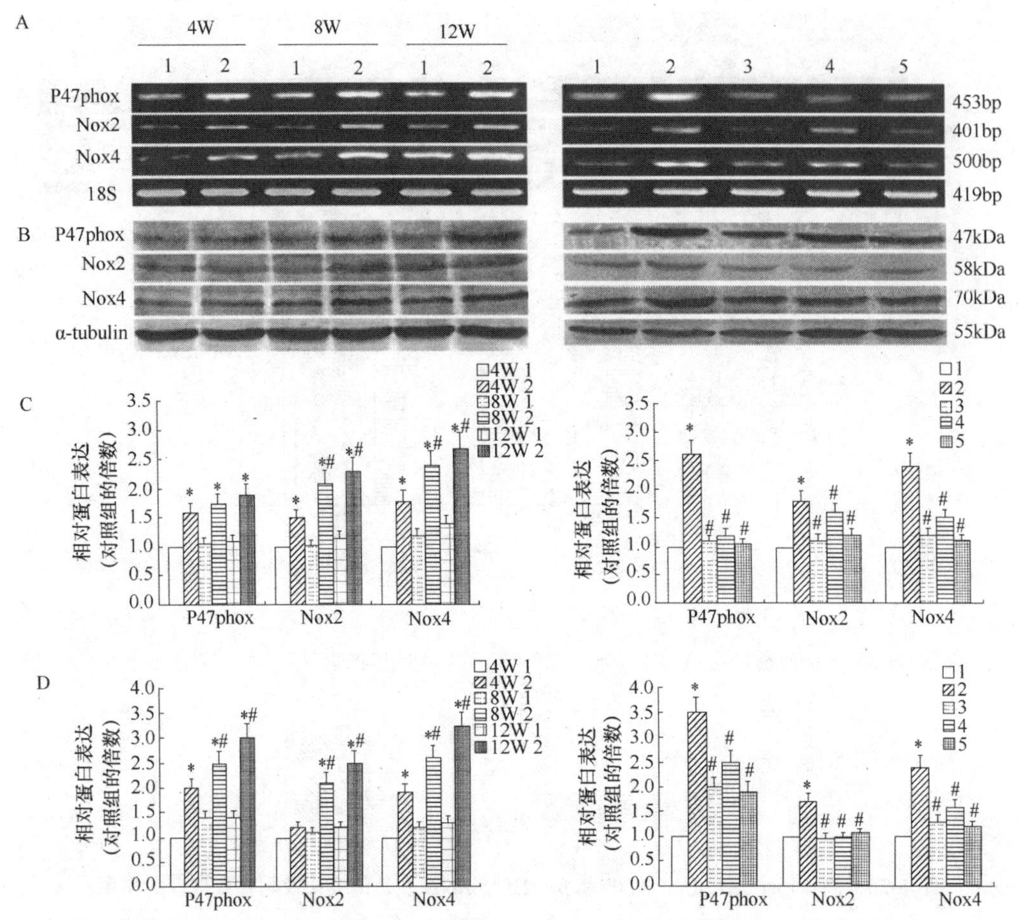

图 5-26　高血压大鼠左心室 P47phox、Nox2 和 Nox4 的表达及阿托伐他汀的作用

RT-PCR 和 Western blot 分析检测 mRNA 和蛋白表达。A. 代表性 PCR 图片；B. 原始的 Western blot 图片；C. 左心室中 P47phox、Nox2 和 Nox4 的 mRNA 表达的半定量分析，以 18S 作为内对照；D. 左心室中 Western blot 的半定量分析，以 α-tubulin 作为内对照。1. 假手术组；2. 模型组；3. 阿托伐他汀高剂量组［10mg/（kg·d）］；4. 阿托伐他汀低剂量组［5mg/（kg·d）］；5. 坎地沙坦组［10mg/（kg·d）］。数据用平均值±标准差，$n=6$。*$P<0.05$，与假手术组比较；#$P<0.05$，与模型组比较

组大鼠的左心室中产生 $O_2^-\cdot$ 显著减少（$P<0.01$），表明 2K2C 组大鼠的左心室中 $O_2^-\cdot$ 的来源主要是 NAD（P）H 氧化酶。

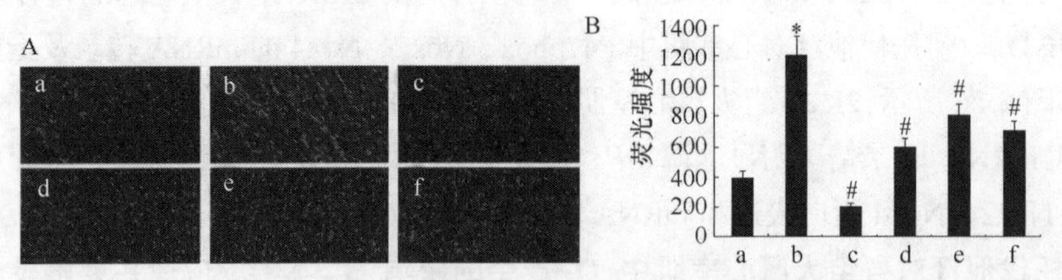

图 5-27　2K2C 大鼠左心室 $O_2^-\cdot$ 的生成及阿托伐他汀的作用

A. 心肌组织切片的 DHE 荧光染色（DHE：二氢乙锭，ROS 检测探针，被 ROS 氧化后掺入 DNA 中发出红色荧光）；通过激光共焦荧光显微镜测量的左心室心肌组织 $O_2^-\cdot$ 的生成。B. 氧化荧光强度的定量分析。a. 假手术组；b. 模型组；c，d. DPI 组：2K2C 高血压大鼠的心脏的冷冻切片用 10μmol/L 的二亚苯基钠处理 30min，然后与 DHE 一起 37℃避光孵育 30min。阿托伐他汀高剂量组［10mg/（kg·d）］；e. 阿托伐他汀低剂量组［5mg/（kg·d）］；f. 坎地沙坦组［10mg/（kg·d）］。数据用平均值±标准差表示，$n=6$。*$P<0.05$，与假手术组比较；#$P<0.05$，与模型组比较

（三）讨论

本研究发现阿托伐他汀治疗 4 周，2K2C 大鼠的 LVW/BM 下降，$\pm dp/dt_{max}$升高，说明阿托伐他汀可以抑制心肌肥厚、改善心功能，但血压改变不明显。同时，实验结果显示，阿托伐他汀能够明显降低 2K2C 大鼠的活性氧（ROS）生成，因此本研究从氧化应激角度出发，对其抑制心肌肥厚的机制进行了研究。肾性高血压发展过程中伴随 ROS 产生增多，出现氧化应激状态。而 ROS 的主要来源是血管 NAD（P）H 氧化酶，它包含催化亚基和调节亚基，催化亚基包括一类称为 Nox 的异构体蛋白，是转移电子生成 O_2^-·的部位，以 Nox4 在心血管中表达最多，调节亚基中以 P47phox 最为重要。在本研究中，应用共聚焦显微镜检测 DHE 被 O_2^-·氧化的产物的荧光，结果显示，2K2C 组大鼠左心室中 ROS 的生成明显增多，处于明显的氧化应激状态；用 DPI 干预后 ROS 得到明显抑制，Western blot 检测结果也表明在 2K2C 组大鼠左心室中 P47phox、Nox4 的表达明显增高，说明体内 O_2^-·主要来源于 NAD（P）H 氧化酶，并且 NAD（P）H 氧化酶及其来源的 ROS 在肾性高血压大鼠心肌肥厚发生发展过程中起重要作用。应用阿托伐他汀干预后发现，阿托伐他汀不仅可以有效降低左心室内 P47phox、Nox4 的表达水平，左心室内 ROS 的生成也得到明显抑制，氧化应激得到有效控制，该结果提示 NAD（P）H 氧化酶可能是阿托伐他汀治疗心肌肥厚的重要作用靶点。

此外，Adam 等在体外实验中指出，转录因子 AP-1 的激活存在于 Nox 参与的心肌肥厚发病过程中，并且 ROS 可能作为激活 AP-1 的信号分子。但在体内实验中，是否依然存在这种情况不太清楚。因此，本研究利用 Western blot 技术对各组大鼠左心室中 AP-1 的表达情况进行检测，结果表明，2K2C 组大鼠左心室中 AP-1 的表达明显高于对照组，阿托伐他汀治疗后，AP-1 表达减弱，说明在体内，AP-1 的激活同样存在于 NAD（P）H 氧化酶参与的心肌肥厚过程中，这与体外实验结果一致。上述结果提示阿托伐他汀可能通过抑制 NAD（P）H 氧化酶的表达减少 O_2^-·的生成，在改善氧化应激的同时下调肥大因子 AP-1 的表达，该机制可能参与了其抑制心肌肥厚的作用，这对指导阿托伐他汀临床应用具有重要意义。

（四）结论

（1）NAD（P）H 氧化酶催化亚基 Nox2、Nox 4 和调节亚基 P47phox 在肾性高血压所致心肌重构时高表达。

（2）阿托伐他汀可以抑制 NAD（P）H 氧化酶亚基 Nox2、Nox4 和 P47phox 的表达及其来源的 O_2^-·的生成，这可能是其抑制心肌重构的机制之一。

三、组蛋白去乙酰化酶（HDAC）抑制剂治疗高血压并发症的作用及机制研究

肾性高血压是一类常见的继发性高血压，其发病机制与肾血管收缩后肾血流和灌注减少继而引起的肾素-血管紧张素-醛固酮激活有关。长期高血压会引发多种并发症，左

心室肥厚和肾脏纤维化是其中两种主要的并发症。高血压心肌肥厚是充血性心力衰竭重要的诱因及独立危险因子，高血压导致的心肌肥厚在体循环高负荷长期存在时，心肌会发生失代偿，出现充血性心力衰竭，增加死亡率。肾脏纤维化是慢性肾脏疾病发展的最终结果，是导致终末期肾病的主要原因之一。肾脏纤维化与高血压互为因果，如果不加以控制则会恶性循环。因此减轻肾脏纤维化，控制高血压，打破此恶性循环是治疗终末期肾脏疾病与高血压的重要环节。

近年来国外学者研究发现：在心肌肥厚过程中 HDAC 有可能发挥着一定的作用。在心肌肥厚的十分复杂的信号网络中，HDAC 是一个重要的下游融合节点，调节许多与肥厚相关的转录因子表达，可能是治疗心肌肥厚的一个很有意义和前景的作用靶标。资料显示，在主动脉结扎诱导的大鼠心肌肥厚模型及 Ang-Ⅱ诱导心肌细胞肥大的实验中，HDAC2 可促进心肌肥厚，而在肾动脉狭窄所致的心肌肥厚模型中未见报道，且有关 HDAC8 对心肌肥厚的影响未见报道，故本实验采用两肾两夹肾性高血压心肌肥厚模型，观察不同周龄大鼠左心室肥厚时心功能的变化以及 HDAC2 和 HDAC8 的表达情况。

HDAC 抑制剂丙戊酸钠早期被用作抗惊厥药物，近些年被用作抗癌领域和心血管领域。VPA 可以抑制 HDAC 活性，使核心组蛋白 H3 和 H4 乙酰化水平升高，促进基因转录。最近的报道证实 HDAC 的抑制剂具有显著的治疗心肌肥厚潜力。例如，TSA 和丙戊酸钠在主动脉结扎诱导的小鼠或大鼠左心室心肌肥厚模型、肺动脉结扎诱导的右心室心肌肥厚模型中能减少心肌纤维化。而且 HDAC 抑制剂能够改善心肌缺血再灌注模型的梗死面积，恢复心室功能，是治疗急性冠脉综合征的新靶点。因此，作者采用丙戊酸钠治疗肾性高血压大鼠心肌肥厚，观察丙戊酸钠对左心室肥厚时心肌组织中 HDAC2 和 HDAC8 表达的影响以及其与心肌肥厚的相关性。组蛋白去乙酰化酶调节多种转录因子的表达，在肾脏纤维化过程中具有重要作用，可能是治疗肾脏纤维化的靶标。丙戊酸钠（VPA）可以通过下调 HDAC1 表达防治肾脏纤维化，但其通过调节 HDAC2 和 HDAC8 来防治肾纤维化的研究还未见报道。本实验通过建立两肾两夹肾性高血压模型，研究了肾脏纤维化时 HDAC2 和 HDAC8 的表达变化及 VPA 对肾脏纤维化的作用及机制。

（一）材料与方法

1. 主要药品、试剂和试验动物 丙戊酸钠（批号为 090415），购自南开允公药业；坎地沙坦（批号：110402）购自重庆圣曦药业；异戊巴比妥钠购自上海化学试剂厂；HDAC2（sc-81599）、HDAC8（sc-11405）抗体和辣根过氧化物酶标记的羊抗鼠、羊抗兔二抗均购自 Santa Cruz 公司，α-tubulin 抗体购自 Sigma 公司；PMSF、Aprotinin、Leupeptin、Pepstatin，购自 Sigma 公司；ExTaq 酶、RNase 抑制剂、AMV 购自 TaKaRa；TRIzol 核酸提取试剂（Invitrogen），其余化学试剂均为分析纯。清洁级健康雄性 Sprague-Dawley（SD）大鼠（河南省实验动物中心提供）80 只，体重 90～110g［合格证号为：SCXK（鄂）2010-0008］。

2. 两肾两夹法（2K2C）高血压模型制备 具体参见本章第三节相关内容。

3. 分组及药物处理　第一部分实验：术后4周筛选出符合要求的大鼠，随机分为3组，各8只：第一组作为两肾两夹4周组（2K2C 4W）；第二组作为两肾两夹8周组（2K2C 4W），继续喂养4周；第三组作为两肾两夹12周组（2K2C 12W），继续喂养8周；并同时设立相应假手术对照组：第四组作为对照4周组（Sham 4W）；第五组作为对照8周组（Sham 8W）；第六组作为对照12周组（Sham 12W）。

第二部分实验：实验共分5组，每组10只。术后4周开始给药，连续给药4周，分组如下：①假手术组（Sham）：腹腔注射等量生理盐水；②模型组（2K2C）：腹腔注射等量生理盐水；③高剂量组（VpaH）：腹腔注射VPA 400mg/（kg·d）；④低剂量组（VpaL）：200mg/（kg·d）VPA；⑤坎地沙坦组（Can）：10mg/（kg·d）灌胃；每周测体重，按体重调整用药。

第三部分实验：分为5组，每组10只。①假手术组；②模型组；③高剂量组（VpaH）：400mg/（kg·d）VPA；④低剂量组（VpaL）：200mg/（kg·d）VPA；⑤氨氯地平组（Amlo）：10mg/（kg·d）。术后4周开始给药，连续给药4周。

4. 无创血压测量　采用成都泰盟科技有限公司BP-6无创动物血压测试仪测定大鼠清醒状态下尾动脉血压。将大鼠置于仪器配套的固定笼中，置30℃恒温箱预热15min，待大鼠完全安静后将鼠尾套袖放置于鼠尾的根部，套袖以20～30mmHg/s的速度自动充气加压直至脉搏波消失，维持6s后套袖自动放气，出现的第1个血压波即为收缩压。连续测量至少3次，每次测量间隔一定时间，记录心率（HR≤10次/min）、血压（BP≤6mmHg）的3次读数，取其均数为当天收缩压值，以此法测量大鼠术前血压，每周测压一次，进行血压的动态观察。

5. 有创测压、左心室质量指数测定和标本采集　有创测压、左心室质量指数测定方法见本节前文相关内容。摘取肾脏，除去肾包膜，用4℃生理盐水冲洗，从中间切开，1/2固定于4%中性福尔马林，1/2制备蛋白匀浆。

6. 大鼠左心室病理形态学检查　苏木素-伊红（HE）染色取左心室游离壁心肌放入10%中性福尔马林内固定，固定24h后经流水冲洗、脱水、透明、石蜡包埋、切片等一系列过程后，进行常规HE染色，切片厚度为5μm，光镜下观察后拍照。

Masson染色肾组织用bosin固定液固定24h，石蜡包埋、切片，进行Masson染色，方法参照相关文献。采用BI2000医学图像分析系统（成都泰盟）测定胶原所占的面积，计算胶原容积分数（CVF）。

7. 肾功能测定　测量血压后立即采血，检测肾功能：经大鼠腹主动脉采集血标本2ml，低温高速离心（4℃，3000r/min，10min）分离血浆，弃下层沉淀，移取上清液，使用日本产日立7150型生化自动分析仪测定血浆尿素氮（BUN）和血肌酐（Scr）。

8. RT-PCR检测　按TRIzol（Invitrogen）说明书步骤提取左心室总RNA，按说明书进行反转录和PCR反应。取RT-PCR产物进行2%琼脂糖凝胶电泳，凝胶成像并读取电泳带吸光度值，用目的条带吸光度值和S18吸光度值的比值来反映目的基因的相对表达量。所用引物序列如表5-7。

表 5-7　HDAC 各亚基、ANF、β-MHC 和 18S 的 mRNA 引物序列

蛋白名称	引物（5′→3′）	循环数	产物大小/bp
HDAC2	5′-CTC ATA CGT CCA ACA TCG-3′	35	131
	5′-GCT GCT TCA ACC TAA CTG-3′		
HDAC8	5′-TTC CGT CGC AAT CGT AAT-3′	35	267
	5′-CCA GAA GGT CAG CCA AGA-3′		
ANF	5′-AAG CTG TTG CAG CCT AGT CC-3′	30	320
	5′-CTG CTA GAC CAC CTG GAG GA-3′		
BNP	5′-GAG CTG GGG AAA GAA GAG CCG-3′	30	423
	5′-TAA TCT GTC GCC GCT GGG AGG-3′		
β-MHC	5′-TTG ACA GAA CGC TGT GTC TCC T-3′	30	544
	5′-CAC TCA ACG CCA GGA-3′		
18S	5′-CAC CTA CGG AAA CCT TGT TAC-3′	27	419
	5′-GTC CCC CAA CTT CTT AGA G-3′		

9. Western blot 检测　提取肾组织总蛋白，定量，取 50μg 蛋白样品经 10% SDS-PAGE 电泳后，转膜，5%脱脂奶粉室温封闭膜 1h，一抗 4℃过夜，PBST 洗 3 次，加入 HRP 标记的羊抗鼠、羊抗兔二抗（1∶1000）于 37℃孵育 1h，ECL 发光法显色。LabWork4.0 凝胶蛋白分析软件对条带分析。

10. 统计学方法　实验数据均以平均值±标准差（$\bar{x} \pm s$）表示，应用 SPSS17.0 分析软件进行统计分析，多组间比较采用单因素分析，组间两两比较采用 LSD 分析。以 $P<0.05$ 为差异有统计学意义。

（二）结果

1. 各组大鼠血压的动态观察　各组大鼠手术前基础血压约 100mmHg，两肾两夹术后 4 周血压高于 160mmHg，此后血压继续升高，于术后 8 周达（180±10）mmHg，并维持至术后 12 周，而周龄匹配假手术组大鼠血压无显著性差异（图 5-28）。

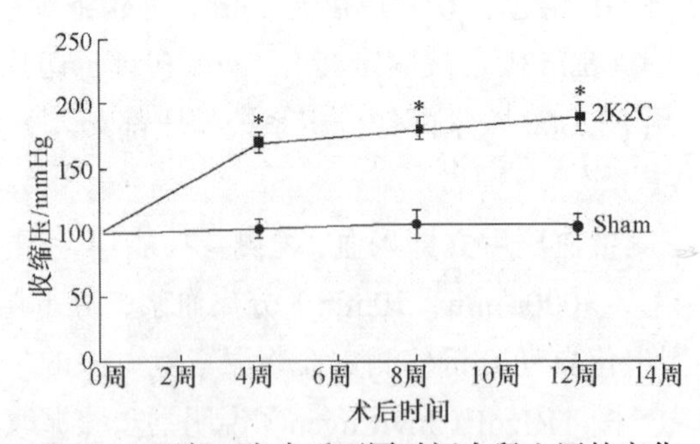

图 5-28　两肾两夹术后不同时间大鼠血压的变化

与假手术组比较，$*P<0.05$。$\bar{x} \pm s$，$n=8$。Sham. 假手术组；2K2C. 模型组

2. 不同周龄大鼠左心室形态学变化　HE 染色显示，与周龄匹配的假手术组相比，2K2C 组大鼠心肌细胞横径和表面积增大，边缘不规则，2K2C 4 周时开始出现有心肌细

胞排列紊乱，细胞核增大、畸形等改变，2K2C 8周及 2K2C 12 周时心肌细胞表面积增大更加明显，心肌间质疏松，心肌纤维排列紊乱（图 5-29）。

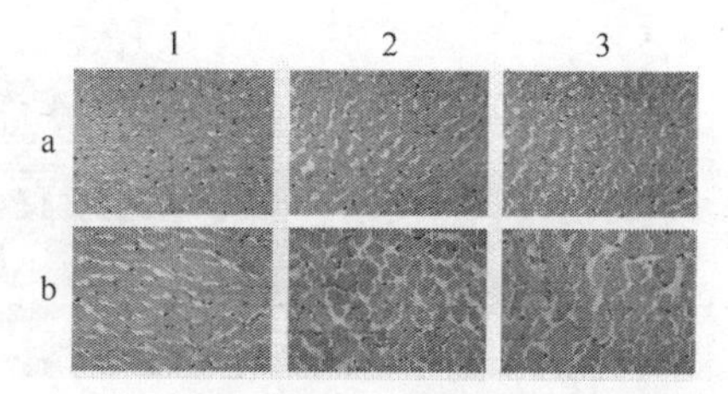

图 5-29　各组大鼠左心室心肌组织形态学的改变（HE 染色，200×）

a．假手术组；b．模型组；1．2K2C 手术后 4 周；2．2K2C 手术后 8 周；3．2K2C 手术后 12 周，随术后周龄增加，心肌细胞横径增加，表面积增大

3. 不同周龄大鼠血流动力学参数和左心室质量指数的变化　以左心室收缩末压（LVESP）、室内压最大上升速率（$+dp/dt_{max}$）作为反映心脏收缩功能的指标；以左心室舒张末压（LVEDP）、室内压最大下降速率（$-dp/dt_{max}$）作为反映心脏舒张功能的指标。由表 5-8 可见，与周龄匹配的假手术组相比，2K2C 各组 AoSP、AoDP、LVESP 及 LVEDP 均较假手术组大鼠明显升高，具有显著性差异（$P<0.05$）；$+dp/dt_{max}$和$-dp/dt_{max}$明显降低（$P<0.05$），说明 2K2C 大鼠出现了心脏收缩、舒张功能的障碍，在体心功能明显下降。由表 5-8 可见，与周龄匹配的假手术组相比，各组 2K2C 大鼠心脏体积明显增大，左心室质量增加，左心室质量指数（LVW/BW）明显增高，差异具有显著性。提示各组 2K2C 大鼠均发生了不同程度的左心室心肌肥厚，且随着周龄的增加而增加。

表 5-8　各组大鼠血流动力学参数和左心室质量指数的变化

参数	4 周		8 周		12 周	
	假手术组	模型组	假手术组	模型组	假手术组	模型组
AoSP/mmHg	110±10	175±5*	113±9	181±20*#	115±8	187±15*#
AoDP/mmHg	85±4	122±17*	77±10	140±12*#	80±7	144±16*#
LVESP/mmHg	103±5	170±7*	107±11	180±10*	105±8	189±10*
LVEDP/mmHg	3.34±0.73	5.52±1.14*	3.09±0.61	8.32±1.83*#	4.03±0.51	11.82±1.54*▲
$+dp/dt_{max}$/（mmHg/s）	4.92±0.81	4.35±0.52	5.26±0.67	2.89±0.54*#	5.01±0.82	1.98±0.44*▲
$-dp/dt_{max}$/（mmHg/s）	4.64±0.55	3.72±0.36*	4.71±0.57	2.53±0.33*#	4.32±0.61	1.56±0.22*▲
LVW/mg	278±38	361±47*	443±60	703±30*	592±28	1000±66*▲
BW/g	183±12	176±12	293±15	301±13	367±22	353±25▲
LVW/BW/（mg/g）	1.51±0.11	2.02±0.32*	1.52±0.13	2.32±0.22*	1.63±0.11	2.83±0.24*▲

注：AoSP．主动脉收缩压；AoDP．主动脉舒张压；LVESP．左心室收缩末压；LVEDP．左心室舒张末压；$+dp/dt_{max}$．室内压最大上升速率；$-dp/dt_{max}$．室内压最大下降速率；BW．体重；LVW．左心室质量；LVW/BW．左心室质量指数。与周龄匹配的 Sham 组相比，*$P<0.05$；与 4 周龄 2K2C 组相比，#$P<0.05$；与 8 周龄 2K2C 组相比，▲$P<0.05$

4. 不同周龄大鼠左心室中肥大因子 ANF、BNP、β-MHC 的 mRNA 表达情况　为了检测肾性高血压大鼠左心室心肌组织中胚型基因的表达情况，作者采用RT-PCR对ANF、BNP、β-MHC 进行了检测，结果（图 5-30）显示：与周龄匹配的假手术组相比，2K2C 高血压大鼠左心室 ANF、BNP、β-MHC 的表达水平显著增加，且随着周龄的增加其表达水平呈时间依赖性增加，说明心肌细胞随着负荷的增加明显肥厚，胚型基因的表达显著增加。

5. 不同周龄大鼠左心室中 HDAC2 和 HDAC8 的表达变化　应用 RT-PCR 和 Western blot 检测不同周龄大鼠左心室中 HDAC2 和 HDAC8 的 mRNA 转录变化和蛋白表

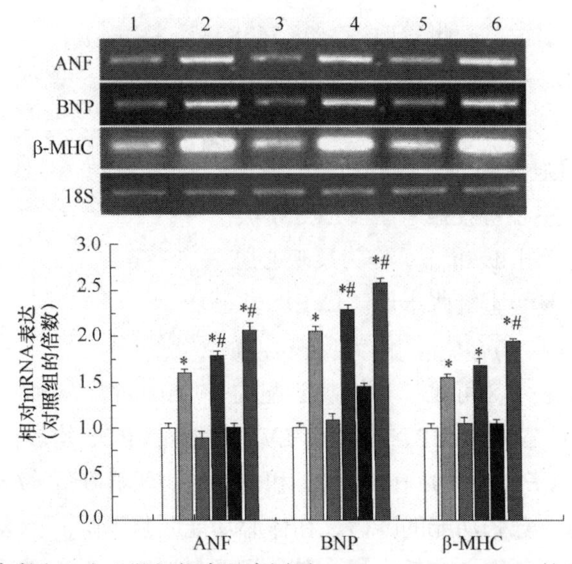

图 5-30　各组大鼠左心室心肌组织中肥大因子 ANF、BNP、β-MHC 的 mRNA 表达情况

1．假手术后 4 周组；2．2K2C 手术后 4 周组；3．假手术后 8 周组；4．2K2C 手术后 8 周组；5．假手术后 12 周组；6．2K2C 手术后 12 周组。与周龄匹配的 Sham 组相比，$*P<0.05$；与 4 周龄 2K2C 组相比，$\#P<0.05$。ANF．心房利钠因子；BNP．脑钠素；β-MHC．β 肌球蛋白重链

达情况（图 5-31）。结果显示：与周龄匹配的假手术组相比，2K2C 高血压大鼠左心室中的 HDAC2 和 HDAC8 的 mRNA 和蛋白表达水平呈时间依赖性增加。

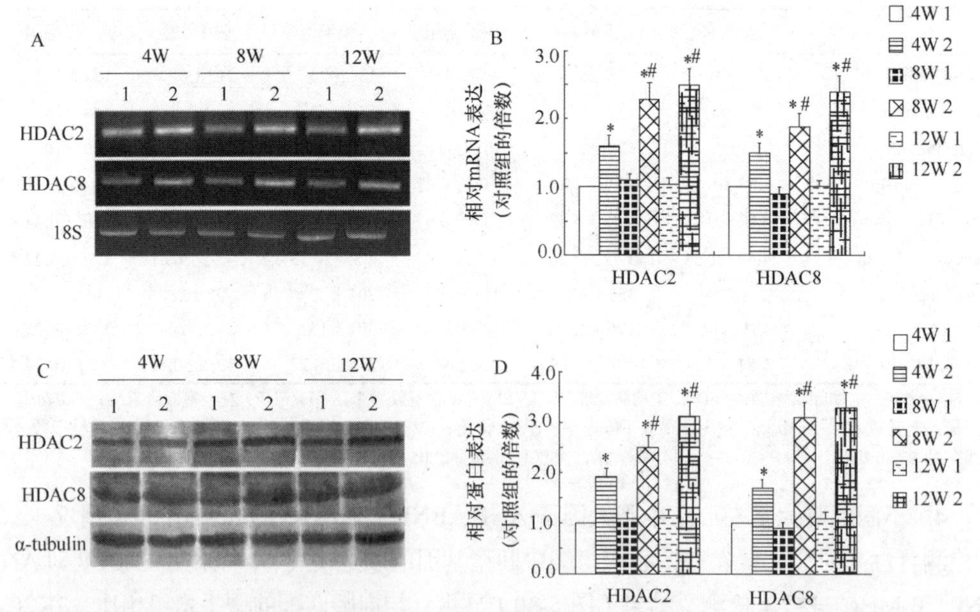

图 5-31　各组大鼠左心室心肌组织中 HDAC2 和 HDAC8 的 mRNA 及蛋白表达变化

A．大鼠左心室 HDAC2 和 HDAC8 的 mRNA 表达，代表性的 PCR 图片；B．A 图 mRNA 的半定量分析；C．大鼠左心室 HDAC2 和 HDAC8 的蛋白表达，代表性的 Western blot 图片；D．C 图蛋白条带的半定量分析结果。

1．假手术组；2．模型组；4W．手术后 4 周；8W．手术后 8 周；12W．手术后 12 周；与周龄匹配的假手术组相比，$*P<0.05$；与 4 周龄模型组相比，$\#P<0.05$

6. 丙戊酸钠对高血压大鼠血流动力学参数和左心室质量指数的影响　与对照组

相比，2K2C 组 ±dp/dt_{max} 显著下降，LVESP、LVEDP 均显著升高，表明 2K2C 大鼠在体心功能明显下降。而丙戊酸钠治疗后，±dp/dt_{max} 明显上升，LVESP、LVEDP 均明显下降，与模型组相比具有显著性差异（表 5-9），表明丙戊酸钠能有效纠正血流动力学紊乱，从而更好地逆转左心室肥厚，丙戊酸钠高剂量组效果优于丙戊酸钠低剂量组而低于阳性对照药坎地沙坦组。两肾两夹缩窄术后，大鼠的体重逐渐增长；给予丙戊酸钠后对体重增加没有明显影响，各组间没有显著差异。而表 5-9 结果显示，两肾两夹组大鼠的左心室质量指数（LVW/BW）相对假手术组明显升高（$P<0.05$），提示两肾两夹组大鼠发生了明显的左心室肥厚。剂量丙戊酸钠可以降低 LVW/BW，能明显缓解这种肾性高血压引起的心肌肥厚。低剂量丙戊酸钠也有一定降低 LVW/BW 作用，但弱于高剂量组。阳性对照药坎地沙坦可以明显降低 LVW/BW，效果与 VPA 高剂量组类似。

表 5-9　丙戊酸钠对各组大鼠血流动力学和左心室质量指数的影响（$\bar{x}\pm s$，$n=10$）

组别	假手术组	模型组	高剂量组	低剂量组	坎地沙坦组
AoSP/mmHg	112±8	180±18*	137±7#	142±16#	118±4#
AoDP/mmHg	75±11	142±10*	110±12#	114±15	96±7#
LVESP/mmHg	106±10	181±11*	124±17#	137±18	117±9#
LVEDP/mmHg	3.11±0.63	8.23±1.83*	6.75±0.61#	7.22±0.30#	5.11±0.63#
+dp/dt_{max}/（mmHg/s）	5.26±0.61	2.63±0.54*	3.23±0.22#	3.01±0.23#	3.33±0.21#
−dp/dt_{max}/（mmHg/s）	4.78±0.76	2.55±0.31*	2.91±0.24#	2.73±0.11#	3.42±0.25#
LVW/mg	442±61	700±30*	470±40#	530±15#	460±7#
BW/g	295±14	305±12	300±18	303±7	303±18
LVW/BW/（mg/g）	1.51±0.12	2.31±0.08*	1.61±0.16#	1.89±0.29#	1.55±0.18#

注：高剂量组大鼠给予丙戊酸钠［400mg/（kg·d）］；低剂量组大鼠给予丙戊酸钠［200mg/（kg·d）］；坎地沙坦组大鼠给予坎地沙坦［10mg/（kg·d）］。其他缩写词同表 5-8 所示。数据用平均值±标准差；$n=10$。与假手术相比，$*P<0.05$；与模型组相比，$\#P<0.05$

7. 丙戊酸钠对高血压大鼠左心室形态学的影响　HE 染色显示，与假手术组相比，2K2C 组大鼠心肌细胞横径和表面积增大，边缘不规则，并有心肌细胞排列紊乱，细胞核增大、畸形等改变。坎地沙坦组明显抑制这种变化，丙戊酸钠高剂量组也能抑制这种变化，且效果优于低剂量组（图 5-32）。

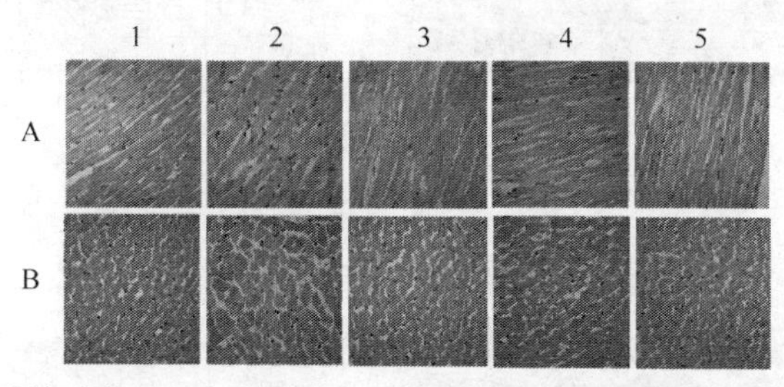

图 5-32　丙戊酸钠对高血压大鼠左心室心肌组织形态学的影响（HE 染色，200×）

A．心肌细胞代表性的纵断面形态图；B．心肌细胞代表性的横断面形态图。1．假手术组；2．模型组；3．高剂量组，大鼠给予丙戊酸钠［400mg/（kg·d）］；4．低剂量组，大鼠给予丙戊酸钠［200mg/（kg·d）］；5．坎地沙坦组，大鼠给予坎地沙坦［10mg/（kg·d）］

8. 丙戊酸钠对高血压大鼠左心室 ANF、BNP、β-MHC mRNA 表达的影响　由于心肌肥厚时，大鼠心室肌中肥大因子如 ANF、BNP、β-MHC 的表达增多，因此，本实验检测了各组大鼠心室肌中 ANF、BNP、β-MHC 等肥大因子的变化情况，在 2K2C 组大鼠中三者表达明显增多，而给丙戊酸钠和坎地沙坦后，肥大因子 ANF、BNP、β-MHC 的表达明显受到抑制（图 5-33），且丙戊酸钠高剂量组效果优于低剂量组，但无坎地沙坦组作用显著。

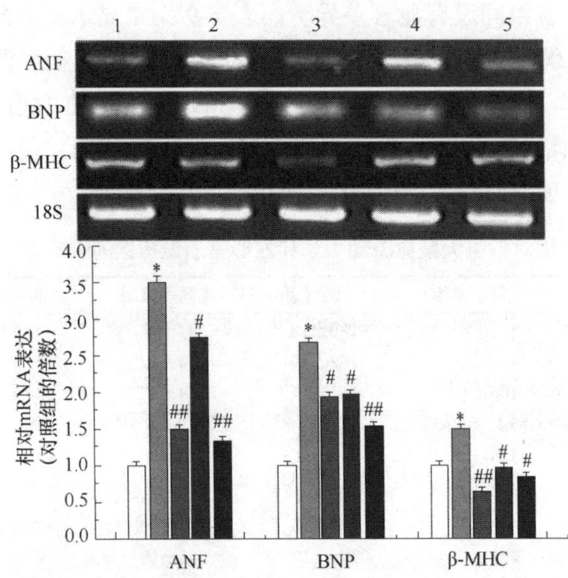

图 5-33 丙戊酸钠对左心室心肌组织中肥大因子 ANF、BNP 和 β-MHC mRNA 转录水平的影响

1．假手术组；2．模型组；3．高剂量组；4．低剂量组；5．坎地沙坦组。

$*P<0.05$，与假手术组比较；$\#P<0.05$，$\#\#P<0.01$，与模型组比较。缩略词同图 5-30

9. 丙戊酸钠对左心室中 HDAC2 和 HDAC8 mRNA 和蛋白表达的影响 图 5-34 结

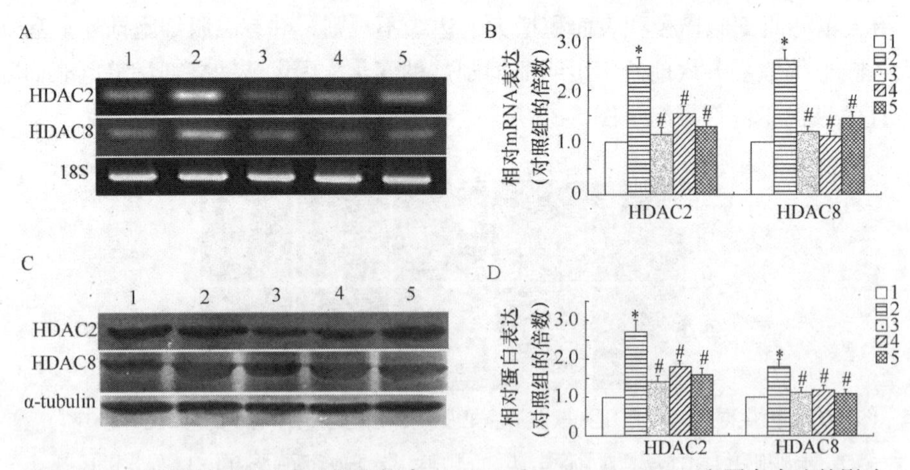

图 5-34 丙戊酸钠对左心室心肌组织中 HDAC2 和 HDAC8 mRNA 和蛋白表达的影响

A．代表性的 PCR 图片；B．A 图 mRNA 的半定量结果；

C．代表性的 Western blot 图片；D．C 图的蛋白条带的半定量分析结果。

1．假手术组；2．模型组；3．高剂量组；4．低剂量组；5．坎地沙坦组。

$*P<0.05$，与假手术组比较；$\#P<0.05$，与 2K2C 组比较。HDAC．组蛋白去乙酰化酶

果显示，各组大鼠心肌组织中均有HDAC2和HDAC8的表达，手术后8周，高血压大鼠左心室的HDAC2和HDAC8 mRNA含量和蛋白表达明显上调，具有显著性差异（$P<0.05$），高、低剂量丙戊酸钠均可下调左心室HDAC2和HDAC8的mRNA和蛋白表达的水平，且具有剂量依赖性，但作用无坎地沙坦组显著。

10. HDAC抑制剂对大鼠肾功能的影响　与假手术组比较，模型组大鼠的Scr、BUN均明显升高（$P<0.05$）；而高、低剂量组及阳性对照组高血压大鼠的Scr、BUN均明显降低（$P<0.05$），见表5-10。

表5-10　丙戊酸钠对各组大鼠肾功能的影响（$\bar{x}\pm s$，$n=10$）

分组	Scr/（μmol/L）	BUN/（mmol/L）
假手术组	42.66±1.60	7.42±0.92
模型组	59.35±7.86*	15.85±1.67*
高剂量组	46.39±6.90#	11.07±1.82#
低剂量组	51.71±4.53#	13.16±1.86#
氨氯地平组	44.08±6.55	10.31±1.27

*$P<0.05$，与假手术组比较；#$P<0.05$，与模型组比较。Scr．肌酐；BUN．尿素氮

11. HDAC抑制剂对高血压大鼠肾脏纤维化的影响　假手术组大鼠肾小球结构清晰，肾小管上皮细胞无水肿，无肾间质纤维化。模型组大鼠肾脏小动脉管壁明显增厚，管腔明显狭窄；间质有大量纤维结缔组织增生及淋巴细胞浸润。高剂量肾小球结构较清晰，肾小管上皮细胞轻度水肿；肾间质纤维化轻微。低剂量组肾小动脉管壁轻微增厚，管腔略有狭窄，少部分肾小球纤维化，肾间质少量纤维结缔组织增生。阳性对照组肾小球结构清晰，肾小管上皮细胞轻度水肿；肾间质纤维化不显著，见图5-35。

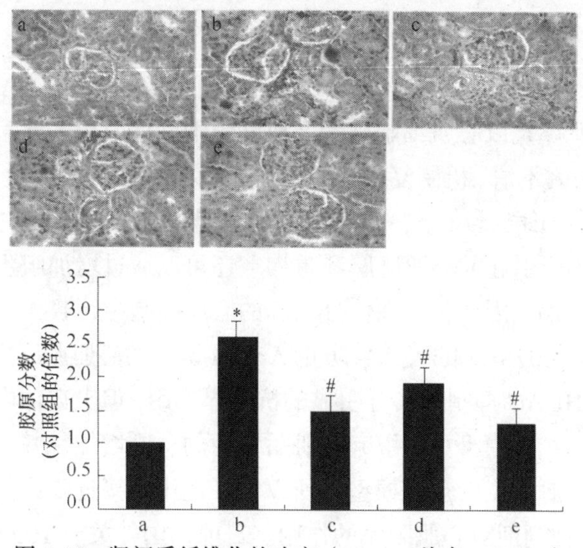

图5-35　肾间质纤维化的改变（Masson染色，400×）

2K2C手术后8周大鼠肾间质胶原的Masson染色和间质胶原表达的分析。*$P<0.05$，与假手术组比较；#$P<0.05$，与2K2C组比较。a．假手术组；b．模型组；c．高剂量组；d．低剂量组；e．氨氯地平组

12. 高血压大鼠肾脏组织中 HDAC2、HDAC8 表达的变化 两肾两夹手术后 8 周，模型组肾脏 HDAC2 和 HDAC8 的蛋白表达明显上调，差异具有统计学意义（$P<0.05$），而高、低剂量组大鼠肾脏 HDAC2 和 HDAC8 的蛋白表达下调，且具有剂量依赖性。阳性对照组 HDAC2 和 HDAC8 的蛋白表达也一定程度下调，见图 5-36。

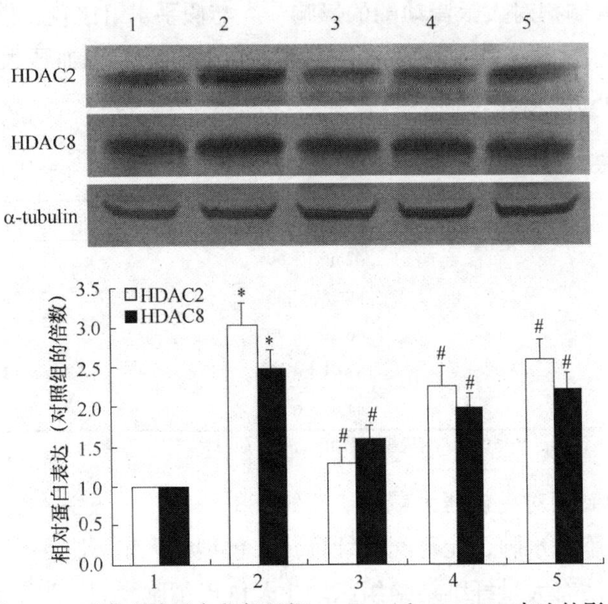

图 5-36 丙戊酸钠对大鼠肾组织 HDAC2 和 HDAC8 表达的影响

2K2C 手术后 8 周，HDAC2 和 HDAC8 在大鼠肾组织中的表达，丙戊酸钠和氨氯地平可降低大鼠肾组织中 HDAC2 和 HDAC8 的表达。1．假手术组；2．模型组；3．高剂量组；4．低剂量组；5．氨氯地平组。*$P<0.05$，与假手术组比较；#$P<0.05$，与 2K2C 组比较。HDAC．组蛋白去乙酰化酶

（三）讨论

高血压左心室肥厚是以心肌细胞肥大及成纤维细胞增殖为主要病理学特征的高血压性脏器损害，因其病因不清、机制复杂，缺乏确切有效的防治措施。近期研究发现 HDAC 抑制剂曲古抑菌素（trichostatin A，TSA）和 VPA 能够显著改善胸主动脉结扎（thoracic aortic banding，TAB）引起的心肌肥厚和重构，还可以通过增加组蛋白的乙酰化来调节心脏肥大基因和胚胎期基因活化。在体外培养的心肌细胞中，TSA 可以上调 α-MHC 的表达，VPA 可以下调 HDAC2 的表达来防止 Ang-Ⅱ诱导的心肌肥厚反应。尽管上述体内和体外实验表明了 HDAC 抑制剂具有明显的抗肥厚作用，但上述体内模型与临床实际病变存在差距。主动脉结扎模型可以引起心脏后负荷的急剧增加，并不是一种反映高血压和动脉硬化引起的心脏病变的理想模型，所以作者选用更接近临床的两肾两夹肾性高血压模型观察 HDAC 抑制剂对心肌肥厚的作用。目前，国外关于 HDAC 的研究主要集中在抗癌领域，而在心肌肥厚发病中的研究主要是通过基因敲除鼠来阐明不同 HDAC 亚型的功能。作者研究发现在两肾两夹术后 6 周肾性高血压大鼠心脏中 HDAC2 的表达增加，

同时出现了显著的心肌肥厚和纤维化，提示在肾性高血压大鼠的心肌重构中，HDAC起了十分重要的作用，但其同工酶HDAC8在两肾两夹肾性高血压大鼠左心室的表达是否增加，下调其表达对心肌肥厚的影响如何，尚未见报道。

本研究发现在两肾两夹术后不同周龄大鼠左心室心肌组织中，Ⅰ型组蛋白去乙酰化酶中的亚型HDAC2和HDAC8的蛋白表达和转录水平明显上调，同时出现了显著的心肌肥厚和心功能障碍，提示HDAC8可能参与肾性高血压左心室肥厚的发病过程并促进肥厚的发展。另外，本研究发现VPA可以剂量依赖性下调HDAC8的mRNA和蛋白表达，减少ANF的mRNA表达，说明VPA在转录水平和蛋白质水平对HDAC8都起着重要的调控作用。同时VPA治疗组左心室肥厚显著改善，心肌形态病理学改变得到部分逆转，左心室质量指数下降，提示丙戊酸钠可能通过下调HDAC2和HDAC8的表达参与肾性高血压左心室肥厚的发病过程并抑制肥厚的发展。总之，作者的结果表明，HDAC2和HDAC8参与了肾性高血压大鼠心肌肥厚的发病过程，下调其表达可以防止心肌肥厚的发生。为了进一步揭示HDAC2和HDAC8在心肌肥厚的作用和机制，接下来将进一步检测与HDAC2和HDAC8相伴随的钙调神经磷酸酶（CaN）和Akt/GSK3β信号分子及转录因子NFATc4、AP-1的表达变化，从基因转录的乙酰化修饰调控对心肌肥厚的发病机制进行探讨。

肾脏纤维化是高血压的严重并发症，可导致终末期肾衰竭，增加患者的死亡率。组蛋白乙酰化和脱乙酰化可以调控纤维化相关基因的转录和表达，影响纤维化的信号转导过程。研究表明，在多种器官的纤维化模型上，HDAC抑制剂均表现出抑制成纤维细胞活化、增殖和阻止纤维化进展的作用。而HDAC抑制剂曲古抑菌素（TSA）和VPA能够显著改善输尿管结扎引起的肾脏纤维化。目前，临床上关于HDAC抑制剂VPA对肾脏纤维化的研究主要涉及HDAC1亚型，对其同工酶HDAC2和其HDAC8在肾脏纤维化中的作用尚未见报道。本研究发现HDAC抑制剂VPA具有明显降压作用，可以显著降低高血压大鼠的Scr和BUN，同时对肾间质胶原生成有一定的改善作用，表明HDAC抑制剂VPA可以改善高血压所引起的肾功能损伤和肾脏纤维化。实验结果还显示模型组HDAC2和HDAC8蛋白表达水平上调，提示HDAC2和HDAC8可能参与肾性高血压大鼠肾脏纤维化的发展。此外，本研究发现VPA可以剂量依赖性地下调HDAC2和HDAC8的蛋白表达，说明VPA在蛋白水平对HDAC2和HDAC8有明显的调控作用。上述结果提示，HDAC抑制剂VPA可能通过下调HDAC2和HDAC8的表达进而改善肾脏纤维化。目前，HDAC在肾脏纤维化的调节机制中的作用还不清晰，通过对HDAC与肾脏纤维化关系的研究，有助于发现纤维化疾病的机理，进而为HDAC抑制剂用于肾脏纤维化的治疗提供更多的理论依据。

（四）结论

（1）2K2C肾性高血压大鼠随着周龄的增长发展有明显的心肌肥厚和心脏收缩舒张功能障碍。HDAC2和HDAC8参与了肾性高血压大鼠心肌肥厚的发病过程，其表达水平可能与心肌肥厚程度相关。

（2）HDAC 抑制剂丙戊酸钠可以显著改善肾性高血压大鼠的并发症，部分逆转高血压引起的左心室肥厚和肾脏纤维化，其机制可能与下调 HDAC2 和 HDAC8 的表达有关。

四、川穹嗪对急慢性心力衰竭的防治作用研究

心力衰竭是临床常见的危重症之一，是多种心血管疾病的终末期表现，严重威胁患者的健康，对心衰分子机制和新型治疗药物的研究至关重要，对于寻找新药治疗靶点以及开发心血管疾病的防治药物具有重要意义。阿霉素是一种有效的肿瘤化疗药物，具有明显的心脏毒性，可引起心肌炎及心力衰竭，其确切的病理机制尚未明确，有证据显示与自由基有关。阿霉素心肌病的病理学、血流动力学和激素的改变均接近于人 CHF 时所发生的改变，采用阿霉素建立心力衰竭模型是心衰治疗研究中常用的一种方法。阿霉素引起的扩张性心肌病便是其严重毒性作用之一，预后较差，引起的机制可能与其加剧心肌细胞凋亡有关。阿霉素心脏毒性引起的心肌细胞凋亡与其他类型的细胞凋亡一样，可能受到许多细胞凋亡相关基因的调控。氧自由基作为细胞应激刺激，直接引起 p53 表达增加，抑制 Bcl-2 的表达，增强 Bax 的表达。氧自由基为主要诱导因子，有多条细胞信号转导通路参与介导心肌细胞的凋亡。细胞凋亡的发生受多种基因表达的调控，其中 Bcl-2、Bax 蛋白表达变化与凋亡的关系备受关注。

研究表明氧化应激在心衰的发病中发挥了重要作用。氧化应激就是由于机体细胞产生活性氧（ROS）增多，超过了体内抗氧化系统的消除能力，所导致的氧化还原状态的失平衡。ROS 在高血压的发生中起到了重要作用，在多种高血压动物模型中，均发现 ROS 水平高于正常，ROS 也是引起高血压继发性器官损伤的关键因素。传统的抗氧化物如维生素 E、维生素 C 等虽可清除 ROS，但仅对其中的某种 ROS 起作用，临床治疗心衰的效果并不明显。所以阻断 ROS 来源的治疗方案要比直接清除 ROS 的治疗措施效果更好。近几年发现，高血压、心衰等心血管疾病病理发展过程中 ROS 主要来源于血管 NAD（P）H 氧化酶。NAD（P）H 氧化酶被发现是体内唯一产生 ROS 的酶，它对许多氧化还原敏感的信号通路有非常重要的作用。NAD（P）H 氧化酶的催化亚基 Nox 家族在心血管细胞中包含多个亚型，它们在不同病理刺激因素作用下介导不同的病理过程，其作用机制尚不明确。许多实验室试图通过研究 NAD（P）H 氧化酶的亚基调节和激活模式来找到与氧化应激密切相关的心血管疾病的治疗靶标，发展新的治疗药物。阐明 Nox 家族在心衰发病中的调控机制，有助于开发以 Nox 为靶点的心血管药物，有可能为心力衰竭的研究和治疗提供新的思路。

川穹嗪（ligustrazine，tetramethylpyrazine）属酰胺类生物碱，是从川穹中分离提纯的生物碱单体，是中药川穹的主要有效成分，川穹嗪具有抗血小板聚集和解聚，扩张小动脉，改善微循环、增加脑血流和活血化淤通络作用，广泛用于闭塞性脑血管疾病如脑供血不足、脑血栓形成、脑栓塞等。随着川穹嗪临床应用经验的积累及药理研究的深入，不断发现川穹嗪应用于脑血管疾病以外的其他疾病，如冠心病、心绞痛也可获得比较好

的治疗效果。研究发现川穹嗪具有促进组织细胞产生，抑制血小板聚集，减少氧自由基生成，抗脂质氧化、保护心肌细胞及心肌缺血再灌注损伤的作用。此外川穹嗪还可扩张冠状动脉及其他动脉，使家兔肠系膜微循环血流量增加，对家兔注射垂体后叶素引起的心肌缺血缺氧也有明显拮抗作用，但是川穹嗪用于心力衰竭防治的研究还未见报道，同时对川穹嗪心力衰竭心脏的保护作用的分子机制尚未阐明。本项目拟研究川穹嗪对阿霉素致急性心衰（AHF）的和压力负荷引起的慢性心衰（CHF）的保护作用及机制，观察其对急性心衰时炎症和心肌细胞凋亡的影响和慢性心衰时心肌重构及心功能的保护作用，为心衰的治疗提供试验依据。通过测定川穹嗪作用的心衰大鼠血清心肌酶谱、血流动力学改变、左心室质量指数、组织病理学改变、活性氧生成、凋亡蛋白及 NAD（P）H 氧化酶的表达变化，研究川穹嗪在心力衰竭治疗中的作用及其机制，为今后预防和治疗脑缺血性疾病提供新的治疗药物和研究靶点。

（一）材料与方法

1. 主要药品、试剂和试验动物　注射用盐酸川穹嗪（合肥平光制药，40mg，批号：20120707）；注射用盐酸阿霉素（浙江海正药业，10mg，批号 100203）。马来酸依那普利片（广东彼迪药业，10mg，批号 20110902）。缬沙坦（批号：110402）购自重庆圣曦药业；异戊巴比妥钠购自上海化学试剂厂；Bcl-2（sc-7382，1∶500）、Bax（sc-7480，1∶500）等一抗和辣根过氧化物酶标记的羊抗鼠二抗（1∶10 000）和辣根过氧化物酶标记的羊抗鼠、羊抗兔二抗均购自 Santa Cruz 公司，β-actin（TA-09，1∶1000，北京中杉金桥），α-tubulin 抗体购自 Sigma 公司；PMSF、Aprotinin、Leupeptin、Pepstatin，购自 Sigma 公司；ExTaq 酶、RNase 抑制剂、AMV 购自 TaKaRa；TRIzol 核酸提取试剂（Invitrogen），超氧化物歧化酶（SOD）、丙二醛（MDA）和过氧化氢（H_2O_2）试剂盒均购自南京建成生物工程研究所，其余化学试剂均为分析纯。4 周龄雄性昆明小鼠 60 只，体重（20.0±1.0）g，由河南科技大学实验动物中心提供（动物许可证号：SCXK2010-0007）。清洁级健康雄性 Sprague-Dawley（SD）大鼠（河南省实验动物中心提供）80 只，体重 90～110g［合格证号为：SCXK（鄂）2010-0008］。

2. 急性心衰模型建立、分组与给药　4 周龄雄性昆明小鼠 60 只，体重（20.0±1.0）g，实验随机分为 6 组：空白对照组、模型组、川穹嗪治疗组（高、中、低剂量），依那普利组（阳性对照组），每组 10 只。实验各组均采用腹腔注射方式（i.p.）给药。对照组和模型组给予生理盐水 10mg/（kg·d），每日 1 次，连续 14 天，高、中、低剂量组分别给予川穹嗪 60mg/（kg·d）、30mg/（kg·d）、15mg/（kg·d），依那普利组灌胃给药 10mg/（kg·d），连续给药 2 周。于第 12 天除对照组外，其余各组均 i.p.阿霉素 20mg/kg，共两次，建立急性心衰模型。

3. 两肾两夹法（2K2C）高血压模型制备、分组与给药　模型制备见本章第三节相关内容。术后 1 周用 BP-6 无创血压测量系统筛选出血压在 160mmHg 以上的高血压大鼠进行实验。实验分为 5 组：假手术组、模型组、川穹嗪治疗组（高、低剂量）、缬沙坦组（阳性对照组），每组 10 只。除缬沙坦组采用灌胃（i.g.）给药，其余各组均采用腹腔注射方式（i.p.）给药。假手术组与 2K2C 组给予生理盐水 10mg/（kg·d），高、低剂量组分别给予川芎嗪 30mg/（kg·d）、60mg/（kg·d），缬沙坦组灌胃给药 10mg/（kg·d），各组给药均为每日 1 次，连续给药 14 天。

4. 无创血压测量 具体操作见本节前文相关内容。

5. 有创测压、左心室质量指数测定 末次给药后麻醉大鼠。接下来的操作见本节前文相关内容。

6. 标本采集及血清指标检测

（1）急性心衰实验标本采集。末次给药 30min 后，3%戊巴比妥钠麻醉小鼠，眶后采血，离心分离血清，−80℃保存待检。处死后取心脏称取质量并记录，取一部分做福尔马林固定、组织切片。剩余心肌组织送至−80℃超低温冰箱冻存，进行蛋白分析。全程操作在冰盒上进行。

（2）慢性实验标本采集。处死大鼠，于腹主动脉抽取适量血液，离心留取血清，按试剂盒要求测量血清中超氧化物歧化酶（SOD）、丙二醛（MDA）和过氧化氢（H_2O_2）的水平。随后计算左心室质量指数（LVW/BW）。取左心室游离壁心肌放入 10%中性福尔马林内，24h 后石蜡包埋切片，HE 染色。其余心底及心尖部分放入冻存管中液氮保存。

7. 心肌酶谱检测 取−80℃超低温冰箱血清，用全自动生化分析仪测定血清学心肌酶谱中谷草转氨酶（AST）、肌酸激酶（CK）及肌酸激酶同工酶 MB（CK-MB）水平。

8. 心肌组织的病理学检查

（1）HE 染色。选取左心室心肌组织在 10%福尔马林固定液中固定 12h，流水冲洗，梯度乙醇脱水，二甲苯透明，石蜡包埋，制成 3μm 的组织切片。进行 HE 染色，脱蜡至水，梯度乙醇脱水，苏木精染色 2min，冲洗、盐酸乙醇溶液分化，氨水返蓝，伊红复染 10min，梯度乙醇脱水，二甲苯透明，中性树胶封片，光镜下观察拍照。

（2）Masson 染色。心肌组织用 bosin 固定液固定 24h，石蜡包埋、切片，进行 Masson 染色，方法参照相关文献。采用 BI2000 医学图像分析系统（成都泰盟科技有限公司）测定胶原所占的面积，计算胶原容积分数（CVF）。

9. RT-PCR 检测 按 TRIzol（Invitrogen）说明书步骤提取左心室总 RNA，按说明书进行反转录和 PCR 反应。取 RT-PCR 产物进行 2%琼脂糖凝胶电泳，凝胶成像并读取电泳带吸光度值，用目的条带吸光度值和 S18 吸光度值的比值来反映目的基因的相对表达量。所用引物序列见表 5-11。

表 5-11 NAD（P）H 氧化酶各亚型、BNP、β-MHC 和 18S mRNA 的引物序列

引物名称	正向引物（5′→3′） 反向引物（5′→3′）	产物大小/bp
18S	CACCTACGGAAACCTTGTTAC GTCCCCCAACTTCTTAGAG	419
Nox2	S-TATTGTGGGAGACTGGACTG A-GATTGGCCTGAGATTCATCC	401

续表

引物名称	正向引物（5′→3′） 反向引物（5′→3′）	产物大小/bp
Nox4	S-GTTCCAAGCTCATTTCCCAC A-GTATCGATGCAAACGGAGTG	500
P47phox	S-CCACACCTCTTGAACTTC A-GCCATCTAGGAGCTTATG	453
β-MHC	TTGACAGAACGCTGTGTCTCCT CACTCAACGCCAGGA	544
BNP	GAGCTGGGGAAAGAAGAGCCG TAATCTGTCGCCGCTGGGAGG	522

10. Western blot 检测　提取左心室心肌组织总蛋白，定量，取 50μl 蛋白样品经 10% SDS-PAGE 电泳后，转膜，5%脱脂奶粉室温封闭膜 1h，一抗 4℃过夜，TBST 洗 3 次，加入 HRP 标记的二抗（1∶1000）于 37℃孵育 1h，ECL 发光法显色。LabWork4.0 凝胶蛋白分析软件对条带进行分析。

11. 统计学方法　实验数据均以平均值±标准差（$\bar{x}\pm s$）表示，应用 SPSS17.0 分析软件进行统计分析，多组间比较采用单因素分析，组间两两比较采用 Tukey *post-hoc* test。以 $P<0.05$ 为差异有统计学意义。

（二）结果

1. 川穹嗪对阿霉素致急性心衰小鼠心肌酶学的影响　与正常对照组比较，模型组血清中谷草转氨酶（AST）、肌酸激酶（CK）和肌酸激酶同工酶 MB（CK-MB）水平均显著升高，差异具有统计学意义。川穹嗪用药组血清中 AST、CK 和 CK-MB 均明显下降，高剂量组效果优于低剂量组，与模型组比较差异具有统计学意义，与依那普利组比较，川穹嗪用药组血清中谷草转氨酶稍升高，差异不明显，表明川穹嗪能有效防止心肌组织受损后心肌酶谱的变化，疗效与阳性药依那普利接近（表 5-12）。

表 5-12　川穹嗪对阿霉素致急性心衰小鼠心肌酶学的影响

分组	AST	CK	CK-MB
对照组	549.45±102.58	1458.25±623.15	537.25±194.63
模型组	964.4±250.22*	2754.1±869.25*	1062.2±186.26*
依那普利组	681.34±234.86	2009.4±1125.88	624.92±146.86
高剂量组	662±251.13#	2270±899.59#	634.35±2.6.86#
中剂量组	746.62±147.13#	2608.97±778.19#	889.86±119.25#
低剂量组	786.45±156.4#	2648.37±933.42#	859.1±264.19#

注：数据用平均值±标准差表示，$n=10$；*$P<0.05$，与对照组比较；#$P<0.05$，与模型组比较。AST．谷草转氨酶；CK．肌酸激酶；CK-MB．肌酸激酶同工酶 MB。对照组（生理盐水）；模型组（20mg/kg 阿霉素，两次）；依那普利组［10mg/（kg·d）］；高剂量组［川穹嗪 60mg/（kg·d）］；中剂量组［川穹嗪 30mg/（kg·d）］；低剂量组［川穹嗪 15mg/（kg·d）］

2. 川穹嗪对急性心衰小鼠心肌损伤和炎症的影响　心肌组织 HE 染色显示，对照组小鼠心肌纤维着色均匀，排列平行，细胞核清晰，未见胞体水肿，组织间隙正常，无炎性渗出（图 5-37）。与对照组比较，模型组心肌组织受损，纤维中断，排列错综交叉无规律，呈心肌病样改变，部分心肌细胞水肿和呈空泡样变性，心肌纤维断裂，呈小灶状或片状坏死；心肌细胞间隙明显增宽，间质有中性粒细胞及单核、淋巴细胞的浸润。与模型组比较，川穹嗪各剂量组及依那普利组心肌组织受损程度明显减轻，间质呈炎症细胞浸润有一定程度改善，且川穹嗪剂量越大，作用越明显（图 5-37）。

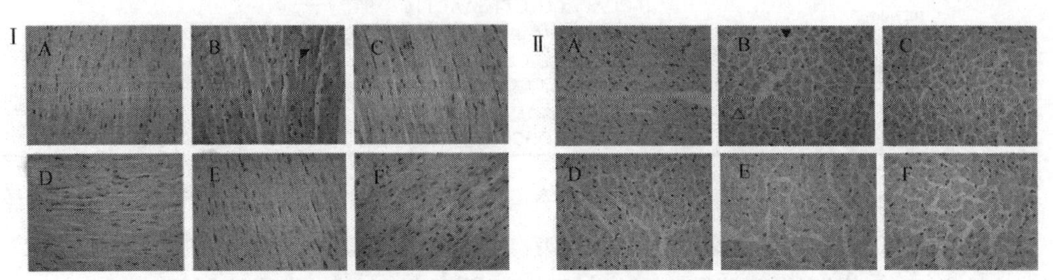

图 5-37　川穹嗪对阿霉素致心衰小鼠心肌的形态学的影响（HE 染色，400×）

A．对照组（生理盐水）；B．模型组（20mg/kg 阿霉素，两次）；C．依那普利［10mg/（kg·d）］；D．川穹嗪高剂量组［60mg/（kg·d）］；E．川穹嗪中剂量组［30mg/（kg·d）］；F．川穹嗪低剂量组［15mg/（kg·d）］。Ⅰ．纵向剖面，箭头表示心肌损伤区域。Ⅱ．横断面，箭头表示心肌的空泡改变

3．川穹嗪对急性心衰小鼠心肌组织凋亡相关蛋白表达的影响　如图 5-38 显示，与对照组比较，模型组促凋亡因子 Bax 表达增加而 Bcl-2 表达降低。与模型组比较，川穹嗪各剂量组 Bax 表达降低而 Bcl-2 表达增加，且作用具有剂量依赖性。阳性药依那普利可以显著降低急性心衰小鼠 Bax 表达而增加 Bcl-2 表达，其作用与川穹嗪高剂量组相比，差异无统计学意义。

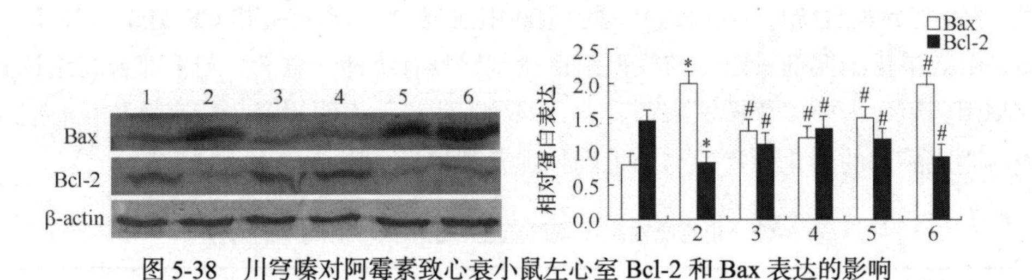

图 5-38　川穹嗪对阿霉素致心衰小鼠左心室 Bcl-2 和 Bax 表达的影响

1．对照组（生理盐水）；2．模型组（20mg/kg 阿霉素，两次）；3．依那普利［10mg/（kg·d）］；4．川穹嗪高剂量组［60mg/（kg·d）］；5．川穹嗪中剂量组［30mg/（kg·d）］；6．川穹嗪低剂量组［15mg/（kg·d）］。*$P<0.05$，与对照组比较；#$P<0.05$，与模型组比较

4．川穹嗪对高血压大鼠血流动力学参数和左心室质量指数的影响　以左心室收缩末压（LVESP）、室内压最大上升速率（$+dp/dt_{max}$）作为反映心脏收缩功能的指标；以左心室舒张末压（LVEDP）、室内压最大下降速率（$-dp/dt_{max}$）作为反映心脏舒张功能的指标。与假手术组相比，2K2C 组 AoSP、AoDP、LVESP 及 LVEDP 均较假手术组大鼠明显升高，具有显著性差异（$P<0.05$）；$\pm dp/dt_{max}$ 显著下降（$P<0.05$），说明 2K2C 模型大鼠出现了心脏收缩、舒张功能的障碍，在体心功能明显下降。而川穹嗪和缬沙坦治疗后，$\pm dp/dt_{max}$ 明显上升，LVESP、LVEDP 均明显下降，与模型组相比具有显著性差异（表 5-13），表明川穹嗪和缬沙坦能有效纠正血流动力学紊乱，从而更好地逆转左心室肥厚，川穹嗪高

剂量组效果优于其低剂量组。表 5-13 结果显示 2K2C 大鼠的左心室质量指数（LVW/BW）相对假手术组明显升高（$P<0.05$），提示 2K2C 大鼠发生了明显的左心室肥厚。川穹嗪和缬沙坦可以降低 LVW/BW，能明显缓解肾性高血压引起的心肌肥厚。

表 5-13　川穹嗪对各组大鼠血流动力学和左心室质量指数的影响

分组	假手术组	模型组	低剂量组	高剂量组	缬沙坦组
AoSP/mmHg	110.0±8.7	175.0±6.5*	130.0±4.3#	120.0±3.7#	118.0±8.4#
AoDP/mmHg	80.0±7.7	137.0±8.5*	99.0±3.8#	92.0±5.7#	89.0±6.7#
LVESP/mmHg	120.0±3.7	172.0±4.5*	132.0±5.6#	123.0±3.1#	109.0±4.3#
LVEDP/mmHg	5.0±2.1	19.3±1.5*	9.0±4.2#	7.3±2.6#	6.8±3.3#
$+dp/dt_{max}$/（mmHg/s）	3.7±0.1	1.8±0.2*	2.5±0.1#	3.0±0.4#	3.3±0.3#
$-dp/dt_{max}$/（mmHg/s）	3.6±0.4	1.6±0.3*	2.9±0.2#	3.4±0.1#	3.3±0.1#
BP	105±2.7	180±5.3*	142±5.7#	137±4.6#	110±1.6#
LVW/mg	527±47	970±110	850±73	770±65	620±52
BW/g	370±36	394±40	362±35	354±36	350±34
LVW/BW/（mg/g）	1.42±0.2	2.76±0.3*	1.93±0.2#	1.73±0.4#	1.55±0.1#

注：AoSP. 主动脉收缩压；AoDP. 主动脉舒张压；LVESP. 左心室收缩末压；LVEDP. 左心室舒张末压；$+dp/dt_{max}$. 室内压最大上升速率；$-dp/dt_{max}$. 室内压最大下降速率；BP. 血压；BW. 体重；LVW. 左心室质量；LVW/BW. 左心室质量指数。数据均为平均值±标准差，$n=10$。与假手术组大鼠相比，*$P<0.05$；与模型组相比，#$P<0.05$

5. 川穹嗪对大鼠的心肌形态学的影响　心肌组织 HE 染色显示：假手术组的心肌细胞大小比较适宜，肌纤维排列较整齐；而 2K2C 组心肌细胞横径变大，肌纤维排列紊乱，细胞核异形；川穹嗪低、高剂量组和缬沙坦组的心肌细胞形态得到明显改善（图 5-39）。

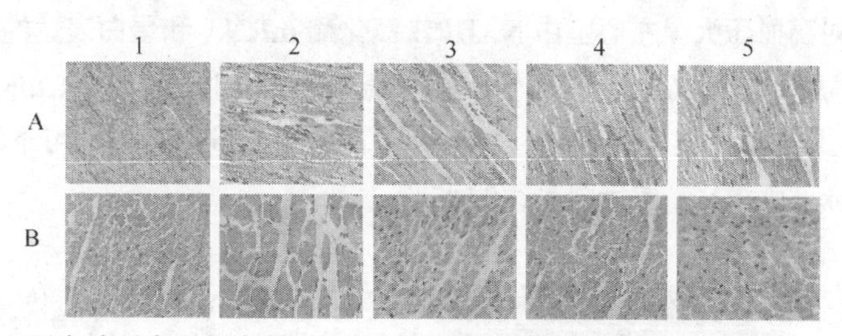

图 5-39　川穹嗪对高血压大鼠左心室心肌组织形态学的影响（HE 染色，400×）

2K2C 手术后 8 周，川穹嗪对左心室心肌组织形态学的影响。A. 心肌细胞的代表性纵断面形态；B. 心肌细胞的代表性横断面形态。1. 对照组（生理盐水）；2. 2K2C 模型组；3. 低剂量组［川穹嗪 30mg/（kg·d）］；4. 高剂量组［川穹嗪 60mg/（kg·d）］；5. 缬沙坦组［10mg/（kg·d）］

6. 川穹嗪对肾性高血压大鼠血清指标的影响　与假手术组相比，2K2C 组大鼠的血清 MDA、H_2O_2 浓度明显增高，SOD 水平明显降低；与 2K2C 组相比，川穹嗪低、高剂量组和缬沙坦组大鼠的血清中 MDA、H_2O_2 浓度明显减少，SOD 水平显著增加，差异具有统计学意义，表明川穹嗪能增强大鼠对氧化自由基的清除能力，降低大鼠的氧化应激程度（表 5-14）。

表 5-14　川穹嗪对各组大鼠血清氧化应激指标的影响（$\bar{x}\pm s$，$n=10$）

分组	SOD/（U/ml）	MDA/（nmol/ml）	H_2O_2/（nmol/ml）
假手术组	370.53±40.97	3.05±0.29	20.82±2.13
模型组	264.57±30.22*	6.30±0.32*	33.80±3.51*
低剂量组	310.62±30.55#	4.99±0.26#	27.59±1.70#
高剂量组	342.64±35.22#	3.68±0.42#	22.35±3.12#
缬沙坦组	303.61±31.45#	4.02±0.50#	26.56±2.26#

注：SOD．超氧化物歧化酶；MDA．丙二醛；H_2O_2．过氧化氢。与假手术组大鼠相比，*P<0.05；与模型组相比，#P<0.05

7. 川穹嗪对高血压大鼠左心室 ANF、BNP、β-MHC mRNA 转录水平的影响　与假手术组相比，2K2C 组 BNP 和 β-MHC mRNA 的转录水平明显升高；与 2K2C 组相比，川穹嗪低、高剂量组大鼠左心室 BNP 和 β-MHC mRNA 的转录水平明显降低（图 5-40）。

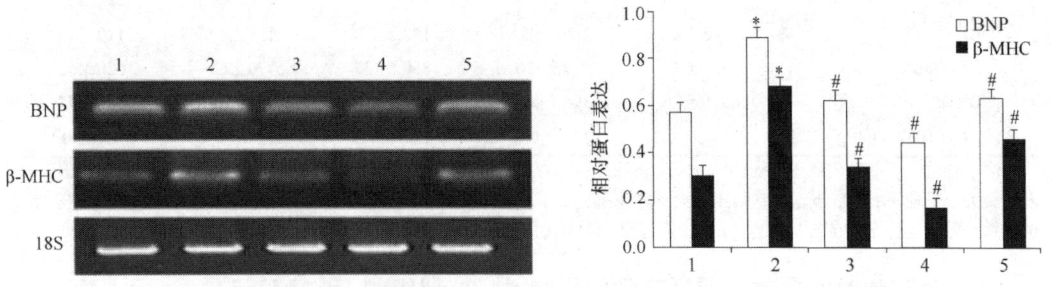

图 5-40　川穹嗪对高血压大鼠左心室 BNP、β-MHC mRNA 转录水平的影响

1．假手术组（生理盐水）；2．模型组（2K2C 手术，生理盐水）；3．川穹嗪低剂量组［15mg/（kg·d）］；4．川穹嗪高剂量组［60mg/（kg·d）］；5．缬沙坦［10mg/（kg·d）］。*P<0.05，与对照组比较；#P<0.05，与模型组比较。BNP．脑钠素；β-MHC. β 肌球蛋白重链

8. 川穹嗪对高血压大鼠左心室中 NADPH 氧化酶 mRNA 和蛋白表达的影响　图 5-41 结果显示，手术后 8 周，高血压大鼠左心室的 Nox2、Nox4、P47phox mRNA 转录水平和蛋白表达明显上调，具有显著性差异（P<0.05），低、高剂量川穹嗪均可下调左心室 Nox2、Nox4 和 P47phox 的 mRNA 和蛋白表达的水平。

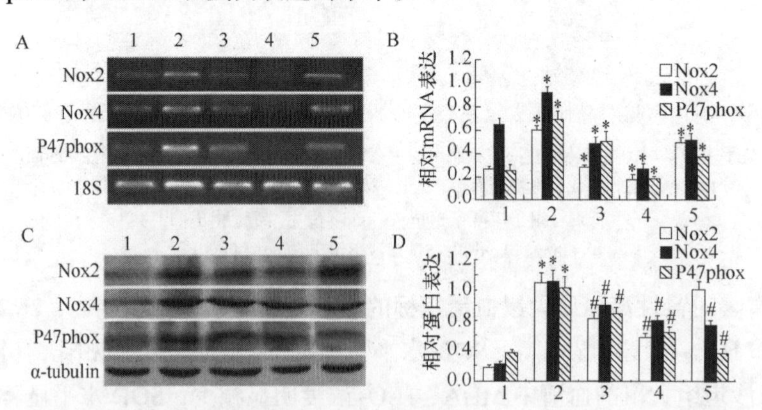

图 5-41　川穹嗪对大鼠左心室组织中 Nox2、Nox4 和 P47phox 的 mRNA 及蛋白表达的影响

A．Nox2、Nox4 和 P47phox 的 PCR 图片；B．A 图 mRNA 的半定量分析结果；C．代表性的 Western blot 图片；D．C 图蛋白的半定量分析结果。*P<0.05，与对照组比较。#P<0.05，与模型组比较。分组（1～5）和缩写词同图 5-40 所示

9. 川穹嗪对各组大鼠左心室管周胶原生成的影响　心肌组织 Masson 染色显示：假手术组大鼠心肌纤维排列平行，细胞核清晰，未见胞体水肿，组织间隙正常，无炎性渗出。模型组大鼠与假手术组比较，心肌纤维排列错综交叉无规律，心肌细胞间隙明显增宽，血管周围出现显著胶原增生（胶原蓝染），心肌纤维化程度明显增高。与模型组比较，川穹嗪组大鼠的血管周围染成蓝色的区域明显减少，表明川穹嗪可以降低左心室管周胶原分数，减轻心肌细胞的纤维化。缬沙坦组也可以明显降低高血压大鼠管周胶原分数，降低心肌细胞纤维化程度，其作用与川穹嗪高剂量相比没有明显的统计学差异（图 5-42）。

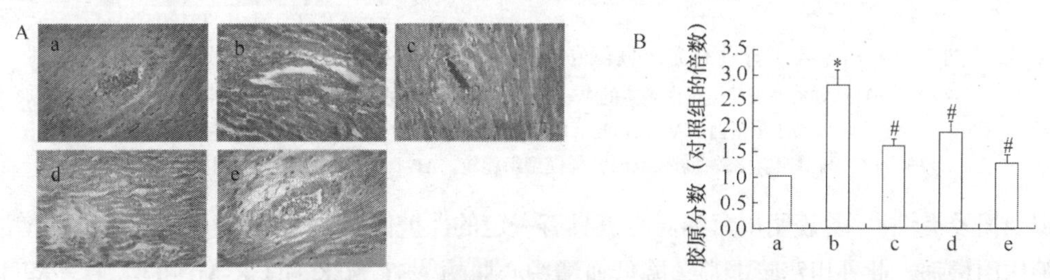

图 5-42　各组大鼠管周胶原生成和管周胶原分数（Massion 染色，200×）（彩图）

A. 大鼠左心室心肌血管周围纤维化的代表性图像：胶原纤维显蓝色，肌细胞和心肌内血管显红色（200×）；B. 左心室血管周围胶原沉积，用管周胶原面积（PVCA）表示。a. 假手术组；b. 模型组；c. 川穹嗪低剂量组［30mg/（kg·d）］；d. 川穹嗪高剂量组［60mg/（kg·d）］；e. 缬沙坦［10mg/（kg·d）］。数据表示为平均值±标准差，$n=3$。*$P<0.05$，与对照组比较；#$P<0.05$，与模型组比较

10. 川穹嗪对各组大鼠心肌组织 TGF-β1 和 CTGF 表达的影响　与假手术组比较，2K2C 组的 TGF-β1 和 CTGF 的表达增加。与 2K2C 组比较，川穹嗪组大鼠左心室的 TGF-β1 和 CTGF 的表达减少，表明川穹嗪可以降低大鼠左心室 TGF-β1 和 CTGF mRNA 的表达。阳性药缬沙坦可以明显降低高血压大鼠左心室 TGF-β1 和 CTGF mRNA 的表达，其作用与川穹嗪高剂量相比差异无统计学意义（图 5-43）。

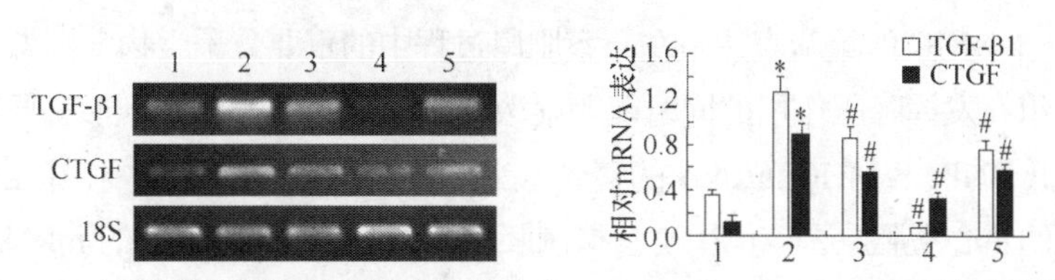

图 5-43　川穹嗪对肾性高血压大鼠左心室 TGF-β1 和 CTGF mRNA 转录的影响

数据表示为平均值±标准差，$n=3$。*$P<0.05$，与对照组比较；#$P<0.05$，与模型组比较。分组（1～5）同图 5-40；TGF-β1. 转化生长因子-β1；CTGF. 结缔组织生长因子

11. 川穹嗪对大鼠左心室 p38MAPK/AP-1 信号通路的影响　与假手术组比较，2K2C 组大鼠左心室 p38MAPK 的磷酸化水平及 AP-1 的表达显著增加。与 2K2C 组比较，川穹嗪各组和缬沙坦组大鼠的 p38MAPK 的磷酸化水平及 AP-1 的表达降低（图 5-44）。

（三）讨论

川穹嗪具有活血、化瘀、通络功能，还能降低血管阻力、改善心肌供血，被广泛用于脑血管疾病等心血管系统疾病。本研究发现川穹嗪各剂量组可以明显改善急性心衰小鼠心肌

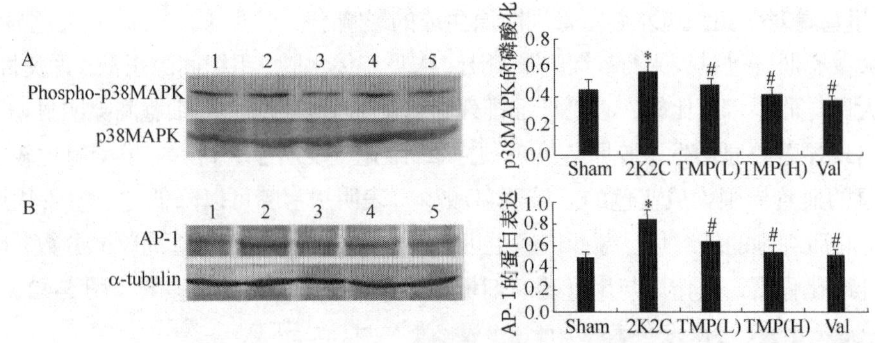

图 5-44　川穹嗪对肾性高血压大鼠左心室 p38MAPK 磷酸化和 AP-1 表达的影响

A．p38MAPK 的磷酸化蛋白表达的 Western blot 图片及蛋白条带的半定量分析结果；

B．AP-1 蛋白的 Western blot 图片及蛋白条带的半定量分析结果。

*P＜0.05，与对照组比较；#P＜0.05，与模型组比较。AP-1．激活蛋白 1，分组同图 5-40

组织受损及炎性浸润，表明川穹嗪对心脏具有一定的保护作用，并且随着川穹嗪浓度的增加，保护作用增强。此外川穹嗪能显著降低血清中心肌酶 AST、CK 和 CK-MB 的水平，表明川穹嗪能有效防止阿霉素对 AHF 小鼠心肌细胞的损伤和破坏。研究发现，川穹嗪具有促进组织细胞产生 NO，减少氧自由基生成及防止细胞凋亡的作用。Bcl-2 家族成员在细胞凋亡的基因调控过程中起着至关重要的作用。有学者提出 Bcl-2 是一种抗氧化剂，可通过抑制氧自由基的产生而抑制细胞死亡。Bcl-2 还可以和 Bax 等结合形成二聚体抑制细胞凋亡。本研究发现川穹嗪可以增加急性心衰小鼠抗凋亡蛋白 Bcl-2 的表达但降低促凋亡蛋白 Bax 表达，表明川穹嗪可以防止阿霉素诱导的心肌细胞凋亡。上述结果表明川穹嗪对阿霉素诱导的 AHF 小鼠心肌具有保护作用，其机制可能与川穹嗪防止心肌细胞损伤和抑制细胞凋亡有关。

高血压心肌肥厚是充血性心力衰竭重要的诱因及独立危险因子，高血压导致的心肌肥厚在体循环高负荷长期存在时，肥厚心肌会发生失代偿，出现充血性心力衰竭。心肌细胞中的胚型基因 BNP、β-MHC 的重新表达是左心室肥厚过程中的重要分子生物学标志。本研究发现，川穹嗪各剂量组在发挥降压作用的同时能明显改善高血压大鼠心肌细胞形态及心肌舒张和收缩功能，并降低 BNP、β-MHC mRNA 的转录水平。这些结果表明川穹嗪在降压的同时可以改善高血压大鼠的左心室肥厚，该作用与其抑制胚型基因 BNP、β-MHC 的 mRNA 转录有关。研究发现，NAD（P）H 氧化酶 Nox 家族的异常表达或激活后，产生的大量活性氧（ROS）参与了高血压、动脉粥样硬化、肿瘤、炎症及阿尔茨海默病等疾病的发生和发展。ROS 在高血压的发生中起到了重要的作用，在多种高血压动物模型中 ROS 水平高于正常，ROS 也是引起高血压继发性器官损伤的关键因素。高血压、心衰等心血管疾病发展中的 ROS 主要来源于血管 NAD（P）H 氧化酶。本研究发现，川穹嗪给药治疗后可显著升高大鼠血清 SOD 水平，降低血清中 MDA、H_2O_2 水平；减少高血压大鼠心肌细胞 NAD（P）H 氧化酶 Nox2、Nox4、P47phox 的表达。该结果表明川穹嗪可通过增强机体清除自由基能力，改善大鼠氧化应激程度，减少心肌损伤。总之，川穹嗪可以改善肾性高血压大鼠的左心室肥厚，其机制可能与降低高血压大鼠左心室 NAD（P）H 氧化酶的表达，改善氧化应激有关。

高血压性心肌纤维化主要是由于容量或压力负荷过度而引起的心肌成纤维细胞增殖和

细胞外间质中胶原蛋白过量沉积、胶原含量显著升高或引起胶原成分发生改变的一种病理现象。目前许多研究表明，心肌纤维化的形成机制还与神经体液因子、肾素-血管紧张素-醛固酮系统（RAAS）、TGF-β1 和 CTGF 等生长因子、炎症反应、氧化应激、细胞凋亡及细胞内各种通路激活和失活等多系统激活相关，是一个复杂的病理过程。例如，p38MAPK 是 MAPK 信号通路的分支，在多种心血管疾病进展过程中均有 p38MAPK 激活，在各种病因导致的心脏重构中起着重要作用，涉及心肌细胞增殖、凋亡、分化、坏死、细胞间质纤维化及骨架重组等多种病理过程。在心血管疾病中深入研究 p38MAPK 及其下游信号转导通路，可为阻断信号通路、减轻和延缓心脏重构、延缓各种心脏病变进程，从而延长心脏病患者的生存期提供理论依据。本实验通过两肾两夹的方法建立肾性高血压大鼠模型，通过腹腔注射川穹嗪来探究川穹嗪改变肾性高血压引起的心肌纤维化而导致心肌重构和心肌肥厚。川穹嗪作为临床常用的中药成分，具有作用温和、稳定、毒性反应低、价格低廉的优点，若该药能用于高血压和心衰的治疗，可以改善高血压和心衰患者的症状、提高其生活质量，川穹嗪具有活血、化瘀、通络功能，还能降低血管阻力，改善心肌供血，被广泛用于脑血管疾病等心血管系统疾病。本实验研究发现，川穹嗪各剂量组在降压的同时能明显改善 2K2C 改善大鼠的血流动力学、心肌肥厚和纤维化，部分逆转心肌重构。本实验结果进一步揭示了川穹嗪逆转心肌重构的分子机制，川穹嗪通过 p38MAPK 通路影响 p38MAPK 下游转录因子 AP-1 的表达，下调 TGF-β1 和 CTGF 等相关因子的表达，改善心肌纤维化，部分逆转心肌重构的病理过程，为川穹嗪用于高血压和心衰的治疗提供功了实验依据和理论基础。

（四）结论

（1）川穹嗪对阿霉素诱导的 AHF 小鼠心肌具有保护作用，其机制可能与川穹嗪可防止心肌细胞损伤和凋亡有关。

（2）川穹嗪可以改善肾性高血压大鼠的左心室重构，其机制可能与降低高血压大鼠左心室 NAD（P）H 氧化酶的亚基 Nox2、Nox4、P47phox 的表达，改善氧化应激以及调控 p38MAPK/AP-1 信号通路，抑制 TGF-β1、CTGF mRNA 的转录有关。

（李瑞芳）

主要参考文献

柏松．2016．新型肾素-血管紧张素系统治疗高血压的研究进展．中国当代医药，23（16）：19-21．
程杰坤，李乐．2015．心肌肥厚动物模型建立方法研究进展．中国药房，26（25）：3584-3587．
范亮亮，马立宁，彭元亮，等．2015．PI3K/AKT 信号通路与心力衰竭．生命科学研究，19（1）：85-89．
符民桂，唐朝枢．2000．心肌肥大的细胞信号转导机制．基础医学与临床，20（3）：193-201．
何玲，孙桂波，陈荣昌，等．2010．心肌细胞损伤模型的研究进展．中药药理与临床，26（6）：81-84．
雷升萍，王靓，施慧，等．2016．原代心肌细胞肥大损伤模型的研究概述．国际药学研究杂志，43（3）：

441-444.

李峰，冯耀光．2010．大鼠心肌肥厚模型概述．中国现代医生，48（6）：6-11.

李瑞芳，高洁，乐康，等．2008，非诺贝特治疗大鼠左心室肥厚．中华高血压杂志，16：445- 449.

林善锬．2017．值得关注的几个肾素血管紧张素系统新进展．中华高血压杂志，25（3）：213-215.

杨磊，王启贤．2010．内皮素及其受体拮抗剂与心血管疾病关系的研究进展．医学综述，16(2)：191-193.

杨雪梅．2010．川穹嗪药理作用研究进展．中国生化药物杂志，31（3）：215-217.

张英俊，董兰凤，王永利．2006．心肌肥厚：calcineurin-NFAT 通路可能是新的治疗靶点．药学学报，41（10）：913-916.

邹云增．2017．肾素血管紧张素系统与心肌重构．中华高血压杂志，25（3）：216-218.

Cardinale JP, Sriramula S, Pariaut R, et al. 2010. HDAC inhibition attenuates inflammatory, hypertrophic, and hypertensive responses in spontaneously hypertensive rats. Hypertension, 56: 437-444.

Cho YK, Eom GH, Kee HJ, et al. 2010. Sodium valproate, a histone deacetylase inhibitor, but not captopril, prevents right ventricular hypertrophy in rats. Circ J, 74 (4): 760-770.

Fu JJ, Gao J, Pi RB, et al. 2005. An optimized protocol for culture of cardiomyocyte from neonatal rat. Cytotechnology, 49 (2-3): 109-116.

Gong X, Wang Q, Tang X, et al. 2013. Tetramethylpyrazine prevents contrast-induced nephropathy by inhibiting p38 MAPK and FoxO1 singnaling pathways. American Journal of Nephrology, 37 (3): 199- 207.

Hardt SE, Sadoshima J. 2004. Negative regulators of cardiac hypertrophy. Cardiovasc Res, 63: 500-509.

Hori M, Nishida K. 2009. Oxidative stress and left ventricular remodelling after myocardial infarction. Cardiovasc Res, 81: 457-464.

Irukayama-Tomobe Y, Miyauchi T, Sakai S, et al. 2004. Endothelin-1-induced cardiac hypertrophy is inhibited by activation of peroxisome proliferatoractivated receptor-alpha partly via blockade of c-jun NH_2 terminal kinase pathway. Circulation, 109: 904-910.

Kee HJ, Sohn IS, Nam KI, et al. 2006. Inhibition of histone deacetylation blocks cardiac hypertrophy induced by angiotensin Ⅱ infusion and aortic banding. Circulation, 113: 51-59.

Kong Y, Tannous P, Lu G, et al. 2006. Suppression of class Ⅰ and Ⅱ histone deacetylases blunts pressure-overload cardiac hypertrophy. Circulation, 113: 2579-2588.

Kramer OH. 2009. HDAC2: a critical factor in health and disease. Cell, 30 (12): 647-655.

Kuroda J, Ago T, Matsushima S, et al. 2010. NADPH oxidase 4 (Nox4) is a major source of oxidative stress in the failing heart. Proc Natl Acad Sci, 107: 15565-15570.

Lebrasseur NK, Duhaney TA, de Silva DS, et al. 2007. Effects of fenofibrate on cardiac remodeling in aldosterone-induced hypertension. Hypertension, 50: 489-496.

Li RF, Fang WJ, Cao SS, et al. 2013. Differential expression of NAD (P)H oxidase isoforms and the effects of atorvastatin on cardiac remodeling in two-kidney two-clip hypertensive rats. Pharmazie, 68 (4): 261-269.

Maejima Y, Kuroda J, Matsushima S, et al.2011. Regulation of myocardial growth and death by NADPH oxidase. J Mol Cell Cardiol, 50: 408-416.

Matsumoto-Ida M, Takimoto Y, Aoyama T, et al. 2006. Activation of TGF-β1-TAK1-P38 MAPK pathway in spare cardiomyocyted is involved in left ventricular remodeling after myocardial infarction in rats. Am J Physiol Heart Circ Physiol, 290 (2): H709-H715.

Nabeebaccus A, Zhang M, Shah AM. 2011.NADPH oxidases and cardiac remodelling. Heart Fail Rev, 16: 5-12.

Pang M, Zhuang S. 2010. Histone deacetylase: a potential therapeutic target for fibrotic disorders. J Pharmacol Exp Ther, 335: 266-272.

Planavila A, Calvo RR, Vazquez-Carrera M. 2006. Peroxisome proliferator-activated receptors and the control of fatty acid oxidation in cardiac hypertrophy. Mini Rev Med Chem, 6: 357-363.

Planavila A, Laguna JC, Vázquez-Carrera M. 2005. Atorvastatin improves peroxisome proliferator-activated receptor signaling in cardiac hypertrophy by preventing nuclear factor-kappa B activation. Biochim Biophys Acta, 1687: 76-83.

Schiffrin EL. 2005. Peroxisome proliferator-activated receptors and cardiovascular remodeling. Am J Physiol Heart Circ Physiol, 288 (3): H1037-H1043.

Wang P, Tang F, Li R, et al. 2007. Contribution of different Nox homologues to cardiac remodeling in two-kidney two-clip renovascular hypertensive rats: effect of valsartan. Pharmacological Research, 55: 408-417.

Wilkins BJ, Molkentin JD. 2004. Calcium-calcineurin signaling in the regulation of cardiac hypertrophy. Biochem Biophys Res Commun, 322 (4): 1178-1191.

Zhang H, Pi R, Li R, et al. 2007. PPARbeta/delta activation inhibits angiotensin Ⅱ-induced collagen type Ⅰ expression in rat cardiac fibroblasts. Arch Biochem Biophys, 460 (1): 25-32.

Zhang M, Brewer AC, Schröder K, et al. 2010. NADPH oxidase-4 mediates protection against chronic load-induced stress in mouse hearts by enhancing angiogenesis. Proc Natl Acad Sci, 107: 18121-18126.

第六章　肠组织损伤与修复分子机制

第一节　肠组织的基本结构

肠道是人体最大的消化器官，也是人体最大的排毒器官，哺乳动物的肠包括小肠、大肠。大量的消化作用和几乎全部消化产物的吸收都是在小肠内进行的，大肠主要浓缩食物残渣，形成粪便，再通过直肠经肛门排出体外。

一、小肠的结构和功能

小肠，一般根据形态和结构变化分为三段，分别为十二指肠、空肠和回肠。十二指肠位于腹腔的后上部，全长25cm。它的上部（又称球部）连接胃幽门，是溃疡的好发部位。肝脏分泌的胆汁和胰腺分泌的胰液，通过胆总管和胰腺管在十二指肠上的开口，排泄到十二指肠内以消化食物。十二指肠呈“C”形，从右侧包绕胰头，可分为上部、降部、水平部和升部四部分。

小肠的功能：食物经过在小肠内的消化作用，已被分解成可被吸收的小分子物质。食物在小肠内停留的时间较长，一般是 3～8h，这提供了充分吸收时间。小肠是消化管中最长的部分，是主要的吸收器官，也是吸收营养物质的主要部位。小肠很细长，盘曲在腹腔内。小肠全长 4～6m，小肠黏膜形成许多环形皱褶和大量绒毛突入肠腔，每条绒毛的表面是一层柱状上皮细胞，柱状上皮细胞顶端的细胞膜又形成许多细小的突起，称微绒毛。小肠黏膜上的环形皱襞、小肠绒毛和每个小肠绒毛细胞游离面上的 1000～3000根微绒毛，使小肠黏膜的表面积增加 600 倍，达到 $200m^2$ 左右。小肠绒毛上皮细胞朝向肠腔的一侧，估计一个成年人小肠的内表面积为 $200m^2$。内表面积越大，吸收越多。另外，小肠绒毛内有毛细血管，小肠绒毛壁和毛细血管壁很薄，都只有一层上皮细胞，这些结构特点使营养物质很容易被吸收而进入血液。小肠的巨大吸收面积有利于提高吸收效率。

二、大肠的结构和功能

大肠，分为盲肠、阑尾、结肠、直肠和肛管，是对食物残渣中的水液进行吸收，而食物残渣自身形成粪便并有度排出的脏器。大肠是人体消化系统的重要组成部分，为消化道的下段。大肠居于腹中，其上口在阑门处接小肠，其下端连接肛门。全程形似方框，围绕在空肠、回肠的周围。大肠在外形上与小肠有明显的不同，一般大肠口径较粗，肠壁较薄。

1. 盲肠　盲肠为大肠起始的膨大盲端，长 6～8cm，位于右髂窝内，向上通升结肠，向左连回肠。回肠、盲肠的连通口称为回盲口。口处的黏膜折成上、下两个半月形的皱襞，称为回盲瓣，此瓣具有括约肌的作用，可防止大肠内容物逆流入小肠。在回盲瓣的下方约 2cm 处，有阑尾的开口。

2. 阑尾　阑尾形如蚯蚓，又称蚓突。上端连通盲肠的后内壁，下端游离，一般长 2～20cm，直径约 0.5cm。阑尾全长都附有阑尾系膜，其活动性较大。阑尾根部在体表的投影位置，通常以脐和右髂前上棘连线的外、中 1/3 交界处作标志，临床上称麦克伯尼（McBurney）点；或以左、右髂前上棘连线的中、右 1/3 交界处作为标志，临床上称兰氏（Lanz）点，急性阑尾炎时该处可有压痛。

3. 结肠　结肠为介于盲肠和直肠之间的部分，按其所在位置和形态，又分为升结肠、横结肠、降结肠和乙状结肠四部分。

1）升结肠　长约 15cm，是盲肠向上延续部分，自右髂窝沿腹后壁的右侧上升，至肝下方向左弯形成结肠右曲，移行于横结肠。升结肠后面借结缔组织附贴于腹后壁，故活动性较小。

2）横结肠　长约 50cm，起自结肠右曲，向左横行至脾处再向下弯成结肠左曲，移行于降结肠。横结肠全部被腹膜包被，并借横结肠系膜连于腹后壁，其中部下垂，活动性较大。

3）降结肠　长约 20cm，从结肠左曲开始，沿腹后壁的左侧下降，至左髂嵴处移行于乙状结肠。降结肠后面借结缔组织附贴于腹后壁，所以活动性也小。

4）乙状结肠　长 40～45cm，平左髂嵴处接续降结肠，呈“乙”字形弯曲，至第 3 骶椎上缘处续于直肠。空虚时，其前面常被小肠遮盖，当充盈扩张时，在左髂窝可触及。乙状结肠全部被腹膜包被，并借乙状结肠系膜连于左髂窝和小骨盆后壁，其活动性也大。

4. 直肠

1）直肠的位置　直肠为大肠的末段，长 15～16cm，位于小骨盆内。上端平第 3 骶椎处接续乙状结肠，沿骶骨和尾骨的前面下行，穿过盆膈，下端以肛门而终。直肠与小骨盆腔脏器的毗邻关系男女不同，男性直肠的前面有膀胱、前列腺和精囊腺；女性则有子宫和阴道。因此，临床指诊时，经肛门可触查前列腺和精囊腺或子宫和阴道等。

2）直肠的形态　直肠在盆膈以上的部分称为直肠盆部，盆部的下段肠腔膨大，称为直肠壶腹。盆膈以下的部分缩窄称为肛管或直肠肛门部。直肠有两个弯曲：上段凸向后，与骶骨前面的曲度一致，形成骶曲；下段向后下绕过尾骨尖，形成凸向前的会阴曲。临床上当进行乙状结肠镜检查时，应顺着直肠两个弯曲的方向将镜插入，以免损伤肠壁。

3）直肠的构造　直肠壶腹内面的黏膜，形成 2～3 条半月状的直肠横襞，其中位于前右侧壁的一条，大而恒定，距肛门约 7cm，相当于腹膜返折的水平。在通过乙状肠镜检查确定直肠肿瘤与腹膜腔的位置关系时，常以此横襞作为标志。这些横襞有支持粪便的作用。肛管上段的黏膜形成 6～10 条纵行的黏膜皱襞，称为肛柱。各柱的下端有半月形的小皱襞相连，称为肛瓣。在肛瓣与相邻二柱下端之间有小凹陷，称为肛窦。各肛瓣与肛柱下端，共同连成锯齿状的环形线，称为齿状线，为皮肤和黏膜相互移行的分界线。齿状线以下光滑而略有光泽的环形区域，称为肛梳或痔环。痔环和肛柱的深面有丰富的静脉丛，此丛如淤血扩张则易形成痔，在齿状线以上者称为内痔，以下者称为外痔。

直肠周围有内、外括约肌围绕。肛门内括约肌由直肠壁环行平滑肌增厚而成，收缩时能协助排便。肛门外括约肌是位于肛门内括约肌周围的环行肌束，为骨骼肌，可随意括约肛门。

大肠的功能：能保护黏膜和润滑粪便，使粪便易于下行，保护肠壁防止机械损伤，免遭细菌侵蚀。大肠能够吸收少量的水、无机盐和部分维生素。

第二节　肠组织损伤的病理学

肠组织损伤是较常见的腹内脏器损伤，居腹部外伤中的第 4 位。目前研究较多的是结肠，其中结肠损伤有以下特点：①结肠壁薄，血液循环差，愈合能力弱；②结肠内充满粪便，含有大量细菌，一旦肠管破裂，腹腔污染严重，易造成感染；③结肠腔内压力高，术后常发生肠胀气而致缝合处或吻合口破裂；④升、降结肠较固定，后壁位于腹膜外，伤后易漏诊而造成严重的腹膜后感染；⑤结肠损伤的合并伤和穿透伤多。结肠损伤的发生率占平时腹部外伤的 10%～22%，占战时腹部外伤的 11%～38%，各种原因造成医源性结肠损伤的发生率为 0.1%～4.5%。结肠损伤多不立即危及生命，但若感染后期病死率较高。

一、结肠组织损伤病理学

结肠损伤分为肠壁挫伤、系膜损伤血肿、肠壁不全破裂及全层破裂等。结肠壁的挫伤多由闭合性损伤引起，肠壁局部肿胀、淤血，但肠壁完整。结肠壁的轻微挫伤通常可自行愈合，但严重的肠壁挫伤能导致严重后果，如黏膜脱落形成溃疡，浆肌层可能坏死而穿孔。细菌可经挫伤部位侵入腹腔引起腹膜炎，挫伤部位愈合后可形成瘢痕性挛缩造成结肠狭窄。系膜损伤常合并有系膜血管伤，使系膜形成血肿。受累肠管发生血运障碍，可造成迟发性结肠坏死穿孔。结肠壁的不全破裂只有肠壁的 1 层或多层裂开，通常是浆膜层或浆肌层的破裂，而黏膜及黏膜下层仍保留其完整性。因无肠内容物溢出，不会立即出现腹膜炎征象。不全破裂多数局部形成粘连而愈合。肠壁完全破裂者，小的破裂口可见黏膜外翻呈唇状，也可由于肠壁的肌肉收缩或黏膜由破口外翻、破口暂时被阻塞而无明显症状。较大的破裂或完全断裂者，有大量粪便进入腹腔而引起弥漫性腹膜炎。结肠镜检查损伤是一种直接伤，可造成肠穿孔，最易发生的部位是直肠和乙状结肠交界处，结肠肝曲处、结肠脾曲处。因行结肠镜检查的患者多已进行肠道准备，肠腔内较干净，穿孔后腹腔污染较轻。钡灌肠引起的结肠穿孔后果极其严重，这是因为带有大量细菌的钡剂进入腹腔，且与腹内脏器的浆膜面紧粘在一起，术中不易清除干净，可引起腹腔感染及肠粘连。结肠闭合性损伤较少，常合并其他脏器损伤，其中以合并小肠伤最为常见，其他易受累的器官有肝、脾、肾、输尿管、膀胱及骨盆或四肢骨折等。

二、病理分类

1）根据结肠的损伤程度及患者有无休克分为3级（Flint分级法）

（1）Ⅰ级：损伤局限于结肠，破口较小，腹腔污染较轻，无休克。

（2）Ⅱ级：结肠破口较大，中度腹腔污染，轻度休克。

（3）Ⅲ级：结肠破口较大，有严重的组织缺损或血运障碍，重度污染腹腔，重度休克。

2）根据有无其他脏器损伤分为单纯损伤和多发损伤

（1）单纯损伤：指结肠破裂不合并其他脏器损伤。常见于医源性损伤和刀刺伤。

（2）多发结肠损伤：指结肠破裂合并其他脏器损伤。临床上多见，多发生于闭合性损伤。

第三节　肠组织损伤的分子生物学

一、肠组织损伤的基本概念和分类

胃肠道是人体最大的细菌储存器官，能够容纳约10^{12}个细菌，产生大量的内毒素。正常情况下，胃肠道只能选择性地吸收人体需要的营养素，并不吸收细菌和毒素。这是因为肠黏膜具有阻止细菌和毒素的屏障功能。肠黏膜屏障由4部分组成：机械屏障、免疫屏障、化学屏障和生物屏障。

肠黏膜屏障功能损伤的机制如下。

1. 肠黏膜缺血再灌注损伤　机体在遭受严重创伤、烧伤等情况下，全身血量重新分配。研究显示：全身血量减少10%，即可导致胃肠道血流减少40%，胃肠道最早发生缺血，又最迟得到恢复，容易受损直至衰竭。

2. 肠黏膜应激性损伤　在严重创伤、重症全身性疾病、腹部放射治疗，以及缺血再灌注肠损伤等应激状态下，各种神经、免疫和内分泌机制作用于肠上皮，导致肠黏膜屏障功能改变，进而导致肠黏膜屏障的损伤。可引起肠黏膜缺血和过氧化损伤，继而出现黏膜细胞损害、糜烂和出血。研究证实，肥大细胞是神经免疫轴的固有成分，与神经、内分泌、免疫系统关系密切，是中枢神经系统调节肠黏膜功能的桥梁。应激状态下，肥大细胞通过脱颗粒释放多种炎症递质和细胞因子影响屏障功能。肿瘤坏死因子（TNF）、γ-干扰素、白细胞介素等均有细胞毒作用，可直接引起组织水肿和破坏，也可通过破坏细胞间紧密连接引起肠黏膜损伤。凋亡以及非凋亡区紧密连接的降解是肠上皮渗透性增加的主要原因之一。TNF-α可诱导肠上皮细胞凋亡和非凋亡区的细胞间紧密连接蛋白分解和功能改变，从而导致肠上皮渗透性增加。

3. 营养不良引起的肠组织损伤　营养障碍可引起肠细胞DNA含量减少，蛋白质合成及细胞增生下降，肠腔内黏液层变薄，导致黏膜萎缩及所继发的肠黏膜酶活性下降，肠黏膜免疫功能受损。蛋白质-热量营养不良同时又可以降低机体蛋白质水平，引起淋巴细胞减少、免疫球蛋白水平下降、巨噬细胞功能不良，甚至影响肠道和全身的免疫功能。

4. 细菌移位及内毒素损伤　长期、大量使用广谱抗生素，使肠道上皮受损，可造成肠道菌群紊乱，肠道的生物屏障减弱，使致病菌定殖、繁殖并呈优势生长。它们通过产生蛋白酶及毒素等抑制上皮细胞蛋白质合成，使绒毛受损，从而损伤肠黏膜屏障，发生菌群移位。内毒素是存在于革兰氏阴性菌细胞壁中的脂多糖，当机体受到严重创伤、烧伤、感染及长期静脉营养时，肠屏障功能下降，肠腔内大量内毒素向肠外组织迁移的过程称为内毒素移位。内毒素可激活补体及一系列细胞因子，同时损伤肝脏库普弗细胞导致黏膜下水肿、肠绒毛顶部细胞坏死、肠通透性增加，从而进一步破坏肠黏膜屏障功能。

二、肠组织损伤研究的动物模型

为研究各种肠道损伤的发病机制及探索新的治疗药物，人们构建了许多动物模型。常见的肠道损伤动物模型如下。

1. 化学介质诱导的肠道损伤模型　用化学介质直接刺激动物的肠道，使刺激部位产生炎性病灶而建立的模型。常用的有葡聚糖硫酸钠（dextran sulfate sodium，DSS）模型。炎性肠病（inflammatory bowel disease，IBD）是人类常见的消化道疾病，DSS 诱导的 IBD 模型与临床人类 IBD 疾病在病理学上有共同特征，啮齿类动物（小鼠、大鼠、豚鼠）饮用 DSS 溶液（2%～5%）5～7 天，出现血便、体重减轻、粒细胞浸润等结肠炎的典型症状。重复使用 DSS 4～7 次，能诱导出类似于人的慢性肠炎症状，在停止使用 DSS 后的第 14 天观察组织学变化，炎症的严重程度与实验动物的品系有关。目前，DSS 模型多用于溃疡性结肠炎（ulcerative colitis，UC）发病机制研究及 IBD 和大肠癌等临床新药开发，但不适合 T 细胞介导的免疫反应的研究。

2. 病原菌诱导的肠道损伤模型　病原菌诱导的模型是将一定浓度的病原菌，采用口服、灌胃或皮下注射等方式，诱导动物产生一系列细菌性肠炎变化而建立的模型。这样建立的动物模型，使肠炎的发生更接近于自然状态，有助于深入剖析病原菌与宿主相互作用的分子调控机制。用高剂量（10^9cfu/ml）的福氏志贺菌（*Shigella flexneri*）2a 或 5a，通过口服途径使豚鼠出现了典型的细菌性痢疾症状。用猪 2 型链球菌 1330 和 ZY458（2.5×10^7cfu/ml），按 10μl/g 直接给小鼠灌胃，成功建立了猪 2 型链球菌消化道感染小鼠模型，能够引起肠道免疫应答反应。利用牛源 A 型产气荚膜梭菌 C987 株（8.0×10^6cfu/ml），采用皮下注射接种的方式，建立了 A 型产气荚膜梭菌小鼠感染模型，在接种细菌数量、试验平行性、小鼠死亡率上均优于灌胃接种方式。这类模型的缺点是很难做到标准化，它缺少稳定的可再现性，很难有效进行致病机制的研究。但是在研究宿主免疫应答反应和开发新型药物方面具有优势。

3. 放射线诱导的肠道损伤模型　肠上皮是构筑肠道黏膜屏障的主要成分，对辐射敏感。电离辐射作为腹腔恶性肿瘤治疗的主要手段之一，对正常小肠上皮细胞具有毒副作用，超过一定剂量照射可形成肠型放射病，病死率极高。放射性肠炎是一种在放射治疗过程中引起的肠道并发症。因此人们利用大鼠腹部照射或小鼠全身照射等方式，建立了放射性肠炎模型。采用电子直线加速器产生的6MV电子线对小鼠进行8Gy全腹垂直照射，剂量率为200～210cGy/min，量辐射预处理可促使肠内SOD升高，炎症因子IL-1β、TNF-α呈现高表达。

4. 缺血再灌注肠道损伤模型　肠缺血再灌注损伤是肠黏膜屏障功能损害的常见原因。近来研究表明，肠上皮细胞凋亡在肠缺血再灌注损伤中起重要作用。诱导方法：Wistar大鼠（体重200～250g），雌雄不限，随机分组，术前禁食，3%戊巴比妥钠（300mg/kg）腹腔注射麻醉。肠缺血再灌注模型制备：腹部正中切口入腹，显露中段小肠15cm，用无创血管夹阻断其肠系膜动静脉，用生理盐水纱布覆盖切口，1h后去除血管夹，恢复缺血肠袢血液循环，关腹。肠缺血再灌注1h，肠黏膜损害加重，黏膜上皮细胞凋亡明显增加，黏膜隐窝上皮细胞分裂活性降低；肠黏膜再生1天、3天组肠黏膜上皮细胞凋亡明显减少，黏膜隐窝上皮细胞分裂活性增加，并逐渐恢复至正常水平，肠黏膜结构逐渐恢复至正常。

三、放射治疗引起的肠组织损伤的分子机制

小肠属于自我更新迅速的组织，对电离辐射十分敏感。全身放射性损伤（如核爆炸和核事故发生时）以及腹盆腔局部肿瘤放疗等都可引起肠道结构和功能的损伤，但目前缺乏有效的防治手段。

（一）辐射后小肠上皮细胞的死亡方式

1. 凋亡　细胞凋亡是辐射诱导肠上皮细胞损伤的主要途径，主要发生在小肠隐窝上皮细胞。从隐窝基底部（不包括潘氏细胞）到中上部。细胞分化状态的等级性对应着不同的辐射敏感性。研究表明活跃期肠道干细胞对电离辐射最敏感，大剂量射线照射后迅速发生凋亡，而静止期干细胞可以耐受高剂量照射。且在高剂量照射的诱导下发生增殖，分化成活跃期干细胞，并再生整个隐窝和绒毛。在凋亡发生的时相性方面，不论是高低剂量照射，均在照后2～3h即出现凋亡。照后3～6h出现凋亡细胞峰，24h恢复至本底水平。

目前对于调控电离辐射后隐窝干细胞凋亡及修复的分子机制知之甚少。p21缺失可促进辐射损伤后隐窝干细胞的存活。但也有研究表明，p53或p21缺失虽可促进隐窝再生，但同时伴有大量的非凋亡细胞死亡，加速动物死亡。生长因子如胰岛素样生长因子（IGF）和碱性成纤维细胞生长因子（bFGF）对辐射后隐窝干细胞的保护作用就是通过PI3K/Akt/p53途径实现的。参与辐射损伤后隐窝干细胞损伤修复的其他分子机制尚待深入研究。

2. 坏死　以往研究表明，不论照射剂量高低，均在照射后数分钟即可见隐窝上皮

细胞变性，30～60min 坏死增多，于 4h 已较广泛，5h 始见吞噬清除，约于 24h 坏死清除达到高峰，持续 1～2 天。

3. 自噬性死亡 自噬是指细胞通过溶酶体对自身结构的吞噬降解，实现细胞的代谢需要和某些细胞器的更新，是细胞适应内外环境所需的基本调节方式。正常细胞通过自噬，可清除过多的不必要的蛋白质及受损的或衰老的细胞器，以维持内环境稳定。当自噬调控机制发生异常时，将导致细胞功能改变，甚至引起细胞死亡，称为自噬性细胞死亡。电离辐射可以诱导细胞发生自噬，但在放射性肠损伤时自噬现象的发生报道较少。

（二）辐射后肠道微环境的改变

1. 血管内皮细胞 关于内皮细胞在放射性肠损伤中的作用颇具争议。辐射所致微血管内皮细胞凋亡是导致干细胞功能障碍的先决条件。通过静脉注射 bFGF 或遗传缺失酸性鞘磷脂酶基因抑制内皮细胞凋亡，可阻止辐射诱导隐窝损伤、器官衰竭及最终死于肠型放射病（即 GI 综合征）。磷酸鞘氨醇也可通过激活 Akt 通路抑制内皮细胞凋亡，进而明显延长 15Gy 致死剂量照射所致 GI 综合征小鼠存活时间。该研究明确提出鞘氨醇-1-磷酸（SIP）是通过保护内皮细胞，而非小肠上皮细胞或 T 淋巴细胞、B 淋巴细胞而起作用的。然而，也有部分学者认为，血管内皮细胞凋亡并不是引发 GI 综合征的主要原因。

2. 免疫细胞 肠上皮内淋巴细胞低剂量照射后，数量即减少。高剂量照射后，部分上皮内淋巴细胞发生变性和坏死，且会对相邻的上皮细胞造成损害（局部细胞膜消融），从而削弱肠上皮的屏障功能。另有研究表明，在放射损伤中，肠道肥大细胞在早期起保护作用，后期则促进肠道纤维化的进展。研究发现，肥大细胞缺陷的 Wistar 大鼠受到腹部 21Gy 照射后，在早期（照射后 2 周）显示明显的黏膜损伤和大范围的黏膜表面溃疡；后期则肠壁纤维化和胶原蛋白沉积的程度明显减轻。

四、缺血再灌注肠损伤的分子机制

小肠是对缺血缺氧较敏感的器官之一，特别在失血性休克、肠梗阻、肠扭转、腹主动脉瘤手术等情况时，肠组织均会受到不同程度的缺血性损伤。在治疗或解除组织缺血损伤，恢复血液灌注后，肠组织又可发生不同程度的缺血再灌注（ischemia/reperfusion，I/R）损伤。目前认为，肠 I/R 损伤不仅致局部组织损伤，肠屏障功能低下，还可致肠内菌群紊乱，内毒素移位，引起机体内环境剧烈变化，细胞因子和大量炎症介质释放，引发全身炎症反应综合征（systemic inflammatory response syndrome，SIRS），进一步可导致多器官功能障碍综合征（multiple organ dysfunction syndrome，MODS）。

（一）肠 I/R 损伤机制

1. 氧自由基损伤 肠组织缺血/缺氧后，细胞内 ATP 转化为次黄嘌呤，组织再灌注后，次黄嘌呤在黄嘌呤氧化酶的作用下，产生较多的活性氧自由基，这些化学性质活跃的氧自由基可造成脂质过氧化，破坏生物膜的通透性，使酶系统受损，改变细胞的遗传信息，进一步造成细胞结构、代谢和功能的全面紊乱，甚至死亡。因此，抑制组织自由基产生，可防止肠 I/R 损伤。抗氧化剂和抗氧化防御酶通过增加抗氧化防御体减轻自由基损伤。具有抗氧化活性的原花青素通过减少脂质过氧化、氧化应激和亚硝化能力保护肠 I/R 所致的肠黏膜和肺泡壁的损伤。血红素加氧酶是一种抗氧化防御酶。研究表明小剂量氯胺酮预处理能减轻肠 I/R 后造成的肠黏膜损伤，这种作用在一定程度上是通过上调血红素加氧酶，下调诱导型一氧化氮合酶（inducible NOS，iNOS）的表达来实现的。此外氧自由基清除剂，如过氧化氢酶、谷胱甘肽过氧化物酶、超氧化物歧化酶等，通过阻断自由基连锁反应，达到减少自由基产生或促进自由基清除。乌司他丁可能通过抑制蛋白酶介导的多形核细胞积聚，稳定溶酶体膜，抑制氧自由基的产生及各种蛋白酶、细胞因子和炎症介质的释放，从而直接清除氧自由基。

2. 能量缺乏　肠缺血时，其组织细胞内氧供减少或中断，细胞的有氧代谢受到抑制，无氧代谢代偿性增加，ATP 合成迅速减少，细胞膜上钠钾泵失活，细胞膜对 Na^+的通透性增加，Na^+-Ca^{2+}交换增多，使细胞内钙超载，引起细胞损伤。同时无氧代谢产生的酸性产物大量堆积，造成细胞酶活性的改变及维持离子跨膜浓度的能量缺乏。严重缺血时可使细胞内环境紊乱，甚至导致细胞死亡。因此，在 I/R 早期为组织提供足够 ATP，可以恢复缺血组织的能量供应，改善微循环，防止无氧代谢时细胞膜的破坏。叶志强等研究表明，乳果糖预处理显著抑制血清中细胞因子水平和肠组织脂质过氧化，从而显著减轻 I/R 引起的肠组织损伤和肠上皮细胞凋亡。

3. 细胞内 Ca^{2+}超载　细胞内 Ca^{2+}超载时可引起磷脂酶激活，膜磷脂分解，破坏细胞和线粒体膜，最终导致细胞死亡。研究表明，I/R 后肠黏膜线粒体内出现 Ca^{2+}超载现象，主要是由于 I/R 产生大量氧自由基损伤细胞膜及线粒体膜，使其通透性增加，Ca^{2+}顺电化学梯度大量内流。此外，I/R 时能量缺乏，ATP 依赖型钙泵功能受损，不能将多余 Ca^{2+}排出以维持内环境稳定。Ca^{2+}超载可激活巨噬细胞释放毒性产物，如水解酶和细胞因子，同时 Ca^{2+}内流又可激活黄嘌呤氧化酶促进氧自由基生成，并激活磷脂酶 A2 加重细胞损伤。因此氧自由基增加、能量缺乏和 Ca^{2+}超载三者相互作用，形成恶性循环，最终造成细胞损伤。抑制 Ca^{2+}超载，可以抑制组织细胞损伤。有研究表明 1,6-二磷酸果糖对大鼠小肠 I/R 损伤具有明显保护作用，其机制可能是通过间接抑制线粒体 Ca^{2+}超载，维持组织 Na^+-K^+-ATP 酶活性而保护组织结构的完整性。异戊巴比妥通过减少 O_2和 Ca^{2+}，临时封锁线粒体复合体 I 活性保护心肌 I/R 损伤。

4. 细胞因子与炎症介质损伤　当细胞受到刺激时，主要通过 JAK-STAT、MAPK、NF-κB 等信号转导系统及补体途径，产生 TNF-α、IL-1、IL-6、IL-8 等细胞因子和炎症介质，使组织细胞受损。JAK-STAT 通路是一个重要的生长因子和细胞因子信号转导机制，特别是 STAT3 的活化，可防止肠黏膜损伤后结肠炎的发展和促进黏膜修复，STAT3 基因缺失则导致慢性肠炎。MAPK 通过多层次、多方面的信号调节，影响基因表达、介质释放和细胞内其他信号通路，参与肠上皮细胞促炎因子释放、细胞凋亡等损伤过程。正常情况下，NF-κB 在细胞质与抑制蛋白 IκB 结合并处于静止状态，当受到缺氧、感染、损伤等因素刺激时，IκB 迅速发生磷酸化及降解，NF-κB 被活化，其具有转录活性的 Rel/p65 亚单位进入细胞核与相关的 DNA 序列结合，诱导众多靶基因包括 TNF-α、IL-1β 等多种促炎因子的表达。近年的体外研究发现，全反式维甲酸可以抑制 NF-κB 通路，对细胞的缺氧损伤和高糖诱导凋亡具有保护作用，全反式维甲酸预处理也可抑制 NF-κB 激活，减轻组织的过度炎症反应，对大鼠肠 I/R 损伤具有保护作用。研究表明，衰变加速因子不仅可阻止经典或替代途径 C3 和 C5 转化酶的装配，而且可通过诱导催化 C2a 快速解离使已形成的 C4、C5 转化酶失去稳定性，从而抑制补体的活化，因此，可能在急性肠系膜缺血治疗中有效。脂多糖是革兰氏阴性细菌细胞壁成分，可以通过与 Toll 样受体相作用，促进炎症细胞分泌多种细胞因子引起强烈的免疫反应。

5. 凋亡　已有研究证实，肠上皮细胞异常凋亡是 I/R 期间肠黏膜损伤的主要机制。肠 I/R 期间，高水平的 TNF-α 上调 Fas 表达，通过 Fas-FasL 活化 caspase 3 和下调 Bcl-2 表达而降低其抑制 caspase 3 激活效应，可能是肠上皮细胞凋亡发生的主要途径。已有研究发现瑞芬太尼可以下调大鼠肠 I/R 时 caspase 3 蛋白表达，使肝细胞凋亡减轻，从而对肝损伤有一定的保护作用。其他凋亡抑制剂还有甘氨酸、SB203580、环孢素 A、碱性成纤维细胞生长因子、钙阻滞剂等。

（二）肠 I/R 损伤的防治方法

近年来对肠 I/R 后肠道细菌移位的研究发现，原发病是机体的第一次打击，由此引发的肠道细菌移位造成的内源性感染、内毒素血症和脓毒血症等是机体的第二次打击，是造成 MODS 的直接原因。认识肠黏膜屏障功能的重要性，积极采取保护措施，有助于减少细菌及内毒素移位，减少 SIRS 及 MODS 的发生。

1. 药物治疗　血必净注射液能有效拮抗内毒素，下调促炎介质水平，调节免疫反应，并通过保护受损内皮凋亡基因，改善微循环，避免内毒素攻击，减轻肠道损伤，起到预防 MODS 发生的效果。同时也有人发现早期肠内营养是保护肠黏膜的重要措施，既可防止肠黏膜萎缩，避免肠通透性增加，又减少了肠道细菌和内毒素的移位尤其是内毒素移位。肠黏液不仅可作为防止肠上皮细胞和毒物接触的屏障，还在肠黏膜修复和重建中起到重要作用，因此，黏液的替代物和能够增强黏液层的药物可能在预防和治疗肠 I/R 导致的 MODS 中有意义。

2. 缺血预处理　在长时间 I/R 前控制性 I/R 一段时间，即缺血预处理（ischemic preconditioning，IPC），该措施最初用于同一组织（局部）被证明是有益的，应用到不同的组织（远程）同样有效。近年来，研究发现缺血后处理（ischemic postconditioning，IPO）对大鼠小肠 I/R 损伤起保护作用。

3. 中药　目前中药在脏器保护方面的功效已很受重视，并且逐渐显示出传统中药的“毒性小”及“多靶效应”的独特优势。清热解毒、活血化瘀、通里攻下类中药在防治小肠 I/R 损伤方面有重要作用。大承气汤是我国传统的中医用药，研究表明，大承气汤可通过促进血流恢复、减轻炎症反应等发挥对大鼠肠 I/R 损伤的保护作用。其他方法包括中医电刺激疗法等。

4. 低温及控制复温速度　亚低温可减轻肠黏膜损害程度，机制可能是亚低温抑制小肠因 I/R 损伤所致的肠组织脂质过氧化反应，提高小肠的抗氧化能力，减轻自由基损害，维护细胞的正常能量代谢及细胞形态和功能的完整性。低温抑制 iNOS 表达，但复温持续时间对 iNOS 表达影响未见报道，并且推测缓慢复温和控制性给予糖皮质激素可减少活性氧产生。用该方法来防治小肠 I/R 损伤效果明显，前景也十分开阔，但有待开展临床研究加以证实。

五、肠道细菌移位的途径和诱导肠道损伤机制

肠道细菌移位（bacterial translocation，BT）是肠道上皮损伤后，肠道细菌及毒素穿过肠黏膜上皮，累及肠系膜淋巴结、周围组织和远隔器官的过程，可导致肠源性内毒素血症，引起全身炎症反应综合征及组织损伤、多器官功能衰竭，甚至机体死亡。目前对 BT 发病机制的认识多基于动物模型实验。研究表明，影响 BT 的因素主要是肠黏膜屏障的破坏，此外，还包括肠上皮细胞各种蛋白、受体等因素。

（一）BT 的途径

研究表明 BT 主要通过 2 种途径，即跨肠上皮细胞转运及紧密连接转运。跨细胞转运主要是通过一些特殊的细胞通道以及泵膜。大肠埃希菌、变形杆菌等活细菌主要通过跨细胞途径转运，这是 BT 的主要途径。通过紧密连接转运主要源于肠腔内渗透压改变、肠上皮细胞骨架及其蛋白质构架微管和微丝的直接破坏，大分子如内毒素就是通过疏松的紧密连接进行移位。同样，细菌等抗原也是通过两个途径进入体循环的：通过肠静脉系统到达门静脉或者经由肠淋巴系统进入体循环。

（二）BT 的后果

BT 可发生在正常健康人群，多为生理性作用，少量内毒素、有活力或无活力的细菌发生 BT，是刺激网状内皮组织生长的重要因素，尤其是肝脏的库普弗细胞。病理及应激情况下 BT 的发生可引起各器官组织的感染、菌血症、脓毒血症，最终发展为 MODS。很多研究表明 MODS 与肠道屏障功能缺失、BT 有关。很多疾病过程均可能伴发 BT，如缺血、急性胰腺炎、肝硬化、梗阻性黄疸、腹部手术、恶性肿瘤、心力衰竭、冠脉搭桥、心肺旁路建立、器官移植等。以急性胰腺炎为例，感染是重型急性胰腺炎最主要也是最严重的并发症，病死率可达 80%，而肠源性细菌是急性胰腺炎时胰腺及胰周感染的主要细菌来源。BT 在肝硬化并发症如内毒素血症、自发性腹膜炎、上消化道出血及肝性脑病的发生发展过程中均起重要作用，自发性腹膜炎是肝硬化并发细菌感染的最常见表现之一，动物实验中腹水培养阳性的肝硬化大鼠肠系膜淋巴结均为阳性，且常为同一种细菌，这表明肠道 BT 与自发性腹膜炎存在联系。选择性肠道去污（selective gastrointestinal decontamination，SGD）可降低肝硬化患者自发性腹膜炎及其他感染的发生率。BT 参与上消化道出血、肝肾综合征、肝肺综合征及

肝性脑病等并发症的发生，主要是通过肝硬化高动力循环状态（hyperdynamic circulation state，HCS）的介导。肠道存有大量的细菌及其产物，其在BT时穿透肠壁，诱导机体释放大量细胞因子，肠源性内毒素及随之增加的细胞因子可增加NO合成，从而使外周及内脏主要血管扩张，动脉灌注减少，血容量相对不足，血压下降，机体激活神经体液系统（肾素-血管紧张素-醛同酮系统、交感神经系统、抗利尿激素等）进行代偿，导致肾动脉收缩，水钠潴留以增加重门静脉血流负担，诱发食管胃底静脉曲张破裂及腹水产生，而且肾动脉收缩可加重肝肾综合征。同时脑血管扩张导致脑水肿，可诱发或加重肝性脑病，而肺动脉扩张致肺内血液分流及低氧血症，产生肝肺综合征。选择性肠道去污（SGD）可部分降低细胞因子水平，缓解血流动力学异常，也进一步证明了BT内毒素血症与HCS有关。

（三）改善肠道屏障功能防止BT的措施

肠道BT的预防首先应该针对原发病进行治疗。去除炎症介质、内毒素等有害物质对肠道黏膜的破坏作用，纠正肠黏膜缺血缺氧的状态，能有效地预防肠道BT的发生。在进行原发病治疗的同时，肠道局部的治疗也很重要，如选择性肠道去污、营养支持、营养添加剂、细胞因子疗法等，可减少肠道致病菌数量、维持肠道微生态平衡、营养肠黏膜，以防治BT。

第四节　肠组织损伤修复的分子生物学

一、肠组织损伤修复的概念

各种病理因素均可介导肠黏膜屏障的损伤，造成其功能的可逆或不可逆丧失。创伤、烧伤、休克、感染等病理因素均可使胃肠黏膜缺血缺氧、缺血再灌注损伤及营养障碍，引起肠黏膜机械屏障功能损伤，细菌、内毒素移位，最终导致肠源性全身炎症反应综合征（SIRS）和多器官功能障碍综合征（MODS）。肠黏膜机械屏障损伤后，有三种主要机制对黏膜上皮细胞的连续性和正常的通透性进行修复：①绒毛收缩，以减少因损伤裸露的黏膜表面积；②上皮细胞移位来封闭暴露的基底膜；③关闭上皮细胞间隙和紧密连接。这三种机制在损伤后仅数分钟内就被启动，并且受到免疫效应细胞、结构和收缩成纤维细胞、内皮细胞及黏膜固有层细胞外基质的共同调节。修复机制开始后，隐窝细胞增殖并达到峰值，替换损伤的细胞、修复绒毛结构及消化吸收功能。

二、肠组织损伤修复的动物模型

人类疾病的研究和治疗技术的进步与实验动物科学的兴起有着密切的联系。以下是常见的肠组织损伤修复的动物模型。

（一）骨髓间充质干细胞促进肠缺血再灌注损伤修复的动物模型

多种临床疾病如严重创伤、出血性休克、严重烧伤、脓毒症、肠梗阻、肠移植、肠系膜动脉栓塞等，都会发生肠道缺血再灌注（I/R）这一基础病理生理学改变，继而引起肠屏障功能障碍，导致肠道渗透性增加、紧密连接蛋白破坏、细菌和内毒素移位，诱发SIRS和MODS。

骨髓间充质干细胞（bone marrow stem cell，BMSC）对肠缺血再灌注有一定的修复作用，其机制为干预肠缺血再灌注后的炎症反应从而对肠道屏障功能的完整性起到保护作用。

模型诱导方法：30只雌性SD大鼠随机分为2组（各15只），即对照组与实验组（BMSC治疗组）。两组均接受医用直线加速器单次12Gy的全腹部照射。BMSC治疗组于照射后4h内尾静脉输注2×10^6/ml的雄性SD大鼠BMSC悬液1ml；对照组于照射后4h内尾静脉输注生理盐水1ml。照射后第3天、14天每组随机选取6只大鼠处死，留取血浆与末端回肠标本。光镜下观察肠道组织结构的变化。照射后第3天，与对照组大鼠相比，BMSC治疗组光镜下回肠黏膜上皮细胞坏死和炎症细胞浸润较少，绒毛及腺体数量较多。照射后第14天，与对照组大鼠相比，BMSC治疗组回肠黏膜结构完整，黏膜绒毛及固有腺体更丰富。BMSC可定殖于辐射损伤的肠道组织，并参与肠黏膜结构和肠道功能的修复。

（二）表皮生长因子促进肠缺血再灌注损伤修复的动物模型

I/R损伤后，肠道上皮细胞将发生移行、增殖、分化成熟等一系列修复过程；同时，间质细胞和血细胞释放各种生长因子参与肠上皮损伤的修复。有研究表明，表皮生长因子（EGF）在调节肠道上皮细胞增殖和存活中起着重要作用。采用大鼠作为动物模型，研究不同I/R损伤程度下肠道隐窝细胞增殖的变化特征，以及其与肠黏膜屏障改变的关系。探讨给予外源性EGF后，对I/R损伤后细胞增殖和肠黏膜屏障功能修复的作用，为促肠黏膜损伤修复的治疗提供实验研究基础。

模型诱导方法：将36只SD大鼠随机分为假手术组（对照组）、模型组（I/R组）、大剂量预处理组（Pre-L组，EGF 500μg/kg，缺血前5min注射）、小剂量预处理组（Pre-S组，EGF 50μg/kg，缺血前5min注射）、大剂量后处理组（Post-L组，EGF 500μg/kg，再灌注后5min注射）和小剂量后处理组（Post-S组，EGF 50μg/kg，再灌注后5min注射），每组各6只。模型组和治疗组大鼠于缺血30min，再灌注30min时，取近端空肠和末端回肠组织，评估组织病理学改变。结果与对照组相比，I/R组大鼠出现明显的肠黏膜损伤。

（三）益生菌治疗炎性肠病的动物模型

肠道是人体的主要消化吸收器官，同时也是重要的免疫屏障。肠道内寄居着数量众多的微生物，这些微生物与肠道本身共同构成肠道微生态系统，发挥着诸如免疫、营养等众多功能。

溃疡性结肠炎（UC）是一种病因尚不明确的结肠和直肠慢性非特异性炎症性疾病，

易重复反复发作，并且 UC 患者广泛存在着肠道黏膜菌群失调。益生菌就其种类而言，一般为肠道的优势菌群。在进入肠道以后，会迅速繁殖并且与其他有害生物竞争营养和所黏附的黏膜空间，同时也会主动分泌抗菌物质，如抗生素、过氧化氢等，降低肠道的炎症反应，辅助修复肠黏膜的功能。

模型诱导方法：40 只 SD 大鼠随机分成空白对照组、DSS 造模组、生理盐水组、低剂量治疗组、中剂量治疗组、高剂量治疗组、热灭活治疗组。实验期间观察大鼠饮食、活动等一般情况，监测体重，观察粪便性状及有无隐血。解剖大鼠后对结肠进行大体损伤形态评分和病理学评分，并通过免疫组化方法检测细胞因子水平。粪便标本先通过涂片革兰氏染色镜检法进行菌群分析，然后通过传统的细菌培养鉴定法进行需氧和厌氧培养，未接受益生菌灌胃治疗的 DSS 造模组大鼠一般状况最差，部分大鼠出现黏液脓血便或血便，空白对照组大鼠无异常表现，其余治疗组大鼠一般状况介于空白对照组和模型组之间。经过益生菌治疗后，各个治疗组大鼠的结肠炎症病变程度较 DSS 造模组明显减轻，且中剂量治疗组和高剂量治疗组大鼠结肠损伤程度减轻更加明显。且经过益生菌治疗后，各治疗组大鼠的结肠黏膜病理学评分相比 DSS 造模组大鼠均有不同程度的降低，结肠黏膜的糜烂溃疡灶及隐窝炎和隐窝脓肿减少，病变范围缩小，肠上皮破坏程度减轻，仅部分腺腔的上皮细胞有坏死，炎症细胞浸润亦有减少。益生菌可以缓解结肠炎大鼠肠道菌群失调情况，降低炎症反应。

三、肠组织损伤修复的信号通路

肠上皮细胞是肠道黏膜屏障的重要组成部分，是宿主与病原微生物双向联系的第一道屏障，因此肠上皮细胞的破坏是肠功能障碍发生的重要病理基础。肠道疾病和一些非肠道疾病均可引发肠功能障碍。各种病理因素如创伤、休克、严重感染等重症应激状态时，全身免疫功能低下，肝巨噬细胞吞噬功能减弱，大量肠道内细菌和内毒素经门静脉和肠系膜淋巴系统侵入体循环及组织中，造成细菌移位和肠源性内毒素血症，持续的肠道内细菌和毒素侵入肠上皮细胞，从而激活细胞内一系列的免疫反应，导致免疫信号系统级联反应的发生，触发“瀑布效应”，一些炎症介质如 TNF-α、IL-1、IL-4、IL-6、IL-8、血小板激活因子等大量产生和释放，并进一步激活补体系统，引起全身炎症反应综合征，启动并加速多系统器官功能衰竭。由此说明，肠功能障碍在危重病发展过程中起着非常重要的作用。与肠道损伤和修复关系密切的信号通路是 MAPK 和 NF-κB。

（一）MAPK 信号通路

1. MAPK 信号通路介导的肠道损伤 MAPK 是一类细胞内广泛分布的丝氨酸/苏氨酸蛋白激酶，是连接细胞膜表面受体与决定性基因表达之间的重要信号调节酶。其作用过程涉及多层次的细胞调节，对生理性刺激如丝裂原、生长因子、激素等，病理性刺激如缺血、缺氧、缺糖、渗透压改变、热休克、紫外线、内毒素、细胞因子等可做出不同反应，控制细胞存活、增殖、分化和凋亡等所有生理功能和过程。目前研究表明，肠道损伤所涉及的缺血、炎症等病理机制与MAPK信号通路的调节有关。MAPK可被特定的MEK在苏氨酸/酪氨酸双位点上磷酸化激活，MEK又可被特定的MEKK在苏氨酸/丝氨酸双位点磷酸化激活。MAPK被激活后可停留在细胞质中，激活一系列其他蛋白激酶，亦可经核转位进入细胞核激活各自的核内转录因子，转录因子是MAPK在细胞内的主要作用目标。MAPK被磷酸化激活移位到细胞核内，作用于相应的转录因子使其发生磷酸化，从而启动某些基因表达，促进有关蛋白质的合成和通道改变，完成对细胞外刺激的反应。与肠道损伤有关最具代表性的MAPK通路如下。

1）ERK 信号通路　该信号通路被受体酪氨酸激酶、G蛋白偶联受体和部分细胞因子受体激活。一般认为ERK信号通路在促进肠上皮增生、分化和抑制细胞凋亡中发挥重要作用。ERK激活后发生核移位，磷酸化转录因子，也可磷酸化细胞骨架蛋白和膜结合底物，还可以反馈性调节其上游激酶CRaf1、MEK1/2和下游激酶p90rsk。因此，ERK可调节基因表达、介质释放、细胞骨架蛋白合成和细胞内其他信号通路。

2）JNK/SAPK 信号通路　该信号通路可被应激性刺激（如紫外线、热休克等）、表皮生长因子和炎症细胞因子（TNF-α、IL-1）所激活。因而JNK也被称为SAPK，在细胞应激反应中起重要作用。各种引起肠道损伤的应激刺激可以激活JNK/SAPK信号通路，通过调控凋亡相关基因家族成员的差异性表达，介导肠上皮细胞凋亡。

3）p38 信号通路　p38性质与JNK相似，同属于SAPK。促炎因子（TNF-α、IL-1）和应激刺激（紫外线、H_2O_2、热休克、高渗液、蛋白合成抑制剂等）可以激活p38。此外，p38也可被脂多糖和G^+细菌细胞壁成分激活。已证实p38信号通路在肠损伤后被激活，磷酸化水平增加，通过磷酸化NF-κB细胞增强因子2C等多种转录因子调节多种炎症细胞因子的基因表达，调控炎症反应和细胞凋亡。杨银辉等报道，肠道缺血再灌注损伤可引起肠上皮细胞内 MAPK 信号通路的变化，如 ERK1/2、p38MAPK被激活。MAPK信号通路激活时间及程度与肠缺血再灌注损伤的时间、程度一致。H_2O_2处理的小鼠肠道上皮细胞，p38MAPK迅速发生磷酸化并导致细胞凋亡的发生，这种作用可以被p38抑制剂SB203580所阻断，证实p38信号通路在氧化应激导致肠黏膜上皮细胞损伤中扮演着重要角色。在炎性肠病导致肠黏膜上皮损伤过程中，p38MAPK（α）、JNK均被激活，其中p38MAPK（α）活性变化最明显。因此，在信号通路水平阻断和调控 MAPK 信号分子的表达及活性，将为治疗肠道损伤提供新的思路和途径。

2. MAPK信号通路对肠损伤后肠上皮细胞增殖及分化的影响和可能的修复机制

1）ERK1/2 信号通路　一般认为ERK通路在促进肠上皮增生、分化、抑制凋亡中发挥重要作用。ERK激活后发生核移位，磷酸化转录因子c-myc、c-fos、Elk1和CREB等。ERK也可磷酸化细胞骨架蛋白和膜结合底物，包括细胞基质磷脂酶A2（cPLA2）、微管相关蛋白 MAP2 和表皮生长因子受体等，还可以反馈性调节其上游激酶 C-Raf-1、MEK1/2和下游激酶p90rsk。因此ERK可调节基因表达、介质释放、细胞骨架蛋白合成。

2）JNK/SAPK 信号通路　该信号通路可被多种细胞外应激信号激活，因而 JNK

在细胞应激反应中起重要作用。通过活化蛋白-1（AP-1）与 CREB，调控凋亡相关基因家族成员的差异性表达，如 Bad、Bax 的表达上调，Bcl-2、Bcl-XL 的表达下调，诱导肠上皮细胞凋亡。此外也可激活细胞质中的 caspase 家族，诱导 Fas 配体表达，磷酸化 p53 蛋白途径，介导肠上皮细胞凋亡。若特异性阻断 JNK/SAPK 通路，可以出现抑制凋亡的细胞保护效应。因此可通过抑制 JNK/SAPK 信号通路减少肠损伤后的细胞凋亡，调控肠损伤后黏膜上皮的修复过程。

3）p38 信号通路　　已证实 p38 信号通路在肠损伤后被激活，磷酸化水平增加，一方面，通过磷酸化 atf2、肌细胞增强因子 2C（myocyte enchance factor 2C，MEF2C）等多种转录因子，调节多种炎症细胞因子（如 TNF-α、IL-1 等）等基因表达，调控炎症反应和细胞凋亡。另一方面，p38 通路还能激活细胞内一些蛋白激酶，如 MAPKAPK2/3 和 PRAK。这些丝氨酸/苏氨酸家族成员被磷酸化激活后，转而激活低分子质量热休克蛋白（HSP27），介导细胞骨架重构以及增加肠损伤后上皮细胞存活、增殖，促进肠上皮细胞修复过程。

（二）NF-κB 信号通路

1. NF-κB 介导的肠道损伤　　NF-κB 是一组多功能转录因子蛋白，最早是从 B 细胞中发现的一种能与 IgG κ 链基因的增强子特异性结合的核蛋白因子，具有广泛的生物学活性。越来越多的证据表明，NF-κB 激活后对前炎症细胞因子、细胞表面受体、黏附分子、趋化因子等基因转录活性具有调节作用；能启动各个因子的基因转录，引起炎症因子的过度释放，对机体造成严重损害；此外还与机体的免疫抑制有关，与脓毒症的发生有重要关系，在炎症反应中起重要作用。因此，维持 NF-κB 水平的平衡将有利于肠道免疫功能的恢复。NF-κB 蛋白由 p50 和 p65 亚基组成。一般情况下。NF-κB 以无活性的二聚体亚基（p65 及 p50）与其抑制蛋白 IκB 结合形成三聚体复合物存在于细胞质中。当细胞受到外界信号如脂多糖的刺激，IκB 发生磷酸化后降解，NF-κB 与 IκB 分离并转移到细胞核内，其亚基形成环状结构与相应的靶基因 DNA 接触，激活相关的基因转录表达。NF-κB 从细胞质的结合状态分离出来继而转移入细胞核与多种因素密切相关，其中 IκB 的生成和降解对这一过程具有重要作用。IκB 是细胞内 NF-κB 的主要抑制分子，包括 IκB-α、IκB-β 等，其中以 IκB-α 最为重要。IκB-α 与 NF-κB 结合后干扰核转运信号，阻止 NF-κB 进入核内发挥作用；IκB-α 还干扰核内的 NF-κB 与特定的 DNA 序列结合并解离已形成的 NF-κB 复合物，终止 NF-κB 的持续作用。另外，IκB-α 自身的基因转录同时受到 NF-κB 的调控，活化的 NF-κB 进入核内将上调 IκB-α 基因的转录，形成负反馈以维持细胞功能的相对稳定。因此，细胞内 IκB-α 基因的表达水平，对于细胞内的 NF-κB 活性具有重要的影响。

研究表明，NF-κB 与肠组织的炎症损伤、分化、细胞凋亡都有关，尤其是与严重感染的发生及其病理过程有密切联系。临床研究证实，NF-κB 活性的高低与败血症患儿的病死率密切相关，可作为一项判定败血症患儿预后的可靠指标。NF-κB 是肠道免疫功能相关的许多基因表达的关键调节因子，能调控细胞因子（IL-1、IL-2、IL-6、IL-8、IL-12等）在淋巴细胞、上皮细胞和单核细胞中的表达，在脂多糖作用下，肠道上皮细胞内NF-κB被激活，高效诱导多种细胞因子（IL-11、IL-6、IL-8、TNF、粒-巨噬细胞集落刺激因子）、细胞间黏附分子1、血管细胞黏附分子1、内皮细胞-白细胞黏附分子1、趋化因子和急性期反应蛋白的基因表达增加，同时对参与炎症反应的放大与级联瀑布效应的多种酶基因表达也具有重要的调控作用。重症感染时，NF-κB在促进细胞因子的产生过程中处于“枢纽”地位，在NF-κB促进细胞因子释放的同时，多种细胞因子反过来又会激活NF-κB，而其又促进大量细胞因子基因的表达，产生更多的细胞因子及炎症介质，从而形成恶性循环，导致炎症反应的过度放大，进而引起组织、器官的免疫炎症损伤甚至导致MODS的发生。因此，NF-κB作为一种转录因子，其在肠道中的持续转化必然进一步调节各种炎症基因的转录表达，引发并扩大炎症反应，导致疾病的发生和加重。由于NF-κB的激活是目前所认识的导致肠道炎症损伤的重要通路，因此研究阻断NF-κB的激活过程、阻断调控炎症反应蛋白合成、抑制炎症反应的作用是治疗肠道损伤的一个很有前景的方向。

2. NF-κB在自身防御和肠道修复中的作用

1）*自身防御功能*　NF-κB可以通过正常的炎症反应，清除侵入机体的病原微生物。机体中存在Toll样受体（Toll-like receptor，TLR），以识别各种病原微生物，主要表达在参与宿主防御功能的细胞上，如单核巨噬细胞、粒细胞、树突状细胞、淋巴细胞、内皮细胞和上皮细胞等。TLR通过识别病原微生物均具有的类脂结构即病原相关分子模式（pathogen associated molecular pattern，PAMP），来介导机体的固有免疫反应。当病原微生物侵入机体时，可以两条途径激活TLR-4/NF-κB而产生保护性炎症反应：一条是髓样分化因子88（myeloid differentiation factor 88，MyD88）依赖的信号通路，即在细胞外，炎症刺激因子如LPS、IL-1及TNF等与细胞膜上的TLR-4结合，TLR-4聚合使得信号转导到胞内，TLR-4的膜内TIR区（即Toll/IL-1 receptor区域）与MyD88的羧基端结合，同时MyD88通过氨基端的死亡域与IL-1受体相关激酶（IL-1 receptor-associated kinase，IRAK）氨基端的死亡域结合，激活IRAK自身的磷酸化，获得游离的IRAK1、IRAK2和IRAK4，继而激活TNF-α受体相关因子6（TNF-α receptor association factor 6，TRAF-6），TRAF-6激活IKK复合物，IκB在IKK复合物的作用下磷酸化而降解，NF-κB被激活并转入细胞核中，启动细胞因子和辅助共刺激分子等基因CD80和CD86的转录，合成IL-1、TNF-α、IFN-γ等细胞因子并释放到胞外，进而趋化粒细胞、巨噬细胞增加毛细血管通透性，引起淋巴细胞浸润，产生正常的免疫应答反应，从而清除或杀死病原微生物。另一条是MyD88非依赖的信号通路，确切机理不清。

2）*NF-κB信号通路对肠道组织保护作用的可能机制*　①通过机体早期的固有免疫反应如TLR/NF-κB信号转导级联作用，清除侵入的病原微生物，保护肠组织免受病原体侵害；②由MyD88信号转导引发，通过激活NF-κB通路，增加角化细胞生长因子表达和提高肠上皮细胞抗凋亡能力及抗肠上皮细胞凋亡作用，维持了肠屏障的完整性；③为了避免肠道正常菌群可能激活TLR/NF-κB信号转导途径并导致肠炎的问题，机体还可以通过 TGF-β 和 IL-10/STAT3 的作用，下调 TLR/NF-κB 信号转导。

MAPK 和 NF-κB 信号通路在肠道损伤中发挥重要作用，通过阻断和调控 MAPK 和 NF-κB 信号分子的表达活性，从而下调炎症细胞因子的大量产生，可以恢复肠功能障碍中严重受损细胞的免疫功能，以便为临床肠损伤的治疗提供新思路。

四、调节因子与肠组织损伤修复

（一）表皮生长因子与肠道损伤的修复

肠黏膜由于缺氧、酸中毒、氧自由基、炎症介质等众多因素而导致细胞损伤、坏死脱落，机械屏障破坏，通透性增加，加上伴随的肠内菌群失调，细菌与内毒素移位，肠黏膜及系膜内免疫组织产生炎症反应，进一步损伤肠黏膜，增加肠通透性，促进细菌移位，进而形成恶性循环，导致全身炎症反应综合征，甚至多脏器功能障碍综合征。表皮生长因子（epithelial growth factor，EGF）家族成员是肠道损伤后细胞恢复正常和治疗的最重要因子之一，可促进细胞的增殖和移植，抑制胃酸的分泌，对回肠黏膜的缺陷、胃溃疡和十二指肠溃疡的治疗起着重要的作用。

1. EGF 及其受体（EGFR）的一般特征

1）EGF 的特征

（1）EGF 的结构和基因表达。EGF 是由 53 个氨基酸组成的多肽，耐热，分子质量为 6400Da，由唾液腺、胆汁、Paneth 细胞分泌至胃肠道口。生长发育中的婴儿，EGF 的主要来源是母乳、牛奶和唾液。所有 EGF 家族成员都包含一个特殊的氨基酸结构，即由 6 个半胱氨酸残基所形成的 3 个二硫键，称为 EGF 类似区域。

（2）EGF 的生物学作用。EGF 是一种内生缩氨酸，分泌到胃肠道，能够影响内脏个体发育以及黏膜的修复。EGF 对于多种细胞有着不同的生物学作用，包括刺激细胞的有丝分裂活动和分化，大多数是加强上皮细胞的增殖和（或）分化，诱导皮肤、肺、气管、角膜和胃肠道上皮细胞的增殖。此外，也有证据表明，EGF 调节营养转运系统。

2）EGFR 的特征　EGFR 分子质量为 170kDa，是一种横跨膜的糖蛋白，由一个细胞外缩氨酸连接区域、单一疏水横跨膜区域，以及一个具有酪氨酸特异性蛋白激酶活性的细胞内区域所组成。它被认为是 EGF 反应的主要效应器。当 EGF 与 EGFR 的细胞外区域（膜外部分）结合后，可引起后者构象发生变化。EGFR 细胞内区域（膜内部分）末端的三个酪氨酸残基（Tyr）自身磷酸化位点发生磷酸化，结果导致受体酪氨酸激酶活化，使细胞内三磷酸肌醇和二酰甘油增多，作为第二信使引起细胞内游离 Ca^{2+}增多，激活磷酸蛋白激酶 C 和磷酸蛋白激酶 A，使细胞增殖和功能发生改变。

2. EGF 在肠道黏膜损伤修复中的作用

1）EGF 加强肠道功能　成人小肠由单层上皮细胞所环绕的内腔组成，广泛折叠形成隐窝和绒毛，上皮细胞表面附有支持性作用的间叶细胞组织，这些组织结构的生长发展和维持对于肠道上皮细胞功能来说是必需的。EGF 的信号转导能促进肠道上皮细胞的增殖和分化。

2）EGF 对肠道上皮细胞具有营养作用　EGF 能加强肠道功能性恢复，提高黏膜的质量，对肠道上皮细胞具有营养作用，对于肠道功能不全的患者是有益的。另有报道，EGF 能够刺激促胃液素的合成，增加大鼠循环促胃液素的水平，促胃液素经过特殊的跨膜促胃液素受体，传递其促有丝分裂作用。因此，外源性 EGF 的营养作用可能是由于刺激促胃液素分泌而引起的。但是调控细胞内 EGF 增殖作用的机制在很大程度上仍然未知。

3）EGF 对鼠肠道上皮细胞的增殖作用随位点的不同而不同　EGF 可明显增加胃、小肠、盲肠、结肠的重量，其中小肠重量增加要比胃大，但对胰腺的重量无影响。另外，EGF 能明显提高小肠和结肠上皮细胞的增殖，并且随着位点的不同，作用也不同。在结肠，EGF 对近端和中间结肠的增殖作用较大，并且 EGF 对胃和结肠的营养性作用大于对小肠。此外，EGF 还能降低远端小肠和结肠的分支。研究肠道生长的另一方面是隐窝分支，它是隐窝裂解过程中的可见状态，使得肠道隐窝数量发生改变。其在生长发育过程中，当受到损伤和修复时，可被生长因子改变或在瘤形成过程中被改变。隐窝分支看来能产生新的隐窝，但尚存争议，因为分支的隐窝往往是结束或者静止状态。而且，当受到适当的刺激时，那些转变为新的隐窝的分支隐窝就会被保藏。因此，增殖和分支之间并无必然的联系。

4）EGF 与肠切除（small bowel resection，SBR）后残余小肠的功能　外源性 EGF 可促进 SBR 后肠道的增殖，减少程序化的细胞凋亡，增加绒毛的高度和隐窝的深度，加强黏膜吸收性表面区域和刷状缘运送营养物质的能力。通过口-胃途径，一天 2 次，每天 50mg/kg 使用外源性 EGF 最大化地增加肠道的适应性。外源性 EGF 只在肠道的适应性阶段有效，在切除术前或最大适应期以后使用都不发挥作用，肠道只能在有限的时间内对 EGF 诱导性增加有反应。SBR 后，实验个体唾液中的 EGF 有明显的增加，同时尿中 EGF 的水平下降，血浆中的 EGF 无明显变化。运用免疫沉淀方法，从肠上皮细胞中所测出的 EGFR 的数量和活性都有增加。另外，在 EGFR 信号转导能力削弱的基因突变 Waved-2 小鼠，经 SBR 后适应性明显削弱，而且在 SBR 前内源性 EGF 来源（下颌下腺）的切除也导致适应性的削弱。

5）EGF 与坏死性小肠结肠炎　EGF 是一类对肠道黏膜有营养性、促成熟性和治疗性作用的缩氨酸。EGF 能够影响胃肠道上皮细胞的增殖、分化和移植。当给先天性微绒毛萎缩或坏死性小肠结肠炎（necrotizing enterocolitis，NEC）的儿童静脉应用 EGF 时可促进上皮细胞的增殖。肠腔上皮细胞中 EGFR 的存在增加了应用 EGF 预防或治疗 NEC 的可能性。EGF 降低 NEC 的发生率，但 EGF 调节保护抗 NEC 的机制并不清楚。虽然后期 NEC 组织病理学是以广泛的坏死为特征，但最近报道显示在疾病完全发展以前，顶端绒毛中细胞最早出现凋亡或程序性细胞死亡。EGFR 信号通路的活化削弱了凋亡，保存了绒毛的结构。在 NEC 发展过程中运用 EGF 处理，观察到末端回肠绒毛结构正常，上皮细胞增生。通过测定 PCNA 发现 EGF 并未诱导末端回肠上皮细胞的增殖，而是通过抑制上皮细胞的凋亡来加强肠道黏膜的增生。而且还观察到，在末端回肠抗凋亡基因 *Bcl-2* mRNA 和蛋白质水平明显增加，促凋亡基因 *Bax* mRNA 和蛋白质水平明显降低，凋亡调节因子 caspase 3 阳性的上皮细胞的存在也明显下降，且血浆肾上腺酮水平与无 EGF 处理组的 NEC 动物相比，并无多大变化。这些数据显示，损伤部位促凋亡和抗凋亡蛋白平衡的改变，是 EGF 维持肠道完整性和保护肠道上皮细胞免受 NEC 损伤的可能机制。调节性减少上皮细胞的凋亡可能是 EGF 降低新生 NEC 鼠模型的一个重要因素。此外，EGF 调节 NEC 的下降可能与损伤部位促炎性 IL-18 的下调和抗炎性 IL-10 产生的增加有关。

肠道损伤是一个复杂的过程，EGF 在促进其修复方面起了非常重要的作用。随着对 EGF 生理作用的揭示，其对肠道损伤的修复作用将会得到进一步的应用。

（二）肠道干细胞及其在肠损伤修复中的作用

肠道上皮组织是成年哺乳动物自我更新最活跃的组织之一，更新过程主要依赖于肠道干细胞的不断分裂和补充。肠道干细胞是成体干细胞的一种，具有不对称分裂、自我更新和多向分化的特征，主要分布在肠道的隐窝内，对修复损伤的肠道黏膜发挥重要的作用。

1. 肠道干细胞的标记　每个肠道干细胞表面都被特殊的蛋白受体所覆盖，可以选择性地结合或黏附其他“信号”分子，这种细胞表面受体即干细胞标记。目前研究发现肠道干细胞标记物主要有 Musashi-1、端粒反转录酶（TERT）等。Musashi-1 是一种神经 RNA 结合蛋白，是肠道、神经等多种组织中干细胞标记物。TERT 是一种核糖核蛋白酶复合物。有研究表明，免疫组化 TERT 阳性细胞主要分布在小肠隐窝基底部，距隐窝底部 4～7 个细胞位置，也有部分细胞分布在隐窝周围的间质中。ID14 是一种在非洲爪蟾中发现的新基因，它编码一个含有 315 个氨基酸的蛋白质。成体 ID14 大部分在肠道被发现，而在胃、肺和睾丸仅有微弱的表达，其在肠道的表达到变态期才开始，与成体肠道上皮细胞分化密切相关。

2. 肠道干细胞在肠道黏膜损伤修复中的作用　肠道上皮细胞每 5 天更新一次，这个过程主要依赖于肠道干细胞的不断分裂和补充。肠道干细胞具有不对称分裂、自我更新能力和多潜能性（即增殖分化为多种细胞类型包括吸收细胞、杯状细胞、肠内分泌细胞和潘氏细胞）。肠黏膜的每个隐窝有 4～6 个独立的肠道干细胞。在形态学上以隐窝底部细胞开始计数，肠道干细胞位于隐窝的第 4 层，该位置的干细胞具有非常活跃的细胞循环周期。肠道干细胞首先分化为短暂扩充细胞，其是一类具有有限分裂循环能力的子代细胞。短暂扩充细胞定居在隐窝底部 48～72h，随后逐渐向上迁移，经历约 6 轮的细胞分裂，最终分化为终末细胞。在小肠放射性损伤模型中，小肠隐窝干细胞在胰岛素样生长因子和肝细胞生长因子的作用下能够迅速分化修复损伤。肠道干细胞通过不对称分裂能不断增加干细胞的数量，促进损伤的肠道组织自我更新和修复，以此来维持肠道黏膜的动态平衡。干细胞通过不对称分裂形成一个与母细胞完全一致的子细胞和一个具有分化能力的子细胞。此分裂过程中干细胞 DNA 双链倾向于进入与母细胞一致的子细胞中，使维持干细胞特征的子细胞保留母链 DNA，从而维持基因的稳定性。

（三）骨髓源性干细胞与肠道损伤的修复

利用成体干细胞对损伤组织进行结构重建和功能修复是目前再生医学研究的热点。成体干细胞研究以骨髓组织中的干细胞最为深入。骨髓源性干细胞（bone marrow derived stem cell，BMDSC）中含有多种干细胞组分，如造血干细胞、BMSC以及其他多种未明确分类的干细胞和祖细胞。最新研究表明，骨髓组织中含有多种组织特异性的干细胞（tissue committed stem cell，TCSC）及祖细胞，可以向骨骼肌、肝脏、神经元以及胃肠道等组织分化。肠道上皮更新速度快，对多种损伤因素，如电磁辐射、化学物质、炎性因子等敏感。有研究发现，BMDSC可以通过多种机制促进肠道损伤上皮修复。

BMDSC组成存在异质性，骨髓组织成分复杂，其主要的组成细胞是已分化成熟的各种血细胞，除此之外还有少量干细胞。根据细胞表面分子标记的不同，BMDSC可以分出多种亚型，其中已经明确的包括表面分子标记为$CD34^+$、$CD38^-$、$CD45^+$、Sca-1^+的造血干细胞和$CD45^+$、$CD34^-$、$CD90^+$、Stro-1^+的BMDSC，同时还存在其他亚型。除表面分子标记为$CD45^+$的造血干细胞之外，还含有很少量非造血性TCSC，这些细胞均属于$CD45^-$类型。人和小鼠的TCSC表面分子标记略有不同，在人体中主要为$CXCR4^+$、$CD34^+$、$ACl33^+$、$CD45^-$，小鼠中主要为$CXCR4^+$、Sca-1^+、Lin^-、$CD45^-$，这些细胞中有些还具有多能干细胞的标记物。

BMDSC参与肠上皮修复和功能重建的可能机制如下。

1. BMDSC直接作为肠道干细胞发挥作用　正常情况下肠上皮细胞能保持快速不间断的更新，主要是依赖隐窝部胃肠道干细胞的不断增殖分化。按照BMDSC异质性理论，移植后BMDSC中的肠道特异性TCSC如果能定殖于肠黏膜隐窝中的干细胞微环境中，那么在适宜的微环境信号作用下该类TCSC就可以成为新的肠道干细胞而不断增殖，并且向各种谱系的子代细胞进行分化。随着肠上皮自身的不断更新，BMDSC来源的肠上皮细胞并未消失，提示BMDSC直接定殖于肠隐窝作为肠道干细胞发挥损伤修复作用的可能性。因为如果BMDSC直接分化为上皮细胞，而无隐窝干细胞支持和补充，那么供体来源的上皮细胞就会在上皮快速更新的条件下不断减少或消失，而不会移植后仍然长期存在。但是有学者通过对定位于隐窝部位的BMDSC进行常染色体荧光原位杂交（FISH）分析，并未发现核融合细胞的存在。此外肠道干细胞目前比较公认的标志物是Musashi-1，在使用特异性的抗Musashi-1抗体进行免疫染色后，并未见到表达Musashi-1的BMDSC。因此肠道辐射损伤后，BMDSC究竟能否定殖于肠隐窝并成为肠道干细胞还需进一步研究。

2. BMDSC与肠道干细胞/成熟肠上皮细胞发生融合参与损伤上皮修复　细胞融合是目前解释BMDSC可塑性的一种观点。该观点认为BMDSC在进入伤部后可以与局部的干细胞或是成熟细胞发生融合，为已经受损的细胞提供完整的细胞核进而促进损伤修复。组织内原位干细胞和（或）成熟细胞在受到严重破坏无法进行重建时，通过细胞核转移可以使成熟细胞重新进入干细胞状态。目前已经有文献报道在肺、肝脏、脑组织等部位存在细胞融合现象，但是这一现象发生的比例较小。对于 BMDSC 在肠道损伤中的作用，也有报道细胞融合在此过程中发挥了作用。用 Y-FISH 和增强型绿色荧光蛋白免疫组织化学法双标记肠上皮细胞，前者作为受体来源细胞标记，后者作为供体来源标记。在所检测的细胞中，研究者发现了双阳性的上皮细胞，证实了移植后供体骨髓来源细胞通过细胞融合机制参与了肠上皮细胞损伤的修复。BMDSC 不但能与正常肠道干细胞发生融合，还能与发生恶性转化的肠道干细胞融合，此时 BMDSC 不能分化为表达肠型脂肪酸结合蛋白的成熟细胞。但 BMDSC 究竟是与成熟的肠上皮细胞之间发生融合，还是与肠道干细胞相融合，这一点尚需进一步验证。

3. BMDSC 促进损伤后肠道干细胞微环境的重建　肠上皮细胞的更新有赖于肠道干细胞的不断更新和增殖，在肠道创伤或者辐射损伤后小肠干细胞微环境最早受到破坏，干细胞不能进行正常的增殖和分化，进而干扰上皮细胞的正常更新和补充。肠道干细胞微环境具有精密的信号调节机制，受 Wnt、Notch、BMP 等多条信号通路的共同调节。Wnt 信号通路主要调节肠道干细胞的自我复制更新，Notch 信号通路则作用于肠道干细胞向不同子代细胞分化过程。DKK-1 分子是 Wnt 信号的特异抑制分子，在含有该分子的转基因小鼠肠道内，上皮增殖过程出现严重减退，且肠隐窝数量显著减少。Notch 信号的各种转录因子，如 HES1 和 Math1 下调，可以导致上皮细胞的某一特定谱系子代细胞显著减少，这些转录因子可能通过抑制或增强细胞系特异基因的表达，调节吸收型和分泌型细胞之间的比例。BMDSC 可以通过改善受损的干细胞微环境来间接促进肠上皮修复。此外在辐射引起的肠黏膜上皮凋亡和间质内血管内皮细胞凋亡方面，后者的发生要早于前者。而 BMDSC 可在移植后分化为血管内皮细胞，通过促进损伤后小肠微小血管的再生，促进血液动力学的恢复，加快肠道干细胞微环境的重建。

4. BMDSC 作用于肠上皮免疫系统　胃肠道黏膜上皮是吸收和转运营养物质的重要场所，同时可以和多种抗原物质相接触，因此维持胃肠黏膜上皮细胞的免疫功能对于肠道功能稳态的维持也有重要作用。胃肠道黏膜可以通过潘氏细胞分泌的抗菌肽进行天然免疫，也可以通过上皮内淋巴细胞进行获得性免疫。实验研究发现在骨髓嵌合型小鼠肠上皮散在大量供体来源的上皮内淋巴细胞，因此可知，BMDSC 在肠黏膜获得性免疫过程中也起到了一定作用。

（四）益生菌对肠道损伤的修复作用

胃肠道益生菌是定殖于人体胃肠道内，通过保持微生态平衡，能产生确切对胃肠道功能改善有益的非致病性特定活性微生物的总称。益生菌能平衡肠道菌群比例、转化肠内有害物质、减轻炎症反应、保护肠道黏膜屏障等。手术、创伤、严重感染、重症胰腺炎等因素可导致肠黏膜屏障功能下降，如不能及时修复，极可能会发展至肠衰竭甚至危及生命。近年来的研究表明，益生菌对于肠黏膜屏障损伤的修复及保护具有重要的临床意义。

1. 肠道微生态与益生菌　人的胃肠道有 550 多种细菌，大多由厌氧菌、兼性厌氧菌和需氧菌组成，其中拟杆菌及双歧杆菌占到细菌总数的90%以上。肠道微生态构成在不同部位分布不同，成人肠道菌群主要集中于结肠及末端小肠。对于具体部位而言，细菌分布亦有不同。肠道黏膜与管腔内相比，细菌的种类是不同的，细菌与上皮间的关联也是不同的。有些细菌是有害的，能产生毒素，刺激炎症反应，激活致癌原。有些则是有益于健康的肠道微生物，能抑制有害菌群。肠道内菌群存在共生或拮抗关系，微生态的平衡与宿主健康密切相关。柔嫩梭菌属、球形梭菌属、类杆菌、双歧杆菌是人粪便菌群中的优势菌群，而乳酸杆菌、肠杆菌、脱硫弧菌、孢菌属、奇异菌属及梭菌属等细菌则为肠道中次要优势菌群。在定殖于肠上皮的基础上，肠道菌群通过组建及维护肠道黏膜屏障，以维持肠道组织与肠腔内环境的平衡稳定。平衡一旦打破，则会导致相关疾病。

2. 益生菌对肠黏膜屏障的保护及修复　关于益生菌的胃肠道保护作用机制研究普遍有以下共识：益生菌可改变肠道菌群比例及转化某些肠内物质；拮抗结合位点，阻止致病菌定殖；调节抗炎因子与促炎因子之间的平衡；促进损伤上皮修复以及增强上皮紧密连接；加强肠黏膜屏障保护作用；阻止细菌移位等。

1）*降低肠道黏膜通透性，修复物理屏障*　嗜热链球菌和嗜酸乳杆菌能维持或增强细胞骨架蛋白和紧密连接蛋白的磷酸化。因此增强了肠上皮细胞间的紧密连接，降低肠道黏膜的通透性，从而阻止了肠侵袭性大肠杆菌对肠上皮细胞的侵袭。益生菌还能降低致病状态下肠黏膜分泌 TNF-α 和 IFN-γ 水平，恢复受损伤上皮细胞的完整性及屏障功能。

2）*肠黏膜屏障的强化和加固*　益生菌可刺激肠道上皮细胞表达黏蛋白，促进黏液分泌，形成黏膜和微生物之间的保护层，进一步强化和加固了肠黏膜的屏障功能。通过分泌细菌素以及上调防御素等，益生菌能有效抑制致病菌的生长，增强肠道黏膜屏障的固有防御功能。益生菌还能通过与致病菌竞争肠道黏液层内和上皮细胞上的物理生长空间、营养物质以及竞争细胞表面受体等方式，抑制致病菌的黏附和定殖。乳酸菌能维持肠道菌群的动态平衡，竞争抑制致病菌，产生抗菌化合物，增强肠道防御及免疫调节功能。除了数量上的优势，乳酸菌还可通过分泌抗菌物质，如乙酸和乳酸，抑制病原菌的生长和繁殖。另外，肠道内益生菌可以产生抗菌肽类物质，发挥其抗菌功能。

3）*抑制肠道黏膜的炎症反应*　乳酸杆菌和双歧杆菌可减轻沙门伤寒菌导致的肠上皮细胞的炎症反应。肠道的炎症反应可导致黏膜屏障的损伤。益生菌可通过 PPAR-γ 途径来调节肠道黏膜的炎症反应；还可通过抑制 NF-κB 的活化、减少上皮组织内 T 淋巴细胞的数量等多种途径上调 IL-10、TGF-β 等抗炎细胞因子的表达，抑制 TNF-α、IFN-γ、IL-1β 等促炎细胞因子的表达，以及降低诱导型一氧化氮合酶、基质金属蛋白酶的活力，抑制炎症反应，强化修复肠道黏膜屏障。

4）*激发免疫保护机制*　益生菌能促进机体免疫系统的发育和成熟，增强体液免疫和细胞免疫，提高巨噬细胞的吞噬活性及补体功能，还可促进分泌型免疫球蛋白 A（sIgA）的分泌及肠上皮细胞黏蛋白的合成等。益生菌能在肠黏膜表面与免疫细胞相互作用，调节其免疫活性和促炎细胞因子的分泌。当炎症反应时，肠黏膜屏障功能遭破坏，此时肠腔内致病性或潜在致病性的食物及外来抗原会进一步放大肠黏膜的异常免疫反应，从而导致结肠炎。益生菌能通过修饰有害抗原物质的结构而降低其免疫原性，下调肠道的炎症反应性。乳酸菌能产生如肽聚糖和脂磷壁酸等信号物质，这些物质被 TLR 识别后，通过 TLR 结构域向细胞质内转导信号，激活 NF-κB 等转录因子及丝裂原活化蛋白激酶，释放 TNF-α、一氧化氮合酶（NOS）、IL-1、IL-6、IL-10、IL-8、IL-12、共刺激分子 B7 等，在自然免疫、获得性免疫及炎症反应中发挥作用。有关益生菌对人类免疫缺陷病毒（HIV）感染儿童免疫激活作用的研究发现，在摄入含嗜热链球菌、双歧杆菌的益生菌制剂后，受试者 $CD4^+$ T 细胞数量增加，改善了机体的免疫机能。服用含鼠李糖乳杆菌和罗伊乳杆菌酸奶 15 天的女性艾滋病患者体内，被 HIV 攻击的免疫系统 $CD4^+$ T 淋巴细胞平均数超过 200 个，自然免疫和获得性免疫能力明显增强。研究发现，益生菌还能抑制气道嗜酸性粒细胞增多，所依赖的是 IFN-γ，而非 TLR-4；抑制 Th2 细胞因子如 IL-4 和 IL-5 的分泌则主要依赖抗原提呈细胞、IFN-γ、IL-12 等。调整 Th1/Th2 细胞因子平衡对于治疗自身免疫系统疾病非常重要，尤其对自身抗原尚不确定的自身免疫系统疾病，调节细胞因子平衡是有效控制自身免疫和炎症反应的手段。许多益生菌主要通过诱导 Th1 型免疫反应相关细胞因子的高效表达，调节宿主免疫功能。研究发现，经鼻饲给予鼠李糖乳杆菌制剂可促进 B 淋巴细胞免疫缺陷小鼠免疫机能的恢复。

5）*抑制肠黏膜上皮细胞的凋亡*　正常肠黏膜上皮细胞的凋亡与增殖保持动态平衡，当炎症反应发生时会导致细胞凋亡的增加，从而导致肠黏膜屏障的损伤。TNF-α、IFN-γ 等细胞因子表达增多时，均可导致肠黏膜上皮细胞凋亡增加。益生菌可通过 TLR-2 信号途径调节免疫细胞的增殖和凋亡。益生菌不仅能激活抗凋亡的 Akt/PKB，而且还能抑制 TNF-α、IFN-γ 和 IL-1 对促凋亡的 p38MAPK 的活化，这种抑制呈浓度依赖性。故而益生菌能抑制凋亡，提高上皮细胞在炎症环境中的存活率，并维持细胞的稳态。

（刘建成）

主要参考文献

杜斌，郭建辉. 2015. 肠缺血再灌注损伤综述. 中外医疗，34（1）：197-198.

耿艳霞. 2013. 肠道干细胞与肠道损伤修复的研究进展. 医学研究生学报，26（2）：181-185.

黄蓉，欧希龙. 2015. 肠道黏膜屏障功能损伤机制及其防治的研究进展. 现代医学，5：659-662.

李明，曹建平，张学光. 2012. 放射性肠损伤发病机制研究进展. 中华放射医学与防护杂志，32（4）：439-443.

王文娟，孙冬岩，孙笑非，等. 2012. 肠道屏障功能损伤与细菌易位研究进展. 饲料研究，7：38-40.

王中秋，陈烨，姜泊. 2011. 肠道细菌易位的发生机制. 中华消化杂志，31（7）：496-499.

邢峰，郭宝琛，黎君友，等. 2002. 表皮生长因子对大鼠肠缺血-再灌注所致肠黏膜通透性改变的影响. 中华危重病急救医学，14（11）：650-653.

袁媛. 2007. 丝裂原活化蛋白激酶及核因子-κB 信号通路与肠上皮细胞损伤. 国际儿科学杂志，34（6）：

403-405.

赵鹏，涂小煌，薛小军，等．2011．骨髓间充质干细胞在大鼠小肠缺血-再灌注损伤的保护作用．肠外与肠内营养，18（3）：158-162.

Ben DF, Yu XY, Ji GY, et al. 2012. TLR4 mediates lung injury and inflammation in intestinal ischemia-reperfusion. J Surg Res, 174(2):326-333.

Cifiei I, Ozdemir M, Aktan M, et al. 2012. Bacterial translocation and intestinal injury in experimental necrotizing enterocolitis model. Bratisl Lek Listy, 113 (4): 206-210.

Dou W, Zhang J, Ren G, et al. 2014. Mangiferin attenuates the symptoms of dextran sulfate sodium-induced colitis in mice via NF-κB and MAPK signaling inactivation. Int Immunopharmacol, 23(1):170-178.

Garga S, Boermaa M, Wang JR, et al. 2010. Influence of sublethal total body irradiation on immune cell populations in the intestinal mucosa. Radiat Res, 173 (4): 469-478.

He S, Hou X, Xu X, et al. 2015. Quantitative proteomic analysis reveals heat stress-induced injury in rat small intestine via activation of the MAPK and NF-κB signaling pathways. Molecular Biosystems, 11 (3): 826-834.

Kirsch DG, Santiago PM, di Tomaso E, et al. 2010. p53 controls radiation-induced gastrointestinal syndrome in mice independent of apoptosis. Science, 327 (5965): 593-596.

Lanzoni G, Roda G, Belluzzi A, et al. 2008. Infammatory bowel disease: moving toward a stem cell-based therapy. World J Gastroenterol, 14 (29): 4616-4626.

Qiu W, Leibowitz B, Zhang L, et al. 2010. Growth factors protect intestinal stem cells from radiation-induced apoptosis by suppressing PUMA through the PI3K/AKT/p53 axis. Oncogene, 29 (11): 1622-1632.

Vanderpool C, Yan F, Polk DB. 2008. Mechanisms of probiotic action: implications for therapeutic applications in inflammatory bowel diseases. Inflamm Bowel Dis, 14 (11): 1585-1596.

Zhou J, Huang WQ, Li C, et al. 2012. Intestinal isehemia/reperfusion enhances microglial activation and induces cerebral iniury and memory dysfunction in rats. Crit Care Med, 40 (8): 2438-2448.

第七章　组织损伤与修复药物干预分子机制

第一节　肝脏组织损伤修复药物干预分子机制

一、肝细胞损伤修复干预药物

肝细胞损伤是各型肝病共同的病理基础，治疗与纠正肝细胞损伤是各型肝病治疗的主要措施之一，近年来认为肝细胞损伤是多因素多步骤的结果，因此，对肝细胞损伤的药物干预包括多环节不同种类的药物，对肝细胞具有保护作用的药物主要包括某些细胞因子、自由基清除剂和一些内、外源性保护因子及具有膜稳定作用的某些药物。

1. 细胞因子　肝脏是产生与分解细胞因子的主要器官，细胞因子网络的平衡是肝细胞功能正常的必要条件，细胞因子网络平衡失常是肝细胞损伤的重要机制。因此，调节细胞因子的网络平衡为抗肝细胞损伤的重要手段。

1）*肿瘤坏死因子*　肿瘤坏死因子α（TNF-α）是内毒素、酒精、D-半乳糖胺以及缺血再灌注性肝细胞损伤的重要致损伤因子。TNF-α 主要由肝实质细胞和肝内库普弗细胞分泌，尽管低水平的 TNF-α 是肝细胞生长分化与再生所必需的调节因子，但高水平的 TNF-α 既可以诱导肝细胞凋亡，也可以导致肝细胞坏死，是众多肝毒素造成肝细胞损伤的主要因子。此外，TNF-α 能诱导库普弗细胞产生自由基，对肝窦内的中性粒细胞具有趋化作用而进一步加重肝细胞损伤。实验证实，TNF-α 单抗能明显减轻肝细胞损伤。

2）*白细胞介素 10*　白细胞介素 10（IL-10）主要来源于肝细胞，巨噬细胞、T 淋巴细胞、B 淋巴细胞、库普弗细胞也可以分泌，是一种重要的抗炎细胞因子。研究发现 IL-10 对 D-半乳糖胺及内毒素诱导的肝细胞损伤具有明显的保护作用，其主要机制是抑制肝细胞 TNF-α 的分泌，抑制淋巴细胞、血管内皮细胞黏附分子（ICAM-1、VCAM-1 等）的表达，从而抑制肝内粒细胞介导的炎症过程，减轻肝细胞损伤。另有研究发现，外源性 IL-10 能明显降低缺血再灌注性肝细胞损伤时的 TNF-α 分泌量，使肝细胞损伤程度减轻。

3）*胰岛素样生长因子 1*　细胞膜脂质的氧化和细胞骨架蛋白的损伤是 CCl_4 等毒物性肝细胞损伤的主要生物学机制，其中线粒体膜的脂质过氧化起关键性作用。胰岛素样生长因子 1（IGF-1）能提高超氧化物歧化酶及过氧化氢酶的活性，提高肝细胞清除自由基的能力。研究证实，IGF-1 能明显减轻 CCl_4 诱导的肝细胞损伤，具有良好的肝细胞保护作用。

4）*肝细胞生长刺激物*　早在 20 世纪 90 年代初，我国学者就发现在人胎肝提取的肝细胞生长刺激物可以逆转D-半乳糖胺介导的致死性肝细胞损伤，后来又发现肝细胞生长刺激物能减轻硫代乙酰氨（300mg/kg）介导的肝细胞损伤，其主要作用机制可能是通过磷酯酰肌醇途径调节肝细胞膜 Na^{+}、Ca^{2+}离子流，促进相关蛋白质磷酸化，进而增加肝细胞DNA合成，抑制肝细胞损伤，并具有促进肝细胞再生的作用。

2. 自由基清除剂　肝细胞膜的脂质过氧化是众多毒素介导的肝细胞损伤的主要作用机制，如 CCl_4、胆汁淤积和酒精性肝细胞损伤。因此，有效地清除自由基，保护肝细胞膜的生物功能就成为抗肝细胞损伤的研究热点。

1）维生素E　维生素E是临床上使用较早的抗氧化剂，脂溶性的维生素E可以在细胞膜上积聚，结合并清除自由基，减轻肝细胞膜及线粒体膜的脂质过氧化。研究发现维生素E能明显减轻胆汁淤积时疏水性胆汁酸所引起的肝细胞膜脂质过氧化，从而减轻肝细胞损伤。

2）熊脱氧胆酸　自由基的作用是酒精性肝细胞损伤的主要机制，酒精在肝细胞内的代谢过程中产生大量的自由基，造成肝细胞氧化酶复合体中的细胞色素P450的损伤，使谷胱甘肽不能维持其还原状态，导致肝细胞膜过氧化性损伤。还原型的谷胱甘肽是肝细胞膜抗氧化性损伤的主要成分，因此，细胞膜还原型谷胱甘肽的减少将导致肝细胞膜的氧化性损伤。研究证实，熊脱氧胆酸能减少肠道疏水性胆汁酸的吸收，增加肝细胞膜还原型谷胱甘肽的含量，同时抑制TNF-α等致肝细胞损伤的细胞因子的分泌，因而具有良好的肝细胞保护作用。

3）乙酰半胱氨酸　中性粒细胞的浸润及氧自由基的释放是缺血再灌注性肝细胞损伤的主要机制。还原型谷胱甘肽是肝细胞膜抗氧化的主要因素，其缺乏将导致严重的肝细胞损伤。研究发现，还原型谷胱甘肽的前体物质乙酰半胱氨酸能明显增加肝细胞膜还原型谷胱甘肽的含量，而减轻缺血再灌注性肝细胞损伤，但乙酰半胱氨酸本身并不能直接清除肝细胞或肝窦内的氧自由基，提示其抗肝细胞损伤的作用可能是通过促进细胞膜还原型谷胱甘肽的合成来实现的，另外，乙酰半胱氨酸的肝细胞保护作用可能还与其作为内源性血管松弛因子有关。

3. 内源性保护因子　体内某些血管活性物质和抗应激因子可以调节肝细胞的功能，发挥肝细胞保护因子的作用，如热休克蛋白、一氧化氮和前列腺素等。

1）热休克蛋白　热休克蛋白是在应激时肝细胞等合成与分泌的一种具有细胞保护作用的应激蛋白。通过对浸水应激大鼠的动物模型的研究发现，分子质量为72kDa的热休克蛋白具有内源性肝细胞保护作用，在给大鼠注射内毒素前先给大鼠浸水应激，诱导大鼠热休克蛋白的合成，能明显减轻内毒素造成的肝细胞的损伤程度。热休克蛋白的肝细胞保护作用与其稳定蛋白质的空间结构，发挥“分子伴侣”的作用有关。

2）前列腺素E　前列腺素E（PGE）是一种重要的内源性细胞保护因子，对D-半乳糖胺及病毒性肝炎症细胞损伤有良好的保护作用，PGE的肝细胞保护作用是多环节多步骤的协同作用。它可以促进肝细胞DNA合成，诱导肝细胞分化，调节机体的免疫机能，改善自由基损伤造成的膜流动性低下，发挥膜稳定作用，抑制库普弗细胞TNF-α

的合成与释放，增加肝血管生成。外源性 PGE 治疗暴发性病毒性肝炎，显示了良好的治疗效果。

3）一氧化氮　一氧化氮（NO）是近年来研究较多的血管活性物质和神经递质，具有广泛的生物学作用。低剂量的 NO 是肝脏微循环功能的重要调节因子，而高浓度的 NO 却有明显的肝细胞毒性，是缺血再灌注性肝细胞损伤的重要致损伤因子之一。NO 造成的肝细胞损伤主要与其下调细胞色素 P450、抑制肝细胞 DNA 及蛋白质的合成，并诱导肝细胞凋亡有关。此外，NO 能抑制过氧化物酶的活性，从而抑制其对自由基的清除。实验证实，NO 合酶抑制剂氨基胍能明显减轻醋氨酚诱导的肝细胞损伤，具有良好的肝细胞保护作用。

4. 外源性保护因子

1）内皮素受体拮抗剂　内皮素（ET）是由血管内皮细胞等合成与分泌的血管活性物质，主要在肝内降解，过量的内皮素可以导致门脉及肝窦收缩，减少肝血流灌注，肝内多数细胞上分布有内皮素受体。Koeppel 等发现 ET_A/ET_B 非选择性受体拮抗剂波生坦（Bosentan）（15mg/kg）能明显减轻缺血再灌注性肝细胞损伤的程度。

2）全反式维甲酸　全反式维甲酸（ATRA）能促进肝细胞的增生与分化，调节机体的免疫功能与炎症过程，在实验性肝损伤的动物模型上给予 ATRA 20mg/kg，能明显改善内毒素诱导的肝细胞损伤，内毒素诱导的肝细胞损伤的主要机制在于它能促进肝内巨噬细胞和库普弗细胞合成与分泌前炎症细胞因子，如 TNF、IL-1 等，ATRA 能抑制前炎症细胞因子的释放，下调巨噬细胞胶原酶的活性而发挥肝细胞保护作用。

3）放线菌酮　放线菌酮是一种蛋白质合成抑制剂，能明显抑制转化生长因子 β（TGF-β）诱导的肝细胞凋亡。TGF-β 是一种炎症细胞因子，能调节肝细胞基因表达，阻止肝细胞生长于 G_1/S 期，有人发现，放线菌酮能促进 TGF-β 的分泌和抑制氧自由基的产生而发挥肝细胞保护作用。

4）甘草甜素　甘草甜素（glycyrrhizin，GL）是甘草根的提取物。日本学者发现 GL 能抑制 TNF 的分泌，抑制 Fas 系统介导的肝细胞凋亡与细胞毒性 T 淋巴细胞（CTL）的细胞毒活性，而 CTL 介导的肝细胞损伤是病毒性肝损伤的主要机制，这提示 GL 具有一定的肝细胞保护作用。

5. 具有膜稳定作用的药物　细胞膜内外适当的离子浓度差是细胞兴奋性的基础，膜内外离子浓度差的异常改变是细胞由可逆性损伤向不可逆性损伤进展的关键，因此，调整细胞膜内外离子分布的药物是肝细胞保护的另外一个研究立足点。

1）Ca^{2+}通道阻滞剂　细胞内 Ca^{2+}浓度的升高可以激活 Ca^{2+}依赖性蛋白激酶，使细胞骨架结构损伤；激活磷脂酶促进花生四烯酸的代谢及氧自由基的生成。研究证实，内毒素性、酒精性及缺血再灌注性肝细胞损伤伴有明显的细胞内 Ca^{2+}的升高。因此，不少研究显示 Ca^{2+}拮抗剂对肝细胞损伤具有保护作用，在毒素性肝损伤的大鼠模型上，地尔硫䓬和尼群地平均已显示了良好的肝细胞保护作用，Ca^{2+}拮抗剂的肝细胞保护作用除与其调节细胞内外的离子分布有关外，可能还与其可改善微循环有关。

2）襻利尿剂　研究发现缺血再灌注性细胞损伤时，肝细胞内 Na^+ 的浓度变化发挥更为重要的作用，有人发现将肝细胞培养液中的 Na^+ 换成 Cl^-，则缺氧诱导的肝细胞损伤能明显地减轻。Fiegen 等发现速尿等襻利尿剂能明显减轻缺血再灌注性肝细胞损伤的程度，并认为这与速尿等抑制肝细胞膜上的 Na^+-K^+-2Cl^- 的协同转运有关，从而抑制了缺血时肝细胞内 Na^+ 浓度的升高。

3）甘氨酸与 γ-氨基丁酸（GABA）受体阻滞剂　肝细胞膜上 Cl^- 的内流是与 Na^+、Ca^{2+} 内流相伴发生的，甘氨酸能抑制细胞膜上 Cl^- 的内流，从而减轻肝细胞损伤，对缺血性和毒素性肝细胞损伤具有明显的保护作用。也有人认为甘氨酸的肝细胞保护作用与其抑制 Ca^{2+} 依赖性非溶酶体酶的活性有关。

GABA 也是氨基酸类抑制性神经递质，能明显促进 Cl^- 的跨膜流动。Kaita 等发现 GABA 能明显抑制肝细胞再生，加重酒精性和 CCl_4 性肝损伤，而 GABA 受体阻滞剂 Ciprofloxin（100mg/kg）可明显减轻暴发性肝炎时的肝细胞损伤，并对肝细胞再生具有良好的促进作用。

4）多糖　植物多糖、动物多糖和微生物多糖具有良好的抗肝损伤效应，主要通过抗自由基损伤、对抗肝细胞钙超载、调节线粒体功能等发挥抗化学性肝损伤功效；通过调节细胞因子、抑制补体系统激活、抑制炎症介质产生、防止肝细胞凋亡等发挥抗免疫性肝损伤功效。可见多糖具有资源丰富、效应多样、作用靶点多、作用途径广等特性，是潜在的抗肝损伤药物制剂。

6. 其他中草药及其有效成分

1）小柴胡汤　小柴胡汤为传统的治疗肝病的方剂，采用散剂冲服，可观察到预防肝细胞损害、促进肝细胞再生、抗炎、抑制肝血流量下降等作用。加味小柴胡汤治疗慢性乙型或合并丁型病毒性肝炎的患者，降 ALT 作用与联苯双酯类似，且无“反跳”，治疗前、后肝活检可见炎症现象明显减轻。

2）强力宁　强力宁的主要成分是甘草甜素，甘草甜素是从甘草根中提取的有效成分之一，有刺激单核巨噬系统功能的作用。强力宁能使乙型慢性活动性肝炎患者白蛋白上升，球蛋白下降，能促进乙型肝炎病毒 e 抗原（HBeAg）阴转，其对肝功能的改善作用机制可能与调节机体的免疫功能有关。强力宁改善患者症状及降低血清转氨酶的作用常有“反跳”现象，延长疗程，逐渐减量可提高疗效。

3）水飞蓟素　水飞蓟素（silymarin）是从菊科植物水飞蓟的种子中提取的主要有效成分，可通过抗脂质过氧化反应维持细胞膜的流动性、保护肝细胞膜，改善肝功能，抑制其对肝细胞的攻击及跨膜转运，中断其肝肠循环，对抗多种肝脏毒物所致的肝损伤。适用于慢性肝炎、肝硬化及中毒性肝损伤，长期服用未见明显不良反应。

4）苦参素　苦参素（marine）是从中药苦参中分离出来的，其主要成分为苦参碱。临床应用对 HBV 的复制有抑制作用，其治疗乙肝具有毒性小、见效快、疗效确切等特点。

5）叶下珠属植物　叶下珠属（*Phyllanthus*）植物如叶下珠、苦味叶下珠等均具有一定的抗病毒作用，其中叶下珠抑制乙肝表面抗原（HBsAg）活性较强。有实验表明，叶下珠的提取物具有抑制 HBsAg 合成、抑制自由基和阻止细胞内 Ca^{2+}内流等作用，也是一种前景看好的治疗乙肝的中草药。

二、肝脏组织损伤药物干预靶点及其分子机制

（一）高迁移率蛋白 B1

高迁移率蛋白 B1（HMGB1）为高迁移率族（HMG）成员之一，存在于真核生物细胞内。HMGB1 的主要受体是糖基化终末产物受体和 Toll 样受体，如 TLR-2、TLR-4 和 TLR-9，位于免疫细胞表面。常见的信号通路包括 RAGE、TLR-2、TLR-4 及 MyD88 依赖的信号转导通路，最终都会导致 NF-κB 的活化。此外，JAK-STAT 也是其信号转导通路之一。研究发现，IFN-γ 能够促进小鼠系膜细胞 HMGB1 表达上调，JAK-STAT 信号转导通路激活可能是其主要机制之一。

HMGB1 的核内功能主要是使双螺旋极度扭曲以便各种转录因子和染色质相互作用。HMGB1 既可由坏死细胞被动释放，也可由受刺激的免疫细胞（包括单核细胞、巨噬细胞和树突状细胞等）主动分泌至胞外。当 HMGB1 被分泌到细胞外时，可与 RAGE 和 TLR 等细胞膜受体结合，激活损伤相关分子模式信号转导通路，进一步促进炎症反应的发生；细胞质中的 HMGB1 与 Beclin 1 蛋白结合，调节细胞自噬功能；另外，细胞膜上的 HMGB1 还参与神经轴突的生长和血小板的激活。

TLR-4 的外源性和内源性配体可作用于不同原因导致的肝功能损伤。通过病原相关分子模式和损伤相关分子模式（内源性配体 HMGB1）诱导前炎症细胞因子和趋化因子，从而提高肝脏炎症损伤和纤维化。TLR-4 激活干扰素也提高了 IFN-β 和干扰素刺激基因的表达，这对肝炎病毒有抑制作用。HMGB1 参与炎症进展，在多种肝脏疾病发展过程中都发挥了重要作用。

HMGB1 不仅是一种核内蛋白，也是一种促炎因子，体内 HMGB1 升高往往提示细胞破坏或炎症反应。各种原因所致的肝损伤可导致 HMGB1 释放，HMGB1 含量不仅对肝损伤的诊断有提示作用，对其预后也有一定的预测作用。

（二）抑制肝星形细胞激活

用高糖高脂饲料联合 1%链脲佐菌素（STZ）30mg/kg 静脉注射复制 2 型糖尿病大鼠模型，使用糖肾方干预 12 周后发现，与正常组比较，糖尿病（DM）模型组大鼠空腹血糖（FBG）、甘油三酯（TG）、ALT、AST、血清胰岛素（FINS）、胰岛素抵抗指数（HOMA-IR）均显著升高（$P<0.05$），病理变化显示肝细胞呈明显脂肪油滴状空泡，局灶性肝细胞坏死，炎细胞浸润，肝小叶间、汇管区、窦周间隙纤维增生明显；免疫组化显示肝星形细胞（HSC）、Ⅱ-平滑肌肌动蛋白（α-SMA）表达增加。经糖肾方或缬沙坦干预后，FBG、TG、ALT、AST、FINS、HOMA-IR 显著降低（$P<0.05$），病变减轻，α-SMA 表达减少。

因此，糖肾方对糖尿病大鼠的肝损伤具有显著的保护作用，其机制可能与改善胰岛素抵抗和抑制 HSC 的激活有关。

另有研究发现，SD 大鼠经高糖高脂饮食喂养联合腹腔注射 45mg/kg 链脲佐菌素建立 2 型糖尿病大鼠模型，给药 8 周后，依帕司他组大鼠空腹血糖和血脂降低，氧化应激反应降低，肝功能明显改善。病理学检查结果表明依帕司他组大鼠肝脏炎症反应和纤维化病变较模型对照组减轻。免疫组织化学结果可见依帕司他组大鼠肝组织 α-SMA 和 TGF-β1 表达显著低于模型对照组。因此依帕司他能够提高机体抗氧化能力，改善 2 型糖尿病大鼠氧化应激肝损伤，并且能够通过抑制 HSC 的激活改善糖尿病大鼠肝纤维化。

委陵菜酸（tormentic acid，TA）是从蔷薇科植物委陵菜（*Potentilla chinensis* Ser.）全草中分离得到的活性成分。前期研究发现，TA 对 LPS/D-Galn 诱导的肝损伤有明显的保护作用。TGF-β/Smads 信号通路的阻断会使 ERK 信号通路相关基因水平降低，提示 TGF-β/Smads 信号通路与 ERK 信号通路之间在肝星形细胞中存在交互作用。TA 可明显抑制肝星形细胞的增殖和活化，促进其凋亡，降低胶原的生成，其机制可能与阻断 TGF-β/Smads、ERK 信号通路有关。

研究证实，α-酮戊二酸二甲酯（dimethyl α-ketoglutarate，DMKG）通过乙酰辅酶 A-EP300 途径抑制肝星形细胞的自噬。另外，C646 逆转 DMKG、硫辛酸对 HSC 自噬抑制作用的同时，两者对 HSC 活化的抑制也被逆转，这进一步说明 DMKG 通过抑制 HSC 自噬进而抑制其活化。DMKG 通过抑制 HSC 的自噬抑制了 HSC 的活化和肝纤维化。DMKG 通过乙酰辅酶 A-EP300 途径抑制了 HSC 的自噬。

研究表明，桑枝总黄酮（MTTF）对于由 CCl_4、AP、D-Galn 引起的小鼠急性化学性肝损伤具有一定预防和保护作用，其机制可能与抗氧化损伤作用有关。MTTF 抑制肝纤维化的机制可能与其抑制肝星形细胞增殖及抑制 TGF-β1/Smad3 信号途径有关。

此外，环巴胺及姜黄可以预防和改善 CCl_4 诱导的小鼠肝脏纤维化，其作用机制与抑制 Hedgehog（Hh）信号通路的异常激活有关，可能成为治疗肝纤维化的新药物。延迟给予环巴胺及姜黄均不能显著改善小鼠肝纤维化。相比同期肝纤维化模型组，低剂量环巴胺预防组，高剂量环巴胺预防组和姜黄预防组小鼠肝脏生化、肝组织羟脯氨酸（Hyp）含量及组织学表现均明显改善。免疫组化显示，预防性给予环巴胺 5mg/（kg·d）、环巴胺 10mg/（kg·d）或姜黄 400mg/（kg·d）均明显减少肝纤维化模型小鼠肝组织中 Shh、Gli1、Gli2 及 α-SMA 阳染细胞的数目。免疫印迹和实时定量 PCR 显示，预防性给予环巴胺 5mg/（kg·d）、环巴胺 10mg/（kg·d）或姜黄 400mg/（kg·d）均明显减少肝纤维化模型小鼠肝组织中 Shh、Gli1、Gli2 及 α-SMA mRNA 表达，降低 Gli1、α-SMA 蛋白水平的表达。

（三）JAK2-STAT5-PPARγ

石斛合剂序贯方（DMOC）可改善高脂高糖＋STZ 联合 Con A 的糖尿病合并肝损伤

及肝纤维化模型大鼠的血糖水平及肝纤维化模型大鼠功能指标 ALT、AST，肝纤指标 HA、LN；减轻大鼠肝脏的胶原蛋白沉积；DMOC 可能通过上调 JAK2-STAT5-PPARγ 的表达量，改善糖尿病大鼠的肝损伤及抗肝纤维化。

当归多糖可能通过以下途径减轻酒精诱导的急性肝损伤：①减少 Bax 并增加 Bcl-2 的表达，下调 Bax/Bcl-2 值，抑制酒精诱导的线粒体凋亡信号通路；同时抑制 caspase 家族级联信号通路激活，减少 caspase 3 的活化，阻断肝细胞核小体间的 DNA 裂解和细胞程序性死亡，从而减轻肝细胞的损伤及坏死。②通过调节 TLR-4 的过度激活而抑制 NF-κB 信号通路，阻止 IκBα 被磷酸化而停留在静息状态，与 NF-κB p65/p50 亚单位以失活状态存在于细胞质中，阻碍 NF-κB 解聚活化后进入细胞核内，从而抑制 NF-κB 依赖的炎症细胞因子相关基因转录，减少细胞因子的释放以及肝脏细胞的损伤坏死。③抑制酒精诱导的 CYP2E1 异常升高，减少其催化的代谢产物 ROS 的大量产生，下调体内氧化应激水平而减轻肝脏损伤及坏死。

（四）孕烷 X 受体

水飞蓟宾是植物奶蓟的主要成分，长期以来被用于治疗各种肝脏疾病。有研究显示，以硫代乙酰胺（TAA）引起肝损伤的大鼠为模型，水飞蓟宾干预后表现出明显的保肝、抗炎、抗纤维化作用，并能有效逆转硫代乙酰胺导致的大鼠肝脏 CYP3A 和孕烷 X 受体（pregnane X receptor，PXR）表达减少以及 PXR 的入核减少。PXR 沉默实验显示 PXR 参与了水飞蓟宾的细胞保护和 CYP3A 调控过程。因此，PXR 是参与 CYP3A 调控的重要因子，很可能是水飞蓟宾在硫代乙酰胺导致的大鼠肝脏损伤模型中的作用靶点，同时也提示，在治疗肝脏疾病时要注意，与水飞蓟宾合用的药物可能与水飞蓟宾之间存在潜在的药物相互作用。

（五）Hedgehog 信号通路与肝脏损伤

Hedgehog（Hh）信号通路是一条与成骨相关的信号通路。在胚胎发育期间，它调控祖细胞的生长和分化及各组织的形成。当肝脏受到损伤后，这条信号通路被激活。活化的 Hh 信号通路参与肝损伤修复反应的多个方面，包括肝祖细胞的增殖、肌成纤维细胞的转化与生成、肝脏多种细胞的凋亡、肝损伤引起的炎症反应以及血管重塑过程等。

肝损伤是肝纤维化发生的第一步，当肝脏受到病毒、药物、酒精等致病因素的损伤后，引发多种肝细胞参与的肝损伤修复反应，其理想状态是受损的肝脏上皮细胞被新生健康的上皮细胞替代以完成肝组织再生，肝脏祖细胞在这一过程中发挥了重要作用。然而，肝脏含有大量的上皮细胞和间质细胞，而间质细胞的参与往往引发肝脏炎症反应、血管重构和肝脏形态异常及功能障碍，并最终导致肝纤维化和肝硬化的发生。Hh 信号通路是一条具有调节细胞的增殖、凋亡、迁徙和分化功能的信号通路，随着研究的深入，发现它能在各种急性及慢性肝损伤所致的肝脏疾病中被激活，并参与肝损伤修复反应的多方面过程。

1. Hh信号通路　Hh信号通路由Hh蛋白、靶细胞膜上两种蛋白受体（patched，Ptc和smoothened，Smo）及3种锌指转录因子（Gli1、Gli2、Gli3）组成。哺乳动物中存在3种Hh的同源基因［sonic hedgehog（SHH）、indian hedgehog（IHH）和desert hedgehog（DHH）］，它们分别编码Shh、Ihh和Dhh蛋白。Hh蛋白家族成员均由两个结构域组成：氨基端结构域（Hh-N）及羧基端结构域（Hh-C），其中Hh-N有Hh蛋白的信号活性，而Hh-C则具有自身蛋白水解酶活性及胆固醇转移酶功能。Hh信号转导受靶细胞膜上两种跨膜蛋白控制。正常情况下，驱动蛋白样分子（Costal2，Cos2）、丝氨酸/苏氨酸激酶（fused，Fus）、丝氨酸/苏氨酸激酶抑制因子（Sufu）转录因子Gli可形成一个大的Cos2复合物锚定于微管上。定位于细胞内小泡的Smo，可通过Hh-C端直接与Cos2蛋白复合物作用，Ptc与Smo结合，Smo活性被抑制，此时下游的Hh信号的终端传递者Gli蛋白在蛋白酶体内被截断，并以羧基端被截断的形式进入细胞核内，抑制下游靶基因的转录。经典的Hh活化机制是，Hh配体先合成前肽，经过自动的催化裂解产生一个N端片段，再经胆固醇和异戊烯基脂质修饰后转移至质膜并释放到胞外。Ptc与Hh结合解除Ptc对Smo的抑制作用，促使Gli蛋白、蛋白激酶A，以及激活的Smo、Cos2、Fus、Sufu形成复合物并从微管上解离出来，全长Gli蛋白进入核内激活下游靶基因转录。下游靶基因包括纤维生长因子、胰岛素样生长因子2、细胞周期蛋白D1、Hh相互作用蛋白（hedgehog-interaction protein，Hhip）等。Hhip作为抑制因子能够与Ptc竞争性结合Hh配体，降低Hh配体激活Hh信号通路的能力。经典的Hh信号通路活化依赖于Hh配体解除Ptc对Smo的抑制作用从而活化信号通路，然而，还存在另一种活化机制，如TGF-β在没有活化Smo的前提下直接使Gli转录从而调节下游靶基因的表达，同时Hh转录因子也可影响TGF-β靶基因以及Wnt信号通路相关因子的表达。另外，有研究称胰岛素样生长因子（IGF）有抑制Gli磷酸化降解的作用，而表皮生长因子（EGF）能促进胰腺癌细胞表达Shh。IGF、EGF、TGF-β均是目前已知的与肝脏再生相关的因子。综上所述，Hh信号通路是复杂信号网络中的一部分，它与TGF-β和Wnt等信号通路共同参与调节肝脏损伤修复过程。

2. Hh信号通路在肝脏损伤中的作用　临床上常见的慢性持续性的肝脏损伤，肝功能损害表现明显，肝细胞损伤范围广、数量多，无法仅仅依靠肝细胞再生完成修复，往往需要在非实质性的细胞协助下进行结缔组织的瘢痕修复。而反复持续的慢性肝损伤，导致肝细胞坏死增多、肌成纤维细胞活化增殖及大量的胶原纤维沉积，最终导致肝脏广泛的纤维化，甚至肝硬化。针对成人或是动物肝硬化的大量研究已证明肝硬化的肝脏中Hh信号通路处于激活状态，同时Hh信号通路也参与调节了肝脏损伤修复的多个方面。

1）Hh信号通路促进肝祖细胞生成　普遍认为，包括卵圆细胞和未成熟的胆管细胞在内的肝祖细胞群对慢性肝损伤肝脏再生具有重要意义。然而到目前为止，对受损肝脏如何动员此类细胞的机制却所知甚少。健康成年人的肝脏中含有少量的肝祖细胞群，它们集中在Hering管中。免疫组化分析结果显示Hh配体、Hh调节的转录因子和Hh靶基因在 Hering 管中表达。相关研究证实了肝祖细胞是 Hh 配体的受体细胞，它们依赖 Hh 信号通路维持活性，Hh 配体可抑制这些细胞凋亡，促进其增殖。Ochoa 等通过实验发现 Hh 信号通路抑制剂环杷明使经肝脏部分切除（PH）处理的小鼠体内肝祖细胞标志物甲胎蛋白、角蛋白的表达减少。除了在急性肝损伤模型中发现 Hh 对肝祖细胞的影响外，Fleig 等通过慢性动物肝损伤模型也得出 Hh 配体促进肝祖细胞生成的结论。有报道称丧失使 Hh 信号通路恢复安静能力的肝损伤转基因小鼠体内肝祖细胞大量增殖。另外，大量的研究显示，各种慢性肝损伤疾病如原发性胆汁性肝硬化、酒精性脂肪性肝硬化、非酒精性脂肪肝，以及慢性乙肝病毒性肝炎和丙肝病毒性肝炎中也存在 Hh 信号通路激活和肝祖细胞生成的这种关系，即 Hh 信号通路可通过促进肝祖细胞增殖发挥使受损肝细胞被新生健康肝细胞替换的作用。由于 Hh 信号通路在各种急慢性肝损伤动物模型及慢性肝损伤疾病中均显示了对肝祖细胞的重要作用，而肝祖细胞被认为是新生肝实质细胞再生的主要来源。因此我们推测 Hh 信号通路可作为抑制不利于急慢性肝损伤疾病恢复的肝脏再生性修复反应的理想药物作用靶标。

2）Hh 信号通路的激活是上皮-间质转化（EMT）的重要调节机制　肌成纤维细胞在肝脏损伤修复过程中发挥了重要作用。曾经人们认为只有静止的肝星形细胞（Q-HSC）才能活化成为肌成纤维样肝星形细胞（MF-HSC）。进一步研究发现肌成纤维细胞的来源还包括肝祖细胞、胆管上皮细胞以及窦状内皮细胞等。它们通过一个共同的机制即上皮-间质细胞表型转化过程，由具有上皮表型的 Q-HSC、肝祖细胞、胆管上皮细胞以及窦状内皮细胞转化成为具有间质细胞表型的成熟肌成纤维细胞。

MF-HSC 是肝脏内主要的肌成纤维细胞。慢性肝脏损伤时，HSC 被激活并产生大量胶原基质从而促进肝纤维化的形成。因此，HSC 的活化是肝纤维化形成的中心环节。关于 Hh 信号通路在肝星形细胞中诱导 EMT 的机制已经有过系统的研究。Q-HSC 具有一些间质细胞的特点，它们表达结蛋白和其他一些间质细胞相关的转录因子 J。然而，Q-HSC 却不表达典型的间质细胞标志基因，包括 SMA 和胶原蛋白 1A1（collagen 1A1，col1A1），而表达氧化物酶体增生物激活受体、胶质纤维酸性蛋白、E-钙黏蛋白和角蛋白这些上皮型细胞标志物，这说明 Q-HSC 是上皮型细胞。另有研究证明 Q-HSC 表达高水平的 Hhip,而 Hh 配体和其他 Hh 靶基因如 *Glis* 的 mRNA 几乎检测不到。将 Q-HSC 细胞在含有血清的基质中培养 24h 后，Hhip 的表达下降 90%，并伴随着 Shh 的产生和 Hh 信号通路的激活，当 Hh 信号通路活化后，负向调节静止/上皮细胞标志物的表达并逐渐上调肌成纤维母细胞相关基因的表达，包括 α-SMA、collA1、波形蛋白和 snail（一种能介导 TGF-β 诱导 EMT 的 Gli 敏感的转录因子）。当 Q-HSC 转变为肌纤维母细胞后，给予细胞的 Hh 信号通路特异性抑制剂环杷明，结果是间质表型标志物基因表达降低，上皮表型标志物基因表达恢复，引起 MF-HSC 迁徙/浸润表型消失，环杷明明显抑制 HSC 的活化。除了 HSC，Hh 信号通路还可促进未成熟的胆管上皮细胞产单核细胞趋化蛋白-1（MCP-1），这种因子具有募集单核细胞/成纤维细胞的功能。而白细胞介素 13（IL-13）能够促进单核细胞分化为成纤维细胞，有报道称 Hh 信号通路正向调节 IL-13

的表达。Ochoa 等利用 PH 急性肝损伤模型发现 Hh 激活的同时也伴随着肌成纤维细胞数量增多和细胞外基质的堆积，而这种现象却因环杷明的干预而消失。Philips 等给予 *Mdr2*$^{-/-}$小鼠（*Mdr2* 基因敲除的肝损伤模型小鼠）Hh 信号通路的特异性小分子抑制剂 GDC-0449 能减少肌成纤维细胞的数量。Omenetti 等发现在 Hh 信号通路持续激活的转基因小鼠体内积累了大量的肌成纤维细胞。综上所述，由肝损伤引起 Hh 信号通路活化是肌成纤维细胞生成的重要因素。

3）Hh 信号通路与肝脏血管重塑　近年来基础与临床研究均证实，肝纤维化时发生病理性血管生成与肝窦重构，对于肝纤维化的进展及治疗预后有重大影响。调控肝纤维化病理性血管生成极有可能成为防治肝纤维化的全新策略。存在于肝窦内皮细胞周围的受损肝细胞、活化的 HSC、肝祖细胞及一些固有淋巴细胞均有产生 Hh 配体的能力。Vokes 等认为在胚胎发育期 Hh 信号通路就有促进血管发生的作用。能够激活肝脏细胞群中 Hh 信号通路的血小板衍生因子具有调节肝脏血管构建的作用也得到实验证实。Xie 等利用 Hh 信号通路激动剂，抑制剂环杷明、5El、GDC-0449，以及利用腺病毒使 Smo 转基因小鼠 Smo 表达沉默等方法控制肝窦内皮细胞（LSEC）中 Hh 信号通路的活性，探究 Hh 信号通路对 LSEC 血管发生的影响，得到的实验结果是在肝损伤的小鼠模型中，所有使 Hh 信号通路安静的手段都能抑制 LSEC 血管生成。近年来有关 HSC 促进与肝纤维化相关的血管生成说法也引起了关注。有学者发现，在胆管结扎所致的肝纤维化大鼠，将来源于 HSC 或未成熟的胆管上皮细胞的含有 Hh 配体的膜质颗粒释放到血浆和胆汁中，有趣的是，这些膜质颗粒能促进 LSEC 发生毛细血管化。血管新生在不同损伤因素导致的肝纤维化中普遍存在，其既是慢性肝损伤后组织修复过程中血管重塑的重要表现，也与纤维化发展及并发症密切相关。因此，研究 Hh 信号通路对血管新生在肝纤维化病理过程中的作用将有助于深入揭示肝纤维化的病理机制，为寻找到有效的诊断标志、治疗靶点以及药物干预治疗提供崭新的视角。

4）Hh 信号通路与肝脏细胞的凋亡　肝损伤过程中，出现大量的肝实质和非实质细胞凋亡现象。有报道称 Hh 信号通路能够抑制多种肝细胞凋亡，其中尤为典型的属胆管细胞。胆管细胞是 Hh 信号通路的感应细胞。Hh 信号通路通过 Gli3 与死亡受体-4（DR4）启动子结合抑制 DR4 的转录，负向调节 miR-29b 促进抗凋亡因子（Mcl-1）的表达发挥抗胆管细胞凋亡的作用。除了胆管细胞，Hh 信号通路对肝星形细胞凋亡也有抑制作用，然而其机制仍有待进一步探究。研究人员发现给予肝癌细胞 Hh 配体中和抗体 5El 和环杷明后，肝癌细胞发生凋亡。总之，Hh 信号通路对各类肝脏细胞存活机制均有调节作用，其中主要是抑制凋亡作用。然而，若活化的肝星形细胞或肝癌细胞的凋亡受到抑制将导致疾病的严重化，因此可通过抑制 Hh 信号通路的活化治疗肝损伤引起的肝脏疾病。

5）Hh 信号作为肝损伤的治疗靶点　既然肝损伤时 Hh 信号通路的过度激活参与其发病过程，调控 Hh 的活性自然成了肝损伤治疗的一个靶点。鉴于 Hh 信号通路的激活途径和以上提及的实验研究，目前参与肝损伤修复机制研究的 Hh 抑制剂主要是 5El、环杷明和 GDC-0449 这 3 种。Hh 配体的中和抗体 5El 阻断了 Hh 配体与 Ptch 结合这一过程。环杷明是一种异甾体类生物碱，通过与 Hh 信号通路中的 Smoothened 蛋白结合抑制该蛋白活性发挥阻断 Hh 信号通路的作用。而 GDC-0449 作为一种新型及特定合成的小分子抑制剂，作用于 Hh 信号通路，阻断 Hh 配位体，即细胞表面受体 Ptc 及 Smo 的活性，从而阻断 Hh 信号通路。

综上所述，肝脏的损伤修复反应同机体的其他组织一样是各类细胞协同作用的结果。在肝脏中，这些细胞包括肝祖细胞、胆管细胞、炎症细胞及肌成纤维细胞等。Hh 信号通路作用于这些细胞并且参与肝损伤修复过程中的各个方面的说法也得到了大量实验数据的支持。然而，将 Hh 作为一个肝损伤治疗靶点虽然在实验研究方面取得了较好的效果，但是若想以 Hh 信号通路为治疗靶点应用于临床治疗肝损伤疾病，仍存在一些亟待解决的问题。首先，从肝脏疾病的治疗角度考虑，Hh 信号通路在一定程度上的激活是机体生理需要和防御反应的表现，但过度激活则促进肝损伤的重症化及各种并发症的发生。因此，今后的实际应用和实验研究应针对不同原因的肝损伤疾病探讨其发病过程中 Hh 活性的变化规律，为 Hh 靶向治疗中选择病程中恰当的时间点和适量的 Hh 抑制剂提供参考，从而达到精确调控 Hh 的活化，使其活性既处于正常的生理或防御功能状态，又不至于介导过度的促纤维化反应的治疗效果。其次，虽然以环杷明、5El 及 GDC-0449 为代表的 Hh 信号通路抑制剂在动物和细胞实验中对肝损伤疾病的疗效显著，然而至今鲜有关于它们作为临床用药治疗肝损伤的报道。因此，还需要进一步阐明 Hh 介导的肝损伤修复机制，使开发以 Hh 为靶标治疗肝损伤疾病的临床药物成为可能。虽然目前关于 Hh 信号通路与肝损伤的研究仍处于实验阶段，但仍具有非常广阔的应用前景和治疗价值。

第二节　神经组织损伤修复药物干预分子机制

随着中国人口老龄化加速，阿尔茨海默病（AD）、帕金森病（PD）等神经退行性疾病的治疗一直备受关注。对 AD 和 PD 病变机制研究的深入，为寻找相应的有效药物提供了新的方法和作用靶点。

一、阿尔茨海默病

（一）阿尔茨海默病相关靶点

目前的研究认为，胆碱能神经递质不足、β-淀粉样蛋白（Aβ）聚集、tau 蛋白异常磷酸化及氧化应激在 AD 的发生中扮演重要角色。脑内淀粉样前体蛋白（APP）一方面可在 α-分泌酶参与下生成非淀粉片段；另一方面经 β-分泌酶和 γ-分泌酶作用而生成 Aβ，引发 Aβ 聚集，形成淀粉样斑块，导致神经毒性。基因 *BACE-1* 可编码生成 β-分泌酶，与 Aβ 诱导细胞凋亡密切相关。Fang 等研究发现，*BACE-1* 是 microRNA-124（miRNA-124， miR-124）的下游靶点，miR-124 的抑制（或过表达）可以上调（或下调）*BACE-1* 的表达。因此，miR-124 可作为减少细胞凋亡的重要调节因子，被认为是治疗 AD 的一个新的作用靶点。近来有研究发现，铁离子螯合剂去铁胺能通过增强 α-分泌酶活性并降低 β-分泌酶和 γ-分泌酶活性而促进 APP 的非淀粉样代谢途径，减少 Aβ 生成。这一发现也为 AD 治疗研究指明了新的方向。

tau 蛋白过度磷酸化，会导致神经纤维缠结，最终引起神经元凋亡。研究表明，tau 蛋白的小泛素样修饰因子（SUMO）化与 tau 蛋白的过度磷酸化可相互促进，tau 蛋白的 SUMO 化可通过拮抗其泛素化而抑制 tau 蛋白的降解，并增加不可溶性 tau 蛋白的聚积。提示，SUMO 可作为潜在治疗靶点，即通过抑制 SUMO 而减少 tau 蛋白的过度磷酸化。

针对 AD 的单靶点治疗策略难以有效恢复脑认知功能，故多靶点药物组合治疗已成为近年来 AD 治疗药物研究的发展方向。Chao 等研究发现，他克林-咖啡酸结合物在抑制乙酰胆碱酯酶（AChE）活性的同时，还能抑制 Aβ 聚集，并能拮抗 H_2O_2 或谷氨酸诱导的细胞凋亡。有研究发现，7,8-脱氢吴茱萸次碱不仅能高选择性地抑制胆碱酯酶的活性，还具有抑制 Aβ 聚集的活性，并能有效拮抗氧化应激。这些发现为针对 AD 的多靶点治疗药物的研究与开发提供了方向。

（二）阿尔茨海默病治疗药物

根据美国药品研究与制造商协会（PhRMA）于 2012 年公布的《在研抗阿尔茨海默病药物》报告显示，目前处于临床研究或正在接受 FDA 审查的与痴呆相关的治疗药物有近 100 种，其中包括 81 种 AD 治疗药物、11 种认知性障碍治疗药物、2 种痴呆治疗药物和 5 种痴呆诊断药物。临床上将 AD 治疗药物分为对症治疗药物和影响疾病进程药物，但目前 FDA 批准的 5 种 AD 治疗药物均属于对症治疗药物，影响疾病进程的药物仍处于初步研究阶段。

1. 针对胆碱能神经元假说的药物

1）乙酰胆碱酯酶抑制剂　　乙酰胆碱酯酶抑制剂（AChEI）是到目前为止临床上使用最为广泛的 AD 治疗药物。FDA 批准用于治疗 AD 的 5 种药物中除了美金刚属于 NMDA 受体拮抗药外，其余 4 种［他克林（Tacrine）、多奈哌齐（Donepezil）、加兰他敏（Galanthamine）和卡巴拉汀（Rivastigmine）］均属于 AChEI。其中，他克林由于肝毒性较大，已逐渐被其他 3 种药物取代。但是最新的研究发现，他克林可抑制 AD 患者脑中分泌出来的微管蛋白和微管结合蛋白的磷酸化过程，提示他克林具有作用于除 AChE 以外的其他治疗 AD 的新靶点。Minarini 等合成的他克林衍生物中部分候选药物的肝毒性较低，且具有抑制胆碱酶活性、抗氧化、钙离子拮抗和金属螯合等作用。因此，他克林衍生物有望成为新的多靶点 AD 治疗药物。

多奈哌齐是一种可逆性的 AChEI，其活性较他克林强，且选择性高、无肝毒性，是继他克林之后的轻、中度 AD 患者的首选治疗药物。近年，使用更高剂量的多奈哌齐用于改善患者的长时记忆是研究热点，但研究结果存在诸多争议。

加兰他敏是胆碱酯酶的一种竞争性可逆抑制剂，同时能够调节神经元烟碱型受体（N受体）的活性，且吸收较好，作用时间较长。但有研究表明，加兰他敏的治疗效果有限，对AD患者各项心理测试指标并非都有提高作用。

卡巴拉汀的结构与乙酰胆碱类似，因此可作为AChE的结合底物，与乙酰胆碱竞争结合AChE形成氨基甲酰化复合物，使得乙酰胆碱在一定的时间内可以不被水解，从而促进乙酰胆碱能神经的传导。卡巴拉汀与AChE的结合属于“假性不可逆性”抑制，可抑制酶活性达10h左右，且其对AChE的抑制具有剂量依赖性，高剂量（每日6～12mg）对AD患者的认知功能等方面具有较好的改善作用。卡巴拉汀可同时对AChE和丁酰胆碱酯酶（BuChE）有抑制作用。更有研究证实，AD患者服用卡巴拉汀后，其脑脊液中BuChE明显减少，患者认知功能显著改善。还有证据显示，BuChE与认知功能改善的相关程度高于AChE。所以，目前已有研究者合成了大量的卡巴拉汀类似物，以期从中选出AChEI活性较高、选择性更好且同时具有抑制BuChE活性的药物，同时也希望能够选择出具有专一活性的BuChEI，以拓展AD治疗药物的研发方向。

石杉碱甲（Huperzine A）是从石杉科植物千层塔中提取出的一种生物碱，是一种强效的胆碱酯酶可逆抑制剂。其作用特点与卡巴拉汀相似，但作用维持时间比卡巴拉汀长。石杉碱甲属于非竞争性的AChEI，且同时对NMDA受体具有拮抗作用。石杉碱甲目前在国内用于治疗AD较普遍，且价格相对较低、安全指数大、稳定性好。但是，由于未被美国FDA批准用于治疗AD，所以在国外的应用较受局限。

近年来，AChEI的研究主要集中在植物来源的胆碱酯酶抑制剂及其衍生物，包括生物碱类、萜类、莽草酸衍生物类等。但从它们中直接提取或仿照合成的胆碱酯酶抑制剂的作用效果并不理想，如毒扁豆碱的苯羟基丙氨酸衍生物的Ⅱ期临床试验表明，其能提高AD患者的认知能力，但Ⅲ期临床试验则发现与安慰剂组患者比较差异并无统计学意义。所以，针对植物来源的胆碱酯酶抑制剂或其衍生物，还需做进一步的基团修饰，才有望研究出疗效更好的胆碱酯酶抑制剂。

2）*毒蕈碱胆碱能1（M1）受体激动药* M1受体是毒蕈碱胆碱能受体（mAChR）中的5种亚型之一，主要分布在海马区与新皮质区，参与大脑的学习记忆功能。研究发现，M1受体激动药对AD模型动物的学习记忆缺损有明显的改善作用，同时能减少脑内Aβ的沉积，减少神经元变性缺失。20世纪90年代以后，占诺美林（Xanomeline）、他沙利定（Tasacdine）和AF系列化合物等M1受体激动药陆续进入临床试验阶段，但是在Ⅲ期临床试验中占诺美林由于选择性较低、安全性范围窄而宣告失败；AF系列化合物选择性较高、毒性小，是较好的M1受体激动药，但这类药不可避免地引起了一些M1受体介导的不良反应，如唾液分泌增加等，最终这类药只能用于口腔干燥症的治疗。2009年完成Ⅰ期临床试验的MCD-386，是目前较有研发前景的M1受体激动药。它是一种具有较高选择性的M1受体激动药，且为了减轻不良反应，Mithridion公司将其制成了缓释制剂。然而，M1受体是可与G蛋白偶联而发生受损的，这样就减弱了M1受体激动药的作用。所以，在M1受体激动药研发的过程中，不但要考虑其对M1受体的选择性和毒性反应，而且还要考虑如何适宜地削弱M1受体与G蛋白的偶联，这样才能研究出有效治疗AD的M1受体激动药。

3）N受体激动药　研究发现，在AD患者的海马区和颞叶皮层，N受体数目远远少于正常人，而星形胶质细胞的数目和α7神经元N受体表达数目却异常升高。N受体激动药用于治疗过度表达Aβ的转基因小鼠，短期给药后，小鼠大脑皮质的Aβ水平显著降低，而长期给药的结果是淀粉样斑块的形成也会逐渐减少。同时，α7神经元烟碱亚型受体的表达水平也会随之下降。α7神经元烟碱亚型受体的增多与AD的发病紧密相关。雅培制药公司的ABT系列临床药物研究就是针对α7神经元烟碱亚型受体的拮抗药；同时，阿里斯康制药和雅培制药也在研究α4、β2神经元烟碱亚型受体拮抗药。单从前期的临床效果来看，其安全性和耐受性还是比较好的，是一类具有潜在开发价值的药物。

2. 针对Aβ毒性假说的药物　Aβ毒性假说是AD致病机制中占主导地位的学说。Aβ主要是由α-分泌酶、β-分泌酶和γ-分泌酶分泌不正常，引起APP水解异常所致。Aβ具有神经毒性，当其含量升高后，细胞并不能将其代谢掉，反而会在细胞中大量积累，形成Aβ老年斑，促使神经元细胞损伤或死亡。2种针对Aβ的被动免疫疫苗Bapineuzumab和Solanezumab在Ⅲ期临床惨遭失败，但依据这一假说而研究的药物种类仍很多。

尽管目前针对Aβ毒性假说而提出的AD治疗药物较多，但此方面研究仍存在许多问题亟须解决。例如，BACE-1抑制剂，它能有效抑制BACE-1的活性，从而从根本上减少Aβ的产生，但BACE-1抑制剂多数是大分子物质，难以通过血-脑屏障，阻碍了其药效的发挥，接下来的研究应着重于寻找分子质量小、效价高的BACE-1抑制剂；Aβ形成抑制剂主要是阻止Aβ形成寡聚体。研究表明，可溶性Aβ寡聚体比Aβ沉积及纤维化对突触及神经网络的传导功能伤害更大，然而Aβ形成抑制剂在脑脊液中很难达到一个较高的浓度水平，这是一个亟待研究者解决的问题。

3. 针对tau蛋白假说的药物　tau蛋白与Aβ一样，都是AD药物开发的重要靶点。但是，由于近期针对Aβ假说的药物的开发陷入了僵局，越来越多的研究者将研究重点转向了以tau蛋白为靶点的药物研究。其研究对象主要可分为3种，即tau蛋白聚集抑制剂、促进tau蛋白分解的复合物和tau蛋白过度磷酸化抑制剂。

研究表明，可溶性的tau蛋白在转变成寡聚体和纤维丝的过程中会产生神经毒性。因此，抑制tau蛋白聚集成多聚体结构也许能阻止毒性的产生，同时还能增加单体tau蛋白的含量以达到稳定微管的作用。亚甲蓝（MTC）已被众多研究者认为是最有发展前途的tau蛋白聚集抑制剂之一，因为它不仅能起到抗氧化作用，还能减少Aβ寡聚化，更重要的是MTC对tau蛋白聚集抑制作用更好。MTC的Ⅱ期临床研究已证明其对轻、中度AD患者有治疗效果，Ⅲ期临床研究也正在启动中。其他tau蛋白聚集抑制剂如罗丹宁、氮杂卡宾等目前都还处于前期研究阶段。

GSK-3、CDK_5和丝裂原活化蛋白激酶（MAPK）是与tau蛋白高度磷酸化紧密相关的酶，但目前针对这些靶点开发的药物主要还是集中在GSK-3。针对GSK-3靶点，研究得比较多的是金属锂和 2-丙基戊酸钠。但由于 GSK-3 作用的底物不仅仅是 tau 蛋白，一旦升高或降低 GSK-3 浓度会造成其他代谢途径的变化而影响到机体的正常功能，所以针对 GSK-3 靶点的药物开发进展比较缓慢。同时，增强细胞内 tau 蛋白的降解也是较有效的方法，如免疫治疗、泛素化、热休克蛋白抑制剂的开发等，这些工作也取得了一定的进展。

4. 针对炎症假说的药物　AD 的炎症假说属于 AD 发病机制的一个小分支，因为它对 AD 的发病影响是建立在其他假说的基础之上的。针对炎症假说所提出的治疗药物主要是非甾体抗炎药（NSAID），已有研究证明 NSAID 可调节哺乳动物细胞 γ-分泌酶的活性，且小鼠实验也证明 NSAID 有调节 γ-分泌酶活性的作用。流行病学研究发现，携带 *ApoE4* 等位基因的人群长期使用 NSAID 可降低患 AD 和认知障碍的危险性。NSAID 可分为非选择性环加氧酶 1（COX-1）抑制剂和选择性 COX-2 抑制剂两大类。然而，一系列的临床研究证明，其中强的松、罗非考西、尼美舒利和双氯萘芬等对减缓 AD 的发病进程并没有明显的作用；只有吲哚美辛可起到延迟 AD 发病进程的作用，但其不良反应较大，故临床限制使用。NSAID 在一定程度上似乎起到了延缓 AD 疾病进程的作用，但耐受性和不良反应等将限制其用于临床治疗 AD。因此，NSAID 用于治疗 AD 并不具备良好的前景。

5. 针对胰岛素假说的药物　近年来，2 型糖尿病与 AD 的关系受到了越来越多人的关注。在 2 型糖尿病患者的大脑中，胰岛素的信号转导是受到损伤的，而同样 AD 患者的大脑中对胰岛素信号的反应也不敏感。胰岛素的作用是调节血糖，在海马区内的胰岛素可控制海马区组织对血糖的利用，从而调控认知功能。虽然对于胰岛素调控认知功能的具体机制尚未研究清楚，但是用于治疗糖尿病的胰高血糖素样肽 1（GLP-1）类似物艾塞那肽和利拉鲁肽，在体外实验中已被证实有减少细胞内 APP 和 Aβ 含量的作用，且可降低 Fe^{2+}诱导的神经元功能损伤和细胞死亡。GLP-1 类似物对正常血糖的人不起作用，不会引起低血糖，这就增加了它在 AD 治疗中应用的可能性。目前，已有至少 4 种 GLP-1 类似物处于 AD 治疗的Ⅱ期以上临床研究。可见，GLP-1 类似物有望成为治疗 AD 新的药物研发方向。

6. 针对氧化不平衡假说的药物　神经元细胞对氧化应激尤为敏感。研究发现，AD 患者的神经元长时间处于氧化应激状态，ROS 可损伤神经元内多种生物大分子和生物膜。由此，氧化不平衡假说与 AD 发病机制紧密相关的假说被提出。但是，抗氧化药物在临床试验中对 AD 患者的治疗并未取得令人欣慰的结果。临床研究还发现，维生素 B_{12}、维生素 C、维生素 D、维生素 E、β-胡萝卜素及 Ω-3 脂肪酸等抗氧化物质的长期摄入不足会加大 AD 的发病概率，但是它们对 AD 患者症状的改善却无任何作用，只是这一研究结果还未被所有 AD 研究者接受。褪黑素为内源性抗氧化激素，能穿越血-脑屏障，促进体内多种抗氧化酶活性，清除自由基，抑制 Aβ 的形成。最新实验表明，一种新型的褪黑激素受体激动药 Neu-P11 对改善 AD 动物模型的记忆功能和认知功能有作用。现在，研究较多的抗氧化药物主要有银杏叶提取物、姜黄素、白藜芦醇、辅酶 Q10 和儿茶酚等，但均处于动物实验研究阶段，对 AD 患者的治疗作用还有待更深入的研究。

7. 针对基因突变假说的药物 目前已发现众多与 AD 发病有关的基因，虽然它们对 AD 的影响还未完全阐明，相关的针对基因进行修饰或替换的治疗方案目前也还未提出，但是 Ceregene 公司目前正在研究的 CERE-110 已经开启了 AD 基因治疗的新篇章。CERE-110 是针对神经生长因子（NGF）基因的药物，其载体为活性腺相关病毒（AAV），2010 年 6 月结束的 Ⅰ 期临床试验已取得了良好的结果，但 Ⅱ 期临床试验结果欠佳，已终止进一步研发。

8. 其他治疗药物 Corbett 等提出了一种补充治疗策略，即将已有适应证的药物用于治疗 AD。比较有研究前景的是部分降压药、抗菌药物和皮肤用药类维生素 A，这也为 AD 的辅助治疗增添了一线希望。同时，加大对 AD 发病早期的诊断药物和诊断技术的研究也有助于提高 AD 患者的治疗效果。

从目前研究的 AD 发病机制来看，AD 的致病因素是非常复杂的。上文可能并未完全将其概括，一些还处于初步研究阶段或未被发现的机制，如线粒体动力学失衡假说、Ca^{2+}浓度失衡假说、小胶质细胞影响假说等也许能够丰富对 AD 致病因素的描述。在 AD 发病机制尚未完全研究清楚之前，针对 AD 的治疗只能是对症治疗，这并不能从根本上治愈 AD 患者。所以，找到可逆转疾病进程的药物才是攻克 AD 这一疾病的关键。

二、帕金森病

（一）帕金森病相关靶点

帕金森病（PD）的发生主要与黑质多巴胺（DA）能神经元进行性丢失有关。研究发现，由 1-甲基-4-苯基-1,2,3,6-四氢吡啶（MPTP）制备的 PD 小鼠模型体内 AChE 水平上升，而抑制 AChE，能减少 DA 能神经元凋亡，说明 AChE 与 PD 的发病机制有关。围绕 AChE 这一作用靶点设计 PD 治疗药物，已见诸多报道。用番荔枝酰胺衍生物 FLZ 处理 MPTP 诱导的 PD 小鼠模型时发现，FLZ 能通过激活 Akt/哺乳动物雷帕霉素靶蛋白（mTOR）通路和抑制 RTP801 而上调酪氨酸羟化酶（TH）的表达和 DA 能神经元的活性，因此 FLZ 有望成为有效的抗 PD 药物。Wu 等经实验研究发现，在大鼠体内坎地沙坦酯能拮抗鱼藤酮诱导的 DA 能神经元凋亡，且坎地沙坦酯是通过抑制 atf4-CHOP-Puma 信号通路与改善内质网应激而发挥其拮抗作用。这为 PD 的临床治疗提供了新思路。随着对神经退行性疾病病因研究的深入，越来越多的药物作用新靶点相继被发现，这些新靶点不是孤立的，在多种神经退行性疾病中均存在，但其作用的侧重点不同，这也为阐明各类神经退行性疾病的发病机制和寻找更有效的治疗药物提供了新的理论支持。

（二）帕金森病治疗药物

1. 增加多巴胺含量的药物

1）多巴类制剂 PD 症状的产生主要是由于多巴胺缺失，因此用多巴胺替代治疗有效果。外源性多巴胺不能通过血-脑屏障，而多巴胺的前体左旋多巴则可通过血-脑屏障入脑，但左旋多巴口服后大多在周围组织被脱羧，产生胃肠道不适、心血管症状等不良反应，最终只有少量左旋多巴能到达脑组织，在脑内脱羧形成的多巴胺数量不足，疗效欠佳。左旋多巴加入多巴脱羧酶抑制剂后可避免周围组织对其自身的脱羧，既可减少恶心、厌食等不适，又可使到达脑组织的左旋多巴剂量明显增加。左旋多巴复方制剂是目前治疗 PD 的最有效药物。然而，多巴类制剂长期服用后疗效会逐渐减退，出现症状波动、异动症等现象。长期左旋多巴复方制剂治疗的并发症一方面与疾病本身进展有关；另一方面可能与左旋多巴生物利用度降低、半衰期缩短、吸收不稳定有关。左旋多巴复方制剂的“蜜月期”一般为 3～5 年。持续性多巴胺能刺激（CDS）的治疗策略是近年来 PD 治疗理念的最新进展，有望解决运动波动等困扰 PD 患者的难题。CDS 的核心是优化左旋多巴的药物代谢动力学，避免脉冲式纹状体多巴胺受体刺激，可以有效预防和治疗运动并发症。CDS 的方式有：①静脉或肠内（十二指肠/空肠）输注多巴类制剂；②多巴类制剂加用儿茶酚胺-*O*-甲基转移酶（COMT）抑制剂；③多巴类制剂加用单胺氧化酶（MAO）抑制剂；④长半衰期多巴胺受体兴奋剂（普拉克索、吡贝地尔、罗匹尼罗等）口服；⑤短半衰期多巴胺受体兴奋剂阿扑吗啡持续皮下注射；⑥罗替戈汀经皮持续给药等。经静脉或肠腔内给药可维持左旋多巴血药质量分数于较平稳水平，但实际操作起来比较困难，依从性差，目前临床应用较少。

2）增加脑内多巴胺生物利用度的药物　多巴胺降解需要 2 种酶，即 MAO 和 COMT。MAO 抑制剂可单独使用，也可与复方左旋多巴制剂联合使用。而 COMT 抑制剂只能与复方左旋多巴制剂联合应用。

（1）MAO 抑制剂。MAO-B 参与多巴胺分解代谢，多巴胺在脑内经 MAO-B 途径分解产生大量的自由基，促进神经元的凋亡，MAO-B 抑制剂可减少多巴胺的降解，增加多巴胺在脑内的质量分数，且对多巴胺能神经元有保护作用。代表药物有司来吉兰、雷沙吉兰，可单独使用，也可与复方左旋多巴联用，对 PD 全程治疗均有效。与复方左旋多巴联用时，能推迟运动并发症的出现，减少左旋多巴用量。新型抗帕金森病药物雷沙吉兰与司来吉兰（第一代单胺氧化酶抑制剂）相比，抑制作用强 50 倍，对 MAO-B 选择性更高，可单独使用，且可作为 PD 早期治疗的一线药物。Rascol 等在一项关于雷沙吉兰治疗早期 PD 患者的随机双盲多中心安慰剂对照研究中指出，雷沙吉兰可以推迟其他抗 PD 药物的使用，且越早期使用雷沙吉兰可以更显著改善患者统一帕金森病评定量表（UPDRS）评分。雷沙吉兰的代谢产物是一种无活性的非苯丙胺物质，具有神经保护作用，无拟交感活性，因此不良反应小；而司来吉兰代谢生成苯丙胺衍生物，具有拟交感活性，因此常有睡眠障碍、恶心、排尿困难等不良反应。雷沙吉兰每天仅需口服 1 次，应用方便，依从性较好，但胃溃疡患者应慎用，禁与 5-羟色胺再摄取抑制剂（SRI）合用。目前雷沙吉兰透皮贴片、雷沙吉兰微囊泡等剂型尚在研究中。

（2）COMT 抑制剂。COMT 抑制剂只能作为左旋多巴制剂的辅助药物与其同时使用，抑制 COMT，减少左旋多巴代谢为 3-氧-甲基多巴，从而增加多巴胺在脑内的质量分数。COMT 抑制剂的添加使用，可减少左旋多巴的用量，改善其长期治疗引起的症状波动。

COMT 抑制剂目前已上市的有恩他卡朋和托卡朋。托卡朋因其肝功能损害严重而较少使用，恩他卡朋不良反应较少，更为常用。恩他卡朋可添加治疗有“剂末现象”的 PD 患者，增加“开期”，减少“关期”，并改善 UPDRS 运动功能评分。但 FIRST-STEP 及 STRIDE-PD 研究提示恩他卡朋早期添加治疗并不能推迟运动并发症的发生，且可能增加异动症发生的概率，尚未定论。服用 COMT 抑制剂安全性好，但仍有一些不良反应，最常见的是异动症，可通过减少多巴类制剂用量、延长给药时间间隔而缓解。其次还可见胃肠功能紊乱、尿色改变等症状。

2. 多巴胺受体兴奋剂

1）概述 多巴胺受体兴奋剂（dopamine agonist，DA）直接作用于多巴胺受体，不依赖多巴胺能神经功能，可单独使用，尤其是早期、较年轻 PD 患者。DA 虽其单用疗效不如左旋多巴制剂，但引起异动症和运动波动现象较左旋多巴少；也可与左旋多巴制剂联用，增强后者对受体的敏感性，能够减少多巴类制剂剂量。临床研究发现，DA 对早期 PD 治疗效果较好，能够对多巴类制剂治疗所带来的运动并发症起到延缓或者阻滞的作用。目前常用的 DA 优势之一是其半衰期长，对多巴胺受体的刺激优于复方左旋多巴的“脉冲样刺激”，是接近生理状态的持续性多巴胺能刺激（CDS）。

2）常用的几种 DA

（1）吡贝地尔。吡贝地尔为 D2、D3 受体兴奋剂，兴奋黑质纹状体通路 D2 受体、中脑皮质和边缘叶通路 D3 受体，是一种非麦角类 DA，较以往的麦角类 DA 不良反应少。在国内现有的抗 PD 药物中，其半衰期最长，作用时间长而稳定，可单用，也可与左旋多巴联用；在 PD 整个病程中都可以使用。在 PD 早期，单用吡贝地尔可以延迟服用复方多巴的时间，降低运动并发症的风险；在 PD 中期，加用吡贝地尔可以减少服用复方多巴的剂量，提高疗效；在 PD 晚期，加用吡贝地尔能较好地控制患者运动症状及非运动症状，可改善患者淡漠情绪，调和情感。吡贝地尔适合在睡前服药，不仅可改善夜间肢体僵硬，改善睡眠，而且有助于改善晨起时的运动状态。吡贝地尔可与多种抗 PD 药物联用，较少影响其他药物的作用。在中晚期 PD 患者，特别是有智能减退的患者，可能出现幻觉等不良反应。

（2）普拉克索。普拉克索是新一代非麦角类 D2 受体兴奋剂，对 D3 受体也有作用，但对 D2 受体更具特异性，对其作用较吡贝地尔更强。D2 受体位于纹状体，这被认为与抗 PD 效应有关。在 PD 早期单用可以缓解运动症状，推迟左旋多巴的应用；在 PD 中、晚期与左旋多巴联用可延缓和减轻运动并发症，缓解 PD 伴发的非运动症状。普拉克索可改善 PD 患者焦虑、抑郁、易激惹、偏执等情绪问题。其半衰期稍短，缓释剂型国内尚未上市。

（3）罗匹尼罗。罗匹尼罗为非麦角类受体兴奋剂，主要作用于 D2 受体，对早、中、晚期 PD 均有较好疗效，可单独使用，也可作为辅助用药与左旋多巴复方制剂联用。Zhang 等在我国 PD 患者中验证了罗匹尼罗添加治疗可以减少左旋多巴复方制剂用量，控制 PD 症状，降低患者 UPDRS 评分。罗匹尼罗长效，易于耐受，其不良反应与其他类型多巴胺受体兴奋剂相似，并相对较少见。

（4）罗替戈汀。罗替戈汀是用于治疗 PD 的透皮贴片，是第一个经皮 24h 持续释药的非麦角类 DA。可兴奋 D1、D2、D3 受体，能够有效改善 PD 患者的运动症状；另外可兴奋 5-羟色胺受体，产生同丁螺环酮类类似的抗焦虑作用。罗替戈汀添加治疗可使 PD 患者在睡眠、情绪、疼痛改善等方面获益。罗替戈汀经皮持续给药途径可以改善患者非运动症状（如疲劳、抑郁等）。其透皮贴片与其他药物相互作用较少，局部敷贴后能够持续释放药物，可使血液和脑脊液中的药物质量分数维持平稳，改善口服给约途径的“脉冲样刺激”，减少运动并发症。其经皮给药方式特别适用于吞咽困难的患者，且其吸收不受食物影响，使用时不用考虑进食时间。它的最常见不良反应是局部皮肤反应。

3. 其他药物及辅助用药

1）*金刚烷胺*　金刚烷胺疗效不及上述药物，可作为 PD 治疗的辅助用药，各个阶段 PD 患者均可考虑选用。对于早期患者，震颤为主或者强直为主都可以选用；对于中期患者，可以促进多巴胺释放，增强疗效；对于长期服药出现运动并发症的患者，添加金刚烷胺可减少左旋多巴用量，从而减少运动并发症。与左旋多巴及 DA 相比，本品对多巴胺能神经作用较弱，因此大多作为辅助药物与其他抗 PD 药物联用。不良反应有幻觉、情绪改变等。服用金刚烷胺可影响睡眠，或导致睡眠中不自主运动，应避免过晚服药。另外，有研究指出，添加金刚烷胺治疗后的可能获益会在撤退该药后迅速消失。

2）*抗胆碱能药*　抗胆碱能药通过抑制胆碱能神经活性，从而调整多巴胺能系统和胆碱能系统间的平衡性而发挥作用。本类药物主要应用于伴有震颤的患者，而对无震颤的患者一般不推荐应用，因长期使用可导致认知功能下降。

3）*其他药物*　铁螯合剂可降低铁离子质量分数，减少氧化反应，保护多巴胺能神经元细胞。辅酶 Q10 被认为具有神经保护作用，可以用于 PD 治疗。环孢素 A 可降低线粒体膜的通透性，具有抗凋亡作用。

三、神经病理性疼痛药物干预分子机制

1. 神经病理性疼痛干预靶点　神经病理性疼痛常由外周神经或脊髓损伤、疾病所引起，并往往持续到原发损伤愈合后数月甚至数年，与组织损伤所引起的伤害性疼痛和炎性疼痛不同，普通镇痛药物往往效果欠佳，而治疗神经病理性疼痛的效应又与疾病的病因学有关。到目前为止尚未发现单一药物对所有类型神经性疾病疼痛都有效。神经病理性疼痛潜在治疗靶点包括：周围神经损伤的异位放电、脊髓背角神经元兴奋增加、GABA 受体抑制的再增强、脊髓和情感机制的改变、交感神经系统兴奋性改变、脊髓肽能机制、脊髓兴奋性氨基酸受体、脑的下行性抑制机制的增强。

1）*抑制周围神经损伤后异常放电*　周围神经损伤后正常情况下调节神经元细胞电兴奋性途径被中断，感觉神经元兴奋性增高导致异位放电。此外周围神经损伤后，轴

突变性和神经脱髓鞘导致受损神经末梢背根神经节的神经细胞膜兴奋性重构，此种重构包括了跨膜离子通道和受体分布及功能的影响，甚至门控性质的改变。重构造成了膜共振增加和阈下膜电位振荡的出现，表现为异位放电。周围神经损伤还引起神经肽及其受体的改变，引起相关的突触蛋白质和分子改变。周围神经损伤后，损伤部位产生的神经瘤被交感神经和血管所侵入，血管生芽也是导致疼痛的重要原因。

此外组织损伤释放的氢离子、ATP和蛋白酶作用于辣椒素受体、P2X受体和蛋白酶活化受体激活感觉神经元，前列腺素（PG）、5-羟色胺和其他炎症介质增加河豚毒抵抗钠通道的表达，中性粒细胞、巨噬细胞等释放细胞因子可促进局部炎症反应，这些变化总效应是激活伤害性传入纤维的神经瘤向背根神经节和脊髓背角自发性放电。由于神经病理性疼痛与损伤诱导的局部炎症反应密切相关，因而早期使用激素和非甾体类抗炎药似乎是合理的想法。但甲强龙减少急性炎症反应导致的神经变性效果并不明显，在预防发生慢性疼痛方面也仅有部分疗效。在动物模型中整合素抗体能阻止白细胞聚集和炎症反应发生，但在临床的作用仍不明确。同样早期给予抗风湿药物是否可以减轻其后神经病理性疼痛的发生也有待进一步证实。

神经生长因子（NGF）与炎症反应相关，糖尿病神经痛与NGF缺乏有关，在此种情况下使用NGF可能有镇痛效应。神经病理性疼痛常伴有离子通道改变，是使用钠通道阻滞剂卡马西平和苯妥英钠的理论基础，这些药物常被用于三叉神经痛的治疗。

近年来钾离子通道在神经病理性疼痛的治疗也受到重视，增强钾通道的活性能够增加膜电位的负电荷而降低膜兴奋性。核苷酸门控离子通道的特异性抑制剂能够降低超极化阳离子（IH）电流而能减轻大鼠神经病理性疼痛，但在临床上因可能引起心动过缓和效能偏低而受到限制。辣椒素受体激动剂如辣椒素和神经元脱敏剂 Resiniferatoxin 对神经病理性疼痛也有一定效果。

2）*脊髓背角兴奋性神经元增加*　外周神经元的异位放电不但引起疼痛，长期存在还导致脊髓背角感觉神经元的兴奋性持续升高。已确定的改变包括：①氨基丁酸能抑制作用的减弱和离子门控通道的改变，包括NMDA受体通道电流的增加，N型钙通道表达上调，钠通道β亚单位表达改变；②RAS-MAPK信号转导途径激活；③P物质的释放增加，研究表明预先使用NK1拮抗剂能减少外周神经损伤所引起的兴奋性改变，但对神经病理性疼痛却无治疗作用；④其他神经肽、神经营养因子和激酶也与神经病理性疼痛发生有关。神经生长因子和神经肽的拮抗剂能预防神经病理性疼痛的发生。抗癫痫药能降低脊髓背角神经元兴奋性，拉莫三嗪对此有一定作用。瑞替加滨通过开放钾通道也能减轻神经损伤导致的疼痛。

由于N型和L型钙通道上调与神经病理性疼痛相关，因而作用在此两通道的药物已成功应用于临床。Ziconotide是N类钙通道阻滞剂，钙通道位于脊髓背角表层（Ⅰ和Ⅱ层）初级伤害性传入神经（Aδ 和 C）上。该通道被阻滞后导致传入神经末梢的传导被阻滞，从而减轻疼痛。作为鞘内镇痛药物，该药已被列为继吗啡、布比卡因、可乐定、育亨宾后的第五线治疗顽固性慢性痛（包括癌痛和糖尿病神经痛）的重要药物。作用在α2钙通道亚单位的加巴喷丁和普加巴林也是抗惊厥药，已证明对带状疱疹后遗痛、糖尿病神经痛、三叉神经痛有确切效果，加巴喷丁用于抑制阿片类药物产生的疼痛过敏也可能有一定效果。

3）GABA 抑制增强　疼痛的集中现象与脊髓后角胶状质中的抑制性 GABA 能作用减弱有关。抑制作用的减弱导致脊髓丘脑束冲动作用增加。GABA 受体激动药巴氯芬鞘内应用对神经病理性疼痛有一定作用，至于全身应用是否可达到脊髓的有效浓度仍有疑问。苯甲二氮卓类药物如咪达唑仑鞘内应用也表现出部分镇痛作用。拟 GABA 抗惊厥药如丙戊酸临床效果与钠通道阻滞剂类似。

4）脊髓情感机制　脊髓丘脑束活动增强，丘脑和高级神经元兴奋性改变表现为对疼痛的情绪和情感改变。脊髓腹外侧区和大脑导水管周围灰质调节下行性通路对脊髓伤害性刺激也有抑制作用。神经病理性疼痛患者常有抑郁，而抑郁也可加重对痛觉的知觉。但临床上即使无抑郁症的慢性疼痛患者使用抗抑郁药仍可得到良好的辅助镇痛效果，而且在服用抗抑郁药的过程中，在未达到抗抑郁效果前已达到镇痛治疗作用。三环类抗抑郁药阿咪替林仍是经典的用于慢性疼痛的抗抑郁药；杜路克辛（Duluxine）对糖尿病后遗症有良好效果，而且无三环类抗抑郁药的不良反应；5-HT1A 受体激动药也有较好止痛效应，可能与激活下行疼痛通路所释放的 5-HT3 受体有关。但选择性 5-HT3 重吸收抑制剂，如氟西汀、多虑平对神经病理性疼痛的治疗并不十分有效。

5）自主神经改变　外周交感神经兴奋变化和神经病理性疼痛有关。损伤部位形成的神经瘤中生长的交感神经纤维、皮肤交感神经纤维支配的改变，都对背根神经节有影响。因此交感神经系统改变与交感性疼痛及复杂性区域疼痛综合征有关。使用 α2-肾上腺素受体激动剂可乐定有明确的治疗神经病理性疼痛的效应，鞘内注射与突触前受体相结合阻止周围神经儿茶酚胺和背角的神经递质释放效果更为显著。交感神经封闭或使用长效 α2-肾上腺素受体阻滞剂可以减少交感神经与感觉神经之间相互作用，但由于有血压下降、困倦、腹泻等不良反应使用受到限制。

6）脊髓肽能机制　外周神经损伤改变了脊髓和外周神经的神经肽及其受体水平。内源性或外源性阿片物质、神经肽 Y 和生长抑素都具有调节脊髓痛觉通路的能力。临床上使用阿片类物质治疗伤害性疼痛有很好的效果，但对神经病理性疼痛仅在大剂量使用时取得一定疗效，既作用在阿片受体又作用在兴奋性氨基酸受体的美沙酮，对阿片耐受的患者有良好的镇痛和戒阿片作用。研究发现在离断的背根神经元上 μ 受体对 N 型的 Ica 通道的抑制作用减弱，而孤啡肽受体（ORL1）的作用得到了增强，提示孤啡肽受体激动剂可以保持镇痛作用。神经肽 Y 对离断的神经作用与孤啡肽一样可以得到增强，故神经肽 Y 激动剂也可能是一种潜在的抗伤害药物。在背根神经节神经元上发现了一类新受体感觉特异性的 G 蛋白配对受体 SNSR，能够被从前脑啡肽 A 来的肽片段所激活，故激活 SNSR 的药物也许对神经病理性疼痛有效。此外血管活性肠肽拮抗剂也可能在神经病理性疼痛中具有作用。

7）脊髓兴奋性氨基酸受体　在神经病理性疼痛中常出现“上发条”现象，即由持续的、重复的 C 纤维刺激所产生的递增的、低频率依赖的兴奋性增高，其时程仅持续数秒至数分钟。有时也出现长时程增强作用，是由高频刺激引起的长时间兴奋性增高。“上发条”现象反映了GABA能作用减弱和NMDA受体的激活，“上发条”现象存在并不是长时程集中作用的必要条件，仅发生于固定模式刺激的C纤维细胞。

NMDA受体功能上调是神经损伤早期结果，实验表明在炎症发生后2天即能观察脊髓兴奋性氨基酸受体改变，暗示NMDA受体拮抗剂可能对神经病理性疼痛具有潜在疗效。氯胺酮、美沙酮和右美沙酚是国内批准使用的三种兴奋性氨基酸受体拮抗剂，对神经病理性疼痛有良好的效果，至于氯胺酮的不良反应则应使用少量的苯二氮卓类药物或氟哌啶醇来对抗。

8）脑和脊髓的下行性抑制通路　脑和脊髓中存在着大量的抑制性肽类物质可减轻或消除疼痛的上行性传导。内源性阿片肽、肾上腺素能和5-羟色胺能物质都能抑制伤害性刺激的传导。曲马多是典型的抑制上行性传导的药物。对乙酰氨基酚是主要作用于中枢的环氧化酶抑制药，也可发挥中枢性镇痛作用。目前临床上使用较少的作用于缓激肽的神经妥乐平或高乌甲素在神经病理性疼痛的治疗地位仍不明确。

综上所述，目前尚无治疗神经病理性疼痛的灵药或万能药，药物、心理治疗、物理治疗、微创治疗等仍是目前最主要的治疗手段，但随着对疼痛的分子机制进一步认识和基因治疗学的进步，神经病理性疼痛的药物治疗必将有长足的发展。

2. 神经病理性疼痛的治疗药物

1）抗癫痫药　第二代抗癫痫药加巴喷丁是目前治疗神经性疼痛首选药物之一，其对糖尿病神经痛和带状疱疹后遗神经痛均有较好的疗效。但是，长期服用可有嗜睡、眩晕、周围性水肿、行走不稳、疲劳感等不良反应。其作用机制是多方面的，加巴喷丁结构与GABA较为接近，能调节GABA受体的活性及GABA的释放，并具有抑制兴奋性氨基酸释放、减少中枢神经去甲肾上腺素的释放等作用，从而减轻神经病理性疼痛。

2）抗抑郁药　三环类抗抑郁药（TCA）目前被广泛应用于各种神经病理痛的治疗，包括三叉神经痛及带状疱疹引起的神经痛等。该类药用于治疗神经病理性疼痛历史悠久，也是一种公认的广谱止痛药。其作用机制主要是通过阻断中枢神经对5-羟色胺和去甲肾上腺素的重摄取而减少感觉神经对痛觉信号的传递，从而达到治疗作用。长期服用有口干、便秘、嗜睡、躁动、意识混乱、潜在的心肌毒性作用等不良反应。

3）抗惊厥药　另一类确定对神经病理性疼痛有确切疗效的药物就是抗惊厥药。有研究表明，抗惊厥药如卡马西平等，对多种类型的神经病理性疼痛均有疗效。其作用机制主要是对神经元胞膜具有稳定作用。但是，长期服用有视力模糊、复视、眼球震颤和水中毒等不良反应。

4）NMDA受体拮抗剂　NMDA受体的激活会引起脊髓神经元兴奋性增强，而NMDA受体拮抗剂则可抑制兴奋性氨基酸的释放，减少伤害信息的传递，从而达到治疗的目的。而在动物模型上使用NMDA受体拮抗剂（如氯胺酮）对神经病理性疼痛的疗效也得到了证明。

5）阿片类镇痛药　不可否认阿片类药物如吗啡具有强效镇痛作用，而且对绝大部分疼痛均有效，特别是对于带状疱疹后神经痛及其他神经痛均有较好的治疗作用。但是其呼吸抑制、恶心、呕吐、嗜睡、尿潴留等不良反应发生率较高，另外，阿片类药物强大的致依赖潜能，容易作为毒品在社会上滥用等缺点，使它难以成为治疗神经病理痛的常用药。

6）P2X 受体拮抗剂　P2X 受体拮抗剂可以减少 P2X 受体细胞对伤害性信息的传递，从而达到镇痛效果，如 A-317491、三氮 ATP（TNP-ATP）在多种神经病理痛模型中均被证实了具有缓解疼痛的效应。但是，由于参与神经病理痛的受体种类较多，各受体相互之间是否彼此联系、彼此影响，每种受体的具体作用机制又如何，都有待做进一步研究。只有深入研究各受体的作用机制，并找到具有高度特异性 P2X 受体拮抗剂，才能实现神经病理痛的靶向性药物治疗，因此，该类药物应用于临床还需要做更多深入的研究。

7）其他药物　据文献报道，中药附子在多种急性疼痛模型如急性关节炎模型均显示具有镇痛作用。另外，在动物模型中，天麻治疗神经病理性痛也有较好的疗效。随着中医药重新被认可，治疗神经病理痛的天然药物得到了大量的研究。

第三节　肺组织损伤修复药物干预分子机制

一、急性肺损伤/急性呼吸窘迫综合征治疗药物

急性肺损伤/急性呼吸窘迫综合征（ALI/ARDS）死亡率一直居高不下（34%～60%）。目前认为各种病因引发过度的炎症反应，不受控制发展为全身炎症反应综合征（SIRS），继续进展则为多器官功能障碍综合征（MODS），激活的各种效应细胞释放过量的细胞因子、炎症介质，并有凝血纤溶系统、补体系统的参与，MODS 是最终的严重结局，肺脏是这一病理进程当中首当其冲的靶器官，ALI/ARDS 是 MODS 在肺部的表现。ALI/ARDS 本身复杂的发病机制为药物干预提供了多种可能的靶点，目前研究的热点药物包括皮质类固醇、其他抗炎症反应药物、表面活性剂、免疫调节剂、抗氧化剂等。

（一）糖皮质激素

糖皮质激素（GC）主要通过抑制炎症介质如 TXA2、PG、LT 的产生和多种细胞因子包括黏附分子的表达来发挥抗炎作用，甚至可诱导炎症细胞凋亡。其广泛的抗炎作用并未在 ALI/ARDS 治疗中带来明显益处。目前的研究不支持在 ARDS 早期应用大剂量皮质激素。一些研究显示在 ARDS 纤维增生期应用是有益的，如改善生存者的肺功能，甚至在某些 ARDS 亚组或病例系，激素的应用还可提高生存率。小样本（$n=24$）随机对照实验（RCT）显示小剂量甲强龙［2mg/（kg·d）］在纤维增生期改善了氧合指数、肺损伤、多器官功能不全、拨管率及生存率，治疗组死亡率比对照组有明显下降（治疗组和对照组死亡率分别为 12%和 62%，$P<0.03$；ICU 死亡率分别为 0 和 62%）。该篇文章引起关注的同时也因为样本量小和统计分析的原因而受到质疑。此组患者的后续报

道仍支持在治疗 7 天后肺损伤评分未改善的情况下应用类固醇。但 2006 年公布的临床实验结果（LaSRS）（n=180）却否定了这种希望。此项历时 7 年的多中心 RCT 主要终点是 60 天死亡率，次要终点包括撤机天数和无器官衰竭天数，炎症反应包括纤维增生的指标，以及感染并发症等。在亚急性期（≥7 天）应用甲强龙［1～2mg/（kg·d）］，最初 28 天里氧合及呼吸系统顺应性改善，且撤机时间提前，无休克时间延长，ICU 入住时间缩短。但未见死亡率的差异，对照组 vs 干预组：60 天死亡率分别为 28.6%和 29.2%（P=1.0），180 天死亡率分别为 31.9%和 31.5%（P=1.0）；在发病 14 天后入组的患者中甲强龙还显著提高了 60 天（8%和 35%，P=0.02）和 180 天（12%和 44%，P=0.01）的死亡率。值得注意的是，在入组时支气管肺泡灌洗液中 3 型前胶原肽为中上水平者干预后死亡率显著下降（180 天，24%和 4%，P=0.05）。作者认为目前不支持对持续 ARDS 患者常规给予甲强龙。

GC 并非完全没有意义。冲击量的 GC 对脓毒症休克且接受血管升压药的患者，尤其是存在肾上腺功能不全的情况下，能促进血流动力学的稳定并减少死亡率。因此对于难治性感染诱导的 ALI/ARDS 应当考虑甲强龙的应用。剂量为 0.18mg/（kg·h）维持或 50～100mg/d，每 6～8h 间断给药，并持续 3～7 天或休克逆转为止。Annane 等的研究（n=299）显示，氟氢可的松或氢化可的松的治疗改善了那些依赖儿茶酚胺并接受机械通气的感染性休克患者的修正生存率。要注意的是，对促肾上腺皮质激素（ACTH）无反应者和有反应者的构成比对于总体生存率可能会有影响。少数表现为 ARDS 的患者如急性嗜酸性粒细胞肺炎其免疫基础是适合应用激素的，甚至在早期也是如此。谨慎有限地使用激素可以促进受损组织的恢复，在 ARDS 患者可以考虑作为抢救措施用。在一些存在 ALI/ARDS 高危因素的特定患者如矫形外科骨折、卡氏肺孢子菌肺炎，早期给予 GC 可见更低的 ARDS 发生率和呼吸衰竭危险性，甚至更低的死亡率。

（二）表面活性物质

表面活性剂（surfactant）能够降低肺泡表面张力，防止肺泡萎陷并有先天免疫作用，还可防止肺泡水肿形成。表面活性剂由脂质和 surfactan 蛋白（SP）组成，仅占 10%的 SP 分为：亲水的 SP-A、SP-D 和疏水的 SP-B、SP-C，并起不同的生理免疫作用。ARDS 患者由于Ⅱ型肺泡上皮细胞受损使得表面活性剂产生、分泌、摄取再利用都减少；同时因为肺泡上皮通透性增高，蛋白质渗漏入肺泡抑制了表面活性剂，一些脂肪酶和蛋白水解酶还会降解表面活性剂，导致数量不足且构成、功能异常，溶血性卵磷脂产生，有活性的大聚集体减少而无活性的小聚集体增多。

表面活性剂对新生儿呼吸窘迫综合征（NRDS）的治疗作用早已得到公认。但由于发病机制的不同，在 ALI/ARDS 中的情况有很大差别。在 1996 年的大样本（n=725）RCT 就未能显示雾化吸入表面活性剂在 30 天生存率、ICU 入住时间、机械通气时间的差异，死亡率均为 41%。2001 年开始的两个大规模临床试验应用重组 SP-C 的表面活性剂吸入，虽然曾有初步结果显示：直接打击（如肺炎和/或吸入）后的 ARDS 患者，相比于对照组有更低的死亡率（北美组 38.5%和 25.9%；欧洲-南美组 39.0%和 25.5%），但其Ⅱ/Ⅲ期结果未见同样益处，只在最初 24h 看到氧合改善。故作者认为在不均一的患者样本中使用外源性表面活性剂不能改善生存结果。不同的给药方式似乎能带来更好结果。如通过气管内滴注一项，RCT 曾得出表面活性剂治疗组死亡率显著低于对照组的结果（9%和 43%）。在儿童的 RCT 中，气管内滴注天然的牛肺泡表面活性物质不仅改善氧合而且死亡率在治疗组更低（15/77 和 27/75）。另一项研究中采取这种办法，结果氧合改善，并在中等剂量组中显示出死亡率下降（43.8%和 18.8%）。但两组之间的死亡率并无统计学上的显著差异（$P=0.07$），氧合指数亦无显著性差异。此外，Wiswell 等曾对 ARDS 患者序贯进行支气管—肺段的灌洗（溶入 Surfaxin，Surfaxin 为一种用于治疗婴儿呼吸窘迫综合征的液体药物），结果氧合改善且无不良反应。Gregory 等也使用类似方法，结果在 57g（Surfaxin）组生存率 67%，61g 组生存率 100%，高于流行病学的 ARDS 生存率。这些结果的不一致与诸多的影响因素有关，如损伤的性质、表面活性剂的制备、给药途径和剂量（气管插管下隆突上滴注给药似乎最为有效）、机械通气的作用、给药时机等。可能在非常早的 ARDS 阶段或高危人群中这样做才有效。不论临床试验的结果如何，对于肺实质损伤所致的呼吸功能不全应用表面活性剂是有希望的。它能阻止 IL-1、IL-6、TNF 等从巨噬细胞释放。SP-A、SP-D 介导的先天免疫机制也不应忽视。表面活性剂伴随 ALI/ARDS 发生的异常可能使肺易于发展至后来的结果（如机械通气造成的损伤），这个模式与解释 ALI/ARDS 的“多次打击”理论是相一致的。如果将来可以证实表面活性剂的改变发生在 ALI/ARDS 的早期，尤其是，它参与了疾病的进展，那么将其作为预防用药就是可行的。

（三）吸入性 NO

吸入性 NO（iNO）能立刻引起肺通气局部的选择性血管扩张，使血流由非通气区域向通气区域重新分配，进入血液后被血红蛋白迅速灭活而作用局限是其主要优点。不过，对 iNO 有反应的比例在败血症患者不足 50%，这可能是因为血管外肺水的增加和儿茶酚胺的使用，故很多临床试验把败血症患者排除在外。在非败血症患者的有反应比例可达 60%～100%，大多数反应表现为显著的氧合改善、轻-中度的平均肺动脉压力和肺血管阻力的下降。迄今为止几项研究中，iNO 能提高氧合持续 24～96h，可以减少机械通气的应用及强度，减少体外膜氧合（ECMO），甚至减少 ARDS 的发生，但多无生存率的改善和机械通气时间的减少，仅在儿童因为减少呼吸机诱导肺损伤（VILI）而带来病死率的减少。通过回顾性分析表明应用 iNO 会导致成年患者 ECMO 率的进行性下降，提示 iNO 治疗成年 ARDS 可视作一种针对严重低氧血症的过渡治疗以避免更加创伤性和昂贵的处理。大多学者总结后认为目前无充分的依据在 ARDS 中常规使用 iNO，但对于顽固的、危及生命的低氧血症可以考虑用。并且对于 iNO 在成年 ARDS 患者的研究所得阴性结果，也有学者认为应予谨慎解释。无意的“过量”可能是个原因，亦即给予恒定的 NO 浓度可能会过量导致几天后氧合恶化。因为过量的 iNO 可转运至血循环中而不失活并在肺循环外发挥作用，还可能激活产生内源性缩血管物质如 ET-1，甚至可与氧自由基相互作用生成有毒代谢产物，均弱化其原有效果。最近有报道 iNO 治疗 ARDS 患者时出现 COHb（碳氧血红蛋白）以及 MetHb（高铁血红蛋白）的升高，鉴于对血红蛋白携氧能力的负面影响和关于改善预后的阴性结果而更不主张使用 iNO。

（四）其他抗炎症药物

花生四烯酸的代谢产物，包括血栓素、白三烯和前列环素，是重要的促炎症介质，它们的产生都有赖于磷脂酶 A2（PLA2）。在动物模型上应用 PLA2 抑制剂如三氟甲醚酮、己酮可可碱或 TXA2 合成酶抑制剂如 ozagrel 可见肺损伤、炎症反应有改善。酮康唑作为有效的 TXA2 抑制剂，有初步研究显示可阻止高危患者发展为 ARDS。不过之后一项多中心试验未见酮康唑改善生存率和撤机时间。可能在炎症变为不可控之前对预防高危人群是有用的。血小板颗粒提取物（PGE）1 可抑制血小板聚集，促血管扩张，调节炎症反应，包括阻断巨噬细胞和中性粒细胞的激活，最初有报道 PGE1 可改善气体交换和生存率，之后的 RCT 未见生存率提高。近来将脂质体包囊型的 PGE1 用于 177 例 ARDS 患者，显示氧合改善，并且撤机时间缩短，不过 28 天死亡率无差别。可能是由于此种剂型以更有效方式运送到炎症靶细胞，所以在 ARDS 的治疗中显示了希望。

TNF-α 被认为在炎症机制中起中枢作用，针对 TNF-α 的药物包括单克隆抗体和 TNF-α 受体。一些初步的临床试验未见这类抗体和受体影响败血症患者生存率，不过使用抗体片段 MAK195F（又名 afelimomab）似乎效果更好。在一项研究中看到感染严重指数经过校正之后在 afelimomab 组 IL-6 升高的患者有明确的生存率改善。

ALI/ARDS 机制之一就是中性粒细胞与肺内皮细胞通过各种黏附分子相互作用。利用单克隆抗体或其他因子阻断这种细胞间黏附，可能成为治疗的方向。CD18 作为中性粒细胞表面的黏附分子介导与内皮细胞的强黏附。有活体实验显示阻断 CD18 可以减缓 ALI 的进展；一个小的临床试验提示在合并出血性休克的患者 6h 内使用 CD18 单抗似乎有益。中性粒细胞的激活和脱颗粒并释放溶酶体、过氧化物酶体也起决定性作用。在 ALI 大鼠模型中，给予乌司他丁（一种尿胰蛋白酶抑制剂）预处理后观察到肿瘤坏死因子 α（TNF-α）和髓过氧化物酶（MPO）的产生被抑制，说明激活的细胞因子网络可能也被抑制。中性粒细胞弹性蛋白酶是一种有效的蛋白水解酶，在微血管损伤中发挥重要作用，并引起肺水肿。一些初步研究显示 NEI（中性粒细胞弹性蛋白酶抑制剂）改善肺损伤甚至生存率。但最近的一个临床试验应用 ONO-5046（一种丝氨酸蛋白酶抑制剂），结果未显示出生存率和机械通气时间、ICU 入住时间的改善。另一个较大的关于 NEI 的多中心 RCT 则被提前终止，因为发现 ONO-5046 对主要终点即脱离呼吸机时间和 28 天死亡率并无效果，也无依据说明对改善肺功能有效，甚至 180 天生存曲线的对比显示治疗组的死亡率更高（$P=0.006$）。

（五）保持内皮细胞屏障的完整性

ALI/ARDS 的一个基本病理就是严重的血管渗漏，液体、大分子及白细胞转移到肺间质和肺泡腔。肺内皮屏障完整性的破坏和细胞旁间隙的形成是 ALI/ARDS 超微结构改变的标志。鞘氨醇-1-磷酸（SIP）为一种有效的内皮屏障稳固剂，在大鼠模型，SIP 及其类似物（FTY720）显著减少了肺水肿和炎性肺损伤，并且具有全身效应。近年发现他汀类药物还具有内皮细胞屏障保护作用，动物实验证实较大剂量辛伐他汀（Simvastatin）可以显著减轻肺血管渗漏和炎症反应，并调节相应炎症和免疫基因的表达，如 IL-6、巨噬细胞源性趋化因子、Toll 样受体 4。

（六）抗凝治疗

炎症反应和凝血机制是相互作用不可分开的。广泛过度的炎症反应造成毛细血管内皮损伤，组织因子（TF）释放或表达，并和Ⅶ因子形成的激活复合物启动了凝血机制。在动物实验中应用组织因子途径抑制物（TFPI）抑制 TF 和Ⅶa、Ⅹa 活性，结果表明可减轻肺损伤、减少细胞因子释放、改善血气，但对生存期的益处不确定。一个Ⅱ期临床试验可见死亡率有 20%下降（37%和 57%）以及肺功能改善，但前者无统计学意义。抗凝血酶Ⅲ（ATⅢ）的动物实验结果也类似。ATⅢ的 RCT 曾显示在败血症患者可改善生存率和败血症相关 DIC。蛋白 C（PC）是 Vit-K 依赖性蛋白质，可被凝血酶-血栓调节素复合物在内皮表面激活。激活蛋白 C（APC）在动物模型中可减轻炎症反应或损伤，包括肺水肿、中性粒细胞浸润、TNF-α 的释放、肺纤维化。在大规模 RCT 中应用重组人 APC 后可看到生存率的提高并伴有呼吸衰竭和氧合的改善，而且严重败血症的高危患者受益最大，进一步的研究仍支持这种益处。血栓调节素也能够减少纤维蛋白沉积、白细胞和白蛋白积聚，血管通透性增加，甚至部分实验显示了生存率改善，但尚无临床试验报道。

（七）抗氧化剂

在败血症导致的肺损伤中，过氧化亚硝酸盐（包括 NO、氧自由基）的参与产生强细胞毒作用致肺微血管通透性增高和 DNA 链的断裂，后者激活了多聚腺苷二磷酸核糖聚合酶（PARP），参与 DNA 修复，进而消耗 ATP 和 NAD^+，导致细胞功能障碍和坏死。有动物实验显示 PARP 抑制剂 PJ34 是有益的。在羊的 ALI 模型中，INO-1001（PARP 抑制剂）抑制肺血管通透性增高，血气分析和肺内分流得到改善，组织学显示充血、炎症及出血各项评分在处理组均低于对照组，可能成为 ALI 一个新的治疗方向。近年发现氨溴索（Ambroxol）还具有抗氧化和抗炎作用。小鼠模型腹腔内注射氨溴索后观察到肺出血、水肿、渗出和中性粒细胞浸润减少，支气管肺泡灌洗液（BALF）中 TNF-α、IL-6、TGF-β1 及蛋白质浓度均低于对照组。ALI 条件下诱导型一氧化氮合酶（iNOS）产生大量 NO 并与源自中性粒细胞和巨噬细胞的氧自由基作用，进而形成过氧亚硝酸盐，后者引起广泛酪氨酸硝化并被认为是强效的引起 ALI 的氧化剂。有学者认为阻断 NOS 可以减少过氧亚硝酸盐的产生进而减少肺的损伤。鼠 ALI 模型接受吸入 NG-硝基-左旋精氨酸（L-NAME，NOS 抑制剂），结果抑制了局部 NO 的产生，减少了过氧亚硝酸盐和 TNF-α、

IL-1β 的产生，缓解了肺部损伤并显著提高了生存率。但也有同类研究得出否定结论，认为其反而使炎性因子增加并加重肺的损伤。这是由于 NO 在体内还有降低肺动脉高压、改善低氧血症的作用。动物实验中给予神经型一氧化氮合酶（nNOS）抑制剂 7-硝基吲哚（7-NI）能够改善氧合、减少气道血供和气道阻塞，进而减少气道铸型，减轻肺水肿。

对于 ALI/ARDS 的药物治疗目前虽有很多思路和探索，但在 RCT 的临床试验中尚无任何一种药物取得满意结果。ALI/ARDS 病因的不均一性和发病机制的复杂性使得药物治疗仍面临很多困难，尤其要考虑 RCT 不可避免的不均一性带来的挑战。不同病因和发病机制对应于炎症效应细胞、各种炎症介质和细胞因子、肺泡上皮细胞和毛细血管内皮细胞、有害代谢产物，以及补体和凝血纤溶系统参与并相互作用的复杂网络的不同环节链和路径。可能正是出于这个原因，基础实验与临床试验结果往往不一致，且某些临床试验的亚组可得出有意义结果。作为一种多因素、多环节、“多次打击”发病的严重疾患，其发生机制类似复杂性系统，单一阻断某个环节难以影响整个形成网络的机制，对其实施有效干预也应当寄希望于联合多个不同作用途径的干预发挥协同作用。

（八）内毒素所致急性肺损伤的治疗策略与机制

急性肺损伤/急性呼吸窘迫综合征（ALI/ARDS）是临床病死率较高的疾病，其中，革兰氏阴性菌感染相关的 ALI 所占比例很大，致病因素主要为内毒素。ALI 发病机制错综复杂，目前仍无特效治疗药物。因此，针对内毒素所致急性肺损伤的治疗药物研究受到广泛重视，围绕抗炎、抗凝血、改善肺水肿、抗氧化应激等方面的研究取得了新的进展，一些新型药物如表面活性物质、蛋白酶活性抑制剂、心房利钠肽等在临床上也已取得了一定成效。

对于细菌感染，有效控制细菌的增殖是治疗的基本要求，在使用抗生素等抗菌药物的基础上，进行积极的针对性治疗，如抑制炎症反应、抑制肺水肿、抑制氧化应激等，是促进肺功能恢复的重要措施。

1. 控制炎症反应　内毒素诱发 ALI 的主要表现之一是过度的炎症反应，也是导致肺组织损伤的重要原因。因此，在治疗 ALI 过程中，应用抗炎药物控制炎症是重要的措施。内毒素诱导的炎症反应可表现为多种细胞因子和炎症因子的释放，如肿瘤坏死因子、白细胞介素、金属基质蛋白酶等，以及核转录因子 κB（NF-κB）的激活，因此，有效抑制炎症因子等物质的释放和作用，是抗炎药物作用的主要途径，如弹性蛋白酶抑制剂皮质激素类及他汀类等。

2. 抑制肺水肿　渗透性肺水肿是非心源性原因导致肺泡上皮细胞、肺微血管内皮细胞损伤以及肺泡损伤的主要原因，也是 ALI 的重要病理生理特征。ALI 时肺泡上皮剥脱，导致肺泡上皮细胞不能以正常的速度清除肺泡水肿液，因而发生渗透性肺水肿。

临床上抑制肺水肿的方法有改善肺组织通气的物理疗法，但药物治疗仍是重要措施。常用药物分为利尿药、扩张血管药、稳定细胞膜药物等，如 β-肾上腺素激动剂、白蛋白、呋塞米、硝普钠。近些年研究发现，水通道蛋白表达量或功能的下降会降低机体对肺组织中液体的清除能力，加重肺泡和间质水肿，可作为纠正肺水肿的新思路。目的在于降低肺毛细血管通透性，消除肺内水肿液。

3. 调节凝血系统平衡　ALI 中，组织因子激活，蛋白 C 活性下降，血浆酶原激活酶抑制因子水平增高通过调节凝血和纤溶系统的异常来治疗肺内纤维蛋白的沉积，可能成为临床治疗 ALI/ARDS 的重要环节。

目前使用的药物主要通过舒张血管、抑制白细胞活性、降低凝血因子活性及含量等途径调节凝血。肝素、活化蛋白 C、抗凝血酶、组织因子-凝血因子通路抑制剂、纤溶酶原激活剂、血栓调节蛋白等均能减轻肺血管微血栓的形成，改善氧合。

4. 抗氧化应激　氧自由基的过量产生是内毒素诱发 ALI 的一个主要促成因素。效应细胞被循环激活和招募，氧化细胞膜脂质，使膜的流动性减低而通透性增加，直接损伤肺实质细胞。同时，氧自由基攻击肺部线粒体 DNA，导致细胞死亡和组织损伤。另外，它还与蛋白质中的甲硫氨酸、半胱氨酸、酪氨酸等残基直接发生反应，破坏其一级结构，使蛋白质功能受损和蛋白酶失活，引起肺结构改变。

因此，补充外源性抗氧化剂或抗氧化酶，重建氧化与抗氧化平衡，可起到治疗作用。目前，亚甲蓝、维生素、氨溴索、谷胱甘肽、*N*-乙酰半胱氨酸和硒元素等作为抗氧化剂，可有效清除超氧化物等氧自由基，并一定程度上抑制炎症因子表达，有望用于 ALI 的治疗。

5. 抗肺纤维化　肺损伤的最后阶段为纤维化，以大量的成纤维细胞聚集，细胞外基质沉积，伴有炎症和损伤所致组织结构破坏为特征，导致纤维组织过度修复造成肺组织结构紊乱，取代正常的肺组织结构。

发病后期用于肺纤维化的药物主要有 3 类：吡非尼酮、秋水仙碱及内皮素受体拮抗药，均可有效抑制纤维化，减少胶原纤维的形成，从而改善肺功能。

二、肺组织损伤药物干预靶点

1. 磷酸二酯酶 4（PDE4）　在急性肺损伤模型气道内滴入内毒素，1h 后肺组织中 PDE4 活性开始增加，6h 达到峰值，与对照组相比 $P<0.01$，24h 后开始回落。支气管肺泡灌洗液（BALF）的白细胞总数和中性粒细胞数的变化与 PDE4 活性变化相关（$r=0.83$，$P<0.05$），2h 后开始增加，6h 达到峰值，48h 后回落接近滴入内毒素前。肺组织匀浆的 TNF-α 含量在内毒素滴入后迅速上升，2h 达到峰值，24h 后开始回落，其上升先于前两者。在内毒素滴入 6h 测定抗超氧阴离子自由基和中性粒细胞髓过氧化物酶（MPO）水平也明显上升。给予 PDE4 抑制剂 RP73-401（piclamilast）后，肺组织中 PDE4 活性与 TNF-α 含量均下降，肺部炎症也得到改善，与损伤后 6h 相比差异有显著性（$P<0.01$）。气道内滴入内毒素后肺组织中 PDE4 活性迅速上升，并与 TNF-α 上升有一定的相关性，运用 PDE4 抑制剂后，二者水平均明显降低。PDE4 和 TNF-α 升高可能是诱导中性粒细胞聚集和过氧化反应的因素，提示 PDE4 抑制剂可能是一个治疗 ALI 的重要靶点。

2. NOD 样受体蛋白 3 炎症小体　急性肺损伤/急性呼吸窘迫综合征（ALI/ARDS）

是由多种非心源性肺内外因素引起的急性进行性呼吸衰竭，发病核心为过度放大或失控的炎症反应，目前没有特效的治疗药物。NOD 样受体蛋白 3［nucleotide-binding oligomerization domain（NOD）-like receptor protein 3，NLRP3］炎症小体是细胞受到刺激时形成的多蛋白复合体，活化后导致细胞凋亡及 IL-1β、IL-18 等产生，在多种感染性、炎症性疾病中起重要作用。引起肺损伤的多种因素均可导致 NLRP3 炎症小体形成、活化，有研究提示，与 ALI/ARDS 中的过度炎症反应有关。因而深入研究 NLRP3 炎症小体在 ALI/ARDS 中的作用，对于进一步阐明 ALI/ARDS 的发病机制有重要意义，甚至有望成为治疗 ALI/ARDS 的新靶点。

3. 补体 5a　急性肺损伤（ALI）是多种原因诱发的肺部过度炎症反应，其发病率和死亡率均较高。由于其发病机制复杂且并未完全阐明，至今仍无特效救治药物。许多研究表明补体活性成分补体 5a（C5a）及其受体的激活在 ALI 的发生过程中是必需的，以 C5a 及其受体作为靶点的药物研发有望为 ALI 的治疗带来新的希望。

4. 环加氧酶-2（COX-2）　使用沙漠干热环境中创伤失血性休克大鼠继发性肺损伤模型，病理观察可见干热组各时间点肺病理损伤较常温组病理损伤严重，肺损伤病理学评分较高；干热组肺脏灌洗液总蛋白量高于常温组，峰值出现较早。干热组休克后各时间点 MDA 浓度较常温组高，而 T-SOD 活力均较常温组低；COX-2 mRNA 表达量干热组休克后各时间点均高于常温组，干热组 1.5h 时峰值出现，常温组则在 2h 达到峰值，COX-2 mRNA 表达与肺损伤病理学评分呈正相关（$P<0.05$）。在沙漠干热环境中创伤失血性休克继发性肺损伤时，肺脏损伤较常温环境下严重且损伤提前；MDA 浓度和 T-SOD 活力的变化是反映继发性肺损伤的重要指标；COX-2 在沙漠干热环境创伤失血性休克继发性肺损伤过程中起重要作用，可能成为药物干预治疗的有效靶点。

5. NF-κB 信号通路　近年来 NF-κB 在 ALI 中的信号转导途径及作用机制逐渐被揭示，大量研究证实，通过干预 NF-κB 上游信号通路、NF-κB 抑制蛋白（IκB）、IκB 激酶（IKK）等途径，能在一定限度内阻断细胞因子和炎症介质的释放，缓解 ALI 的炎症反应。阻断靶细胞中 NF-κB 通路、特异性抑制目标蛋白和基因表达，或许能成为未来治疗 ALI 的研究方向；不恰当的药物干预会破坏机体的免疫平衡状态，虽然 NF-κB 阻断剂已进入临床试验阶段，但多数仅局限于动物实验和细胞水平，实现临床防治尚需进行大量实验研究。

6. Toll 样受体 2（TLR-2）　博莱霉素（BLM）诱导的急性肺损伤模型小鼠肺局部高表达 TLR-2（$P<0.001$）及其相关信号分子。阻断 TLR-2 显著抑制 BLM 诱导的树突状细胞（dendritic cell，DC）成熟及细胞因子 IL-6（$P<0.001$）、IL-17（$P<0.05$）与 IL-23（$P<0.05$）的分泌。阻断 TLR-2 不仅抑制支气管肺泡灌洗液中炎症细胞的增加，而且还增强 Th1（$P<0.05$），抑制 Th2（$P<0.001$）、Treg（$P<0.01$）与 Th17（$P<0.01$）反应。重要的是，阻断 TLR-2 可显著减轻肺损伤、炎症与纤维化，提高动物的生存率（从 50%到 92%，$P<0.01$）。结果提示，TLR-2 可作为治疗急性肺损伤与肺纤维化的潜在药物靶点。

7. 内皮祖细胞　ALI/ARDS 是临床常见的呼吸系统急危重症。虽然随着广谱抗生素的应用和机械通气模式的改进，ALI/ARDS 的治愈率有所改善，但目前总体死亡率仍高达 40%。ALI/ARDS 的早期病理改变为内皮表面受损和肺泡-毛细血管屏障破坏，因此以内皮为靶点的治疗被认为是潜在的有效方法。但表面活性因子、肺血管扩张剂、抗氧化剂、他汀等以内皮为靶点的药物均未能降低 ALI/ARDS 的死亡率，这促使研究者寻找更为有效的内皮保存与修复手段。

8. 非对称二甲基精氨酸 在大鼠脑缺血再灌注（I/R）诱导的急性肺损伤中，脑 I/R 损伤大鼠支气管肺泡灌洗液和入肺血血浆中非对称二甲基精氨酸（ADMA）水平明显升高，肺组织中 NO 含量和 NOS 活性明显降低（$P<0.05$），同时肌球蛋白轻链激酶（MLCK）和蛋白激酶 C（PKC）mRNA 和蛋白表达明显上调（$P<0.05$）。预先给予外源性二甲基精氨酸二甲基氨基水解酶（DDAH）后，脑缺血再灌注损伤大鼠支气管肺泡灌洗液和入肺血血浆中 ADMA 水平明显降低，肺组织 NO 含量和 NOS 活性明显升高，MLCK 和 PKC mRNA 和蛋白表达明显下调（$P<0.05$）。ADMA 通过上调肺组织 MLCK 和 PKC 的表达参与了脑 I/R 损伤后急性肺损伤的发病过程。ADMA 可能是脑缺血再灌注损伤诱导急性肺损伤的一个新的生物标志物和治疗靶点。

9. 肌球蛋白轻链激酶 肺气血屏障功能缺陷在 ALI/ARDS 病理生理改变过程中居于中心地位，而肌球蛋白轻链激酶（MLCK）通过磷酸化肌球蛋白轻链（MLC）对其有调节作用。MLCK 主要分为平滑肌型 MLCK（smMLCK）、内皮型 MLCK（eMLCK）和激酶相关蛋白（KRP）。它们由同一基因编码。eMLCK 在 ALI/ARDS 中尤为重要。eMLCK 有 4 个亚型：eMLCK2、eMLCK3a、eMLCK3b 和 eMLCK4，其中 eMLCK2 是优势亚型。内毒素、血小板活化因子（PAF）、凝血酶、缺血再灌注（I/R）、非正常机械应激都可以诱发 ALI/ARDS，MLCK 在其中发挥了重要作用。机制是 MLCK 使 MLC 磷酸化，导致细胞连接破坏，细胞骨架重排，内皮细胞收缩，并最终提高肺上皮细胞和肺内皮细胞的通透性。鉴于 MLCK 在 ALI/ARDS 中的重要性，它必将成为一个潜在的治疗靶点，在 ALI/ARDS 新药的研发和防治中发挥重要作用。

第四节　心血管组织损伤修复药物干预分子机制

一、高血压相关靶点

1. miR-126 王艺璇等在比较高血压患者和健康人群的外周血单核细胞中 miRNA 表达谱，并研究 miR-126 作为基因治疗靶点的可行性时发现，高血压患者与健康人群的外周血单核细胞中 miRNA 表达谱存在显著性差异，其中 miR-126 在高血压患者外周血单核细胞中呈高表达。然而，将构建的 miR-126 基因敲除慢病毒载体注射给予原发性高血压大鼠后，大鼠血压、心率、左心室质量指数、器官组织形态和血清一氧化氮（NO）水平均未见显著改变。在另一项研究中，同样发现，下调原发性高血压模型大鼠体内 miR-126 水平后，并未产生显著的降血压作用。因此，miR-126 似乎并不是理想的抗高血压药物作用靶点，可能只是一种标志物，而不具有直接干预血压变化的作用。

2. 脑钠肽　朱欣研究了脑钠肽（BNP）在妊娠高血压性心脏病患者中的表达及其意义，结果显示，BNP水平的升高与妊娠高血压性心脏病患者的心功能密切相关，BNP水平可用于妊娠高血压性心脏病的诊断与病情评估，而BNP可作为潜在的抗高血压药物的生物靶点。

二、心律失常相关靶点

1. 发动蛋白2　发动蛋白（dynamin，DNM）是一类生物进化上高度保守的大鸟苷三磷酸酶（large GTPase）分子家族，其亚型DNM2在人体内分布广泛。实验研究表明，DNM2活性对心脏正常收缩-频率反应的维持是必需的，而作为调控收缩-频率反应的重要分子，DNM2有可能成为心律失常与心衰等心脏疾病的药物干预靶点。

2. Ca^{2+}/钙调蛋白依赖激酶Ⅱ-Ryanodine受体信号途径　研究表明，Ca^{2+}/钙调蛋白依赖激酶Ⅱ（calmodulin kinaseⅡ，CaMKⅡ）在肥厚心肌中的表达和活性上调，可致Ryanodine受体过度磷酸化，促使其功能异常，进而引起胞内钙稳态失衡，这可能是室性心律失常发生的重要机制。柯俊等在实验研究中发现，CaMKⅡ抑制剂KN-93和Ryanodine受体阻滞剂兰尼碱能有效抑制心肌肥厚模型兔触发性室性心律失常的发生。有研究则显示，通过利用兰尼碱阻断Ryanodine受体或利用KN-93降低Ryanodine受体磷酸化水平，都能有效抑制兔儿茶酚胺敏感性室速（CPVT）模型的触发性室性心律失常。这些研究提示，CaMKⅡ-Ryanodine受体信号途径以及Ryanodine受体有可能成为防治该类心律失常的全新作用靶点。

3. 毒蕈碱受体　有研究显示，胆碱对乌头碱和哇巴因诱发的Wistar大鼠或豚鼠心律失常模型具有保护作用，其作用机制可能是激活心脏中毒蕈碱受体亚型M3受体。这为M3受体可能成为新的抗心律失常药物靶点提供了理论依据。

三、心衰相关靶点

1. 短链酰基辅酶A脱氢酶　有研究表明，短链酰基辅酶A脱氢酶（SCAD）在大鼠生理性和病理性心肌肥厚模型中呈现出不同的表达水平，有可能成为区分2种不同心肌肥厚的分子标志物以及病理性心肌肥厚的潜在治疗靶点。

2. β3-肾上腺素能受体和内皮型一氧化氮合酶　研究显示，大鼠从心肌肥厚发展到心衰的过程中，其体内β3-肾上腺素能受体（β3-AR）和内皮型一氧化氮合酶（eNOS）的表达显著增加。这可能为临床治疗心肌肥厚和心衰提供新的药物作用靶点。

四、冠心病与心肌梗死相关靶点

1. Th17细胞与Th3细胞　急性冠状动脉综合征（ACS）是由急性心肌缺血引起的急性冠状动脉病变的总称，包括不稳定型心绞痛（UAP）、ST段抬高型心肌梗死

（STEMI）、非 ST 段抬高型心肌梗死（NSTEMI）和心源性猝死（SCD），已有研究表明，ACS 主要表现为 Th1/Th2 细胞失衡。Th17 细胞可特异性分泌 IL-17，而血清 IL-17 在 ACS 患者中显著升高，且与血脂及常用心血管急症检测指标（C 反应蛋白、血清心肌酶等）水平呈正相关，并随冠状动脉病变支数的增加而增加，在一定程度上可提示心血管病变的严重程度，而瑞舒伐他汀可降低血清 IL-17 水平。故 IL-17 可作为 ACS 治疗效果的新的观测指标，而 Th17 细胞可成为 ACS 治疗的新靶点。临床研究显示，Th3 细胞及其分泌的细胞因子——TGF-β1 水平下调与 ACS 的发生和发展有关，Th3 细胞是 ACS 的保护性因素，也可能成为预防和治疗 ACS 的新靶点。

2. miR-92a　有研究显示，血清 miR-92a 水平可用于评价冠脉炎症及血管内皮功能，而他汀类药物治疗冠心病患者时，可通过下调循环 miR-92a 的表达，改善内皮损伤，这可能具有临床意义，且 miR-92a 有可能成为血管内皮损伤治疗的新靶点。

3. 分泌磷酸蛋白 1、CC 趋化因子受体 2 和人血管生成素样蛋白 4　急性心肌梗死后，通过血管新生而重建缺血组织供血系统，改善梗死区域的供血功能，已成为临床治疗研究的重要方向。实验研究表明，分泌磷酸蛋白 1（secreted phosphor protein 1，Spp1）、CC 趋化因子受体 2（CC chemokine eceptor 2，Ccr2）、人血管生成素样蛋白 4（angiopoietin-like 4，Angptl4）、CXC 趋化因子配体 5（CXC chemokine ligand 5，Cxcl5）基因在心肌梗死急性期的表达显著上调，其中 Spp1 和 Ccr2 与急性心肌梗死后炎症细胞黏附、迁移和趋化相关，而 Angptl4 与血管新生和细胞分化相关。因此，这 3 种蛋白质的基因有可能成为促血管生成治疗的靶点。

4. *SIRT1* 基因启动子　*SIRT1* 基因启动子是存在于哺乳动物体内的酵母染色质沉默子 SIRT2 同源体，编码一种依赖 NAD^+ 的组蛋白去乙酰化酶，可提高心肌细胞活力，抑制其凋亡。*SIRT1* 基因启动子转录水平的改变可影响 SIRT1 的表达水平，而 SIRT1 表达的抑制可诱发心肌梗死。Cui 等的实验研究表明，*SIRT1* 基因启动子有可能成为对心肌梗死患者实施个体化基因治疗的潜在靶点。

5. 多配体蛋白聚糖 4　有研究显示，在实验性大鼠心肌梗死模型中，心肌持续的多配体蛋白聚糖 4（synd4）过表达后，能通过促进新生血管生成、抑制组织炎症反应和纤维化而改善心脏功能和重塑，从而起到心肌保护作用，对于心肌梗死的治疗具有积极的作用。故 synd4 有望成为心肌梗死的治疗靶点。

6. FcγRⅢA　研究发现，与健康人群相比，冠心病患者血清 FcγRⅢA（CD16）mRNA 水平以及血清和细胞膜上的 CD16 蛋白水平明显升高；CD16 通过激活单核细胞和刺激诱导炎症反应在冠心病进程中发挥作用，CD16 水平的升高可作为冠心病诊断的敏感指标。同样，CD16 的异常表达也可在动脉粥样硬化形成过程中发挥作用，即 CD16 通过增强单核细胞与人脐静脉内皮细胞（HUVEC）的黏附性、刺激炎症因子的表达、诱导动脉粥样硬化斑块的不稳定性而促进动脉粥样硬化的形成。所以，抑制 CD16 信号通路，可成为预防和治疗冠心病的一条潜在途径。

7. *eNOS* 基因上 894G/T（rs1799983）多态性　Zhang 等通过 Meta 分析，在亚洲

人群中评估了 *eNOS* 基因上 894G/T（rs1799983）多态性诱发冠心病的风险，结果发现，在亚洲人群中，*eNOS* 基因上 894G/T（rs1799983）多态性在冠心病的形成过程中起关键作用。不过，这一发现尚需大样本实验加以证实。

8. P75 神经营养因子受体　研究发现，在心肌梗死诱发的 SCD 中 P75 神经营养因子受体（P75NTR）起关键的调控作用，提示 P75NTR 是防治 SCD 的一个潜在靶点。

9. TGF-β1-TAK1 信号通路　通过研究抑制 RHO 激酶对由高负荷和心肌梗死诱发的心肌重塑及纤维化加速进程中 TGF-β1-TAK1 信号通路的作用，结果发现，在由高负荷和心肌梗死诱发的心肌重塑过程中，RHO 激酶通过上调纤维化基因的表达和激活 TGF-β1-TAK1 信号通路而发挥作用。因此，抑制 TGF-β1-TAK1 信号通路，有可能成为治疗病理性心肌纤维化的一条有效途径。

10. CDC42　研究发现，在心肌梗死后的心肌重塑过程中，伴随着 Melusin/Akt 通路及其下游效应因子 CDC42 表达水平的改变，提示这种并行的动态变化之间可能存在一种重要的作用机制，但尚需更多的研究来论证它们之间的关联性，不过 Melusin/Akt 通路和 CDC42 或许能成为治疗心肌梗死的潜在作用靶点。

五、动脉粥样硬化相关靶点

1. 溶血磷脂酸受体 3　研究发现，与 Gq 蛋白偶联的溶血磷脂酸（LPA）受体 3（LPAR3）介导了 LPA 诱导的血管平滑肌细胞（VSMC）表型转化，而阻滞 LPAR3 通路，有可能成为控制与动脉粥样硬化和再狭窄等血管疾病相关的 VSMC 表型转化的潜在有效途径。

2. 载脂蛋白 A5　采用载脂蛋白 A5（ApoA5）腺病毒转染吞噬细胞株 PAW-264.7，观察脂质体诱导的吞噬细胞炎性因子的表达和乙酰化低密度脂蛋白（acLDL）诱导的泡沫细胞的形成与作用。结果发现，ApoA5 可减少巨噬细胞炎性因子分泌，抑制泡沫细胞形成，促进脂质由细胞内向细胞外的逆转运，具有潜在的抗动脉粥样硬化作用，可作为临床治疗动脉粥样硬化的作用靶点之一。

3. 脂蛋白磷脂酶 A2 与 miR-27　发生动脉粥样硬化时，脂蛋白磷脂酶 A2（LP-PLA2）往往过度表达。采用 *ApoE* 基因敲除小鼠制备动脉粥样硬化模型，并以慢病毒载体将 LP-PLA2 RNAi 转染模型小鼠，使其基因沉默。结果发现，模型小鼠的 LP-PLA2 血浆浓度和斑块 mRNA 表达都显著降低，局部和系统炎症基因的表达、斑块的进展速度以及体内脂质水平也均下降，而体内胶原水平升高。提示，LP-PLA2 基因沉默并未改变脂蛋白的组成，而是通过延缓动脉粥样硬化进程和加强斑块稳定性而发挥潜在的治疗作用，因此 LP-PLA2 是潜在的抗动脉粥样硬化药物作用靶点。

目前对动脉粥样硬化斑块形成的研究表明，miR-27 是潜在的动脉粥样硬化病变生物标志物，也可能成为动脉粥样硬化治疗的新靶点。

4. 促黑激素　有若干实验研究考察了促黑激素（IMD）在巨噬细胞清道夫受体 A（SR-A）介导泡沫细胞形成和动脉粥样硬化进程中的作用。结果发现，在 *ApoE* 基因敲除小鼠中，IMD 能通过增加张力蛋白同系物（PIEN）的磷酸化水平和减少泛素介导的 PIEN 降解而提高 PIEN 水平及其稳定性，抑制 *SR-A* 基因的表达和其功能，从而抑制泡沫细胞形成，阻抑动脉粥样硬化进程；另外，外源性摄入 IMD，则可能通过改变 *ApoE* 基因敲除小鼠体内脂质的组成而防止动脉粥样硬化斑块的形成。可见，IMD 是一个可能的动脉粥样硬化治疗靶点。

5. 尿激酶受体 已有研究表明，在单核细胞循环和动脉粥样硬化损伤中，尿激酶（uPA）受体（uPAR）的过表达与动脉粥样硬化斑块的形成有关，uPAR 与 uPA 的相互作用促进了单核细胞的迁移。因此，在防止动脉粥样硬化炎症进展中 uPAR 可能是一个潜在的作用靶点。

6. 热休克蛋白 65 一项实验研究显示，高胆固醇饮食诱导的兔动脉粥样硬化损伤模型经不同类型热休克蛋白 65（HSP65）的鼻免疫，动脉粥样硬化的损伤都得到显著缓解。可见，单独使用 HSP65 蛋白进行鼻免疫，也许是 HSP65 抗原对抗动脉粥样硬化损伤最有效的方式，而 HSP65 蛋白通过黏膜免疫给药，可能是动脉粥样硬化的一种潜在有效的治疗方法。

7. 人剪切修复基因着色性干皮病基因 D 及血红素加氧酶 研究表明，人剪切修复基因着色性干皮病基因 D（XPD）能促进 HUVEC 凋亡，而下调 XPD 的表达，有望成为治疗动脉粥样硬化的一条新的有效途径。另有实验研究显示，普罗布考能通过诱导血红素加氧酶 1（HO-1）而产生抗炎、抗氧化作用，从而抑制动脉粥样硬化进程，增加斑块的稳定性。提示 HO-1 是治疗动脉粥样硬化的一个重要作用靶点。

六、脑血管疾病的药物作用靶点

缺血性脑卒中又称卒中或中风，可由不同原因导致，表现为：局部脑组织区域血液供应障碍，诱发脑组织缺血缺氧性病变坏死，进而产生相应的临床上神经功能缺失现象。目前临床治疗脑卒中的药物主要有溶栓药物、神经保护药物、抗血小板聚集药物、降纤药物和抗凝药物等。神经保护药物的主要作用是干预受损伤的脑组织中半暗带的级联瀑布效应，依据作用环节不同其可分为 4 类：抗兴奋性毒性药物、抗氧化应激药物、炎症因子拮抗剂以及其他药物。在抗兴奋性毒性药物中，*N*-甲基-D-天冬氨酸（NMDA）受体阻滞剂因在临床试验中呈现较差的神经保护作用及严重的中枢神经系统不良反应而被终止进一步研究，而 α-氨基-3-羟基-5-甲基-4-异唑丙酸（AMPA）受体拮抗剂 NBQX 和 ZK200775 则均表现出良好的神经保护作用，但分别具有肾脏毒性和镇定的不良反应。炎症因子拮抗剂如抗细胞间黏附分子 1（ICAM-1）抗体、IL-1 受体拮抗剂等大多源于动物，极易引发变态反应，目前仍处于临床前实验模型研究阶段。其他药物中，神经营养因子也尚处于动物模型研究阶段，而胞磷胆碱和促红细胞生成素（EPO）已进入临床研究阶段，被列为极具潜力的神经保护药物。

国内新近研发的 I 类新药尤瑞克林注射液在《2010 年中国急性缺血性脑卒中诊治指南》中被推荐用于急性期治疗。尤瑞克林即组织型激肽原酶，能裂解激肽原，产生激肽，激肽与激肽受体结合即可发挥脑保护作用。推测尤瑞克林的作用机制可能与改善脑缺血区域再灌注损伤有关，同时其能降低再灌注损伤后血清基质金属蛋白酶 9（MMP-9）水平以及抑制炎症反应对缺血脑组织的损害。

另有研究报道，血浆同型半胱氨酸（homocysteine，Hcy）水平升高与心脑血管病变危险性之间存在关联性。许多临床研究及流行病学调查也证实，高水平血浆 Hcy 是诱发动脉粥样硬化性心脑血管疾病的独立危险因素。而叶酸的使用可降低血中 Hcy 水平，从而降低脑卒中发生的风险。补充叶酸，总体上能使脑卒中发生的风险降低 18%，而无卒中病史者的脑卒中发生风险可降低 25%。

虽然目前对 Hcy 诱发脑血管疾病的机制尚不明确，但研究表明，通过给予叶酸、维生素等来纠正高 Hcy 血症以及利用甲硫氨酸代谢产生的内源性 Hcy 拮抗剂，有可能成为防治高 Hcy 血症所致心脑血管疾病的新途径。

已有研究报道称，β2 糖蛋白 Ⅰ 与缺血性脑血管疾病有较大的相关性。β2 糖蛋白 Ⅰ 也是载脂蛋白家族成员之一，又称 ApoH，其与各种缺血性脑血管疾病的临床相关性目前尚需多中心大样本的临床研究或对散在的临床研究进行 Meta 分析来加以论证。此外，还需要深层次探究 ApoH 与遗传和非遗传因素间的关系，以及其参与脂类代谢、凝血机制、血栓形成等脑梗死危险因素的机制，从而为缺血性脑血管疾病的预防和治疗提供可靠靶点与科学依据。

第五节　肠组织损伤修复药物干预分子机制

肠易激综合征（IBS）是一种最常见的胃肠道功能紊乱性疾病，发病率高，给患者带来严重痛苦。IBS 的病因和发病机制复杂，目前主要以脑-肠轴异常理论为基础。随着对各种神经递质和受体的深入研究，并以之为靶点，有望得到针对 IBS 的治疗药物。IBS 主要靶点包括：5-羟色胺（5-HT）受体、鸟甘酸环化酶 C（GC-C）受体、氯离子通道（ClC）、胰高血糖素样肽 1（GLP-1）受体、阿片受体、胆囊收缩素 1（CCK-1）受体、苯（并）二氮类受体等。

1. 低氧诱导因子　肠系膜缺血性疾病和危重症患者的肠道血流减少、炎性激活会引起严重的肠缺血、缺氧状态。缺氧诱导因子（HIF）调控下游一系列基因转录，介导机体内源性炎性缓解机制的运行，参与肠道的适应性改变。在缺氧状态下，HIF 蛋白转录后分解减少，使其能稳定存在并激活一系列下游基因参与，以缓解缺血后的肠损伤。目前受关注的有细胞内腺苷相关信号通路，尤其是 A2B 腺苷受体通路及缺氧诱导的神经生长因子-1 介导缺血后信号通路。HIF 介导的抗炎效应也参与缺血后肠功能的保护。血栓导致的肠缺血 HIF 还参与肠道血管的再通过程。HIF 相关通路的研究为治疗肠缺氧损伤和继发多器官功能障碍提供诸多潜在靶点，针对相关靶点干预措施的研究也取得良好的效果，但目前还局限于细胞和转基因动物模型中。将来这类新型药物有可能从实验室转入临床，给肠道缺氧性疾病的治疗带来新的思路。

2．HO-1/CO 质子泵抑制剂（PPI）药物雷贝拉唑对非甾体抗炎药（NISAD）吲哚美辛诱导小肠损伤具有保护作用。吲哚美辛可引起小肠出血性损伤，侵袭性肠道杆菌数量增加，诱导型一氧化氮合酶（iNOS）表达和髓过氧化物酶（MPO）活性增加。雷贝拉唑以剂量依赖性保护吲哚美辛引起的肠损伤，并且 MPO 活性上升受到抑制，而奥美拉唑无该作用。预处理锡原卟啉能够加重吲哚美辛引起的小肠损伤，并拮抗雷贝拉唑的保护作用。雷贝拉唑能够保护吲哚美辛诱导的小肠损伤，并与雷贝拉唑通过上调黏膜中 HO-1/CO 的表达而抑制 iNOS 表达。

3．基质金属蛋白酶 9（MMP-9） 姜黄素可降低炎性肠病（IBD）模型大鼠死亡率及改善肠黏膜病理组织学症状；可抑制 IBD 模型大鼠肠黏膜细胞质 IκB 的降解并抑制细胞核 NF-κB 的激活，同时降低 MMP-9 的表达。姜黄素还可预防和改善 IBD 鼠科模型中的实验性肠炎，调控 MMP-9 的表达；MMP-9 可作为观察抗肠炎药物药效的指标之一。姜黄素对治疗 IBD 有应用前景。

4．环加氧酶 2 姜黄素可改善 IBD 模型大鼠病理组织学征象；可抑制 IBD 模型大鼠肠黏膜细胞质 IκB 的降解，并抑制细胞核 NF-κB 的激活，同时降低了环加氧酶 2（COX-2）的活性。姜黄素可预防和改善 IBD 鼠科模型中的实验性肠炎，调控 COX-2 的活性；COX-2 可作为治疗炎性肠病的药物靶点。姜黄素对治疗 IBD 有应用前景。

5．Cajal 间质细胞 溃疡性结肠炎（UC）患者存在腹痛、腹泻、里急后重等肠动力紊乱表现。Cajal 间质细胞（ICC）是胃肠动力障碍性疾病的治疗靶点之一，而自噬调节是多种疾病潜在的治疗措施。研究 UC 伴随的肠动力紊乱与 ICC 自噬之间可能的联系及其药物干预机制，对于控制 UC 病情、缓解动力紊乱症状、改善患者生活质量具有积极意义。

6．TNF-α 内毒素吸附剂 SPV 对创伤失血性休克模型大鼠肠黏膜损伤具有保护作用。与正常对照组比较，模型组大鼠肠黏膜细胞出现坏死的病理现象，血清中 NO、二胺氨化酶（DAO）、内毒素和 TNF-α 水平均升高（$P<0.05$）。与模型组比较，SPV 中、高剂量组大鼠复苏后 1h、4h、8h、16h 肠黏膜细胞损伤程度明显减轻，血清中 NO、DAO、内毒素和 TNF-α 水平均降低（$P<0.05$）；其余各组比较差异无统计学意义（$P>0.05$）。内毒素吸附剂 SPV 能够降低创伤失血性休克模型大鼠血清中 NO、DAO、内毒素及 TNF-α 水平，对创伤失血性休克引起的肠黏膜损伤有保护作用。

第六节 皮肤组织损伤修复药物干预分子机制

1．花生四烯酸代谢关键代谢酶及代谢物 经典的 SD 大鼠皮肤光老化动物模型给予十精丸进行干预，通过对海量代谢物数据的多元统计分析及差异代谢的深入挖掘发现与大鼠皮肤光老化过程密切相关的 6 个代谢物，即花生四烯酸、L-半胱氨酸、牛磺酸、L-精氨酸、肌酐、L-鸟氨酸。研究发现，十精丸可能通过对花生四烯酸代谢中的关键代谢酶及代谢物发挥干预皮肤光老化的治疗作用。

2. LATSl-YAP 信号通路　LATSl siRNA 转染 48h 后 LATSl 蛋白表达显著降低，YAP 蛋白和 collagen Ⅰ 蛋白表达升高，细胞活力显著增高；YAP siRNA 转染 48h 后 LATSl 蛋白表达无变化，YAP 蛋白和 collagen Ⅰ 蛋白表达降低，细胞活力显著降低。LATSl-YAP 信号通路可调控人皮肤成纤维细胞活力和细胞外基质的合成，可能成为皮肤创伤后修复以及阻止创伤后瘢痕形成提供潜在治疗靶点。

3. p38 信号通路　磷酸化 p38、磷酸化 elk-1 在 ALA-PDT 组细胞表达显著高于其余各组；p38 阻断剂 ALA-PDT 组 PARP 裂解为 85kDa 大小的片段增多。与空白对照组、AIJA 组和激光照射组相比，ALA-PDT 组及 p38 阻断剂 ALA-PDT 组细胞的存活率显著下降、细胞的凋亡率显著增高。p38 通路的激活抑制 ALA-PDT 诱导的细胞凋亡，阻断这条通路可能成为增强 ALA-PDT 杀伤皮肤鳞癌细胞新的治疗靶点。

4. ROS-p53-p21Cip1 途径　中波紫外线（UVB）辐射导致人皮肤成纤维细胞周期发生 G_1 期阻滞，扇贝多肽缓解了 UVB 辐射诱导的细胞周期阻滞，抑制了细胞的 p53 及 p21Cip1 蛋白表达，清除了细胞中的 ROS。扇贝多肽抑制了 UVB 辐射引起的人皮肤成纤维细胞 G_1 期阻滞，其保护作用是通过抑制 ROS-p53-p21Cip1 途径实现的。

5. IL-6 和 TNF-α　羚氯奎、川芎、黄岑及没食子儿茶素没食子酸酯可在不同程度上抑制 UVB 辐射对人皮肤细胞（原代及永生化角质形成细胞、成纤维细胞）的损伤效应，这种光保护作用在 HaCaT 细胞可能与干预药抑制 IL-6 和 TNF-α 分泌以及影响 *p53*、*p21*、*c-fos* 基因表达有关。

第七节　胃组织损伤修复药物干预分子机制

一、胃黏膜细胞保护及相关药物

1. 胃黏膜血流在胃黏膜保护中的作用　胃黏膜血流量（GMBF）在胃黏膜防御机制中处于非常重要的地位。胃毛细血管网提供营养物质和氧，清除和稀释毒性物质。阿司匹林（ASA）可损害胃黏膜，致胃黏膜血流减少并增加胃黏膜出血量；ASA 可激活中性粒细胞，增加选择素 P 介导的血小板/中性粒细胞黏附性，中性粒细胞与 ASA 所致的早期胃黏膜损害有关。应用多普勒血流计检测 ASA 损伤大鼠胃黏膜过程中胃黏膜血流量的变化，同时检测胃黏膜电位差（PD），结果表明，大鼠 ASA 灌胃后，引起胃黏膜微循环障碍，上皮细胞受损，黏膜结构的完整性被破坏，随着 GMBF 的降低，PD 也随之降低，而黏膜损伤指数则渐升高。引起胃黏膜微循环障碍的直接原因是前列腺素（PG）的合成减少，所以，若预先给予前列腺素 E2（PGE2）则可预防黏膜损伤。

2. NO、PG 在胃黏膜细胞保护中的作用　一氧化氮（NO）是由 L 精氨酸在 NO 合酶的催化下产生的具有扩张血管、调节免疫应答作用的神经递质，属胃黏膜保护因子。NO 对酒精引起的胃黏膜损伤具有保护作用：①胃黏膜具有较高水平的 NO 合酶活性；②提供外源性 NO，可以减轻或预防许多实验性急性胃黏膜病变，并加速乙酸诱发的大鼠慢性胃溃疡的愈合；③抑制内源性 NO 的生成则加重胃黏膜损伤；④适应性细胞保护作用和许多药物如硫糖铝、抗酸剂等的胃保护作用可能通过 NO 介导，阻断 NO 生成可部分消除其保护作用。以 NO 合酶抑制剂 L-精氨酸甲酯（L-NAME）阻断内源性 NO 可明显加重胃黏膜损伤。外源性给予 L-Arg 可以明显增加 NO 含量，而抑制 NO 合酶活性后 NO 含量明显下降，表明 L-Arg 保护胃黏膜、L-NAME 增加胃黏膜损伤是通过改变胃黏膜局部 NO 水平来实现的。L-Arg 可增加胃黏膜 NO、氨基己糖含量，增加胃黏膜血流。炎性介质 PG 具有对抗多种坏死因子致胃黏膜损伤的作用。前列腺素 E（PGE）的受体目前发现有 EP1、EP2、EP3、EP4 四种亚型，其作用各异。EP2、EP3 与胃酸分泌有关，EP4 涉及黏液分泌，EP1 与碳酸氢盐分泌和平滑肌收缩有关。PG、NO 激活肥大细胞释放介质和抑制白细胞黏附血管内皮，可能产生对胃黏膜有利的作用。抑制 PG、NO 的合成将增加黏膜对损伤的敏感性。

3. 巯基物质在胃黏膜细胞保护中的作用 巯基物质是指在化学结构上含有—SH 基团的一类化合物，分为非蛋白质结合巯基（NPSH）和蛋白质巯基（PSH）。前者主要为还原型谷胱甘肽（GSH），后者主要是指蛋白质肽链上半胱氨酸和胱氨酸残基。大鼠胃黏膜内富含 NPSH，其中 95%以上为还原型谷胱甘肽，且泌酸区含量最高。预先给予外源性巯基物质，可显著减轻消炎痛、酒精等引起的急性胃黏膜损伤，预先给予 GSH 耗竭剂马来酸二乙酯（DEM）则可诱发或加重胃黏膜损伤。目前，已基本肯定 NPSH 与 PG 等是胃黏膜局部重要的内源性保护因子。关于巯基物质的胃黏膜保护作用一般认为主要在于清除受损黏膜局部代谢过程中产生的氧自由基。

4. 胃肠激素在胃黏膜细胞保护中的作用 胃肠道中存在约 30 种脑肠肽，可通过不同分泌方式作用于消化器官。对胃黏膜有保护作用的因子有神经降压素（NT）、蛙皮素（bombesin）、内源性鸦片肽、生长抑素（SS）、降钙素（calcitonin）和降钙素基因相关肽（CGRP）。利用多种损伤因素诱发的急性胃黏膜损伤大鼠模型，以及用半胱胺诱发的大鼠十二指肠溃疡模型，发现 SS 可增加细胞对自由基的清除能力，维持细胞内巯基的稳态，并与 PG 一起介导了胃黏膜的适应性细胞保护作用。中枢注射的神经降压素可保护冷-束缚应激大鼠，该作用与胃酸分泌的抑制无关，但需有 PG 的介导。降钙素基因相关肽 CGRP 可抑制脂过氧化反应和胃酸、胃蛋白酶的分泌，还可刺激 SS 的释放。神经内分泌系统激素-褪黑素（melatonin，MT）侧脑室和腹腔注射，对各种实验性胃黏膜损伤均有保护作用，部分是通过抑制 NF-κB 信号通路活性介导，并与 PG 和 NO 等介质之间存在交互影响。多种实验结果提示除 PG 外，脑肠肽可能作为第二类细胞保护因子。

5. 神经系统室旁核在胃黏膜细胞保护中的作用 神经系统室旁核（PVN）是应激性胃黏膜损伤的中枢部位之一。在迷走神经背核（DMN）、迷走复合体（DVC）内注射促甲状腺释放激素（TRH）可激活迷走神经调节的 M 受体，通过 PG 和 NO 介导的心肌血流量（MBF）增加起到保护作用。

6. 三叶肽在胃黏膜细胞保护中的作用 三叶肽是一类较新的、对胃黏膜有保护作用的因子，主要由乳癌相关肽（PS-2 或 TFF1）、解痉多肽（SP 或 TFF2）和肠三叶因子（ITF 或 TFF3）组成。三叶肽通过与黏液糖蛋白的相互作用或交联，形成黏弹性的黏液凝胶层，从而增强胃黏膜的保护能力，诱导上皮细胞迁移，促使损伤后黏膜快速修复。TFF3 可通过酪氨酸或双重特异性磷酸酶活性的激活调节细胞内信息通道，TFF3 能抑制细胞外信息相关蛋白激酶和有丝分裂原激活的蛋白激酶（MAPK）的活性。

7. 细胞凋亡在胃黏膜细胞保护中的作用　急性胃黏膜损伤过程中释放的大量细胞因子，对细胞的增殖和凋亡发挥调节作用，其中肿瘤坏死因子 α、内皮素 1 促进细胞凋亡，IL-4 抑制细胞凋亡，NO、IL-1 对细胞凋亡发挥多重调节作用。目前研究较多的与凋亡相关的有 Bcl-2/Bax 基因家族、Fas-FasL、c-fos 等原癌基因家族。在应激诱导的细胞凋亡中，存在着受体相关的启动基因，caspase 家族蛋白酶的激活是许多因素诱导细胞凋亡的共同通路。有研究提示，Bcl-2/Bax 在实验性急性胃黏膜损伤模型中表达，而 Fas-FasL 则不起主要作用。

8. 中药在胃黏膜细胞保护中的作用

1）*中药复方的细胞保护作用*　许多中药复方经动物实验和临床验证具有较强的细胞保护作用。大柴胡汤能抑制实验性急性胃黏膜损伤动物模型血清内皮素的水平，抑制胃窦 G 细胞分泌胃泌素，降低血清胃泌素含量，从而发挥胃黏膜保护作用。左金丸（黄连 600g、吴茱萸 100g）显著抑制模型大鼠下丘脑室旁核 c-fos、促肾上腺皮质激素释放激素（CRH）mRNA 的表达，降低下丘脑-垂体-肾上腺轴（HPA）中促肾上腺皮质激素（ACTH）和皮质酮（CORT）的水平，防治急性应激所致的胃黏膜损害。加味左金丸对阿司匹林、NaOH、盐酸、酒精所致的胃黏膜损伤均有明显的防治作用。补中益气汤可防止酒精、强酸、强碱和消炎痛造成的大鼠急性胃黏膜损伤，其作用与提高胃壁结合黏液含量和促进 PG 合成有关。黄连解毒汤及其构成药物对酒精引起的胃黏膜损伤有防治作用，通过黄连、黄柏与内源性巯基化合物的相互作用，使胃黏膜屏障的抵抗力增强而发挥作用。一贯煎（北沙参、麦冬、当归身各 9g；生地黄 18～30g、枸杞子 9～18g、川楝子 4.5g）对 4 种实验性胃溃疡（慢性乙酸型、消炎痛型、利血平型和幽门结扎型）均有明显的防治作用。沙参麦冬汤对大鼠酒精和消炎痛引起的胃黏膜损伤具有明显的保护作用。小柴胡汤、香砂六君子汤预先给大鼠灌胃可防止 NaOH 所致的胃黏膜损伤。四逆汤对缺血再灌注引起的胃黏膜损伤的抑制作用与抗氧化反应有关。健脾益气中药组成的“胃黏膜保护方”可预防酒精、强酸、强碱造成的胃黏膜出血性损伤，其作用机制是增加黏膜表面的黏液凝胶，维持正常的 MBF。中成药胃痛灵口服液对酒精、0.6mol/L HCl、0.2mol/L NaOH 诱发的胃黏膜损伤大鼠有明显的保护作用；胃宁胶囊对多种类型胃溃疡均有明显的防治作用，并具有促进溃疡愈合、抑制胃酸分泌、拮抗肠痉挛和明显的抗炎作用。

2）*单味中药的细胞保护作用*　活血止血药物大黄、川芎、丹参、三七、当归、白芨等单味药及其有效成分的研究较多。大黄水浸煎剂能有效地防止酒精和消炎痛造成的胃黏膜损伤，预先给予小剂量消炎痛可消除大黄提高胃黏膜内 PGE2 含量的效应，却不能消除大黄对酒精所致的胃黏膜损伤的保护作用，可能这一作用并非由 PGE2 介导。大黄提取液能促进冰醋酸所致胃溃疡的愈合，并增加胃黏膜血流量。川芎嗪能明显增加胃黏膜血流量；丹参能增加胃上皮黏液量，改善胃黏膜血供、抑制脂质过氧化反应，即增强胃黏膜的自身保护因素及削弱损害因子，丹参水溶液能抵抗酒精所致的急性胃黏膜损伤。五灵脂及其有效成分对幽门结扎大鼠及利血平所致急性胃黏膜损伤模型有明显抗溃疡与保护胃黏膜的作用。其作用机理：①对幽门结扎大鼠的胃酸分泌有抑制作用；②对苯福林致大鼠离体血管环收缩反应有抑制作用；③对 Ach 致大鼠离体胃窦平滑肌细胞（SMC）收缩反应有抑制作用；④阻止培养乳鼠胃黏膜细胞 Ca^{2+}内流。

9. 胃肠肽与胃黏膜修复

1）*表皮生长因子家族* 此家族成员包括表皮生长因子（EGF）、转化生长因子 α（TGF-α）、肝素结合 EGF（HP-EGF）、双向调节素（amphiregulin）、痘病毒生长因子（PVGF）、表皮生长因子相关肽（cripto）和细胞分裂因子（heregulin）。研究较多的是 EGF 和 TGF-α，二者的受体均为表皮生长因子受体（EGFR），在很多情况下，TGF-α 较 EGF 对 EGFR 的亲和力强，二者的胃黏膜修复作用可能与抑制胃酸分泌、促黏蛋白分泌、促进局部血液循环、促进上皮迁移和增殖等作用有关。胃黏膜本身不能合成 EGF，其主要来源是颌下腺和十二指肠 Brunner's 腺，胃液中可检出 EGF（＞10μg/L），血浆中也有低浓度的 EGF（约 0.2μg/L）。由于 EGFR 位于上皮的基底部，胃液中 EGF 又不能透过胃黏膜屏障，所以生理状态下，胃液中的 EGF 可能对胃黏膜不起作用，但胃黏膜受到损伤后，胃液中 EGF 可通过损伤区进入胃黏膜，从而参与胃黏膜损伤后的修复。血浆中 EGF 浓度很低，对胃黏膜的修复作用可能不是主要的。EGF 参与消化性溃疡修复的证据：切除颌下腺，明显降低了胃黏膜上皮的增生，延缓慢性胃溃疡的愈合过程；口服 hEGF，剂量约等于刺激颌下腺以后的 EGF 分泌量，低于抑酸剂量，明显加速了胃和十二指肠溃疡的愈合，其程度类似于甲氰咪胍的促愈合作用。联合应用甲氰咪胍和 EGF 进一步促进了溃疡的愈合，切除颌下腺，使胃内的 EGF 下降，胃黏膜 DNA/RNA 量下降，再给予 EGF（口服或皮下）可以逆转因颌下腺切除而延长的溃疡愈合过程，胃黏膜的生长参数恢复正常。奥美拉唑治疗明显提高了胃液中 EGF 水平，增加了胃黏膜 EGFR 的表达。在某些患有自身免疫性疾病的患者，如类风湿病（尤其是类风湿性关节炎伴干燥综合征）、口眼干燥综合征以及胆汁性肝硬化等，颌下腺 EGF 水平明显下降，这些患者易发生消化性溃疡。TGF-α 是 EGF 家族中另一类参与胃黏膜损伤后修复的主要调节肽，由于胃黏膜本身合成 TGF-α，合成部位见于黏膜上皮、壁细胞和主细胞等多种胃黏膜细胞，所以 TGF-α 是维持胃黏膜完整性最重要的肽类物质。胃黏膜对胆酸、盐酸、酒精和阿司匹林等多种损伤，可迅速引起黏膜 TGF-α 的反应性表达。大鼠胃内灌注 0.6mmol/L 的盐酸，30min 后胃液 TGF-α 增高达 68 倍，损伤 6h 后，胃黏膜 TGF-α mRNA 表达增高了 4.2 倍，其表达的变化呈剂量依赖性。服用阿司匹林可明显抑制胃窦部 TGF-α 的合成，可能是阿司匹林诱发胃窦部溃疡的一个重要原因，抑酸剂如西咪替丁和奥美拉唑治疗，除抑制胃酸分泌作用外，其促溃疡愈合可能与明显提高胃体和胃窦 TGF-α 的表达水平有关。EGF、TGF-α 对胃肠道黏膜具有细胞保护作用。胃黏膜低强度的适应性损伤刺激，明显减轻了进一步高强度刺激的损伤性，适应性刺激明显增加了 TGF-α、EGF 和 EGFR 的表达水平，同时，胃黏膜小凹颈部的增殖区明显增宽，适应性细胞保护可能通过生长因子多肽及其受体的表达增加，促进了胃黏膜上皮的增殖。预先腹腔或静脉注射外源性 EGF 或 TGF-α 对黏膜具有明显的抗损伤作用。无抑酸作用的 EGF 及 TGF-α 仍有细胞保护作用，二者的细胞保护作用与局部 PG 的合成无关，可能与促进上皮黏蛋白的合成增加有关。

2）*肝素结合生长因子家族*　这一类肽类物质包括肝细胞生长因子（HGF）、角化细胞生长因子（KGF）、成纤维细胞生长因子（FGF）等，它们均产生于中胚层起源的成纤维细胞，分布于黏膜下层、肌层和浆膜层，与结缔组织中大量存在的肝素结合，而其受体可表达于腺体深部的上皮，提示黏膜下层的肽类物质对黏膜层具有调控作用。FGF 尚可产生于正常肠嗜铬样（ECL）细胞，也表达于 ECL 肿瘤细胞，对间质成纤维细胞有促增殖作用。FGF 已被应用于促进胃黏膜损伤后的修复。HGF 和 KGF 的促胃黏膜修复作用可能与其促进胃黏膜上皮的增殖有关。它们是消化性溃疡修复的重要物质，而当损伤局限于黏膜层，黏膜下层和肌层的这些肽类物质仍可发生明显的反应性变化。研究表明，损伤可能通过刺激黏膜免疫细胞产生细胞因子 IL-1 和 TGF-α，间接刺激了二者的表达。胃腔内给予 bFGF，可以逆转因胃酸抑制的上皮迁移。口服合成的耐胃酸和胃蛋白酶的 bFGF-CS23，与甲氰咪胍相比，可显著地促进大鼠实验性十二指肠溃疡的愈合。由于 FGF 可促进成纤维细胞和平滑肌细胞的增殖，可能在促进胃溃疡修复过程中肉芽组织的改建中起重要作用。

3）*癌基因蛋白家族*　癌基因蛋白家族中，*c-myc*、*c-fos* 和 *c-ras* 等多种癌基因的蛋白质参与胃黏膜损伤后的修复。大鼠胃黏膜经消炎痛损伤 3h 后，可见 *c-myc* 大量表达于小凹颈部和底部腺体区，阳性细胞为颈黏液细胞、壁细胞、主细胞和 ECL 细胞，其蛋白 p62c-myc 表达分布相似。损伤后 6h，*c-ras* 及其蛋白 p21c-ras 表达增加，分布于腺体的下 1/3，阳性细胞与表达 *c-myc* 的细胞相似。损伤后 12h，*c-myc* 和 p62c-myc 消失，而 *c-ras* 和 p21c-ras 仍表达增高。损伤后 24h，p21c-ras 仍可检测到，而 *c-ras* 表达消失；此阶段，溴化脱氧尿嘧啶核苷（BrdU）阳性细胞增多，分布与表达两种癌基因的细胞相似。损伤后 48h，p21c-ras 也消失。结果提示，胃黏膜损伤后，多种原癌基因有次序地表达参与修复，*c-myc*、p62c-myc 和 *c-ras* 可能与胃黏膜损伤后的早期修复有关，而 p21c-ras 可能参与胃黏膜损伤后中后期修复促进上皮的增殖。实际上多种肽类物质参与胃黏膜损伤后的修复，可能是通过刺激这些早期癌基因的表达而起作用。兔胃黏膜上皮细胞原代培养，加入 EGF 30min 后，*c-fos* 表达增加，1.5h 表达达到最高值，3h 逐渐消失。3h 后，*c-myc* 表达增加，持续到 24h。EGF 和胰岛素诱导 *c-fos* 和 *c-myc* 的表达具有协同作用，TGF-β1 也有弱诱导作用。

4）*胃肠激素*　人们曾认为所有的胃肠激素均具有胃肠道黏膜细胞保护作用，但胃肠激素与胃黏膜损伤后的修复关系仍不明确。豚鼠胃黏液上皮体外培养于 10% FCS 培养基中，EGF 和胰岛素明显提高细胞对 BrdU 的摄取，bFGF 能提高 EGF 诱导的细胞 DNA 的合成。胃黏膜上皮具有对 EGF 和 bFGF 高亲和力的受体，而无胃泌素受体。结果提示

EGF、bFGF 共同调节胃黏膜上皮的生长，但胃泌素和其他胃肠激素不直接参与对胃黏液上皮生长的调控。

二、胃损伤干预靶点

1. bFGF、PDGF　采用大承气汤结合辣椒/酒精混合液灌胃及乙酸注射法建立胃溃疡寒热错杂证病证结合动物模型，与空白组比较，模型组大鼠胃黏膜 bFGF、PDGF 平均光密度值显著升高（$P<0.01$）；与模型组比较，全方组、寒热并用组、补益组、温补组、寒补组及阳性组体质量显著增加（$P<0.01$），溃疡面积显著缩小（$P<0.01$），bFGF、PDGF 显著升高（$P<0.01$）；与全方组比较，寒凉组和温热组体质量显著降低（$P<0.01$），溃疡面积显著增加（$P<0.01$），bFGF、PDGF 显著降低（$P<0.01$）。半夏泻心汤方中不同属性药物主要通过提高胃黏膜 bFGF、PDGF 的表达从而对胃溃疡发挥治疗作用。

2. TLR 和其下游转导元件　建立大鼠萎缩性胃炎模型，养阴活胃合剂能够改善大鼠胃黏膜病理状态，使病变胃黏膜趋于正常。与空白对照组比较，各组炎症因子、TLR 及其下游信号转导元件蛋白和 mRNA 含量均明显升高（$P<0.05$），证明模型复制成功。与模型组相比，中药高剂量组 TNF-α、IL-6、NOS2 含量均明显降低，阳性药物对照组及各中药剂量组对 TLR 及其下游信号转导元件蛋白和 mRNA 含量均有不同程度的降低，差异有统计学意义（$P<0.05$）。而各养阴活胃剂量组之间比较，中药中剂量组 IFN-β 降低，中药高剂量组 TLR 及其下游信号转导元件蛋白和 mRNA 含量均有不同程度下降，差异有统计学意义（$P<0.05$）。养阴活胃合剂可以通过调控 TLR 和其下游转导元件基因及蛋白质水平，降低因 TLR 通路激活所释放的炎症因子对胃黏膜的损伤，从而达到治疗慢性萎缩性胃炎的目的。

3. ghrelin　ghrelin 是一种 28 肽脑肠肽，主要由胃黏膜分泌，有酰基化和非酰基化两种形式，酰基化是其主要的活性形式。ghrelin 是生长激素释放激素受体的内源性配体，通过旁分泌、自分泌和内分泌多种途径，发挥着增进摄食、促进胃酸分泌、促进胃肠道运动、保护胃黏膜、抑制炎症反应等多种胃肠道生理调节作用。近来研究发现，多种胃肠道疾病，如幽门螺杆菌感染、消化性溃疡、功能性消化不良、炎性肠病、胰腺炎、恶性肿瘤等都存在 ghrelin 的异常变化，提示 ghrelin 可能参与这些疾病的病理生理机制。ghrelin 有可能成为诊断胃肠道疾病和判断其预后的一个指标，同时也可能成为治疗胃肠疾病药物的一个新靶点。

4. EGF、VEGF　采用大承气汤结合辣椒/酒精混合液灌胃及乙酸注射法建立胃溃疡寒热错杂证病证结合动物模型，与空白组比较，模型组大鼠胃黏膜 EGF、VEGF 平均光密度值明显升高，差异有统计学意义（$P<0.01$）；与模型组比较，全方组、寒热并用组、补益组、温补组、寒补组及阳性组 EGF、VEGF 平均光密度值极显著升高（$P<0.01$），温热组显著升高（$P<0.05$），而寒凉组无显著性差异（$P>0.05$）；与全方组比较，寒热并用组、补益组、温补组、寒补组及阳性组大鼠胃黏膜 EGF、VEGF 平均光密度值无差异（$P>0.05$），而寒凉组和温热组有极显著性差异（$P<0.01$）。半夏泻心汤方中不

同属性药物主要通过提高胃黏膜修复因子 EGF、VEGF 的表达从而对胃溃疡发挥治疗作用。寒热并用配伍能消除单用寒凉或温热药的局限和不足，在治疗方面产生了协同增效的作用。

5. 胆碱能受体、钙离子通道　研究发现，蜂胶胃三联能明显抑制正常大鼠离体胃肠平滑肌运动，降低基线水平、振幅；对乙酰胆碱引起的胃底平滑肌运动的兴奋状态有明显的抑制作用，对由氯化钙引起的小肠平滑肌的兴奋状态有明显的拮抗作用。蜂胶胃三联对正常大鼠离体胃肠平滑肌运动具有抑制作用。其可能的作用靶点为阻断胆碱能受体、调节钙离子通道等。

6. 辣椒素受体　辣椒素受体（VR1）是机体的一个重要的感受伤害性刺激的信号分子。激活辣椒素受体，可调节胃内感觉传入神经末梢和胃黏膜细胞释放降钙素基因相关肽（CGRP）、P 物质等，对多种刺激引起的胃黏膜损伤起到保护作用。因此，辣椒素受体可被作为药物治疗的新靶点，在新药开发中具有重要的潜在价值。

1）*神经参与的保护机制*　胃肠道内丰富的辣椒素敏感传入神经元（CSAN）和 VR1，参与了多种保护因子对胃黏膜损伤的保护作用，维持胃肠黏膜的正常功能，对抗机械、化学等伤害性因素的侵袭，在胃黏膜防御机制中起着至关重要的作用。CSAN 以神经纤维丛的形式包绕胃黏膜下动脉，当其受到伤害性刺激时，激活 VR1、神经元胞体和末梢释放多种活性肽，包括 P 物质、CGRP 和其他速激肽，其中 CGRP 具有最有效的血管活性作用和胃保护作用，被认为是 CSAN 中最主要的神经肽，CSAN 通过释放 CGRP 刺激细胞增殖、血管发生，促进胃黏膜血管扩张和维持胃黏膜血流，促使血管内皮细胞和胃黏膜内皮细胞中一氧化氮的合成与释放，与前列腺类物质相互作用，抵抗各种局部刺激和维持胃黏膜完整性，对各种有害因子导致的胃黏膜损伤具有保护作用。

2）*VR1 参与的保护机制*　辣椒素通过激活辣椒素受体在对抗多种伤害性刺激引起的胃黏膜损伤中具有明显的保护作用。小剂量（1～10mg/kg）的辣椒素能明显减轻由酒精、盐酸、酸化阿司匹林和出血性休克等引起的大鼠胃黏膜损伤，其机制是辣椒素与 VR1 结合，激活与受体直接偶联的膜离子通道，膜离子通道开放导致钙离子内流，细胞质中钙离子浓度升高，引起神经元及其纤维和上皮细胞释放内源性保护物质，如 P 物质、CGRP、神经激肽 A 和兴奋性氨基酸等，表现出胃黏膜的保护效应。胃内灌注适量的辣椒素，通过作用于胃内的传入感觉神经元，并向胃内释放保护信号分子对抗胃黏膜损伤，对胃黏膜具有保护作用，并能促进溃疡愈合。VR1 阻断剂钌红能阻断其非选择性阳离子通道，从而导致辣椒素敏感传入神经元的失活，capsazepine（辣椒素的一种合成拮抗剂）选择性地与 VR1 结合，作为竞争性拮抗剂影响辣椒素的作用，通过阻断 VR1，导致辣椒素的胃保护效应衰减。有报道认为辣椒素等 VR1 激动剂的胃保护作用，主要是上皮细胞而不是初级感觉神经元的作用。辣椒素（10^{-8}mol/L 和 10^{-6}mol/L）或树脂毒素（resiniferatoxin）（10^{-12}mol/L 和 10^{-9}mol/L）预处理小鼠胃黏膜上皮细胞，能对抗酒精或盐酸介导的细胞损伤，capsazepine（10^{-6}mol/L 和 10^{-5}mol/L）和钌红（10^{-6}mol/L 和 10^{-5}mol/L）能减弱辣椒素的这种保护效应。因为胃黏膜上皮细胞来自于正常小鼠胃，不同于转移或癌变的细胞系，没有任何神经和血液循环的干扰,因此能够更好地评价胃黏膜上皮细胞的各种潜在功能。这些研究表明，辣椒素通过激活感觉神经元及上皮细胞的 VR1，对抗伤害性刺激，发挥保护作用。然而，大剂量（≥50mg/kg）的辣椒素预处理，则加重各种损伤因子引起的胃黏膜损伤，具有不可逆的神经毒性作用。其机制可能是大剂量辣椒素通过增加细胞内钙离子浓度，激活细胞内激酶，如钙蛋白酶产生毒性作用，使 CSAN 不可逆、长时程去神经支配,丧失感觉传入功能和释放感觉神经肽的能力,显著减少小鼠胃中的 VR1 和 CGRP 免疫反应。

另外，Bhave 等通过点突变 S116A 或 S116D 等方法证实，S116 作为 PKA 磷酸化主要的位点，可被辣椒素、capsazepine 和质子连续刺激 VR1 使 S116 去磷酸化，PKA 降低 VR1 的脱敏作用并直接磷酸化 VR, PKA 通过直接磷酸化 VR1 可能在组织损伤中对调节 VR1 的功能具有重要的意义。姜酚、树脂毒素、拉呋替丁通过激活 VR1，刺激辣椒素敏感神经元，对抗盐酸介导的胃损伤表现出胃保护效应。染料木黄酮通过激活 VR1 也能对抗人胃黏膜上皮细胞缺氧/复氧损伤，并释放 CGRP 发挥内源性保护作用。然而，Gazzieri 等研究表明，酒精通过一种仍未确定的机制刺激胃黏膜感觉神经末梢的瞬时感受器电位香草酸受体 1（TRPV1）释放 P 物质，P 物质刺激胃黏膜上皮细胞的神经激肽 1 受体，从而产生伤害性的活性氧，引起胃损伤。胃黏膜细胞保护是一个多因素、多水平相互作用构成的一个复杂的调控系统，神经和非神经组织共同参与，多种信号系统协同传导伤害性刺激介导 VR1 的激活，共同维持胃黏膜的完整性。VR1 介导的胃保护作用的具体机制尚不明确，要完全阐明其作用机制，尚待进一步的研究。

（刘熔增）

主要参考文献

陈砚凝，张玉军，吕欣，等. 2012. γ-干扰素通过激活 JAK/STAT 信号转导途径上调小鼠系膜细胞内 HMGB1 表达. 中国免疫学杂志，28（10）：872-876.

李珊珊，赵光瑜，王忠慧. 2011. 水通道蛋白在急性肺损伤中的表达及调节. 河北医药，33（16）：2498-2500.

刘艳，戚汉平，解晶，等. 2012. 胆碱对乌头碱和哇巴因所诱发的心律失常的保护作用. 中国药理学通报，28（10）：1447-1451.

司宏波. 2014. 帕金森病的药物治疗进展. 中国医药指南，12（14）：60-61.

王艺璇，刘媛圆，李明瑛，等. 2012. microRNA 作为高血压病治疗靶点的初步实验研究. 山东医药，52（4）：11-16.

谢媛，郝海平，王洪，等. 2013. 水飞蓟宾对硫代乙酰胺所致肝损伤状态下 CYP3A 的调节作用及机制. 中国天然药物，6：645-652.

徐刚，文富华，买小胖，等. 2010. 胆碱酯酶抑制剂（S）-卡巴拉汀及其类似物的不对称合成与活性研究．有机化学，30（8）：1185．

张南，李菊香，丁浩，等．2012．人剪切修复基因着色性干皮病基因 D 对人脐静脉内皮细胞的促凋亡作用．中国动脉硬化杂志，20（5）：445-450．

朱欣．2012．脑钠肽在妊娠高血压性心脏病患者中的表达及其意义．医学临床研究，29（12）：2370-2371．

Cui Y, Wang H, Chen H, et al. 2012. Genetic analysis of the *SIRT1* gene promoter in myocardial infarction. Biochem Biophys Res Commun, 426 (2): 232-236.

Fang M, Wang J, Zhang X, et al. 2012. The miR-124 regulates the expression of BACE1/β-secretase correlated with cell death in Alzheimer's disease. Toxicol Lett, 209 (1): 94-105.

Kleiner DE, Chalasani NP, Lee WM, et al. 2014. Hepatic histological findings in suspected drug-induced liver injury: systematic evaluation and clinical associations. Hepatoll, 59 (2): 661-670.

Minarini A, Milelli A, Simoni E, et al. 2013. Multifunctional tacrine derivatives in Alzheimer' s disease. Curr Top Med Chem, 13 (15): 1771.

Wang S, Lee Y, Kim J, et al. 2013. Potential role of hedgehog pathway in liver response to radiation. PLoS One, 8 (9): e74141.

Xie J, Wang J, Li R, et al. 2012. Syndecan-4 over-expression preserves cardiac function in a rat model of myocardial infarction. J Mol Cell Cardiol, 53 (2): 250-258.

Zhang K, Bai P, Shi S, et al. 2012. The G894T polymorphism on endothelial nitric oxide synthase gene is associated with increased coronary heart disease among Asia population: Evidence from a Meta analysis. Thromb Res, 130 (2): 192-197.

彩　　图

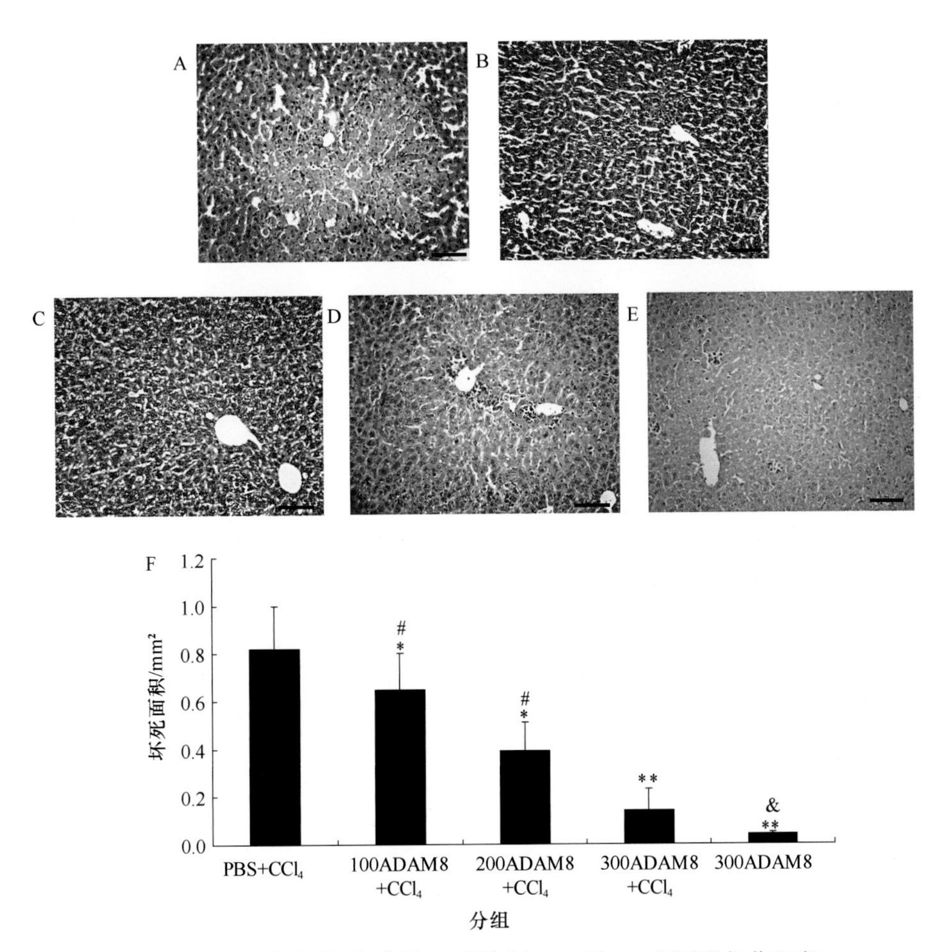

图 2-17　HE 染色检测不同组小鼠注射 CCl_4 后 24h 肝脏的损伤程度

A～E. PBS＋CCl_4 组，100μg/100μl、200μg/100μl 和 300μg/100μl ADAM8 单克隆抗体＋CCl_4 组和 300μg/100μl ADAM8 单克隆抗体组小鼠肝脏的损伤程度。F. 坏死面积图。利用 Image Pro Plus 6.0 软件统计每只小鼠至少 10mm² 的肝脏组织切片的代表性区域（比例尺：50μm）。**P＜0.01 或 *P＜0.05 表示每个 ADAM8 单克隆抗体＋CCl_4 组或 300ADAM8 单克隆抗体组与 PBS＋CCl_4 组相比具有显著性差异。#P＜0.05 表示 300ADAM8 单克隆抗体＋CCl_4 组与 100ADAM8 单克隆抗体＋CCl_4 或 200ADAM8 单克隆抗体＋CCl_4 组相比具有显著性差异。&P＜0.05 表示 300ADAM8 单克隆抗体＋CCl_4 组与 300ADAM8 单克隆抗体组相比具有显著性差异

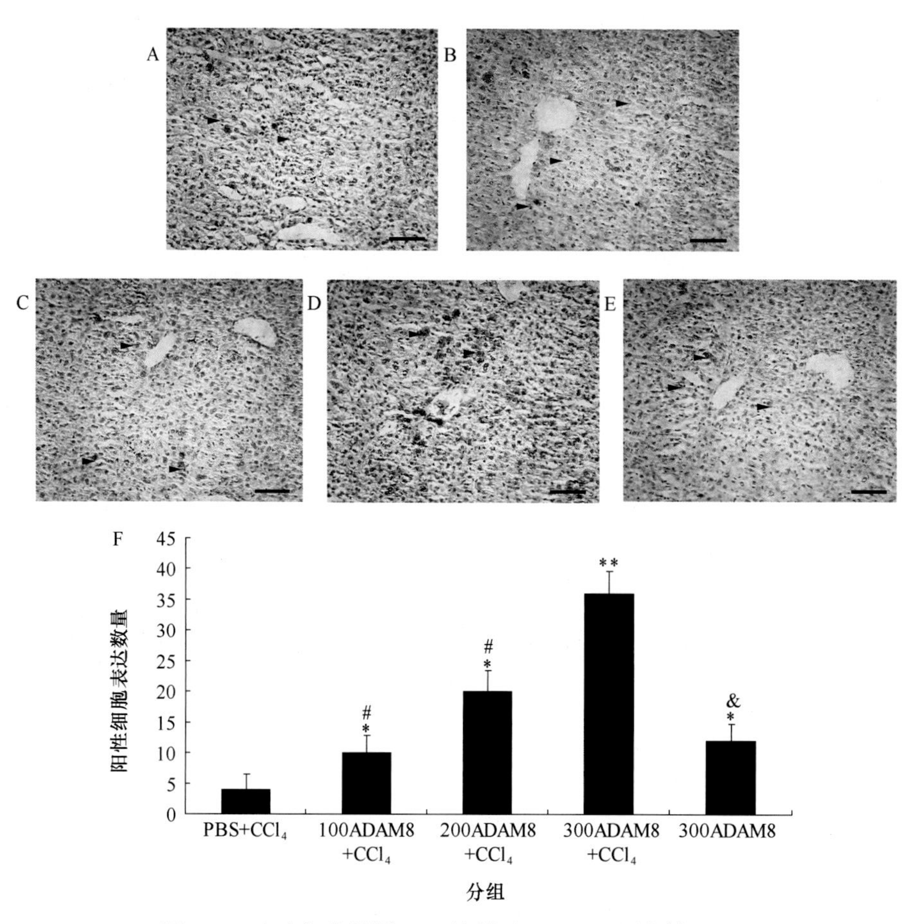

图 2-18 免疫组化检测 CCl_4 注射后 24h PBS 预注射组和 ADAM8 单克隆抗体预注射组小鼠肝脏 VEGF 的表达情况

箭头指示的是 VEGF 阳性细胞在 PBS＋CCl_4 组（A），100μg/100μl（B）、200μg/100μl（C）、300μg/100μl（D）ADAM8 单克隆抗体＋CCl_4 组和 ADAM8 单克隆抗体组（E）小鼠肝脏中的表达。F. 不同组小鼠中 VEGF 阳性细胞在每平方毫米肝脏组织中的表达数量。利用 Image Pro Plus 6.0 软件统计每只小鼠至少 $12mm^2$ 的肝脏组织切片区域（比例尺：50μm）。$^{**}P<0.01$ 或 $^{*}P<0.05$ 表示每个 ADAM8 单克隆抗体＋CCl_4 组或 300ADAM8 单克隆抗体组与 PBS＋CCl_4 组相比具有显著性差异。$^{\#}P<0.05$ 表示 300ADAM8 单克隆抗体＋CCl_4 组与 100ADAM8 单克隆抗体＋CCl_4 或 200ADAM8 单克隆抗体＋CCl_4 组相比具有显著性差异。$^{\&}P<0.05$ 表示 300ADAM8 单克隆抗体＋CCl_4 组与 300ADAM8 单克隆抗体组相比具有显著性差异

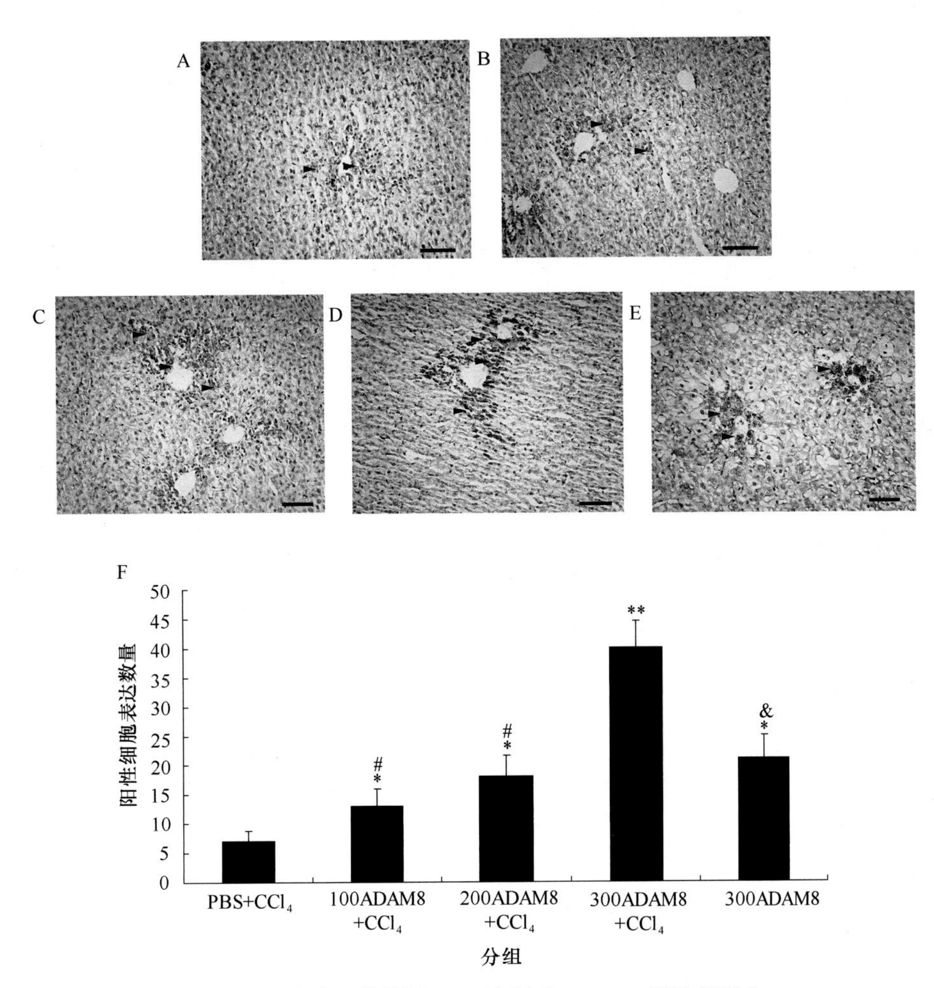

图 2-19　免疫组化检测 CCl_4 注射后 24h PBS 预注射组和 ADAM8 单克隆抗体预注射组小鼠肝脏 CYP1A2 的表达情况

箭头指示的是 CYP1A2 阳性细胞在 PBS＋CCl_4 组（A），100μg/100μl（B）、200μg/100μl（C）、300μg/100μl（D）ADAM8 单克隆抗体＋CCl_4 组和 ADAM8 单克隆抗体组（E）小鼠肝脏中的表达。F. 不同组小鼠中 CYP1A2 阳性细胞在每平方毫米肝脏组织中的表达数量。利用 Image Pro Plus 6.0 软件统计每只小鼠至少 $12mm^2$ 的肝脏组织切片区域（比例尺：50μm）。**P＜0.01 或 *P＜0.05 表示每个 ADAM8 单克隆抗体＋CCl_4 组或 300ADAM8 单克隆抗体组与 PBS＋CCl_4 组相比具有显著性差异。#P＜0.05 表示 300ADAM8 单克隆抗体＋CCl_4 组与 100ADAM8 单克隆抗体＋CCl_4 或 200ADAM8 单克隆抗体＋CCl_4 组相比具有显著性差异。&P＜0.05 表示 300ADAM8 单克隆抗体＋CCl_4 组与 300ADAM8 单克隆抗体组相比具有显著性差异

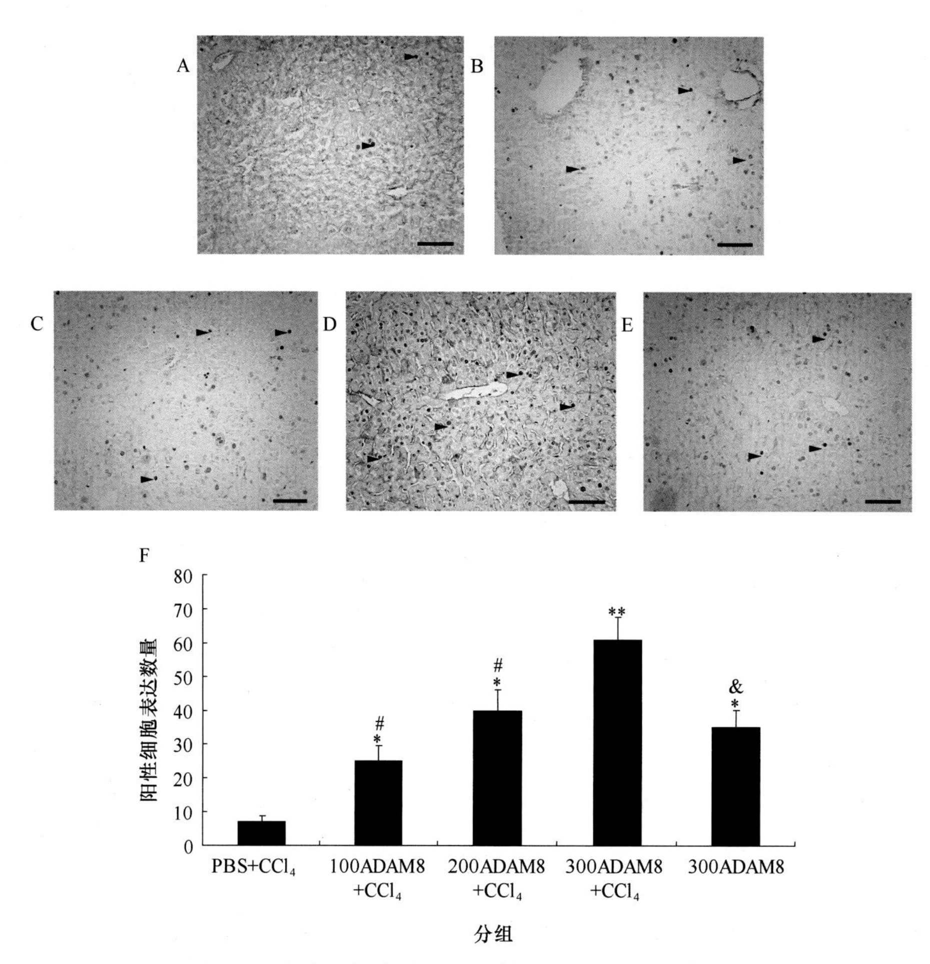

图 2-20　免疫组化检测 CCl_4 注射后 24h PBS 预注射组和 ADAM8 单克隆抗体预注射组小鼠肝脏 PCNA 的表达情况

箭头指示的是 PCNA 阳性细胞在 PBS＋CCl_4 组（A），100μg/100μl（B）、200μg/100μl（C）、300μg/100μl（D）ADAM8 单克隆抗体＋CCl_4 组和 ADAM8 单克隆抗体组（E）小鼠肝脏中的表达。F．不同组小鼠中 PCNA 阳性细胞在每平方毫米肝脏组织中的表达数量。利用 Image Pro Plus 6.0 软件统计每只小鼠至少 12mm^2 的肝脏组织切片区域（比例尺：50μm）。**$P<0.01$ 或 *$P<0.05$ 表示每个 ADAM8 单克隆抗体＋CCl_4 组或 300ADAM8 单克隆抗体组与 PBS＋CCl_4 组相比具有显著性差异。#$P<0.05$ 表示 300ADAM8 单克隆抗体＋CCl_4 组与 100ADAM8 单克隆抗体＋CCl_4 或 200ADAM8 单克隆抗体＋CCl_4 组相比具有显著性差异。&$P<0.05$ 表示 300ADAM8 单克隆抗体＋CCl_4 组与 300ADAM8 单克隆抗体组相比具有显著性差异

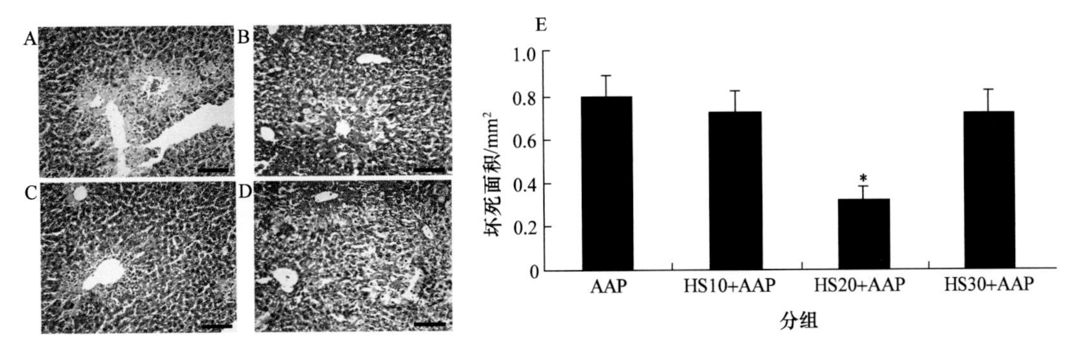

图 2-30　HE 染色检测小鼠注射 AAP 后 24h 肝脏损伤的病理变化（A～D）

A～D. 对照组、HS10 组、HS20 组和 HS30 组小鼠的肝脏损伤程度（比例尺：50μm）；E. 坏死面积图。每只小鼠至少统计 $10mm^2$ 肝脏组织切片的代表性区域。*P<0.05：与 AAP 组相比具有显著性差异

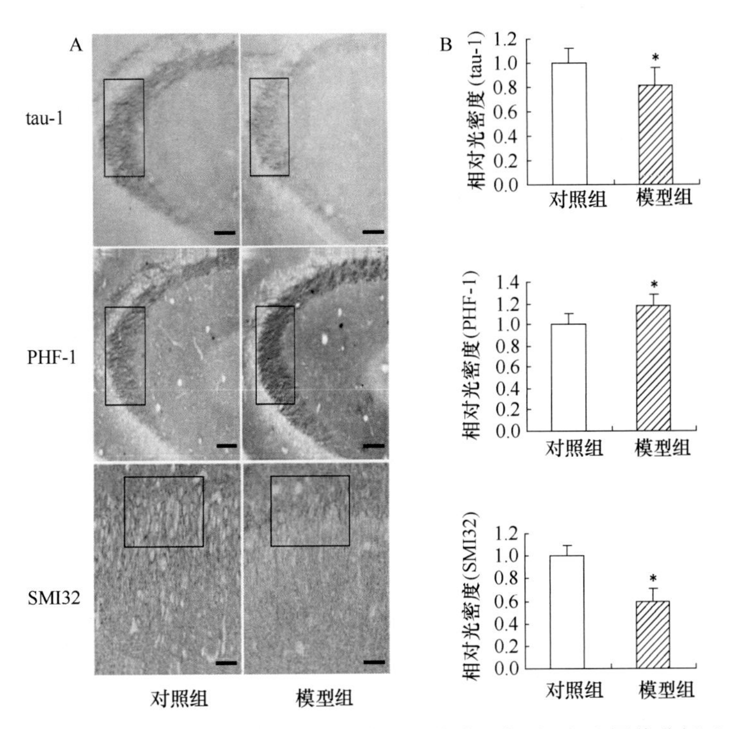

图 3-35　tau-1、PHF-1 和 SMI32 的免疫组织化学显色（A）和图像分析（B）

对图中黑框区做相对吸光度分析，与对照组比，*P<0.05。比例尺：100μm

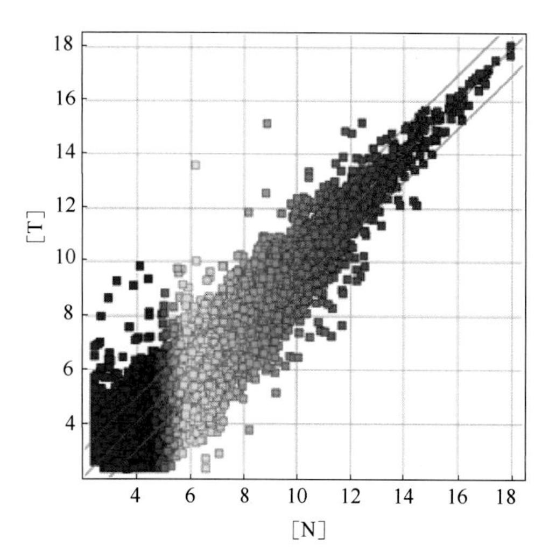

图 4-32　肺癌和对照组 lncRNA 散点图

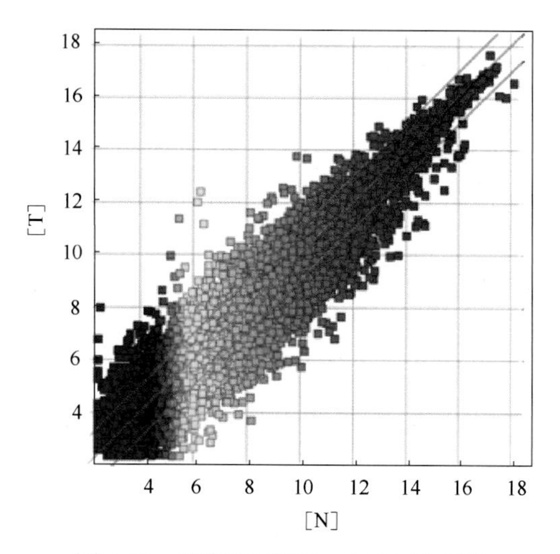

图 4-33　肺癌和对照组 mRNA 散点图

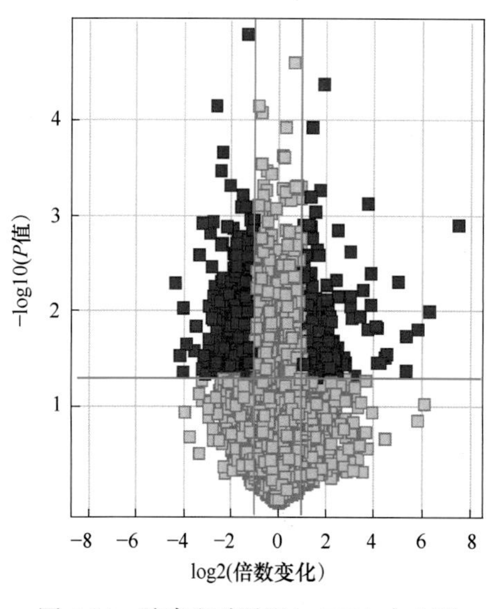

图 4-34　肺癌和对照组 lncRNA 火山图

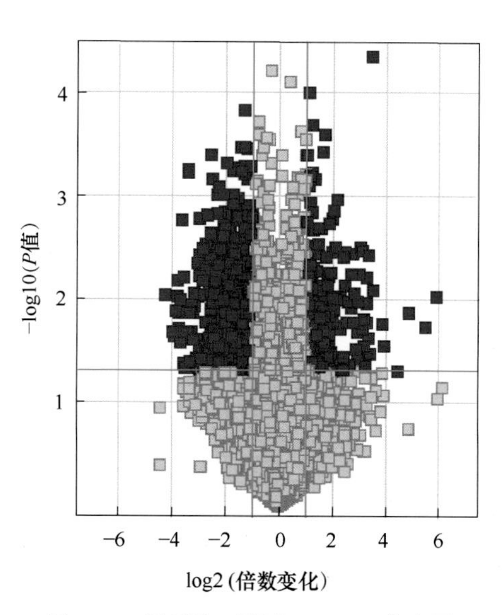

图 4-35　肺癌和对照组 mRNΛ 火山图

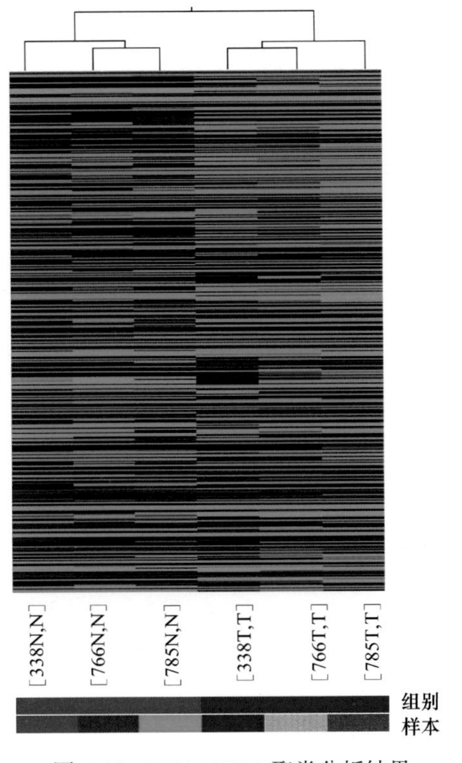

图 4-36　DE-lncRNA 聚类分析结果

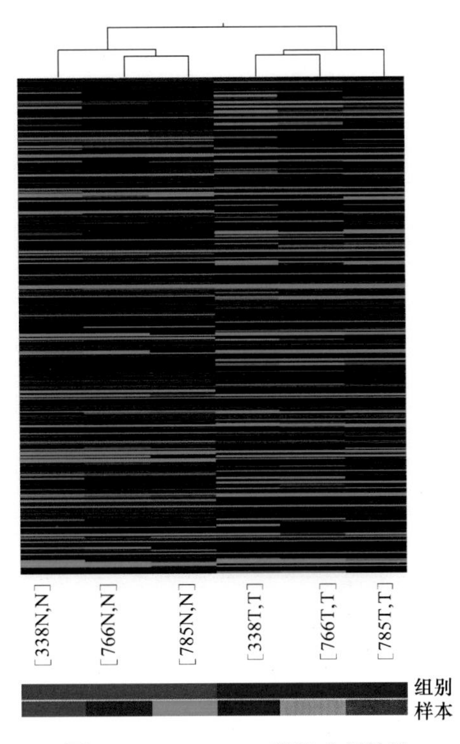

图 4-37　DE-mRNA 聚类分析结果

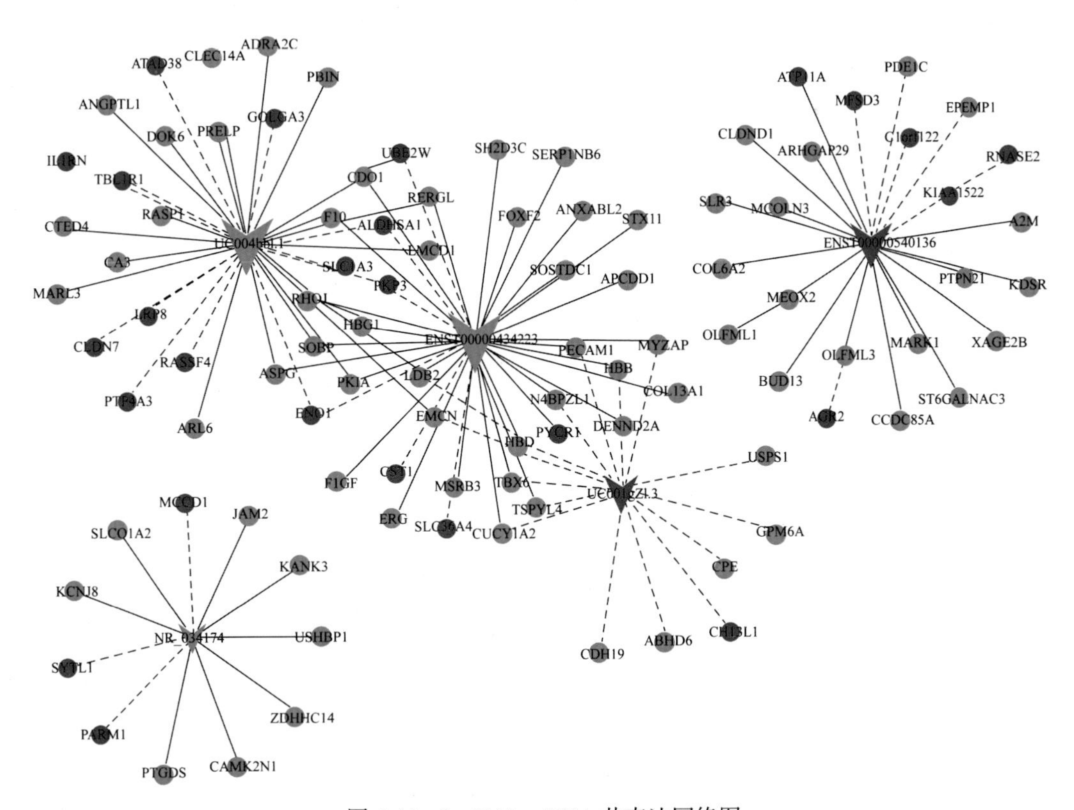

图 4-40　lncRNA-mRNA 共表达网络图

A

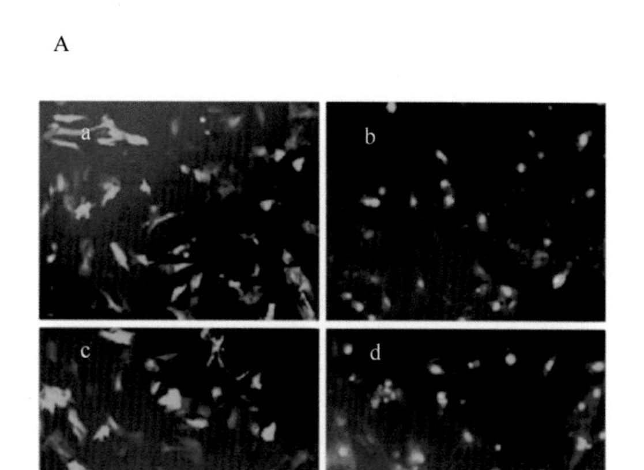

B

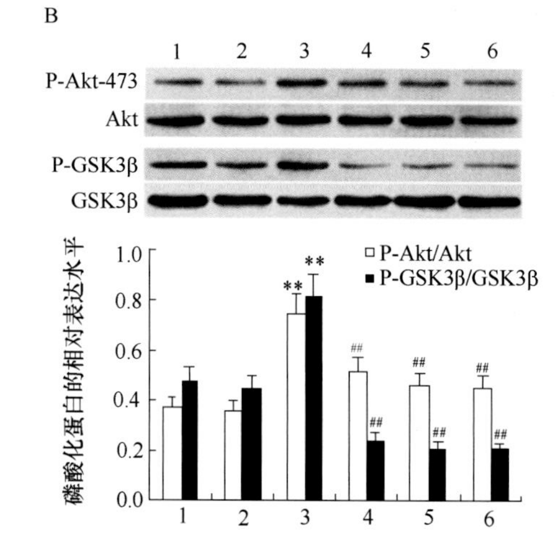

图 5-15 PPAR-α 过表达对 ET-1 诱导的 Akt/GSK3β 磷酸化的影响（n=3）

A. 荧光显微镜检测 PPAR-α 的表达和细胞定位分布。a. 转染对照组（pEGFPN3）; b. PPAR-α 转染组; c. 转染对照＋非诺贝特组; d. PPAR-α 转染＋非诺贝特组。B. Western blot 检测 Akt/GSK3β 的蛋白磷酸化。** 与对照组比较，P<0.01; ## 与 ET-1 组比较，P<0.01。1. 对照组; 2. 转染对照组; 3. ET-1 组（10nmol/L）; 4. PPAR-α 转染组; 5. PPAR-α 转染＋ET-1 组; 6. PPAR-α 转染＋ET-1＋非诺贝特组。ET-1. 内皮素 1; PPAR-α. 过氧化物酶体增殖物激活受体 α; Akt. 蛋白激酶 B; GSK3β. 糖原合成酶激酶 3β

A

1 2 3 4

FITC

Hoechst

Merge

B

1 2 3 4

NFATc4

α-tubulin

细胞质

NFATc4

Histone H1

细胞核

图 5-16 非诺贝特对 ET-1 诱导的 NFATc4 核转位的影响（n=3）

A. 免疫荧光和激光共聚焦检测 NFATc4 的细胞质和细胞核分布。绿色. NFATc4（FITC 标记的二抗）; 蓝色. Hoechst33258; Merge. 三色叠加后的图片。比例尺：50μm。B. Western blot 检测细胞质和细胞核 NFATc4 的蛋白水平。NFATc4. 活化 T 细胞核因子 4; α-tubulin（α- 微管蛋白）和 Histone H1（组蛋白 H1）分别为细胞质和细胞核蛋白的内参照。1. 对照组; 2. 内皮素 1（10nmol/L）; 3. 非诺贝特（10μmol/L）; 4. 内皮素 1＋非诺贝特组

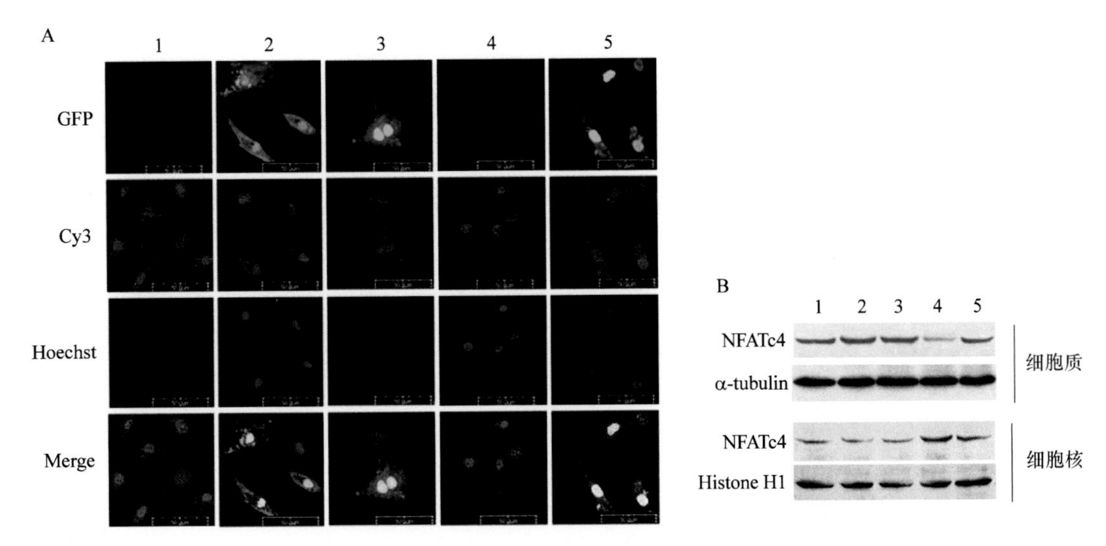

图 5-17　PPAR-α 过表达对 ET-1 诱导的 NFATc4 核移位的影响（n=3）

A. 免疫荧光和激光共聚焦检测 NFATc4 的细胞质和细胞核分布。绿色. EGFPN3；红色. NFATc4（Cy3 标记二抗）；蓝色. Hoechst33258；比例尺：50μm。GFP. 绿色荧光蛋白；Cy3. 红色荧光染料，标记二抗（用于 NFATc4 的免疫荧光染色）；Merge. 三色叠加后的图片。B. Western blot 检测细胞质和细胞核 NFATc4 的蛋白水平。1. 对照组；2. 转染对照组（pEGFPN3）；3. PPAR-α 转染组（PPAR-α-pEGFPN3）；4. ET-1 组（10nmol/L）；5. PPAR-α 转染＋ET-1 组。ET-1. 内皮素 1；PPAR-α. 过氧化物酶体增殖物激活受体 α

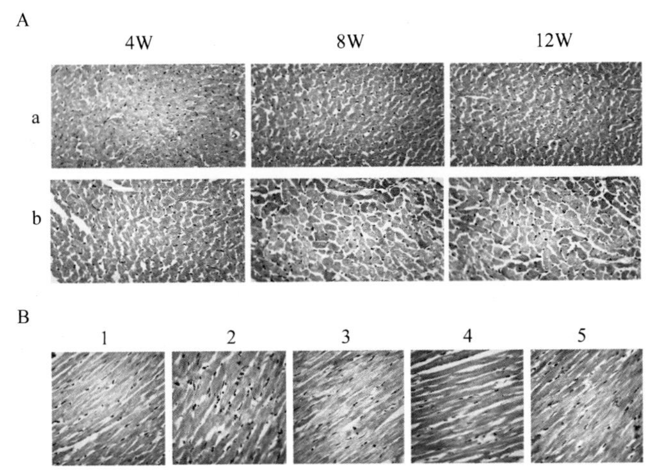

图 5-23　不同周龄大鼠心肌肥厚时心室肌形态学的变化和阿托伐他汀的作用（200×）

A. 术后第 4、8 和 12 周左心室的 HE 染色的心肌细胞横断面图像。a. 假手术组；b. 模型组；4W. 手术后 4 周；8W. 手术后 8 周；12W. 手术后 12 周。B. 左心室 HE 染色的心肌细胞纵向代表性图像。阿托伐他汀和坎地沙坦治疗 4 周明显改善了 2K2C 大鼠心肌肥厚。1. 假手术组；2. 模型组；3. 阿托伐他汀高剂量组［10mg/（kg•d）］；4. 阿托伐他汀低剂量组［5mg/（kg•d）］；5. 坎地沙坦组［10mg/（kg•d）］

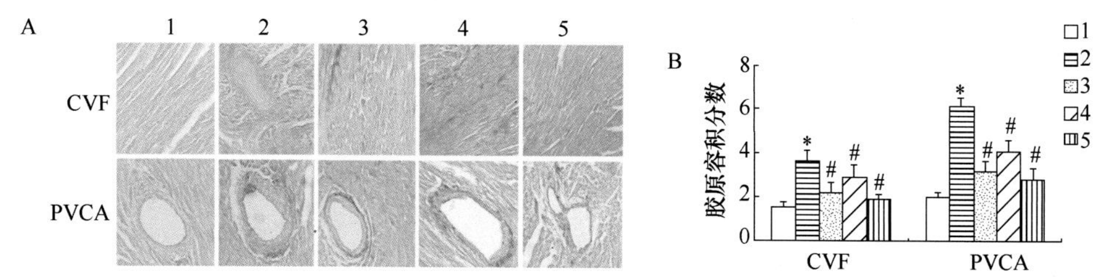

图 5-24　高血压大鼠左心室心肌间质和管周纤维化及阿托伐他汀的作用（200×）

A．左心室心肌和血管周围纤维化 VG 染色图像，其中胶原纤维显示为红色，肌细胞和心肌内血管呈黄色。B．左心室心肌间质和血管周围区域的胶原沉积，以胶原容积分数（CVF）和血管周围胶原面积（PVCA）表示。1．假手术组；2．模型组；3．阿托伐他汀高剂量组［10mg/（kg•d）］；4．阿托伐他汀低剂量组［5mg/（kg•d）］；5．坎地沙坦组［10mg/（kg•d）］。数据表示为平均值 ± 标准差，$n=3$。与假手术组比较，*$P<0.05$；与模型组比较，#$P<0.05$

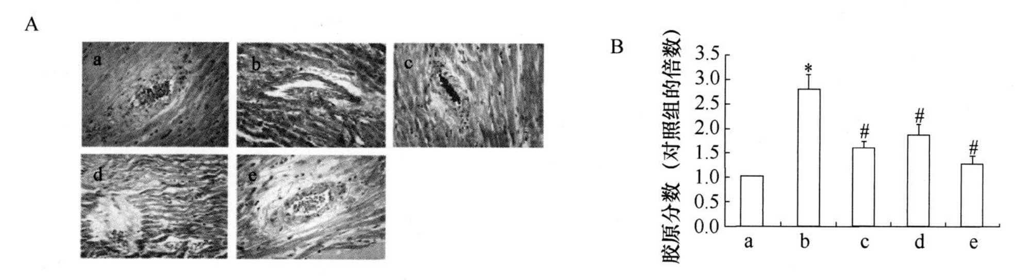

图 5-42　各组大鼠管周胶原生成和管周胶原分数（Massion 染色，200×）

A．大鼠左心室心肌血管周围纤维化的代表性图像：胶原纤维显蓝色，肌细胞和心肌内血管显红色（200×）；B．左心室血管周围胶原沉积，用管周胶原面积（PVCA）表示。a．假手术组；b．模型组；c．川穹嗪低剂量组［30mg/（kg•d）］；d．川穹嗪高剂量组［60mg/（kg•d）］；e．缬沙坦［10mg/（kg•d）］。数据表示为平均值 ± 标准差，$n=3$。*$P<0.05$，与对照组比较；#$P<0.05$，与模型组比较